Impulstechnik

Vortragsreihe

des Außeninstituts der Technischen Universität Berlin-Charlottenburg

in Verbindung mit dem Elektrotechnischen Verein Berlin e. V.

Vorträge von

Dipl.-Ing. **W. Bruch,** Hannover; Priv.-Doz. Dr. **W. Dieminger,** Lindau/Harz;
Dr. **H. Fack,** Braunschweig; Dr. **F. A. Fischer,** Darmstadt; Priv.-Doz. Dr.-Ing.
P. K. Hermann, Berlin; Dr.-Ing. **H. Holzwarth,** München; Dr.-Ing. **E. Kramar,**
Stuttgart; Prof. Dr. **W. Kroebel,** Kiel; Priv.-Doz. Dr. **W. Meyer-Eppler,** Bonn;
Priv.-Doz. Dr. **A. Speiser,** Zürich.

Im Auftrag des Außeninstituts der Technischen Universität
zusammengestellt und bearbeitet von
Privatdozent Dr.-Ing. **F. Winckel,** Berlin

Mit 242 Abbildungen

Springer-Verlag Berlin Heidelberg GmbH
1956

ISBN 978-3-662-12046-0   ISBN 978-3-662-12045-3 (eBook)
DOI 10.1007/978-3-662-12045-3

Vorwort.

Die Entwicklung der Technik zeigt sowohl bei der Steigerung der Präzision der Verfahren als auch bei der Erzielung höchster Ökonomie auf den verschiedensten Gebieten einen Übergang von der bisher üblichen kontinuierlichen zu einer impulsweisen Betriebsart. Das gilt einerseits hinsichtlich des zeitlichen Verlaufs der Erzeugung und Verteilung der Energie, andererseits für die Herstellung und Aufrechterhaltung von Kopplungen und Übertragungen bei kommunikativen Aufgaben.

Natürlich ist das Prinzip der impulsweisen Übertragung in der Technik altbekannt — wenn man etwa an den stoßweisen Antrieb in der Mechanik oder die Telegraphie-Impulse in der Nachrichtenübermittlung denkt —, jedoch ergeben sich heute aus der Ausbildung des „Kurzzeit-Impulses" spezifische Lösungen von Aufgaben, die ohne dieses „Funktionselement" gar nicht gelöst werden können. Die zeitliche Auflösung bis in die Größenordnung von Nanosekunden durch die Ausbildung der Impulse hinsichtlich ihrer Form und Dauer sowie von Impulsfolgen und -verschiebungen schaffen ein umfassendes, ortsunabhängiges Mikrozeitsystem, das in Koinzidenz- bzw. Synchronisierverfahren die kompliziertesten Strukturbildungen gestattet, wie sie beim Fernsehen, in der Radartechnik, den elektronischen Rechenverfahren usw. vorkommen.

Als ein besonders wichtiges Gebiet muß hier die Informationstheorie genannt werden, die — auf den Erfahrungen der Nachrichtentechnik aufgebaut — unser technisches Denken tiefgreifend beeinflußt hat, indem unser Blick von der Makrostruktur einer Nachricht (dargestellt z. B. in der Amplitudenmodulation) zur Mikrostruktur hingelenkt wird, die zur Quantisierung des Signals geführt hat. Mit dieser Erkenntnis kann die für eine Information zu bewältigende Nachrichtenmenge immer weiter reduziert werden, was sich für die verschiedensten Gebiete fruchtbar auszuwirken verspricht.

Eine Gegenüberstellung der technischen Verfahren, die sich der Impulstechnik bedienen, zeigt, daß diese eigens entwickelte Methoden anwenden, die vergleichsweise nur relativ wenig Übereinstimmung aufweisen.

Diese Gedankengänge waren der Anlaß, in einer Vortragsreihe des Außeninstituts der Technischen Universität Berlin-Charlottenburg die wesentlichsten Verwendungsgebiete der Impulstechnik zu behandeln, um in einem solchen Überblick die typischen Merkmale einer Technik herauszustellen, die sich nun immer mehr zu einer selbständigen Disziplin entwickelt. Durch die Darstellung der einzelnen Verfahren mag eine Befruchtung der angeführten Gebiete untereinander herbeigeführt und die Anwendung für neue Gebiete erschlossen werden.

Bei der Aufstellung der Vortragsreihe waren sich die Veranstalter bewußt, daß eine völlige Ausschöpfung des Themas nicht denkbar ist. Für die wesentlichen Eigenschaften der Impulse und ihres Einsatzes ist jeweils ein charakteristisches Anwendungsgebiet ausgesucht worden. Auf die Verfahren der Regeltechnik ist hier nicht eingegangen, da dieses Fachgebiet den hochgezüchteten Kurzzeit-Impuls bisher nur in beschränktem Umfange einsetzte, außerdem aber in den letzten Jahren eingehend in zahlreichen umfangreichen Veröffentlichungen behandelt wurde.

Dagegen erschien es wesentlich, außerhalb der elektrischen Impulstechnik zu zeigen, wie die Einführung von Impulsmethoden auch die anderen Disziplinen der Physik fördern kann. Besonders haben Anwendungsgebiete der Optik dadurch erhebliche Wandlungen durchgemacht. Bei der Erarbeitung optimaler Systeme und Arbeitsmethoden sollte man stets darauf bedacht sein, das Vorbild der Natur zu erforschen. So beschäftigt sich die abschließende Arbeit mit der Darstellung der Impulsübertragung im Nervensystem, deren Theorie der betreffende Verfasser durch ein bei seinem Vortrag vorgeführtes elektrisches Modell belegen konnte.

Berlin-Charlottenburg, im Juli 1955

Professor Dr.-Ing. O. Mohr
Dekan der Fakultät für Maschinenwesen

Dr.-Ing. F. Winckel
Privatdozent

Inhaltsverzeichnis.

Impulsanalyse. Von Dr. F. A. FISCHER, Fernmeldetechnisches Zentralamt, Darmstadt 1

    I. Einleitung 1

    II. Der Begriff „Impuls" 2

    III. Charakteristische Impulsgrößen 2

    IV. Die Fourieranalyse von Impulsen und Impulsfolgen 4

    V. Der Zusammenhang zwischen Impulsbreite und Spektralbreite . . . 10

    VI. Der Einheitsimpuls (δ-Funktion) 10

    VII. Das Gesetz von Lord Rayleigh über die Impulsenergie 13

    VIII. Das Gibbssche Phänomen (Überschwingen) 14

    IX. Der Probensatz (Sampling-Theorem) 19

    X. Die Modulation einer Impulsfolge 22

    XI. Das Prinzip der stationären Phase 25

    XII. Beeinflussungen von Impulsen durch lineare Systeme 26
        Amplituden- und Phasenverzerrungen. S. 26. — Fortpflanzungsgeschwindigkeit der Energie eines Impulses. S. 32. — Berechnung der Wirkung eines beliebigen Impulses aus der Wirkung eines Einheitsimpulses. S. 33. — Die Laplace-Transformation. S. 34.

Anwendung der Informationstheorie auf Impulsprobleme. Von Priv.-Doz. Dr. W. MEYER-EPPLER, Universität Bonn 40

    I. Die Übermittelung von Information 41

    II. Trennung von Impulsen und Störungen 43

    III. Optimalfilter 44

    IV. Selektoren 48

    V. Periodische Impulsfolgen 49

    VI. Exhaustion 51

    VII. Kathodenstrahlverfahren 52

    VIII. Periodographisches Verfahren 56

Die Impulstechnik als Meßverfahren in der Physik. Von Professor Dr. W. KROEBEL, Neue Universität, Kiel 60

    I. Die nichtlinearen Schaltelemente 62

    II. Die Impulsgeneratoren 68

III. Die Verzögerungsleitungen 78

IV. Die Impulsverstärker 82

V. Die Braunsche Röhre 85

VI. Die Koinzidenzschaltungen 85

VII. Die Frequenzteiler und Zählschaltungen 86

VIII. Sägezahngeneratoren 89

IX. Die Partikelzähler 90

X. Die impulstechnischen Meßverfahren in der Physik 91

Probleme der Mehrfachausnützung von Nachrichtenwegen mit Pulsmodulation. Von Dr.-Ing. H. HOLZWARTH, Siemens & Halske AG., München 97

    Übersicht 97

    Einleitung 97

I. Übersicht über die wichtigsten Modulationsverfahren 98
  1. Die Verfahren mit andauernden Trägerschwingungen 98
  2. Die Pulsmodulationsverfahren 100

II. Übertragungsgüte der verschiedenen Verfahren 104
  1. Der Einfluß der Geräusche und der Frequenzbandbedarf 104
    a) Die Verfahren mit andauernden Trägerschwingungen. S. 104. — b) Die Pulsmodulationsverfahren. S. 106.
  2. Das Nebensprechen und der Frequenzbandbedarf 110
    a) Der idealisierte Tiefpaß. S. 110. — b) Der Tiefpaß mit cosinusförmigem Übertragungsfaktor. S. 114. — c) Der Tiefpaß mit Gaußschem Übertragungsfaktor. S. 116. — d) Einfluß von Phasenverzerrungen. S. 118. — e) Netzwerke minimaler Phase. S. 120.

III. Schlußfolgerungen 124

Die Impulstechnik des Fernsehens. Von Dipl.-Ing. W. BRUCH, Telefunken G. m. b. H., Hannover 125

I. Differentiation und Integration von Impulsen 128
  1. Differentiation 128
  2. Integration 130
  3. Differentiation einer Rechteckwelle im RC-Verstärker 131

II. Impulsabtrennung im Fernsehempfänger 134
  1. Abtrennung der Vertikalimpulse 139
  2. Heraushebung durch Differentiation 140
  3. Heraushebung durch Integration 141
  4. Vertikalablenkung 142
    a) Mitlaufende Ladespannung. S. 145. — b) Gegenkopplung und mitlaufende Ladespannung. S. 146. — c) Der Sperrschwinger. S. 148.
  5. Horizontalablenkung 149
    Phasenvergleichsschaltung. S. 150.
  6. Impulsstörungen 154

Inhaltsverzeichnis.   VII

Die Anwendung der Impulstechnik in der Funknavigation. Von
Dr.-Ing. E. KRAMAR, C. Lorenz AG., Stuttgart 156
   I. DME-Entfernungsmeßverfahren 157
   II. Loran 165
      1. Verfahren 165
      2. Frequenzbereich und Ausbreitung 166
      3. Dimensionierung, Reichweite, Genauigkeit 168

Impulsverfahren in der Ionosphärenforschung. Von Priv.-Doz. Dr.
W. DIEMINGER, Institut für Ionosphärenforschung der Max-Planck-Ges.,
Lindau/Harz 176
   I. Impulstechnik 176
      1. Impulsdauer und -folge 176
      2. Sendertastung 177
      3. Empfänger 178
      4. Registrierung der Impulslaufzeit und der Impulsamplitude 180
      5. Registrierung der Impulsamplitude 183
   II. Anwendungen der Impulstechnik in der Ionosphärenforschung 185
      1. Echolotung mit fester Frequenz 185
      2. Echolotung mit kontinuierlich veränderlicher Frequenz 187
      3. Ionosphären-Filmaufnahmen 190
      4. Echolotung bei schrägem Einfall 191
      5. Anwendung von Amplitudenbeobachtungen 196
      6. Impulsrückstreubeobachtungen 198
  III. Schlußbemerkung 202

Impulsprobleme der elektronischen Rechenmaschinen. Von Priv.-
Doz. Dr. A. SPEISER, Technische Hochschule, Institut für angew.
Mathematik, Zürich 204
   I. Mathematische Bedeutung der Impulse in Rechenmaschinen 204
   II. Elektrische Eigenschaften der Impulse 205
  III. Impulserzeuger 206
  IV. Impulstore 208
   V. Das dynamische Äquivalent des Flipflops 212
  VI. Speicherung langer Impulsfolgen 213
 VII. Abkehr von den Elektronenröhren 216
VIII. Impulsschaltungen mit Transistoren 217
  IX. Betriebssicherheit und Störungen 222
   X. Servomechanismen mit Impulsen 223
  XI. Impulsübertragung über Kraftleitungen 224

Optische Impulstechnik. Von Priv.-Doz. Dr.-Ing. P. K. HERMANN, Allgemeine Elektricitäts-Gesellschaft, Berlin 227
   I. Vergleich von optischer und Funk-Impulstechnik 227
      1. Bildfolgeübertragung 227
      2. Reichweitensteigerung 228
      3. Entfernungsmessung 228
      4. Bündelung und Abbildung 229

5. Leuchtdichte und Impulsdauer 230
6. Modulationsfrequenzbereich 230
7. Übertragungsdämpfung, Absorption und Streuung 231

II. Empfänger 233
1. Das Auge 233
2. Fotografische Empfänger 236
3. Lichtelektrische Empfänger 237

III. Lichtimpulslampen 240
1. Glühlampen 240
2. Leuchtstofflampen 241
3. Funkenblitz-Kinematografie 241
4. Elektronenblitzlampen und Stroboskoplampen 244
5. Fotoflux-Lampen 245

IV. Verschlußtechnik 245
1. Mechanische Verschlüsse 245
2. Elektrische Verschlüsse 247

V. Röntgenblitztechnik 249

VI. Strahlungsenergiedichte 250

Die Impulsübertragung im Nervensystem. Von Dr. H. FACK, Physikalisch-Technische Bundesanstalt, Braunschweig 259

I. Einleitung 259
1. Aufgaben des Nervensystems 259
2. Technische Forderungen der Impulsübertragung 260
3. Schematischer Aufbau der Nervenfaser 260

II. Struktur und Funktion der Nervenfaser 261
1. Struktur der Nerven 263
2. Passive Eigenschaften der Nervenfaser 263
a) Theorie der Widerstandsmessungen. S. 263. — b) Ausbreitungsvorgänge. S. 269.
3. Aktives Verhalten der Nervenfaser 273
a) Beschreibung des Modells. S. 274. — b) Messungen. S. 275.

Informationstheoretische Behandlung des Gehörs. Von Dr.
H. FACK, Physikalisch-Technische Bundesanstalt, Braunschweig 289

I. Grundbegriffe der Informationstheorie 289

II. Informationskapazität einer einzelnen Nervenfaser 293

III. Informationskapazität des ganzen Nerven 296
a) Häufung. S. 296. — b) Überlagerung. S. 296. — c) Koordination. S. 297. — d) Vereinigung. S. 299.

IV. Informationskapazität des Ohres 300
a) Intensitätsschwellen. S. 301. — b) Tonhöhenunterschiedsschwellen. S. 304. — c) Typische Bandbreiten. S. 308. — d) Zwei
Erregungssysteme. S. 310. — e) Lautstärke- und Schwellenbildung
für kurzdauernde Töne. S. 317. — f) Adaption. S. 319. — g) Verdeckung. S. 325. — h) Richtungshören. S. 327. — i) Aufbau des Gehörs. S. 328. — k) Berechnung der Informationskapazität. S. 330.

Sachverzeichnis 339

Impulsanalyse.

Die mathematisch-physikalischen Grundbegriffe der Impulstechnik.

Von **F. A. Fischer,** Darmstadt.

I. Einleitung.

Die Impulstechnik ist keineswegs eine Neuerscheinung auf technischem Gebiet. Ihre Geschichte ist eng verknüpft mit derjenigen der Nachrichtentechnik. Man denke etwa an die sogenannte Gleichstrom-Telegraphie, die in Wirklichkeit gar nicht mit Gleichströmen, sondern mit Impulsen unterschiedlicher Länge arbeitet und daher wohl als erstes Anwendungsgebiet der Impulstechnik zu gelten hat.

Die Beschäftigung mit Impulsen setzt also in der Nachrichtentechnik schon sehr früh ein. Auch die dann später aufkommenden Verfahren zur Nachrichtenübermittlung, die mit kontinuierlichen Wellen als Informationsträger arbeiten, machten eine eingehende Untersuchung der Wirkung von Impulsen mit Rücksicht auf die Einschwingvorgänge notwendig. Das Ziel war dabei, diese Einschwingvorgänge möglichst zu reduzieren.

In den letzten 10 Jahren sind nun eine ganze Reihe von Verfahren bekannt geworden, in denen der Impuls selbst Träger einer Information ist, wie ein Blick auf die weiteren Themen dieser Reihe zeigt. Die Wirkung eines Impulses ist bei diesen Verfahren nicht mehr unerwünschte Störerscheinung, sondern primär gewolltes Geschehen, genau wie in der guten alten Gleichstrom-Telegraphie.

Wenn ich an die Erfüllung der gestellten Aufgabe herangehe, die mathematisch-physikalischen Grundbegriffe der Impulstechnik zu behandeln, so wird es nach den vorangegangenen Bemerkungen klar sein, daß ich denjenigen, die sich eingehender mit der Theorie der Telegraphie oder verwandten Erscheinungen beschäftigt haben, nichts grundsätzlich Neues zu bringen habe. Meine Aufgabe kann daher lediglich darin bestehen, diese Grundbegriffe, den Bedürfnissen der Ingenieur-Mathematik entsprechend unter bewußtem Verzicht auf äußerste mathematische Strenge, möglichst anschaulich darzustellen und die bei der Impulsanalyse auftretenden Gesetzmäßigkeiten übersichtlich zusammenzustellen, damit zum Verständnis der weiteren Beiträge ein sicheres Fundament vorhanden ist.

II. Der Begriff „Impuls".

Das Wort „Impuls" wird in der Impulstechnik in einem etwas anderen Sinne als in der Mechanik gebraucht. Während bekanntlich in der Mechanik das Wort Impuls in neuerer Zeit als zeitliches Integral über eine Kraft gebraucht wird, versteht man in der Impulstechnik unter einem Impuls den zeitlichen Verlauf einer nicht periodischen elektrischen Leistungskomponente und spricht daher von einem Span-

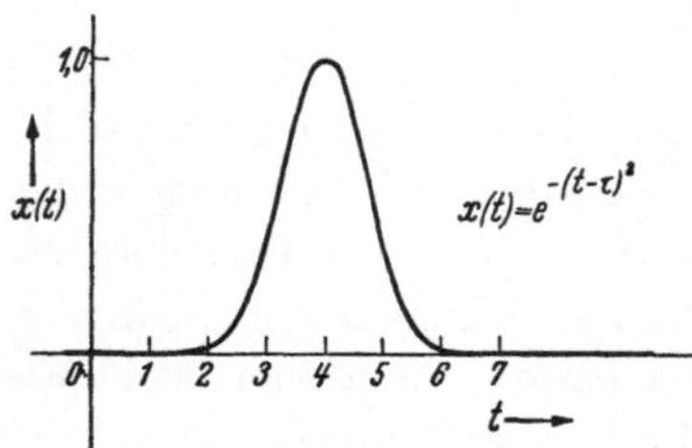

<table>
<tr><td>

Abb. 1. Beispiel eines Impulses von stoßartigem Charakter.

</td><td>

Abb. 2. Beispiel eines Impulses von vorwiegend oszillatorischem Charakter.

</td></tr>
</table>

nungs- bzw. Stromimpuls. Die Form des Verlaufes braucht dabei nicht notwendig einen rein stoßartigen Charakter zu besitzen, wie in Abb. 1 gezeichnet, wenn dies auch in vielen praktischen Anwendungen der Fall ist, sondern wir wollen ausdrücklich auch Verläufe mit oszillatorischem Charakter, wie in Abb. 2 gezeichnet, zulassen. Die mathematische Analyse ist für jede Impulsform die gleiche, wenn wir jene pathologischen Formen, die die Mathematik ausschließt, hier stillschweigend übergehen, da sie in den technischen Anwendungen nicht auftreten.

III. Charakteristische Impulsgrößen.

Bei der phänomenologischen Beschreibung eines Impulses sind gewisse Bestimmungsgrößen gebräuchlich, deren Festlegung allerdings zum Teil besondere Verabredungen notwendig machen. Während eine *Maximalamplitude* wohl für alle Impulsformen eindeutig angegeben werden kann, ist die *Impulsdauer* nur für einen Impuls von rechteckiger Dauer zweifelsfrei angebbar. Für einen glockenförmigen Impuls, wie er in Abb. 1 gezeigt worden ist, wird man hierunter zweckmäßigerweise die Halbwertsbreite verstehen oder den Abstand der Abszissen, die zu Funktionswerten gehören, die einen verabredeten

Bruchteil der Maximalamplitude betragen, während man bei einem Impuls nach Abb. 2 etwa die Breite des Hauptmaximums als die Breite des Impulses definieren kann.

An einem durch das Übertragungssystem mehr oder weniger verzerrten Impuls der Gleichstrom-Telegraphie (Abb. 3) unterscheiden wir die *Einschwingzeit* T_e, die *Impulsdauer* T_d und die *Abklingzeit* T_a, wobei die oberen Grenzen von T_e und T_a auch wieder durch besondere Definitionen festgelegt werden müssen.

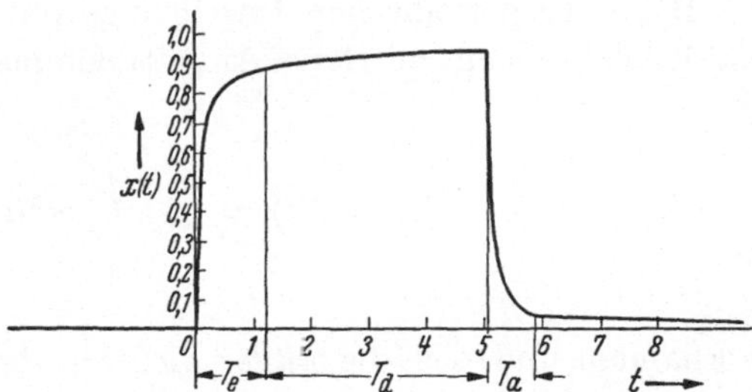

Abb. 3. Ein verzerrter Impuls der Gleichstrom-Telegraphie.

Präzise Angaben liefern dagegen die linearen und quadratischen zeitlichen Mittelwerte.

Der zeitliche Mittelwert eines *einzelnen* Impulses von endlicher Dauer

$$\overline{x(t)} = \lim_{T \to \infty} \frac{1}{T} \int\limits_{-\frac{T}{2}}^{+\frac{T}{2}} x(t)\, dt \qquad (3.1)$$

ist immer Null. Wird jedoch der Impuls periodisch wiederholt, so ergibt die Mittelung über die Periodendauer T, die gleich dem *Impulsabstand* ist, im allgemeinen einen endlichen Wert

$$\overline{x(t)} = \frac{1}{T} \int\limits_{t_0}^{t_0 + T} x(t)\, dt . \qquad (3.2)$$

Das mittlere Amplitudenquadrat eines *einzelnen* Impulses von endlicher Dauer

$$\overline{x^2(t)} = \lim_{T \to \infty} \frac{1}{T} \int\limits_{-\frac{T}{2}}^{+\frac{T}{2}} x^2(t)\, dt , \qquad (3.3)$$

das heißt physikalisch seine Leistung an der Widerstandseinheit, verschwindet ebenfalls. Die in einem Widerstand R verbrauchte *Energie*, also

$$E = \int\limits_{-\infty}^{+\infty} i^2(t) \cdot R\, dt \qquad (3.4)$$

1*

bei einem Stromimpuls bzw.

$$E = \int\limits_{-\infty}^{+\infty} \frac{u^2(t)}{R}\, dt \qquad (3.5)$$

bei einem Spannungsimpuls besitzt aber stets einen endlichen Wert.

Bei einer periodischen Impulsfolge mit dem Impulsabstand T ist natürlich stets ein mittleres Amplitudenquadrat

$$\overline{x^2(t)} = \frac{1}{T} \int\limits_{-\frac{T}{2}}^{+\frac{T}{2}} x^2(t)\, dt \qquad (3.6)$$

vorhanden, und es ist die *mittlere Leistung der Impulsfolge* gegeben durch

$$\overline{P} = \overline{i^2(t)} \cdot R = i_m^2 \cdot R \qquad (3.7)$$

bei einem Stromimpuls bzw.

$$\overline{P} = \frac{\overline{u^2(t)}}{R} = \frac{u_m^2}{R} \qquad (3.8)$$

bei einem Spannungsimpuls, wenn wir

$$i_m = \sqrt{\overline{i^2(t)}} \qquad (3.9)$$

bzw.

$$u_m = \sqrt{\overline{u^2(t)}} \qquad (3.10)$$

setzen.

In der angelsächsischen Literatur ist der Ausdruck *average power* für mittlere Leistung gebräuchlich, während die quadratischen Mittelwerte (i_m bzw. u_m) *root mean square values* genannt werden.

IV. Die Fourieranalyse von Impulsen und Impulsfolgen.

Für eingehendere Untersuchungen reicht natürlich die oben skizzierte phänomenologische Beschreibung und die Angabe der Energie eines Impulses bzw. der Leistung einer Impulsfolge nicht aus. Da nun in den meisten Anwendungen die Impulse von ihrem Erzeugungsort nach einem Bestimmungsort über einen Übertragungsweg geleitet werden, dessen Übertragungsfähigkeit außer durch seinen Rauschabstand durch seine Frequenzbandbreite eindeutig festgelegt ist, stellt die Fourierzerlegung das gegebene Hilfsmittel zu einer genauen mathematischen Analyse dar.

Die Fourierzerlegung benutzt bekanntlich als Grundelement harmonische Schwingungen, d. h. sinusförmige Schwingungen, die grundsätzlich von *unendlicher* Zeiterstreckung sind.

Für die mathematische Darstellung einer solchen Schwingung gibt es drei verschiedene Formen, eine reelle

$$A \cos(\omega t + \varphi) \equiv A \cos\varphi \cos \omega t - A \sin\varphi \sin \omega t \tag{4.1}$$

und zwei komplexe, nämlich

$$A \cos(\omega t + \varphi) \equiv \text{Realteil von } \left[A\, e^{j(\omega t+\varphi)} \right] \tag{4.2}$$

und

$$A \cos (\omega t + \varphi) \equiv \frac{1}{2} A e^{j\varphi} e^{j\omega t} + \frac{1}{2} A e^{-j\varphi} e^{-j\omega t}. \tag{4.3}$$

Die erste komplexe Form entspricht der Erzeugung der harmonischen Schwingung als Projektion eines um einen festen Punkt rotierenden Vektors auf eine durch das Rotationszentrum laufende feste Gerade. Die zweite hat gegenüber der ersten den Vorteil, den Prozeß des Projizierens zu vermeiden. Sie stellt die harmonische Schwingung als Resultierende (Summe) zweier komplexer Vektoren von der Länge $A/2$ dar, die zu jeder Zeit entgegengesetzt gleiche Winkel mit der reellen Achse einschließen und in entgegengesetztem Sinne umlaufen. Es ist dies geometrisch nichts anderes als die bekannte Zusammensetzung einer linearen Schwingung aus zwei zirkularen mit entgegengesetztem Umlaufssinn.

Man deutet den entgegengesetzten Umlaufssinn auch als „negative Frequenz". Einer solchen kommt also allein keine physikalische Bedeutung zu. Sie tritt in der komplexen Darstellung nur gepaart mit der entsprechenden positiven Frequenz auf und besitzt einen Beiwert, der zu dem der positiven Frequenz konjugiertkomplex ist.

Die Zerlegung eines periodischen Vorganges, die sogenannte *Fourier-Reihe*, nimmt in dieser Darstellung die folgende Form an

$$x(t) = \sum_{n=-\infty}^{+\infty}{}' a_n e^{j n \omega_0 t} \tag{4.4}$$

mit
$$a_{-n} = a_n^*, \tag{4.5}$$

wenn wir die zu a_n konjugiertkomplexe Größe mit a_n^* bezeichnen.

Die Koeffizienten a_n lassen sich leicht bestimmen. Multipliziert man die Reihe beiderseits mit $e^{-j m \omega_0 t}$ und integriert dann nach der Zeit über die Dauer $T = \dfrac{2\pi}{\omega_0}$ einer Periode von $- T/2$ bis $+ T/2$, so ergibt sich

$$\int_{-\frac{T}{2}}^{+\frac{T}{2}} x(t) e^{-j m \omega_0 t}\, dt = \sum_{n=-\infty}^{+\infty} a_n \int_{-\frac{T}{2}}^{+\frac{T}{2}} e^{j(n-m)\omega_0 t}\, dt. \tag{4.6}$$

6　　　　　　　　　F. A. FISCHER: Impulsanalyse.

Es ist aber

$$\int\limits_{-\frac{T}{2}}^{+\frac{T}{2}} e^{j(n-m)\omega_0 t}\, dt = \begin{cases} T, \text{ wenn } n = m \\[2ex] \dfrac{1}{j(n-m)\,\omega_0}\left[e^{j(n-m)\,\omega_0 t}\right]_{-\frac{T}{2}}^{+\frac{T}{2}} = 0, \text{ wenn } n \neq m. \end{cases} \tag{4.7}$$

Also wird

$$\boxed{a_n = \frac{1}{T}\int\limits_{-\frac{T}{2}}^{+\frac{T}{2}} x(t)\,e^{-jn\omega_0 t}\, dt}\;. \tag{4.8}$$

Den Übergang zu der reellen Form der Fourier-Reihe

$$x(t) = \sum_{n=0}^{\infty}\left(\alpha_n \cos n\omega_0 t + \beta_n \sin n\omega_0 t\right) \tag{4.9}$$

liefern die durch Koeffizientenvergleich zu gewinnenden Beziehungen

$$\left.\begin{array}{l} \alpha_0 = a_0 \\ \alpha_n = a_n + a_n^* \quad (n \neq 0) \\ \beta_n = j(a_n - a_n^*) \end{array}\right\}. \tag{4.10}$$

Zu der Darstellung eines unperiodischen Vorganges, also beispielsweise eines Einzelimpulses, durch harmonische Schwingungen gelangt man am einfachsten dadurch, daß man bei der soeben abgeleiteten Fourier-Reihe zu einer unendlich langen Periodendauer übergeht.

Die Grundfrequenz $f_0 = \dfrac{\omega_0}{2\pi} = \dfrac{1}{T}$ eines periodischen Vorganges und damit auch der Abstand zwischen zwei benachbarten Spektralfrequenzen $(n+1)f_0$ und nf_0 ist um so kleiner, je größer die Periode T ist.

Setzt man für die Frequenz der n-ten Harmonischen $nf_0 = f$, so kann man im Grenzfall $T \to \infty$ die Frequenz f_0 als Differential df auffassen. Es wird dann aus Gl. (4.8)

$$a_n = A(f)\, df \tag{4.11}$$

mit

$$\boxed{A(f) = \int\limits_{-\infty}^{+\infty} x(t)\, e^{-j2\pi f t}\, dt}\;, \tag{4.12}$$

und die Fourier-Reihe (4.4) geht in das *Fourier-Integral*

$$\boxed{x(t) = \int\limits_{-\infty}^{+\infty} A(f)\, e^{j2\pi f t}\, df} \tag{4.13}$$

über.

Voraussetzung für die Möglichkeit einer derartigen Darstellung ist natürlich, daß der zu analysierende Schwingungsvorgang $x(t)$ für große Werte von $|t|$ so stark abnimmt, daß das Integral (4.12) konvergiert, was bei einem Einzelimpuls der Impulstechnik sicher der Fall ist.

Das Fourier-Integral (4.13) leistet für einen unperiodischen Vorgang (beispielsweise einen Einzelimpuls) dasselbe, was die Fourier-Reihe für einen periodischen Vorgang (beispielsweise eine Impulsfolge) tut. Es zerlegt ihn in harmonische Schwingungen. Während diese bei einem periodischen Vorgang einen endlichen Abstand (von der Größe der Grundfrequenz f_0) und eine endliche Amplitude besitzen, liegen sie bei einem unperiodischen Vorgang unendlich dicht und sind nach Gl. (4.11) von unendlich kleiner Amplitude.

Die für die relative Stärke der Amplitude maßgebende Funktion $A(f)$ nennt man die *Spektralfunktion*. Sie ist im allgemeinen komplex, und es ist nach Gl. (4.12)

$$A(-f) = A(\overset{*}{f}), \qquad (4.14)$$

entsprechend Gl. (4.5) bei der Fourier-Reihe.

Betrachten wir als Beispiel die in Abb. 4 gezeichneten Impulse von rechteckiger Form. Ihre Mitte legen wir der Einfachheit halber in den Koordinatenursprung und wählen, um die verschiedenen möglichen Formen hinsichtlich ihrer Spektren miteinander

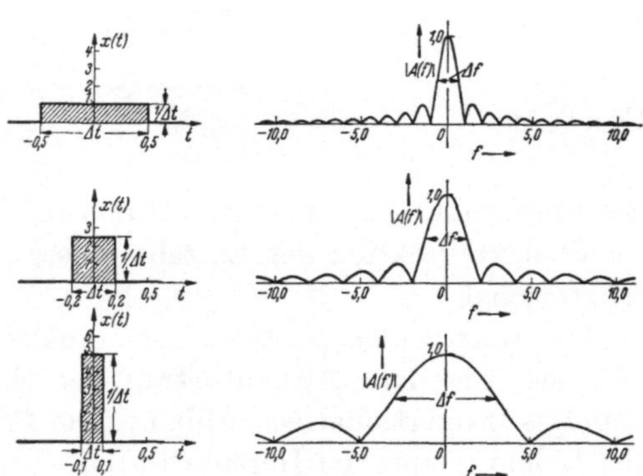

Abb. 4. Rechteck-Impulse und ihre Amplitudenspektren.

vergleichen zu können, willkürlich ihren Flächeninhalt gleich eins.

Formelmäßig ist ein derartiger Impuls gegeben durch

$$x(t) = \begin{cases} \dfrac{1}{\Delta t} \ \text{für} \ -\dfrac{\Delta t}{2} < t < +\dfrac{\Delta t}{2} \\[2mm] 0 \ \text{sonst.} \end{cases} \qquad (4.15)$$

Seine Spektralfunktion ist also nach Gl. (4.12)

$$A(f) = \int\limits_{-\frac{\Delta t}{2}}^{+\frac{\Delta t}{2}} \frac{1}{\Delta t} e^{-j2\pi f t} \, dt = \frac{1}{\Delta t} \frac{e^{j2\pi f \frac{\Delta t}{2}} - e^{-j2\pi f \frac{\Delta t}{2}}}{j2\pi f} = \frac{\sin \frac{\Delta t}{2} 2\pi f}{\frac{\Delta t}{2} 2\pi f}. \qquad (4.16)$$

Der Absolutbetrag hiervon, also das Amplitudenspektrum, ist in Abb. 4 jeweils rechts von dem zugehörigen Impuls gezeichnet.

In der Impulstechnik liegt oft die Aufgabe vor, mit Hilfe der bekannten Spektralfunktion $A(f)$ eines *Einzel*impulses, das Linienspektrum einer Impuls*folge* zu berechnen. Dies ist besonders einfach, wenn die Impulse sich nicht überlappen.

Dann ist
$$A(f) = \int_{-\frac{T}{2}}^{+\frac{T}{2}} x(t)\, e^{-j2\pi f t}\, dt\,. \tag{4.17}$$

Andererseits gilt für die Fourier-Reihe der Impulsfolge nach Gl. (4.8)

$$a_n = \frac{1}{T} \int_{-\frac{T}{2}}^{+\frac{T}{2}} x(t)\, e^{-j2\pi n f_0 t}\, dt\,. \tag{4.18}$$

Es ist also
$$\boxed{a_n = \frac{1}{T} \cdot A(n f_0)}\,. \tag{4.19}$$

Die Amplituden des Linienspektrums der Impulsfolge sind den Werten der Spektralfunktion des Einzelimpulses für die betreffende Frequenz proportional.

Das Amplitudenspektrum der Impulsfolge besitzt daher eine Einhüllende, die dem Absolutbetrag der Spektralfunktion des Einzelimpulses proportional ist (Abb. 5). Die Proportionalitätskonstante ist gleich dem reziproken Impulsabstand.

Liegt dagegen eine Überlappung der Einzelimpulse von der Form $x(t)$ vor, wie es beispielsweise bei einem periodischen Anstoßen eines Schwingungskreises streng genommen immer der Fall ist, so haben wir zu setzen

$$s(t) = \sum_{m=-\infty}^{+\infty} x(t + mT) \tag{4.20}$$

und diesen Ausdruck, der eine periodische Funktion der Zeit mit der Periode T darstellt, in eine Fourier-Reihe zu entwickeln. Dann wird

$$s(t) = \sum_{n=-\infty}^{+\infty} a_n\, e^{jn\omega_0} \tag{4.21}$$

mit

$$a_n = \frac{1}{T} \int_{-\frac{T}{2}}^{+\frac{T}{2}} e^{-jn\omega_0 \tau} \sum_{m=-\infty}^{+\infty} x(\tau + mT)\, d\tau\,. \tag{4.22}$$

Nach Vertauschung von Summation und Integration wird

$$a_n = \frac{1}{T} \sum_{m=-\infty}^{+\infty} \int_{-\frac{T}{2}}^{+\frac{T}{2}} x(\tau + mT)\, e^{-jn\omega_0\tau}\, d\tau$$

$$= \frac{1}{T} \sum_{m=-\infty}^{+\infty} \int_{\left(m-\frac{1}{2}\right)T}^{\left(m+\frac{1}{2}\right)T} x(\tau')\, e^{-jn\omega_0\tau'}\, d\tau'$$

$$= \frac{1}{T} \int_{-\infty}^{+\infty} x(\tau')\, e^{-jn\omega_0\tau'}\, d\tau'. \tag{4.23}$$

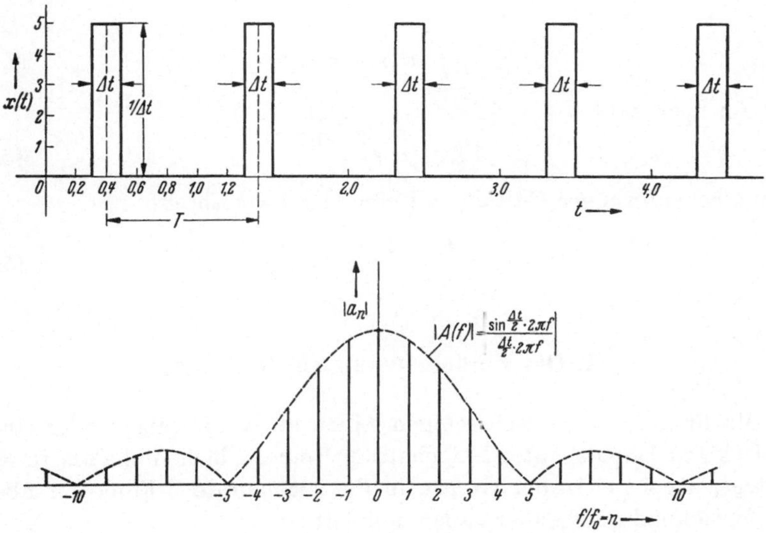

Abb. 5. Eine Folge von Rechteck-Impulsen und ihr Amplitudenspektrum.

Wir erhalten damit die von POISSON stammende „*Summenformel*"

$$\sum_{m=-\infty}^{+\infty} x(t + mT) = \sum_{n=-\infty}^{+\infty} e^{jn\omega_0 t}\, \frac{1}{T} \int_{-\infty}^{+\infty} x(\tau)\, e^{-jn\omega_0\tau}\, d\tau. \tag{4.24}$$

Sie zeigt, daß die Beziehung

$$a_n = \frac{1}{T}\, A(nf_0) \tag{4.25}$$

zwischen dem Linienspektrum der Impulsfolge und der Spektralfunktion des Einzelimpulses auch dann gilt, wenn sich die Impulse der Folge überlappen.

V. Der Zusammenhang zwischen Impulsbreite und Spektralbreite.

Ein Blick auf Abb. 4 zeigt, daß das Spektrum dieser Impulse um so breiter ist, je spitzer der Impuls ist. Für jeden dieser Rechteckimpulse besitzt das Amplitudenspektrum eine Halbwertsbreite $\Delta f = 1{,}20 \cdot \dfrac{1}{\Delta t}$. Es ist also

$$\boxed{\Delta f \cdot \Delta t \approx 1} \,. \tag{5.1}$$

Dies ist ein Gesetz, das für alle einfachen (einhöckrigen) Impulsformen gilt.

So findet man z. B. für alle glockenförmigen Impulse von der Form

$$x(t) = \frac{k}{\sqrt{\pi}}\, e^{-k^2 t^2}, \tag{5.2}$$

für die also ebenfalls der Flächeninhalt

$$\int\limits_{-\infty}^{+\infty} x(t)\, dt = 1 \tag{5.3}$$

ist, ein Spektrum

$$A(f) = e^{-\frac{(2\pi f)^2}{4 k^2}} \tag{5.4}$$

von glockenförmiger Gestalt, mit einer Halbwertsbreite

$$\Delta f = \frac{4 \cdot \ln 2}{\pi}\, \frac{1}{\Delta t} \approx \frac{1}{\Delta t} \,. \tag{5.5}$$

VI. Der Einheitsimpuls (δ-Funktion).

Macht man einen rechteckigen, einen glockenförmigen oder einen dreieckigen Impuls unter Beibehaltung seines Flächeninhaltes immer spitzer, so geht er in der Grenze in die sogenannte δ-Funktion über, die formelmäßig folgendermaßen definiert ist:

$$\delta(t) = \begin{cases} \infty \;\; \text{für } t = 0 \\ 0 \;\; \text{für } t \neq 0 \end{cases} \tag{6.1}$$

mit der Nebenbedingung

$$\int\limits_{-\infty}^{+\infty} \delta(t)\, dt = 1 \,. \tag{6.2}$$

Diese Funktion hat eine lange Geschichte. Sie wurde zuerst von CAUCHY eingeführt, von den Klassikern POISSON, HERMITE, KIRCHHOFF und HELMHOLTZ benutzt, was aber offenbar etwas in Vergessenheit geraten ist, denn sie wird heute in der Literatur meist nach DIRAC benannt, der sie in die Quantenmechanik eingeführt hat.

Mathematisch stellt sie keine Funktion im üblichen Sinne dar, und man muß sie sich immer als Grenzwert irgendeines endlichen Impulses vorstellen, also etwa

$$\delta(t) = \lim_{k \to \infty} \frac{k}{\sqrt{\pi}}\, e^{-k^2 t^2}. \tag{6.3}$$

Bei einem solchen Grenzübergang geht die Spektralfunktion in eine Konstante über. Es wird

$$A(f) = \lim_{k \to \infty} e^{-\frac{(2\pi f)^2}{4k^2}} = 1, \tag{6.4}$$

so daß wir für die δ-Funktion die spektrale Darstellung

$$\boxed{\;\delta(t) = \int_{-\infty}^{+\infty} e^{j2\pi f t}\, df\;} \tag{6.5}$$

hinschreiben können, die nur einen symbolischen Sinn unter Berücksichtigung des oben erwähnten Grenzprozesses besitzt. Ohne Rücksicht hierauf stellt die rechte Seite von Gl. (6.5) ein divergentes Integral dar.

Praktisch läßt sich natürlich eine δ-Funktion wegen ihrer unendlich hohen Amplitude nicht verwirklichen, sondern nur anstreben. Sie stellt die ideale Form eines Impulses mit frequenzunabhängigem Spektrum dar und wird auch *Einheitsimpuls* genannt, da sich jeder beliebig geformte Impuls nach der Formel

$$\boxed{\;x(t) = \int_{-\infty}^{+\infty} x(\tau)\, \delta(t-\tau)\, d\tau\;} \tag{6.6}$$

aus Einheitsimpulsen aufbauen läßt. Nach der Definition (6.1) der δ-Funktion ist nämlich $\delta(t-\tau)$ bis auf die Stelle $\tau = t$ überall gleich 0, so daß wir für die rechte Seite von Gl. (6.6) auch schreiben können

$$\int_{-\infty}^{+\infty} x(\tau)\, \delta(t-\tau)\, d\tau = \lim_{\varepsilon \to 0} \int_{t-\varepsilon}^{t+\varepsilon} x(\tau)\, \delta(t-\tau)\, d\tau. \tag{6.7}$$

Wenn das Intervall $t-\varepsilon$ bis $t+\varepsilon$ hinreichend klein ist, so werden sich die Werte von $x(\tau)$ in ihm nur um unendlich wenig von $x(t)$ unterscheiden. Es wird daher in der Grenze

$$\int_{-\infty}^{+\infty} x(\tau)\, \delta(t-\tau)\, d\tau = x(t) \int_{t-\varepsilon}^{t+\varepsilon} \delta(t-\tau)\, d\tau$$

$$= x(t) \int_{-\varepsilon}^{+\varepsilon} \delta(\tau')\, d\tau' = x(t), \tag{6.8}$$

da das auf der rechten Seite stehende Integral nach Gl. (6.2) den Wert 1 hat. Die δ-Funktion siebt also aus dem Integral den zum Argument $\tau = t$ gehörenden Wert von $x(\tau)$ heraus.

Auch mit Hilfe der Beziehung (6.6) erhält man wieder für die Spektralfunktion des Einheitsimpulses

$$A(f) = \int\limits_{\infty}^{+\infty} \delta(\tau)\, e^{-j\,2\pi f \tau}\, d\tau = \left(e^{-j\,2\pi f \tau}\right)_{\tau=0} = 1 \tag{6.9}$$

und damit die spektrale Zerlegung (6.5).

Man kann natürlich fragen, ob eine Zerlegung nach Gl. (6.6) für den Praktiker überhaupt einen Wert hat, da sie den Impuls aus Elementen aufbaut, die nur eine mathematische Abstraktion darstellen und technisch niemals zu verwirklichen sind. Darauf ist zu antworten, daß ja auch die geläufigere Fourierdarstellung den Impuls aus abstrakt mathematischen Gebilden als Elemente aufbaut, die sich physikalisch nicht realisieren lassen. Denn eine harmonische Schwingung besitzt definitionsgemäß eine unendliche Zeiterstreckung nach beiden Zeitrichtungen. Sie kann also weder ein- noch ausgeschaltet werden, stellt demnach ebenfalls eine mathematische Abstraktion dar.

Die praktische Bedeutung der Fourieranalyse liegt bekanntlich einzig und allein darin, daß sie die Berechnung der Wirkung komplizierter Schwingungsvorgänge mit ihren oft sehr verwickelten Ein- und Ausschaltvorgängen auf die so viel einfachere Berechnung der durch ihre harmonischen Komponenten verursachten stationären Schwingungszustände zurückführt.

Die praktische Bedeutung der Impulsanalyse nach Gl. (6.6) ist darin zu sehen, daß sie die Wirkung eines beliebigen Impulses mit einem oft sehr stark von der Frequenz abhängigen Spektrum zurückführt auf das einfachere Studium der Wirkung von Einheitsimpulsen, deren Spektrum frequenzunabhängig ist.

Die Darstellung (6.6) ist sozusagen die zur Fourierdarstellung komplementäre. Während bei der Fourierdarstellung (4.13) der Vorgang aus harmonischen Schwingungen, also Elementarvorgängen von unendlich langer Dauer und unendlich schmaler Spektralbreite aufgebaut wird, besitzen hier nach Gl. (6.6) die Elementarvorgänge als Einheitsimpulse eine unendlich kurze Dauer und eine unendlich große Spektralbreite.

Mathematisch sind beide Darstellungen ineinander überführbar. Setzt man in Gl. (6.6) für die δ-Funktion ihre spektrale Darstellung (6.5) ein, so folgt ohne weiteres das Formelpaar (4.12) und (4.13) für die Fourierdarstellung.

VII. Das Gesetz von Lord Rayleigh über die Impulsenergie.

Die von einem Impuls $x(t)$ in der Widerstandseinheit verbrauchte Energie

$$E_1 = \int\limits_{-\infty}^{+\infty} x^2(t)\,dt \tag{7.1}$$

läßt sich auch aus seiner Spektralfunktion $A(f)$ berechnen.

Drückt man in Gl. (7.1) einen der beiden untereinander gleichen Faktoren des Integranden durch die Spektralfunktion $A(f)$ aus, so kommt

$$E_1 = \int\limits_{-\infty}^{+\infty} dt\, x(t) \int\limits_{-\infty}^{+\infty} df\, A(f)\, e^{j 2\pi f t} \tag{7.2}$$

oder nach Umkehrung der Integrationsfolge

$$E_1 = \int\limits_{-\infty}^{+\infty} df\, A(f) \int\limits_{-\infty}^{+\infty} dt\, x(t) e^{j 2\pi f t} = \int\limits_{-\infty}^{+\infty} A(f)\, \overset{*}{A}(f)\, df = 2\int\limits_{0}^{\infty} |A(f)|^2\, df. \tag{7.3}$$

Damit haben wir die folgende, zuerst von LORD RAYLEIGH abgeleitete Beziehung gewonnen

$$\boxed{\ \int\limits_{-\infty}^{+\infty} x^2(t)\,dt = 2\int\limits_{0}^{\infty} |A(f)|^2\, df\ } . \tag{7.4}$$

Diese hat eine sehr anschauliche Bedeutung. Das mittlere Amplitudenquadrat einer (reellen) Fourierkomponente

$$x_f(t) = A(f)\, e^{j 2\pi f t}\, df + \overset{*}{A}(f)\, e^{-j 2\pi f t}\, df = 2\,|A(f)|\cos(2\pi f t + \varphi)\, df \tag{7.5}$$

mit

$$A(f) = |A(f)|\cdot e^{j\varphi} \tag{7.6}$$

ist

$$\overline{x_f^2(t)} = \lim_{T\to\infty} \frac{1}{T} \int\limits_{-\frac{T}{2}}^{+\frac{T}{2}} x_f^2(t)\,dt = \frac{1}{2}\,(2\,|A(f)|\,df)^2. \tag{7.7}$$

Es ist aber, wie wir uns aus dem früher gemachten Grenzübergang von der Fourier-Reihe zum Fourier-Integral erinnern (vgl. S. 6),

$$\lim_{T\to\infty} \frac{1}{T} = \lim_{T\to\infty} f_0 = df. \tag{7.8}$$

Also ist
$$2\,|A(f)|^2\, df = \lim_{T\to\infty} \int\limits_{-\frac{T}{2}}^{+\frac{T}{2}} x_f^2(t)\,dt, \tag{7.9}$$

also die von der reellen Fourierkomponente gelieferte Energie, so daß sich die Rayleighsche Beziehung folgendermaßen in Worte fassen läßt:

Die in einem Impuls enthaltene Energie ist gleich der Summe der Energien seiner Fourierkomponenten.

Für eine durch eine Fourier-Reihe darstellbare Impulsfolge gilt ein entsprechendes Gesetz für die in der Widerstandseinheit verbrauchte Leistung

$$\overline{x^2(t)} = \frac{1}{T} \int\limits_{-\frac{T}{2}}^{+\frac{T}{2}} x^2(t)\, dt\,. \tag{7.10}$$

Setzt man für einen der beiden gleichen Faktoren unter dem Integral die Fourier-Reihe

$$x(t) = \sum_{n=-\infty}^{+\infty}{}' a_n\, e^{jn\omega_0} \tag{7.11}$$

ein, so kommt

$$\overline{x^2(t)} = \frac{1}{T} \int\limits_{-\frac{T}{2}}^{+\frac{T}{2}} x(t) \sum_{n=-\infty}^{+\infty} a_n\, e^{jn\omega_0 t}\, dt \tag{7.12}$$

oder, nach Umkehrung der Reihenfolge von Summation und Integration,

$$\overline{x^2(t)} = \sum_{n=-\infty}^{+\infty}{}' a_n \frac{1}{T} \int\limits_{-\frac{T}{2}}^{+\frac{T}{2}} x(t)\, e^{jn\omega_0 t}\, dt = \sum_{n=-\infty}^{+\infty} a_n a_n^* = \sum_{n=-\infty}^{+\infty} |a_n|^2, \tag{7.13}$$

in Worten:

Die Leistung einer periodischen Impulsfolge ist gleich der Summe der Leistungen ihrer Fourierkomponenten.

VIII. Das Gibbssche Phänomen (Überschwingen).

Da die Wege, auf denen die Impulse in der Technik übertragen werden, notwendigerweise in ihrem Frequenzband begrenzt sind, werden alle diejenigen Impulse, deren Spektrum über die Bandgrenze des Übertragungskanals hinausreicht, nicht formgetreu übertragen. Dies gilt besonders für unendlich schmale Impulse und Unstetigkeiten, die ein unendlich ausgedehntes Spektrum besitzen.

Als Prototyp einer scharfen Spitze können wir den Einheitsimpuls ansehen, der daher auch den Namen *Stoßfunktion* führt.

Beschränken wir das Spektrum des Einheitsimpulses zunächst mathematisch auf einen endlichen Frequenzbereich 0 bis B, so entsteht nach Gl. (6.5) der folgende Impuls

$$y(t) = \int\limits_{-B}^{+B} e^{j2\pi ft}\, df = \frac{\sin 2\pi Bt}{\pi t}, \qquad (8.1)$$

der in Abb. 6 gezeichnet ist. Wir sehen, daß infolge der Bandbeschränkung die Schärfe des Impulses um so mehr verlorengeht, je niedriger die Frequenzbandgrenze liegt und daß in der Nachbarschaft des ur-

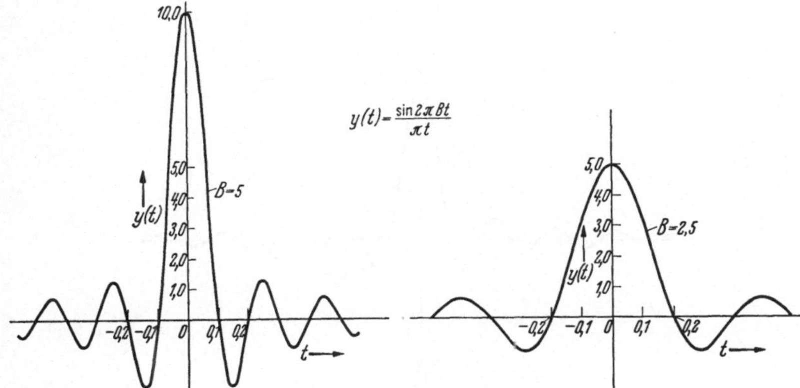

Abb. 6. Frequenzbandbeschränkte Einheitsimpulse.

sprünglichen plötzlichen Anspringens auf einen unendlich hohen Wert ein nach beiden Seiten abklingendes Oszillieren mit einer Frequenz eintritt, die gleich der Frequenzbandgrenze ist.

Diese Oszillationen sind eine für eine Bandbegrenzung typische Erscheinung. Sie treten immer auf, wenn das Spektrum, so wie wir es hier gemacht haben, unendlich scharf abgeschnitten wird.

Die Höhe der Oszillationen steht dabei zur Maximalamplitude in einem von der Bandbreite unabhängigen Verhältnis. Man sieht dies deutlich, wenn man die Maximalamplitude durch Multiplikation mit dem Faktor $1/2B$ auf den Wert 1 normiert, also die Impulse von der Form

$$y(t) = \frac{1}{2B} \int\limits_{-B}^{+B} e^{j2\pi ft}\, df = \frac{\sin 2\pi Bt}{2\pi Bt} \qquad (8.2)$$

betrachtet, die in Abb. 7 für verschiedene Werte von B gezeichnet sind.

Die Stoßfunktion stellt durchaus nicht die einfachste Unstetigkeit dar. Wir können sie als Grenzfall eines unendlich schmalen Rechtecks betrachten, als ein Hinaufspringen auf einen vom Ausgangswert (Null) verschiedenen Wert und ein unmittelbar darauf folgendes Hinunterspringen auf den Ausgangswert.

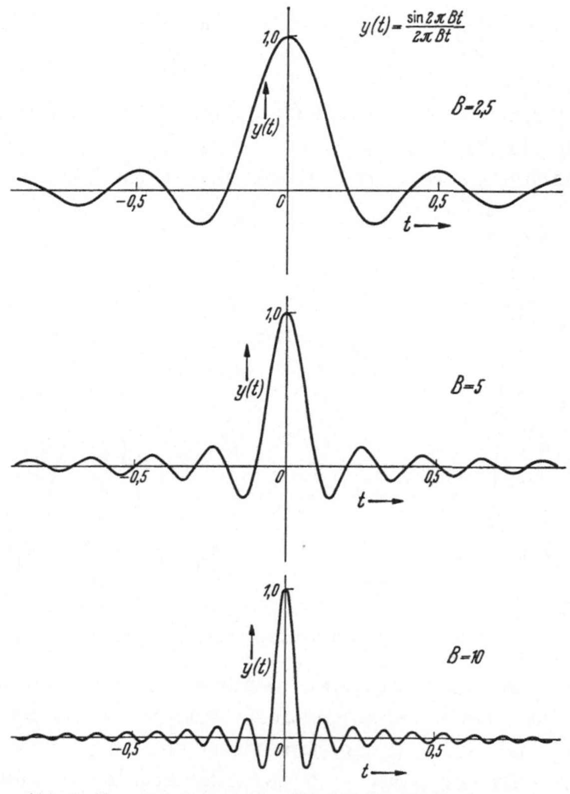

Abb. 7. Normierte frequenzbandbeschränkte Einheitsimpulse.

Das Oszillieren bei Bandbeschneidung tritt aber auch bereits bei einer einfachen Unstetigkeit auf. Als Prototyp einer solchen betrachten wir die sogenannte *Sprungfunktion*

$$\sigma(t) = \begin{cases} 0 \ \text{für} -\infty < t < 0 \\ 1 \ \text{für} \quad 0 < t < +\infty. \end{cases} \tag{8.3}$$

Diese Funktion hat bekanntlich HEAVISIDE seiner *Operatorenrechnung* zugrunde gelegt.

Untersuchen wir ihr Spektrum, so stoßen wir auf Konvergenzschwierigkeiten, denn das Integral

$$A(f) = \int\limits_{-\infty}^{+\infty} \sigma(t)\, e^{-j2\pi f t}\, dt = \int\limits_{0}^{\infty} e^{-j2\pi f t}\, dt \tag{8.4}$$

divergiert.

Es liegt hier nahe, die Konvergenz durch Einführung eines konvergenzerzeugenden Faktors e^{-qt} (q reell und positiv) zu erzwingen. Dies kommt darauf hinaus, statt der Sprungfunktion die folgende zu betrachten

$$\sigma_q(t) = \begin{cases} 0 & \text{für} -\infty < t < 0 \\ e^{-qt} & \text{für} \quad 0 < t < +\infty \end{cases} \tag{8.5}$$

und die Sprungfunktion als Grenzfall dieser Funktion für $q = 0$ aufzufassen.

Die Funktion $\sigma_q(t)$ besitzt die Spektralfunktion

$$A_q(f) = \int\limits_0^\infty e^{(-q-j2\pi f)t}\, dt = \left. \frac{e^{(-q-j2\pi f)t}}{-q-j2\pi f} \right|_0^\infty = \frac{1}{q+j2\pi f}, \tag{8.6}$$

so daß wir für $\sigma(t)$ schließlich die Spektralfunktion

$$A(f) = \frac{1}{j2\pi f} \tag{8.7}$$

und damit die Fourierdarstellung

$$\boxed{\sigma(t) = \int\limits_{-\infty}^{+\infty} \frac{e^{j2\pi ft}}{j2\pi f}\, df} \tag{8.8}$$

erhalten. Auch dieses an sich divergente Integral erhält nur mit Rücksicht auf die oben erwähnte Grenzbetrachtung einen symbolischen Sinn.

Wir werden auf diese Konvergenzschwierigkeiten bei der Betrachtung der *Laplace-Transformation* zurückkommen.

Für die Untersuchung des Einflusses einer Bandbegrenzung auf die Sprungfunktion wollen wir von einer etwas anderen Darstellung der Sprungfunktion ausgehen, die kein an sich divergentes Integral enthält.

Es ist nämlich

$$\boxed{\sigma(t) = \frac{1}{2} + \frac{1}{\pi} \int\limits_0^\infty \frac{\sin \omega t}{\omega}\, d\omega}, \tag{8.9}$$

da $\quad\displaystyle\int\limits_0^\infty \frac{\sin \omega t}{\omega}\, d\omega = \begin{cases} -\dfrac{\pi}{2} & \text{für } t < 0 \\[2mm] 0 & \text{für } t = 0 \\[2mm] +\dfrac{\pi}{2} & \text{für } t > 0 \end{cases} \quad$ ist. $\tag{8.10}$

Beschränken wir nun die Sprungfunktion auf die Bandbreite B, so entsteht die Funktion

$$\sigma_B(t) = \frac{1}{2} + \frac{1}{\pi} \int\limits_0^{2\pi B} \frac{\sin \omega t}{\omega}\, d\omega = \frac{1}{2} + \frac{1}{\pi} \int\limits_0^{2\pi B t} \frac{\sin u}{u}\, du$$

$$= \frac{1}{2} + \frac{1}{\pi}\, Si\,(2\pi B t). \tag{8.11}$$

Diese Funktion ist in Abb. 8 aufgetragen. Wir sehen wieder die charakteristischen Oszillationen mit der Frequenz der Bandgrenze. Diese rücken mit wachsendem B immer dichter an die Unstetigkeitsstelle heran. Sie vermindern dabei aber nicht ihre Amplitude. Es bleibt also stets ein „Überschwingen", dessen größte Amplitude in unmittelbarer Nähe der Unstetigkeit liegt und 9% der Sprunghöhe beträgt.

Diese Erscheinung ist zuerst von Michelson und Stratton beim Arbeiten mit ihrem harmonischen Analysator gefunden worden und hat seinerzeit großes Aufsehen hervorgerufen. Sie kann heute mit jedem Kathodenstrahloszillographen bequem demonstriert werden, indem man eine Schwingung mit Sprungstellen, beispielsweise eine Rechteckschwingung durch einen Tiefpaß von sehr großer Flankensteilheit schickt. Benannt wird sie nach dem amerikanischen Physiker William Gibbs, der zuerst gezeigt hat, daß sie nicht durch Fehler der Apparatur verursacht wurde, sondern eine mathematische Notwendigkeit ist.

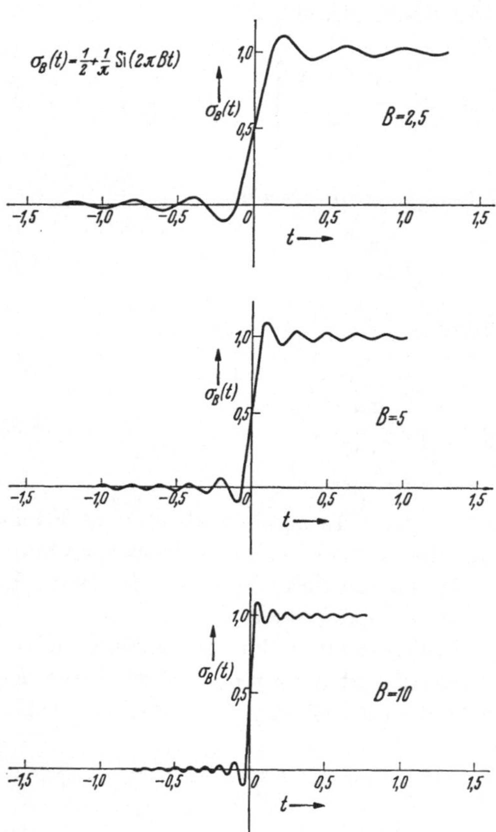

Abb. 8. Frequenzbandbeschränkte Sprungfunktionen.

Das Überschwingen tritt um so stärker auf, je schärfer das Spektrum begrenzt ist. Zu seiner Verminderung muß man also für eine kontinuierliche Begrenzung des Spektrums sorgen. Eine exponentielle Begrenzung mit quadratischem Exponenten (6.4) zeigt keinerlei Überschwingen, wie aus Gl. (6.3) hervorgeht.

Auch die Sprungfunktion $\sigma(t)$ kann als Aufbauelement für einen beliebig gestalteten Funktionsverlauf $x(t)$ dienen und wird daher auch *Einheitssprung* genannt. Man kann sich nämlich $x(t)$ aus unendlich vielen differentiell kleinen Einheitssprüngen $d\,x(\tau)\cdot\sigma(t-\tau)$ zusammengesetzt denken und kommt so zu der Darstellung

$$\boxed{x(t) = \int\limits_{-\infty}^{+\infty} \frac{d\,x(\tau)}{a\tau}\,\sigma(t-\tau)\,d\tau} \quad . \tag{8.12}$$

Anschaulich ist klar, daß der Einheitsimpuls als Differentialquotient des Einheitssprunges aufgefaßt werden kann.

Der Einheitsimpuls hat jedoch als Aufbauelement vor dem Einheitssprung den Vorzug, ein einfacheres Spektrum zu besitzen, nämlich das einfachste, das überhaupt möglich ist.

IX. Der Probensatz (Sampling-Theorem).

Wenn man von vornherein weiß, daß ein Schwingungsverlauf ein Spektrum besitzt, das sich nur bis zu einer Frequenz B erstreckt, so liegt es nahe zu versuchen, zu seinem Aufbau nicht Einheitsimpulse mit ihrem unendlich ausgedehnten Spektrum zu verwenden, sondern Impulse, deren Spektrum zwar gleichförmig im ganzen Spektralbereich ist, sich aber ebenfalls, wie das des vorgelegten Schwingungsverlaufs, nur bis zur Frequenz B erstreckt.

Diese Impulse sollen also von der Form

$$s(t) = \int\limits_{-B}^{+B} c\cdot e^{j2\pi ft}\,df = c\cdot\frac{\sin 2\pi Bt}{\pi t} \tag{9.1}$$

sein. Da diese Impulse nicht, wie die Einheitsimpulse, unendlich schmal sind, so liegt es weiterhin nahe, zu versuchen, mit einer diskreten Folge von Impulsen auszukommen. Wir machen also entsprechend Gl. (6.6) den Ansatz

$$x(t) = \sum_{n=-\infty}^{+\infty} x(n\cdot\varDelta t)\cdot s(t-n\cdot\varDelta t) \tag{9.2}$$

oder nach Gl. (9.1)

$$x(t) = c\cdot\sum_{n=-\infty}^{+\infty} x(n\cdot\varDelta t)\int\limits_{-B}^{+B} e^{j2\pi f(t-n\cdot\varDelta t)}\,df. \tag{9.3}$$

Die Spektralfunktion dieses Ausdruckes lautet

$$A(f) = \begin{cases} c \cdot \sum_{n=-\infty}^{+\infty} x(n \cdot \Delta t) \cdot e^{-jn2\pi f \cdot \Delta t} & \text{für } |f| < B \\ 0 & \text{für } |f| > B. \end{cases} \qquad (9.4)$$

Entwickelt man $A(f)$ im Intervall $-B$ bis $+B$ in eine Fourier-Reihe, so kommt

$$A(f) = \sum_{n=-\infty}^{+\infty} a_n\, e^{jn\frac{2\pi}{2B}f} \qquad (9.5)$$

mit

$$a_n = \frac{1}{2B} \int_{-B}^{+B} A(f)\, e^{-jn\frac{2\pi f}{2B}}\, df = \frac{1}{2B}\, x\left(-\frac{n}{2B}\right). \qquad (9.6)$$

Es ist also
$$A(f) = \frac{1}{2B} \sum_{n=-\infty}^{+\infty} x\left(-\frac{n}{2B}\right) e^{jn\frac{2\pi f}{2B}} \qquad (9.7)$$

oder
$$A(f) = \frac{1}{2B} \sum_{n=-\infty}^{+\infty} x\left(\frac{n}{2B}\right) e^{-jn\frac{2\pi f}{2B}}. \qquad (9.8)$$

Der Vergleich von Gl. (9.8) und (9.4) ergibt, daß eine Entwicklung von der Form (9.2) für eine auf das Frequenzband 0 bis B beschränkte Funktion $x(t)$ in der Tat möglich ist, wenn man $c = \frac{1}{2B}$ und $\Delta t = \frac{1}{2B}$ setzt.

Damit haben wir das folgende Resultat:

Für eine auf das Frequenzband 0 bis B beschränkte Funktion $x(t)$ gilt die Entwicklung

$$\boxed{\; x(t) = \sum_{n=-\infty}^{+\infty} x\left(\frac{n}{2B}\right) \cdot \frac{\sin \pi(2Bt - n)}{\pi(2Bt - n)} \;} \qquad (9.9)$$

Aus dieser Formel lesen wir die bemerkenswerte Tatsache ab, daß eine derartige Funktion durch eine *diskrete* Folge von Probewerten der Funktion, die zu Argumentwerten im Abstand $1/2B$ gehören, eindeutig festgelegt ist. Dies ist der Inhalt des sogenannten *Probensatzes* (*Sampling-Theorem*), der in der allgemeinen Theorie der Nachrichtenübertragung und auch insbesondere für die Theorie der Pulsmodulation von fundamentaler Bedeutung ist.

Ändert man einen einzigen Probewert, so ändert sich damit im allgemeinen der ganze Funktionsverlauf, aber an den Stellen, an denen die anderen Probewerte entnommen werden, ändert er sich nicht. Es geht nämlich, wie ein Rückblick auf Abb. 7 zeigt, jeder Einzelimpuls gerade an den Stellen durch Null, an denen die anderen Probewerte entnommen werden.

Angesichts der Wichtigkeit des *Sampling-Theorems* wird es gut sein, wenn wir uns seinen inneren Mechanismus noch auf einem etwas anderen Wege klarmachen.

Betrachten wir die Folge der Probewerte $x\,(n/2\,B)$ allein, und denken wir uns jeden einzelnen Probewert durch einen Einheitsimpuls repräsentiert, so stellt die betrachtete Folge eine Folge von Einheitsimpulsen mit dem Impulsabstand $\Delta t = 1/2\,B$ dar, die im Rhythmus von $x(t)$ amplitudenmoduliert ist.

Wir berechnen zunächst das Spektrum einer unmodulierten Folge von Einheitsimpulsen. Die Entwicklung in eine Fourier-Reihe ergibt

$$\sum_{n=-\infty}^{+\infty} \delta\,(t - n \cdot \Delta t) = \sum_{m=-\infty}^{+\infty} a_m \cdot e^{\,jm\frac{2\pi}{\Delta t}t}. \tag{9.10}$$

Nach Gl. (4.8) wird

$$a_m = \frac{1}{\Delta t} \int_{-\frac{\Delta t}{2}}^{+\frac{\Delta t}{2}} \delta\,(t)\, e^{-jm\frac{2\pi}{\Delta t}t}\, dt = \frac{1}{\Delta t}, \tag{9.11}$$

also

$$\sum_{n=-\infty}^{+\infty} \delta\,(t - n \cdot \Delta t) = \frac{1}{\Delta t} \sum_{m=-\infty}^{+\infty} e^{\,jm\frac{2\pi}{\Delta t}t}. \tag{9.12}$$

Dies ist eine für viele praktische Anwendungen auch außerhalb der Impulstechnik sehr nützliche Beziehung. Sie besagt in unserem Fall, daß das Spektrum einer Folge von Einheitsimpulsen mit dem Impulsabstand Δt eine Folge von Spektrallinien von der Größe $1/\Delta t$ und dem Frequenzabstand $1/\Delta t$ ist.

Wird die Folge von Einheitsimpulsen mit einer Funktion von der Bandbreite b amplitudenmoduliert, so bekommt jede ihrer Spektrallinien zwei Seitenbänder. Diese werden sich nur dann nicht überlappen, wenn

$$b \leq \frac{1}{2\Delta t} \equiv B \tag{9.13}$$

ist. Unter den unendlich vielen modulierten Spektralfrequenzen kommt aber auch die Frequenz 0 vor. Wir können also die modulierende Funktion aus der modulierten Folge wieder herausholen, wenn wir aus deren Spektrum das Frequenzband 0 bis B heraussieben.

Solange die Bedingung (9.13) für $x(t)$ erfüllt ist, muß also

$$\sum_{n=-\infty}^{+\infty} \left(1 + \alpha\,x\left(\frac{n}{2B}\right)\right) \int_{-B}^{+B} e^{\,j2\pi f\left(t-\frac{n}{2B}\right)}\, df = 2\,B\left(1 + \alpha\,x\,(t)\right) \tag{9.14}$$

sein. Hierbei haben wir, um die Siebung auszuführen, auf der linken Seite von der Spektralformel (6.5) für die δ-Funktion Gebrauch gemacht. Auf der rechten Seite bedeutet die Siebung die Beschränkung auf das Glied mit $m = 0$. α ist der Modulationsgrad.

Mit Hilfe von Gl. (9.1) ergibt sich hieraus die Beziehung

$$\sum_{n=-\infty}^{+\infty} \left(1 + \alpha\, x\left(\frac{n}{2B}\right)\right) \frac{\sin 2\pi B\left(t - \dfrac{n}{2B}\right)}{\pi\left(t - \dfrac{n}{2B}\right)} = 2B\left(1 + \alpha\, x(t)\right). \qquad (9.15)$$

Diese Beziehung gilt für alle Funktionen $x(t)$ mit einer Bandbreite $\leq B$.

Sie gilt also beispielsweise auch für die einfache Funktion

$$x(t) = \text{const} = 0. \qquad (9.16)$$

Diese liefert die Identität

$$\sum_{n=-\infty}^{+\infty} \frac{\sin 2\pi B\left(t - \dfrac{n}{2B}\right)}{2\pi B\left(t - \dfrac{n}{2B}\right)} = 1, \qquad (9.17)$$

mit deren Benutzung schließlich aus Gl. (9.15) sofort die Gl. (9.9) für den Probensatz folgt.

X. Die Modulation einer Impulsfolge.

Nachdem wir soeben bei der Besprechung des Probensatzes auf die Amplitudenmodulation einer Impulsfolge gestoßen sind, tritt ganz natürlich die Frage nach anderen Modulationsmöglichkeiten auf. Um sie erschöpfend beantworten zu können, gehen wir von der Poissonschen Summenformel (4.24) für eine Folge von Impulsen beliebiger Gestalt $x(t)$ aus. Danach ist

$$\sum_{m=-\infty}^{+\infty} x(t - mT) = \sum_{n=-\infty}^{+\infty} a_n \cdot e^{jn\omega_0 t} \qquad (10.1)$$

mit
$$a_n = f_0 \cdot A(nf_0), \qquad (10.2)$$

$$f_0 = \frac{1}{T} = \frac{\omega_0}{2\pi} \qquad (10.3)$$

und
$$A(f) = \int_{-\infty}^{+\infty} x(\tau)\, e^{-j2\pi f\tau}\, d\tau. \qquad (10.4)$$

Wird der Impuls so verändert, daß unter Beibehaltung seiner Lage auf der Zeitachse sich seine sämtlichen Amplituden im selben Rhythmus ändern, so wird lediglich $A(f)$ für alle f und damit auch a_n für alle n mit demselben Faktor $(1 + \alpha\, y(t))$ multipliziert, wobei $y(t)$ die modulierende Nachrichtenfunktion und α eine Konstante ist, die mit dem

Maximalwert von $y(t)$ multipliziert den Modulationsgrad bestimmt. Es liegt dann der bereits diskutierte Fall der reinen *Pulsamplitudenmodulation* vor.

Man kann aber auch die Form der Impulse unter Beibehaltung ihrer Lage und Maximalamplitude beeinflussen. Dies kommt auf eine Formänderung von $A(f)$ hinaus.

Wir wollen dies an einem einfachen Beispiel zeigen. Die Spektralfunktion eines Rechteckimpulses von der Breite b_0 und der Höhe 1 ist

$$A(f) = \int\limits_{-\frac{b_0}{2}}^{+\frac{b_0}{2}} e^{-j2\pi ft}\, dt = \frac{e^{-j2\pi ft}}{-j2\pi f}\Bigg|_{-\frac{b_0}{2}}^{+\frac{b_0}{2}} = \frac{\sin b_0 \pi f}{\pi f}. \tag{10.5}$$

Also wird für eine Folge aus solchen Rechteckimpulsen

$$a_n = \frac{1}{\pi}\frac{\sin\left(\frac{b_0}{2} n\, 2\pi f_0\right)}{n}. \tag{10.6}$$

Ändert sich nun die Breite des Impulses im Rhythmus der Nachrichtenfunktion, so ist statt b_0 zu setzen

$$b = b_0 + \varepsilon\, y(t). \tag{10.7}$$

Man spricht von einer *Pulslängenmodulation*, indem man statt Breite „Länge" im Sinne von Länge der Zeitdauer des Impulses sagt. Die Konstante ε bestimmt, mit dem Maximalwert von $y(t)$ multipliziert, den Längenhub.

Das Spektrum einer längenmodulierten Impulsfolge hat Ähnlichkeit mit demjenigen einer amplitudenmodulierten. Es beschränkt sich aber nicht auf die Seitenbänder erster Ordnung, sondern enthält noch weitere, wie die Entwicklung von a_n für eine sinusförmige Nachrichtenfunktion leicht zeigt. Die dabei entstehenden Oberschwingungen der Nachrichtenfunktion wirken alle im Sinne einer Amplitudenmodulation.

Eine weitere Modulationsmöglichkeit bietet die Veränderung der Lage der Impulse. Diese ist durch die Phase der Impulsfolgefrequenz f_0 bestimmt. Wird diese im Sinne der Nachrichtenfunktion direkt verändert, so ist im Exponenten der e-Funktionen statt $\omega_0 t$ zu setzen

$$\Phi(t) = \omega_0 t + \beta\, y(t). \tag{10.8}$$

Die Konstante β bestimmt, mit dem Maximalwert von $y(t)$ multipliziert, den Phasenhub.

In a_n muß an Stelle von f_0 die Augenblicksfrequenz

$$\frac{1}{2\pi}\frac{d\Phi(t)}{dt} = f_0 + \frac{\beta}{2\pi}\frac{dy}{dt} \tag{10.9}$$

gesetzt werden. Ändert sich hierbei a_n praktisch nur sehr wenig oder gar nicht (letzteres kann z. B. wie Gl. (10.6) zeigt, bei einem Rechteckimpuls dadurch erreicht werden, daß man dafür sorgt, daß das Tastverhältnis $b_0 f_0 = b_0/T$ konstant bleibt), so liegt der Fall einer reinen *Pulsphasenmodulation* vor. Es ist ohne weiteres ersichtlich, daß dabei jede Spektralfrequenz der Folge im selben Rhythmus phasenmoduliert wird.

Wird statt der Phase die Augenblicksfrequenz der Impulsfolge selbst moduliert, so ist

$$\frac{1}{2\pi}\frac{d\Phi(t)}{dt} = f_0 + \gamma y(t), \tag{10.10}$$

und man spricht von einer *Pulsfrequenzmodulation*. Hier gibt die Konstante γ mit dem Spitzenwert von $y(t)$ multipliziert den Frequenzhub. Bleibt auch hierbei a_n ungeändert, so liegt der Fall einer reinen Pulsfrequenzmodulation vor. Es wird dabei jede Spektralfrequenz der Folge im selben Rhythmus frequenzmoduliert.

Die Pulsmodulationsverfahren haben gegenüber den Verfahren zur Modulation kontinuierlicher Wellen den Vorzug, daß sie nicht nur eine frequenzmäßige, sondern auch eine zeitliche Ausfilterung von Störungen ermöglichen. Bei den Verfahren, die mit konstanter Pulsamplitude arbeiten, ist darüber hinaus noch eine Amplitudenfilterung möglich. Von diesen zusätzlichen Störbefreiungsmöglichkeiten macht in besonders wirksamer Weise die *Pulscodemodulation* Gebrauch. Bei ihr werden die Probewerte, die von der zu übertragenden Nachrichtenfunktion mit der Bandbreite B alle $1/2B$ sek entnommen werden, nicht kontinuierlich mit ihrem genauen Amplitudenwert verarbeitet, sondern nur diskontinuierlich, d. h. es wird jeder Amplitudenwert durch denjenigen einer Stufenskala ersetzt, dem er am nächsten liegt. Die hierdurch entstehende Ungenauigkeit wird als zusätzliches „Quantisierungsgeräusch" in Kauf genommen. Die gequantelten Amplituden werden dann in ein Fünferalphabet verwandelt, so daß $2^5 = 32$ Amplitudenstufen unterschieden werden können. Die Zeichen des Fünferalphabets werden über den Nachrichtenkanal in Form von Impulsen konstanter Breite und der Amplitude 0 oder 1 übertragen, die nur in ganz bestimmten Augenblicken auftreten können, was die gleichzeitige Anwendung von Zeit- und Amplitudenfilterung und damit eine sehr hohe Störbefreiung ermöglicht.

Bei der Diskussion der Frage, welches Modulationssystem das günstigste ist, ist jedoch außer dem Rauschabstand noch das von den Signalen auf dem Übertragungsweg benötigte Frequenzband in Rechnung zu setzen, das bei allen Pulsmodulationsverfahren größer als das Band der Nachrichtenfunktion ist.

XI. Das Prinzip der stationären Phase.

In vielen Fällen ist es möglich, aus der Fourierdarstellung eines Impulses gewisse Eigenschaften seines zeitlichen Verlaufes abzuschätzen, ohne das Integral

$$x(t) = \int\limits_{-\infty}^{+\infty} A(f)\, e^{j2\pi ft}\, df = 2\int\limits_{0}^{\infty} |A(f)|\cos\left(2\pi ft + \varphi(f)\right) df \qquad (11.1)$$

auszurechnen.

Ändert sich $|A(f)|$ innerhalb eines Intervalles zwischen zwei Nulldurchgängen der Cosinusfunktion nur relativ wenig, so tragen alle jene Frequenzbereiche, in die zahlreiche Oszillationen der Cosinusfunktion fallen, praktisch nichts zum Wert des Integrals bei. Ausschlaggebend für den Wert des Integrals sind nur jene Bereiche, in denen sich das Argument der Cosinusfunktion nicht merklich ändert oder m. a. W. die Phase der Fourierkomponenten stationär ist. Man nennt daher diese Abschätzungsmethode, die auf LORD KELVIN zurückgeht, das *Prinzip der stationären Phase.*

Die größten Amplituden eines Impulses treten also in jenen Zeitpunkten ein, in denen

$$\frac{d}{df}[2\pi ft + \varphi(f)] = 2\pi t + \frac{d\varphi}{df} = 0, \qquad (11.2)$$

also

$$t = -\frac{1}{2\pi}\frac{d\varphi}{df} \qquad (11.3)$$

ist. Hieraus folgt sofort, daß ein Übertragungssystem, das lediglich eine der Frequenz proportionale Phasenverschiebung $\varphi = -2\pi\tau f$ hervorruft, den Impuls um τ Sekunden verzögert, aber seine Form dabei nicht ändert.

Umgekehrt lassen sich aus dem gegebenen zeitlichen Verlauf eines Impulses in vielen Fällen nach demselben Prinzip die Hauptgebiete seines Spektrums abschätzen.

Für einen Morsestrich der Wechselstromtelegraphie

$$x(t) = \begin{cases} \cos 2\pi f_0 t & \text{für } -T < t < +T \\ 0 & \text{sonst} \end{cases} \qquad (11.4)$$

ist

$$A(f) = \int\limits_{-T}^{+T} \cos 2\pi f_0 t \cdot e^{-j2\pi ft}\, dt$$

$$= \frac{1}{2}\int\limits_{-T}^{+T} e^{-j2\pi(f-f_0)t}\, dt + \frac{1}{2}\int\limits_{-T}^{+T} e^{-j2\pi(f+f_0)t}\, dt. \qquad (11.5)$$

Das Prinzip der stationären Phase liefert hier für diejenigen Stellen, an denen $A(f)$ die größten Werte annimmt, die Bestimmungsgleichungen

$$\frac{d}{dt}\left[2\pi(f-f_0)t\right]=0 \qquad (11.6)$$

für das erste Integral bzw.

$$\frac{d}{dt}\left[2\pi(f+f_0)t\right]=0 \qquad (11.7)$$

für das zweite Integral, also die Frequenzen $f=+f_0$ und $f=-f_0$.

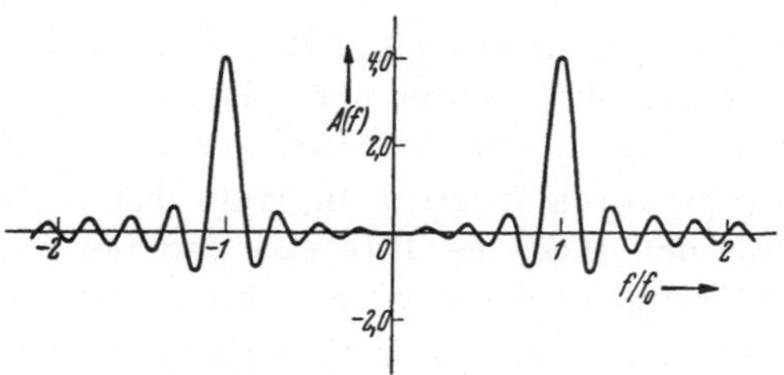

Abb. 9. Spektralfunktion eines Morsestriches der Wechselstrom-Telegraphie.

Die Ausrechnung des Integrals (11.5) liefert die Formel

$$A(f)=T\left[\frac{\sin 2\pi\,(f-f_0)\,T}{2\pi(f-f_0)\,T}+\frac{\sin 2\pi(f+f_0)\,T}{2\pi(f+f_0)\,T}\right], \qquad (11.8)$$

die in Abb. 9 graphisch dargestellt ist und die Abschätzung aufs beste bestätigt.

XII. Beeinflussungen von Impulsen durch lineare Systeme.

Amplituden- und Phasenverzerrungen.

Die Fourierdarstellung eines Impulses ist besonders geeignet zur Behandlung von Problemen an linearen Schwingungsgebilden, da in diesen das Superpositionsgesetz gilt.

Wird ein Impuls

$$x(t)=\int\limits_{-\infty}^{+\infty}A(f)\,e^{j\,2\pi ft}\,df \qquad (12.1)$$

über ein lineares System mit dem Übertragungsfaktor $S(f)$ gegeben, so resultiert ein Impuls

$$y(t)=\int\limits_{-\infty}^{+\infty}A(f)\,S(f)\,e^{j2\pi ft}\,df. \qquad (12.2)$$

$S(f)$ ist im allgemeinen komplex. Setzen wir

$$A(f)=|A(f)|\cdot e^{j\varphi(f)} \qquad (12.3)$$

und

$$S(f)=|S(f)|\cdot e^{j\psi(f)}, \qquad (12.4)$$

so wird
$$y(t)=\int\limits_{-\infty}^{+\infty}|A(f)||S(f)|\,e^{j\left(\varphi(f)+\psi(f)\right)}\,e^{j2\pi ft}\,df. \qquad (12.5)$$

Es tritt also im allgemeinen sowohl eine Verzerrung der Amplitude als auch der Phase der Spektralfunktion des Impulses auf. Wenn auch im allgemeinen eine Amplitudenverzerrung mit einer Phasenverzerrung verbunden ist, ist es trotzdem nützlich, die Wirkung einer reinen Amplitudenverzerrung zu betrachten, da es physikalisch realisierbare Systeme mit reiner Phasenverzerrung gibt, mit denen sich die mit einer Amplitudenverzerrung eines Systems gekoppelte Phasenverzerrung praktisch weitgehend aufheben läßt.

Nehmen wir als Testimpuls einen symmetrischen Impuls $x_s(t)$ und legen wir den Zeitnullpunkt in seine Mitte. Dann ist $A(f)$ reell, $\varphi(f) \equiv 0$, und es wird

$$x_s(t) = \int_{-\infty}^{+\infty} A_s(f)\, e^{j2\pi f t}\, df = 2 \int_0^\infty A_s(f) \cos 2\pi f t\, df. \qquad (12.6)$$

Der verzerrte Impuls ist dann

$$y_s(t) = \int_{-\infty}^{+\infty} A_s(f)\,|S(f)|\, e^{j\left(2\pi f t + \psi(f)\right)}\, df. \qquad (12.7)$$

Eine reine Amplitudenverzerrung liegt dann vor, wenn $\psi(f)$ der Frequenz proportional ist. Es tritt dann, wie wir bereits gesehen haben, lediglich eine Verzögerung des Impulses ein.

Setzen wir wieder $\qquad \psi(f) = -\, 2\pi f \cdot \tau, \qquad\qquad\qquad (12.8)$

so wird $\qquad\quad y_s(t) = \int_{-\infty}^{+\infty} A_s(f)\,|S(f)|\, e^{j2\pi f(t-\tau)}\, df$

$$= 2 \int_0^\infty A_s(f)\,|S(f)|\, \cos 2\pi f(t-\tau)\, df. \qquad (12.9)$$

Da dieser Impuls nur Cosinuskomponenten enthält, so ist er um den Zeitpunkt $t = \tau$ symmetrisch. Aus einem symmetrischen Impuls wird also bei reiner Amplitudenverzerrung wieder ein symmetrischer Impuls, dessen Mitte um die Laufzeit τ verzögert ist.

Als Beispiel betrachten wir den durch einen idealen Tiefpaß verzerrten extrem scharfen Impuls in Abb. 10.

Rechnerisch finden wir $y(t)$ indem wir $x(t) \approx \delta(t)$, also $A_s(f) = 1$ setzen. Für den idealen Tiefpaß ist

$$|S(f)| = \begin{cases} 1 \text{ für } -B < f < +B \\ 0 \text{ sonst} \end{cases} \qquad (12.10)$$

und $\qquad\qquad\qquad \psi(f) = -\, 2\pi f \tau. \qquad\qquad\qquad (12.11)$

Damit wird

$$y(t) = 2 \int_0^B \cos 2\pi f(t-\tau)\, df = \frac{\sin 2\pi B(t-\tau)}{\pi(t-\tau)}. \qquad (12.12)$$

Bei reiner Phasenverzerrung ist

$$|S(f)| = 1 \qquad (12.13)$$

und

$$\psi(f) = -2\pi f\tau - \psi_a(f), \qquad (12.14)$$

wenn wir die Abweichung von der Frequenzproportionalität der Phase mit $\psi_a(f)$ bezeichnen.

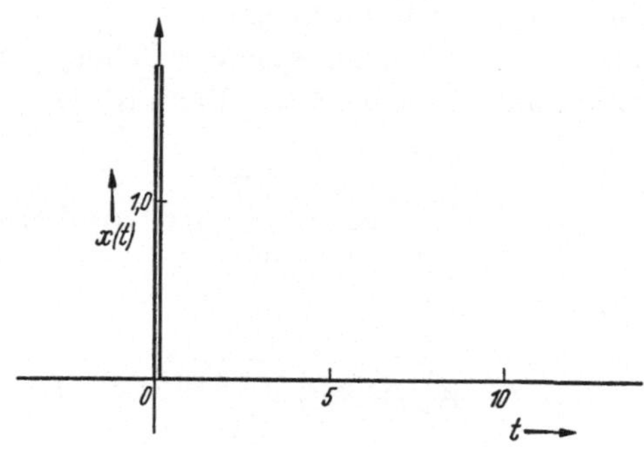

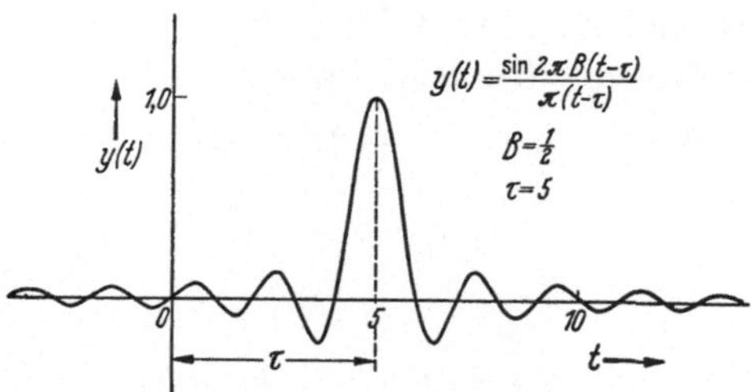

Abb. 10. Die Wirkung eines Einheitsimpulses auf einen idealen Tiefpaß.

Jetzt wird

$$y_s(t) = \int\limits_{-\infty}^{+\infty} A_s(f)\, e^{j(2\pi f(t-\tau)-\psi_a(f))}\, df. \qquad (12.15)$$

Damit $y_s(t)$ reell ist, muß

$$\psi_a(-f) = -\psi_a(f) \qquad (12.16)$$

sein. Dann ist aber

$$y_s(t) = 2\int\limits_0^\infty A_s(f)\, \cos\left[2\pi f(t-\tau) - \psi_a(f)\right] df \qquad (12.17)$$

$$= 2\int\limits_0^\infty A_s(f)\, \cos 2\pi f(t-\tau)\, \cos\psi_a(f)\, df$$

$$+ 2\int\limits_0^\infty A_s(f)\, \sin 2\pi f(t-\tau)\, \sin\psi_a(f)\, df. \qquad (12.18)$$

Es treten also jetzt nicht nur Cosinuskomponenten, sondern auch Sinuskomponenten auf. Die letzteren machen den Impuls unsymmetrisch.

Eine reine Phasenverzerrung macht also aus einem symmetrischen Impuls einen unsymmetrischen.

Unseren Formeln können wir schließlich noch entnehmen, daß bei einer reinen Phasenverzerrung die Energie des Impulses erhalten bleibt.

Daß nicht alle Systeme mit reiner Amplitudenverzerrung physikalisch möglich sind, kann man leicht wie folgt plausibel machen.

Nehmen wir als Testimpuls einen Einheitsimpuls. Dieser besteht nach der Formel

$$\delta(t) = \int\limits_{-\infty}^{+\infty} e^{j2\pi ft}\, df \tag{12.19}$$

aus lauter Einheitsvektoren, die für einen beliebigen Wert von t alle nach verschiedenen Richtungen zeigen und sich daher in Summa aufheben. Nur für $t = 0$ zeigen sie alle in eine Richtung und ergeben dann den dort vorhandenen unendlich großen Wert.

Diese Interferenz für $t \neq 0$ wird nun sofort gestört, wenn man nur die zu einem schmalen Frequenzbereich gehörigen Vektoren in ihrer Amplitude von 1 verschieden macht, ohne ihre Phasen zu ändern, denn ihre Richtungen sind ja für beliebiges t keineswegs entgegengesetzt. Hieraus folgt, daß der Impuls am Ausgang des Systems

$$y(t) = \int\limits_{-\infty}^{+\infty} |S(f)|\, e^{j2\pi f(t-\tau)}\, df \tag{12.20}$$

sowohl für positive, als auch für beliebige negative Werte von $t - \tau$, und damit bei endlichem τ auch von t, endliche Werte besitzt, was dem Kausalitätsprinzip widerspricht.

Als ein weiteres Beispiel für ein nicht realisierbares System mit reiner Amplitudenverzerrung betrachten wir noch einmal Abb. 10. Diese widerspricht ebenfalls dem Kausalitätsprinzip. Die „Wirkung" $y(t)$ darf nicht bereits zu Zeiten vor Eintritt der „Ursache" $x(t)$ vorhanden sein.

In ähnlicher Weise kann man zeigen, daß auch nicht alle Systeme mit reiner Phasenverzerrung und überhaupt nicht alle denkbaren Systeme physikalisch möglich sind.

Die funktionentheoretische Analyse des Integrals (12.2) liefert als notwendige und hinreichende Bedingungen für die Realisierbarkeit eines Systems, daß der Übertragungsfaktor $S(f)$ in der unteren komplexen Frequenzebene keine Singularitäten besitzen darf und außerdem $S(-f) = S^*(f)$ ist.

Als Beispiel für ein realisierbares System mit reiner Phasenverzerrung geben wir einen Einheitsimpuls auf ein Kreuzglied mit widerstandsreziproken Zweigen, wie es in der Fernmeldetechnik zum Phasenausgleich verwandt wird (Abb. 11).

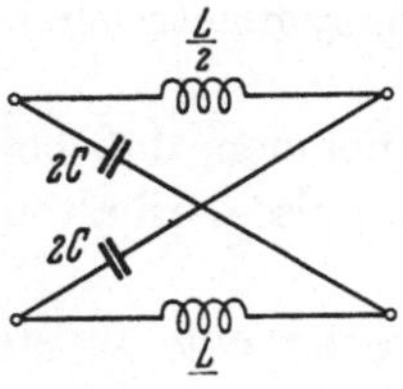

Für ein solches gilt bekanntlich

$$\operatorname{tg} \frac{\psi}{2} = -2\pi f \sqrt{LC} = -2\pi T f, \quad (12.21)$$

und $|S(f)|$ ist konstant.

Abb. 11. Ein Kreuzglied mit widerstandsreziproken Zweigen.

$$\text{Da} \qquad e^{j\psi} \equiv \frac{1 + j\operatorname{tg}\dfrac{\psi}{2}}{1 - j\operatorname{tg}\dfrac{\psi}{2}} \qquad (12.22)$$

ist, besitzt der Impuls am Ausgang des Kreuzgliedes die Form

$$y(t) = \int_{-\infty}^{+\infty} \frac{1 - j2\pi T f}{1 + j2\pi T f} e^{j2\pi f t}\, df$$

$$= \underbrace{\int_{-\infty}^{+\infty} \frac{1}{1 + j2\pi T f} e^{j2\pi f t}\, df}_{(\mathrm{I})} - \underbrace{\int_{-\infty}^{+\infty} \frac{j2\pi T f}{1 + j2\pi T f} e^{j2\pi f t}\, df}_{(\mathrm{II})}. \quad (12.23)$$

Das erste Integral ist aber leicht auszuwerten. Es ist

$$(\mathrm{I}) = \frac{1}{T} \int_{-\infty}^{+\infty} \frac{1}{\dfrac{1}{T} + j2\pi f} e^{j2\pi f t}\, df = \begin{cases} 0 & \text{für } -\infty < t < 0 \\[2ex] \dfrac{1}{T} e^{-\dfrac{t}{T}} & \text{für } 0 < t < +\infty, \end{cases} \quad (12.24)$$

wie sich durch die Fourier-Entwicklung der rechts stehenden Funktion leicht verifizieren läßt [vgl. Gl. (8.6)].

Für das zweite Integral gilt aber offenbar

$$(\mathrm{II}) = \int_{-\infty}^{+\infty} \frac{j2\pi f}{\dfrac{1}{T} + j2\pi f} e^{j2\pi f t}\, df = T \cdot \frac{d(\mathrm{I})}{dt}$$

$$= \begin{cases} 0 & \text{für } -\infty < t < 0 \\[2ex] \delta(t) - \dfrac{1}{T} e^{-\dfrac{t}{T}} & \text{für } 0 \leqq t < +\infty. \end{cases} \quad (12.25)$$

Es wird daher

$$y(t) = \begin{cases} 0 & \text{für } -\infty < t < 0 \\ -\,\delta(t) + \dfrac{2}{T}\,e^{-\frac{t}{T}} & \text{für } 0 \leqq t < +\infty. \end{cases} \tag{12.26}$$

Es tritt hier also außer einem umgekehrten Einheitsimpuls ein „Nachläufer" auf, der den Impuls unsymmetrisch macht, aber es tritt —
was an diesem Beispiel demonstriert werden sollte — kein dem Kausalgesetz widersprechender „Vorläufer" auf. In Abb. 12 ist der Verlauf von $y(t)$ gezeichnet, wobei der Einheitsimpuls durch einen sehr schmalen, rechteckigen Impuls ersetzt ist.

Als Beispiel für ein System mit Amplituden- und Phasenverzerrung betrachten wir die Verzerrung eines extrem scharfen Impulses durch eine Drosselkette.

Das Übertragungsmaß einer solchen n-gliedrigen Kette, die mit ihrem Wellenwiderstand abgeschlossen ist, ist bekanntlich

$$S(f) = \left[\sqrt{1 - \frac{\omega^2}{\omega_0^2}} - j\,\frac{\omega}{\omega_0} \right]^{2n}, \tag{12.27}$$

worin

$$\omega_0 = \frac{2}{\sqrt{LC}} \tag{12.28}$$

die Grenzfrequenz der Kette ist.

Abb. 12. Die Wirkung eines Einheitsimpulses auf ein Kreuzglied nach Abb. 11.

Gibt man auf eine solche Kette einen Einheitsimpuls, so erhält man für die Spannung am n-ten Glied die Formel

$$y(t) = \omega_0 \cdot 2n \cdot \frac{J_{2n}(\omega_0 t)}{\omega_0 t}. \tag{12.29}$$

Hierin ist J_{2n} die Besselsche Funktion erster Art $2n$-ter Ordnung.

In Abb. 13 ist die Spannung am 15. Glied aufgetragen.

Da es sich um ein physikalisches Gebilde handelt, entsteht natürlich kein dem Kausalgesetz widersprechender Vorläufer.

Für große x ist angenähert

$$J_\nu(x) \approx \sqrt{\frac{2}{\pi x}} \sin\left(x - \frac{2\nu - 1}{4}\,\pi \right). \tag{12.30}$$

Man erkennt, daß die von einem Einheitsimpuls angestoßene Drosselkette Schwingungen in ihrer Grenzfrequenz mit stark abnehmender Amplitude ausführt.

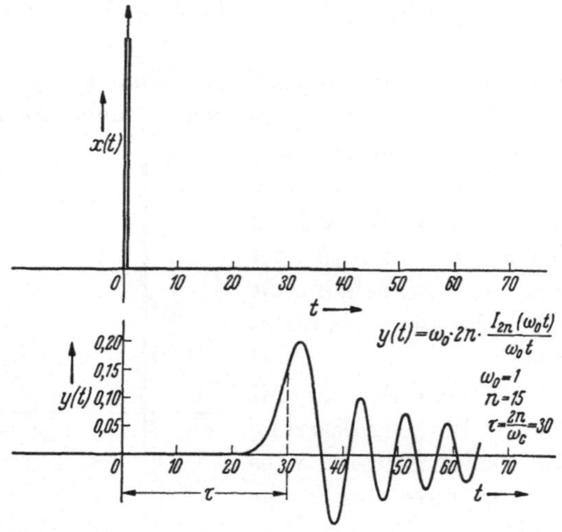

Abb. 13. Die Verzerrung eines Einheitsimpulses durch eine Drosselkette.

Da die Funktion J_{2n} erst für Argumentwerte, die größer als $2n$ sind, von Null merklich verschiedene Werte annimmt, ist die Verzögerungszeit τ des Impulses gegeben durch

$$\omega_0 \tau = 2n. \tag{12.31}$$

Also ist

$$\tau = n \cdot \sqrt{LC}. \tag{12.32}$$

Fortpflanzungsgeschwindigkeit der Energie eines Impulses.

Von fundamentaler Wichtigkeit für technische Anwendungen ist die Frage, mit welcher Geschwindigkeit der Hauptteil eines Impulses über ein lineares Übertragungssystem geleitet wird. Es genügt, einen Einheitsimpuls zu betrachten, da sich jeder beliebig geformte Impuls aus solchen aufbauen läßt.

Drücken wir die Phasenverschiebung $\psi(f)$ durch die Phasengeschwindigkeit $v(f)$ und die in der Zeit t zurückgelegte Laufstrecke r aus, so wird

$$\psi(f) = \frac{2\pi f \cdot r}{v(f)} = \frac{2\pi r}{\lambda(f)}, \tag{12.33}$$

wobei λ die Wellenlänge ist.

Damit erhalten wir für die Störung auf dem Übertragungsweg zur Zeit t, die von dem Einheitsimpuls verursacht ist, der zur Zeit $t = 0$

auf seinen Anfang gegeben wurde, die Darstellung

$$y(t) = \int\limits_{-\infty}^{+\infty} |S(f)|\, e^{\,j2\pi f\left(t-\frac{r}{v(f)}\right)}\, df$$

$$= 2 \int\limits_{0}^{\infty} |S(f)| \cdot \cos 2\pi f \left(t - \frac{r}{v(f)}\right) df\,. \qquad (12.34)$$

Das Hauptgebiet dieser Störung finden wir durch Anwendung des Prinzips der stationären Phase.

Unter der Voraussetzung, daß sich $S(f)$ innerhalb eines Intervalles zwischen zwei Nulldurchgängen der Cosinusfunktion nur relativ wenig ändert, ist

$$\frac{d}{df}\left[f \cdot \left(t - \frac{r}{v}\right)\right] = t - \frac{r}{v} + \frac{fr}{v^2}\frac{dv}{df} = 0 \qquad (12.35)$$

die Bestimmungsgleichung für die Entfernung r des Hauptteils des Impulses zur Zeit t.

Es befindet sich also dieser Hauptteil dort, wo

$$r = \frac{t}{\dfrac{1}{v} - \dfrac{f}{v^2}\dfrac{dv}{df}} \qquad (12.36)$$

ist. Bezeichnet man die Geschwindigkeit des Hauptteiles mit

$$v_H = \frac{r}{t}\,, \qquad (12.37)$$

so wird

$$\boxed{\frac{1}{v_H} = \frac{1}{v} - \frac{f}{v^2}\frac{dv}{df}}\,. \qquad (12.38)$$

Die Geschwindigkeit v_H ist unter dem Namen „Gruppengeschwindigkeit" bekannt. Mit ihr pflanzt sich also die Energie eines Impulses fort. Sie stimmt nur in dispersionsfreien Systemen, in denen v von der Frequenz unabhängig ist, mit der Phasengeschwindigkeit überein.

Berechnung der Wirkung eines beliebigen Impulses
aus der Wirkung eines Einheitsimpulses.

Die Zerlegung eines Impulses in Einheitsimpulse kann dazu benutzt werden, die Wirkung eines beliebigen Impulses auf ein physikalisches System sofort hinzuschreiben, ohne eine Fourierzerlegung vorzunehmen, wenn die Wirkung eines Einheitsimpulses auf das System bekannt ist.

Jeder einzelne Einheitsimpuls $x(\tau)\,\delta(t-\tau)$, aus denen $x(t)$ gemäß der Formel

$$x(t) = \int\limits_{-\infty}^{+\infty} x(\tau)\,\delta(t-\tau)\,d\tau \qquad (12.39)$$

aufgebaut ist, liefere den Beitrag $x(\tau)\,h(t-\tau)$.

Von diesen Einheitsimpulsen sind natürlich im Zeitpunkt t erst alle zwischen $-\infty$ und t liegenden zur Wirkung gekommen. Sehen wir der Einfachheit halber von endlichen Anfangswerten ab, so ist nach dem Superpositionsprinzip die Gesamtwirkung gegeben durch

$$\boxed{y(t) = \int_{-\infty}^{t} x(\tau)\, h(t-\tau)\, d\tau} \qquad (12.40)$$

oder

$$y(t) = \int_{0}^{t} x(\tau)\, h(t-\tau)\, d\tau, \qquad (12.41)$$

wenn $x(t)$ für $t < 0$ verschwindet.

Es kann also die Wirkung eines beliebigen Impulses in einem gegebenen Zeitpunkt aufgefaßt werden als die Überlagerung der Wirkung von unendlich vielen Einheitsstößen, die bis zu dem gegebenen Zeitpunkt gewirkt haben, und deren Stärke entsprechend der vorgelegten Impulsfunktion variiert.

Dieser Satz bildet das Analogon zu dem folgenden Satz von der spektralen Zerlegung: Die Wirkung eines Impulses kann aufgefaßt werden als die Überlagerung der Wirkung von unendlich vielen sinusförmigen Dauerschwingungen, deren Stärke der Spektralfunktion des Impulses proportional ist.

Die in dem *Faltungsintegral* (12.40) auftretende *Gewichtsfunktion* $h(t)$ ist identisch mit der Fourier-Transformierten des Übertragungsfaktors $S(f)$ des Systems, wie man sofort sieht, wenn man in Gl. (12.2) für $A(f)$ die Spektralfunktion des Einheitsimpulses einsetzt.

Die Laplace-Transformation.

Wir hatten bereits gesehen, daß man bei der Berechnung der Spektralfunktion zeitlicher Vorgänge, die nicht hinreichend stark abklingen, auf Konvergenzschwierigkeiten stößt und haben uns bei der Betrachtung des Einheitssprunges durch gewisse Kunstgriffe aus der Affäre gezogen. Es wird daher bei der praktischen Berechnung von Einschwingvorgängen, also insbesondere auch bei der Untersuchung der Wirkung eines Impulses auf ein lineares System, die Fourierdarstellung durch eine andere Rechnungsart, die sogenannte *Laplace-Transformation* ersetzt, die die oben genannten Schwierigkeiten generell vermeidet. Wir wollen uns die innere Verwandtschaft dieser beiden Rechnungsarten an einem möglichst einfachen Beispiel klarmachen.

Wirkt ein Impuls $x(t)$ auf einen Schwingungskreis mit den Speicherkennwerten a und c, sowie der Dämpfungskonstanten b, so ist die folgende lineare Differentialgleichung zweiter Ordnung zu lösen

$$a\,\ddot{y}(t) + b\,\dot{y}(t) + c\,y(t) = x(t). \qquad (12.42)$$

Liegt beispielsweise ein mechanischer Schwingungskreis vor und bedeutet $x(t)$ die auf ihn wirkende Kraft, so ist $y(t)$ der von dieser erzeugte Ausschlag. Bedeutet $x(t)$ bei einem elektrischen Schwingungskreis die ihm aufgedrückte Spannung, so ist $y(t)$ der von dieser erzeugte Strom.

Wir stellen nun sowohl $x(t)$ als auch $y(t)$ durch ihre Spektralfunktionen dar, die wir jetzt als Funktion von $j\omega = j2\pi f$ schreiben wollen. Es sei also

$$X(j\omega) = \int\limits_{-\infty}^{+\infty} x(t)\,e^{-j2\pi ft}\,dt \qquad (12.43)$$

und

$$Y(j\omega) = \int\limits_{-\infty}^{+\infty} y(t)\,e^{-j2\pi ft}\,dt. \qquad (12.44)$$

Dann erhalten wir

$$a\,\frac{d^2}{dt^2} \int\limits_{-\infty}^{+\infty} Y(j\omega)\,e^{j\omega t}\,df + b\,\frac{d}{dt} \int\limits_{+\infty}^{+\infty} Y(j\omega)\,e^{j\omega t}\,df + c \int\limits_{-\infty}^{+\infty} Y(j\omega)\,e^{j\omega t}\,df$$

$$= \int\limits_{-\infty}^{+\infty} X(j\omega)\,e^{j\omega t}\,df\,. \qquad (12.45)$$

Hieraus resultiert nun für die Spektralfunktion $Y(j\omega)$ die gegenüber Gl. (12.42) viel einfachere Gleichung

$$[a(j\omega)^2 + b(j\omega) + c]\,Y(j\omega) = X(j\omega), \qquad (12.46)$$

die in dem häufig vorkommenden Fall, daß auch $X(j\omega)$ durch Potenzen von $j\omega$ ausdrückbar ist, einen rein algebraischen Ausdruck für $Y(j\omega)$ liefert. Diese wird nach $Y(j\omega)$ aufgelöst, und dann wird hieraus $y(t)$ nach der Formel

$$y(t) = \int\limits_{-\infty}^{+\infty} Y(j\omega)\,e^{j2\pi ft}\,df \qquad (12.47)$$

berechnet.

Der Mathematiker denkt bei der Durchführung dieser Rechnung gar nicht an eine Frequenzanalyse oder braucht es wenigstens nicht zu tun. Er sieht als einzig bedeutungsvoll die Tatsache an, daß hier eine Methode vorliegt, die aus Funktionen einer Variablen t, die eine lineare Differentialgleichung befolgen, Funktionen einer Variablen f bzw. $j\omega$ entstehen läßt, zwischen denen ein viel einfacherer Zusammenhang als zwischen den Zeitfunktionen besteht. Er spricht daher auch von einer *Funktionaltransformation* und nennt speziell die Beziehung

$$X(j\omega) = \int\limits_{-\infty}^{+\infty} x(t)\,e^{-j2\pi ft}\,dt \qquad (12.48)$$

Fourier-Transformation. Man spricht von einer Transformation aus dem Zeit- in den Frequenzbereich. Ihre Umkehrung ist die Beziehung

$$x(t) = \int\limits_{-\infty}^{+\infty} X(j\omega)\, e^{j2\pi ft}\, df, \qquad (12.49)$$

die aus dem Frequenzbereich in den Zeitbereich zurücktransformiert.

Für Vorgänge, die erst zur Zeit $t = 0$ beginnen, entsteht aus der zweiseitigen Fourier-Transformation (12.48) die einseitige

$$X(j\omega) = \int\limits_{0}^{\infty} x(t)\, e^{-j2\pi ft}\, dt. \qquad (12.50)$$

Deren Umkehrtransformation ist natürlich ebenfalls von der Form (12.49).

Da in der Impulstechnik stets scharf definierte Anfangszeiten vorliegen, können wir uns bei unseren weiteren Betrachtungen auf die einseitige Transformation beschränken. Hierfür schreibt man auch symbolisch

$$\boxed{\; \mathfrak{F}\left\{x(t)\right\} \equiv \int\limits_{0}^{\infty} x(t)\, e^{-j\omega t}\, dt \;} \qquad (12.51)$$

Sucht man nun nach einer Funktionaltransformation, die den Vorteil der Algebraisierung des Problems beibehält, aber die Konvergenzschwierigkeiten vermeidet, so liegt es nahe, einen konvergenzerzeugenden Faktor $e^{-\alpha t}$, worin α eine positive reelle Zahl ist, in das Integral einzubauen. Es soll aber jetzt nicht statt $x(t)$ die Funktion $x(t) \cdot e^{-\alpha t}$ betrachtet werden, wie wir es vorhin beim Einheitssprung gemacht haben, sondern der Faktor $e^{-\alpha t}$ wird mit dem Faktor $e^{-j\omega t}$ zusammengefaßt. Es soll also statt der Transformation (12.51) die folgende benutzt werden:

$$\mathfrak{L}\left\{x(t)\right\} \equiv \int\limits_{0}^{\infty} x(t) \cdot e^{-(\alpha + j\omega)t}\, dt. \qquad (12.52)$$

Diese wird nach ihrem Entdecker *Laplace-Transformation* genannt. Sie transformiert die Zeitfunktion $x(t)$ in eine Funktion der komplexen Größe $p = \alpha + j\omega$, so daß wir schließlich schreiben können

$$\boxed{\; \mathfrak{L}\left\{x(t)\right\} \equiv \int\limits_{0}^{\infty} x(t)\, e^{-pt}\, dt \;} \qquad (12.53)$$

Die zur Konvergenz erforderliche Mindestgröße des Realteils von p wird *Konvergenzabszisse* genannt. Ihr Wert hängt von dem Verlauf von $x(t)$ ab.

Wendet man diese Transformation auf unsere Differentialgleichung (12.42) an, so entsteht die einfache Beziehung

$$[a\,p^2 + b\,p + c]\,\mathfrak{L}\,\{y(t)\} = \mathfrak{L}\,\{x(t)\} \tag{12.54}$$

zwischen den Laplace-Transformierten von $x(t)$ und $y(t)$. Hierbei und bei der Fourier-Transformation (12.51) haben wir stillschweigend vorausgesetzt, daß die Anfangswerte von y und $\dot{y}$ verschwinden. Es ist nämlich nach den Regeln der partiellen Integration

$$\int_0^\infty \dot{y}\,e^{-pt}\,dt = \left[y\,e^{-pt}\right]_0^\infty + p\int_0^\infty y\,e^{-pt}\,dt$$

$$= -\,y(0) + p\,\mathfrak{L}\,\{y(t)\}, \tag{12.55}$$

vorausgesetzt, daß $y \cdot e^{-pt}$ für $t \to \infty$ dem Wert 0 zustrebt, was durch einen hinreichend großen positiven Realteil von p immer zu erreichen ist.

Ebenso wird

$$\int_0^\infty \ddot{y}\,e^{-pt}\,dt = \left[\dot{y}\,e^{-pt}\right]_0^\infty + p\int_0^\infty \dot{y}\,e^{-pt}\,dt$$

$$= -\,\dot{y}(0) - p\,y(0) + p^2\,\mathfrak{L}\,\{y(t)\}. \tag{12.56}$$

Im Falle nicht verschwindender Anfangswerte ist also statt Gl. (12.54) zu schreiben

$$[a\,p^2 + b\,p + c]\,\mathfrak{L}\{y(t)\} - a\,\dot{y}(0) - (a\,p + b)\,y(0) = \mathfrak{L}\,\{x(t)\}. \tag{12.57}$$

Die hier skizzierte Möglichkeit der Anwendung auf Probleme mit endlichen Anfangswerten ist ein weiterer Vorteil der Laplace-Transformation gegenüber der Fourier-Transformation, bei der dies im allgemeinen auf Schwierigkeiten stößt.

Um die Rücktransformation in den Zeitbereich zu finden, fassen wir Gl. (12.52) als Fourier-Transformierte der Zeitfunktion $x(t)\,e^{-\alpha t}$ auf und erhalten nach Gl. (4.13)

$$x(t) \cdot e^{-\alpha t} = \int_{-\infty}^{+\infty} \mathfrak{L}\,\{x(t)\}e^{j\omega t}\,df, \tag{12.58}$$

also

$$x(t) = \int_{-\infty}^{+\infty} \mathfrak{L}\,\{x(t)\}\,e^{(\alpha + j\omega)t}\,df \tag{12.59}$$

oder, wenn wir wieder $p = \alpha + j\omega$ als Integrationsvariable einführen,

$$\boxed{\,x(t) = \frac{1}{2\pi j}\int_{\alpha - j\infty}^{\alpha + j\infty} \mathfrak{L}\,\{x(t)\}e^{pt}\,dp\,}. \tag{12.60}$$

E 3

Physikalisch interpretiert wird hiernach der Impuls in harmonische Schwingungen mit exponentiell ansteigender Amplitude zerlegt. Für Funktionen mit verschwindender Konvergenzabszisse ist die Laplace-Transformation mit der Fourier-Transformation identisch.

Als einfachste Beispiele geben wir die Laplace-Transformierte des Einheitsimpulses

$$\mathfrak{L}\left\{\delta(t)\right\} \equiv \int\limits_0^\infty \delta(t)\, e^{-pt}\, dt = \left(e^{-pt}\right)_{t=0} = 1 \tag{12.61}$$

und diejenige für den Einheitssprung

$$\mathfrak{L}\left\{\sigma(t)\right\} \equiv \int\limits_0^\infty e^{-pt}\, dt = -\frac{e^{-pt}}{p}\Bigg|_0^\infty = \frac{1}{p}, \tag{12.62}$$

vorausgesetzt, daß $\alpha > 0$ genommen wird.

Durch Rücktransformation gewinnen wir hieraus die Darstellungen

$$\delta(t) = \frac{1}{2\pi j} \int\limits_{-j\infty}^{+j\infty} e^{pt}\, dp = \int\limits_{-\infty}^{+\infty} e^{j2\pi f t}\, df \tag{12.63}$$

und

$$\sigma(t) = \frac{1}{2\pi j} \int\limits_{\alpha-j\infty}^{\alpha+j\infty} \frac{e^{pt}}{p}\, dp \qquad (\alpha > 0). \tag{12.64}$$

Bezüglich des Sinnes der Gln. (12.61) und (12.63) für den Einheitsimpuls sei auf die früher gemachten Bemerkungen hingewiesen. Die Gln. (12.62) und (12.64) gelten dagegen streng für alle $\alpha > 0$.

Sowohl für die Fourier-Transformation, als auch für die Laplace-Transformation stehen umfangreiche Formelsammlungen [1] bzw. [2] zur Verfügung, die dem Ingenieur die oft nicht ganz einfache Auswertung der Integrale abnehmen. Die Benutzung dieses mathematischen Formalismus sollte ihn aber nie dazu verleiten, die physikalische Interpretation der Rechnungen aus dem Auge zu verlieren.

Schrifttum.

[1] CAMPBELL, G. A., and R. FOSTER: Fourier Integrals for Practical Applications. New York: Van Nostrand 1931.

[2] DOETSCH, G.: Tabellen zur Laplace-Transformation und Anleitung zum Gebrauch. Berlin/Göttingen/Heidelberg: Springer 1947.

[3] GOLDMAN, ST.: Frequency Analysis, Modulation and Noise. New York: McGraw-HillComp., Inc. 1948.

[4] —: Transformation Calculus and Electrical Transients. New York: Prentice-Hall, Inc. 1949.

[5] CHERRY, C.: Pulses and Transients in Communication Circuits. London: Chapman and Hall 1949.

[6] KÜPFMÜLLER, K.: Die Systemtheorie der elektrischen Nachrichtenübertragung. Stuttgart: S. Hirzel 1949.

[7] VAN DER POL, BALTH., and H. BREMMER: Operational Calculus. Cambridge University Press 1950.

[8] PROKOTT, E.: Impulsmodulation. A. E. Ü. Bd. 4 (1950) S. 1—10.

[9] MOSKOWITZ, S., and J. RACKER: Pulse Techniques. New York: Prentice-Hall, Inc. 1951.

[10] MAYER, H. F.: Principles of Pulse Code Modulation. Advances in Electronics III (1951) S. 221—260.

[11] FISCHER, F. A.: Die Grundgedanken der modernen Theorie der Nachrichtenübertragung (SHANNONsche Theorie). Der Fernmeldeingenieur Bd. 5 (1951) H. 4.

[12] FISCHER, F. A.: Die grundlegenden Begriffe und Gesetze der Frequenzanalyse. Der Fernmeldeingenieur Bd. 6 (1952) H. 10.

Anwendungen der Informationstheorie auf Impulsprobleme.

Von **W. Meyer-Eppler,** Bonn.

Die Nachrichtentechnik hat zwei wesensverschiedene Aspekte: der eine gehört der Welt der Energie- und Arbeitsleistung an (oder — in der Ausdrucksweise MAX BENSES [20] — der klassischen, archimedischen), der andere der Welt der Informations- und Kommunikationserzeugung (der nichtklassischen, pascalschen). Keine von beiden ist ohne die andere denkbar; sie ergänzen sich wechselseitig.

Informations- und Kommunikationsprobleme haben erst in den letzten Jahren eine angemessene mathematische Behandlung erfahren. Vorher hatte man sich nur ganz vereinzelt mit der Frage beschäftigt, welche Beziehungen zwischen der statistisch erfaßbaren *Struktur* einer aus akustischen oder elektromagnetischen Signalen zusammengesetzten *Nachricht* und den erforderlichen *Übertragungs-* und *Entdeckungsmitteln* bestehen. Im Jahre 1948 veröffentlichte C. E. SHANNON eine „mathematische Theorie der Kommunikation", zunächst als Zeitschriftenaufsatz[1], ein Jahr später mit einer von W. WEAVER hinzugefügten nichtmathematischen Übersicht über Methodik und Ergebnisse als Buch [6]. Mit dieser Arbeit legte er den Grundstein zu einem jetzt in raschem Ausbau begriffenen Gebäude, das in sich nicht nur Abteilungen der Nachrichtentechnik beherbergt, sondern auch Verbindungsstellen zu ganz anderen Gebieten wie z. B. der strukturellen Linguistik, der Biologie oder der reinen Physik[2]. Es zeichnet sich hier zum ersten Male seit dem Verlust der Einheit von Natur- und Geisteswissenschaften eine weitreichende neue Disziplin ab, die dem *Menschen* als Urheber und Verarbeiter von „Informationen" vielfältiger Art eine zentrale Funktion einräumt und von hier aus eine Brücke zwischen den auseinanderstrebenden Wissenschaftszweigen zu schlagen berufen sein könnte. Bereits heute finden sich auf den der Kommunikationsforschung gewidmeten Kongressen [11, 13] Nach-

---

[1] Bell Syst. Techn. J. Bd. 27 (1948) S. 379—423, 623—656.

[2] Einen guten Überblick über die Vielfalt der behandelten Probleme geben die von verschiedenen Stellen veröffentlichten Literaturübersichten [15, 16, 17].

richtenfachleute, Sprachwissenschaftler, Logistiker und Biologen zusammen, um Probleme der interhumanen Kommunikation zu diskutieren.

Verständlicherweise spielt rein anteilsmäßig der technische Prozeß des Informationstransports und die „Überlistung" der in realen Übertragungssystemen unvermeidlichen Störungen zunächst eine Hauptrolle [*1, 2, 3, 4, 12, 14*]. Einen zwar engen, theoretisch und praktisch jedoch sehr wichtigen Teilbereich dieser technischen Prozesse stellt die Übermittelung von Information durch akustische oder elektromagnetische *Impulse* dar. Von ihm soll in den folgenden Betrachtungen die Rede sein.

I. Die Übermittelung von Information.

Jede Informationsübermittelung bedarf der energetischen Basis, wobei es keine Rolle spielt, ob die Energie, die zum Auffinden der Information notwendig ist, gleichzeitig mit der Nachricht übersandt wird („lebende" Information; der Ausdruck stammt von BRILLOUIN [*22*]), oder ob sie erst in dem Augenblick hinzugefügt wird, wo die Information aktualisiert werden soll („tote" Information, z. B. solche, die auf Tonband oder in einem Buch gespeichert ist). Als energetische Bewertungsgröße hat BRILLOUIN in die Informationstheorie einen Begriff übernommen, der in der Thermodynamik zur Beschreibung der Wahrscheinlichkeitszustände von Systemen verwendet wird: die Entropie. Sie tritt hier als eine negative, die thermodynamische Entropie vermindernde Größe auf und wird als *Negentropie* bezeichnet[1]. Ist B die Bandbreite des zu übermittelnden Nutzsignals, T seine Dauer, N_S die Leistung des Nutzsignals und N_R die Leistung des Störsignals (z. B. Rauschen), so berechnet sich die Negentropie zu

$$S_* = k\,B\,T \cdot \ln \frac{N_S + N_R}{N_R} \tag{1}$$

(k ist die BOLTZMANNsche Konstante).

Während des Übermittlungsvorganges transportiert lebende Information gleichzeitig Leistung und Negentropie; der gleiche Prozeß, der die Energie während der Übertragung in geringerwertige Formen verwandelt, läßt auch Negentropie und Information verlorengehen. Das verallgemeinerte CARNOT-Prinzip besagt, daß Negentropie und Information bei lebender Information stets abnehmen. Bezeichnet man den Ausdruck

$$M = B\,T \cdot \ln \frac{N_S + N_R}{N_R} \tag{2}$$

---

[1] Vernichtet man die Information (z. B. durch Absorption im Übertragungskanal), so erhöht sich die physikalische Entropie des Systems gerade um den Betrag der Negentropie.

als *Informationsgehalt (information content)*, so kann man ein „Erhaltungsgesetz"

$$k M + S = \text{const} \tag{3}$$

formulieren [7]. Es besagt, daß die Summe von k-fachem Informationsgehalt M und physikalischer Entropie S in einem abgeschlossenen System unverändert bleibt.

Gl. (2) läßt sich in zwei Faktoren aufspalten, die *strukturelle Information (logon content)* oder „Dimensionalität des Repräsentationsraumes"

$$Q = 2 BT \tag{4}$$

und den halben Logarithmus der *metrischen Information (metron content)* oder „numerischen Energie"

$$m = \left(\frac{N_S + N_R}{N_R}\right), \tag{5}$$

der etwa dem in der Fernmeldetechnik gebräuchlichen *Störabstand* entspricht. Der in der Zeiteinheit maximal zu übermittelnde Informationsgehalt

$$C = M/T \tag{6}$$

stellt die *Kanalkapazität* des Übertragungssystems dar.

Die kommunikative Seite der Impulstechnik läßt sich nunmehr folgendermaßen formulieren. Auf der Sendeseite werden Impulse ausgesandt, deren Eigenschaften (Form, Folgefrequenz, Spektrum usw.) zumindest dem Sendenden bekannt sind; ein Teil dieser Eigenschaften muß jedoch auch dem Empfangenden bekannt sein, so daß dieser über eine gewisse a-priori-Information verfügt. Eine Informationsentgegennahme (im Sinne einer nachträglichen Wahrscheinlichkeitsbetrachtung) ist nicht möglich, wenn der Empfangende gar nichts über die ausgesandten Signale weiß; er kann sie dann nicht von den Störungen trennen. Sie ist aber auch nicht möglich, wenn der Empfangende vollständige Kenntnis von den zu erwartenden Signalen hat. Offenbar muß eine gewisse Information vom Sender zum Empfänger auf einem anderen Wege gelangen als über den jeweils benutzten Übertragungskanal. Die empfangsseitig zum Entdecken der informationstragenden Signale aufzuwendenden Mittel richten sich ganz nach der a priori vorhandenen Kenntnis der Signaleigenschaften. Wir betrachten im einzelnen folgende Fälle:

1. Die Form des Nutzsignals ist bekannt; als Informationsträger können dann dienen: der Zeitpunkt des Eintreffens und die Amplitude des Signals;

2. Das Leistungsspektrum des Nutzsignals ist bekannt, seine Form jedoch nicht; als Informationsträger können dienen: der Zeitpunkt des Eintreffens und der Effektivwert des Signals;

3. Form und Zeitpunkt des ausgesandten Signals sind bekannt; als Informationsträger können dienen: Form und Zeitpunkt des empfangenen Signals.

Ist bekannt, daß die ausgesandten Signale periodisch waren, so stellt die Kenntnis der Folgefrequenz der Signale eine weitere a-priori-Information dar, die empfangsseitig nutzbar gemacht werden kann. Jede Wiederholung eines Signals bewirkt, daß das Signal besser von den Störungen unterschieden werden kann. Bei gegebener numerischer Energie wird hierdurch die empfangsseitig zu gewinnende Information erhöht; die im Nutzsignal überhaupt enthaltene Information bleibt allerdings unverändert. Das äußerste, was ein Empfänger leisten kann, ist also eine Konservierung der gewünschten Information bei gleichzeitiger Zerstörung der unerwünschten Information; dies kann grundsätzlich nur durch einen irreversiblen Prozeß geschehen ([*10*], dort S. 67).

Diejenige statistische Qualität eines Signals, die es gestattet, den Einfluß additiver Störungen auf die Nutzbarmachung der latenten Information zu verringern, heißt „förderliche *Redundanz*"[1]. Die Signalrepetition stellt also eine redundanzerhöhende Maßnahme dar. Das gleiche gilt für jede Art von *Diversity* (Mehrwegempfang).

II. Trennung von Impulsen und Störungen.

Der Zeitverlauf des aus Impulsen bestehenden Nutzsignals werde mit $S(t)$, der Zeitverlauf des Störsignals mit $R(t)$ bezeichnet. Unsere Aufgabe besteht dann darin, aus dem empfangenen Gesamtsignal (der „Empfangsfunktion")

$$F(t) = S(t) + R(t) \tag{7}$$

das Nutzsignal $S(t)$ herauszulösen und zur Anzeige zu bringen[2]. Ob und in welchem Umfange das gelingt, hängt von der apriorischen Kenntnis über $S(t)$ und $R(t)$ ab, beispielsweise von Vereinbarungen über die *Form* des Nutzsignals, den *Zeitpunkt* seines Eintreffens, die *Folgefrequenz* von repetitiven Komponenten oder den *statistischen Charakter* des Störsignals (gaussisches oder nichtgaussisches Rauschen usw.).

Informationstheoretische Betrachtungen haben Wege zur Gewinnung maximaler metrischer Information für einige spezielle Fälle

---

[1] Hohe förderliche Redundanz bedeutet in unserem Falle, daß der Empfänger der Signale bereits auf einem anderen als dem gerade betrachteten Kommunikationsweg Kenntnis von gewissen mathematischen Eigenschaften der Signale erhalten hat, die es ihm ermöglicht, Maßnahmen zur Einbeziehung dieser Eigenschaften in die Informationsgewinnung zu treffen.

[2] Störungen, die sich nicht additiv dem Nutzsignal überlagern, sollen außer Betracht bleiben.

aufgezeigt, doch sind noch keine Verfahren bekannt, die in jedem Fall zum Ziel führen.

Da grundsätzlich jedes nicht erwünschte Signal als Störsignal anzusehen ist, lassen sich keine funktionellen Merkmale zur Unterscheidung von Nutz- und Störsignalen angeben. In der Praxis gibt es jedoch eine besondere Art von aleatorischen (d. h. statistisch verlaufenden) Funktionen, die selten als Nutzsignal, sondern fast immer als Störsignal auftreten: das *Rauschen*. Von besonderer Bedeutung ist Rauschen mit *gaussischer Ordinatenverteilung*; es bildet sich häufig durch statistische Überlagerung von andersartigen aleatorischen Vorgängen (Grenzwertsatz von Laplace-Ljapunoff, *„central limit theorem“*). Dabei spielt es keine Rolle, welcher Spektralbereich von einem solchen Rauschvorgang eingenommen wird; es gibt also sowohl „weißes“ wie „farbiges“ gaußisches Rauschen, und man kann zeigen, daß nichtgaussisches Rauschen durch Filtern gaußisch wird ([*10*], dort S. 20). Rauschen, das bereits eine gaussische Verteilung besitzt, behält bei linearer Verzerrung dieses Verteilung bei [*31*].

Die *Ordinatenverteilung (first probability distribution density)* $W(R)$ einer stationären Störfunktion $R(t)$ errechnet sich aus der relativen *Verweilzeit* $\Theta(R)$ dieser Funktion im Ordinatenbereich $[0, R]$ zu

$$W(R) = \frac{d\,\Theta(R)}{d\,R}. \tag{8}$$

Gaussisches Rauschen hat die Ordinatenverteilung

$$W_G(R) = \frac{1}{\sqrt{2\pi}\,\tilde{R}}\, e^{-R^2/(2\tilde{R}^2)}, \tag{9}$$

wobei $\tilde{R}$ den Effektivwert (d. h. die quadratische Expektanz) der Rauschfunktion bezeichnet.

III. Optimalfilter.

Einrichtungen, die es erlauben, Nutz- und Störsignale durch einen *linearen* Prozeß voneinander zu trennen, werden ganz allgemein als *Filter* bezeichnet. Im günstigsten Fall erlaubt ein Filter die vollständige Trennung von Nutz- und Störsignalen; es heißt dann „ideales Filter“ [*41*]. Praktisch handelt es sich jedoch meist darum, einen Kompromiß zwischen möglichst vollständiger Erfassung des Nutzsignals und möglichst geringer Beeinträchtigung durch das Störsignal zu schließen. Filter, die diese Aufgabe zu erfüllen imstande sind, heißen nach N. Wiener *Optimalfilter (optimum filters)* [*9, 42*].

Um Mißverständnisse auszuschließen, sei betont, daß die gewöhnliche spektrale Trennung durch Bandpässe oder Bandsperren nur einen Sonderfall des Filterproblems darstellt. Wir betrachten hier vorwiegend solche Nutzsignale, die den *gleichen* Spektralbereich erfüllen wie die Störsignale und demgemäß durch einfache Filter nicht voneinander getrennt werden können.

Ein Filter werde als Optimalfilter in bezug auf ein Nutzsignal $S(t)$ bezeichnet, wenn seine Systemfunktion[1] $H(t)$ mit dem zeitlichen Verlauf des Nutzsignals $S(t)$ oder dessen Spiegelbild $S(-t)$ übereinstimmt. Diese besondere Systemfunktion bewirkt, daß am Filterausgang die *Autokorrelierte* des Nutzsignals und die *Kreuzkorrelierte* des Nutzsignals mit dem Störsignal auftritt. Im Falle

$$H(t) = S(t) \tag{10a}$$

hat die Autokorrelierte

$$\Phi_{SS}(t) = \int_{-\infty}^{\infty} S(\tau)\, S(\tau - t)\, d\tau \tag{11a}$$

unsymmetrischen, im Falle

$$H(t) = S(-t) \tag{10b}$$

die entsprechende Autokorrelierte

$$\Phi_{SS}^*(t) = \int_{-\infty}^{\infty} S(\tau)\, S(t - \tau)\, d\tau \tag{11b}$$

symmetrischen Charakter. Solange Nutz- und Störsignal nicht miteinander kohärieren, besteht statistisch kein Unterschied zwischen den beiden Kreuzkorrelierten

$$\Phi_{RS}(t) = \int_{-\infty}^{\infty} R(\tau)\, S(\tau - t)\, d\tau \tag{12a}$$

und

$$\Phi_{RS}^*(t) = \int_{-\infty}^{\infty} R(\tau)\, S(t - \tau)\, d\tau. \tag{12b}$$

Das Filter verwandelt also die Empfangsfunktion (7) bei unsymmetrischer Korrelation nach (10a) in

$$E(t) = \Phi_{SS}(t) + \Phi_{RS}(t) \tag{13a}$$

und bei symmetrischer Korrelation nach (10b) in

$$E^*(t) = \Phi_{SS}^*(t) + \Phi_{RS}^*(t). \tag{13b}$$

Während in energetischer Hinsicht zwischen den beiden Filterungsarten kein Unterschied besteht, hat die symmetrische Methode dort Vorzüge, wo es darauf ankommt, das Nutzsignal mit möglichst großer

---

[1] Die System- oder Apparatefunktion *(impulse response)* eines Filters ist die Fourier-Transformierte von dessen Übertragungsfunktion (Impedanzfunktion); man erhält sie näherungsweise durch eingangsseitiges Zuführen eines kurzen Impulses.

Spitzenamplitude aus dem Störsignal herauszuheben. Abb. 1 zeigt nebeneinander die unsymmetrische und die symmetrische Autokorrelierte einer Gruppe von unregelmäßig aufeinanderfolgenden akustischen Impulsen (Nachhall). Man erkennt deutlich, daß bei der symmetrischen Autokorrelationsfunktion (Abb. 1b) die zentrale Spitze weit über die benachbarten Funktionswerte hinausragt.

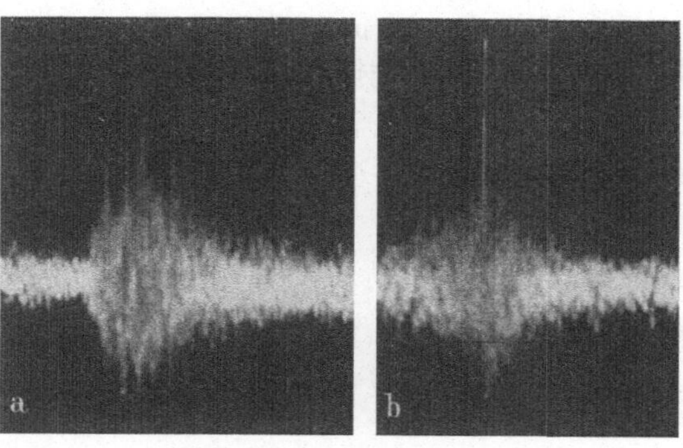

Abb. 1. Unsymmetrische (a) und symmetrische (b) Autokorrelierte eines linear verzerrten akustischen Impulses.

Im Unterbereich (Frequenzkoordinate ν) tritt an die Stelle der Systemfunktion $H(t)$ des Filters dessen komplexe Übertragungsfunktion $\mathfrak{h}(\nu)$ und an die Stelle des Nutz- bzw. Störsignals $S(t)$ und $R(t)$ die entsprechende Fourier-Transformierte $\mathfrak{s}(\nu)$ und $\mathfrak{r}(\nu)$. Die Forderungen (10a) und (10b) lauten dann:

$$\mathfrak{h}(\nu) = \mathfrak{s}(\nu) \tag{14a}$$

und
$$\mathfrak{h}(\nu) = \mathfrak{s}^*(\nu),^1 \tag{14b}$$

wobei der Stern die Komplexkonjugierte kennzeichnet.

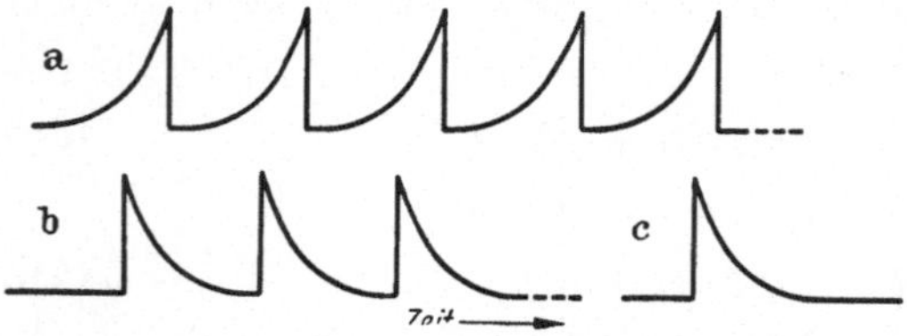

Als konstruiertes Beispiel ist in Abb. 2 eine periodische Impulsfolge a und die Systemfunktion des zu ihrer optimalen Anzeige nach Gl. (13b) erforderlichen Filters b aufgezeichnet. Durch

Abb. 2. a Periodische Impulsfolge; — b Systemfunktion des Optimalfilters; — c Systemfunktion des vereinfachten Optimalfilters.

---

[1] Um den unter Umständen über weite Frequenzbereiche gegenläufigen Phasengang realisieren zu können, ist eine genügend große zusätzliche Laufzeit vorzusehen. Die Forderung (14b) ist dann zu ersetzen durch

$$\mathfrak{h}(\nu) = \mathfrak{s}^*(\nu) \cdot e^{ik\nu} \tag{14'}$$

(k reell).

Vereinfachen dieser Systemfunktion auf den Verlauf c erhält man ein weniger wirksames Filter; es ist der Impulsfolge a nur noch im Groben angepaßt, erfaßt also nicht mehr den linienartigen Charakter des Spektrums von $S(t)$. Dafür gestattet es aber, bereits einen einzigen Impuls optimal anzuzeigen. Ist allgemein z die Zahl der verfügbaren äquidistanten Impulse und z' die Zahl spiegelbildlicher Komponenten der Systemfunktion des Filters, dann erhöht sich die nutzbar zu machende Informationsmenge auf den z-fachen (wenn $z < z'$) bzw. z'-fachen (wenn $z' < z$) Wert der Informationsmenge des Einzelimpulses. Diese Vergrößerung der numerischen Energie muß natürlich mit einer entsprechend verlängerten Beobachtungsdauer bezahlt werden, da der durch Gl. (2) definierte Informationsgehalt der gesamten Empfangsfunktion ja nicht zunehmen kann. Hier liegt also der Fall vor, daß die numerische Energie auf Kosten der Signaldauer vergrößert wird.

Eine Filter-Systemfunktion nach Abb. 2b bewirkt also stets, daß Informationsänderungen, die innerhalb einer Zeitspanne von weniger als z' Impulsen stattfinden, unterdrückt werden.

Die bisher besprochenen Optimalfilter waren lediglich auf das *Nutzsignal* zugeschnitten. Sie nahmen keine Rücksicht darauf, ob etwa an Stellen einer nur geringen spektralen Nutzsignalamplitude sich starke Störkomponenten befanden. Der durch weiteste Berücksichtigung des Nutzspektrums erzielte Gewinn könnte also durch unnötig große Reste von Störenergie erkauft sein. Es ist deshalb — sofern man die spektrale Energieverteilung der Störungen kennt — besser, ein modifiziertes Optimalfilter zu verwenden, das energiestarke Spektralgebiete des Störsignals stärker unterdrückt als bei der gewöhnlichen Kreuzkorrelation nach Gl. (13b). Ist nämlich das Leistungsdichtespektrum $\varphi_S(\nu)$ des Störsignals frequenzabhängig („farbiges Rauschen"), so muß nach B. M. DWORK [25] die Impedanzfunktion $\mathfrak{h}(\nu)$ des Filters statt Gl. (14′) den Verlauf

$$\mathfrak{h}(\nu) = \frac{\mathfrak{Z}^*(\nu)}{\varphi_S(\nu)} \cdot e^{ik\nu} \tag{15}$$

erhalten. Die im Nenner stehende Spektralfunktion $\varphi_S(\nu)$ läßt das Filter überall dort undurchlässig werden, wo das Rauschspektrum starke Komponenten aufweist. Gl. (15) vereinfacht sich, wenn die Störungen mit den Impulsen kohärieren, wie es beispielsweise bei der Reflexion elektromagnetischer Impulse an statistisch verteilten Objekten (Regentropfen, Seeoberfläche, Düppel) der Fall ist. Nach URKOWITZ [38] ist dann $\varphi_S(\nu) = \mathfrak{s}(\nu)\,\mathfrak{s}^*(\nu)$, und Gl. (15) geht über in

$$\mathfrak{h}(\nu) = \frac{1}{\mathfrak{Z}(\nu)}\, e^{ik\nu}. \tag{15′}$$

Die Berechnung von Optimalfiltern wird schwieriger, wenn es darum geht, die Impulse vor der Aussendung und vor dem Empfang durch

korrespondierende Filter linear so zu verzerren, daß Störungen von
bestimmter spektraler Zusammensetzung unschädlich gemacht werden
[*24*]. Man hat ferner theoretische Überlegungen über informations-
gesteuerte „lernende" Optimalfilter *(variable optimum filters)* [*23, 36,
37*] angestellt, d. h. Filter, die ihre Durchlaßeigenschaften entsprechend
den statistischen Eigenschaften von Nutz- und Störsignal auf Grund
der Empfangsergebnisse ändern. Nichtlineare Optimalfilter wurden von
ZADEH behandelt [*40*].

Die Überlegungen dieses Abschnitts gelten auch für Impulse, die
einen Träger modulieren; sie sind dann sinngemäß auf das Zwischen-
frequenzfilter anzuwenden. Ein solches Filter, dessen Impedanzfunktion die Komplexkonjugierte des Impulsspektrums ist, heißt nach
VAN VLECK und MIDDLETON [*39*] *„matched filter"*.

IV. Selektoren.

Besteht das Nutzsignal aus einer Gruppe von kurzen Impulsen
(Code) etwa nach Abb. 3, so kann man Optimalfilter bauen, die gemäß
Abb. 4 lediglich Verzögerungsglieder (als „Gedächtnis"-Elemente),
Polwender und Dämpfungsglieder enthalten und sich leicht jeder ver-

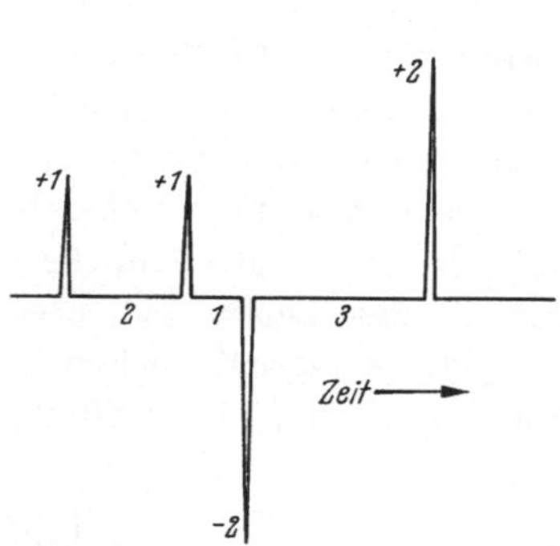

Abb. 3. Code-Impulsgruppe *1(2)1(1)-2(3)2*.

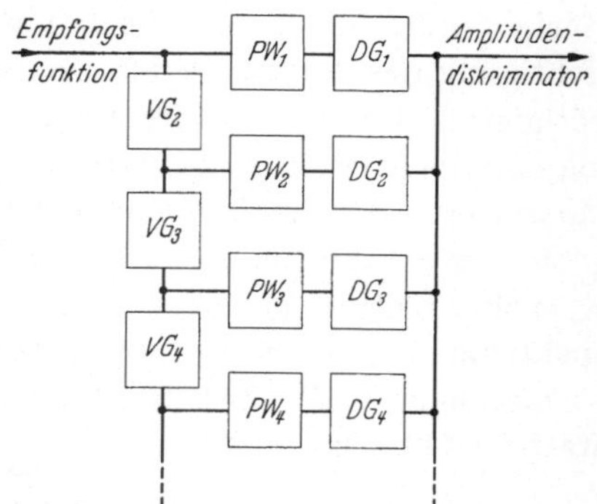

Abb. 4. Schema eines Selektors für Code-Impuls-
gruppen, VG Verzögerungsglieder, PW Polwender,
DG Dämpfungsglieder.

einbarten Änderung des Nutzsignals angleichen lassen. Derartige
Filter sollen als *Selektoren* bezeichnet werden. Ein Selektor, der die in
Abb. 3 aufgezeichnete Impulsgruppe optimal (d. h. mit größtmöglicher
Spitzenamplitude) anzeigt, wäre so aufzubauen, daß als Systemfunktion die gleiche Impulsgruppe, jedoch mit zeitlicher Spiegelung,
erscheint. Die hierzu erforderlichen Daten der Schaltelemente sind in
Abb. 5 eingetragen. Am Selektorausgang erscheint dann die symmetrische Autokorrelierte der eingangsseitig zugeführten Impulsgruppe;
bezeichnet man in leicht verständlicher Symbolik die Codegruppe von

Abb. 3 mit der Formel 1 (2) 1 (1) — 2 (3) 2, so läßt die Formel für die Autokorrelierte,   2 (2) 2 (1) — 6 (1) 1 (1) — 2(1) 10 (1) — 2 (1) 1 (1) — 6 (1) 2 (2) 2, sowohl die Symmetrie wie die exzessive Spitze mit der Amplitude 10 erkennen. Selektoren sind von OLIVER *(„linear predictor")* [*35*] und HARRISON *(„decorrelator")* [*29*] vorgeschlagen worden, beispielsweise zur automatischen Anzeige von Fernseh-Synchronisierimpulsen.

Eine wesentliche Vereinfachung ergibt sich, wenn positive und negative Impulse gleicher Amplitude (Binärcode) verwendet werden. So besteht der *„pattern recognizer"* von BARKER [*19*] nur noch aus gleichen Verzögerungsgliedern und Polwendern.

Das Selektor-Verfahren kann auch zur Aussiebung von *Rechteckimpulsen* von vorgegebener Breite verwendet werden, wenn man die Rechteckimpulse durch ein differenzierendes Glied in heteropolare Impulspaare verwandelt [*27*].

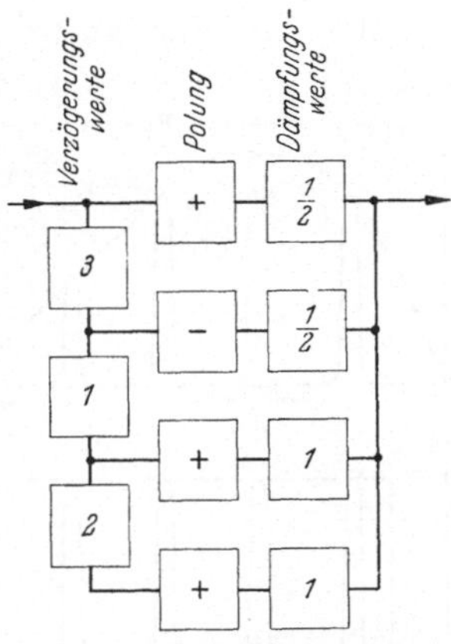

Abb. 5. Selektor zur Anzeige der Impulsgruppe von Abb. 3.

Für die Zuverlässigkeit der Signalentdeckung durch Selektoren ist es von Bedeutung, ob das Signal grundsätzlich zu jedem beliebigen Zeitpunkt eintreffen kann, oder ob dieser Zeitpunkt bzw. ein gewisser Zeitbereich bereits a priori durch eine Wahrscheinlichkeitsbetrachtung präzisiert werden kann. Im letzteren Fall kann man darauf verzichten, außerhalb des Wahrscheinlichkeitsbereichs eine Funktion zu empfangen, die doch nur aus Störungen besteht. Man sieht vielmehr einen nichtlinearen Bewertungsmechanismus *(gating)* vor, der nur dann wirksam wird, wenn ein Signal zu erwarten ist (Koinzidenzverfahren) [*30*].

V. Periodische Impulsfolgen.

Es wurde bereits darauf hingewiesen, daß die Systemfunktion eines zur Isolierung *periodischer* Impulsfolgen dienenden Optimalfilters die Form des zeitlichen Spiegelbildes der Impulsfolge haben muß. Solche Filter nennt man wegen des charakteristischen Aussehens ihrer Impedanzfunktion $|\mathfrak{h}(\nu)|$ (Abb. 6) *Kammfilter (comb filters)* [*26, 32*]. Sie besitzen jeweils dort Durchlaßbereiche, wo die Harmonischen ν_0, $2\nu_0$, $3\nu_0$ usw. der Signalfunktion $S(t)$ liegen. Die Minimaldämpfung in den Durchlaßbereichen muß der Dämpfung der Harmonischen entsprechen, d. h. die spektrale Berandungsfunktion $b(\nu)$ (Abb. 6a) muß dem Betrage nach gleich der Fourier-Transformierten des einzelnen Impulses sein. Der Gesamt-Durchlaßbereich $\Delta\nu_g$ ist somit gleich dem Kehrwert der effektiven Impulsdauer T:

$$\Delta\nu_g = 1/T. \tag{16}$$

Wenn die Stärke der Harmonischen nicht bekannt ist, sondern nur eststeht, daß das Nutzsignal die Periode $1/\nu_0$ besitzt, dann muß man ein Kammfilter wählen, dessen äquidistante Durchlaßbereiche gleiche Dämpfung besitzen (Abb. 6b).

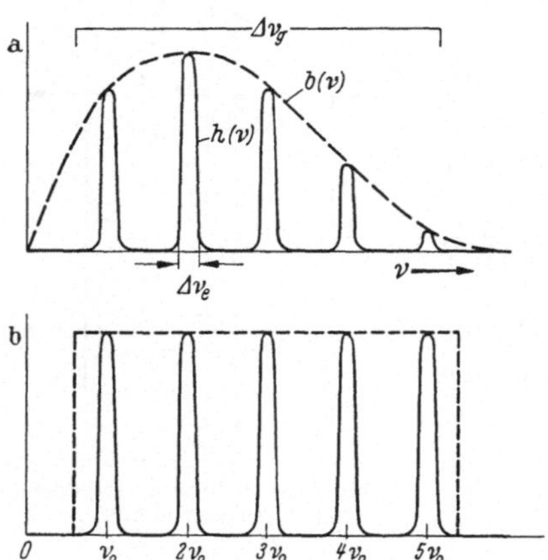

Abb. 6. Impedanzfunktionen von Kammfiltern. a zur Selektion von periodischen Impulsen bekannter Form; ν_0 Impulsfolgefrequenz, $b(\nu)$ Betrag der Fourier-Transformierten des einzelnen Impulses; — b zur Selektion von periodischen Impulsen schlechthin.

Ein Kammfilter ist nicht zu verwenden, wenn die aufeinanderfolgenden Impulse nicht die gleiche Form haben. In diesem Fall würde es zu einem gegenseitigen Angleichen der Impulsformen über einen Zeitbereich

$$\Delta t = 1/\Delta\nu_e \tag{17}$$

kommen, wenn $\Delta\nu_e$ die Breite der einzelnen Durchlaßbereiche des Kammfilters bezeichnet. Impulse, die nicht im strengen Sinne periodisch sind, werden also durch das Kammfilter periodisch gemacht.

Die Signaltrennung mittels eines Filters nach Abb. 6b wird *Integration* [18, 28], *Summation* [30] oder *Exhaustion* [33] genannt. Das Verfahren hat den Vorteil, keiner a-priori-Information über die *Form* der repetitiven Impulse zu bedürfen. Die Impulsform kann hierbei also als Träger besonderer empfangsseitig auszuwertender Information dienen. Abb. 7 möge einen praktischen Fall (Rückstrahlverfahren) illustrieren. Der (akustische oder elektromagnetische) Sender sendet kurze periodische Impulse aus, die von einem „Ziel"

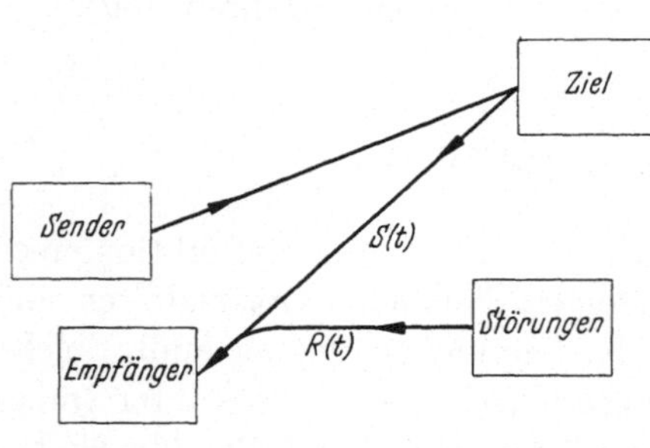

Abb. 7. Schema einer Impulssonde.

reflektiert und dabei verformt werden. Die rückkehrenden Impulse werden von einem Empfänger aufgefangen und sichtbar gemacht, sind aber wegen der gleichzeitig eindringenden Störsignale (z. B. Rauschen) nicht unmittelbar auszuwerten. Um die Redundanz der repetitiven Impulse nutzbar zu machen und die in der Impuls*form* stekkende Information zu gewinnen, ist eine Exhaustion erforderlich.

VI. Exhaustion.

Macht man die Durchlaßbereiche eines Filters nach Abb. 6b immer schmäler und die Durchlaßdämpfung immer geringer, so erhält man als Grenzwert eine Übertragungsfunktion, die aus äquidistanten Dirac-Funktionen $\delta(v)$ besteht:

$$\mathfrak{h}(v) = \sum_n \delta(v - nv_0); \quad (n = 1, 2, 3 \ldots). \tag{18}$$

Im Zeitbereich läßt sich die Wirkung eines solchen „idealen Exhaustionsfilters" als einfache Summe über die zeitverschobenen Empfangsfunktionen $F(t)$ darstellen:

$$E(t) = \sum_n F\left(t - \frac{r}{v_0}\right)^1. \tag{19}$$

Das in der Arbeitsvorschrift (19) zum Ausdruck kommende Verfahren zur Isolierung quasipersistenter Periodizitäten ist in der Periodogrammrechnung schon lange unter dem Namen „Schema von BUYS-BALLOT" bekannt ([8], dort S. 132ff.)[2]. Apparative Verwirklichung hat es dagegen erst in der Radar-Technik gefunden. Optische und akustische Interferenzverfahren können zur Exhaustion verwendet werden, wenn man die Bandbreite nicht durch Vorselektion reduziert.

Man unterscheidet zwei Arten von Exhaustionsfiltern: solche, die aus dämpfungsarmen Resonanzkreisen aufgebaut sind, und solche, die nur Laufzeitglieder enthalten (sog. „*time-domain filters*", erfunden von N. WIENER und Y. W. LEE[3]). Ein Selektor nach Abb. 4 beispielsweise wird dadurch zum Exhaustionsfilter, daß man alle Verzögerungsglieder auf ein ganzzahliges Vielfaches $\vartheta = n/v_0$ der Nutzsignalperiode $1/v_0$ einstellt[4] und alle Dämpfungsglieder und Polwender entfernt. Das

---

[1] WOODWARD ([10], dort S. 28) schlägt die Abkürzung

$$\sum_{n=-\infty}^{\infty} F(t - nT) = \operatorname{rep}_T F(t) \tag{19'}$$

vor.

[2] Der älteren Periodenforschung war der Begriff des Nutz- und Störsignals allerdings noch fremd. Die rechnerischen Exhaustionsverfahren bezogen sich deshalb vorwiegend auf Beobachtungsreihen, deren Gehalt an persistenten oder quasipersistenten Periodizitäten durch Summation über äquidistante Beobachtungspunkte mit systematisch veränderter Versuchsperiode „ausgeschöpft" (lat. exhaurire = ausschöpfen) wurde.

[3] US-Pat. 2, 128, 257 (1931).

[4] Die zeitliche Verschiebung muß größer sein als der mittlere Kohärenzbereich (statistischer Nachwirkungsbereich) innerhalb des Störsignals.

kann etwa dadurch geschehen, daß man ein Magnettongerät mit einer großen Zahl äquidistanter Wiedergabeköpfe versieht [21]. Durch Ändern der Bandlaufgeschwindigkeit ändert man die Verzögerungszeit zwischen den benachbarten Wiedergabeköpfen und mithin die Analysierperiode.

Magnettonspeicher ermöglichen eine strenge Analyse nach Vorschrift (19), da sie die Empfangsfunktion über eine praktisch unbegrenzte Zeit zu speichern vermögen. Bei Speicherröhren dagegen, die ebenfalls zur Exhaustion verwendet werden [28], gilt ein modifiziertes Additionsgesetz

$$E(t) = \sum_{n=0}^{\infty} e^{-n\gamma} F\left(t - \frac{n}{v_0}\right),\tag{20}$$

und der Informationsgewinn hängt nun wesentlich vom Abklingkoeffizienten γ ab[1].

Die bisherigen Überlegungen lassen sich nicht ohne weiteres auf den Fall der Exhaustion *hinter* einem Empfangsgleichrichter *(postdetector integration)* erweitern. Das Ergebnis hängt hier verständlicherweise stark von der Gleichrichterkennlinie ab. Während bei der unmittelbaren Exhaustion *(predetector integration)* der Effektivwert des Rauschens mit der Wurzel aus der Zahl n der Überlagerungen anwächst, der Effektivwert der Impulse dagegen mit der Zahl der Überlagerungen selbst (das Verhältnis Nutz- zu Störleistung also mit n und das Verhältnis der entsprechenden Effektivwerte mit $\sqrt{n}$) zunimmt, geht das $\sqrt{n}$-Gesetz der *predetector integration* in ein $\sqrt[4]{n}$-Gesetz über, wenn die Exhaustion *hinter* dem Empfangsgleichrichter vorgenommen wird [28, 39].

VII. Kathodenstrahlverfahren.

Jeder Kathodenstrahloszillograph kann zur Exhaustion verwendet werden, wenn die Nachleuchtdauer des Schirms (oder die Integrationszeit des Auges) eine hinreichende Speicherung der repetitiven Signale ermöglicht. Längere Speicherzeiten lassen sich auf photographischem Wege erzielen. Die Ablenkfrequenz (bzw. Rotationsfrequenz bei Röhren mit Kreisablenkung) ist so zu wählen, daß sie mit der Impulsfolgefrequenz oder einem ganzzahligen Bruchteil davon übereinstimmt. Die in bezug auf das Nutzsignal kohärenten Teile der Empfangsfunktion

---

[1] Während bei $\gamma = 0$ jeder zusätzlich empfangene Impuls zur Verbesserung des Störabstandes ausgenützt werden kann, gibt es bei $\gamma > 0$ einen Grenzwert, dessen Überschreiten den Störabstand nicht mehr weiter verbessert. Nach Harrington und Rogers [28] gelten folgende Grenzwerte n:

$$\frac{\gamma\ \ 0{,}1\ \ 0{,}2\ \ 0{,}5}{n\ \ 40\ \ \ 15\ \ \ \ 7}\ .$$

überlagern sich auf diese Weise stets an der gleichen Stelle und bewirken eine Vergrößerung des Störabstandes. Unabhängig von der Frage der *predetector* oder *postdetector integration* kann man zwei wirkungsmäßig verschiedene Verfahren unterscheiden: die Exhaustion bei *Glyphenschrift* und die Exhaustion bei *Intensitätsschrift*.

Glyphenschrift. Man lenkt den Kathodenstrahl in der üblichen Weise durch eine der Empfangsfunktion proportionale Spannung senkrecht zur Richtung der Zeitablenkung aus. Solange es sich nur um stationäres gaussisches Rauschen handelt, ein Nutzsignal also nicht vorhanden ist, ergibt die Überlagerung der Oszillogramme ein Netz von einander durchdringenden Kurven, das sich mit wachsender Zahl n zu einem nahezu homogenen Lichtband verdichtet (Abb. 8a). Der Leuchtdichteverlauf dieses Bandes senkrecht zur Richtung der Zeitablenkung entspricht der durch Gl. (8) definierten Ordinatenverteilung unter Berücksichtigung der Gradationskurve des verwen-

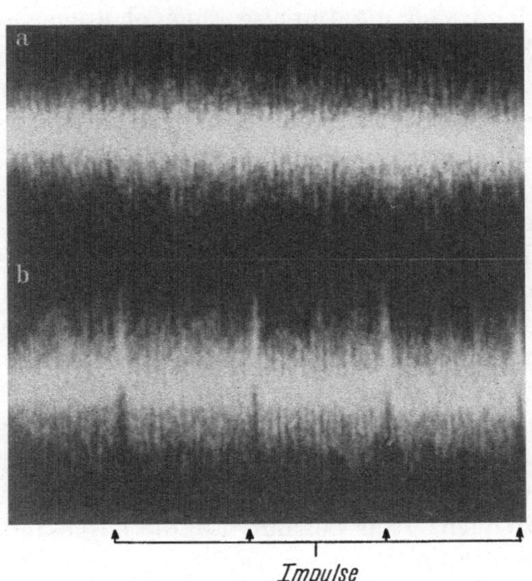

Abb. 8. Oszillographische Exhaustion von Impulsen (Glyphenschrift). a Rauschen allein; b Rauschen + Impulse.

deten optischen Speichers (Nachleuchtschirm, Auge, Photoplatte). Die Linien gleicher Leuchtdichte (Isophoten) innerhalb dieses Bandes werden um so weniger Abweichungen von einem parallelen Verlauf zeigen, je größer n gemacht wird. Bei endlicher Zahl n bleiben die Isophotenschwankungen endlich; sie setzen der Erkennbarkeit von Impulsen eine Grenze.

Das periodische Nutzsignal allein würde ja, da die Zeitablenkung mit der Signalfolgefrequenz synchronisiert ist, ein gewöhnliches Oszillogramm liefern. Das Störsignal bewirkt nun, daß dieses Oszillogramm in der Ordinatenrichtung zu dem oben genannten Lichtband auseinandergezogen wird. Es entsteht also ein Lichtband, dessen (ideale) Isophoten nicht mehr gerade Linien sind, sondern Linien, die die Form des Oszillogramms des Nutzsignals haben. Die tatsächlich zu beobachtenden Isophoten weichen um so weniger von diesem Verlauf ab, je größer die Zahl n der Überdeckungen gemacht wird. Abb. 8b zeigt

E 4

Impulse, die durch gaussisches Rauschen gestört sind. Aus Untersuchungen von Lawson und Uhlenbeck [4] ergibt sich, daß die Zahl n zum einwandfreien Erkennen der rauschgestörten Impulse bei einem Leistungs-Störabstand A und einer spektralen Bandbreite des Rauschens von der Größe der reziproken Impulsdauer folgende Werte haben muß:

A (in dB)	10	5	0	—5	—10
n	1	10	100	1000	10000

Liegt die Impulsleistung mehr als $10\,dB$ unter der Rauschleistung, dann sind die Impulse ohne photometrische Hilfsmittel nicht mehr herauszufinden.

Das Glyphenverfahren ist vorteilhaft, wenn es sich darum handelt, die Impulsform unmittelbar zu erkennen. Es besitzt jedoch nur einen geringen Informations-Wirkungsgrad, da die Zahl n der zum Erkennen des Nutzsignals notwendigen Linien-Überlagerungen mit dem Quadrat des Verhältnisses von Stör- zu Impulsleistung oder mit der vierten Potenz der entsprechenden Effektivwerte wächst. Sofern der Beobachter selbst die periodischen Impulse aussendet, macht es bei unveränderlichem „Ziel" keine Schwierigkeiten, große Überlagerungszahlen zu erhalten, da ja die Synchronisation durch die *ausgesandten* (d. h. noch keine metrische Information enthaltenden) Impulse vorgenommen wird. Es wäre hierbei sogar grundsätzlich möglich, ohne Beeinträchtigung des Wirkungsgrades unperiodische Impulsfolgen zu verwenden[1]. Ganz anders ist die Lage jedoch, wenn die Impulsfolgefrequenz zwar bekannt ist, die ausgesandten Impulse aber nicht zur Synchronisation zur Verfügung stehen. Man muß dann einen Ablenkoszillator verwenden, der so genau wie möglich auf die Impulsfolgefrequenz abgestimmt wird. Die Zahl n der erzielbaren kohärenten Überlagerungen hängt dann nur vom Gleichlauf der Sende- und Empfangsoszillatoren bzw. deren Frequenzstabilität ab.

Intensitätsschrift. Die der Empfangsfunktion proportionale Spannung wird hierbei zur Intensitätssteuerung des Kathodenstrahls verwendet. Bei visueller Betrachtung (auch unter Verwendung eines nachleuchtenden Schirmes) gilt ein Additionsgesetz, das näherungsweise der Gl. (20) entspricht, während bei photographischer Speicherung eine Annäherung an Gl. (19) bis zu sehr hohen Überlagerungszahlen n möglich ist, da die einmal gespeicherte Information nicht wieder verschwindet. Die Zahl der zum Erkennen notwendigen Überlagerungen wächst im leztgenannten Fall also mit dem Quadrat der Effektivwerte des Verhältnisses von Stör- zu Impulsspannung an und ist somit hinsichtlich des Zeitbedarfs günstiger als das Glyphenverfahren.

---

[1] Die Information über die Impulsfolge wird also nicht *übermittelt*, sondern als a-priori-Information auf der Empfangsseite *erzeugt*.

Der Abklingkoeffizient γ von Gl. (20) ist bei visueller Beobachtung ohne Nachleuchtschirm keine Konstante. Bekanntlich tritt infolge der Trägheit der physiologischen Prozesse in der Retina eine *Verschmelzung* der Empfindung bei periodisch wiederholten Reizen ein (Flimmer-

phänomen). Die Verschmelzungsfrequenz ν_v ist dem Logarithmus der Beleuchtungsstärke b proportional (Gesetz von FERRY und PORTER):

$$\nu_v = \alpha \log b + \beta. \quad (21)$$

Die Proportionalitätskonstanten α und β sind verschieden bei Hell- und Dunkeladaptation,

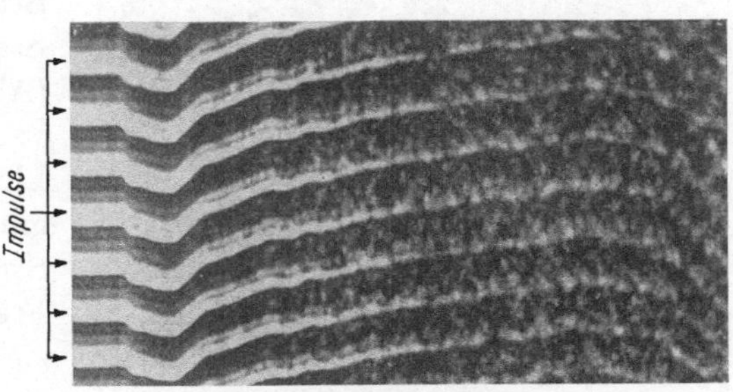

Abb. 9. Oszillographische Exhaustion von Impulsen (Intensitätsschrift); von links nach rechts abnehmender Störabstand, Phasenschwankungen des Nutzsignals.

und man kann bei Dunkeladaptation Verschmelzungsfrequenzen von weniger als 10 Hz erhalten. Die Integrationszeit des Auges liegt dann bei 100 ms und mehr. Aus psychologischen Gründen ist es oftmals zweckmäßig, die Ablenkfrequenz des Kathodenstrahls ein wenig von der genauen Synchronisation abweichen zu lassen; wandernde Impulse sind auf dem Schirm leichter zu erkennen als feststehende.

Auch bei der photographischen Speicherung kommt dem Auge eine wichtige Rolle zu: dank seiner Fähigkeit zum „Gestalterkennen" kann es Impulse aus einem beträchtlichen Störnebel noch herausfinden. Abb. 9 zeigt als Beispiel Impulsfolgen von ver-

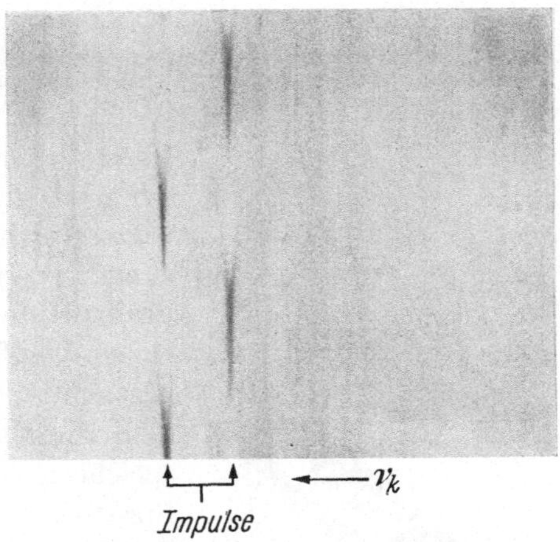

Abb. 10. Suchverfahren; ν_k = Kippfrequenz.

änderlicher Phasenlage, die in Störungen mit von links nach rechts abnehmendem Störabstand eingebettet sind.

Das Gestalterkennen wird besonders wichtig, wenn die genaue Impulsfolgefrequenz nicht bekannt ist und durch ein *Suchverfahren* ermittelt werden muß. Man läßt hierbei die Ablenkfrequenz den in Frage kommenden Frequenzbereich durchlaufen und sorgt gleichzeitig für eine langsame Ablenkung in der zur Zeitachse senkrechten Richtung.

Periodische Komponenten erzeugen dann parabelähnliche Strukturen (Abb. 10), deren Scheitel die Lage der Periodizität (z. B. der Impulsfolgefrequenz oder eines ganzzahligen Vielfachen) anzeigt. Das Auge findet die parabelförmigen Strukturen auch bei starken Störungen leicht heraus (Abb. 11). Bei diesem Suchverfahren muß man den Lichtpunkt auf dem Oszillographenschirm zu einem Strich in Richtung der Frequenzachse auseinanderziehen (vgl. Abb. 11), um eine hinreichende Überlagerung benachbarter Spuren zu ermöglichen.

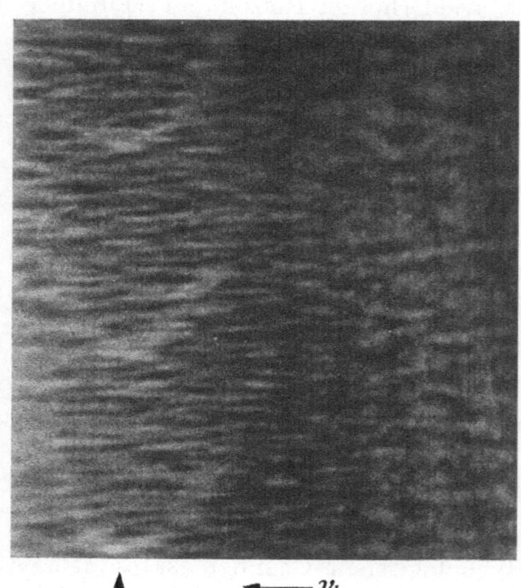

Abb. 11. Suchverfahren; v_k = Kippfrequenz; größere frequenzmäßige Auflösung als in Abb. 10, Störabstand etwa OdB.

VIII.
Periodographisches Verfahren.

Um das Kathodenstrahl-Suchverfahren anwenden zu können, ist es erforderlich, daß man die Empfangsfunktion verhältnismäßig lange unverändert zur Verfügung hat; die Analyse selbst ist *sukzessiv*. Es liegt nun nahe, nach einem *Simultanverfahren* Ausschau zu halten, mit dessen Hilfe das ganze Exhaustionsspektrum einer Empfangsfunktion gleichzeitig aufgezeichnet werden kann. Das gelingt, wenn man die Empfangsfunktion *photographisch* speichert, beispielsweise als Lichttonspur in Sprossen- oder Zackenschrift. Ein zur Simultananalyse geeignetes Gerät ist der Exhaustions-Periodograph [*34*] (Abb. 12), bei dem das Spektrum auf einer photographischen Platte aufgefangen wird. Die Wirkungsweise des Geräts wird verständlich, wenn man sich vergegenwärtigt, daß jeder der optischen Spalte, die das Analysierraster

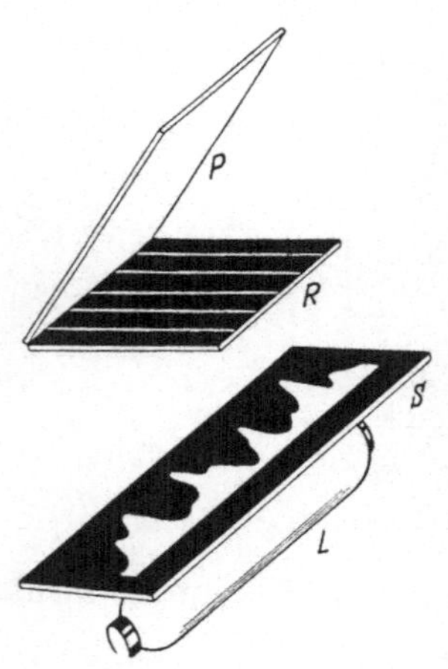

Abb. 12. Exhaustions-Periodograph. *L* Lichtquelle; — *S* Lichttonspur in Zackenschrift; — *R* Linienraster; — *P* photographische Platte.

R bilden, eine geometrische Abbildung der Lichttonspur *S* in den Raum oberhalb des Rasters vornimmt unter gleichzeitiger Umwandlung der

Zackenschrift in eine Intensitätsverteilung (jeder Spalt wirkt praktisch wie eine Zylinderlinse mit unendlicher Schärfentiefe). Abb. 13 zeigt das Exhaustions-Periodogramm zweier gleichzeitig empfangener Impulsfolgen mit einem Frequenzverhältnis von etwa 2,2 : 3,0. Daß bei der Exhaustion die Impuls*form* erhalten bleibt, möge Abb. 14 demonstrieren. Hier handelte es sich um eine periodische

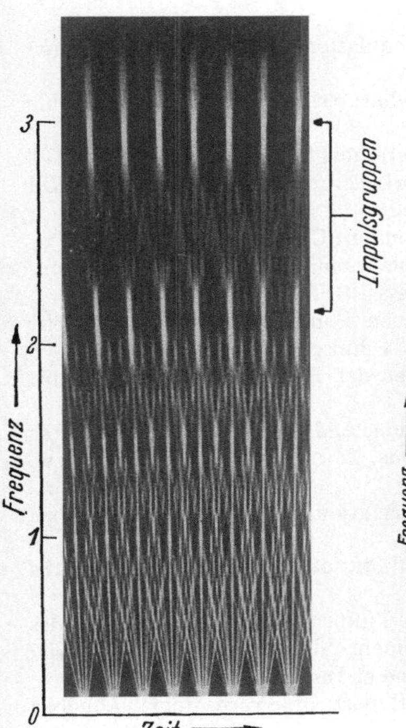

Abb 13. Exhaustions-Periodogramm zweier simultaner Impulsfolgen (Frequenzverhältnis etwa 2,2:3,0); keine Störungen.

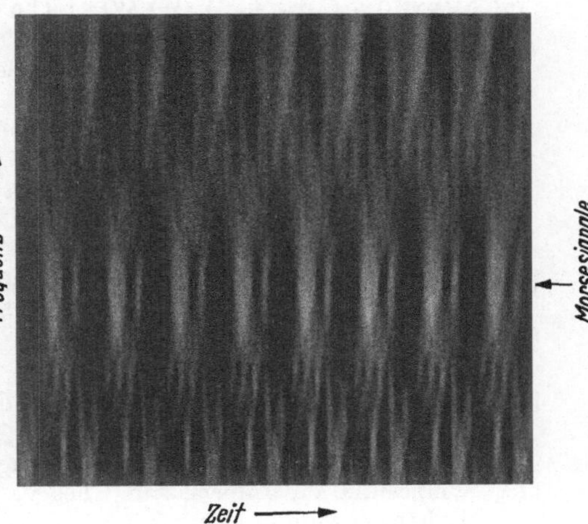

Abb. 14. Exhaustions-Periodogramm periodischer Morsesignale N (−.).

Folge von Binärsignalen „Strich-Punkt" (Morse-N) von unbekannter Folgefrequenz. Das Periodogramm gibt Aufschluß über die Folgefrequenz *und* die Impulsform.

Schrifttum.

A. Bücher.

[1] BELL, D. A.: Information Theory and its Engineering Applications. London: Pitman 1953.

[2] GOLDMAN, S.: Frequency Analysis, Modulation and Noise. New York/Toronto/London: Mc Graw-Hill 1948.

[3] —: Information Theory. New York/London: Prentice Hall bzw. Constable & Comp. 1953.

[4] LAWSON, J. L., u. G. E. UHLENBECK: Threshold Signals; = Bd. 24 der MIT Radiation Laboratory Series, New York/Toronto/London: McGraw-Hill 1950.

[5] MANLEY, R. G.: Waveform Analysis. London: Chapman & Hall 1945.

[6] SHANNON, C. E., u. W. WEAVER: The Mathematical Theory of Communication. Urbana: The Univ. of Illinois Press 1949.

[7] VAN SOEST, J. L.: Informatie-Theorie en Communicatie-Theorie; Delft (Handleidingen bij het onderwijs aan de Technische Hogeschool) [1953].

[8] STUMPFF, K.: Grundlagen und Methoden der Periodenforschung; Berlin: Springer 1937.

[9] WIENER, N.: Extrapolation, Interpolation, and Smoothing of Stationary Time Series; with Engineering Applications. New York/London: Wiley bzw. Chapman & Hall 1950.

[10] WOODWARD, P. M.: Probability and Information Theory, with Applications to Radar. London: Pergamon Press 1953.

[11] Communication Theory, hrsg. v. W. JACKSON. London: Butterworths Scientific Publications 1953.

[12] La Cybernétique; théorie du signal et de l'information; Réunions d'études et de mises au point tenues sous la présidence de Louis de Broglie. Paris: Editions de la Revue d'Optique Théorique et Instrumentale 1951.

[13] Symposium on Information Theory, Report of Proceedings; London: Ministry of Supply 1950.

[14] Trans. of the 1954 Symposium on Information Theory, Profess. Group on Information Theory, I. R. E., New York 1954.

B. Bibliographien.

[15] BAKER, A. S.: Bibliography of Information Theory; Newton, Mass. 1953 (Engineering Library, Raytheon Manufacturing Company); Supplement 1954.

[16] STUMPERS, F. L.: A Bibliography of Information Theory; Communication Theory — Cybernetics. MIT Res. Lab. Electron. 1953, 1. Supplement 1954, 2. Supplement 1955.

[17] C. C. I. R. Bibliography on Communication Theory; Geneve 1953 (Union internationale des télécommunications); Supplement 1954 und 1955.

C. Aufsätze.

[18] BAILEY, A. E.: Integration in Pulse Radar Systems; in [11], S. 216—230.

[19] BARKER, R. H.: Group Synchronizing of Binary Digital Systems; in [11], S. 273—287.

[20] BENSE, M.: Philosophie der Technik. Phys. Bl. Bd. 10 (1954) S. 481—485.

[21] BEURLE, R. L.: Video Signal Integration Using Acoustic Delay Lines and Dynamic Magnetic Storage; in [11], S. 231—235.

[22] BRILLOUIN, L.: Negentropy and Information in Telecommunications, Writing, and Reading. J. Appl. Phys. Bd. 25 (1954) S. 595—599.

[23] CHEATHAM, T. P. jr.: An Electronic Correlator; MIT Res. Lab. Electron. Techn. Rep. No. 122, 1951.

[24] COSTAS, J. P.: Coding with Linear Systems; MIT Res. Lab. Electron. Techn. Rep. No. 226 (1952).

[25] DWORK, B. M.: Detection of a Pulse Superimposed on Fluctuation Noise. Proc. I. R. E. Bd. 38 (1950) S. 771—774.

[26] GEORGE, S. F., u. A. S. ZAMANAKOS, Comb Filters for Pulsed Radar Use. Proc. I. R. E. Bd. 42 (1954) S. 1159—1165.

[27] GERLACH, A. A., u. D. S. SCHOVER: Pulse-Width Discriminator. Electronics Bd. 24 (Juni 1951) S. 105—107.

[28] HARRINGTON, J. V., u. T. F. ROGERS, Signal-to-Noise Improvement through Integration in a Storage Tube; Proc. I. R. E. Bd. 28 (1950) S. 1197—1203.

[29] HARRISON, C. W.: Experiments with Linear Prediction in Television. Bell Syst. Techn. J. Bd. 31 (1952) S. 764—783.

[30] ICOLE, J., u. J. OUDIN: Analyse temporelle et filtrage; Ann. Télécomm. Bd. 7 (1952) S. 99—108.

[31] KNUDTZON, N.: Experimental Study of Statistical Characteristics of Filtered Random Noise; MIT Res. Lab. Electron. Techn. Rep. No. 115, 1949.

[32] LEE, Y. W., T. P. CHEATHAM jr. u. J. B. WIESNER: Application of Correlation Analysis to the Detection of Periodic Signals in Noise. Proc. I. R. E. Bd. 38 (1950) S. 1165—1171, Diskussion ebda. Bd. 39 (1951) S. 1094—1096.

[33] MEYER-EPPLER, W.: Exhaustion Methods of Selecting Signals from Noisy Backgrounds; in [11], S. 183—194.

[34] —: Exhaustion — ein wirksames Mittel zur Schwingungsanalyse; Umschau in Wiss. u. Techn. Bd. 52 (1952) S. 555—558.

[35] OLIVER, B. M.: Efficient Coding; Bell Syst. Techn. J. Bd. 31 (1952) S. 724 bis 750.

[36] SMITH, O. J. M.: Separating Information from Noise; Trans. I. R. E., PGCT-1 (1952) S. 81—100.

[37] TRUXAL, J. G., u. J. N. WARFIELD: Synthesis of a Dynamically-Variable Electronic Filter. Proc. Nat. Electronics Conf. Bd. 8 (1952) S. 419—426.

[38] URKOWITZ, H.: Filters for Detection of Small Radar Signals in Clutter. J. Appl. Phys. Bd. 24 (1953) S. 1024—1031.

[39] VAN VLECK, J. H., u. D. MIDDLETON: A Theoretical Comparison of the Visual, Aural, and Meter Reception of Pulsed Signals in the Presence of Noise; J. Appl. Phys. Bd. 17 (1946) S. 940—971.

[40] ZADEH, L. A.: Optimum Nonlinear Filters; J. Appl. Phys. Bd. 24 (1953) S. 396—404.

[41] ZADEH, L. A., u. K. S. MILLER: Generalized Ideal Filters. J. Appl. Phys. Bd. 22 (1951) S. 1216—1217, Bd. 23 (1952) S. 223—228.

[42] ZADEH, L. A., u. J. R. RAGAZZINI: Optimum Filter for the Detection of Signals in Noise. Proc. I. R. E. Bd. 40 (1952) S. 1223—1231.

Die Impulstechnik als Meßverfahren in der Physik.

Von **W. Kroebel,** Kiel.

Seit den Tagen des Galilei ist für die physikalische Forschung
das sinnvoll angestellte Experiment das entscheidende Auskunfts-
mittel zur Beantwortung verschiedener Fragen aus theoretischen Überlegungen. Unter dem Richterspruch des reproduzierbaren Experiments
klären sich unsere Kenntnisse von der physikalischen Welt und führen
zu den klaren und tiefen Einblicken und Einsichten in die Natur und
ihre Gesetze, die in ihrer Gesamtheit die physikalischen Erkenntnisse
unserer Zeit ausmachen. Wegen dieser Bedeutung des Experiments für
die Gewinnung physikalischer Erkenntnisse hat sich eine besondere
Kunst des Experimentierens entwickelt. Sie hat einen hohen Stand des
Könnens erreicht.

Besonders hohe Anforderungen an diese Experimentierkunst stell-
ten der älteren physikalischen Experimentiertechnik Probleme, bei
denen es um die — in der Regel möglichst rasche — Messung der an
Intensität schwachen physikalischen Größen ging, oder um die Erfassung und Beobachtung von Prozessen, die sich in sehr kurzer Zeit
abspielen. Die experimentelle Beherrschung derartiger Messungen
gelang daher nur in Sonderfällen und unter sehr großen Schwierigkeiten.

In den letzten vier Dezennien hat sich hierin durch die Fortschritte
auf dem Gebiet der Elektronenröhren und ihrer Beschaltungsmöglich-
keiten ein für die Experimentierkunst des Physikers entscheidender
Wandel vollzogen. Wesentlich für die erzielten Fortschritte auf den
genannten Gebieten war eine wechselseitige Befruchtung mit technischen Zielsetzungen. Durch sie wurden der physikalischen Forschung
weithin und einfach anzuwendende neue Experimentiermittel an die
Hand gegeben. Sie finden seitdem in ständig steigendem Maße Eingang in die Laboratorien der Physiker.

Von diesen neuen Möglichkeiten ist für die meßtechnische Erfassung sehr schnell vor sich gehender Abläufe im Bereich der physikalischen Forschung insbesondere die Impulstechnik von besonderer
Bedeutung geworden. Ihre aus den Zielsetzungen der Radargeräte
entnommenen Methoden gestatten die Zeitfunktion veränderlicher

Größen physikalischer Objekte unter Verwendung einer BRAUNschen Röhre als Aufzeichnungsgerät in bequem zu handhabender Weise mit Zeitauflösungen bis zu $1 \cdot 10^{-10}$ sek pro Millimeter Leuchtlinienlänge unmittelbar zur graphischen Darstellung zu bringen.

Die Anwendung dieser Methoden unterliegt indessen gewissen Einschränkungen. Sie sind dadurch gegeben, daß diese Methoden auf willkürlich wiederholbare, in der Regel sogar streng periodische Impulse abgestellt sind. Im physikalischen Experiment sind sie daher nur bei solchen Untersuchungen anwendbar, bei denen der zu messende oder zu beobachtende Zeitablauf durch einen „Primär-" bzw. „Startimpuls" auslösbar ist. Also z. B. bei der messenden Verfolgung einer elektrischen Entladung in Gasen, die durch einen Auslöseimpuls gezündet werden kann, oder bei der Untersuchung der An- und Abklingvorgänge von Leuchtphosphoren, bei Messungen der Relaxationszeit von Dipolmolekülen usw. Für alle diese Fälle ist der zu beobachtende Prozeß nach einer gewissen Zeit erloschen und kann unter denselben Anfangsbedingungen wie zuvor, gegebenenfalls daher auch streng periodisch, wiederholt werden. Die zu derartigen Messungen angewandten Methoden können sich aus diesem Grunde auf periodische Impulsfolgen stützen, was für die durchzuführenden Messungen, wie weiter unten gezeigt werden wird, erhebliche Vereinfachungen mit sich bringt.

Es gibt indessen eine große Anzahl von Fragestellungen, vornehmlich aus dem Gebiet der Kern- und Höhenstrahlenphysik, bei denen die physikalisch zu erfassenden Ereignisse nur einmalig auftreten und nicht durch äußere Mittel hinsichtlich des Zeitpunktes ihres Auftretens festgelegt werden können. Diese Fragen betreffen z. B. die unmittelbare Messung der Geschwindigkeit von Elementarteilchen, vor allem sehr hoher Energie, die Messung der Geschwindigkeit von Kerntrümmern, die bei Kernspaltungsprozessen auftreten, die Lebensdauer von Kernpartikeln, die Bestimmung des Zeitintervalles zwischen zwei auf den gleichen Elementarakt zurückzuführender Ereignisse, die Messung der Strahlungsintensität starker radioaktiver Präparate durch Auszählung aller innerhalb eines fest vorgegebenen sehr kleinen Zeitintervalles und Volumenbereiches auftretender Kernteilchen, die Sortierung auf gleichartige Elementarprozesse zurückgehender ausgeschleuderter Partikel und Lichtquanten nach Zeitintervallen und Amplituden und so fort.

Die Vielzahl der aus physikalischen Überlegungen zu stellenden und durch die impulstechnischen Verfahren experimentell beantwortbaren Fragen haben die Anregung zur Entwicklung einer besonderen Impulsmeßtechnik der Physik und methodisch verwandter Fächer gegeben. Durch sie ist der Zeitbereich von vielen Sekunden bis zu

Bruchteilen von Nanosekunden dem physikalischen Experiment zugänglich geworden.

Die verwendeten und verwendbaren Meßverfahren dieser Impulstechnik lassen sich in eine je nach den angestrebten Zwecken mehr oder weniger große Anzahl von Funktionseinheiten aufgliedern. Diese Funktionseinheiten ermöglichen, jede für sich, gewisse und für diese Technik charakteristische Grundvorgänge, auf deren Kombination die Impulsmeßverfahren aufgebaut sind. Die für die genannte Technik wesentlichen Funktionseinheiten sind die folgenden: I. die nichtlinearen Schaltelemente; — II. die Impulserzeuger; — III. die Verzögerungsleitungen; — IV. die Impulsverstärker; — V. die BRAUNsche Röhre; — VI. die Koinzidenzschaltungen; — VII. die Frequenzteiler und Frequenzvervielfacher, Zählschaltungen; — VIII. die Ablenkspannungserzeuger; — IX. die Partikelzähler (Geigerzähler, Ionisationskammern, Scintillationszähler in Verbindung mit einer Sekundärelektronenphotozelle).

I. Die nichtlinearen Schaltelemente.

Die nichtlinearen Schaltelemente sind durch eine Stromspannungskennlinie, $i = f(U_E)$ bzw. eine Abhängigkeit der Ausgangsspannung U_A von der Eingangsspannung U_E charakterisiert, die im idealen Fall

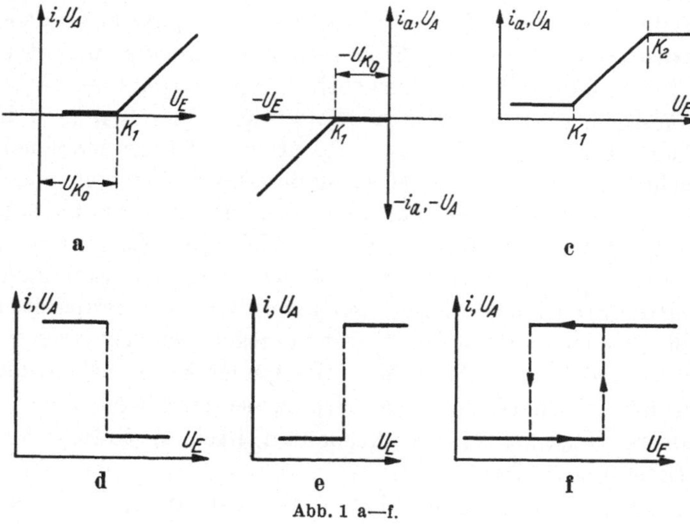

Abb. 1 a—f.

eine oder mehrere Unstetigkeiten in Form von Knicken oder Sprungstellen aufweisen. Die Grundformen dieser Kennlinien sind einfach und in Abb. 1a bis f zur Darstellung gebracht. Für ihre Realisation gibt es zahlreiche Schaltungsbeispiele mit Elektronenröhren, Kontaktgleichrichtern und Transistoren. Je zwei, jeweils die Grundtypen der Kennlinien der Abb. 1a bis f liefernde Netzwerke sind in den Abb. 2a bis d

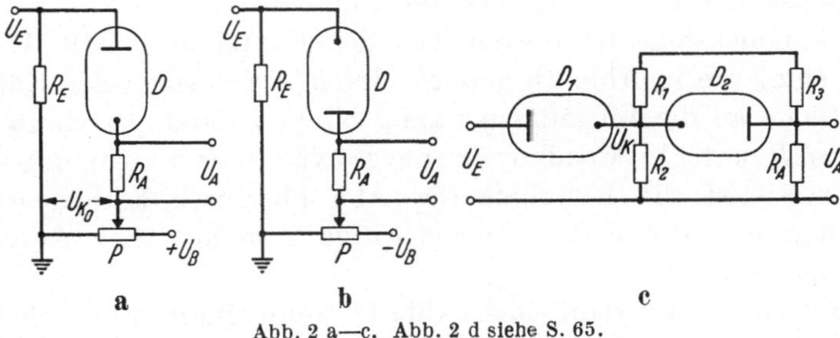

Abb. 2 a—c. Abb. 2 d siehe S. 65.

und 3a bis e wiedergegeben. In Abb. 2a ist der Kennlinienknick K_1 der Abb. 1a durch die positive Vorspannung U_{K_0} der Kathode der verwendeten Diode D gegeben. U_{K_0} ist in dieser Schaltung durch ein Potentiometer P zwischen dem Spannungswert Null und der Batterie-

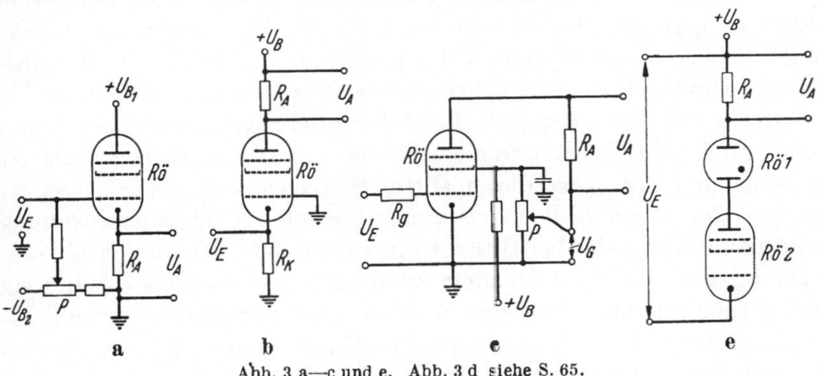

Abb. 3 a—c und e. Abb. 3 d siehe S. 65.

spannung $+U_B$ willkürlich festlegbar. Eingangsspannungen U_E kleiner als U_{K_0} liefern keinen Strom durch die Diode und den Außenwiderstand R_A, so daß für diese Werte von U_E die Ausgangsspannung $U_A = 0$ ist. Für Werte U_E größer als U_{K_0} steigt U_A mit steigendem U_E infolge wachsenden Diodenstromes durch R_A gemäß der Stromspannungscharakteristik der Diode an.

Analoge Verhältnisse ergeben sich unter Benutzung einer Triode oder Pentode für eine Schaltung nach Abb. 3a. Die Knickstelle K_1 der Kennlinie in Abb. 1a ist hier durch eine negative und durch das Potentiometer P zwischen der Batteriespannung $-U_{B2}$ und $-U_{G_0}$ willkürlich vorgebbare Gittervorspannung festgelegt. $-U_{G_0}$ sei dabei diejenige Gittervorspannung, bei der der Anodenstrom unter Annahme einer idealen Knickkennlinie einsetzt. Für Spannungen von $-U_E$ $< -U_{G_0}$ ist daher die Ausgangsspannung über R_A gleich Null. Für größere Werte steigt sie proportional dem Anstieg der Stromgitterspannungskennlinie der verwendeten Röhre an.

Eine Knickstelle im oberen Teil der Kennlinie gemäß Abb. 1b erhält man, wie in Abb. 2b gezeigt, durch Anschließen der Kathode einer Diode an die Eingangsspannung U_E und durch Anschluß ihrer Anode an R_A unter Verwendung einer negativen Batteriespannung $- U_B$. In Abb. 3b ist die Kennlinie der Abb. 1b durch kathodenseitige Steuerung der Röhre und anodenseitige Abnahme der Ausgangsspannung realisiert.

Ein Kennlinienverlauf nach Abb. 1c kann durch eine Schaltung nach Abb. 2c oder 3c erhalten werden. In Abb. 2c ist durch eine geeignete Wahl der Spannungsteiler R_1, R_2 und R_3, R_A dafür gesorgt, daß bei Eingangsspannungen U_E kleiner als U_K die Ausgangsspannung U_A größer ist als U_K. Für solche Werte von U_E ist daher $U_A = \text{const}$, beispielsweise $= U_1$. Steigt indessen U_E an, dann wird durch D_1 ein Strom fließen und demzufolge U_K ansteigen. Dadurch wird der Strom durch D_2 geringer. Somit steigt auch U_A an. Wird dann mit weiterwachsendem U_E die Spannung U_K größer als U_A, dann wird die Ausgangsspannung $U_A = \text{const}$, beispielsweise $= U_2$ mit U_2 größer als U_1.

In der Schaltung der Abb. 3c ist der untere Knickpunkt der Kennlinie durch den Anodenstromeinsatz bei negativen Werten von U_E gegeben und der obere durch Gitterstromeinsatz für Werte von U_E größer oder gleich Null. Ein weiteres Steigen der Eingangsspannung wird dann infolge des bei Gitterstrom auftretenden Spannungsabfalles über R_g sowie der mit steigendem Anodenstrom verbundenen Änderung der Stromverteilung zwischen Anoden- und Schirmgitterstrom kompensiert. Da in dieser Schaltung die maximale Spannungsdifferenz von U_A von der Anodenbatteriespannung U_G abhängt, kann sie mit dem Potentiometer P in gewissen Grenzen variiert werden. Damit ist auch die Ausgangsspannung U_A in gewissen Grenzen variabel.

Zur Realisation von Sprungkennlinien gemäß den Abb. 1d und e sind elektrische Netzwerke erforderlich, die bei Über- oder Unterschreiten einer sogenannten Schwellenspannung U_{Schw_1} instabil werden und dabei — im Idealfall — sprunghaft von einem zuvor innegehabten stabilen Spannungszustand U_{St_1} in einen zweiten stabilen Zustand U_{St_2} übergehen, von denen sie wiederum erst nach Über- oder Unterschreiten einer Schwellenspannung U_{Schw_2} in den Zustand U_{St_1} zurückspringen können. Ein charakteristisches Beispiel hierfür ist in Abb. 2d und 3d schematisch wiedergegeben.

In Abb. 2d wird das erforderliche Netzwerk durch zwei wechselseitig und galvanisch miteinander rückgekoppelte Verstärkerröhrensysteme gebildet. Durch diese Art der Kopplung kann das System nur in zwei Strom- bzw. Spannungszuständen stabil existieren. Sie sind dadurch gekennzeichnet, daß entweder Röhre $Rö\,1$ stromlos und Röhre $Rö\,2$ stromführend ist oder umgekehrt. Ist beispielsweise im Anfangszustand Röhre 1 stromlos, was erfüllt ist, wenn die zugehörige negative Gitterspannung groß genug ist, dann ist Röhre 2 geöffnet und damit über ihrem Anodenwiderstand ein stabiler Spannungsabfall $U_{A_2} \neq 0$

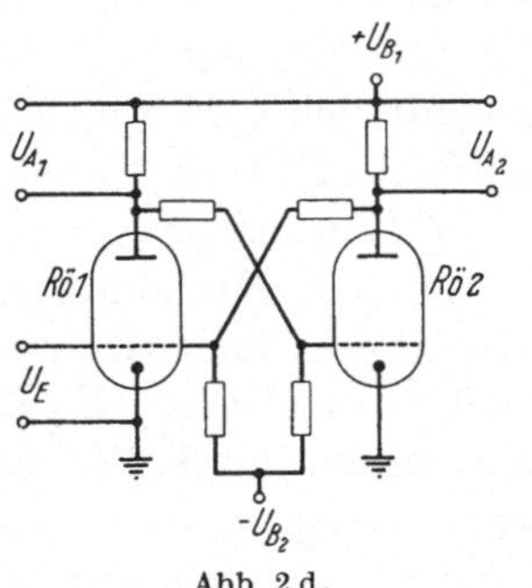

Abb. 2 d.

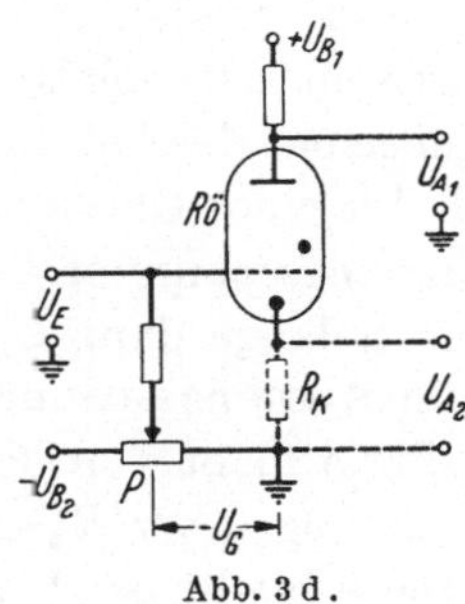

Abb. 3 d.

vorhanden, durch den der Spannungszustand U_{St_1} charakterisiert sein möge. Dieser ändert sich „quasi sprunghaft" in einen zweiten stabilen Zustand mit $U_{\mathrm{St}_2} = U_{A_2} = 0$, wenn die Eingangsspannung U_E so groß wird, daß in Röhre 1 ein genügend großer Strom zu fließen beginnt, demzufolge die Anodenspannung von Röhre 1 und damit auch die der Gitterspannung von Röhre 2 absinkt. Damit ist gleichzeitig ein Ansteigen der Anodenspannung von Röhre 2 und der Gitterspannung von Röhre 1 verbunden. Damit wird ein sich wechselseitig steigernder Umladungsvorgang eingeleitet, der erst nach Erreichen des zweiten möglichen stabilen Spannungszustandes des Systems, in welchem $U_{A_2} = 0$ ist, endet.

Mit einem derartigen elektrischen System ist mithin eine Kennlinie verknüpft, durch die mit wachsender Spannung U_E von negativen Werten beginnend die Ausgangsspannung von den Werten $U_{A_2} \neq 0$ auf den Wert $U_{A_2} = 0$ gemäß der Kennlinie in Abb. 1 d umspringt. Da die Schaltung zwei Ausgangsspannungen U_{A_1} und U_{A_2} abzunehmen gestattet, die um 180° in der Phase gegeneinander verschoben sind, erhält man für die Ausgangsspannung U_{A_1} eine Sprungkennlinie nach Abb. 1 e.

Ein anderes Beispiel zeigt Abb. 3 d. In ihr bedeutet $Rö$ eine gasgefüllte Elektronenröhre. Für diese ist charakteristisch, daß bei bestimmten Wertepaaren von U_{B_1} und $-U_G$ eine Gasentladung zündet. Durch sie ändert sich die Ausgangsspannung von $U_{A_1} = U_{B_1}$ „quasi sprunghaft" auf $U_{A_1} = U_{B_0}$, wobei unter U_{B_0} die Bogenspannung der Röhre zu verstehen ist. Durch Einschaltung eines Widerstandes R_K in die Kathodenleitung kann hier dem System ebenfalls, wie im vorhergehenden Fall, eine zweite Ausgangsspannung U_{A_2} entnommen werden, die gegenüber U_{A_1} um 180° in der Phase verschoben ist. Eine Eingangsspannung U_E als Funktion von U_{A_1} liefert mithin in der Schaltung der Abb. 3 mit $R_K = 0$ eine Sprungkennlinie entsprechend der Darstellung in Abb. 1d und U_E als Funktion von U_{A2} mit $R_K \neq 0$ eine solche gemäß Abb. 1e.

Für die Kennlinie nach Abb. 1f ist außer dem sprunghaften Übergang an zwei Stellen von U_E die Erscheinung der Hysteresis charakteristisch. Eine solche Kennlinie läßt sich verwirklichen in dem Schaltungsbeispiel der Abb. 3e. In diesem stellt $R\ddot{o}\,1$ eine Gasentladungsröhre nach Art einer Glimmlampe und $R\ddot{o}\,2$ eine Hochvakuumpentode dar. Die Eingangsspannung U_E wird an U_B und die Kathode von $R\ddot{o}\,2$ angeschlossen. Solange dann U_E kleiner ist als die Zündspannung U_Z von $R\ddot{o}\,1$, ist die Ausgangsspannung $U_A = 0$. Überschreitet U_E die Zündspannung, dann fließt von der Zündung an ein durch $R\ddot{o}\,2$ begrenzter Strom, demzufolge über R_A eine konstante Ausgangsspannung $U_A \neq 0$ entsteht. Diese bleibt bei Veränderung der Eingangsspannung U_E bis

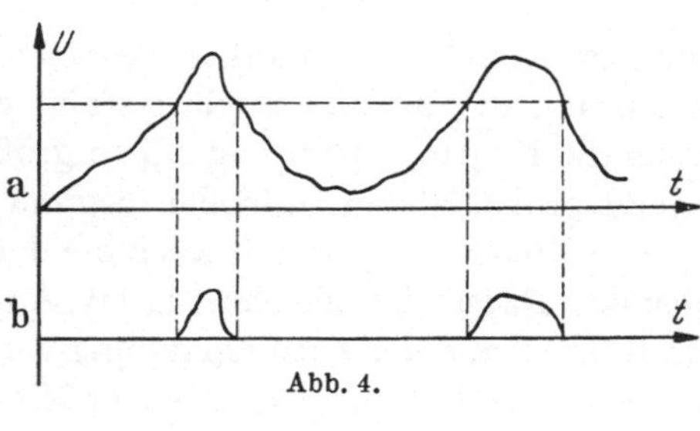

Abb. 4.

zu einem Wert erhalten, der durch die Löschspannung $U_L < U_Z$ der Röhre $R\ddot{o}\,1$ gegeben ist, und nach dessen Unterschreiten U_A wieder gleich Null wird. Wir erhalten daher mit einer solchen Schaltung in der Tat einen Verlauf von U_E als Funktion von U_A entsprechend der Kennlinie in Abb. 1f.

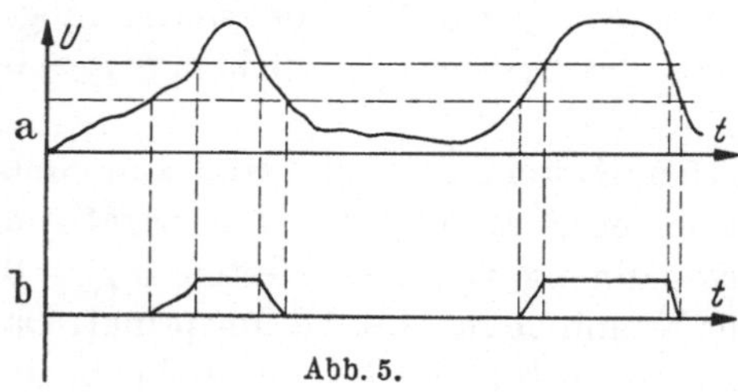

Abb. 5.

Die große Bedeutung der beschriebenen Schaltungen mit nichtlinearen Kennlinien liegt für die Impulstechnik in dem Umstand, daß mit ihnen u. a. vornehmlich die folgenden Aufgaben lösbar sind.

I. 1. Mit einer Kennlinie nach Abb. 1a bzw. 1b gelingt die Aussortierung von Spannungsbereichen zeitabhängiger Spannungen der Form $U = f(t)$, insoweit diese Bereiche gewisse durch die Wahl von U_{K_0} bzw. $-U_{G_0}$ im Beispiel der Schaltungen Abb. 2a, b und 3a, b festlegbare Spannungswerte *über-* bzw. *unter*schreiten. Zur Illustration dieser Wirkung ist in Abb. 4a eine Spannungszeitfunktion wiedergegeben und in Abb. 4b das Ergebnis der Aussortierungsmaßnahme.

2. Mit einer Kennlinie nach Abb. 1c läßt sich eine Aussonderung von Spannungsbereichen einer Spannungszeitfunktion durchführen, welche, wie in Abb. 5a und b dargestellt ist, *zwischen* zwei vorgegebenen Spannungen liegen.

3. Mit den nichtlinearen Kennlinien der Abb. 1a bis f läßt sich eine gegebene Spannungszeitfunktion, siehe Abb. 6a bis e, in eine andere unter Mitbenutzung der Wirkung von Differenzier- und Integriergliedern in Kombination mit nichtlinearen Schaltelementen durchführen. Die neue Zeitfunktion $U = f(t)$ in Abb. 6b

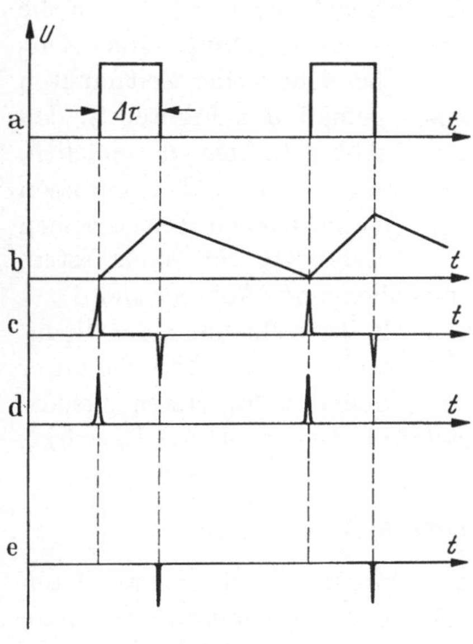

Abb. 6 a—e.

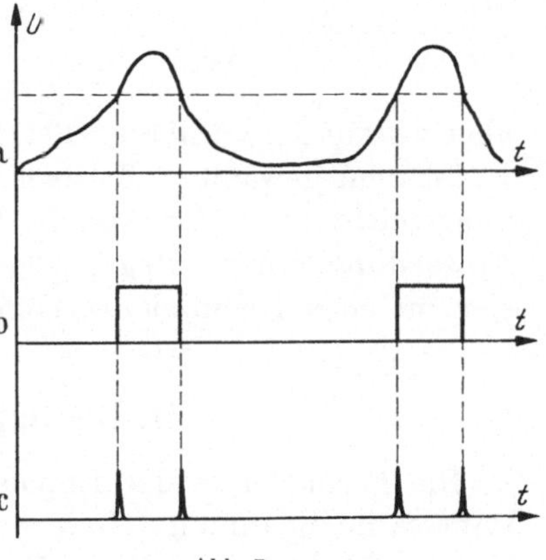

Abb. 7 a—c.

entsteht beispielsweise aus $U_E = f(t)$ gemäß Abb. 6a unter Benutzung einer Schaltung nach den Abb. 2a und b, 3a, b und c, wenn man zu R_A einen Kondensator parallel schaltet, der so bemessen ist, daß mit ihm annähernd eine Integration des Stromflusses zustande kommt. Spannungszeitfunktionen gemäß Abb. 6c erhält man durch einen Differenziervorgang der Funktion in Abb. 6a durch eine geeignet bemessene CR-Kopplung; daraus einseitige Impulse unter gleichzeitiger Anwendung eines nichtlinearen Schaltelementes nach Abb. 1a wie in Abb. 6d und nach Abb. 1d gemäß Abb. 6e.

II. *1.* Analog wie die Aussortierung nach Spannungsbereichen gelingt die Aussonderung von Zeitbereichen durch eine zeitlich rechteckförmig verlaufende Impulsspannung. Eine solche Aussonderung kann, wie die Abb. 7a und b zeigen, durch einen Impuls mit einer Dauer erfolgen, welche durch das Zeitintervall bestimmt ist, währenddem durch die gegebene Spannungszeitfunktion der Abb. 7a ein bestimmter Spannungswert *über*- oder *unter*schritten wird.

5*

2. Ebenso lassen sich zeitlich fixierte Nadelimpulse unter nachfolgender Verwendung von Differenziergliedern in Kombination mit den nichtlinearen Schaltelementen an solchen Stellen der Zeitachse erzeugen, an denen eine variable Spannung einen bestimmten Wert *über-* oder *unterschreitet.* Siehe Abb. 7a und c.

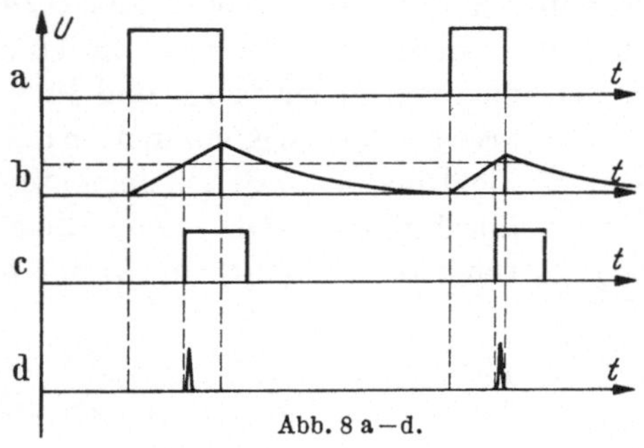

Abb. 8 a—d.

3. Mit den beschriebenen Schaltungen ist ferner die Kennzeichnung von Zeitbereichen oder Zeitpunkten gemäß den Figuren in den Abb. 8a bis d möglich, welche gegenüber gewissen vorgegebenen Zeitbereichen (Abb. 8b) um einen festen, aber willkürlich wählbaren Betrag verschoben sind (Abb. 8c und d).

In dem gewählten Beispiel wird die Zeitverschiebung der Spannungszeitfunktion der Abb. 8c aus der gegebenen der Abb. 8a unter Anwendung eines Integriergliedes mit einem nichtlinearen Schaltelement eines Kennlinienverlaufes nach Abb. 1e bzw. Abb. 1d bewirkt.

II. Die Impulsgeneratoren.

Die Form der in der Impulstechnik für Meßzwecke verwendeten Impulse im Spannungs- bzw. Strom-Zeitdiagramm weisen eine große Mannigfaltigkeit auf. Ihrer Erzeugung nach lassen sie sich in der Regel auf einige wenige idealisierte Grundtypen zurückführen. Das sind diejenigen, welche im Zeitdiagramm durch Rechtecke, Trapeze, Dreiecke oder durch Dreiecke extrem schmaler Zeitbasis, sogenannte Nadeln, wiedergegeben werden. Ihre Erzeugung erfolgt unter Anwendung nichtlinearer Schaltmittel. So ergeben sich periodische trapezförmige Impulse in einfacher Weise als Ausgangsspannungen einer Schaltung nach Abb. 2c oder 3c, wenn eine sinusförmige Wechselspannung der gewünschten Impulsfolgefrequenz an den Eingang gelegt wird. Die erzielbaren Flankensteilheiten sind hierbei gering. Sie lassen sich durch wiederholte Verstärkung und Anwendung eines analogen nichtlinearen Schaltmittels wesentlich versteilern. Für die Erzeugung von Impulsen hoher Flankensteilheit kommen indessen praktisch nur Schaltmittel in Betracht, deren Kennlinien den Abb. 1d und e gegebenenfalls f entsprechen, die also Unstetigkeitsstellen haben.

Zur Realisierung dieser Kennlinien wird am häufigsten von den wechselseitig rückgekoppelten Zweiröhrenverstärkern, den sogenannten Multivibratoren, Gebrauch gemacht. Die wechselseitige Rückkopplung

von einer Verstärkerröhre auf die andere kann dabei entweder von je
einer Anode zu dem Steuergitter der jeweils anderen Röhre erfolgen wie
in Abb. 2d oder durch eine gemischte Kopplung, von der Anode der
einen Röhre zum Steuergitter der anderen bei gleichzeitiger gemein-
samer Kopplung über die mitein-
ander verbundenen und hochgesetzten Kathoden (s. Abb. 9). Bei
Netzwerken mit hochgesetzten
Kathoden können auch beide Kopp-
lungsarten gleichzeitig zur Anwendung kommen.

Ihrer Funktionsweise nach teilt
man die Multivibratoren in drei
Gruppen ein, in die bistabilen,
monostabilen und metastabilen. Als

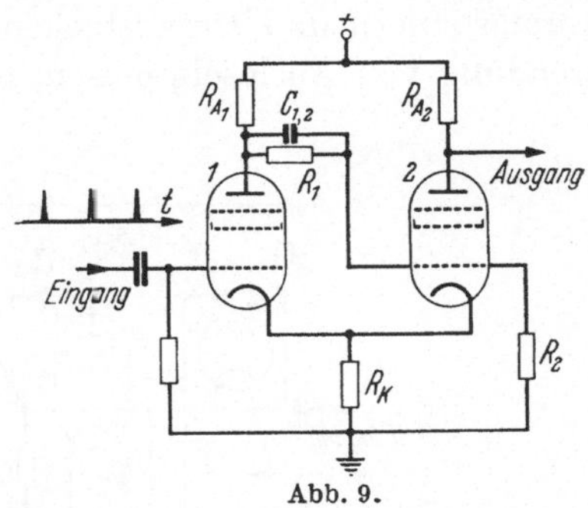

Abb. 9.

Kriterium für die Gruppenzugehörigkeit dient somit die Anzahl der
stabilen Spannungs- bzw. Stromzustände. Einen bistabilen Multivibrator stellt daher das in Abb. 2d und Abb. 9 u. 10 schematisch
wiedergegebene Netzwerk dar, da es in zwei verschiedenen Spannungszuständen stabil existieren kann und wechselseitig rückgekoppelt ist.
Die Einleitung eines Überganges von einem in den anderen stabilen
Zustand erfolgt durch Überschreiten der Schwellenspannung am
Gitter der *stromlosen* Röhre durch eine in *positiver Richtung* wachsende

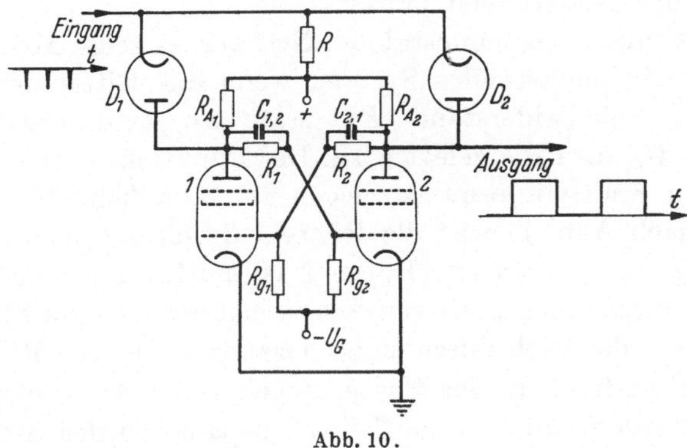

Abb. 10.

Spannung, an der *stromdurchflossenen* durch eine *negativ* werdende. Ein
Zustandswechsel in dem einen wie im anderen Sinne kann bei einer
Schaltung nach Abb. 10 durch kurzzeitige Auslöseimpulse *gleicher
Polarität* bewirkt werden. Hier ist für den Auslöseimpuls am Eingang E
jeweils diejenige Diode gesperrt, deren Anode an einer stromdurchflossenen Röhre liegt, so daß für den Auslöseimpuls stets nur der Weg
zu derjenigen Verstärkerröhre frei ist, die gerade stromdurchflossen ist.

Zur Einleitung einer Zustandsänderung müssen daher die Auslöseimpulse in diesem Falle *negativ* sein.

Mit einer durch periodische Auslöseimpulse gesteuerten bistabilen Multivibratoranordnung wird eine Impulsfolge erhalten, bei welcher die Impulsdauern und Impulslücken streng gleich lang sind. Unter Verwendung von Auslöseimpulsen, die ihrerseits aus zwei zeitlich gegen-

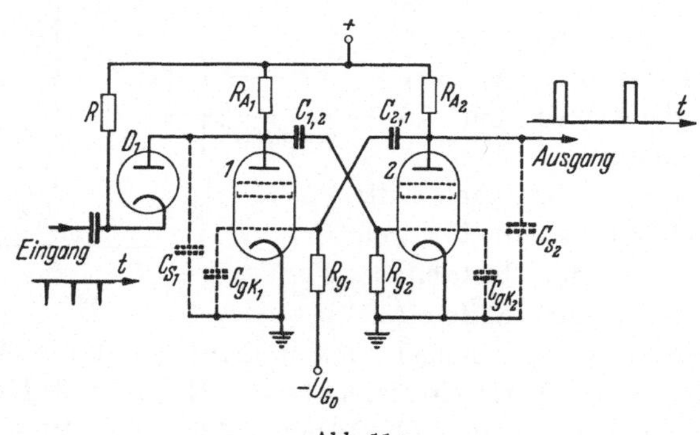

Abb. 11 a.

einander verschiebbaren Impulsreihen gleicher Folgefrequenz bestehen, lassen sich somit periodische Impulse variabler Impulsdauer herstellen. Indessen verwendet man im allgemeinen für die Herstellung einer hinsichtlich ihrer Impulsdauern variablen Impulsfolge einen Multivibrator des mono- oder metastabilen Typs.

Die Schaltung eines monostabilen Netzwerkes zeigt Abb. 11a. Aus ihr entsteht ein metastabiles System, wenn das Gitter der Röhre 1 über seinen Ableitwiderstand R_{g_1} statt an eine negative Vorspannung $-U_{G_0}$ an Erde gelegt wird. Der Funktionsmechanismus des monostabilen Multivibrators ist leicht zu verstehen. Denn für die Schaltung nach Abb. 11a ist die Röhre 1 durch die negative Gittervorspannung $-U_{G_0}$ gesperrt. Röhre 2 ist mithin stromdurchflossen. Wird daher durch einen positiven Spannungszuwachs am Steuergitter der Röhre 1 — der auch durch einen negativen über die Röhre 2 verstärkten und dadurch in der Phase umgekehrten Auslöseimpuls hervorgerufen werden kann — die Schwellenspannung des Steuergitters der Röhre 1 überschritten, dann wird nach den Erörterungen über die Wirkungsweise einer Multivibratorschaltung im Zusammenhang mit der Abb. 2c das Netzwerk der Abb. 11a instabil und wechselt in seinen zweiten möglichen durch Sperrung der Röhre 2 und Öffnung der Röhre 1 gekennzeichneten Zustand über. Die Kopplungskondensatoren $C_{1,2}$ und $C_{2,1}$ bilden für diesen Wechsel wegen des sehr rasch vor sich gehenden Umladevorganges kein Hemmnis. Sie bewirken aber, daß der neue Systemzustand nur metastabil sein kann. Denn das bei dem Umladevorgang negativ gewordene Gitter der Röhre 2 kann nur durch einen über das $C_{1,2}\,R_{g_2}$-Glied erfolgten negativen Spannungssprung an der Anode 1 negativ werden gegen Kathode. Dieser Spannungssprung klingt auf der Seite des Gitters der Röhre 2 entsprechend der Größe des durch $C_{1,2} \cdot R_{g_2}$ gebildeten Zeitkonstantengliedes mehr oder weniger rasch und gemäß Abb. 11b exponentiell ab, so daß die Röhre 2 nach einer gewissen Zeit wieder stromführend wird, womit der Schwellenwert für diese Röhre zur Überschreitung kommt und nunmehr der analoge Umladevorgang in umgekehrter Richtung abläuft und in dem dann eingetretenen Zustand wegen der negativen Gittervorspannung der Röhre 1 endet. Die Stromlosigkeit der Röhre 2 ist daher in der Tat nur meta-

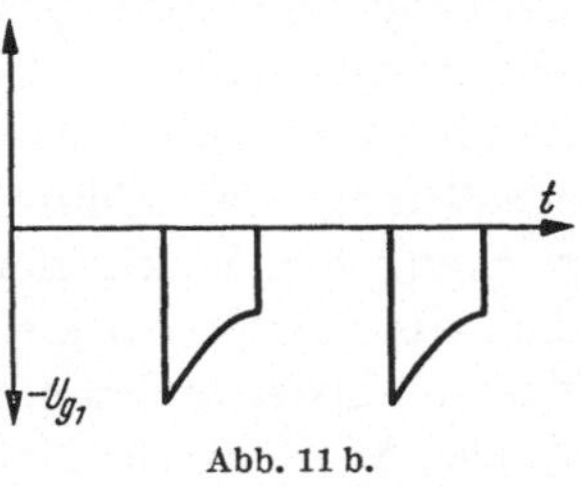

Abb. 11 b.

stabil und hinsichtlich ihrer Zeitdauer von der Größe der Zeitkonstanten $C_{1,2} \cdot R_{g_2}$ abhängig und mit dieser variabel. Das Netzwerk der Abb. 11a hat mithin nur *eine* stabile Spannungslage, die andere ist metastabil und hinsichtlich ihrer Dauer willkürlich regelbar. Über R_{A_1} können negative, über R_{A_2} positive Rechteckimpulse einstellbarer Dauer durch negative Auslöseimpulse erhalten werden, durch die zugleich die Lage der erzeugten Impulse auf der Zeitachse festgelegt ist.

Der metastabile Multivibratortyp, der aus dem monostabilen der Abb. 11a durch Erdung des Gitterableitwiderstandes der Röhre 1 entsteht, verliert infolge dieser Erdung jede Dauerstabilität und wird in *zwei* Zuständen metastabil. Er wird damit zu einem freischwingenden im Spannungszeitdiagramm rechteckförmige und *periodische* Impulse liefernden Netzwerk. Die Zeitdauer der Stromlosigkeit der einen oder anderen Röhre bzw. die Zeitdauer der metastabilen Zustände wird durch die Größe der an die Gitterseite angeschlossenen Zeitkonstantenglieder bestimmt und ist mit diesen ebenfalls veränderlich. Da sich die Einleitung der Umladevorgänge auch beim freischwingenden Multivibrator analog wie beim bistabilen und monostabilen durch Überschreiten der Schwellenwerte der Gitterspannung vollzieht, kann er vor dem selbständigen Erreichen dieses Schwellenwertes vorzeitig durch Auslöseimpulse erzwungen und damit der freischwingende Multivibrator synchronisiert werden.

Die Sprungzeit der mit Multivibratoren erzielbaren Impulse hängt von der Stromergiebigkeit der verwendeten Röhren und der Größe ihrer Außenwiderstände ab. Das ergibt sich aus einer Betrachtung des Übergangsmechanismus, bei dem die zuvor stromlose Röhre stromführend wird. Wegen des hierbei nach Erreichen der Gitterspannung Null einsetzenden und über den Gitterableitungswiderstand eine

Gegenspannung erzeugenden Gitterstromes, kann der Strom durch die Röhre nur etwa so groß werden, wie aus den Kenndaten der verwendeten Röhre und den gewählten Betriebsspannungen bei Gitterspannung Null hervorgeht. Dieser Grenzstrom ist bereits bei einer Gitterspannungsänderung von etwa 5 bis 10% der an der Anodenseite abnehmbaren Impulsamplituden, d. h. also sehr schnell erreicht. Die Zeitdauer der Abstiegsflanke des an der stromdurchflossenen Röhre abgenommenen Impulses kann daher nicht kleiner sein als die Zeitdauer, die zum Entladen des schädlichen Kondensators am Anodenschaltpunkt der Röhre mittels des Anodengrenzstromes bis zur Erreichung der maximalen Impulsamplitude vergeht. Bezeichnet i_{max} den Grenzstrom, $\Delta\tau$ die Zeitdauer des Übergangsverlaufes von einem Zustand in den anderen, U die dabei erzielte Sprungamplitude und C die Kapazität der schädlichen Kondensatoren am Anodenschaltpunkt,

dann muß also gelten: $\Delta\tau > \dfrac{U \cdot C}{i_{max}}$. Daraus berechnet sich unter Zugrundelegung handelsüblicher Röhren bei einer Impulsamplitude von etwa 100 V eine kleinstmögliche Zeitdauer für die Abstiegsflanke von 1 bis 2 $\cdot$ 10^{-8} sek.

Diese Berechnung genügt für überschlägige Betrachtungen. Für eine genauere Ermittlung der Sprungzeiten darf der Verlauf der Kennlinie bis zur Erreichung der Gitterspannung Null und ihre Nichtlinearität nicht vernachlässigt werden. Eine Berechnung des Multivibratormechanismus unter Berücksichtigung des nichtlinearen Kennlinienverlaufes beim Überschreiten des Schwellenwertes ist von meinem Schüler HAAS [1] durchgeführt worden. Nach dieser ergibt sich, daß das $\Delta\tau$ bei Verwendung von zwei EF 42 und einer Sprungspannung von 100 V um etwa den Betrag 2,5 größer ist als sich aus der obigen Formel ergibt. Die Zeitdauer der Abstiegsflanke ist im übrigen um so kleiner, je kleiner die Sprungspannung gewählt wird. Man kann unter Beachtung dieses Gesichtspunktes für $\Delta\tau$ mit handelsüblichen Zwischenfrequenzverstärkerpentoden Werte von etwa 3 $\cdot$ 10^{-8} sek erreichen.

Für die Anstiegsflanken lassen sich mit den einfachen in den Abb. 9 bis 11 wiedergegebenen Multivibratorschaltungen bei etwa 100 bis 200 V Amplitude nur Übergangszeiten von etwa 1 $\cdot$ 10^{-7} sek erzielen. Das ist darauf zurückzuführen, daß der Spannungsanstieg an den Anoden der Röhren bei Sperrung des Röhrenstroms zustande kommt. Die Aufladung des schädlichen am Anodenanschlußpunkt der Schaltung wirksamen Kondensators auf die Batteriespannung des elektrischen Systems kann daher nur über den zugehörigen Anodenarbeitswiderstand erfolgen. Dieser kann bei Einhaltung optimaler Bedingungen für kurze Übergangszeiten und festgelegter Impulsamplitude einen bestimmten und von den Daten der verwendeten Röhren abhängigen

Widerstandswert nicht unterschreiten. Die Flankendauer für den Übergang von der Strom- zur Sperrphase, beispielsweise der Röhre 2 in der Schaltung Abb. 11a, also der Übergang in aufsteigender Spannungsrichtung, bestimmt sich somit allein aus der Zeitkonstanten der Schaltung der an der Anode der Röhre 2 wirksamen Schaltelemente, das heißt, aus dem Produkt von R_{A_2} und der Kapazität des schädlichen Kondensators C_{S_2} der Abb. 11a. Dabei ist zu berücksichtigen, daß sich in der Sperrphase der Röhre 2 und somit in der Stromphase der Röhre 1, die Kapazität C_{S_2} aus zwei Anteilen zusammensetzt. Und zwar aus der Kapazität der Röhrenschaltung zwischen Anode und Masse und der des Kopplungskondensators $C_{2,1}$, da dieser in der Sperrphase von 2 und Öffnungsphase von 1 durch den Gitterstrom durch 1 gitterseitig auf Erdpotential festgehalten wird und daher mit aufgeladen werden muß.

Die Flankendauer des *Anstieges* eines mit einer Schaltung nach Abb. 11a erzeugten Multivibratorimpulses ist daher um so kleiner, je kleiner $C_{2,1}$ und R_{A2} gewählt werden kann. Damit sind indessen niedrige Impulsspannungen verknüpft. Große Impulsspannungen verlangen ein großes R_{A_2}. Der Widerstreit der Forderungen für R_{A_2} zur Erzielung kurzer Übergangszeiten auf der *Anstiegs-* wie auf der *Abstiegs*seite bei großen Sprungamplituden des erzeugten Impulses läßt

sich daher nur lösen, wenn für die Aufladung des schädlichen Kondensators an der Anode, also beim Aufwärtssprung ein zusätzlicher elektronischer Strompfad geschaffen wird. Das ist möglich mit einer von KROEBEL [2] angegebenen Schaltung, die in Abb. 12 schematisch wiedergegeben ist. In ihr ist an die Anode der Röhre 2 der Multivibratorschaltung der Abb. 11a die Parallelelektrode einer Sekundärelektronenröhre 3 angeschlossen. Ihre Anode liegt auf ein gegenüber der Versorgungs-

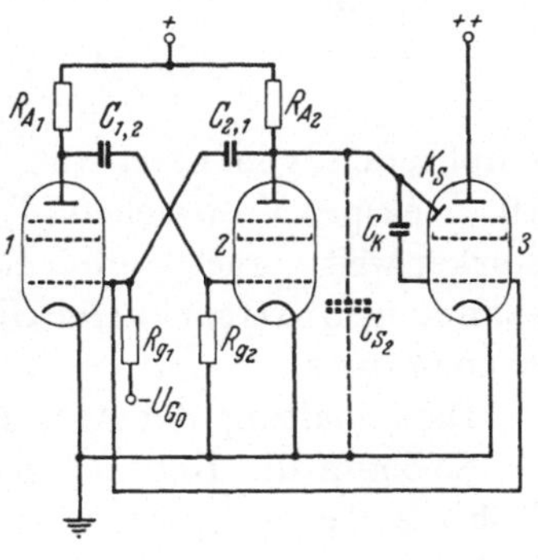

Abb. 12.

spannung für die Röhren 1 und 2 höheres positives Potential. Durch die galvanische Kopplung der Anode der Röhre 2 mit der sekundären Kathode der Röhre 3 wird bei Auftastung der Röhre 3 in Phase mit einer Öffnung der Röhre 1 und Sperrung von Röhre 2 der schädliche Kondensator C_{S_2} an der Anode von 2 über den Sekundärelektronenstrom zur Anode von 3 auf ein positives festvorgegebenes Potential aufgeladen. Wegen der großen Stromergiebigkeit der Sekundärkathode erfolgt diese Aufladung im allgemeinen schneller als die Entladung beim Übergang von der Sperrphase zur Öffnung der Röhre 2, so daß in der Schaltung nach Abb. 12 im Gegensatz zu der nach Abb. 11a die Dauer des Flanken*anstiegs* kleiner wird als diejenige des Abstiegs. Und zwar kann man Übergangszeiten von einigen 10^{-9} sek erzielen. Über einen niederohmigen Außenwiderstand im Anodenkreis der Röhre 3 lassen sich somit Impulse extrem kurzer Sprungdauern abnehmen.

Da in der beschriebenen Schaltung der Abb. 12 der Anodenwiderstand der Röhre 2 nicht mehr als Strompfad für die Wiederaufladung des schädlichen am Anodenpunkt wirksamen Kondensators auf die Batteriespannung erforderlich ist, kann er extrem groß gewählt oder auch ganz fortgelassen werden. Man kann in diesem Falle Impuls-

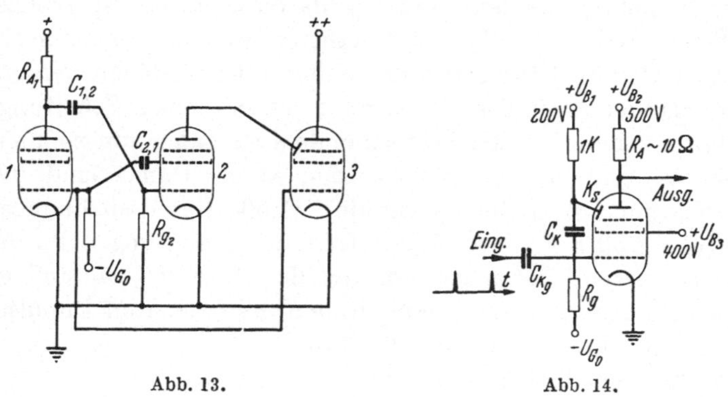

Abb. 13.   Abb. 14.

amplituden von etwa 400 V mit Flankensteilheiten von mehr als 10^{-10} sek pro V erreichen [3]. Damit gelingt die Auftastung leistungsstarker weit vorgespannter Röhren, in deren Anodenkreis dann Impulsspannungen extrem kurzer Übergangszeiten bei hohen Impulsleistungen abnehmbar sind.

Die Schaltung der Abb. 12 läßt mannigfaltige Variationen zu.

So kann die Röhre 1 gemäß Abb. 13 über das Schirmgitter der Röhre 2 rückgekoppelt werden, wodurch die Anode von 2 kapazitiv entlastet wird, so daß ein zusätzlicher Gewinn an Flankensteilheit für die mit der Schaltung nach Abb. 12 erzeugten Impulse erhalten wird. Bezüglich weiterer Einzelheiten wird auf die Spezialliteratur verwiesen [2 und 3].

Die Röhre 3 in der Schaltung nach Abb. 14 stellt bei ausreichender negativer Gittervorspannung für sich allein bereits einen monostabilen Multivibrator dar (Moody) [4]. Denn das System hat in diesem Fall nur *einen* stabilen Zustand. Er ist gegeben, wenn die Anodenspannung gleich der Batteriespannung U_{B_2} ist und wird instabil, wenn ein genügend starker positiver Auslöseimpuls über das Steuergitter einen Anodenstrom hervorruft. Durch diesen wird die Spannung an der Sekundärkathode in positiver Richtung verschoben, was, zufolge der Kopplung über den Kondensator C_K wegen der damit verbundenen Kompensation der Gittervorspannung über den Widerstand R_g, zu einer weiteren Steigerung des Anodenstromes führt. Die durch den Auslöseimpuls in Gang gebrachte Entladung durch die Röhre ist mithin instabil. Sie erreicht ihre höchste Stromamplitude, wenn das Steuergitter Kathodenpotential und die Sekundärkathode eine Spannung erreicht hat, bei der der sekundäre Elektronenstrom abzunehmen beginnt. Der sich ergebende Spannungszustand der Anode ist metastabil. Er findet sein Ende, wenn die Kompensationsspannung über R_g abzunehmen und das Steuergitter einen Wert anzunehmen beginnt, bei dem die Röhre wieder gesperrt ist.

Mit einer derartigen Anordnung lassen sich ebenfalls sehr kurze Sprungzeiten von etwa $2 \cdot 10^{-9}$ sek erzielen. Die Dauer des metastabilen Zustandes hängt von der Zeitkonstanten der gitterseitigen Schaltelemente ab und liegt etwa bei kürzesten Werten von $1 \cdot 10^{-7}$ sek. Unter Anwendung von RC/Differenziergliedern lassen sich aus solchen Spannungsverläufen Nadelimpulse einer Halbwertsbreite von einigen 10^{-9} sek herstellen. Die Nachteile der Schaltung liegen in dem Umstand, daß die Impulsspannungen und -Dauern Schwankungen unterworfen sind, die ihre Ursache in Schwankungen des Sekundärelektronenfaktors der Prallelektrodenschicht in der Röhre haben. Man kann sie durch Anwendung von spannungsbegrenzenden Schaltmitteln wesentlich einschränken. (Siehe MOODY) [4].

Die Impulsfolgefrequenzen der mit Multivibratorschaltungen erregbaren periodischen Impulse hängen im wesentlichen von den Zeitkonstanten der gitterseitigen Schaltelemente ab. Da mit ihnen gewisse Mindestwerte nicht unterschritten werden können, sind die Impulsfolgefrequenzen nach oben begrenzt. Diese Grenze liegt bei üblichen Schaltanordnungen bei etwa $2 \cdot 10^6$ Hz. Unter Anwendung nichtlinearer Schaltmittel, mit denen die Impulsamplituden auf Werte von etwa 20 V begrenzt werden, kann man Impulsfolgefrequenzen bis etwa $1{,}5 \cdot 10^7$ Hz erreichen (FITCH) [5].

Für jedes System, das Instabilitäten enthält, ist charakteristisch, daß es eine oder mehrere Schwellenspannungen besitzt. Beim symmetrischen bistabilen Multivibrator ist es eine, beim monostabilen und metastabilen sind es zwei. Sie sind jeweils durch eine Gittervorspannung gegeben, bei denen ein Spannungszuwachs am Gitter der einen Röhre wegen der wechselseitigen Rückkopplung über die andere eine Vermehrung dieses Zuwachses hervorruft. Das ist der Fall, wenn das Produkt aus den Steilheiten $S_1 \cdot S_2$ und den Außenwiderständen $R_{A_1} \cdot R_{A_2}$ der Röhren, also das Produkt

$$S_1 \cdot S_2 \cdot R_{A_1} \cdot R_{A_2} > 1$$

wird.

Da beim Multivibrator die Röhren stets wechselseitig geöffnet und gesperrt sind, wird beim Erreichen der Schwellenspannung die eine Röhre mithin gerade die Gitterspannung Null und somit eine maximale Steilheit haben, während die Steilheit der anderen Röhre wegen ihrer negativen Gittervorspannung wesentlich kleiner sein wird. Das heißt, der Schwellenspannung der negativ vorgespannten Röhre wird ein Punkt auf dem wesentlich nichtlinearen Teil der Röhrenkennlinie entsprechen. Ein Spannungszuwachs wird mithin zu einer ständig zunehmenden Steilheit führen. Die Zeitfunktion des Stromanstiegs beim Überschreiten der Schwellenspannung wird mithin davon abhängen, wie schnell die Steilheit mit einer Spannungsüberschreitung zunimmt. Bis dieser Stromanstieg einen Wert angenommen hat, bei dem die Impulsspannung beispielsweise auf 10% ihres Endwertes angestiegen ist, wird mithin bereits eine gewisse Zeit verstrichen sein. Ihre Dauer, auch Verzögerungszeit genannt, muß davon abhängen, mit welcher Gitterspannung, d. h. mit welcher Impulsspannung die Instabilität eingeleitet wird. Mein Schüler Haas [6] hat den Zusammenhang zwischen der Amplitude eines genügend flankensteilen Impulses und der Verzögerungszeit für verschiedene Multivibratoranordnungen berechnet und gemessen. Dieser Zusammenhang ist von den Daten der Schaltung abhängig und für verschiedene Werte der verwendeten Schaltelemente und Röhren einer Schaltung nach Abb. 11a in Abb. 15 wiedergegeben.

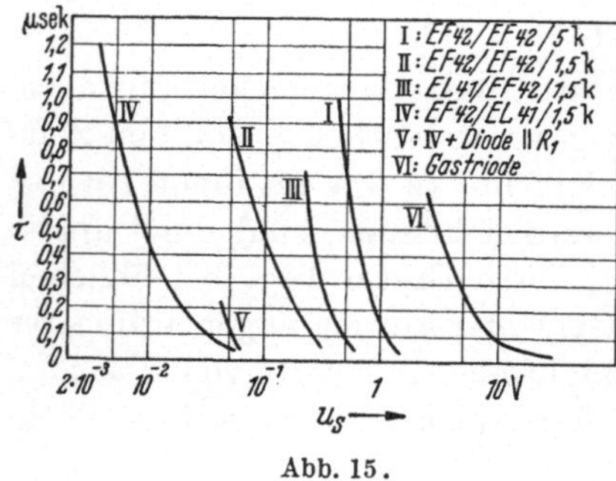

Abb. 15.

Für viele Anwendungen sind die mit Multivibratorschaltungen herstellbaren Impulsleistungen unzulänglich. In diesen Fällen bedient man sich zur Impulserzeugung der Gasentladungen als nichtlinearer Schaltmittel. Mit ihnen sind unter besonderen Entladungsbedingungen Impulsleistungen von mehreren Megawatt erzielbar. Für geringere Leistungen von einigen 100 W bis zu einigen Kilowatt, verwendet man bequem zu handhabende besondere Gasentladungsröhren vom Typ der kleinen Thyratrons. Die Gasentladungen haben den Vorteil, daß mit ihnen bei günstigen Gasfüllungen sehr kurze Sprungzeiten von wenigen 10^{-8} sek erhalten werden können. Ihr Nachteil liegt darin, daß die Impulsfolgefrequenz nur gering ist und ohne besondere Maßnahmen kaum höher getrieben werden kann als auf 10 bis 20 kHz. Unter Anwendung von Spezialschaltungen lassen sich Folgefrequenzen von maximal etwa 50 bis 100 kHz erreichen.

Eine einfache Impulserzeuger-Schaltung mit einer Thyratron-Röhre zeigt Abb. 16. Bei dieser Schaltung erfolgt in der Sperrphase der Röhre eine Aufladung des Kondensators C_A von der Batterie U_B über einen Aufladewiderstand R_A. Nach Erreichen der Zündbedingung der Röhre, die für bestimmte Anoden- und Gitter- bzw. Auslöseimpuls-spannungen gemäß der Zündkennlinie gegeben ist, erfolgt eine Entladung des Kondensators C_A über R_N mit rasch ansteigendem Strom. Der Stromanstieg erfolgt exponentiell und liefert bei den Gasentladungstypen EC 50 Werte des Exponentialkoeffizienten α bis zur Größe von $\alpha \sim 1 \cdot 10^8$ sek^{-1}, wie von KNOOP [7] gemessen wurde. Bei Batteriespannungen von $U_B = 1000$ Volt mit $R_N = 60\ \Omega$ ergeben

sich dann Sprungzeiten von $2 \cdot 10^{-8}$ sek und Sprung-spannungen von etwa 500V. Durch die Entladung kommt über den Nutz-widerstand R_N ein posi-tiver Spannungsanstieg zu-stande. Während der Ent-ladung von C_A sinkt die Anodenspannung ab, was nach Unterschreiten der

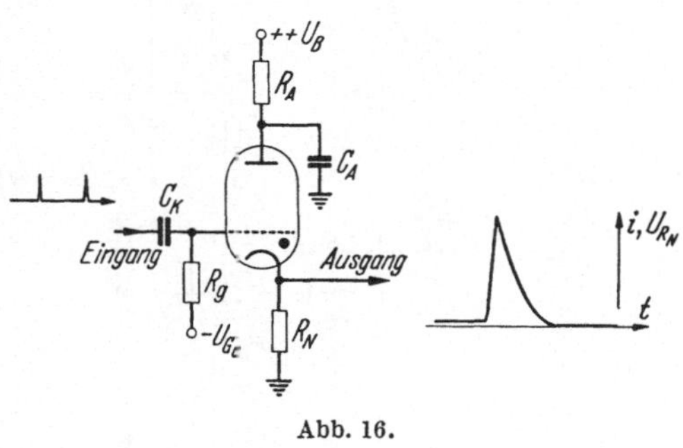

Abb. 16.

Bogenspannung des Thyratrons — bei etwa 20 V — zu einer Löschung des Röhrenstromes führt. Die über R_N entstandene Spitzenspannung klingt danach exponentiell gemäß der Zeitkonstanten des Kathoden-kreises ab. Der Abfall erfolgt somit um so langsamer, je größer R_N gewählt wird. Unter günstigen Bedingungen lassen sich auf diese Weise Glocken bis dreieckähnliche Impulse mit Halbwertsbreiten von $\sim 3 \cdot 10^{-8}$ sek herstellen. Durch Anwendung von Schaltmitteln mit nicht-linearen Kennlinien gemäß den Abb. 1a bis c kann man aus solchen Impulsen durch Abschneiden der Spitzenspannungen oder Aus-schneiden mittlerer Spannungsbereiche nahezu rechteckförmige Im-pulse variabler Impulsdauern herleiten.

Die Anwendung dieser Maßnahmen vermindert indessen die Impuls-leistungen erheblich. Zur Erzeugung von Rechteckimpulsen mit Leistungen, wie sie mit Thyratrons gewonnen werden können, wendet man daher andere Methoden an. Eine von KROEBEL [8] angegebene ist in schematischer Darstellung in Abb. 17 abgebildet. In ihr bedeuten Röhre 1 und Röhre 2 Gasentladungsröhren, $-U_{G_1}$, $-U_{G_2}$ ihre Sperr-spannungen. Die Röhre 1 wird von der Batteriespannung U_{B_1} ver-sorgt, Röhre 2 von $U_{B_2} > U_{B_1}$.

R_{A1} ist ein Aufladewiderstand im Kreise der Röhre 1, C_{A_1} der zu-gehörige Aufladekondensator. R_{A_2} ein Aufladewiderstand im Kreise der Röhre 2, über den der Kopplungskondensator C_K gegen U_{B_1} aufgeladen wird. Der Widerstand R ist klein und dient sowohl als Arbeitswiderstand für die Röhre 2 als auch als Strombegrenzer im Kreise $C_{A_1} - R - R\ddot{o}1 - R_N$.

Ein Stromfluß in diesem Kreise kommt zustande, wenn $R\ddot{o}1$ durch einen Impuls einer Impulsfolge J_1 gezündet wird. Dieser Strom ist

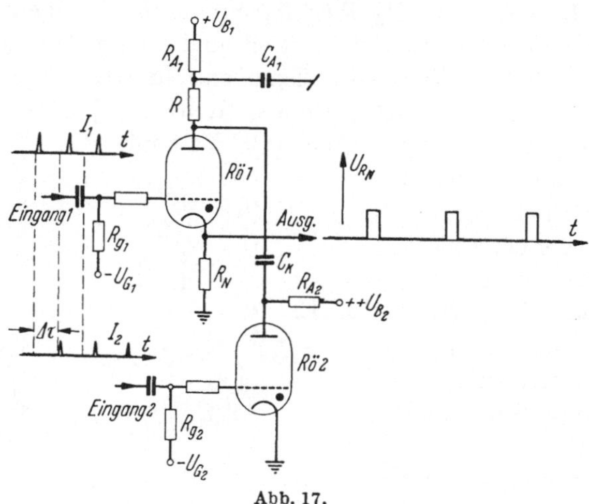

Abb. 17.

innerhalb eines gewissen von der Größe von C_{A_1} abhängigen Zeitintervalles als konstant zu betrachten. Über R_N entsteht daher ein Aufwärtssprung auf eine gleichbleibende Spannung. Der Abwärtssprung wird durch Zündung der Röhre 2 mittels einer um einen gewissen Betrag $\Delta\tau$ gegenüber J_1 verschobenen Impulsfolge J_2 hervorgerufen, und zwar dadurch, daß durch die Zündung von Rö 2 über den Arbeitswiderstand R_{g_2} ein negativer Spannungsstoß auftritt, der die Anodenspannung der Röhre 1 unter ihre Bogenspannung herabsetzt und damit zum Verlöschen bringt. Die Dauer des Stromflusses durch R_N und damit des über R_N abnehmbaren Rechteckimpulses hängt somit nur von der Zeitdifferenz ab, mit der die beiden Impulsfolgen J_1 und J_2 voneinander abweichen. Die Impulsdauer ist mit einer Änderung dieser Zeitdifferenz in weiten Grenzen veränderlich. Die Übergangszeiten an der Vorder- und Rückflanke der erzeugten Impulse entsprechen den mit Gasentladungsröhren erreichbaren und liegen bei etwa $2 \cdot 10^{-8}$ sek.

III. Die Verzögerungsleitungen.

Eine andere viel verwendete Methode macht von *Verzögerungs-* bzw. *Übertragungs*leitungen Gebrauch. In ihrer einfachsten Form ist eine solche Verzögerungs- bzw. Übertragungsleitung durch ein Hochfrequenzkabel gegeben. Seine uns hier interessierenden charakteristischen physikalischen Größen sind der Wellenwiderstand Z und die Fortpflanzungsgeschwindigkeit v für elektrische Wellen bzw. ihre Laufzeit τ pro Längeneinheit.

Sie ist bei Hochfrequenzkabeln nur um etwa 10% kleiner als im freien Raum. Ein über einen Kabeleingangswiderstand gleich dem Wellenwiderstand erzeugter Impuls pflanzt sich mithin im Kabel mit einer Geschwindigkeit v fort. Ist das Kabel offen, so wird der Impuls am Ende mit gleicher Phase reflektiert, ist es geschlossen, erfolgt die Reflek-

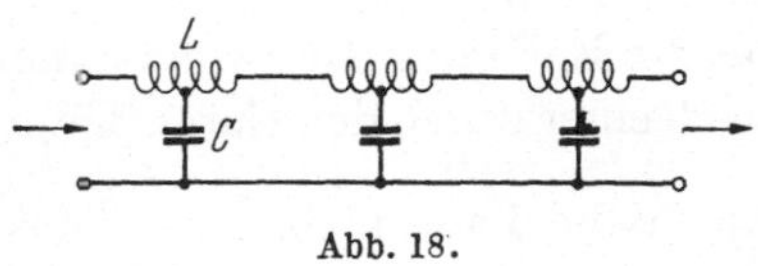

Abb. 18.

tion mit einer um 180° verschobenen Spannungsphase. Bei Abschluß mit einem Widerstand auch am Ende des Kabels gleich dem Wellenwiderstand Z wird die gesamte ankommende Impulsleistung im Widerstand und damit reflektionsfrei vernichtet.

Wegen der hohen Fortpflanzungsgeschwindigkeit in Hochfrequenzkabeln verwendet man Kabelnachbildungen in der Art, wie in Abb. 18 dargestellt. Damit kann man Verzögerungsleitungen herstellen, die auf engem Raum untergebracht werden können und erhebliche Laufzeiten ergeben. Statt solcher aus konzentrierten Spulen L und Kondensatoren C hergestellten Verzögerungsleitungen sind auch Spezialkabel in Verwendung, bei denen der Innenleiter auf einen Kern von ferromagnetischem Material aufgewickelt ist. Mit derartigen Kabeln kommt man auf Laufzeiten von etwa 0,3% der Lichtgeschwindigkeit, so daß bei einem solchen Kabel die Fortpflanzung einer Sprungspannung über eine Wegstrecke von 1 m bis zu 1 Mikrosekunde benötigt.

Die Impulsgeneratoren.

Die Schaltung eines mit einem Thyratron arbeitenden Impulsgenerators, bei dem eine derartige Verzögerungsleitung zum Zwecke der Er-

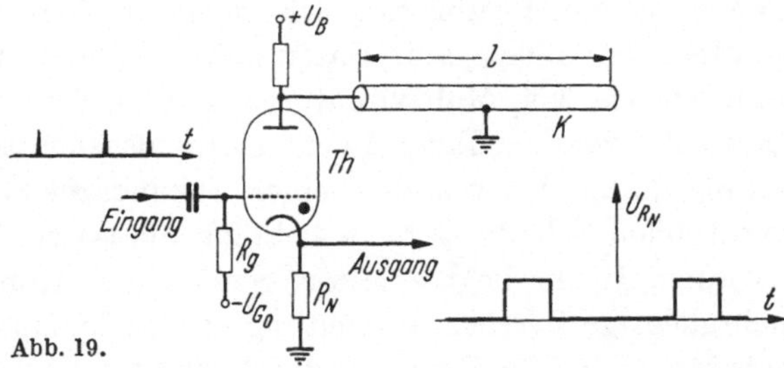

Abb. 19.

zeugung von Rechteckimpulsen angewendet ist, zeigt die Abb. 19. In ihr stellt die Röhre Th das Thyratron dar, K ein am Ende offenes Kabel der Länge l, dessen Innenleiter gegenüber Erde bzw. dem

Kabelmantel auf die Batteriespannung U_B aufgeladen ist. Der Kabeleingang ist mit der Anode des Thyratrons verbunden. Die Aufladung erfolgt jeweils über den Anodenwiderstand. Der Nutzwiderstand R_N wird so gewählt, daß er zusammen mit der gezündeten Entladungsstrecke der Röhre gleich dem Wellenwiderstand Z des Kabels ist. Kommt dann durch Zündung der Röhre beispielsweise über einen Auslöseimpuls eine Kurzschlußverbindung zwischen dem Innenleiter des Kabels und dem heißen Ende des Nutzwiderstandes R_N zustande, dann entsteht über R_N nach einer durch den Gasentladungsmechanismus gegebenen Sprungzeit die halbe Ladespannung $\dfrac{U_B}{2}$ des Kabels. Demzufolge pflanzt sich im Kabel eine Sprungspannung gleich der halben Ladespannung $\left(U_B - \dfrac{U_B}{2}\right)$ mit der Fortpflanzungsgeschwindigkeit v in Richtung auf das offene Kabelende zu fort. Dabei zehrt sich sukzessive zunächst die Hälfte der längs des Kabels zwischen Innenleiter und Mantel bei der Aufladung gespeicherten elektrischen Energie auf. Die andere Hälfte verbraucht sich nach der Reflexion der Sprungspannung am offenen Kabelende während ihres Rücklaufes zum Anfang. Es fließt mithin über R_N während einer Zeitdauer $\Delta\tau = 2\,\dfrac{l}{v}$ ein konstanter Impulsstrom $i = \dfrac{U_B}{2\,R_N}$. Die Impulsdauer $\Delta\tau$ hängt mithin von l ab und ist daher mit l beliebig wählbar. Voraussetzung für die Erzielung eines im Spannungszeitdiagramm *glatten* rechteckförmigen Impulses ist eine reflexionsfreie Anpassung des Nutzwiderstandes R_N, einschließlich des Innenwiderstandes der Gasentladungsstrecke im gezündeten Zustand, an den Wellenwiderstand des Kabels. Die Einhaltung dieser Bedingung ist um so schwieriger, je kürzere Sprungzeiten zu erzeugen sind. Es sind daher gegebenenfalls Abgleichkondensatoren zusätzlich über den Widerstand R_N erforderlich.

Die Verwendung von Verzögerungsleitungen zur Generierung von Rechteckimpulsen ist nicht auf Gasentladungsröhren beschränkt, sondern kann ebenso bei Multivibratoren und anderen Impulserzeugern angewendet werden. Einen Rechteckimpulsgenerator mit Verzögerungsleitung unter Verwendung einer Sekundärelektronenröhre in einer monostabilen Schaltung zeigt Abb. 20. Sie ist von Wells [9] angegeben worden. In ihr liegt eine aus Spulen und Kondensatoren gebildete mehrgliedrige Verzögerungsleitung an der Anode der Sekundärelektronenröhre $R\ddot{o}1$. Das Gitter ist durch eine Quelle $-U_G$ so weit negativ vorgespannt, daß im Ruhezustand kein Strom fließt. Wird dann durch eine positive Eingangsamplitude ein Stromfluß eingeleitet, dann führt dieser zu einer Instabilität des Systems, indem über eine

Vermehrung des Emissionsstromes der Kathode über die Sekundär-
elektronenkathode K_s eine sehr starke Vergrößerung des Anodenstromes erfolgt, die ein Absinken der Anodenspannung hervorruft.
Das führt über den Kopplungskondensator C_K zu einem Absinken der

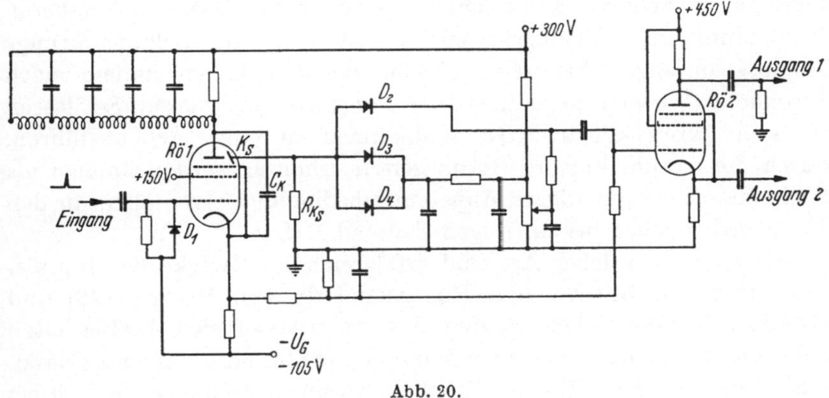

Abb. 20.

Kathodenspannung der Röhre, womit eine weitere Steigerung des
Entladungsstromes zustande kommt. Dadurch entsteht über der
Verzögerungskette eine negative Sprungspannung. Sie erfährt am
kurzgeschlossenen Ende der Kette einen Phasensprung um 180° und
kommt als positive Sprungspannung nach der doppelten Laufzeit der
Kette an den Anfang zurück. Damit wird an der Anode der Röhre
wieder Batteriespannung erreicht. Der auf diese Weise bedingte positive
Spannungssprung führt über die Kopplung zur Kathode gleichzeitig
zu einer Sperrung der Röhre. Mit der Schaltung ergibt sich bei den
angegebenen Werten eine Impulsdauer von 50 Nanosekunden. Die
Sprungzeiten liegen bei 8 Nanosekunden [$3 \cdot 10^{-9}$sek].

Zu dem an der Anode entstehenden negativen Rechteckimpuls
gehört ein positiver, der über dem Arbeitswiderstand R_{K_s} an der
sekundären Kathode K_s durch den Sekundärelektronenmechanismus
hervorgerufen wird. Aus ihm wird mittels verschieden positiv vorgespannter Dioden D_2, D_3 und D_4 der Impuls nach unten (D_2) und nach
oben (D_3 und D_4) abgeschnitten und dem Gitter der Röhre 2 als
Steuerspannung zugeführt. Diese ist so geschaltet, daß über ihrem
Kathodenwiderstand ein positiver Impuls und über dem maßgebenden
Widerstand an der Anode ein negativer der Anordnung entnommen
werden kann.

Die Erzeugung von rechteckförmigen Spannungsimpulsen unter
Verwendung von Verzögerungsleitungen erfordert nach den vor-
stehenden Darlegungen lediglich einen Schalter mit einer Sprung-
charakteristik nach Abb. 1e oder d. Das Thyratron in der Anordnung

der Abb. 19 ist mithin durch *irgend*einen Schalter ersetzbar, der eine gleichartige Unstetigkeit im Kennlinienverlauf aufweist, wie nach Abb. 1e oder d.

Einen Sprungverlauf dieser Art besitzt auch ein mechanisch zu betätigender Schalter. Mit mechanischen Schaltern lassen sich daher in Verbindung mit Verzögerungsleitungen ebenfalls rechteckförmige Impulsspannungen herstellen. Solche Schalter haben zudem noch besondere Vorteile gegenüber den Gasentladungsröhren. So lassen sie sich durch konstruktive Maßnahmen in einer Art ausführen, durch die sowohl kürzere Sprungzeiten erhalten werden können als auch wesentlich günstigere Anpassungsbedingungen vor allem in den Frequenzbereichen bis zu einigen Tausend MHz.

Schaltungen solcher Art sind erfolgreich für Zwecke der Impulserzeugung von Brown und Pollard [10], von Moody [12] und Garwin [13] entwickelt worden. Mit ihnen lassen sich Anstiegzeiten der erzeugten Impulse von einer Nanosekunde bis herunter zu 0,2 Nanosekunden erreichen. Die erhältlichen Sprungspannungen sind dabei gering und betragen nur etwa 10 V. Sie reichen indessen für viele Zwecke der Anwendungen in der physikalischen Meßtechnik völlig aus. Zudem lassen sich durch Einbau derartiger Schalter in Kammern hohen Drucks wesentlich höhere Sprungspannungen bis zu 100 V erzielen.

Der Nachteil der mechanischen Schalter liegt in ihrer Trägheit. Infolge der Größe dieser Trägheit können die Kontaktwiederholungen im allgemeinen nicht schneller als mit 100 bis 120 Hz erfolgen. Es gibt indessen neuerdings Sonderausführungen, wie sie z. B. von Finch [13] konstruiert worden sind, mit denen Schaltfrequenzen bis 1000 Hz erreicht werden können.

IV. Die Impulsverstärker.

Bei der Verstärkung kurzer elektrischer Impulse kommt es häufig darauf an, daß durch die Verstärkung keine wesentlichen Veränderungen der Zeitfunktion der Impulse auftreten. Das verlangt einen Verstärker mit ausreichend bemessener Frequenzbandbreite und mit einem frequenzproportionalen Phasengang. Hierbei richtet sich die erforderliche Bandbreite nach dem Frequenzbereich des zugehörigen Fourier-Spektrums der Impulse bzw. der Impulsfolge, die von der Impulsdauer und Folgefrequenz abhängig ist. Für Impulse mit geometrisch strengen Unstetigkeitsstellen erstreckt er sich bis zu unendlich hohen Frequenzen. Da es sich bei den erzeugbaren Impulsen indessen stets um stetige Spannungsabläufe handelt, ist ihr Fourierspektrum nach hohen Frequenzen begrenzt. Es liegt für eine annähernd formgetreue

Verstärkung im wesentlichen in dem Frequenzbereich von 0 bzw. der Impulsfolgefrequenz bis zu einer Grenzfrequenz ν_{gr}, die etwa gleich der reziproken Impulsdauer $\dfrac{1}{\varDelta\tau}$ ist, d. h., es gilt für diese Grenzfrequenz bei einer Impulsdauer von $\varDelta\tau$ sek

$$\nu_{\mathrm{gr}} = \sim \frac{1}{\varDelta\tau}.$$

Für Impulse von einigen Nanosekunden Dauer ergibt diese Forderung eine Frequenzbandbreite für den Verstärker von einigen 100 MHz. Eine solche Bandbreite kann von einem Verstärker mit je einer Röhre pro Stufe nicht mehr bewältigt werden. Das ist durch die frequenzbegrenzenden und unvermeidbaren Schaltelemente im Röhrenein- und -ausgang bedingt, welche durch die die Kreiswiderstände belastenden Kapazitäten des Elektrodensystems, die Induktivitäten ihrer Zuführungen und durch die bei hohen Frequenzen sehr merklichen, umgekehrt mit dem Quadrat der Frequenz wachsenden Dämpfungen der Gitterkathodenstrecke gegeben sind. Die höchste Frequenzbandbreite mit einem zweistufigen Verstärker mit je einer Röhre pro Stufe wird daher mit einer Beschaltung nach Abb. 21 erreicht. Bei dieser ist im hohen Frequenzbereich der Arbeitswiderstand im Anodenkreis der Röhre 1 von der Gitterkathodenkapazität

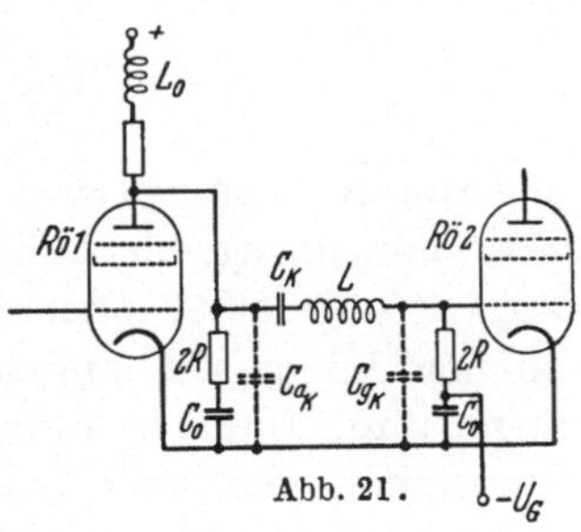

Abb. 21.

der Röhre 2 dadurch entlastet, daß die Kopplung von der Röhre 1 zur Röhre 2 durch ein π Glied erfolgt, dessen Querglied eingangsseitig durch die Ausgangskapazität C_{aK} der Röhre 1 und ausgangsseitig durch die Eingangskapazität C_{gK} der Röhre 2 gebildet wird. Zur Erweiterung des Frequenzbereiches bei der unteren Grenzfrequenz ist bei diesem Verstärker in die Anodenzuleitung zur Röhre 1 eine Induktivität L_0 eingefügt, die zusammen mit $2 \cdot C_0$ einen Parallelschwingungskreis für die untere Frequenzgrenze bildet und in diesem Bereich eine Anhebung der Verstärkung hervorruft. Mit den in Abb. 21 dargestellten Schaltungsmaßnahmen gelingt es, unter Verwendung der Sekundärelektronenröhre EFP 60 eine größte Frequenzbandbreite von 10 KHz bis nahezu 50 MHz bei einer Stufenverstärkung von etwa 4,7fach zu erzielen.

Für die Entwicklung von Verstärkern noch wesentlich größerer Frequenzbandbreite versagt die Kunstschaltung der Abb. 21. Zur Lösung des Problems der Verstärkung von einigen 100 MHz Bandbreite mußten daher andere Wege beschritten werden. Sie führten zu den sogenannten Kettenverstärkern. Bei diesen wird jeweils eine gewisse Anzahl von Röhren in paralleler Arbeitsweise längs je einer Verzögerungsleitung für die Gitter-Kathoden und einer für die Anoden-Batteriestrecke verwendet. Das ergibt eine Schaltungsanordnung gemäß Abb. 22. Bei ihr sind die Verzögerungsleitungen als Tiefpässe mit den Wellenwiderständen Z_1, Z_2 und aus T Gliedern bestehend ausgebildet.

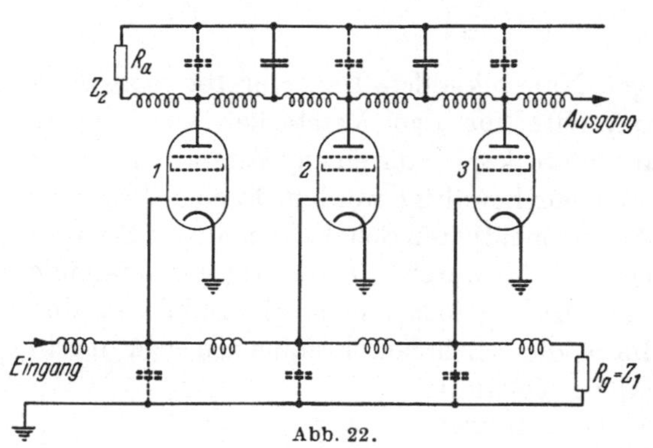

Abb. 22.

Die Querglieder werden in der Gitterleitung allein durch die Eingangskapazität der Röhren und in der Anodenleitung durch ihre Ausgangskapazität bestimmt. Da die Ausgangskapazität bei den Röhren mit hoher Steilheit im allgemeinen geringer ist als die des Eingangs, muß die Verzögerungsleitung zwischen Anode und Batterie zur Erhaltung gleicher Fortpflanzungsgeschwindigkeiten auf beiden Leitungen zusätzlich kapazitiv belastet oder mit Zusatzgliedern versehen werden. Eine an den Eingang E angeschlossene und an seinen Wellenwiderstand angepaßte Impulsspannungsquelle führt somit die Impulse als Steuerspannung nacheinander den Gittern der Röhren 1 bis 3 zu. Die an der Anode entstehenden verstärkten Impulse laufen dann mit der gleichen Fortpflanzungsgeschwindigkeit in Richtung des Ausgangs der Verstärkerstufe, so daß die Wirkung der Verstärkung in den einzelnen parallel geschalteten Röhren am Ende der Verzögerungsleitung zeitlich genau additiv zur Auswirkung kommt. Die in der Abb. 22 nach links laufenden Impulswellenzüge werden in dem linken Abschlußwiderstand $R_a = Z_2$ vernichtet. Das gleiche geschieht in der gitterseitigen Verzögerungsleitung mit den nach rechts laufenden Impulsen am Endwiderstand $R_g = Z_1$.

Bei einem mehrstufigen Kettenverstärker wird der Ausgang an der Anode der Röhre 3 in Abb. 22 auf die Gitterleitung einer nächsten Kettenstufe geführt. Damit dann an der Übergangsstelle keine Reflexionen auftreten, müssen für den Fall des mehrstufigen Kettenverstärkers die Wellenwiderstände Z_1 und Z_2 einander gleichgemacht werden.

Mit einer derartigen Schaltungsanordnung kann man Verstärker herstellen, die über eine Bandbreite bis zu 200 MHz eine gleichmäßige Verstärkung liefern. Unter Verwendung spezieller Röhren gelang es [14], einen Kettenverstärker mit einer Bandbreite von 400 MHz zu bauen.

V. Die Braunsche Röhre.

Bei den BRAUNschen Röhren, die als Schreibgerät für sehr schnell verlaufende Vorgänge angewendet wird, kommt durch die endliche Laufzeit der Elektronen im Ablenkungsfeld ebenfalls eine Begrenzung der höchsten noch darstellbaren Ablenkungsfrequenz zustande. Man kann indessen, wie PIERCE [15] gezeigt hat, diese Frequenzgrenze durch eine Aufteilung des Ablenkfeldes in mehrere Plattenabschnitte und Herstellung eines Tiefpasses gemäß Abb. 23 wesentlich erweitern, indem man mit den unterteilten Ablenkplattenabschnitten die Querkapazitäten eines Tiefpasses bildet. Bei dieser Maßnahme ist es notwendig, die Fortpflanzungsgeschwindigkeit einer Impulswelle in der Tiefpaßleitung der Strahlgeschwindigkeit anzupassen. Man kommt auf diese Weise auf Grenzfrequenzen für die Ablenkung des Strahles von mehr als 1000 MHz. An Stelle des Tiefpasses kann man auch eine Verzögerungsleitung in der Form eines gewendelten Bandes verwenden, das einseitig gegenüber einer Gegenplattenelektrode angeordnet ist und in dessen Zwischenfeld der Elektronenstrahl geführt wird. Ein Ablenkungsplattensystem dieser Art ist von SMITH [16] beschrieben worden.

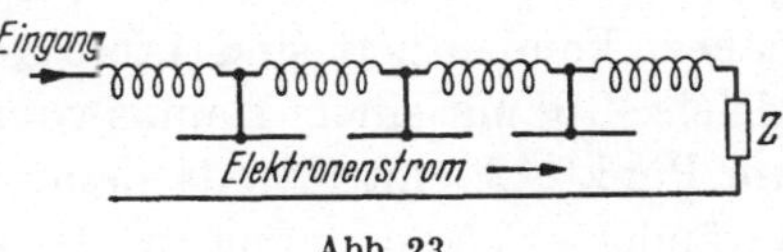

Abb. 23.

VI. Die Koinzidenzschaltungen.

Bei den Koinzidenzschaltungen handelt es sich um elektrische Netzwerke, in denen durch ein nichtlineares Schaltmittel eine Schwelle festgelegt ist, die nur überschritten werden kann, wenn zwei oder gegebenenfalls mehrere Impulsspannungen innerhalb eines durch die Impulsdauer gegebenes Zeitintervalles additiv zur Überlagerung kommen. Man kann auf diese Weise die Gleichzeitigkeit des Impulsauftretens an der betreffenden Schwelle feststellen. Schaltanordnungen, welche dies leisten, sind von vielen Forschern angegeben worden.

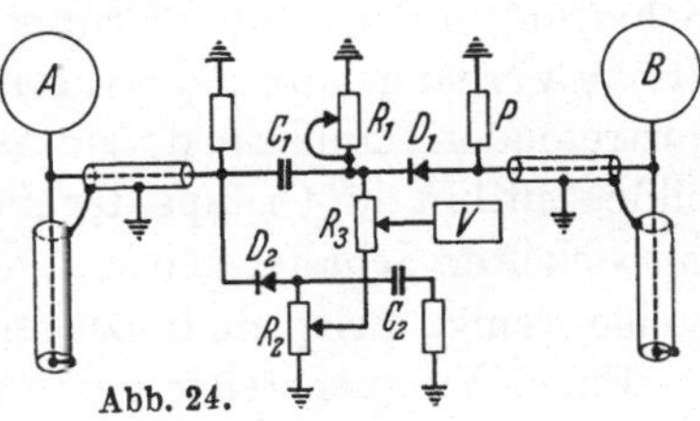

Abb. 24.

Von BAY, BALDINGER und ELLEMOORE [17] wurde eine Ausführung beschrieben, die in Abb. 24 wiedergegeben ist. In dieser bedeuten A und B Szintillationszähler in Kombination mit einer Sekundärelektronenphotozelle. Wird in der Anordnung beispielsweise der Zähler A durch ein auffallendes Kernteilchen zum Ansprechen gebracht, so kommt über seinen Ausgang eine Sprungspannung zustande, aus der mittels des in der Länge veränderlichen und am Ende kurzgeschlossenen

Kabels ein negativer Impuls einstellbarer Dauer erzeugt wird. Durch ihn erfolgt über die Diode D_1, den Kondensator C_1 und den niederohmigen Anpassungswiderstand P des Kabels eine Differentiation des Impulses, während über die Diode D_2 der Kondensator C_2 aufgeladen wird. Die Entladung wird durch einstellbare Ableitwiderstände R_1 und R_2, R_2 groß gegen P, verzögert. An R_3 wird ein Verstärker V so angeschlossen, daß beim Eintreffen eines Impulses vom Zähler A die an C_1 und C_2 hervorgerufenen Aufladungen am Abgriffpunkt des Verstärkers von R_3 nahezu kompensiert sind. Diese Kompensation ist jedoch gestört, wenn gleichzeitig mit einem Impuls vom Zähler A auch einer vom Zähler B am Punkte P eintrifft, da dann der von A kommende Impuls eine veränderte Vorspannung an D_1 vorfindet, womit die Differentiation über C_1, P nicht zustande kommen kann. Der Verstärker wird daher ansprechen und das Ereignis registrieren.

Die für die Feststellung von Koinzidenzen entwickelten Schaltungen sind wegen ihrer Bedeutung für die Beantwortung vieler Fragestellungen der Kernphysik sehr genau untersucht und unter mannigfaltigen Gesichtspunkten entwickelt worden. Sie sind daher sehr zahlreich. Im vorliegenden Zusammenhang mag jedoch das angeführte Beispiel einer Koinzidenzschaltung genügen.

VII. Die Frequenzteiler und Zählschaltungen.

Die Frequenzteilerschaltungen lassen sich nach ihrer Einsetzbarkeit für Anwendungen in zwei Gruppen einteilen: 1. in solche, die eine mehr oder weniger streng periodische Impulsfolge oder Wechselspannung zur Unterteilung voraussetzen, und 2. in solche, die jeweils neue Impulse bzw. einen neuen Impuls liefern, nachdem eine fest vorgegebene Anzahl von Impulsen oder Wechselspannungsamplituden abgelaufen ist. Die Schaltungen der zweiten Gruppe sind daher nicht nur auf streng periodische Vorgänge anwendbar, sondern arbeiten auch bei nichtperiodisch auftretenden Impulsen, da sie nach dem Zählprinzip funktionieren. Sie bilden mithin die Gruppe der Zählschaltungen. Die für beide Gruppen entwickelten Schaltungen sind sehr zahlreich. Hier mag es genügen, auf einige wenige Beispiele hinzuweisen.

Einen Frequenzteiler der ersten Gruppe bildet jeder metastabile Multivibrator, da er sich durch eine höherfrequente Impulsfolge, als seiner eigenen entspricht, synchronisieren läßt. Das bei Beachtung *sicheren* Arbeitens erreichbare Frequenzverhältnis bei üblicher Netzversorgung beträgt etwa 6 bis 8 : 1.

Ein weiteres Schaltbeispiel für einen Frequenzteiler der ersten Gruppe ist in Abb. 25 wiedergegeben. An den Eingang der Röhre 1 wird eine in der Frequenz zu unterteilende Wechselspannung angeschlossen. Der Anodenstrom der Röhre ist durch Erdung des Schirmgitters über einen Arbeitswiderstand R_{sch} unterdrückt. Die Röhre kann daher die Eingangsspannung nur verstärken, wenn das Schirmgitter positiv gesteuert wird. Seine Steuerung erfolgt durch die mittels eines Gleichrichters D gewonnene positive Halbwelle einer über den Anodenkreis

der Röhre 3 im eingeschwungenen Zustand vorhandenen Wechselspannung. Die Röhre 1 wird mithin periodisch für ein durch diese Halbwelle gegebenes Zeitintervall geöffnet. Die Frequenz der Öffnung bestimmt sich durch die Frequenz des in der Anode

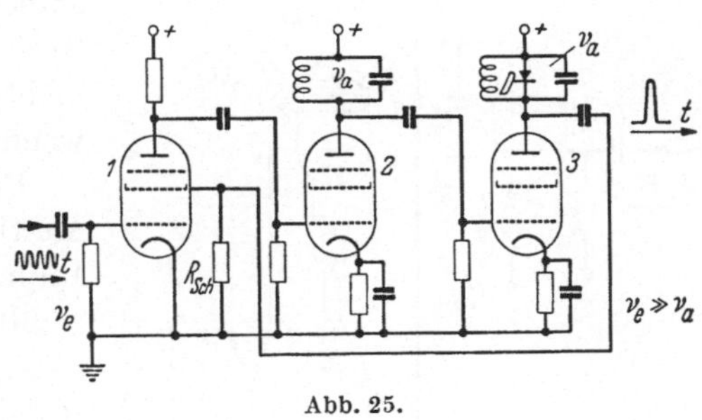

Abb. 25.

der Röhre 3 liegenden Kreises. Er wird auf eine im Teilerverhältnis proportional tiefere Wechselspannung v_a abgestimmt, als der Frequenz der Eingangswechselspannung v_e entspricht. Die Zwischenröhre 2 dient als selektive Verstärkerröhre. Ihr Filterkreis ist auf die Abstimmfrequenz v_a des letzten Kreises in der Röhre 3 abgestimmt und wird durch die vermittels der Schirmgittersteuerung in der Röhre 1 auftretende höherfrequente Anodenstromimpulsfolge erregt. Die mit solchen Frequenzteilern arbeitenden Schaltungen sind sehr frequenzstabil. Ihre Phasenstarre ist indessen für viele Anwendungen unzureichend. Man erreicht mit ihnen stabile Frequenzteilungen von etwa 50 bis 70 : 1.

Ein anderes bei DILLENBURGER [18] erwähntes Beispiel zeigt die Abb. 26. Darin wird mit den positiven Halbwellen der in der Frequenz zu teilenden Wechselspannung ein Kondensator C_A im Anodenkreis der Röhre 1 stufenweise entladen und nach Erreichen einer bestimmten Minimalspannung über die hochgesetzte Röhre 2, die in Verbindung mit $Rö$ 3 als Multivibrator geschaltet ist, wieder aufgeladen. Mit Frequenzteilern dieser Art erreicht man stabile Frequenzteilungen von etwa 25 bis 30.

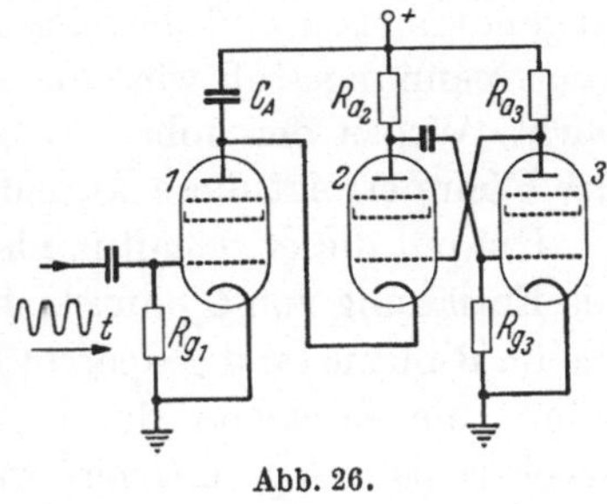

Abb. 26.

Ein Schaltungsbeispiel eines Frequenzteilers bzw. einer Zählschaltung der zweiten Gruppe ist, worauf oben bereits hingewiesen wurde, durch einen *bistabilen* Multivibrator nach Abb. 9 und 10 gegeben. Durch eine Beschränkung der Sprungspannungen auf einen für den Entladungsmechanismus gerade noch ausreichenden Wert kann die zu teilende Impulsfolge, wie FITCH [19] gezeigt hat, eine Frequenz bis zu

88 W. Kroebel: Die Impulstechnik als Meßverfahren in der Physik.

15 MHz haben. Die Unterteilung erfolgt dabei jeweils im Verhältnis 2 : 1. Größere Frequenzteilerverhältnisse erhält man mit solchen Anordnungen durch Hintereinanderschaltung mehrerer Teilereinheiten. Für geringere Impulsfolgefrequenzen und wesentlich vergrößerte Ansprechzeiten lassen sich auch Systeme mit Transistoren als nichtlineare Schaltelemente verwenden.

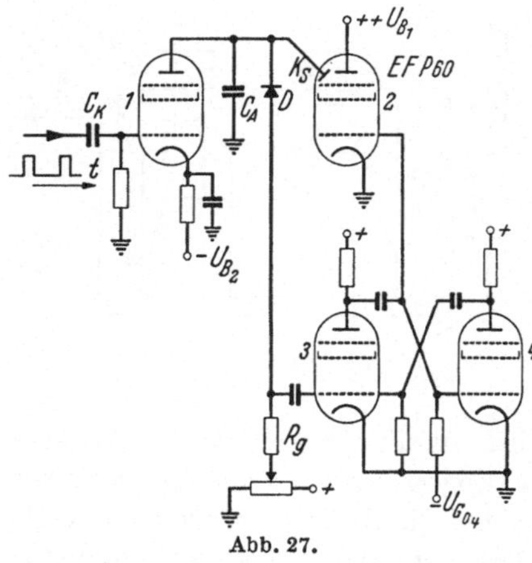

Abb. 27.

Bei dem Typ der bistabilen Multivibratorschaltungen ist die Impulsfolgefrequenz beliebig wählbar. Sie kann daher auch nichtperiodisch sein. Der bistabile Multivibrator stellt daher eine Zählschaltung dar.

Ein weiteres von Kroebel [20] angegebenes und von Philipp [21] exakt untersuchtes Beispiel eines Frequenzteilers nach Abb. 27 lehnt sich an die Schaltung der Abb. 26 an. Bei ihr erfolgt die Wiederaufladung des Ladekondensators C_A im Anodenkreis der gesperrten Röhre 1 durch einen Elektronenstrom, der von der Sekundärkathode K_s einer EFP 60 zur Anode abgeleitet wird. Diese Aufladung wird herbeigeführt, wenn die Spannung des Kondensators unter die Sperrspannung der Diode D abgesunken ist, in welchem Falle über den Widerstand R_g ein Auslöseimpuls für den aus den Röhren 3 und 4 gebildeten Multivibrator auftritt. Durch den über der Anode der Röhre 3 abgenommenen und dem Steuergitter der EFP 60 zugeführten positiven Spannungsstoß wird die Aufladung des Ladekondensators C_A bewirkt. Wegen der hohen Stromergiebigkeit der sekundären Kathode der Röhre erfolgt diese Aufladung außerordentlich rasch.

Um mit dieser Schaltung hohe Teilerverhältnisse zu erreichen, muß die Entladung von C_A durch streng gleichbleibende Steuerimpulse über die im Ruhezustand gesperrte Röhre 1 erfolgen. Das erfordert eine Vorröhre, die ihrerseits durch die zu unterteilende Impulsfolge oder Wechselspannung gesteuert wird. Mit einer solchen Schaltung kommt man bei sorgfältiger Konstanthaltung der Batteriespannungen zu sicheren Frequenzteilerverhältnissen von etwa 400 : 1. Bei Teilerverhältnissen von 100 : 1 lassen sich noch Impulsfolgen bzw. Wechselspannungen mit einer Frequenz von 4 MHz teilen. Durch geeignete Wahl der Gittervorspannungserzeugung arbeitet die Schaltung bei Teilerverhältnissen von 200 : 1 noch sicher, wenn die zu teilende Frequenzfolge im Verhältnis von nicht mehr als 100 : 1 schwankt.

VIII. Sägezahngeneratoren.

Zur Schreibung der Zeitachse in einer BRAUNschen Röhre strebt man in der Regel eine möglichst gute Zeitproportionalität an. Sie verlangt für die Ablenkung des Kathodenstrahls *in elektrischen Feldern*, worauf wir uns hier beschränken wollen, die Erzeugung von Spannungen, welche zeitproportional verlaufen. Für die Beobachtung periodisch wiederholbarer Vorgänge muß dann die Ablenkspannung einen sägezahnförmigen Verlauf haben. Für ihre Erzeugung ist eine Fülle von Schaltungen entwickelt worden. Das bei allen von ihnen angewandte Verfahren besteht in der Auf- und Entladung eines Kondensators. Eine einfache Schaltung, in der dies geschieht, ist durch den in Abb. 11a dargestellten Multivibrator gegeben, wenn die Gittervorspannung $-U_{G_0}$ an Erde gelegt wird und wenn R_{A_2} sehr groß und R_{g_1} sehr klein gewählt werden. Bei passender Bemessung erfolgt dann in der Sperrphase der Röhre 2 über den Widerstand R_{A_2} eine Aufladung des Kondensators $C_{2,1}$ und in der Öffnungsphase seine Entladung innerhalb eines kurzen Zeitintervalles. An der Anode von 2 entsteht somit eine sägezahnförmig verlaufende Spannung.

Mit der erwähnten Schaltung erfolgt der Aufladevorgang nach einem Exponentialgesetz. Er wird daher nur ausreichend zeitproportional, wenn die Versorgungsspannung sehr hoch, und zwar etwa 5- bis 10mal größer ist als der Sägezahnamplitude entspricht. Für die Erzeugung streng zeitproportionaler Sägezahnspannungen führt man den Strom statt über den Widerstand R_{A_2} über eine Röhre mit konstantem Stromdurchfluß zu.

In analoger Weise kann man einen Sägezahnspannungsverlauf unter Verwendung einer Gasentladungsröhre nach Abb. 3 erhalten, wenn man zwischen Anode und Erde einen Aufladekondensator schaltet und

den Anodenwiderstand groß genug macht, um ihn als Aufladewiderstand benutzen zu können. Bei passend gewählter Gittervorspannung wird dann nach Erreichen der zugehörigen Anodenzündspannung der Kondensator entladen, wonach von neuem ein Spannungsanstieg über den Aufladekondensator erfolgt.

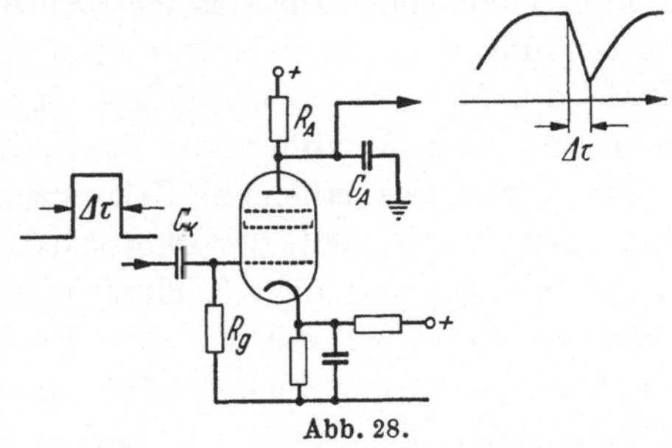

Abb. 28.

Eine sehr häufig angewandte Methode zur Erzielung sehr kurzzeitiger Ablenkspannungen ist in Abb. 28 wiedergegeben. In dieser ist die Röhre durch eine negative Gittervorspannung gesperrt. Im Sperrzustand wird dann der Kondensator C_A über R_A in der Regel bis auf die Batteriespannung U_B aufgeladen. Öffnet man dann die Röhre für eine Zeitdauer $\Delta\tau$ durch einen rechteckförmigen Spannungsimpuls am Gitter, dann fließt ein konstanter Elektronenstrom in den Kondensator, womit ein nahezu zeitproportionaler Spannungsabfall verbunden ist. Seine Dauer ist mit der Wahl von $\Delta\tau$ gegeben und daher mit $\Delta\tau$ veränderlich.

IX. Die Partikelzähler.

Als Partikelzähler dienen in der experimentellen Kernphysik im wesentlichen GEIGER-MÜLLER-Zählrohre, Plattenzähler, Ionisationskammern und Szintillationszähler. Für eine Anwendung impulstechnischer Meßmethoden eignen sich von diesen die Zähler des von GEIGER und MÜLLER angegebenen Typs, die Plattenzähler und die Szintillationszähler. Bei den Zählern der erstgenannten Art sowie bei den Plattenzählern entsteht über einen Zuleitungswiderstand zur einen Elektrode des Zählers jeweils eine Impulsspannung, wenn genügend schnelle Partikel durch die Gasfüllung des Zählers hindurchschießen. Die Impulsspannung kommt durch einen unvollständigen elektrischen Durchbruch zustande, für dessen Einleitung bei geeignet gewählter Zählerspannung, Elektrodenanordnung, Gasdruck und Gasfüllung bereits die geringen mit dem Durchgang von Kernpartikeln sich bildenden Ionen ausreichen.

Die Szintillationszähler erfuhren vor allem in den letzten Jahren eine ständig zunehmende Verwendung. Sie bestehen aus Kristallen bestimmten Materials, in denen beim Durchgang von Partikeln und Gammastrahlen ein Lichtimpuls entsteht, dessen Intensität von der Teilchenenergie abhängt. Er wird mittels einer Sekundärelektronenphotozelle in einen elektrischen Spannungsimpuls umgewandelt. Durch den Erregungsmechanismus im Szintillationszähler erfolgt die Lichtaussendung nach einer Zeitfunktion, deren Größe und Form von der Wahl des Materials abhängt und den Zeitverlauf des Lichtimpulses bestimmt. Dem Maximum der Zeitfunktion entspricht bei den zumeist verwendeten Materialien eine Zeitverzögerung von etwa 4 bis 100 Nanosekunden. Der Austritt der Photoelektronen aus der Photokathode der in Verbindung mit dem Zählerkristall verwendeten Photozelle folgt einer Zeitfunktion, die auf die Form des erhaltenen elektrischen Impulses zusätzlich einen Einfluß ausübt. Für die Erlangung exakter Ergebnisse bei der Benutzung solcher Zähler muß daher die durch den Zähler und die Photozelle entstehende Verformung des erhaltenen elektrischen Impulses berücksichtigt werden.

X. Die impulstechnischen Meßverfahren in der Physik.

Wie eingangs dargestellt worden ist, lassen sich die im physikalischen Experiment angewandten Methoden der Impulstechnik im wesentlichen auf die oben beschriebenen Funktionseinheiten bzw. einer mehr oder weniger mannigfaltigen Kombination aus diesen zurückführen. Sie lassen sich sowohl auf die Messung nichtperiodischer Vorgänge anwenden als auch auf periodisch wiederholbare. Zur ersten Gruppe gehören in der Regel physikalische Ereignisse, die im Zusammenhang mit Kernprozessen auftreten. Zur zweiten Gruppe solche, die durch Zündimpulse mittelbar oder unmittelbar ausgelöst werden können, bzw. bei denen der zu untersuchende Vorgang durch einen bestimmten Spannungsverlauf hervorgerufen wird. Welcher Art die im einen wie im anderen Falle zur Anwendung kommenden Meßverfahren sind, sei im folgenden an einigen Beispielen erläutert. In der Kernphysik sind vornehmlich mit den Methoden der Impulstechnik wie eingangs bereits kurz erwähnt wurde, die folgenden Aufgaben zu lösen:

1. Die Bestimmung der Geschwindigkeit von Kernteilchen zwischen zwei festen Punkten.

2. Die Ermittlung ihrer Bewegungsrichtung.

3. Die Messung ihrer Energie.

4. Die Messung des Zeitabstandes zwischen zusammenhängenden Ereignissen.

5. Die Messung der Anzahl von Kernteilchen, die innerhalb eines bestimmten Zeitintervalles und Volumens auftreten und

6. die Sortierung der bei radioaktiven Prozessen auftretenden Partikel nach Energiebereich und Zeitintervall und so fort.

Eine einfache Meßanordnung, die drei Szintillationszähler S_{z_1}, S_{z_2}, S_{z_3}, eine Verzögerungsleitung V_z, eine Koinzidenzschaltung K_0 und eine Zählschaltung $Z_\ddot{a}$ zur Messung der Geschwindigkeit von Neutronen benutzt, zeigt die Abb. 29. Zur Geschwindigkeitsmessung stellt man zunächst die Verzögerungsleitung so ein, daß die von Neutronen im Zähler 1

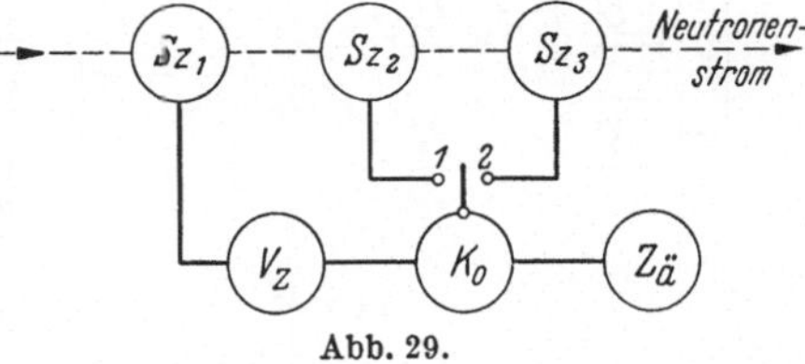

Abb. 29.

verursachten Spannungsimpulse mit denen etwas später im Zähler 2 entstehenden zur Koinzidenz kommen. Dabei wird die Koinzidenzhäufigkeit mit der Zählschaltung $Z_\ddot{a}$ festgestellt. Dann verzögert man die von 1 herrührenden Spannungsimpulse um einen meßbaren Betrag, bis Koinzidenzen mit den von 3 und 1 herrührenden

Spannungsimpulsen zustande kommen. Die Laufzeit der Neutronen zwischen den Zählern 2 und 3 ergibt sich damit in einfacher Weise aus einer Messung der Impulslaufzeit in der Verzögerungsleitung und daraus bei bekannten Zählerabständen die Neutronengeschwindigkeit.

Zur Sortierung kernphysikalischer Ereignisse nach Zeitintervallen benutzt man ein Verfahren nach Abb. 30. Es verwendet zwei Szintillationszähler S_{z_1}, S_{z_2}, zwei Kettenverstärker V_1 und V_2, zwei Amplituden-

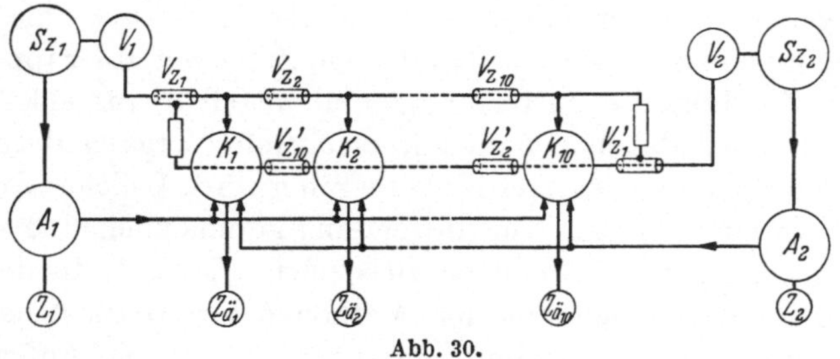

Abb. 30.

sortierer A_1 und A_2, zwei Hauptzählkreise Z_1 und Z_2, zehn Koinzidenzschaltungen K_{1-10}, zehn Verzögerungsleitungen $V_{z_{1-10}}$ und zehn Zählschaltungen $Z_{\ddot{a}_{1-10}}$. Mit dieser Anordnung gelingt es daher, jeweils diejenigen von den Zählern 1 und 2 aufgenommenen Ereignisse getrennt zu erfassen, die in festen und durch die Länge der Verzögerungsleitungen bestimmbaren Zeitabständen auftreten.

Eine Sortierung nach Amplituden gestattet das in Abb. 31 wiedergegebene Meßverfahren. In ihm werden über den Kanal 1 unter Verwendung von Kettenverstärkern V_1' und V_1'' mit einer Bandbreite von

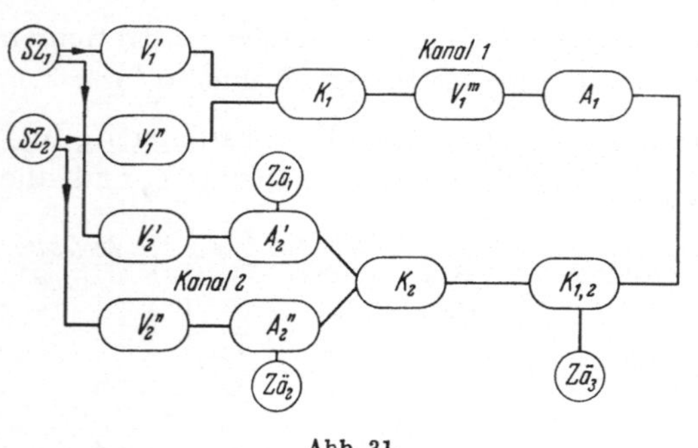

etwa 200 MHz durch eine Koinzidenzschaltung K_1 alle diejenigen Ereignisse erfaßt, welche innerhalb eines sehr kleinen Zeitintervalles auftreten. Von diesen werden im nachfolgenden Verstärker und Amplitudenbegrenzer A_1 diejenigen aussortiert, die eine bestimmte Ampli-

Abb. 31.

tude überschreiten und an den Koinzidenzkreis $K_{1,2}$ als Spannungsimpulse weitergeleitet. Aus dem Kanal 2 werden durch die Verstärker V_2' und V_2'' sowie die Amplitudensortierer A_2' und A_2'' in dem Koinzidenzkreis K_2 alle Ereignisse aussortiert, die einen bestimmten Amplitudenwert unterschreiten und innerhalb eines etwas größeren Zeitintervalles als

in K_1 auftreten. Den Koinzidenzkreis $K_{1,2}$ werden infolgedessen nur die-
jenigen Impulse durchlaufen können, die mit denen vom Kanal 1 und
Kanal 2 koinzidieren und die mithin innerhalb eines bestimmten
Amplituden- und Zeitbereiches gelegen sind.

Für die direkte graphische Darstellung der Zeitfunktion einer
physikalischen, rasch veränderlichen Größe benutzt man Meßanord-
nungen, deren Prinzipschema in Abb. 32 wiedergegeben ist. In ihm bedeuten V_1 einen Ein-
gangsverstärker, der die
Spannungszeitfunktion
$\varphi = f(t)$, in welche die
in ihrem zeitlichen Ab-
lauf wiederzugebende
physikalische Größe

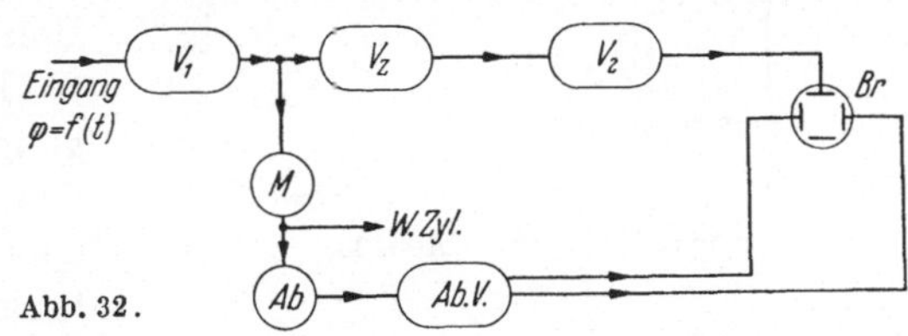

Abb. 32.

$g = \psi(t)$ gegebenenfalls zuvor umzuwandeln ist, genügend verstärkt.
Das verstärkte Signal wird über eine Verzögerungsleitung V_z und
erforderlichenfalls über einen zweiten Verstärker V_2 weitergeleitet,
dessen Ausgang mit dem senkrecht ablenkenden Plattenpaar einer
BRAUNschen Röhre Br verbunden ist. Zur Gewinnung einer passen-
den Zeitbasis wird aus dem Signal, in der Regel mittels nichtlinearer Schaltelemente und nachfolgender Differentiation, ein Auslöseimpuls beispielsweise für einen monostabilen Multivibrator M
gewonnen. Er liefert einen rechteckförmigen Spannungsimpuls wähl-
barer Impulsbreite $\Delta\tau$. Der Impuls dient einerseits direkt zur Strahl-
stromsteuerung der BRAUNschen Röhre, andererseits über einen Ablenkspannungserzeuger etwa nach Abb. 28 und nötigenfalls einen nachfolgenden Ablenkspannungsverstärker $Ab.V.$ zur Herstellung eines
zeitproportionalen Spannungsverlaufes. Mit diesem wird über das
horizontal ablenkende Plattenpaar der BRAUNschen Röhre der Kathodenstrahl in der Zeitbasisrichtung abgelenkt. Das Verzögerungsglied V_z
gestattet in der Anordnung der Abb. 32 das Signal an einer beliebigen
Stelle der Zeitbasis beginnen zu lassen, so daß weder der Anfang noch
das Ende des Signalverlaufes der Wiedergabe entzogen ist. Mit einer
Variation von $\Delta\tau$ kann die Zeitbasis in weiten Grenzen gedehnt werden.
Man erreicht mit derartigen Anordnungen ohne Schwierigkeit Meß-
genauigkeiten von einigen Nanosekunden Dauer pro mm Leuchtlinienlänge.

Für die Messung von Prozeßabläufen, die entweder durch einen
elektrischen Spannungsimpuls ausgelöst werden können oder deren
Meßgröße von einer elektrischen Spannung abhängig ist, eignet sich ein
Verfahren nach Abb. 33. Bei diesem dient ein Impulsgenerator G, der
gegebenenfalls auch periodisch arbeiten kann, als Impulszentrale. Die
von ihm abgegebenen Spannungsimpulse sind rechteckförmig im

Spannungszeitdiagramm und werden an die Kanäle 1 bis 4 weitergeleitet. Im Kanal 1 wird der Impuls verzögert in V_z und zur Auslösung des zu untersuchenden Prozesses $\varphi = f(t)$ verwendet. Handelt es sich hierbei beispielsweise um die Untersuchung von spannungsabhängigen Vorgängen, dann wird aus dem Impuls die für die Messung notwendige Sprungzeitfunktion gewonnen.

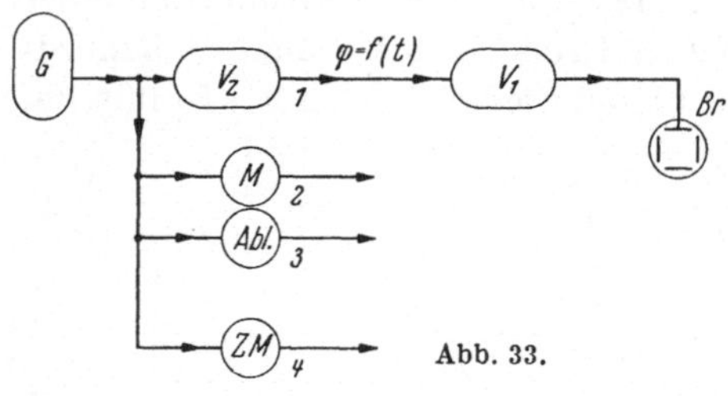

Abb. 33.

Der darzustellende Vorgang wird dann, falls erforderlich, wieder in eine ihm entsprechende Spannungszeitfunktion umgewandelt und nach Verstärkung über V_1 den senkrecht ablenkenden Plattenpaaren einer BRAUNschen Röhre Br zugeführt. Über den Kanal 2 erfolgt die Hellsteuerung des Kathodenstrahls während des Prozeßablaufes durch einen Multivibrator M. Der Kanal 3 liefert die Ablenkspannung in $Abl.$ und Kanal 4 eine Zeitmarke ZM, die in einfacher Weise dadurch gewonnen werden kann, daß mit dem Rechteckimpuls ein Schwingungskreis hoher Frequenz angestoßen und mit seinen Wechselspannungen etwa eine zusätzliche periodische Hellsteuerung des Kathodenstrahls bewirkt wird.

Bei periodisch wiederholbaren kurzzeitigen Meßvorgängen kann man zusätzlich an Stelle der Verzögerungsglieder von einfachen Phasenschiebern sowie von Frequenzteilern und Vervielfacherschaltungen Gebrauch machen. Ein Beispiel zeigt die Abb. 34. Mit ihr lassen sich sehr rasch verlaufende, aber nur langsam periodisch wiederholbare physikalische Prozesse in ihren Zeitverläufen direkt auf dem Schirm einer BRAUNschen Röhre Br mit praktisch beliebiger Zeitdehnung darstellen.

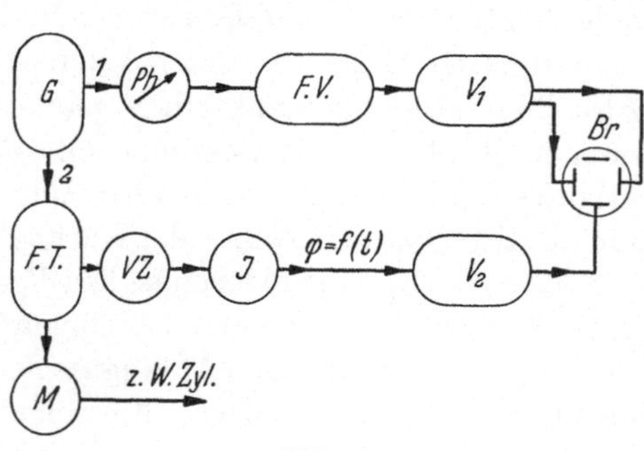

Abb. 34.

Zu diesem Zwecke dient in diesem Beispiel ein Wechselspannungsgenerator G als Zeitzentrale. Seine Frequenz sei zu hoch, um mit ihm direkt den zu untersuchenden Meßvorgang periodisch auslösen zu können. Andererseits nicht hoch genug, um mit ihm unmittelbar eine genügend kurzzeitige Ablenkspannung zu erhalten. Seine Spannung wird daher zwei Kanälen, 1 und 2, zugeleitet. Im Kanal 1 passiert sie einen veränderlichen Phasenschieber Ph zur Zeitverschiebung, um dann in einem Frequenzvervielfacher FV so hoch heraufgesetzt zu werden, daß nunmehr die danach erhaltene Wechselspannung hochfrequent genug ist, um eine genügend rasche Ablenkung des Kathodenstrahls der BRAUNschen Röhre Br gegebenenfalls über einen Verstärker V_1 bewirken zu können. Im Kanal 2 erfolgt über eine Frequenzteilerschaltung $F.T.$ eine genügend große Frequenzunterteilung der Generatorfrequenz G, so daß von den niederfrequenten Impulsen des Frequenzteilerausganges ein Auslöseimpulsgenerator J periodisch gezündet werden kann, der seinerseits dann den zu untersuchenden Vorgang $\varphi = f(t)$ in Gang setzt. Die so aus dem zu beobachtenden Vorgang gewonnenen adäquaten Meßspannungen werden danach gegebenenfalls über einen zweiten Verstärker V_2 den senkrecht ablenkenden Platten der BRAUNschen Röhre zugeführt. Vom Ausgang des Frequenzteilers $F.T.$ führt eine Abzweigung zu einem Multivibrator M. Er liefert rechteckförmige Spannungsimpulse für die Auftastung des außerhalb des Spannungsimpulses dunkelgesteuerten Kathodenstrahls der BRAUNschen Röhre. Damit diese Hellsteuerung zeitlich richtig zum Meßvorgang gelegt werden kann, ist zwischen dem Frequenzteiler $F.T.$ und dem Auslöseimpulserzeuger J noch eine variable Verzögerungsleitung V_z eingebaut. Da sich sowohl die Ablenkspannung als auch die Auslöse- und Helltastimpulse von einer Wechselspannungszentrale G phasenstarr herleiten, sind alle Vorgänge synchron miteinander. Man kann daher auf diese Weise die Funktion $\varphi = f(t)$ langsam periodisch auslösen und doch mit praktisch beliebig großer Zeitdehnung auf dem Schirm der BRAUNschen Röhre als direkt sichtbares Zeitdiagramm wiedergeben. Über einige weitere Verfahren s. u. a. bei KROEBEL [20].

Die in der experimentierenden Physik zur Anwendung kommenden und auf der Impulstechnik basierenden Meßverfahren sind mit den vorstehend beschriebenen Beispielen verständlicherweise nicht erschöpft. Eine auch nur annähernd vollständige Wiedergabe der an sich möglichen und benutzten Prinzipschemata dieser Meßverfahren geht indessen über den Rahmen des hier gesetzten hinaus.

Schrifttum.

[1] HAAS, G.: Z. angew. Phys. Bd. 6 (1954) S. 396.
[2] KROEBEL, W.: Z. f. angew. Phys. Bd. 6 (1954) S. 283.
[3] RUMSWINKEL, K.-E.: Z. f. angew. Phys. Bd. 6 (1954) 551.
[4] MOODY, N. F., G. J. R. McLUSKY u. M. O. DEIGHTON: Electronic Eng. Bd. 24 (1952) S. 214.
[5] FINCH, T. R.: Proc. Inst. Radio Engrs., Bd. 38 (1950) S. 657.
[6] HAAS, G.: Arch. f. elektr. Nachr. Bd. 9 (1955) S. 272.

[7] Knoop, E., u. W. Kroebel: Z. f. angew. Phys. Bd. 2 (1950) S. 281. Bd. 4 (1952) S. 386 u. Habilitationsschr. Kiel 1955.

[8] Kroebel, W.: A. E. Ü. Bd. 1 (1947) S. 108.

[9] Wells, F. H.: Nucleonics Bd. 10 (1952) S. 28.

[10] Brown, J. T. L., u. C. E. Pollard: Electrical Eng. Bd. 66 (1947) S. 1106.

[11] Moody, N. F.: u. a. s. [4].

[12] Garwin, R. L.: Sci. Instr. Bd. 21 (1950) S. 903.

[13] Finch, T. R. s. [5], Brown u. Pollard s. [10].

[14] Weber, J: Proc. I R E 39 (1951) S. 310.

[15] Pierce, J. R.: Electronics, 1949, S. 97.

[16] Smith, S. T., Talbot u. C. H. Smith: Proc. Inst. Radio Engrs, Bd. 40 (1952) S. 297.

[17] Bay, Z. E. Baldinger, W. C. Ellmore: Rev. Sci. Instr. Bd. 22 (1951) S. 397. Bd. 19 (1948) S. 473, Bd. 21 (1950) S. 649.

[18] Dillenburger: Einf. in die neue deutsche Fernsehtech. Berlin: Schiele u. Co., 1950, S. 84.

[19] Fitch, V.: Rev. Sci. Instr. 1949, Bd. 20 (1949) S. 942.

[20] Kroebel, W.: Electron 5 Bd. (1951/52) S.444; Z. f. angew. Phys. Bd. 5 (1953) S. 48.

[21] Philipp, E. O.: Dissertation Kiel 1955.

Probleme der Mehrfachausnützung von Nachrichtenwegen mit Pulsmodulation.

Von **H. Holzwarth**, München.

Übersicht.[1]

Es wird einführend die Wirkungsweise der bekannteren Pulsmodulations-verfahren neben derjenigen der Amplituden- und Frequenzmodulation beschrieben. Die Arbeit beschäftigt sich hauptsächlich mit dem Frequenzbandbedarf der Pulsmodulations-Systeme für die Übertragung vieler Gespräche, der verkoppelt ist mit der Geräuschreduktion und dem Nebensprechen. Der minimale Bandbedarf ist bei Pulsamplituden- und Pulsphasenmodulations-Systemen durch die Forderungen an eine minimale Nebensprechdämpfung bestimmt. Es ergibt sich, daß man den geringsten Bandbedarf erhält, wenn man dem Übertragungsfaktor der Übertragungssysteme einen Frequenzgang gibt, der ungefähr einer Gaußschen Fehlerfunktion gehorcht. Mit diesem Gang des Übertragungsfaktors erhält man bei vorgeschriebenem Frequenzband das geringste Nachschwingen; außerdem ist mit ihm, wenn Netzwerke minimaler Phase verwendet werden, ein linearer Phasengang verkettet, der eine Voraussetzung für minimales Nachschwingen ist.

Es wird gezeigt, daß die Anforderungen an die Genauigkeit der Dämpfungskurve und an die Linearität des Phasengangs nicht sehr groß sind, so daß bei Pulsmodulations-Systemen keine Phasenausgleichsglieder erforderlich sind; man erhält damit eine gute zeitliche Stabilität und Unempfindlichkeit gegenüber ungenauen Einstellungen der Übertragungsnetzwerke.

Einleitung.

Der Begriff der Nachrichtenübertragung umfaßt im weitesten Sinne des Wortes alle Einrichtungen, die es ermöglichen, eine Information von einer gebenden Stelle zu einer empfangenden Stelle zu übermitteln. Von diesem weiten Gebiet sei nur der Teil herausgegriffen, der elektrische Schwingungen überträgt, die von einem elektroakustischen Wandler durch akustische Schwingungen erzeugt werden. Besonders interessiert dabei die Übertragung von Sprache, die nach internationalen Vereinbarungen heute ein Frequenzband von 300 bis 3400 Hz umfaßt. Die

---

[1] Auf Literaturangaben sei hier verzichtet. Ein umfassendes Literaturverzeichnis wird in einem demnächst erscheinenden Buch: „Theorie und Technik der Pulsmodulation" von E. Hölzler und H. Holzwarth angegeben werden.

Übertragung von Telegraphiezeichen, die z. B. das Fernschreiben ermöglichen, sei nicht besonders betrachtet, da die Kanäle des Fernsprechens gewöhnlich für die Fernschreibzeichen mitbenutzt werden.

Die Sprachschwingungen wurden in den Anfängen der elektrischen Nachrichtentechnik in ihrer natürlichen Frequenzlage über ein Drahtpaar übertragen. Schon sehr bald trachtete man danach, diese Schwingungen einem Träger aufzumodulieren, um die Funkübertragung zu ermöglichen. Die Modulationstechnik wurde in der Folge in den letzten 50 Jahren systematisch durchforscht; in dieser Zeit wurden so viele Verfahren und Verfahrenskombinationen erfunden, daß diese heute selbst einem Nachrichtentechniker verwirrend erscheinen. Es soll hier auch nicht der Versuch gemacht werden, sie alle aufzuzählen; es seien nur die wichtigsten erwähnt, damit man den Platz der Pulsmodulation erkennen kann.

I. Übersicht über die wichtigsten Modulationsverfahren.

1. Die Verfahren mit andauernden Trägerschwingungen.

Die erste Methode der Modulation war die der normalen Amplitudenmodulation (AM), wie sie heute noch jeder Rundfunksender mit Frequenzen unter 30 MHz verwendet. Aus dieser wurde die Einseitenbandmodulation (EB) mit unterdrücktem Träger entwickelt, welche die Mehrfachausnutzung eines Leiterpaares für viele gleichzeitig geführte Gespräche möglich gemacht hat. Die Mehrfachausnutzung ist heute so allgemein üblich geworden, daß sie im Vordergrund unseres Interesses steht. In Abb. 1 ist ein Frequenzschema von Kanälen gezeigt, die mit der EB-Technik frequenzmäßig gebündelt sind. Man überträgt heute auf diese Weise in Europa bis zu 120 Gespräche über ein

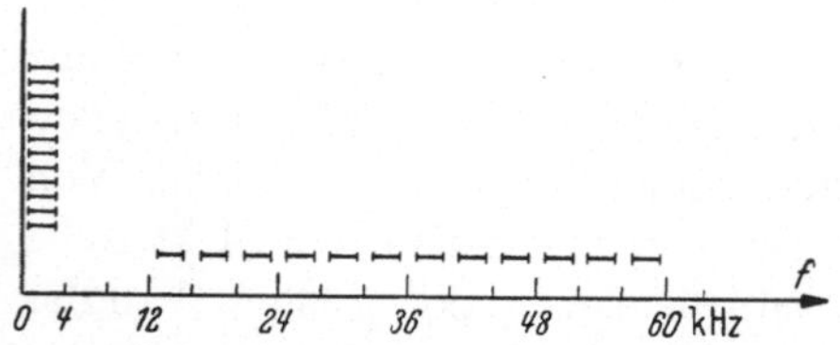

Abb. 1.   Frequenzmäßige Bündelung von Kanälen mit Einseitenbandmodulation.

symmetrisches Leiterpaar — diese belegen ein Frequenzband von 12 bis 552 kHz (120 × 4 kHz = 480 kHz) — und bis zu 960 Gesprächen über eine koaxiale Tube —, diese belegen ein Frequenzband von 60 kHz bis etwa 4 MHz (960 × 4 kHz = 3840 kHz). Die EB-Technik ist nun schon mehr als 20 Jahre alt und hat sich für Kabel als die beste erwiesen, da sie das knappe Frequenzband fast ohne Verlust und damit am wirtschaftlichsten ausnutzt. Das schwierigste Problem dabei ist, die Übertragungsstrecken von nichtlinearen Verzerrungen freizuhalten, die besonders in den Leitungsverstärkern entstehen. Diese Verzerrungen verursachen das nichtlineare Nebensprechen, das eine Störung der

Gespräche untereinander bedeutet. Man baut die Verstärker im allgemeinen mit Röhren von relativ kleinem Leistungsverbrauch (ca. 3 W Anodenverlustleistung); bei voller Belegung der Kanäle soll der Verstärker Leistungen von ca. 100 mW abgeben; dabei sind Klirrdämpfungen von etwa 8 N notwendig. Mit Hilfe der Gegenkopplung wird dieses Problem beherrscht. Die Verstärkerfeldlängen werden so gewählt, daß die Forderungen an die Rauschabstände eingehalten werden können.

Während die drahtgebundene Übertragungstechnik sich zu dem heutigen Stande entwickelte, drang die Funkübertragung in der Zwischenzeit in immer höhere Frequenzgebiete vor; man kennt heute die technischen Mittel, alle Frequenzen zu benutzen, die für eine Nachrichtenübertragung über Richtfunkstrecken auf beliebige Entfernung überhaupt in Frage kommen. Man betrachtet dafür als obere Grenze eine Frequenz von etwa 10 000 MHz; das entspricht einer Wellenlänge von etwa 3 cm. Bei noch höheren Frequenzen sind die Witterungseinflüsse bereits zu groß. Der Marsch der Frequenzen geht jedoch trotzdem weiter; man läßt dann die Wellen sich wieder in Leitern ausbreiten; die Erforschung der Nachrichtenübertragung in Hohlkabeln bei Wellenlängen von etwa 1 cm ist in vollem Gange.

Da die Hochfrequenzeinrichtungen relativ teuer sind, trachtet man danach, solche Verbindungen auch hier wie im Kabel mit möglichst vielen Gesprächen auszunutzen und die Funkabschnitte möglichst lang zu machen. Bei langen Strecken tritt das Empfängerrauschen störend in Erscheinung, außerdem ist auch hier die Sendeleistung beschränkt. In den hohen Frequenzgebieten ist nun ein so einfaches Mittel wie die Gegenkopplung nicht anwendbar. Man hat deshalb die schon erwähnte Vielzahl von Modulationsverfahren erfunden, die alle den Zweck verfolgen, die Nichtlinearitäten der Amplitude unschädlich

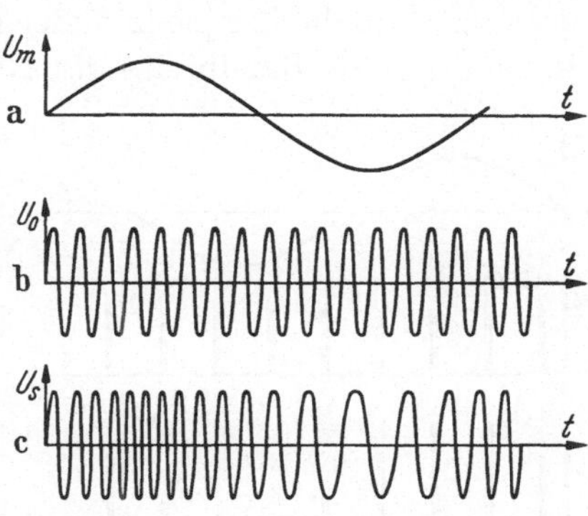

Abb. 2. Schwingungsformen bei Frequenzmodulation. a Modulationsschwingung; — b Trägerschwingung; — c Frequenzmodulierte Trägerschwingung.

zu machen und eine Geräuschminderung zu erzielen. Das älteste und am meisten verbreitete Verfahren dieser Art ist die Frequenz- oder Phasenmodulation (FM). Bei dieser wird, wie bei der AM, ein andauernd vorhandener Träger verwendet; dieser hält jedoch seine Amplitude konstant, unabhängig von den Modulationsschwingungen. Die Amplitudenwerte dieser Schwingungen werden in Frequenzabweichungen des Trägers von seiner unmodulierten Mittenfrequenz umgesetzt (s. Abb. 2).

7*

Nichtlinearitäten in den Amplitudenkennlinien der Übertragungsstrecke sind deshalb unschädlich.

Das Verfahren mit den günstigsten Eigenschaften zur gleichzeitigen Übertragung vieler Gespräche ist ein Kombinationsverfahren, nämlich die Einseitenbandbündelung-Frequenzmodulation (EB-FM). Die bereits mit Hilfe der Einseitenbandtechnik frequenzmäßig gebündelten Kanäle, die das Basisband bilden, werden am Sendeendamt gemeinsam dem Frequenzmodulator zugeführt und am Empfangsamt wieder gemeinsam auf das Basisband demoduliert.

2. Die Pulsmodulationsverfahren.

Die zweite Gruppe mit verringerter Anforderung an die Linearität des Amplitudenganges ist die der Pulsmodulation. Die Pulsmodulationsverfahren sind, wie sich gleich zeigen wird, in der Funktechnik immer Kombinationsverfahren, ähnlich wie die eben erwähnte EB-FM. Diese Verfahren sind — von Sonderzwecken abgesehen — nur sinnvoll für die Mehrfachausnutzung. Sie geben in ihrem ersten Modulationsabschnitt die Möglichkeit, Kanäle zu bündeln. Sie beruhen auf der Überlegung, daß es nicht notwendig ist, die Modulationsschwingungen über den vollen Zeitbereich hinweg zu übertragen, sondern daß es genügt, von diesen nur zeitliche Proben zu nehmen. Es gilt hier das Abtasttheorem, das besagt, daß die Frequenz dieser Proben mindestens doppelt so groß sein muß wie die Bandbreite der Nachricht. Für das Telephonieband von 300 bis 3400 Hz hat sich für die Abtastfrequenz ein Wert von 8 kHz allgemein eingeführt.

An die Stelle der Trägerschwingung bei den Verfahren mit andauernd durchschwingendem Träger ist jetzt ein Puls, d. h. eine Folge von periodischen Impulsen getreten. Man kann auch hier prinzipiell die gleichen Modulationsmöglichkeiten der AM und FM anwenden, d. h. in der Pulsmodulation die Pulsamplitudenmodulation (PAM) und Pulsphasenmodulation (PPM). Impulse lassen jedoch noch eine Vielzahl anderer Möglichkeiten zu. Als bekannteste seien nur die Pulsdauermodulation (PDM), Pulscodemodulation (PCM) und die Delta-Modulation (ΔM) erwähnt; sie seien später noch kurz betrachtet.

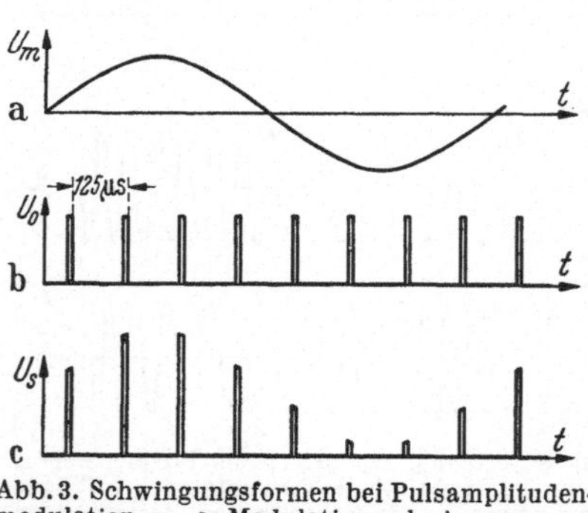

Abb. 3. Schwingungsformen bei Pulsamplitudenmodulation.   a Modulationsschwingung; — b Trägerpuls; — c Amplitudenmodulierter Puls.

Das Prinzip der Pulsmodulation ist am besten an der PAM verständlich zu machen. In Abb. 3 ist in der oberen Zeile als Vertreter einer Modulationsschwingung eine Sinuswelle gezeigt, in der zweiten Zeile

ein Puls, d. h. eine Folge rechteckförmiger Impulse, und in der dritten
Zeile der mit der Nachrichtenschwingung modulierte Puls. Die Dauer der
Impulse kann beliebig kurz, im theoretischen Grenzfall unendlich kurz
sein. In die Lücken zwischen den Impulsen können, zeitlich versetzt, die
Impulse eines oder mehrerer mit anderen Nachrichten modulierter
Pulse gelegt werden.

Der Abstand zwischen zwei aufeinanderfolgenden Impulsen eines
Kanals beträgt 125 µs für die obengenannte Abtastfrequenz von
8 kHz. Will man z. B. 12 Kanäle über dieselbe Leitung übertragen, so
ergibt sich für den Abstand zwischen den Impulsen zweier aufein-
anderfolgender Kanäle $\frac{125\ \mu s}{12} = 10{,}4\ \mu s$. Die in dem Zeitintervall
von 125 µs liegenden Impulse bezeichnet man mit „Pulsrahmen".
An die Stelle der Frequenz bei der EB-Technik ist hier die Zeit getreten. Die Pulsmodulation arbeitet also mit zeitlicher Bündelung der
Kanäle. Das so erhaltene zeitliche Bündel besteht aus Gleichstrom-
impulsen, die ebenso wie die Schwingungen der frequenzgebündelten
Kanäle der EB (Abb. 1) zur Funkübertragung nicht direkt geeignet
sind. Sie bilden deshalb ebenso wie diese nur das Basisband. Zur Übertragung kann, zumindest im Prinzip, ein Leiterpaar verwendet werden;
für die Funkübertragung muß noch zusätzlich die AM oder FM angewendet werden. Nicht-
linearitäten des Ampli-
tudengangs können nun
hier, wie leicht einzusehen
ist, kein Übersprechen von
einem Kanal auf den an-
deren verursachen, sondern
nur eine Verzerrung im
Sprachkanal selbst.

Um jedoch auch diese
Verzerrungen zu vermei-
den, hat man die Puls-
phasenmodulation (PPM)
eingeführt (1937). Die Wirkungsweise wird an Hand

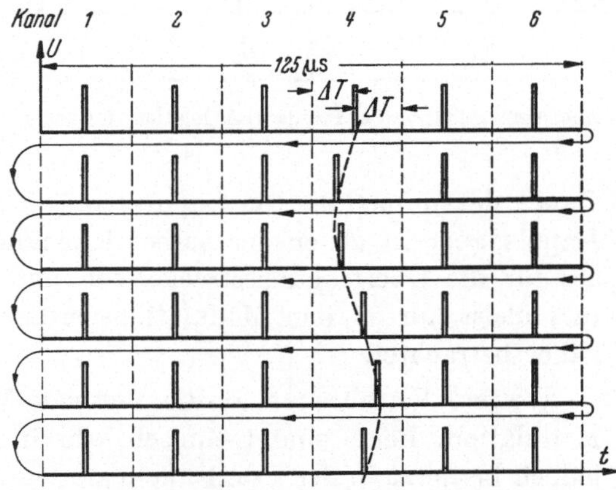

Abb. 4. Zeitfunktion bei Pulsphasenmodulation; 6 Kanäle.

der Abb. 4 leicht verständlich. In diesem Bild sind einige Pulsrahmen
eines PPM-Pulses für sechs Kanäle dargestellt, von denen einer mit
einer Sinusschwingung moduliert ist. Die Rahmen sind untereinander gezeichnet, die Zeitachse ist also nach je einem Rahmen unter-
brochen und in der nächsten Zeile fortgesetzt. Die Modulationsschwingung verursacht hier keine Amplitudenänderung der Impulse,
sondern eine Veränderung der zeitlichen Lage. Die Amplitude und die

Dauer der Impulse bleiben konstant. Wenn z die Kanalzahl bedeutet, wird jedem Kanal ein Zeitbereich von $\dfrac{125}{z}$ µs zugeteilt, innerhalb dessen die Impulse ihre zeitliche Lage ändern können. Der maximale Zeithub $\varDelta T$ beträgt dabei im theoretischen Grenzfall bei sehr kurzen Impulsen $\dfrac{1}{2} \cdot \dfrac{125}{z}$ µs. Bei sechs Kanälen (Abb. 4) beträgt diese Zeitspanne $\pm\,10{,}4$ µs, bei zwölf Kanälen $\pm\,5{,}2$ µs. Auf der Empfangsseite muß die Phasenmodulation wieder in eine Amplitudenmodulation und diese schließlich in die ursprüngliche stetige Schwingung umgewandelt werden. Unter den Arten der Pulsmodulation hat die PPM bis heute die größte Bedeutung erlangt.

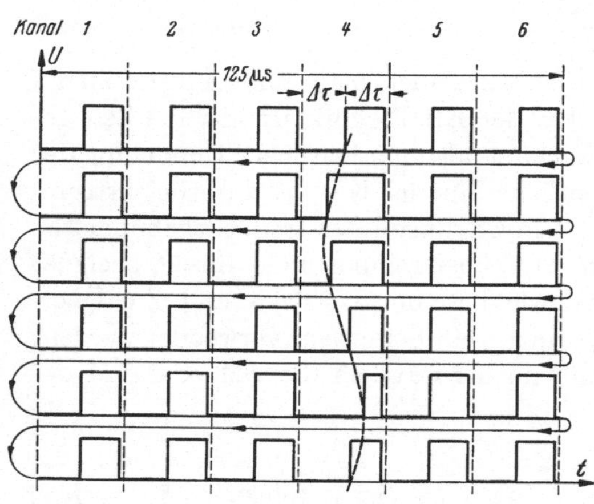

Abb. 5. Zeitfunktion bei Pulsdauermodulation; 6 Kanäle.

Eine weitere Modulationsart ist die Pulsdauermodulation. Abb. 5, die Abb. 4 entspricht, zeigt die Wirkungsweise. Auch hier bleibt die Amplitude der Impulse konstant; es wird jedoch ihre Dauer moduliert. Um einen möglichst großen Zeithub zu erhalten, macht man die Dauer der unmodulierten Impulse möglichst lang; die größtmögliche Impulsdauer ist gleich der halben Kanaldauer. Da diese Modulationsart für die Übertragungsstrecke von untergeordneter Bedeutung ist und meist nur in den Modulationsgeräten vorkommt, sei sie nicht näher betrachtet.

Weitere Verfahren sind die Pulscode-Modulation und die Delta-Modulation. Beide sind technisch sehr interessant, sie konnten sich jedoch bis jetzt in der Praxis nicht durchsetzen.

Bei der Pulscode-Modulation beeinflußt der Abtastwert einer Nachrichtenschwingung nicht wie bei PPM die zeitliche Stellung eines Sendeimpulses, sondern er löst eine Folge von Impulsen aus, die innerhalb des Zeitbereiches eines Kanals liegen und die durch ihr Vorhandensein und Nichtvorhandensein den Amplitudenwert ausdrücken. Die Wirkung ist der des Fernschreibers ähnlich; bei diesem wird das „Fünferalphabet" verwendet. Man kann nämlich mit der Kombination von fünf Elementen $2^5 = 32$ Buchstaben ausdrücken; auf die

Pulscode-Modulation übersetzt heißt dies, daß durch die Kombination von fünf Elementen 32 Amplitudenwerte dargestellt werden können. Die Abb. 6 erläutert den Vorgang näher. Die Wertigkeit des ersten Impulses ist $2^4 = 16$, die Wertigkeit der nachfolgenden Impulse beträgt immer die Hälfte des vorhergehenden. Die beiden nächsten Zeilen zeigen zwei Impulskombinationen, welche die Zahlen 21 und 10 ausdrücken. Die Wertigkeitsfolge kann grundsätzlich beliebig gewählt werden. Auf der Empfangsseite wird aus den Codeelementen wieder ein einziger Impuls hergestellt, dessen Amplitude proportional der Wertigkeit der Codeelemente ist, d. h. man wandelt zuerst wieder in Pulsamplitudenmodulation um und demoduliert erst dann.

Will man Sprachschwingungen auf diese Weise übertragen, so muß der gesamte Amplitudenbereich in Intervalle eingeteilt werden, inner-

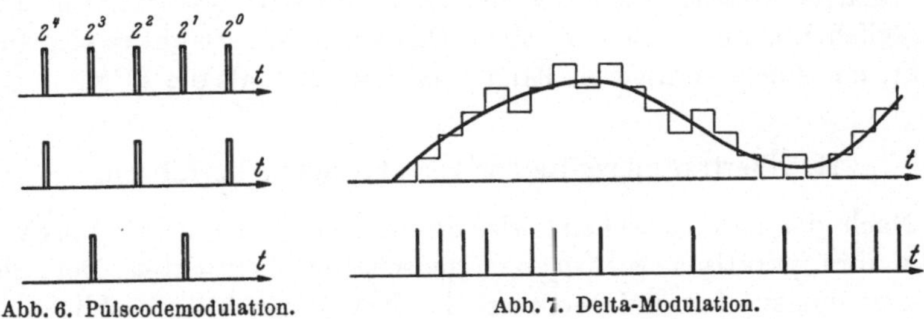

Abb. 6. Pulscodemodulation.   Abb. 7. Delta-Modulation.

halb deren alle zwischenliegenden Amplitudenwerte nur als eine Zahl bewertet werden. Wegen dieser Ungenauigkeiten entstehen Abweichungen im empfangenen Signal, die man als Quantisierungsverzerrung bezeichnet; sie wirken während des Sprechens als Verzerrung, in den Sprechpausen sind sie nicht vorhanden. Diese Verzerrungen werden natürlich um so kleiner, je größer die Anzahl der Amplitudenstufen gemacht wird. Man hat festgestellt, daß die Sprachqualität sehr gut ist, wenn man 128 Stufen vorsieht; diese Stufenzahl verlangt 7 Codeelemente ($2^7 = 128$).

Beim Code-Verfahren haben alle Impulse die gleiche Amplitude, Form und zeitliche Stellung. Die Modulation liegt nur in ihrem Fehlen oder Vorhandensein. Das Verfahren ist also unempfindlich gegen Nichtlinearitäten und in besonderem Maße gegen Störungen.

Die Delta-Modulation besitzt diese Eigenschaften auch, jedoch ist ihre Wirkungsweise anders. Bei ihr werden nur die Änderungen der Modulationsschwingungen übertragen. Ihre Wirkung sei in Abb. 7 kurz beschrieben.

Es wird eine Abtastfrequenz gewählt, die viel größer ist, als sie nach dem Abtasttheorem sein müßte. Die Folgefrequenz der zur Übertragung verwendeten Impulse ist gleich dieser Abtastfrequenz; die Modulation wird auch hier wie bei der PCM nur durch das Fehlen oder Vorhandensein der Impulse übertragen. Die Impulsdauer und Form ist für alle Impulse dieselbe und ihre zeitliche Stellung ist periodisch. Es sei angenommen, daß die Modulationsschwingung bei der ersten Abtastung den Wert Null habe; bei jeder folgenden Abtastung wird nun geprüft, ob sie größer oder kleiner geworden ist. Ist sie größer geworden, so wird ein Impuls gesendet; ist sie kleiner geworden, fehlt der Impuls. Der Empfänger fügt beim Eintreffen eines Impulses einen festen Amplitudenwert zu dem schon vorhandenen hinzu oder zieht denselben Wert ab, wenn kein Impuls eintraf. Bei dieser Modulationsart treten natürlich starke Quantisierungsverzerrungen auf, die aber im Gegensatz zur PCM stark von der Modulationsfrequenz abhängen. Sie werden um so kleiner, je höher die Abtastfrequenz gewählt wird. Man benötigt etwa die 10fache Abtastfrequenz, wenn die Quantisierungsverzerrungen in erträglichen Grenzen bleiben sollen. Das Verfahren erlaubt es also auch nicht, mit einem geringeren Band auszukommen, als die PCM.

II. Übertragungsgüte der verschiedenen Verfahren.

Nach der summarischen Erläuterung der prinzipiellen Vorgänge seien ihre praktisch wichtigen Eigenschaften betrachtet. Bei allen Übertragungsverfahren interessiert den Netzplaner hauptsächlich

1. das Verhalten gegenüber Geräuschen; das sind bei hohen Frequenzen fast ausschließlich das Empfängerrauschen und Störungen durch Nachbarsysteme;

2. das Nebensprechen zwischen den Kanälen bei Mehrkanalsystemen;

3. das durch das System belegte Frequenzband.
Diese drei Eigenschaften sind miteinander verkoppelt, da sowohl 1. als 2. eine Funktion von 3. sind, wie aus dem folgenden hervorgehen wird.

Auf Probleme wie Synchronisationsprinzipien, schaltungsmäßigen Aufbau usw. sei hier nicht eingegangen.

1. Der Einfluß der Geräusche und der Frequenzbandbedarf.

a) Die Verfahren mit andauernden Trägerschwingungen. Ein auf dem Übertragungsweg eindringendes Geräusch der Amplitude S_N überlagert sich dem Nutzsignal S und läßt sich, wenn es im Nutzband liegt, auf der Empfangsseite nicht mehr abtrennen. Das Verhältnis der Signalspannung zur Geräuschspannung $\dfrac{S}{S_N}$ auf der Übertragungsstrecke bleibt bei der Amplitudenmodulation und der Einseitenband-

Modulation nach der Demodulation erhalten. Die Amplitudenmodulation oder die EB-Modulation sind deshalb günstige Bezugsverfahren, mit denen die anderen Verfahren verglichen werden können. Das auf der Übertragungsstrecke belegte Frequenzband ist bei der EB-Modulation gleich dem des Basisbandes und bei der AM gleich dem doppelten Basisband.

Bei der Frequenzmodulation ist, wie leicht einzusehen, das belegte Frequenzband mindestens gleich dem doppelten Frequenzhub ΔF. Unter Frequenzhub versteht man die maximale Frequenzauslenkung von der Frequenz des unmodulierten Trägers. Das belegte Frequenzband ist demnach auf den ersten Blick unabhängig von der

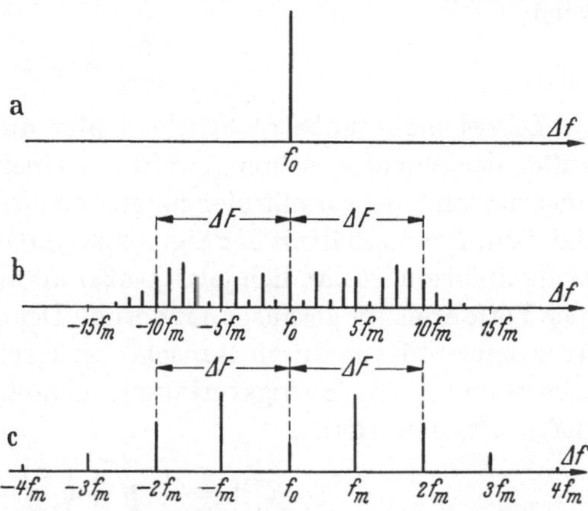

Abb. 8. Amplitudenspektren einer frequenzmodulierten Schwingung. a Unmodulierter Träger; — b Modulierter Träger $\dfrac{\Delta F}{f_m} = 10$ — c Modulierter Träger $\dfrac{\Delta F}{f_m} = 2$.

Basisbandbreite. Man erhält eine genauere Vorstellung, wenn man das Spektrum einer frequenzmodulierten Welle betrachtet. Für die Aussteuerung mit einer sinusförmigen Modulationsschwingung der Frequenz f_m erhält man die in Abb. 8 gezeigten Linienspektren; es tritt eine Vielzahl von Seitenfrequenzen auf, die alle den Abstand der Modulationsfrequenz voneinander haben. Die Amplituden der Seitenschwingungen gehorchen Besselfunktionen. Für sehr tiefe Modulationsfrequenzen (Abb. 8b, $\dfrac{\Delta F}{f_m} = 10$) ist das Band innerhalb $f_0 \pm \Delta F$ voll belegt, außerhalb davon klingen die Amplituden sehr rasch auf vernachlässigbare Werte ab. Für diesen Fall wird praktisch nur ein Band von $2\,\Delta F$ belegt. Ist die Modulationsfrequenz vergleichbar mit dem Frequenzhub (Abb. 8c), so sind außerhalb dieses Bereiches noch je zwei weitere Seitenfrequenzen mit nennenswerter Amplitude zu beachten; das belegte Frequenzband B_h ist also mit guter Genauigkeit, wenn der Frequenzhub ΔF größer ist als die Modulationsbandbreite B_m

$$B_h = 2\,(\Delta F + 2\,B_m). \tag{1}$$

Wenn das Basisband aus z Kanälen der Bandbreite B_0 besteht, ist

$$B_m = z\,B_0. \tag{2}$$

Die Frequenzmodulation benötigt also ein wesentlich größeres Frequenzband B_h als das Modulationsband $z\,B_0$. Es seien für ein FM-

System einige Zahlenwerte angegeben. Die Anzahl der Sprachkanäle ist 60, das Basisband reicht von 12 bis 252 kHz und der maximale Frequenzhub ist 500 kHz; damit erhält man $B_h = 2$ MHz, und das Verhältnis der Hochfrequenzbandbreite zur Modulationsbandbreite wird

$$\frac{B_h}{z\,B_0} = 8. \tag{3}$$

Dieses nicht unbeträchtliche Opfer an Frequenzband bringt nun außer der eingangs schon erwähnten Unempfindlichkeit gegen Nichtlinearitäten des Amplitudenganges einen weiteren wichtigen Vorteil mit sich. Das Verhältnis der Signalspannung zur Störspannung nach der Demodulation ist nämlich jetzt größer als auf der Übertragungsstrecke; das Verfahren ist geräuschmindernd. Der Reduktionsfaktor R gegenüber einer Störung durch Rauschen gehorcht, wenn die Einseitenband-Übertragung als Bezugsverfahren genommen wird ($R^{EB} = 1$), für $\Delta F > z\,B_0$ dem Gesetz

$$R^{\mathrm{FM}} = \frac{1}{2}\sqrt{\frac{3}{2}}\left(\frac{B_h}{z\,B_0} - 4\right). \tag{4}$$

Dieser Faktor bezieht sich auf Amplitudenverhältnisse von Signal zu Geräusch. Bezogen auf Leistungen geht er quadratisch ein.

Für große Banderweiterung ist die Geräuschreduktion proportional dem vermehrten Frequenzband. Dieser Vorteil ist für die Funkübertragung sehr wichtig, da man entsprechend diesem Faktor die Sendeleistung reduzieren oder — wenn freie Sicht herrscht — die Streckenlänge erhöhen kann. Für die oben erwähnten Zahlen erhält man $R = 2{,}4$. Dies bedeutet, daß man rund mit dem sechsten Teil der Sendeleistung auskommen kann, die bei einer EB-Übertragung erforderlich wäre.

Es möge noch erwähnt sein, daß die minimal mögliche Bandbreite gleich der doppelten Modulationsbandbreite ist; diese erhält man, wenn man einen Frequenzhub anwendet, der sehr viel kleiner ist als die höchste Modulationsfrequenz; dann ist jedoch keine Geräuschreduktion mehr vorhanden, sondern eine Geräuschvermehrung. Ein solcher Betriebszustand ist von untergeordneter Bedeutung.

b) Die Pulsmodulationsverfahren. Zieht man andere Verfahren in Betracht, so muß man, wenn sie von praktischem Nutzen sein sollen, erwarten, daß sie — alle Vor- und Nachteile berücksichtigt — einem schon bewährten Verfahren nicht unterlegen sind. Die Pulsmodulationsverfahren seien deshalb zunächst unter dem Gesichtspunkt der Geräuschreduktion betrachtet. Die Überlegungen gelten für alle Verfahren in der Basisbandebene. Die Erweiterung auf eine Funkübertragung ist dann leicht für alle Verfahren gemeinsam durchführbar.

Es sei zunächst die Pulsamplitudenmodulation untersucht. In Abb. 9 ist ein Impulszug auf der Sendeseite und auf der Empfangsseite gezeichnet. Sendeseitig mögen rechteckförmige Impulse verwendet werden. Bei beschränkter Übertragungsbandbreite werden die Impulse verformt — auf diese Verformung wird später noch näher eingegangen — und auf der Übertragungsstrecke kommen Geräusche hinzu, deren Leistung beim Empfängerrauschen proportional der Bandbreite ist. Der Effektivwert der Rauschspannung ist also proportional der Wurzel

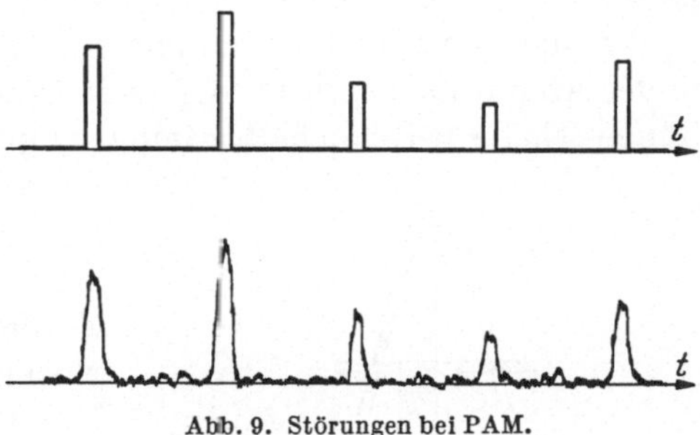

Abb. 9. Störungen bei PAM.

aus der Übertragungsbandbreite. Da auf der Empfangsseite die Impulsamplitude durch Spitzenabtastung ausgewertet wird, ist die tatsächliche Amplitude durch die Rauschspannung verfälscht. Das Verhältnis der Signalspannung zur Rauschspannung ist nach der Demodulation dasselbe wie vorher; es wird also bei gleichbleibender Impulsspitzenspannung proportional der Übertragungsbandbreite verschlechtert. Andererseits ist die kleinstmögliche Impulsdauer proportional dieser Bandbreite, wenn die Impulse noch auf die volle Höhe einschwingen sollen. Bezieht man beim Vergleich auf ein Verfahren mit andauernden Schwingungen wie AM oder FM, so ist es billig, mit gleicher *mittlerer* Sendeleistung zu rechnen. Die mittlere Sendeleistung ist aber proportional dem Tastverhältnis, das ist das Verhältnis von Impulsdauer zu Impulsabstand; da der Impulsabstand durch das Abtasttheorem festliegt, ist also das Tastverhältnis und damit die mittlere Sendeleistung umgekehrt proportional der Bandbreite. Legt man die mittlere Sendeleistung fest, so wird die Impulsspitzenspannung proportional mit der Wurzel aus der Bandbreite größer.

Die beiden Effekte der mit der Bandbreite vergrößerten Rauschspannung und der vergrößerten Impulsspitzenspannung kompensieren sich, und der Geräuschreduktionsfaktor ist bei PAM unabhängig von der Banderweiterung gleich 1, wie bei der frequenzmäßigen Bündelung nach der EB-Technik. Genau genommen liegt der Faktor sogar wie bei der gewöhnlichen AM mit Träger um einen bestimmten konstanten Faktor unter 1. Wendet man also PAM an, so wird man danach trachten müssen, mit dem geringstmöglichsten Frequenzband auszukommen, da ein Opfer an Frequenzband keine sonstigen Vorteile mit sich bringt. Auf die Frequenzbandanforderungen wird später noch näher eingegangen werden.

Im Gegensatz zur PAM erhält man bei PPM eine Geräuschreduktion, die einem ähnlichen Gesetz gehorcht wie bei FM, die also proportional dem Verhältnis von Basisbandbreite zur Modulationsbandbreite ist. Das Zustandekommen dieser Wirkung sei im folgenden grob erläutert.

Vor der Demodulation von phasenmodulierten Pulsen wird zunächst in der Amplitude begrenzt, d. h. mit Hilfe eines Amplitudenfilters eine dünne Scheibe bei etwa halber Impulsamplitude herausgeschnitten — bei diesem Wert hat die Impulszeitfunktion die größte Flankensteilheit — und die zeitliche Stellung der Vorder- oder Hinterflanke in die Nachrichtenspannung umgesetzt. Durch eine überlagerte Störschwingung (s. Abb. 10) wird nun nicht nur die Impulsspitze, sondern auch die zeitliche Lage verändert; man erhält einen Störungsphasenhub. Es ist leicht zu erkennen, daß dieser um so kleiner ist, je steiler die Impulsflanke ist. Da aber die Flankensteilheit proportional der Bandbreite ist, ist der Störungsphasenhub bei gleichbleibender Störungsamplitude und Impulsamplitude umgekehrt proportional der Übertragungsbandbreite. Die mit zunehmender Bandbreite zunehmende Rauschspannung wird wie bei PAM durch die Hochtastung kompensiert, so daß das Verhältnis von Impulsspitzenspannung zu Störspannung unabhängig von der Bandbreite ist. Der Faktor der Geräuschreduktion ist deshalb proportional dem Verhältnis der Banderweiterung. Für große Werte $\left(\dfrac{B}{z B_0} > 2\right)$ gilt im Falle der PPM entsprechend der Gl. (4)

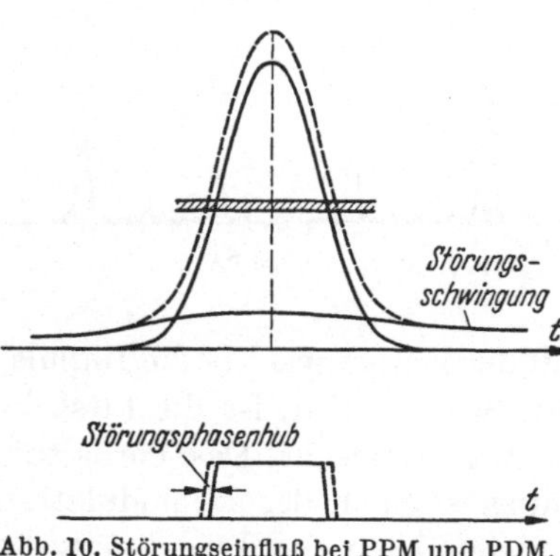

Abb. 10. Störungseinfluß bei PPM und PDM.

$$R^{\mathrm{PPM}} = \frac{1}{2\sqrt{2}}\left(\frac{B}{z B_0} - 1\right); \qquad (5)$$

B bedeutet hier die Basisbandbreite.

Die PPM zeigt also im Gegensatz zur EB-Bündelung bereits im Basisband bei vermehrter Bandbreite eine Geräuschreduktion. Wegen dieser günstigen Eigenschaft hat sich das PPM-Verfahren in der Praxis durchsetzen können, obwohl die Geräuschreduktion etwas geringer ist als bei FM.

Die Pulsdauermodulation hat eine Geräuschreduktion, die nur mit der Wurzel aus der Banderweiterung geht, weil bei ihr die Hochtastung am Sender nicht möglich ist; man verwendet ja hier, wie aus Abb. 5. zu ersehen ist, möglichst lange Impulse, um einen möglichst großen Zeithub zu haben. Das Tastverhältnis ist deshalb unabhängig von der Banderweiterung gleich $^1/_2$. Wegen dieses Nachteils gegen PPM ist die PDM praktisch für die Übertragung nicht verwendet worden.

Die Pulscode-Modulation und die Delta-Modulation haben im Prinzip bezüglich fremder Störungen die günstigsten Eigenschaften. Hier braucht auf der Empfangsseite nur entschieden zu werden, ob ein Impuls da ist oder nicht, d. h. Störungen, die kleiner sind als die halbe Impulsamplitude, sind völlig unschädlich. Bei einer Kabelübertragung ist dies ein wichtiger Vorteil. Überschreiten die Störspannungen diesen Schwellwert, so wird das Verfahren sehr rasch unbrauchbar. Man hat hier aber die Möglichkeit, die Signale auf Zwischenämtern wieder völlig zu regenerieren. Genauere Untersuchungen haben jedoch gezeigt, daß die Vorteile bei Funkübertragung mit größeren Kanalzahlen und Entfernungen, die einige 1000 km nicht überschreiten, sich trotzdem nicht so stark auswirken, wie man zunächst annehmen sollte. Dies liegt daran, daß das Signal am Empfängereingang doch beträchtlich größer sein muß als der doppelte Wert des Geräusches: man muß nämlich einmal eine genügende Fading-Reserve vorsehen, und zum anderen muß beachtet werden, daß bei weißem Rauschen die Spitzenwerte den Effektivwert stark überschreiten. Man muß deshalb auch bei diesem Verfahren bei normalen Ausbreitungsbedingungen einen hochfrequenten Geräuschabstand von etwa 40 db am Empfängereingang sicherstellen. Bei diesem Wert ist aber auch bei FM und PPM bereits ein Geräuschabstand in den Sprachkanälen zu erreichen, der eine ausreichende Qualität gewährleistet, wenn man dieselbe Übertragungsbandbreite vorsieht, welche die PCM und die Delta-Modulation benötigen. Diese ist im Basisband etwa 10 mal größer als das Modulationsband.

Wir haben die Pulsmodulations-Verfahren bisher im Basisband betrachtet. Es hat sich dabei ergeben, daß die mit PAM zeitgebündelten Kanäle ebenso wie die mit EB frequenzgebündelten Kanäle keine Geräuschreduktion erfahren. Man verwendet deshalb hier auf der Hochfrequenzstrecke ein geräuschminderndes Verfahren, nämlich die FM. Da die PPM, die PCM und die Δ-M schon im Basisband die Geräusche reduzieren, ist es nicht notwendig, dies auf der Hochfrequenzseite nochmals zu tun. Man verwendet deshalb hier allgemein die AM, d. h. man tastet hier die Hochfrequenzschwingungen durch die Basisbandimpulse ein und aus. Es ist natürlich grundsätzlich möglich, auch hier die FM anzuwenden. Die günstigsten Kombinationsverfahren zur Mehrfachübertragung auf Funkstrecken sind damit

$$\text{EB} - \text{FM} \qquad\qquad \text{PPM} - \text{AM}$$

$$\text{PAM} - \text{FM} \qquad\qquad \text{PCM} - \text{AM} \quad \text{und} \quad \triangle\text{M} - \text{AM}$$

Das Frequenzband, das auf der Hochfrequenzebene benötigt wird, — das sogenannte Radiofrequenzband —, ist in allen diesen Fällen mindestens gleich dem doppelten Basisband, bei FM entsprechend dem gewählten Frequenzhub größer.

2. Das Nebensprechen und der Frequenzbandbedarf.

Es sei hier vom Nebensprechen, das durch die Übertragungsstrecke verursacht wird, die Rede. Wie eingangs schon erwähnt, muß bei Einseitenband-Modulation die Amplitudenkennlinie aller Streckenabschnitte sehr genau linear sein. Bei Frequenzmodulation dagegen muß man fordern, daß die Phasenkennlinie sehr genau linear ist. Dies ist gleichbedeutend mit der Forderung, daß die Gruppenlaufzeit, das ist die Ableitung der Phase nach der Frequenz, für alle Frequenzen, die für die Übertragung wichtig sind, gleich ist. Der Frequenzbereich, in dem man diese Forderung einhalten muß, ist durch die Gl. (1) gegeben. Es ist außerdem günstig, die Dämpfungsschwankung in diesem Bereich möglichst klein zu halten; Dämpfungs-

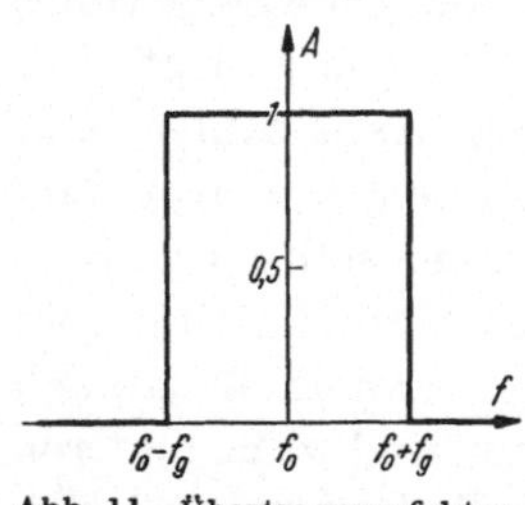

Abb. 11. Übertragungsfaktor eines idealisierten Bandpasses.

schwankungen können nämlich selbst bei idealer Amplitudenbegrenzung Verzerrungen der demodulierten Schwingungen verursachen. Für die Übertragung bei FM muß man also bei den Übertragungsgeräten den idealisierten Bandpaß anstreben. Sein Übertragungsfaktor A — der Übertragungsfaktor A ist das Verhältnis der Beträge der Ausgangsspannung zur Eingangsspannung U_2/U_1 eines Vierpols — ist in Abb. 11 aufgetragen; er ist im Übertragungsbereich, d. h. innerhalb der Grenzen $f_0 + f_g$ und $f_0 - f_g$ konstant; in diesem Bereich soll der Phasengang linear sein.

Außerhalb dieses Bereiches werden keine Schwingungen übertragen, d. h. die Dämpfung ist unendlich groß. Man kann dann ohne Frequenzbandverlust Nachbarsysteme lückenlos anschließen lassen.

Bei der Pulsmodulation gelten andere Gesetze, die im folgenden betrachtet werden sollen. Es sei dabei für alle folgenden Betrachtungen angenommen, daß die Impulse auf der Sendeseite aus Einheitsimpulsen (Dirac-Impulsen) gewonnen seien. Die Ergebnisse gelten im wesentlichen auch für erzeugende rechteckförmige Impulse endlicher Länge, die man in der Praxis meist anwendet.

a) Der idealisierte Tiefpaß. Es werden zunächst die Vorgänge mit einem idealisierten Tiefpaß untersucht; dieser hat bis zur Grenzfrequenz f_g keine Dämpfung und linearen Phasengang, d. h. konstante Laufzeit. Da für unsere Betrachtungen der Absolutwert der Laufzeit keinerlei

Einfluß hat, wird sie herausgezogen, d. h. wir nehmen eine Zeittransformation vor. Man erhält den Übertragungsfaktor des idealisierten Tiefpasses, wenn man in Abb. 11 die Frequenz $f_0 = 0$ setzt. Hinter einem solchen Filter erhält man Zeitfunktionen, die einem $\dfrac{\sin x}{x}$-Gesetz gehorchen. Es ist

$$s_\delta(t) = S\,\frac{\sin \pi\dfrac{t}{t_g}}{\pi\dfrac{t}{t_g}}. \tag{6}$$

Eine solche Funktion ist in Abb. 12 als durchgezogene Kurve dargestellt. Dabei hängt die sogenannte Einschwingzeit t_g durch die Beziehung $t_g = \dfrac{1}{2f_g}$ mit der reziproken Grenzfrequenz des Tiefpasses zusammen; die Impulsdauer bei etwa halber Höhe ist t_g, und die Zeitfunktion durchläuft bei $\pm\, t_g$ zum ersten Mal die Null-Linie. Die Funktion hat ihr Hauptmaximum zur Zeit $t = 0$ und pendelt vorher und nachher sehr lange um die Abszisse; die Umhüllende dieser Pendelungen klingt nur mit $\dfrac{1}{t}$ ab.

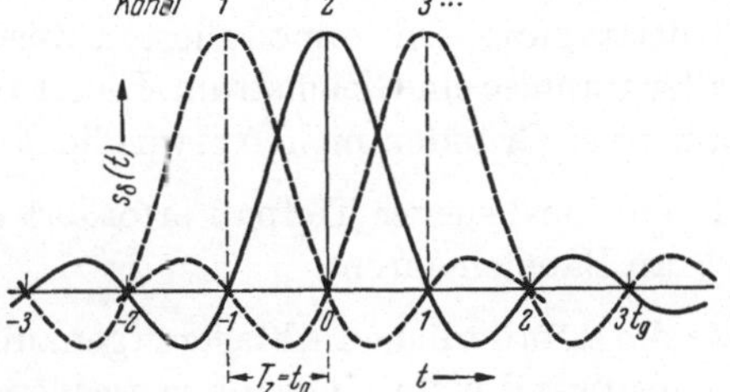

Abb. 12. Zeitfunktion von drei aufeinanderfolgenden Kanälen bei PAM und idealisiertem Tiefpaß.

Es sei hier gleich darauf hingewiesen, daß diese Funktion nur zusammen mit einer sehr großen Laufzeit physikalisch möglich ist, da vor der Zeit $t = 0$, d. h. vor der Ursache keine Wirkung vorhanden sein kann.

Will man nun Kanäle zeitlich bündeln, so sieht man, daß ein benachbarter Kanal erst nach sehr großer Zeit folgen kann, wenn er durch die Pendelungen nicht stark gestört werden soll. Man erhält am leichtesten bei der PAM eine Vorstellung von der Auswirkung dieser Pendelungen. Man kann hier, zumindest theoretisch, von der Tatsache Gebrauch machen, daß die Zeitfunktion periodisch Null wird. Man tastet zu diesem Zweck auf der Empfangsseite ganz kurzzeitig den Spitzenwert der Impulse ab, so daß der übrige Verlauf der Zeitfunktion unwirksam wird, und legt den Impuls des nächsten Kanals so, daß dessen Zeitfunktion in diesem Zeitmoment durch Null geht. In Abb. 12 sind in dieser Weise die Impulse von drei aufeinanderfolgenden Kanälen dargestellt; hier ist der kürzestmögliche Abstand gewählt, d. h. zum Zeitpunkt des Spitzenwertes eines Impulses haben die beiden benachbarten Impulse ihre ersten Nulldurchgänge.

Es ist interessant, wie groß der Bandbreitenbedarf in diesem Grenzfall ist. Dies läßt sich auf folgende Weise ermitteln: Der Zeitabstand T_z zwischen zwei Kanälen ist durch das Abtasttheorem festgelegt

$$T_z = \frac{1}{2 z B_0},\tag{7}$$

wenn B_0 die Bandbreite eines Nachrichtenkanals und z die Anzahl der Kanäle ist.

Der Abstand ist in Abb. 12 andererseits aber $t_g = \dfrac{1}{2 f_g}$. Damit wird, da $T_z = t_g$ ist,

$$f_g = z B_0.\tag{8}$$

Der Bandbreitenbedarf ist also hier der gleiche wie im Falle einer EB-Übertragung. Im unmodulierten Zustand ist die Summenzeitfunktion aller Impulse ein Gleichstrom. Dieser Grenzfall kann allerdings praktisch aus zwei Gründen nicht verwirklicht werden:

1. ein idealisierter Tiefpaß erfordert einen unendlich großen Aufwand an Bauelementen;

2. die erforderlichen Abtastzeitgenauigkeiten können mit vernünftigem Aufwand nicht eingehalten werden.

Es ist naheliegend, diese letztgenannten Anforderungen zu verringern, indem man größere Zeitabstände zwischen den Impulsen wählt. Rückt man z. B. Impuls 3 von 2 weg, so wird zunächst das Nebensprechen stark ansteigen bis auf einen Wert von 21% im Abstand von etwa $1,5\,t_g$ und bei $2\,t_g$ wieder verschwinden. Bei weiterem Abrücken pendelt die Nebensprechspannung immer zwischen Null und Maximalwerten. Als Maß für das Nebensprechen benutzt man die Nebensprechdämpfung a_d. Sie ist definiert als logarithmisches Verhältnis der Spannung des Nutzsignals zur Nebensprechspannung. Für die PAM ergibt sich die Gleichung

$$a_d = \ln \frac{S}{S_N} = \ln \frac{s(o)}{s(T_z)}\tag{9}$$

(S Spitzenwert der Impulse, S_N die Nachschwingamplitude). In Abb. 13 ist die Nebensprechdämpfung für den eben betrachteten Tiefpaß aufgetragen. Als Abszisse ist das interessierende Verhältnis $\dfrac{B}{z B_0}$ der Banderweiterung gewählt; das vorher benutzte Wegrücken der Impulse bedeutet ja tatsächlich eine Banderweiterung, da der Zeitabstand T_z durch das Abtasttheorem nach Gl. (7) festgelegt ist und deshalb die vorher geschilderte Wirkung nur durch eine Verkürzung der Impulse, d. h. eine Erhöhung der Grenzfrequenz f_g und damit der Übertragungsbandbreite $B = f_g$ möglich ist. Nach Gl. (6) und (9) wird dann

$$a_d = \ln \frac{\pi \dfrac{T_z}{t_g}}{\sin \pi \dfrac{T_z}{t_g}}, \qquad (10)$$

und da $t_g = \dfrac{1}{2\,B}$ und $T_z = \dfrac{1}{2\,z\,B_0}$ ist, wird

$$a_d = \ln \frac{\pi \dfrac{B}{z\,B_0}}{\sin \pi \dfrac{B}{z\,B_0}}. \qquad (11)$$

Die Nulldurchgänge des Nebensprechens erscheinen in dieser Darstellung als Pole in der Nebensprechdämpfung. Zwischen diesen sinkt die Nebensprechdämpfung jedoch auf kleine Werte ab, die nur

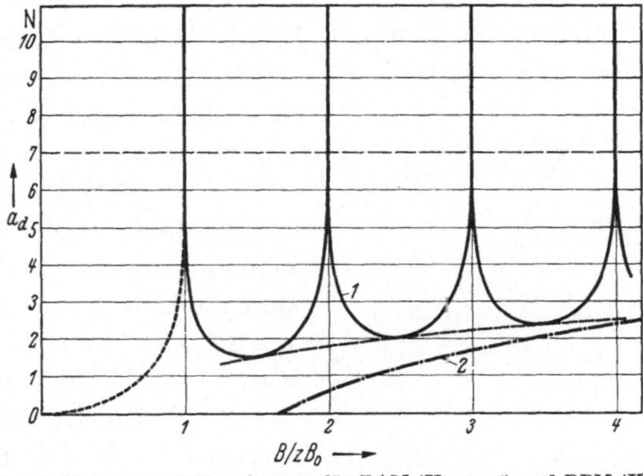

Abb. 13. Nebensprechdämpfung a_d für PAM (Kurve *1*) und PPM (Kurve *2*) beim idealisierten Tiefpaß $\left(\dfrac{B_s}{B} = 1\right)$.

langsam mit der Banderweiterung ansteigen. Will man von den Polen keinen Gebrauch machen, so benötigt man etwa das 300fache Modulationsband, um die Nebensprechdämpfung von 7 N zu erreichen, die man für eine gute Qualität als unterste zulässige Grenze betrachten kann.

Man erkennt, daß die für FM idealen Übertragungseigenschaften im Nutzband (keine Dämpfung, konstante Laufzeit) hier durchaus nicht ideal sind.

Noch deutlicher wird dies bei PPM. Bei dieser Modulationsart kann man nämlich auch nicht einmal mehr theoretisch von den Nulldurchgängen Gebrauch machen. Man kann hier das Nebensprechen der benachbarten Kanäle ebenso erfassen, wie dies vorher für die Störung durch Geräusche getan wurde; die Auswirkung von Amplitudenstörungen als Störungsphasenhub wurde bereits bei den Geräuschen betrachtet. Die Impulse haben nun hier nicht mehr wie bei PAM eine feste zeitliche Lage zueinander; es werden dabei mehr oder weniger verzerrte Nebensprechspannungen auftreten, deren Amplitude proportional der Umhüllenden des Nachschwingens der Nachbarkanalimpulse ist. Führt man die Rechnung für einen Modulationsgrad von z. B. 50% des störenden Kanals durch, so erhält man für PPM bei einem idealisierten Tiefpaß eine Abhängigkeit der Nebensprechdämpfung von der aufgewendeten Bandbreite, die in Abb. 13 strichpunktiert gezeigt ist. Auch diese steigt nur langsam an und erreicht trotz der Eigenschaft der Geräuschreduktion erst bei Faktoren $\dfrac{B}{z\,B_0}$ von etwa 30 den mindest zulässigen Wert von 7 N.

b) Der Tiefpaß mit cosinusförmigem Übertragungsfaktor. Ein so großer Mehraufwand an Frequenzband würde die praktische Anwendung sehr stark beeinträchtigen. Man kann diesen Aufwand stark verringern, wenn man Übertragungsfunktionen verwendet, die von den üblicherweise als ideal bezeichneten stark abweichen. Die Theorie der Einschwingvorgänge lehrt nämlich, daß man durch geeignete Formung des Übertragungsfaktors eine starke Verringerung des Nachschwingens erreichen kann. Eine typische und bekannte Form ist die Cosinusform; in Abb. 14 ist unter a der cosinusförmige Übertragungsfaktor A aufgetragen. Die Abhängigkeit von der Frequenz lautet

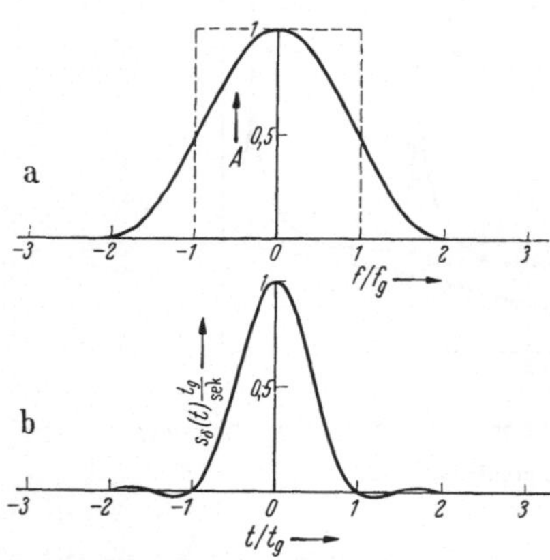

Abb. 14. Cosinusförmiger Übertragungsfaktor A und Einschwingvorgang s_δ (t).

$$A\,(f) = \frac{1}{2}\left(1 + \cos\frac{\pi}{2}\,\frac{f}{f_g}\right). \quad (12)$$

Als Bezugsfrequenz f_g ist hier die Frequenz eingeführt, bei welcher der Übertragungsfaktor auf die Hälfte seines Wertes, den er bei der Frequenz Null hat, abgesunken ist; dies bedeutet einen Anstieg der Dämpfung auf 0,7 N (6 db). Die Begründung für die Einführung dieses besonderen Frequenzwertes wird sich aus dem Folgenden ergeben.

Bei der doppelten Grenzfrequenz $2f_g$ ist der Übertragungsfaktor Null und die Dämpfung unendlich groß. Nimmt man an, daß das Netzwerk im gesamten Bereich bis $2f_g$ einen linearen Phasengang hat, so

erhält man mit Hilfe des Fourier-Integrals als Antwort auf den Einheitsimpuls eine Zeitfunktion

$$s_\delta(t) = S \; \frac{\sin 2\pi \dfrac{t}{t_g}}{2\pi \dfrac{t}{t_g}\left[1 - 4\left(\dfrac{t}{t_g}\right)^2\right]}; \tag{13}$$

dabei ist die Laufzeit wieder eliminiert und $t_g = \dfrac{1}{2f_g}$. Diese Funktion
ist in Abb. 14 unter b aufgetragen. Sie hat im Bereich $\pm\, t_g$ starke Ähnlichkeit mit derjenigen des idealisierten Tiefpasses, durchläuft wie
diese bei $\pm\, t_g$ das erstemal die Null-Linie, und die Impulsdauer ist bei
halber Impulsamplitude gleich t_g. Die Nachpendelungen sind jedoch
hier unverhältnismäßig viel kleiner und klingen mit $\dfrac{1}{t^3}$ ab.

Man erkennt hier die kennzeichnende Eigenschaft der so gewählten
Grenzfrequenz f_g. Sie bestimmt nämlich mit ausreichender Genauigkeit die Einschwingzeit; dies ist nicht nur hier der Fall, sondern auch
bei allen Übertragungsnetzwerken mit linearem Phasengang und einiger-

maßen normalem Ver-
halten des Dämpfungs-
ganges. Das Band von
$0—f_g$ bzw. bei Band-
pässen von $—f_g$ bis f_g
ist bei impulsartigen
Vorgängen eine wichtige
Größe. Es sei deshalb als
die *Nutzbandbreite B*
bezeichnet. Man erkennt
aber auch schon bei
dieser eben betrachteten
Funktion, daß man ein
vermehrtes Frequenz-
band aufwenden muß,
wenn man, ohne die
Einschwingzeit zu ver-

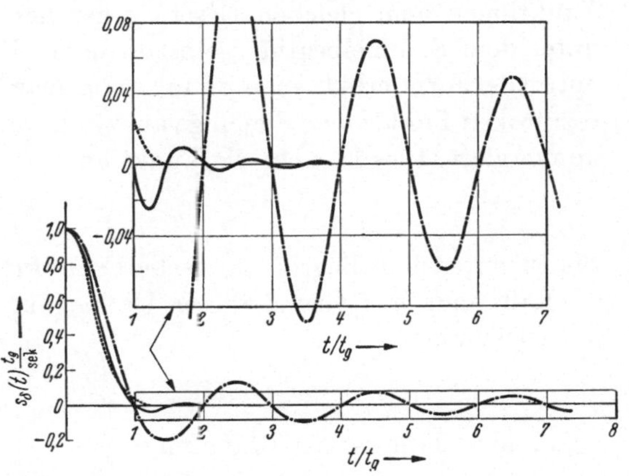

Abb. 15. Einschwingvorgang zum Einheitsimpuls für den
idealisierten Tiefpaß ($-\cdot-$), Tiefpaß mit cosinusförmigem
Übertragungsfaktor ($-$) und Übertragungsfaktor mit Gaußscher Fehlerfunktion ($\ldots$).

längern, geringes Nachschwingen erhalten will. Für dieses vermehrte
Frequenzband sei im folgenden eine *Selektionsbandbreite* B_s definiert,
innerhalb der keine Frequenzanteile von Nachbarsystemen liegen dürfen.
Am Rande dieser Selektionsbandbreite soll die Dämpfung auf 6 N angestiegen sein. Das Verhältnis der Selektionsbandbreite zur Nutzbandbreite beträgt also beim cosinusförmigen Übertragungsfaktor etwa 2.

Zur Verdeutlichung ist die Zeitfunktion 13 für Werte von $t > t_g$ in
zehnfachem Maßstab in Abb. 15 herausgezeichnet. Zum Vergleich ist

8*

das Nachschwingen des idealisierten Tiefpasses strichpunktiert mit angegeben. Man erkennt hier besonders deutlich die Verringerung des Nachschwingens.

c) Der Tiefpaß mit Gaußschem Übertragungsfaktor. Man kann erwarten, daß man noch geringeres Nachschwingen erzielt, wenn man eine Form des Übertragungsfaktors wählt, die ein noch größeres Verhältnis der Selektionsbandbreite zur Nutzbandbreite hat. Man kommt durch folgende einfache Überlegung zu dieser Form. Es ist bekannt, daß ein beschränktes Frequenzband grundsätzlich immer einen theoretisch unendlich lange andauernden Einschwingvorgang verursacht und daß umgekehrt wegen der Vertauschbarkeit von Frequenz und Zeit in den Fourier-Integralen zu einem zeitlich beschränkten Zeitvorgang immer ein unendlich breites Frequenzband gehört. Man darf erwarten, daß man das günstigste Verhalten erhält, wenn man weder den Einschwingvorgang noch das Frequenzband beschränkt und nach Funktionen sucht, die über das Fourier-Integral zusammenhängen und die beide möglichst rasch mit der Frequenz und mit der Zeit nach Null konvergieren. Ein Optimum muß dann erreicht sein, wenn beide Funktionen dem gleichen Gesetz gehorchen. Solche Funktionen sind unter dem Sammelbegriff „selbstreziproke Funktionen" bekannt. Die optimale Form erhält man dann, wenn man aus der Schar der selbstreziproken Funktionen diejenige auswählt, die am raschesten nach Null konvergiert. Dies ist aber die Funktion

$$y = e^{-x^2}. \tag{14}$$

Sie ist unter dem Begriff Gaußsche Fehlerfunktion bekannt.

Läßt man auf Grund dieser Überlegung den Übertragungsfaktor der Gleichung

$$A(f) = e^{-\left(\frac{f}{f_g}\right)^2 \ln 2} \tag{15}$$

gehorchen, dann ist die Dämpfung

$$a(f) = \left(\frac{f}{f_g}\right)^2 \ln 2 \tag{16}$$

eine einfache Parabel. Der Faktor $\ln 2$ sorgt dafür, daß die Dämpfung, wie eingangs erörtert, bei der Grenzfrequenz f_g auf 0,7 N angestiegen ist. Den Einschwingvorgang zum Einheitsimpuls erhält man mit Hilfe des Fourier-Integrals zu

$$s_\delta(t) = S \cdot e^{-\frac{\pi^2}{4\ln 2}\left(\frac{t}{t_g}\right)^2}, \tag{17}$$

wobei wieder $t_g = \dfrac{1}{2f_g}$ ist. Auch er ist erwartungsgemäß eine Gaußsche Fehlerfunktion.

Übertragungsfaktor und Einschwingvorgang sind in Abb. 16 aufgetragen. Das Verhältnis von Selektionsbandbreite zu Nutzbandbreite ist nach Gl. (16) auf etwa 3 angestiegen, der Einschwingvorgang pendelt aber nicht mehr nach, sondern klingt monoton ab. Die Nachschwingwerte erkennt man besser aus der genauen Darstellung von Abb. 15. Die Funktion (17) ist gestrichelt miteingetragen. Die gegenüber dem cosinusförmigen Übertragungsfaktor um 50% erhöhte Selektionsbandbreite wird durch ein wesentlich verringertes Nachschwingen mehr als aufgewogen. Legt man also, wie dies in der Pulsmodulationstechnik der Fall ist, auf sehr geringes Nachschwingen Wert, so ist die Gaußsche Form fraglos die günstigste Form des Übertragungsfaktors.

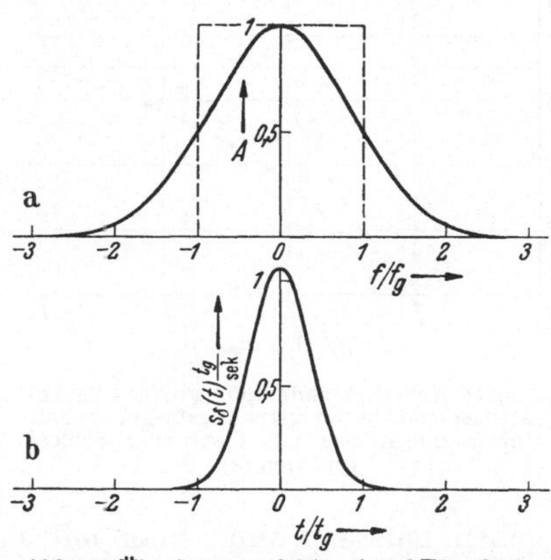

Abb. 16. Übertragungsfaktor A und Einschwingvorgang s_δ (t) bei Gaußscher Fehlerfunktion.

Noch deutlicher ist dies an den Funktionen der Nebensprechdämpfung zu erkennen. Diese sind mit Hilfe der Gl. (13) und (17) er-

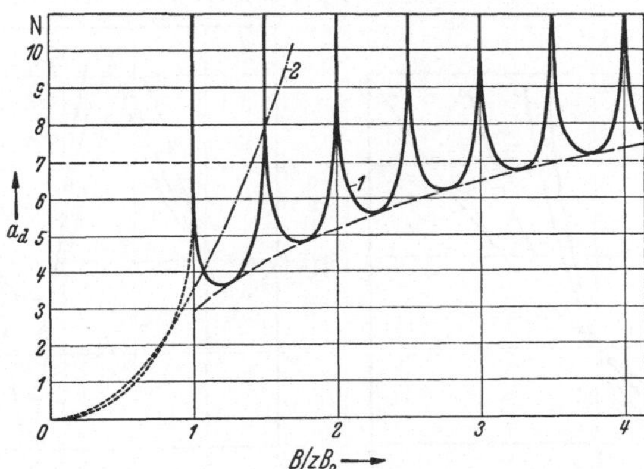

Abb. 17. Nebensprechdämpfung a_d für PAM bei cosinusförmigem Übertragungsfaktor $\left(\dfrac{B_s}{B}=2\right)$ Kurve 1 und Übertragungsfaktor mit Gaußscher Fehlerfunktion $\left(\dfrac{B_s}{B}=3\right)$ Kurve 2.

rechnet worden und in Abb. 17 für die PAM und in Abb. 18 für die PPM über dem Bandverhältnis $\dfrac{B}{z B_0}$ aufgetragen. B bedeutet hier die oben definierte Nutzbandbreite. Damit man die Nebensprechdämpfung von 7 N erreicht, ist demnach bei PAM für den cosinusförmigen Übertragungsfaktor (Kurve 1) die 3,5fache Nutzbandbreite und die 7fache

E 8

Selektionsbandbreite erforderlich, wenn man von den Polen keinen Gebrauch machen will; für den Gaußschen Übertragungsfaktor (Kurve *2*) genügt etwa die 1,5fache Bandbreite und die 4,5fache Selektionsbandbreite.

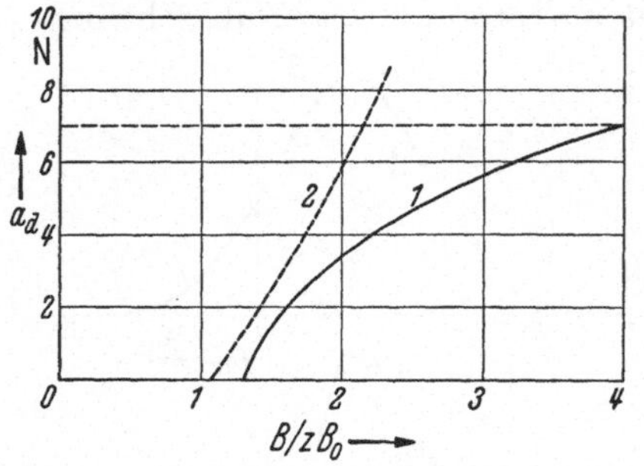

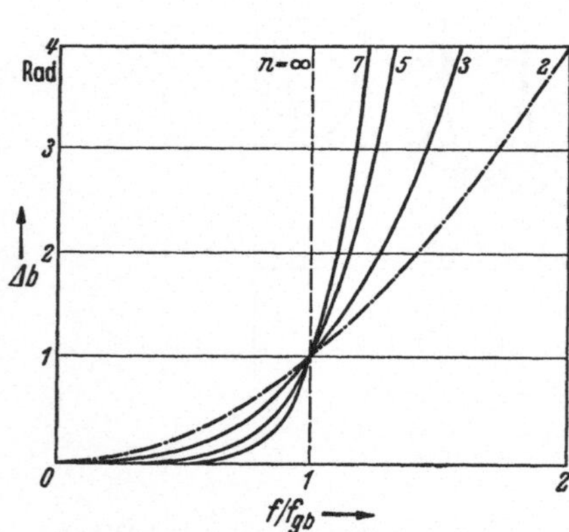

Abb. 18. Nebensprechdämpfung a_d für PPM bei cosinusförmigem Übertragungsfaktor (*1*) und Übertragungsfaktor mit Gaußscher Fehlerfunktion (*2*).

Bei PPM benötigt man beim cosinusförmigen Übertragungsfaktor die 4fache Bandbreite und beim Gaußschen Übertragungsfaktor et was mehr als die 2fache Bandbreite. Die Selektionsbandbreite ist hier für den Gaußschen Übertragungsfaktor nicht mehr wesentlich kleiner als beim cosinusförmigen. Man wird also für Pulsmodulationszwecke dem Gaußschen Übertragungsfaktor aus Nebensprechgründen den Vorzug

geben müssen, wenn man mit möglichst geringem Mehraufwand an Frequenzband auskommen will.

d) Einfluß von Phasenverzerrungen. Es wurde bisher angenommen, daß die Übertragungsnetzwerke eine frequenzunabhängige Laufzeit haben. Praktische Netzwerke haben im allgemeinen jedoch immer

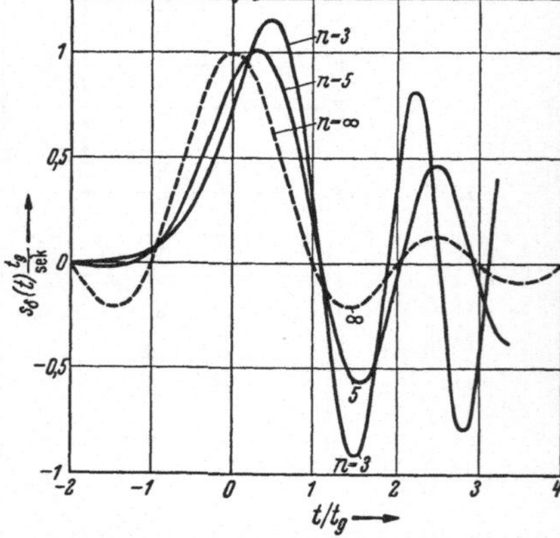

Abb. 19. Exponentielle Phasenverzerrung
$$\Delta b = \left(\frac{f}{f_{gb}}\right)^n.$$

Abb. 20. Einschwingvorgang zum Einheitsimpuls für die exponentielle Phasenverzerrung.

Phasenverzerrungen, die zur Folge haben, daß die Laufzeit für verschiedene Frequenzen verschieden groß ist. Da sich impulsförmige Vorgänge immer aus einer Vielzahl von Schwingungen verschiedener Frequenz zusammensetzen, werden die Zeitfunktionen durch Laufzeitverzerrungen stark verformt. Es gibt viele Methoden, den Einfluß dieser Verzerrungen zu untersuchen. Es genügt hier an *einem*

Beispiel ihre grundsätzliche Wirkung zu betrachten. Wir nehmen dafür einen Allpaß an, dessen Phasenkurven einem Potenzgesetz gehorchen:

$$\Delta b = \left(\frac{f}{f_{gb}}\right)^n. \tag{18}$$

In Abb. 19 sind solche Kurven für die Exponenten $n = 3; 5; 7$ und ∞ aufgetragen. Sie durchlaufen bei der Grenzfrequenz f_{gb} den Wert 1 rad und nehmen mit der Frequenz zu. Man spricht in diesem Fall von positiven Phasenverzerrungen. Für den Exponenten ∞ erhält man einen unendlich großen Phasensprung. Für negative Phasenverzerrungen braucht vor die Klammer nur ein Minuszeichen gesetzt zu werden.

Wird ein solcher Allpaß mit einem Einheitsimpuls erregt, so erhält man die Zeitfunktionen, die in Abb. 20 gezeigt sind. Es ist interessant, daß man für den Exponenten ∞ den gleichen Einschwingvorgang erhält, wie ihn ein idealisierter Tiefpaß mit der Grenzfrequenz f_g hat (gestrichelte Kurve). Bei endlichen Exponenten erhält man jedoch stark unsymmetrische Funktionen; sie zeigen geringes Vorschwingen, dagegen sehr starkes Nachpendeln; bei negativen Phasenverzerrungen ist das Verhalten umgekehrt. Interessant ist dabei, daß man, obwohl für alle Frequenzen keine Dämpfung vorhanden ist, eine endliche Einschwingzeit erhält, die etwa dem Gesetz

$$t_g = \frac{1}{2 f_{gb}} \tag{19}$$

gehorcht. Diese Tatsache ist der Grund für die Wahl der besonderen Frequenz f_{gb}. Liegen also bei einem Tiefpaß starke Phasenverzerrungen vor, deren Werte im Durchlaßbereich ein rad übersteigen, so sind die Einschwingvorgänge praktisch durch die Phasenverzerrungen bestimmt. Da die Zeitfunktionen aber stark nachschwingen, sind sie für die Pulsmodulationstechnik ungeeignet.

Man kann aus dieser einfachen Betrachtung folgende Schlüsse ziehen: die Phasenverzerrungen im Durchlaßbereich müssen bei Pulsmodulation kleiner als etwa 1 rad sein, da sonst die Flankensteilheit der Impulse geringer ist als aus der Nutzbandbreite $B = f_g$ (0,7 N Anstieg) zu erwarten ist. Darüber hinaus wird man sie auch hier möglichst völlig vermeiden, da sie immer unsymmetrische Einschwingvorgänge verursachen. Es läßt sich exakt zeigen, daß es unmöglich ist, mit Hilfe geeigneter Phasenverzerrungen das Vor- *und* Nachschwingen laufzeitfreier Netzwerke zu verringern. Man kann dies nur immer entweder für das Vorschwingen oder das Nachschwingen erreichen, aber nie für beides. Verringert man eines der beiden, so vergrößert man sogar das andere. Ein praktisches Beispiel am Schluß wird jedoch zeigen, daß die Anforderungen an die Linearität des Phasengangs nicht sehr groß sind.

e) Netzwerke minimaler Phase. Im vorhergehenden wurde die Wirkung von Dämpfungs- und Phasenverzerrungen getrennt betrachtet. Dies ist nicht nur von theoretischem Interesse, da es grundsätzlich immer möglich ist, beliebige Dämpfungs- und Phasengänge zu verwirklichen, wenn man Phasenausgleichsglieder anwendet und keine Rücksicht auf den Aufwand nimmt. Man trachtet jedoch meist danach, möglichst einfache und damit billige und betriebssichere Geräte zu bauen; Phasenausgleichsglieder möchte man gern vermeiden. Dann muß man aber berücksichtigen, daß man im allgemeinen nicht frei über die Phase verfügen kann, wenn man die Dämpfung vorschreibt oder umgekehrt. Zwischen beiden Größen bestehen strenge Zusammenhänge, deren grundsätzliche Gesetzmäßigkeiten von Bode untersucht wurden.

Bode hat eine Reihe von Gleichungen für den Zusammenhang zwischen Dämpfung a und Phase b für sogenannte Netzwerke minimaler Phase, das sind Netzwerke ohne Allpaßglieder, abgeleitet. Eine von diesen lautet:

$$b_x = \frac{2\,\omega_x}{\pi} \int\limits_{0}^{\infty} \frac{a(\omega) - a(\omega_x)}{\omega^2 - \omega_x^2}\, d\omega \,. \tag{20}$$

Schreibt man also den Dämpfungsgang $a(\omega)$ für alle Frequenzen vor, so ist die Phase b_x für jede Frequenz ω_x durch die Gl. (20) gegeben. Für die Berechnung der Phase muß die Dämpfungsfunktion nach Abzug der Dämpfung $a(\omega_x)$ bei der Frequenz ω_x mit der Gewichtsfunktion $\frac{1}{\omega^2 - \omega_x^2}$ multipliziert und der Flächeninhalt zwischen der sich so ergebenden Funktion mit der Frequenzachse bestimmt werden.

Andere Gleichungen gestatten es, die Dämpfung aus dem vorgegebenen Phasengang zu errechnen oder den Dämpfungsgang in einem Teilfrequenzbereich und den Phasengang im restlichen Teilbereich vorzugeben und die fehlenden Dämpfungs- und Phasenverläufe zu berechnen.

Will man einen linearen Phasenverlauf im gesamten Frequenzbereich haben, so ersieht man aus Gl. (20), daß dies nur mit einem Dämpfungsgang $a(\omega) = c\,\omega^2$ möglich ist, da nur dann das Integral unabhängig von der Wahl von ω_x ist. Dies ist aber der Dämpfungsgang des Tiefpasses mit Gaußschem Übertragungsfaktor. Die Phase ist dann allerdings immer unendlich groß, d. h. ein Netzwerk mit dem quadratischen Dämpfungsgang ist nur mit unendlich großem Aufwand möglich. Es läßt sich aber zeigen, daß man bei praktischen Netzwerken mit vernünftigem Aufwand — ein Beispiel dafür wird noch gezeigt werden — im Durchlaßbereich einen gut linearen Phasengang erhalten kann,

wenn man den Dämpfungsgang bis zu einigen Nepern quadratisch
und darüber weniger steil ansteigen läßt. Der Phasengang steigt dann
im Sperrbereich weniger als linear weiter an. Der quadratische
Dämpfungsgang hat also neben den günstigen Einschwingeigenschaften,
die für linearen Phasengang untersucht wurden, noch die besondere
Eigenschaft, daß sein zugehöriger Phasengang bei Netzwerken minimaler Phase auch tatsächlich linear ist.

Will man aus Selektionsgründen einen steileren Dämpfungsanstieg
im Durchlaßbereich haben, so muß man im allgemeinen mit einem
Phasengang rechnen, der mehr als linear ansteigt, d. h. es treten positive
Phasenverzerrungen auf.

Auf besondere Funktionen, die Dämpfungspole verwenden, mit
denen bei linearem Phasengang noch ein etwas steilerer Dämpfungsanstieg im Durchlaßbereich zu erwarten ist, sei hier nicht eingegangen.

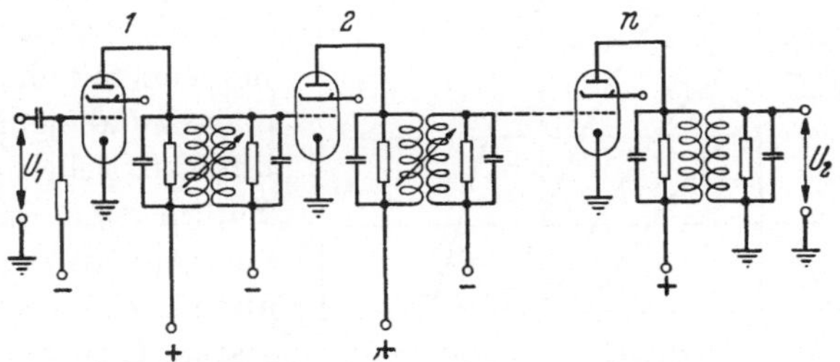

Abb. 21. Mehrstufiger Bandfilterverstärker.

Man kann aus diesen Betrachtungen und weiteren Untersuchungen
eine grobe Merkregel aufstellen: *Bei Netzwerken, die einen monotonen
Dämpfungsanstieg, d. h. keine Dämpfungspole besitzen, kann man negative
Phasenverzerrungen erwarten, wenn der Dämpfungsanstieg geringer ist als
derjenige des quadratischen Dämpfungsgangs, und es werden positive
Phasenverzerrungen auftreten, wenn der Dämpfungsanstieg steiler ist.*
Eine Bestätigung für diese Betrachtungen geben die Dämpfungs-
und Phasenverzerrungsfunktionen eines n-stufigen Bandpaß-Ver-
stärkers, dessen Zwischenstufen-Netzwerke gleiche zweikreisige Bandfilter sind (Abb. 21) und die in Abb. 22 und 23 gezeigt sind. Die Stelle
$f/f_g = 0$ bedeutet die Bandmitte; die linke Hälfte ist nicht gezeigt,
da Symmetrie herrscht. Es sind zwei Werte für das Produkt aus
Kopplung k und Kreisgüte Q gewählt. Abb. 22 gilt für kritische Kopp-
lung ($kQ = 1$) und Abb. 23 für unterkritische Kopplung $\left(kQ = \dfrac{1}{\sqrt{3}}\right)$
der Bandfilter. Die Dämpfungskurven der Abb. 22 nähern sich für sehr
große Stufenzahlen einer biquadratischen Funktion $a = 0{,}7 \left(\dfrac{f}{f_g}\right)^4$

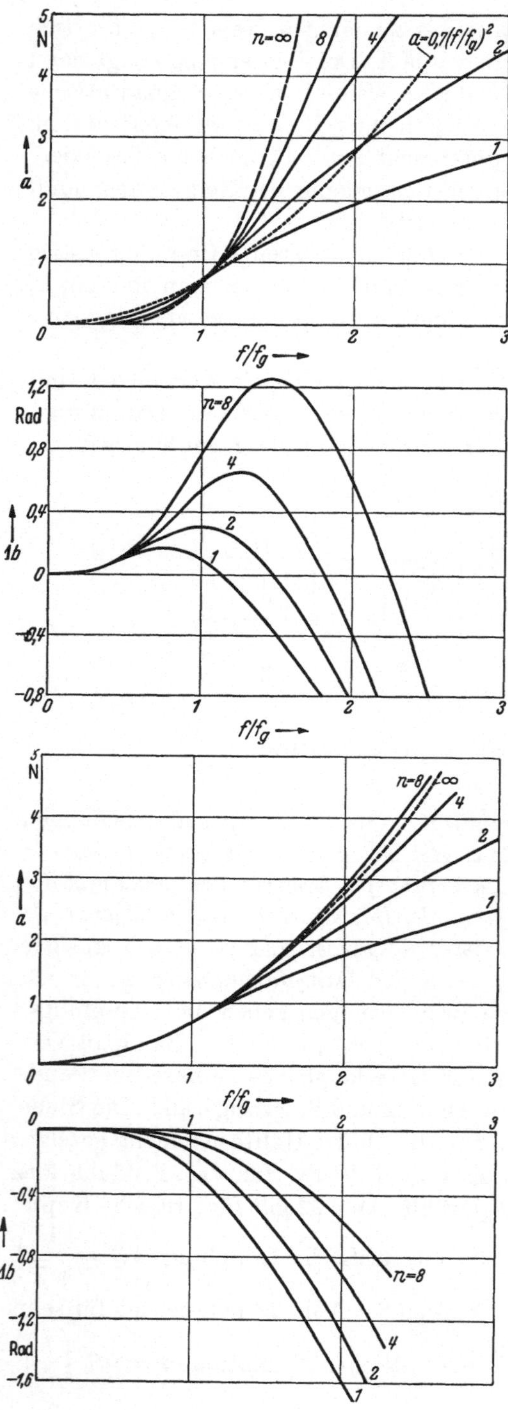

Abb. 22. Dämpfungs- und Phasenverzerrung von n gleichen zweikreisigen Bandfiltern mit kritischer Kopplung $KQ = 1$.

und die der Abb. 23 der quadratischen Funktion $a = 0,7 \left(\dfrac{f}{f_g}\right)^2$, wenn bei Erhöhung der Stufenzahl immer dafür gesorgt wird, daß bei der Grenzfrequenz f_g der Dämpfungsanstieg $0,7$ N beträgt. Die Phasenverzerrungen $\varDelta b$ bei den kritisch gekoppelten Filtern sind im Durchlaßbereich positiv und nehmen mit der Stufenzahl stark zu, diejenigen bei den unterkritischen gekoppelten Filtern sind negativ und nehmen mit der Stufenzahl ab; für einen 8stufigen Verstärker betragen die Phasenverzerrungen bei der Grenzfrequenz in Abb. 22 beinahe $0,8$ rad, dagegen sind sie in Abb. 23 vernachlässigbar klein ($< 0,1$ rad).

Die zu einem Tiefpaß nach Abb. 22 und 23 zugehörigen berechneten Einschwingvorgänge zum Einheitsimpuls, die in Abb. 24 gezeigt sind, bestätigen die Betrachtungen über das Nachschwingen. Die Einschwingvorgänge unter a werden wegen der mit der Stufenzahl zunehmende po-

Abb. 23. Dämpfungs- und Phasenverzerrung von n gleichen zweikreisigen Bandfiltern mit unterkritischer Kopplung $KQ = \dfrac{1}{\sqrt{3}}$.

sitiven Phasenverzerrungen immer unsymmetrischer und schwingen immer stärker nach, diejenigen von b schwingen praktisch nicht nach

werden immer symmetrischer und nähern sich, wie erwartet, der Gaußschen Fehlerfunktion.

Die mit Hilfe dieser Einschwingvorgänge errechneten Nebensprechdämpfungen für PPM und den 8stufigen Verstärker sind in Abb. 25 aufgetragen. Sie gelten nur für den nachfolgenden Kanal; der vorlaufende Kanal wird nicht gestört, da die Einschwingfunktionen nicht vorschwingen; diese Eigenschaft besitzen übrigens alle normalen Netzwerke minimaler Phase.

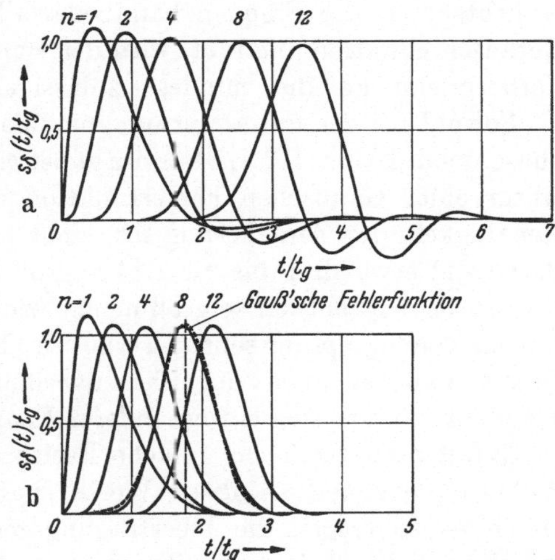

Abb. 24. Einschwingvorgänge von n gleichen zweikreisigen Bandfiltern.

a kritische Kopplung $KQ = 1$; — b $KQ = \dfrac{1}{\sqrt{3}}$.

Zum Vergleich ist die zum Gaußschen Übertragungsfaktor gehörende Funktion der Nebensprechdämpfung gestrichelt eingetragen. Die Nebensprechdämpfung für den Verstärker mit unterkritisch gekoppelten Filtern ist nicht wesentlich schlechter als für den exakten Gaußschen Übertragungsfaktor. Man kann mit knapp dem 3fachen Modulationsband auskommen, wenn man eine Nebensprechdämpfung von 7 N fordert; beim Verstärker mit kritisch gekoppelten Filtern muß man etwas mehr als das 4fache Band aufwenden. Der Mehrbedarf ist also nicht so groß, wie man zu-

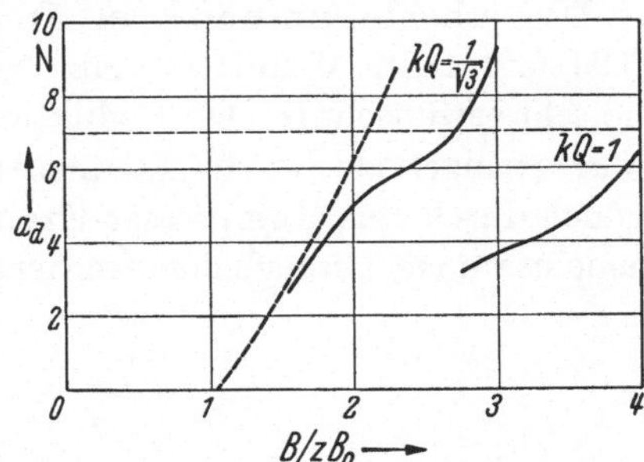

Abb. 25. Nebensprechdämpfung a_d für PPM bei 8stufigen Bandfilterverstärkern.

nächst wegen des starken Nachschwingens der Zeitfunktionen erwartet hätte. Bei noch größeren Stufenzahlen werden jedoch die weiteren Pendelungen stark vergrößert und die Nebensprechdämpfungen verschlechtert, während sie bei der unterkritischen Kopplung verbessert werden.

III. Schlußfolgerungen.

Die Pulsmodulationsverfahren wurden insbesondere nach dem Gesichtspunkt des Frequenzbandbedarfs betrachtet. Wenn man keine Geräuschreduktion anstrebt, wird der Bandbedarf bestimmt durch die Forderungen an die mindest zulässigen Nebensprechdämpfungen.

Sowohl bei der Pulsamplitudenmodulation (PAM) als bei der Pulsphasenmodulation (PPM) ist es am günstigsten, wenn der Übertragungsfaktor einer Gaußschen Fehlerfunktion möglichst nahe kommt. Die Genauigkeit der Annäherung ist nicht sehr kritisch, wenn man das Basisband etwa drei- bis viermal so groß bzw. das Radiofrequenzband etwa sechs- bis achtmal so groß macht wie das Modulationsband, da die Nebensprechdämpfung sehr stark mit der Banderweiterung ansteigt. In diesem Fall ist auch der Phasenverlauf sehr gut linear mit der Frequenz, so daß sich ein besonderer Phasenausgleich erübrigt.

Opfert man das 5- bis 10fache Basisband bzw. das 10- bis 20fache Radiofrequenzband — diese Werte sind bei ausgeführten Anlagen üblich — so tragen die Übertragungsgeräte praktisch zum Nebensprechen nichts bei, wenn ihre Netzwerke nur annähernd die Forderungen erfüllen, die im vorhergehenden untersucht wurden. Die Geräte sind dann sehr robust und unkritisch gegenüber Bauelementeschwankungen.

Die Pulscodemodulation (PCM) und die Delta-Modulation benötigen schon aus ihrem Prinzip heraus für das Basisband fast das 10fache, für das Radiofrequenzband fast das 20fache des Modulationsbandes.

Der erhöhte Aufwand an Frequenzband bringt bei der PPM, PCM und Delta-Modulation eine Reduktion der Geräusche mit sich, die sehr erwünscht ist. Die Reduktion ist bei der Pulsphasenmodulation zwar geringer als bei der Frequenzmodulation. Der Unterschied kann jedoch durch eine Kompressor-Expander-Schaltung, die allen Kanälen gemeinsam ist, ausgeglichen werden.

Die Impulstechnik des Fernsehens.

Von **W. Bruch,** Hannover.

Die gesamte Fernsehtechnik ist eigentlich Impulstechnik. Das zu übertragende Bild in diskrete Bildpunkte zu zerlegen, diese als Stromimpulse zu übertragen, ist letzten Endes das Prinzip des heutigen Fernsehens. Die Bildung und Übertragung der den Bildinhalt enthaltenden Impulse stellt die eine Seite des bei der Fernsehübertragung zu lösenden Problems dar, die Erzeugung der Ablenkströme und -spannungen sowie die dazugehörigen Synchronisiermaßnahmen die unter dem Begriff Impulstechnik zusammengefaßte andere Seite. Das komplette Gebiet dieser Impulstechnik des Fernsehens ist so vielseitig, daß es auch in einem kurzen Abriß nicht mehr geschlossen dargestellt werden kann. Hier sollen einige interessante Probleme herausgegriffen werden und, da die Technik des Fernsehempfängers ein breiteres Interesse erwarten läßt, sind sie mehr diesem Gebiet entnommen.

Die Äquivalenz der Impulstechnik und der Übertragung eines Bildes durch Stromimpulse läßt sich zeigen am Beispiel der Übertragung eines Bildmusters in der Form eines Schachbrettes. Dieses Beispiel läßt sich gleichzeitig auch dazu benutzen, den steilsten oder kürzesten Impuls zu bestimmen, den ein solches Fernsehsystem noch übertragen muß bzw. die oberste Grenzfrequenz zu ermitteln. Wir gehen von folgender Annahme aus: Die größte Auflösung, die sich offensichtlich in senkrechter Richtung erreichen läßt, ist die einer Zeile. Das heißt die größtmöglichsten Unterschiede in dieser Richtung sind abwechselnd schwarze und weiße Zeilen. Wird dieselbe Auflösung in der Waagerechten angenommen, so kann also immer ein Bildpunkt schwarz und ein Bildpunkt weiß sein. Ein Schachbrett aus solchen quadratisch angenommenen schwarzen und weißen Bildpunkten in der Breite gleich dem Abstand zweier Zeilen zeigt Abb. 1a. Die Zeilenzahl sei entsprechend der deutschen Fernsehnorm 625, die Bildwechselzahl 25 Hz und das Seitenverhältnis Bildbreite : Bildhöhe = 4/3.

Die gesamte Bildpunktzahl ergibt sich aus dem Quadrat der Zeilenzahl multipliziert mit dem Seitenverhältnis, also

$$625^2 \cdot \frac{4}{3} = 520\,833 \text{ BP pro Bild.}$$

Werden zunächst die Rücklaufzeiten vernachlässigt, so ist die pro Sekunde abgetastete Bildpunktzahl gleich dem Produkt aus der Gesamtpunktzahl und der Bildwechselzahl, da jeder Bildpunkt während einer Bildperiode einmal abgetastet wird. Das sind also

$$520833 \cdot 25 = 13020825 \text{ BP pro sek.}$$

Die 13 Millionen Bildpunkte in der Sekunde, von denen immer einer weiß und einer schwarz ist, können durch ein Rechteckwellensignal ersetzt werden, das sich, da zu jeder kompletten Rechteckwelle 2 Bildpunkte gehören, $6^1/_2$ millionenfach in der Sekunde wiederholt. Dieses Rechteckwellensignal wird sehr roh durch einen Sinus nachgebildet, dessen Frequenz, mit sogenannter Schachbrettfrequenz bezeichnet, dann die obere Grenzfrequenz für dieses Fernsehübertragungssystem ist.

$$f_g \cong 6,510 \text{ MHz.}$$

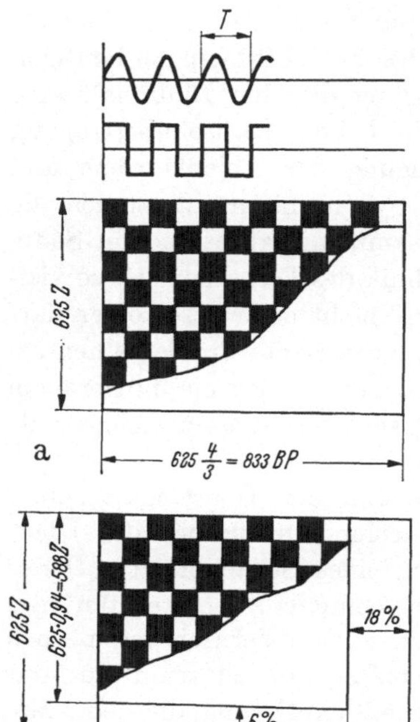

Abb. 1. Bildpunkt-Schachbrett.

In Wirklichkeit wird nicht das ganze Schachbrett, wie es in Abb. 1 dargestellt ist, abgetastet (bzw. aufgeschrieben). Der Elektronenstrahl benötigt nämlich sowohl zum Rücklauf vom Zeilenende zum Zeilenanfang der nächsten Zeile als auch zum Rücklauf vom Bildende zum Bildanfang eine gewisse Zeit. Die Verhältnisse sind in Abb. 2 dargestellt, eine genaue Ausrechnung ergibt

$$f_g = 7,47 \text{ MHz}$$

oder als Zeit für einen Bildpunkt 0,067 μsek.

Dieses Ergebnis hätte man auch auf eine andere Art und Weise erhalten können. Die Güte der Übertragung eines Impulses wird durch das Einschaltverhalten eines Systems bestimmt. Ein ideales Tiefpaßsystem ohne Phasenverzerrung, das bei einer bestimmten Grenzfrequenz abschneidet, hat eine Einschwingzeit

$$\tau = \frac{\pi}{\omega_g} = \frac{1}{2 f_g}.$$

Soll diese Einschwingzeit gleich der Zeit eines Bildpunktes sein, so daß das Bildpunktschachbrett aus Einschwing- und Ausschwingflanken zusammengesetzt wird ähnlich dem Sinusersatz der Rechteck-welle, so erhält man daraus die Grenzfrequenz

$$f_g = \frac{1}{2\tau_{\text{Bildp.}}} \cdot$$

In der Praxis zeigt sich, daß die hier errechnete volle Bandbreite nicht benötigt wird.

Die Auflösung senkrecht zur Zeilenrichtung ist im Mittel kleiner als die Auflösung in Zeilenrichtung. Verschiebt man nämlich das Raster

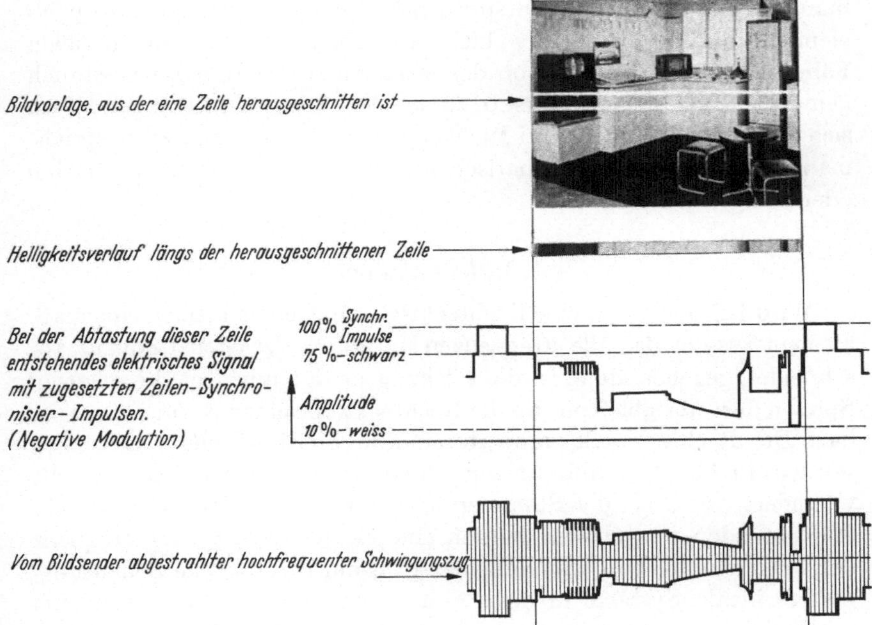

Abb. 2. Form des Fernsehsignals. Video-Signal einer aus dem Bild herausgeschnittenen Zeile. An diesem Beispiel ist deutlich zu sehen, wie das Bildsignal aus Impulsen verschiedener Form und Größe zusammengesetzt wird.

um eine halbe Bildpunktbreite in vertikaler Richtung, so wird in jedem Augenblick gerade ein halber weißer und halber schwarzer Bildpunkt erfaßt, d. h. die Auflösung ist Null, und es wird nur die mittlere Bildhelligkeit wiedergegeben. Bei einer Verschiebung um eine ganze Bildpunktbreite sind die Auflösung in Bildrichtung und die Auf-lösung in Zeilenrichtung wieder gleich groß. Aus diesem Grunde liegt es nahe, da eine Auflösung von 625 Zeilen in der Vertikalen im Mittel doch nicht erreicht werden kann, die oben berechnete Bandbreite des Übertragungskanals um einen Faktor, der nach KELL in der Größe von ca. 0,7 anzunehmen ist, zu verringern. Damit ergibt sich für die CCIR-Norm eine Bandbreite von etwa 5 MHz, der eine Einschaltzeit von $\tau = 0,1$ μsek entspricht.

I. Differentiation und Integration von Impulsen.

Werden Rechteckimpulse über einen Verstärker gegeben oder von einer Quelle über Ankoppelglieder auf irgendein impulsverarbeitendes Organ, so werden sie im allgemeinen verzerrt. Handelt es sich um einen Verstärker, der den Bildinhalt enthaltende Impulse verstärkt, so wird man sich bemühen, durch entsprechende Dimensionierung der Koppelelemente die Verzerrungen so klein wie möglich zu machen. In vielen Fällen aber wird bewußt von der Verzerrung der Impulse Gebrauch gemacht, um bestimmte Effekte zu erzielen. Diese Verzerrungen lassen sich grundsätzlich nach zwei Richtungen betrachten, und zwar spricht man nach Art der mathematischen Auswirkung von Differentiation oder Integration.

1. Differentiation.

Wird beispielsweise eine Rechteckwelle über einen idealen Hochpaß, also ein System, das alle Frequenzen unterhalb der Grenzfrequenz abschneidet, gegeben, dann ist die Wirkung so, daß nur noch die scharfen Spitzen dort übrigbleiben, wo die Rechteckwelle einen Sprung gemacht hat. Die Rechteckwelle kann durch ihre Fourier-Reihe beschrieben werden. In Abb. 3 ist links an einem Beispiel gezeigt, wie sich die Welle verändert, wenn bei der Summierung der Reihenglieder die unterhalb $5\omega_1$ liegenden weggelassen werden entsprechend einer Grenzfrequenz von $5\omega_1$. Eine solche Darstellung hat zwar nur theoretische Bedeutung, weil es ideale Systeme in der Praxis nicht gibt; mit der Frequenzbegrenzung ist automatisch auch ein bestimmter Phasengang verbunden, der dem hier angenommenen linearen Phasenverlauf nicht entspricht. Daher ist das Ergebnis dieser Rechnung nicht genau äquivalent dem wirklichen Einschaltvorgang, der sich bei einer praktischen Schaltung ergibt (Bild rechts). Selbstverständlich decken beide Rechnungen sich vollkommen, wenn bei der Reihensummierung auch der Phasengang berücksichtigt wird. Das rechte Bild von Abb. 3 zeigt einen oft in der Impulstechnik vorkommenden aus Widerstand und Kondensator bestehenden Hochpaß. Die darunter stehende mathematische Darstellung ergibt, daß bei sehr kleinem Kondensator und kleinem Widerstand, also bei kleiner Zeitkonstante, die angekoppelte Rechteckwelle im wesentlichen in ihr Differential verwandelt wird.

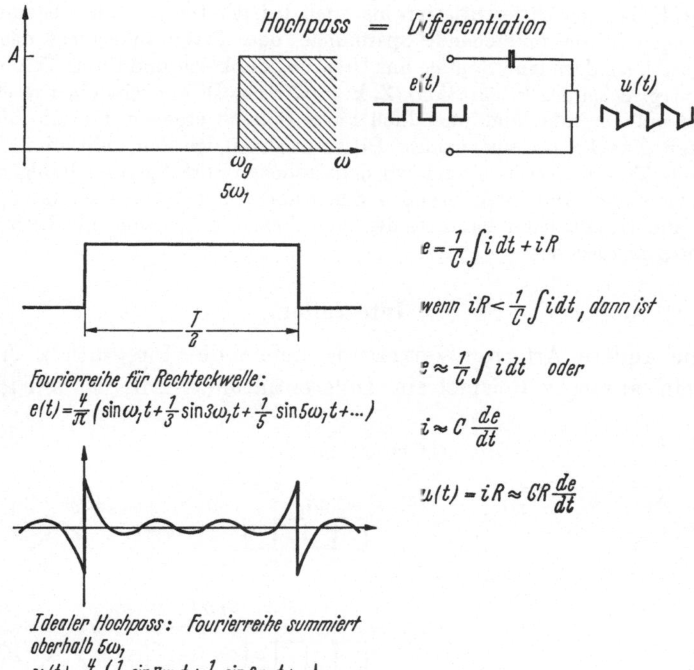

$$e = \frac{1}{C}\int i\,dt + iR$$

$$\text{wenn } iR < \frac{1}{C}\int i\,dt, \text{ dann ist}$$

$$e \approx \frac{1}{C}\int i\,dt \quad \text{oder}$$

$$i \approx C\,\frac{de}{dt}$$

$$u(t) = iR \approx CR\,\frac{de}{dt}$$

Fourierreihe für Rechteckwelle:

$$e(t) = \frac{4}{\pi}\left(\sin\omega_1 t + \frac{1}{3}\sin 3\omega_1 t + \frac{1}{5}\sin 5\omega_1 t + \dots\right)$$

Idealer Hochpass: Fourierreihe summiert oberhalb $5\omega_1$

$$u(t) = \frac{4}{\pi}\left(\frac{1}{7}\sin 7\omega_1 t + \frac{1}{9}\sin 9\omega_1 t + \dots\right)$$

Abb. 3. Differentiation einer Zeitfunktion. Rechteckwellenverzerrung durch idealen Hochpaß (ohne Phasenverzerrung) und praktische Schaltung eines einfachen Hochpasses (RC-Glied) zur Differentiation.

Noch besser läßt sich zeigen, daß die Verzerrung, die ein Impulssignal in einer solchen Schaltung erfährt, der Differentiation des Eingangssignals entspricht, wenn das Verhältnis der Ausgangs- zur Eingangsspannung für sinusförmige Eingangsspannung angeschrieben wird:

$$\frac{u}{e} = \frac{R}{R - \dfrac{j}{\omega C}}.$$

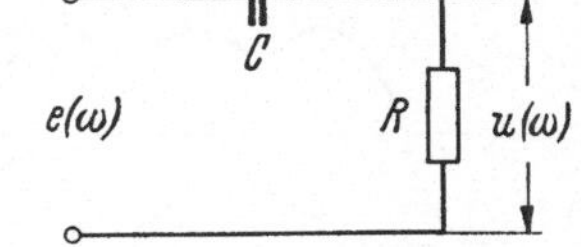

Ist der kapazitive Blindwiderstand sehr viel größer als der Ohmsche Widerstand, also kleine Kapazität, dann kann vereinfacht

$$u \approx e j \omega R C$$

geschrieben werden. Daraus läßt sich ablesen, daß die Ausgangsspannung proportional ω und wegen j um $90°$ gedreht ist. Das ist aber Differentiation, denn es ist:

$$\frac{d}{dt}\sin\omega t = \omega\cos\omega t$$

(Proportional ω und 90 gedreht).

Sowohl bei der Differentiation als auch bei der Integration mit einfachen Schaltungen ist die entstehende Spannungs- oder Stromwelle nicht das reine Differential, sondern eine Summe aus Ursprungsfunktion und ihrem Differential (bzw. Integral bei der Integration). Z. B. müßte das Differential einer Rechteckwelle unendlich hohe und unendlich kurze Spitzen ergeben. Für die hier behandelten Zwecke ist eine exakte Differentiation der Zeitfunktion nicht erforderlich. Trotzdem wollen auch wir dem üblichen Sprachgebrauch folgend von differenzierenden und integrierenden Schaltungen sprechen, auch dann, wenn es sich um Schaltungen handelt, die der Ursprungsfunktion ihr Differential bzw. Integral zusetzen.

2. Integration.

Eine andere Art von Verzerrung liefert die Integration. Abb. 4 zeigt ein analoges Beispiel zur Differentiation. Links ist ein idealer

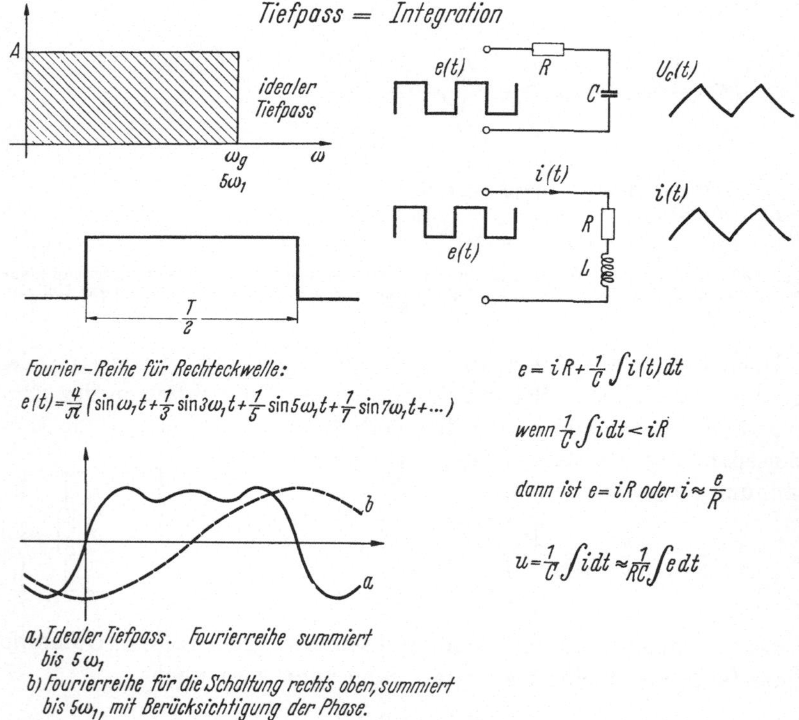

Abb. 4. Integration einer Zeitfunktion. Rechteckwellenverzerrung durch einen Tiefpaß und praktische Schaltung eines sehr einfachen Tiefpasses (RC-Glied) zur Integration, wie er in der Fernsehtechnik viel verwendet wird. Die Rechnung gilt für die obere Schaltung. Bei der unteren ist der Strom gleich dem Zeitintegral der angelegten Spannung (Spannung und Strom einer Ablenkspule).

Tiefpaß. Die Fourier-Reihe für die Rechteckwelle ist oberhalb 5ω abgebrochen. Diesmal sind einem Tiefpaß entsprechend die Glieder der Reihe bis 5ω summiert. In dieser Abbildung ist auch noch gestrichelt die Summierung der Glieder bis $5\,\omega_1$ dargestellt bei Berücksichtigung der Phase für die rechts oben angeführte Schaltung.

Auch die Integration läßt sich für Sinusspannungen sehr einfach nachweisen. Es ist für die Schaltung in Abb. 4

$$\frac{u}{e} = \frac{-\dfrac{j}{\omega C}}{R - \dfrac{j}{\omega C}}.$$

Wird hier der Ohmsche Widerstand R sehr viel größer als der kapazitive Widerstand, also großer Widerstand, großer Kondensator, dann gilt:

$$u \approx -\frac{j}{\omega RC} \cdot e.$$

Die Ausgangsspannung ist hier proportional $\dfrac{1}{\omega}$ und durch $-j$ um $90°$ zurückgedreht. Dies ist aber Integration, denn

$$-\frac{1}{\omega} \cos \omega t = \int \sin \omega t \, dt.$$

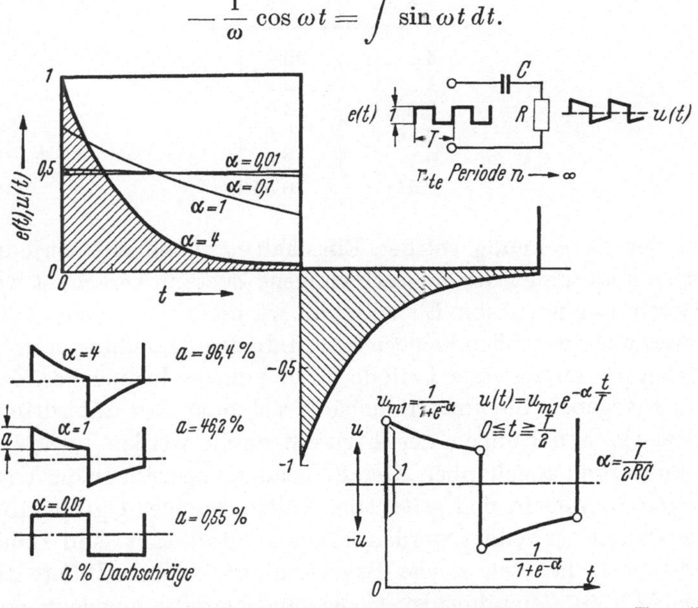

Abb. 5. Verzerrung einer Rechteckwelle im RC-Verstärker in Abhängigkeit vom Koppelkondensator (Differentiation).

3. Differentiation einer Rechteckwelle im RC-Verstärker (Abb. 5).

Wird eine Impulsreihe, z. B. eine Rechteckwelle, über ein System übertragen, das Hochpaßeigenschaften hat, welches also die Frequenz Null nicht überträgt, dann wird sich im eingeschwungenen Zustand nach der n-ten Periode die Spannung immer so einstellen, daß der

Energieinhalt unterhalb der Null-Linie gleich dem oberhalb der Null-Linie ist. Die z. B. einem Kondensator zugeführte Ladung muß auch wieder abgeführt werden. In der Abbildung ist beispielsweise eine Rechteckwelle angelegt, die von der Spannung Null auf plus 1 springt und dann wieder auf Null. Im eingeschwungenen Zustand erscheint dann am Widerstand eine symmetrisch zur Null-Achse liegende Spannung mit einem je nach dem Grad der Differentiation mehr oder weniger geneigten Dach. In der Fernsehübertragungstechnik wird die Dachschräge, die eine Rechteckwellenspannung im Übertragungskanal erfährt, zur Kennzeichnung des Verhaltens bei tiefen Frequenzen benutzt. Mit dem Rechteckgenerator werden die Bildübertragungsstrecken geprüft. In einer Tabelle sind die Dachneigungen in Abhängigkeit von der Zeitkonstante zusammengestellt. Zu beachten ist, daß in Verstärkern mit mehreren solchen Koppelgliedern die Fehler sich summieren, wenn auch nicht linear.

a	a
4	96,4%
1	46,2%
0,5	13,7%
0,25	6,8%
0,1	2,6%
0,01	0,55%

Bei der Berechnung solcher Einschaltvorgänge mit periodischen Impulsen muß immer der eingeschwungene Zustand berechnet werden. Die Berechnung mit einem Einzelimpuls würde in den meisten Fällen zu mehr oder weniger großen Fehlern führen. In den Abbildungen ist immer die Anfangsspannung einer Periode für den eingeschwungenen Zustand als U_{m1} angegeben, die umständliche Berechnung aber unterdrückt.

In vielen Schaltungen der Fernsehtechnik werden lineare Sägezähne an Röhren angekoppelt. Gerade bei den Sägezähnen der Vertikalablenkung werden in den seltensten Fällen genügend große Koppelkondensatoren verwendet werden können. Interessant sind daher die Verzerrungen, die eine solche Sägezahnkurve durch Differentiation erfährt (Abb. 6). Auch hier ist wieder ein Sägezahn angelegt, der von Null nach plus 1 ansteigt und dann wieder auf Null springt. Die verzerrte Kurve liegt flächensymmetrisch um die Null-Linie. Um die Verzerrungen anschaulich zu zeigen, ist rechts auf der Abbildung der Gleichstromwert der teilweise differenzierten Kurve künstlich so verschoben, daß sich Anfangs- und Endwert mit der Ursprungskurve decken. Es ist anschaulich zu sehen, wie der Sägezahn in Abhängigkeit von der Zeitkonstante mehr und mehr durchgebogen wird.

Sehr oft wird im Fernsehen bewußt von einer integrierten Sägezahnspannung Gebrauch gemacht und ebensooft tritt sie unerwünscht im Fernsehempfänger auf (Abb. 7). Der angelegte Sägezahn ist hier für

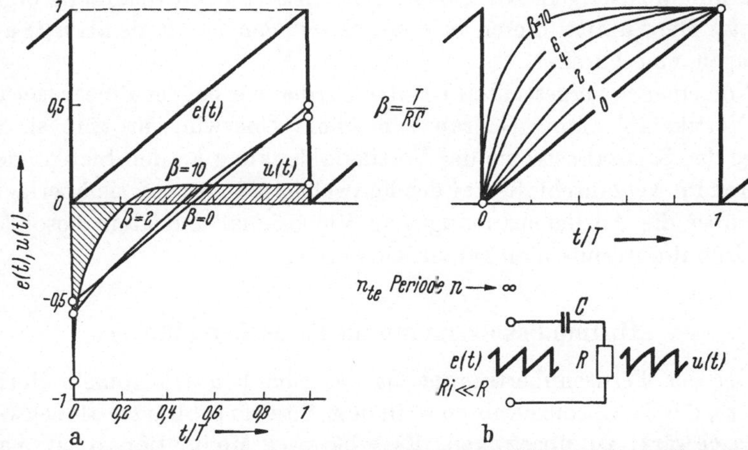

Abb. 6. Verzerrung einer Sägezahnwelle im RC-Verstärker in Abhängigkeit vom Koppelkondensator (Differentiation). a Wirkliche Spannung an R; — b Gleichstromwert künstlich verschoben (auf gleichen Anfangs- und Endwert).

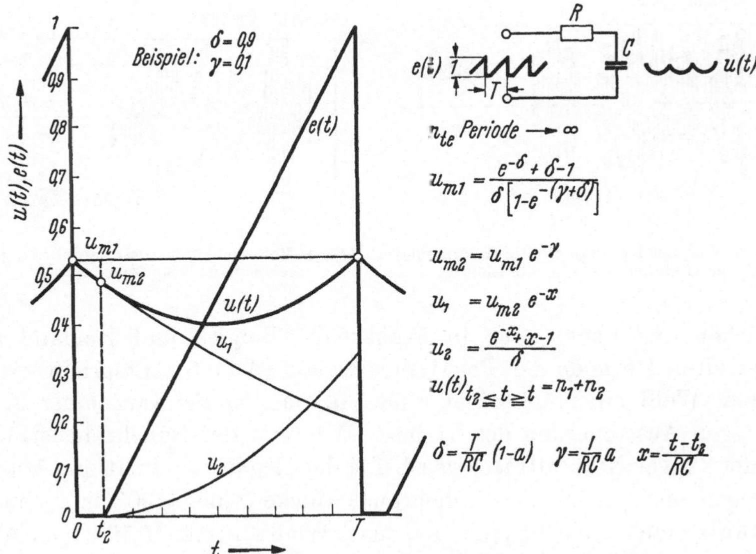

Abb. 7. Parabelförmige Verzerrung einer Sägezahnwelle durch Integration.

eine anschauliche Berechnung stark idealisiert, und zwar ist angenommen, daß die Sägezahnspannung von Null bis t_2 konstant bei Null bleibt und dann linear bis T auf plus 1 ansteigt. Im eingeschwungenen Zustand in der n-ten Periode beginnt der Vorgang bei der Spannung U_{m1}.

Das Ergebnis der schwierigen Berechnung des Wertes U_{m1} für den ein-geschwungenen Zustand findet sich in der Abbildung. Von U_{m1} klingt die Spannung nach einer Expotentialkurve ab (u_1). Bei t_2 beginnt der Sägezahn anzusteigen. Als Folge dieser ansteigenden Spannung ergibt sich u_2. Die Summe dieser beiden Spannungen ist dann als $u(t)$ auf-getragen, eine Parabel.

Von einer so hergestellten Parabel werden wir bei der Linearisierung der Vertikalablenkung Gebrauch machen. Unerwünscht tritt sie als Folge der Sägezahnströme der Vertikalablenkung an den Siebkonden-satoren im Netzanschlußgerät der Fernsehempfänger auf, sie überlagert sich über die Anodenspannung dem Videosignal und kann besonders den Impulsabtrennstufen gefährlich werden.

II. Impulsabtrennung im Fernsehempfänger.

Bei der Fernsehübertragung hat es sich heute allgemein durch-gesetzt, die Synchronisierimpulse in dem Bereich schwärzer als schwarz (ultraschwarz) zu übertragen. Es gibt zwei Modulationsarten, nach denen diese Übertragung erfolgen kann. Bei der früher in Deutschland

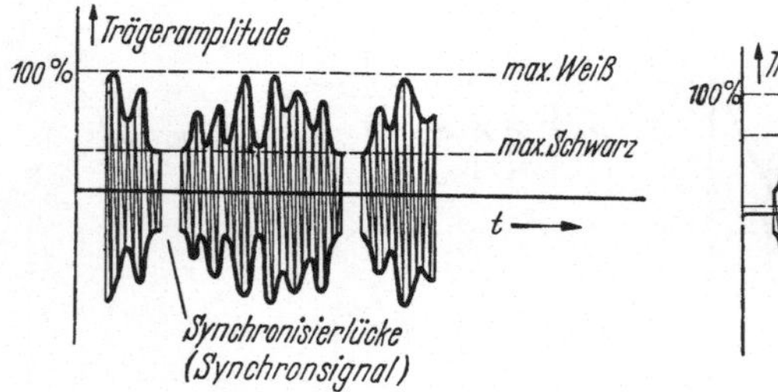

Abb. 8. Vom Sender ausgestrahltes Bildimpuls-gemisch bei Positivmodulation.

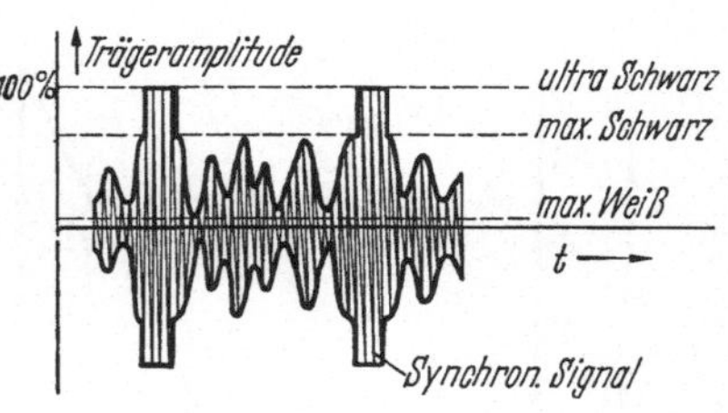

Abb. 9. Vom Sender ausgestrahltes Bildimpuls-gemisch bei Negativmodulation.

üblichen und heute noch in Frankreich, Belgien und England an-gewandten Methode der Positivmodulation (Abb. 8) entspricht maxi-malem Weiß einer 100%igen und maximalem Schwarz einer z. B. 30%igen Aussteuerung des Trägers. Während der Synchronisierlücke ist der Träger Null (ultraschwarz). Bei der Negativmodulation (Abb. 9) dagegen entspricht die Synchronisierlücke einer 100%igen, max. Schwarz einer z. B. 70%igen und max. Weiß einer z. B. 10%igen Aus-steuerung des Trägers.

Im Empfänger ist es erforderlich, Bild und Synchronisierung von-einander zu trennen. Für die Ausbildung der Abtrennstufe ist es gleich-gültig, ob das Bild mit Positiv- oder Negativmodulation übertragen wurde (wenn man von der Auswirkung der Störungen absieht), da bei geeigneter Polung des Videogleichrichters die Polarität des Signals immer so gewählt werden kann, wie es die entsprechende Abtrennstufe verlangt. Die Ankopplung der Abtrennstufe erfolgt immer hinter der Videoendstufe, also dort, wo die Bildröhre gesteuert wird, weil sich die großen Amplituden besser für die Trennung eignen. Wird eine Braunsche Röhre am Steuergitter gesteuert, so bedeutet dies, daß die Impulse nach negativer Richtung gehen, Bild weiß aber nach Positiv. Denn eine negative Spannung am Gitter der Braunschen Röhre bedeutet Dunkeltastung, und die Synchronisierimpulse sollen ja das Bild während des Rücklaufs dunkeltasten. Impulsabtrennstufen, die mit dieser Polarität arbeiten, haben sich nicht so sehr bewährt aus

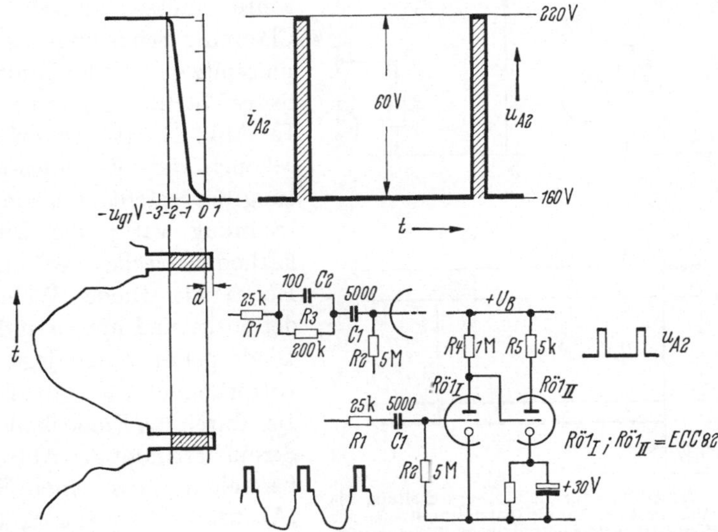

Abb. 10. Arbeitskennlinie für Gleichstrom und Schaltbild einer Impulsabtrennstufe. (Die normale Eingangsschaltung hat am Gitter der ersten Röhre R_1 und C_1 in Reihe. Für bessere Unterdrückung bestimmter Störungen wird noch ein RC-Glied, bestehend aus R_3 und C_2 in Reihe gelegt.)

Gründen, die hier im einzelnen nicht aufgeführt werden können. (Ein Beispiel, entnommen dem Empfänger Fe 8 findet sich in der Schaltung nach Abb. 12a.) Man ist daher dazu übergegangen, die Bildröhre an der Kathode zu steuern und hat dann ein Signal zur Verfügung, das mit positiven Impulsen arbeitet. Solche positiven Impulse lassen sich recht gut zur Impulsabtrennung verwenden.

Abb. 10 zeigt die Schaltung einer zweiseitigen Impulsabtrennstufe, wie sie in den Empfängern FE 9 und FE 10 verwendet wird. Die Schaltung ist aus der Abbildung klar verständlich in bezug auf ihr Gleichstromverhalten. Wie aus der Abbildung zu ersehen ist, wird aus den Impulsen eine Scheibe herausgeschnitten und dann im Empfänger weiterverarbeitet. Die Dimensionierung und die Wahl des richtigen Abtrennbereiches ist eine der schwierigsten Aufgaben bei der Entwicklung eines Fernsehempfängers. Es müssen eine Reihe von Kompromissen eingehalten werden, um sowohl bei Störungen als auch bei geringen Fehlern des Senders bzw. beim Empfang in Gebieten mit Reflexionen sicher zu arbeiten. Eine entscheidende Funktion im Wirken der Abtrennstufe übt der Eingangskreis dieser Röhre aus. Das Bildsignal muß über einen Kondensator an das Gitter angekoppelt werden. Durch den Verlust der Gleichstromkomponente liegt der

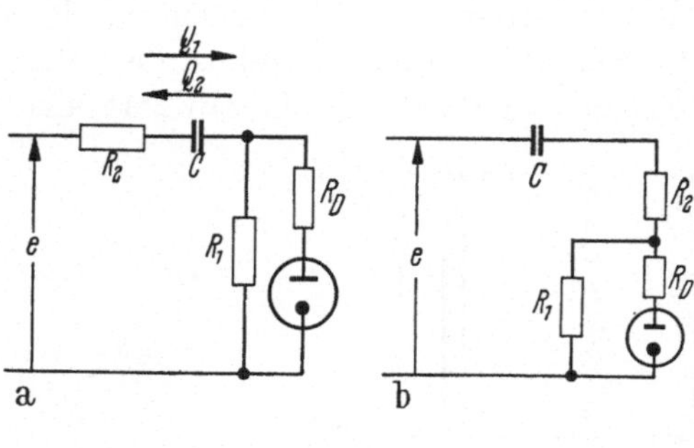

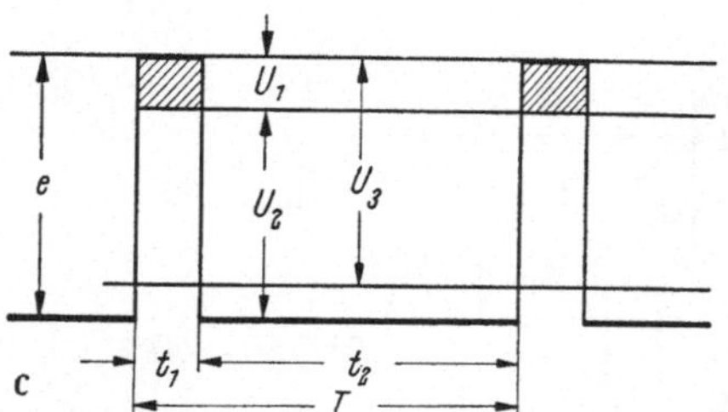

Schwarzpegel nicht mehr auf einem konstanten Potential. Am Gitter der ersten Abtrennröhre müssen durch eine Clamping-Schaltung die Impulsspitzen wieder auf ein festes Potential gelegt werden. In Abb. 11 ist das Prinzipschema der Eingangsschaltung dargestellt. Für die Abtrennung wirkt die Gitterkathodenstrecke der ersten Röhre als Diode. Während der positiven Impulse ist diese Diode geöffnet und legt den Gitterkondensator an Erde. Der durch die Diode fließende Strom bestimmt den Abtrennbereich auf der einen Seite (Abstand d von der Spitze). Er ist abhängig vom Innenwiderstand der Diode und vom Vorwiderstand R_2. R_D ist der

Abb. 11. Ersatzbilder für die Eingangsschaltung der Impuls-Abtrennstufe. Für die Gitterstromstrecke der ersten Röhre ist entsprechend ihrer Wirkung eine Diode gezeichnet. U_3 ist die während der Öffnungszeit der Diode durch den Spannungsabfall an R_2 verminderte Eingangsspannung (Amplitudenkompression).

Diodendurchlaßwiderstand, der hier konstant angenommen ist, er kann meist gegen R_2 vernachlässigt werden. R_1 ist im allgemeinen sehr viel größer als R_2.

Für die Berechnung des Abtrennbereiches gehen wir davon aus, daß zu- und abgeführte Ladung des Kondensators C während einer Periode im eingeschwungenen Zustand gleich sein müssen.

$$Q_1 = \frac{U_D}{R_1}; \; Q_2 = \frac{U_C}{R_0}.$$

Damit läßt sich, da wir die Lade- und Entladezeiten kennen, die Berechnung wie folgt durchführen:

Mit

$$R_1 \gg R_2, R_D$$

und

$$R_0 = R_D + R_2$$

und
$$i_1 t_1 = - i_1 t_2$$

wird
$$\frac{u_1}{u_2} = \frac{R_0}{R_1} \frac{t_2}{t_1} \qquad \frac{u_C}{u_D} = \alpha$$

$$u_1 = e - u_2 = e - \frac{u_1}{\alpha}$$

$$u_1 = e \, \frac{\alpha}{1 + \alpha}.$$

Für $\alpha \ll 1$ ist angenähert

$$u_1 \approx e\alpha \quad \text{mit} \quad \alpha = \frac{R_0}{R_1} \frac{t_2}{t_1}.$$

Bei konstantem Impulsverhältnis und konstanter Eingangsspannung bestimmt $\dfrac{R_0}{R_1}$, wie weit unterhalb der Impulsspitze abgeschnitten wird. Die Größe von R_1 ist durch Isolationsforderungen beschränkt. Die von den Röhren-Firmen zugelassenen Widerstände liegen je nach Röhrentype zwischen 1 bis 5 MOhm. Bei der CCIR-Norm z. B. gilt

$R_1 = 10\ R_0$ gibt dann 0,5 e, also 50% Spitzenabschneidung
$R_1 = 100\ R_0$ gibt dann 0,1 e, also 10% Spitzenabschneidung
$R_1 = 200\ R_0$ gibt dann 0,05 e, also 5% Spitzenabschneidung

Im Empfänger FE 9 und FE 10 ist z. B. $R_1 = 3$ MOhm bzw. 5 MOhm, $R_0 = 25$ kOhm.

Wie breit die Scheibe ist, die für die Weiterverarbeitung aus dem Impuls in der Abtrennstufe herausgeschnitten werden soll, wird durch die übrige Dimensionierung der Abtrennstufe bestimmt. Bei der Festlegung der Schaltung dieses Teiles muß auf die Tatsache Rücksicht genommen werden, daß durch den Vorwiderstand R_2 bzw. $R_2 + R_D$ (der notwendig ist, um die eben besprochene obere Grenze des Abtrennbereiches nahe der Impulsspitze festzulegen) das Signal eine zusätzliche Kompression erfährt (Abb. 12). In

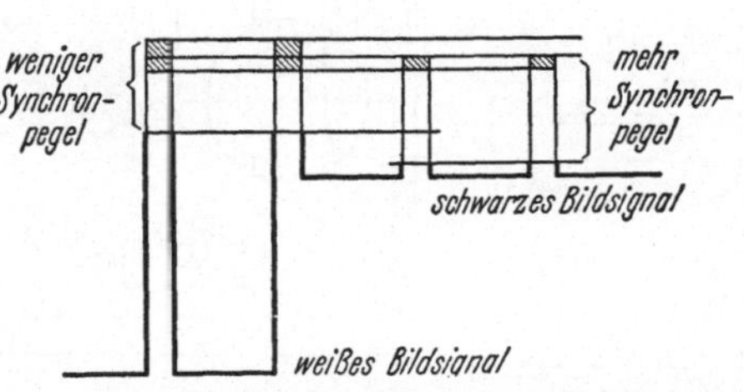

Abb. 12. Amplitudenkompression in Abhängigkeit von der Signalamplitude am Eingang der Impuls-Abtrennstufe.

Abhängigkeit von dem Bildinhalt wird die Impulshöhe verkleinert. Diese Kompression $\varDelta u_3$ läßt sich einfach berechnen: Die durch die Kompression verminderte Spannung am ersten Gitter der Abtrennstufe wird:

$$u_3 = e - u_1 \frac{R_2}{R_0} = e \left(1 - \alpha \, \frac{R_2}{R_0} \right)$$

$$u_3 = e \left(1 - \frac{R_2}{R_1} \frac{t_2}{t_1} \right)$$

Kompression:

$$\Delta u_3 = e \left(\frac{R_2}{R_1} \frac{t_2}{t_1} \right)$$

CCIR-Norm:

$$\Delta u_3 \approx 10 \, \frac{R_2}{R_1} \, e.$$

Der Abtrennbereich wird bei weißem Signal verkleinert, einmal durch die Amplitudenkompression und außerdem noch dadurch, daß bei großem Signal, also weiß, unterhalb der Impulsspitze abgeschnitten wird. Dadurch entsteht bei weißem Signal die Gefahr, daß der breitere Austastimpuls in den Abtrennbereich gelangt. Dies kann über die Horizontalablenkung recht häßliche, vom Bildinhalt abhängige Verzerrungen der senkrechten Linien ergeben.

Zwei Zahlenbeispiele für die Kompression:

$$R_1 = 100 \, R_2, \quad \Delta u_3 = 0{,}1 \, e, \quad \Delta u_3 = 10\% \text{ von } e$$

$$R_1 = 5 \cdot 10^6, \quad R_2 = R_1 = 25 \cdot 10^3, \quad \alpha = 5 \cdot 10^2$$

$$u_3 = (1 - 0{,}05) \, e = 0{,}95 \, e, \quad \Delta u_3 = 5\% \text{ von } e.$$

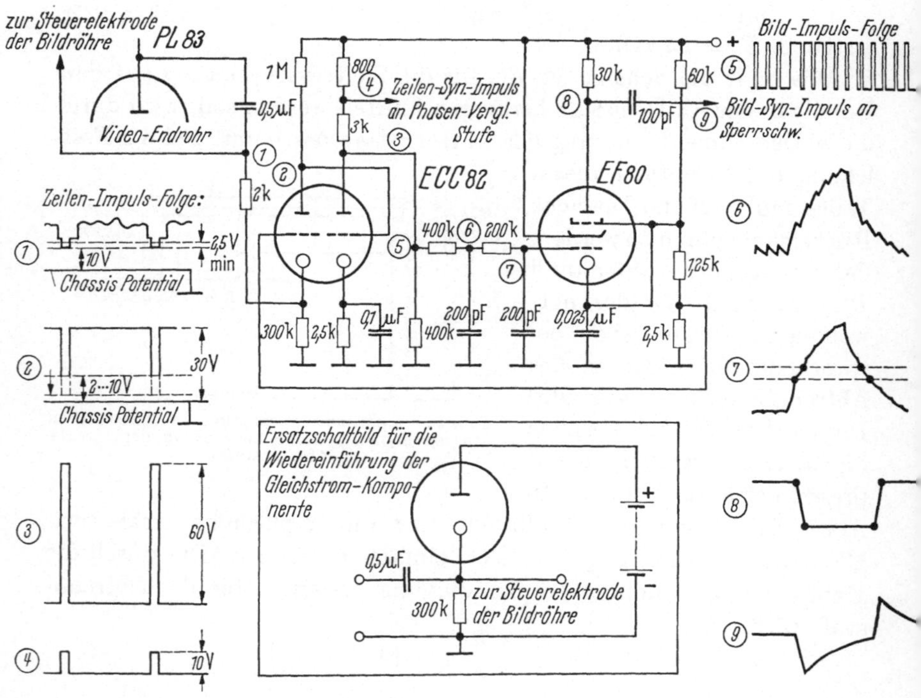

Abb. 12a. Impuls-Abtrennstufe älterer Ausführung für ein Video-Signal mit negativen Impulsen (Fernsehempfänger FE 8).

1. Abtrennung der Vertikalimpulse.

Bei den in Europa verwendeten Fernsehsystemen werden 25 Bilder in der Sekunde übertragen (in USA 30). Bei der für eine bequeme Betrachtung erforderlichen Helligkeit würden bei 25 Bildwechseln und zeilenweiser Abtastung erhebliche Flimmererscheinungen auftreten. Daher macht man heute bei allen Fernsehsystemen von dem Zeilensprungverfahren Gebrauch, das eine Verdoppelung der scheinbaren Bildwechselzahl (Rasterwechsel) ermöglicht, ohne daß die Bandbreite im Übertragungskanal vergrößert werden muß. Das Bild wird in zwei ineinandergeschachtelte Teilbilder zerlegt, derart, daß während der ersten Teilbildzeit immer nur jede zweite Zeile übertragen wird und während der zweiten Teilbildzeit die dazwischenliegenden vorher ausgelassenen Zeilen. Abb. 13 zeigt das Prinzip eines solchen Zeilensprungrasters. Zur

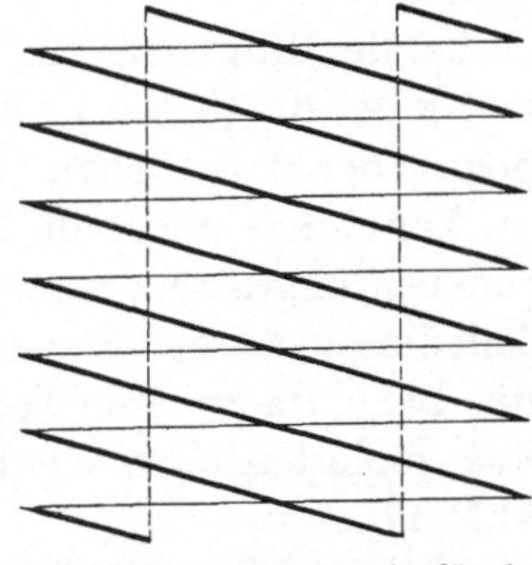

Abb. 13. Zeilensprungraster für eine Zeilenzahl $(2n + 1)$.

exakten Durchführung ist eine ungerade Zahl von Zeilen erforderlich, daher die heute üblichen Zeilenzahlen: 405 England, 525 USA, 625 CCIR, 819 Frankreich. Die genaue Übertragung eines Zeilensprungbildes stellt erhebliche Anforderungen an die gleichlaufsichernden Schaltungen für die Vertikalablenkung im Empfänger.

In der Abtrennstufe wurden aus dem Bild-Impulsgemisch die Synchronisierimpulse abgetrennt. Sie gehen einmal auf den Zeilengenerator, andererseits aber müssen aus ihnen die Vertikal-Synchronisiersignale herausgelöst werden. Bei allen heute üblichen Schaltungen werden sie aus dem Impulsgemisch herausgehoben und dann durch

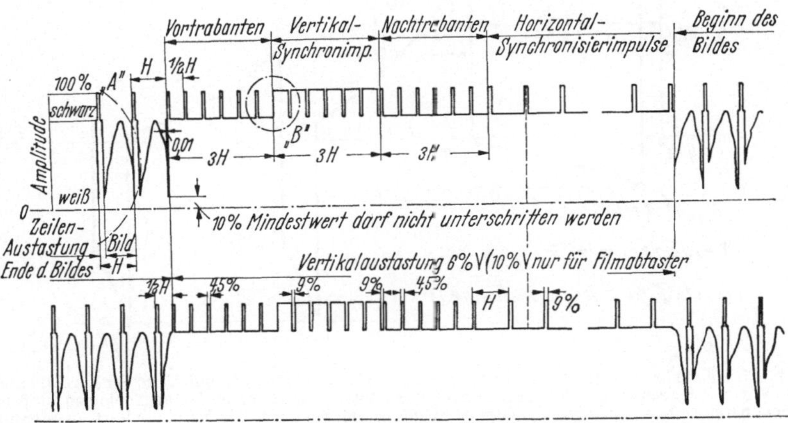

Abb. 14. Impulsschema mit Vertikalsynchronisierimpulsen nach der CCIR-Norm.

Amplitudenselektion von den Horizontalimpulsen getrennt. Das von den Sendern, die nach CCIR-Norm arbeiten, ausgestrahlte Impulsgemisch zeigt Abb. 14, es ist dem in USA üblichen nachgebildet. Für die Heraushebung des Vertikalimpulses sind längere Zeilenimpulse mit der doppelten Wiederholungsfrequenz eingeblendet. Vor diesen befinden sich die sogenannten Vortrabanten, kurze Impulse, ebenfalls mit der doppelten Wiederholungsfrequenz der Zeile. Sie sind so bemessen, daß sie bei der Impulsheraushebung genau wie Zeilenimpulse wirken, aber wegen der doppelten Zeilenfrequenz dafür sorgen, daß der Zustand vor Beginn der eigentlichen Vertikalimpulsgruppe bei beiden Rastern gleich ist. Durch das ungerade Teilungsverhältnis, das für die Erzeugung des Zeilensprungrasters notwendig ist, wäre sonst der Abstand des letzten Zeilenimpulses vor Beginn der Vertikalimpulsreihe im einen Teilraster eine Zeile, im anderen Teilraster nur eine halbe Zeile. Dadurch würde eine fehlerhafte verschobene Vertikalablenkung entstehen (Beispiel Abb. 17).

2. Heraushebung durch Differentiation.

Am einfachsten zu berechnen und zu erklären ist die Heraushebung des Vertikalimpulses durch Differentiation. Sie ist in Abb. 15 für die CCIR-Norm gezeigt, obwohl diese eigentlich mehr für Integration geschaffen wurde. Speziell für Differentiation war das Impulsgemisch der deutschen Vorkriegsfernsehnorm bestimmt. Damals wurde in die Zeilen-

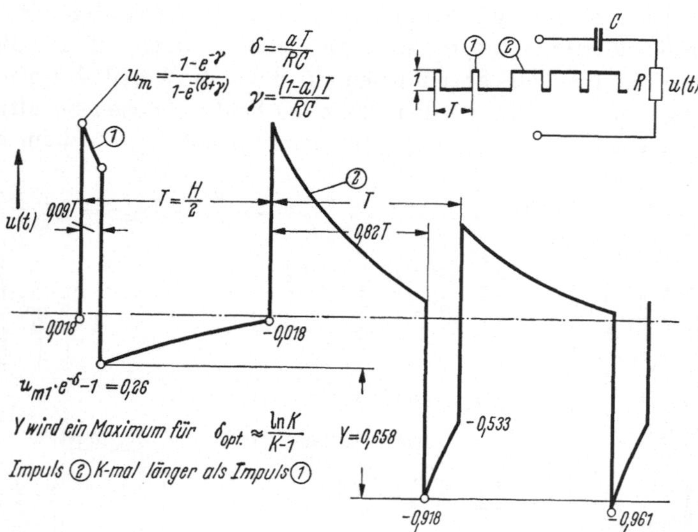

Abb. 15. Heraushebung des Vertikalimpulses durch Differentiation. Impulslänge der Vortrabanten: aT. Für die Berechnung des Anfangswertes des letzten Vortrabanten ist angenommen, daß das Signal bereits eingeschwungen ist. Dies ist möglich, weil bei der CCIR-Norm die Vortrabanten und die Zeilensynchronimpulse so aufeinander abgestimmt sind, daß sie zwar doppelt so oft kommen, aber sich durch die geänderte Breite ähnlich verhalten wie die Zeilensynchronimpulse.

impulse ein einziger verlängerter Impuls an der Stelle eingeblendet, wo die Bildsynchronisierung erfolgen sollte. Nach der Differenzierung wurde die Rückfront dieses Impulses für die Synchronisierung der Vertikalablenkung verwendet. Ähnliche Impulsgemische werden in Frankreich, Belgien und England noch verwendet. Der durch Differenzierung erhöhte Impuls geht entweder über eine Abschneidstufe, die nur die überhöhte Spannung durchläßt, oder er wird direkt auf den Sägezahngenerator gegeben. Für diese Heraushebung gibt es eine optimale Dimensionierung, die ebenso wie die anderen für die Berechnung notwendigen Formeln in der Abbildung angegeben ist.

3. Heraushebung durch Integration.

Die Differentiation hat zwar den Vorteil, daß die Rückfront des ersten verlängerten Impulses scharf herausgehoben wird und damit die Synchronisierung des Vertikalimpulses an einer genau definierten Stelle erfolgen kann, andererseits aber hat sie den Nachteil, daß

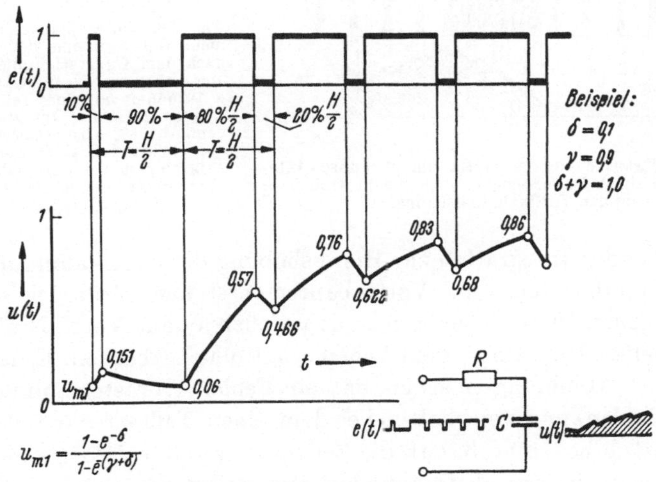

$$u_{m1} = \frac{1-e^{-\delta}}{1-e^{-(\gamma+\delta)}}$$

Abb. 16. Heraushebung der Vertikalimpulse durch Integration.

einzelne Störungen von der Länge eines Vertikalimpulses genauso herausgehoben werden wie dieser. Daher ist man neuerdings fast ausschließlich dazu übergegangen, die Heraushebung des Vertikalimpulses bzw. der Vertikalimpulse durch Integration vorzunehmen. In der Abbildung ist als Beispiel die Heraushebung bei der CCIR-Norm mit Hilfe eines einfachen Integrationsgliedes gezeigt. In der Praxis verwendet man meist doppelte Integrationsglieder, dabei verschwinden dann die einzelnen Stufen aus dem herausgehobenen Impuls. In Abb. 18 sind drei Oszillogramme, die an einem Fernsehempfänger in praktischem Betrieb aufgenommen sind, gezeigt.

Bei der Integration ist bei Beginn des ersten Vertikalimpulses der Ausgleichsvorgang vom vorhergehenden Zeilenimpuls noch nicht abgeklungen. Damit der Anfangszustand bei Beginn eines jeden Vertikalimpulses in den einzelnen Teilrastern gleich ist, wurden, wie schon erwähnt, die Vortrabanten eingeführt. In Abb. 17 ist gezeigt, welcher

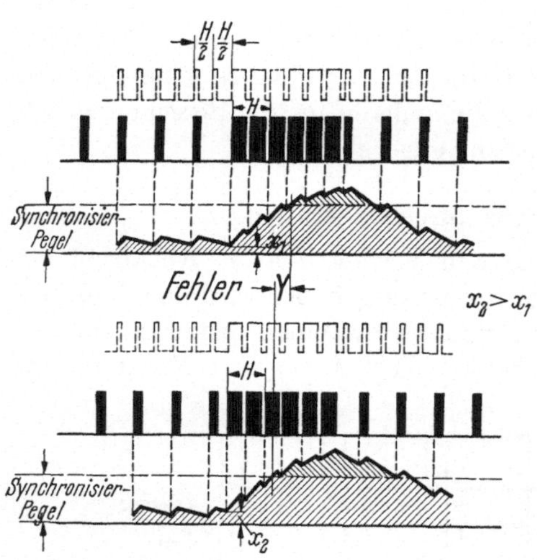
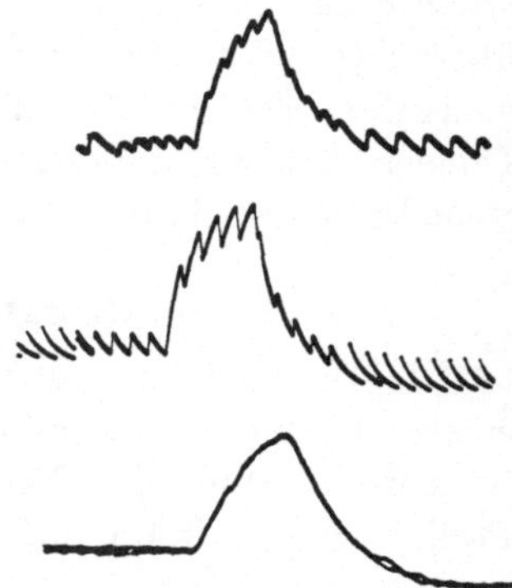

Abb. 18. Am Empfänger aufgenommene Oszillogramme der Spannung nach dem Integrationsglied für die Heraushebung der Vertikalimpulse. a Aufnahme nur eines Teilrasters an einem einfachen Integrationsglied gem. Abb. 16; — b dieselbe Aufnahme, aber beide Teilraster übereinander aufgenommen; — c Aufnahme wie b, aber hinter einem doppelten Integrationsglied.

Abb. 17. Heraushebung der Vertikalimpulse durch Integration bei einem Impulsschema, dem die Vortrabanten vor den Vertikalimpulsen fehlen.

Fehler bei der Integration zur Heraushebung des Vertikalimpulses mit einem Impulsschema ohne Vortrabanten entstehen würde. Die schwarz ausgezogenen Impulse gehören zu dem Schema ohne Vortrabanten, die gestrichelten Impulse zu dem Schema mit den Trabanten. Es ist deutlich in der Abbildung zu sehen, daß ein Fehler Y entsteht, um den die Vertikalablenkung verschoben bei dem einen Teilraster einsetzt. Der Fehler ist dabei so groß, daß die Zeilen des zweiten Rasters nicht nur nicht genau in der Mitte zwischen den Zeilen des ersten Teilrasters liegen, sondern fast immer sich mit diesen decken, so daß der Eindruck eines Empfängers mit der halben Zeilenzahl entsteht.

4. Vertikalablenkung.

Die Vertikalablenkschaltung hat die Aufgabe, eine lineare Ablenkung in senkrechter Richtung durchzuführen. Es ist durchaus nicht so, daß ein auf das Gitter gegebener linearer Sägezahn einen linearen Strom in der Ablenkspule hervorruft. An der Kombination von Widerstand und Induktivität im Anodenkreis wird dieser lineare Sägezahn verzerrt, so daß sich eine nichtlineare Auslenkung ergibt. Die Vertikalablenkschaltungen sind sehr interessant, für die Entzerrung der Sägezähne machen sie Gebrauch von den vorher beschriebenen Methoden der Integration. Diese Entzerrung kann bis zur Überkompensation getrieben werden, um dann teilweise den sogenannten Tangensfehler zu beseitigen. Die modernen Bildröhren haben nämlich einen sehr flachen Bildschirm. Von einer linearen Ablenkung wird verlangt, daß die Aus-

lenkung so erfolgt, daß in gleichen Zeitabschnitten gleiche Wege auf dem Schirm zurückgelegt werden. Beim flachen Boden ist aber der auf dem Schirm zurückgelegte Weg vom Auslenkungswinkel abhängig, genau gesagt ist er dem Tangens dieses Winkels proportional. Abb. 19 zeigt, welcher Fehler bei linearem Stromanstieg als Folge des flachen Bodens entsteht.

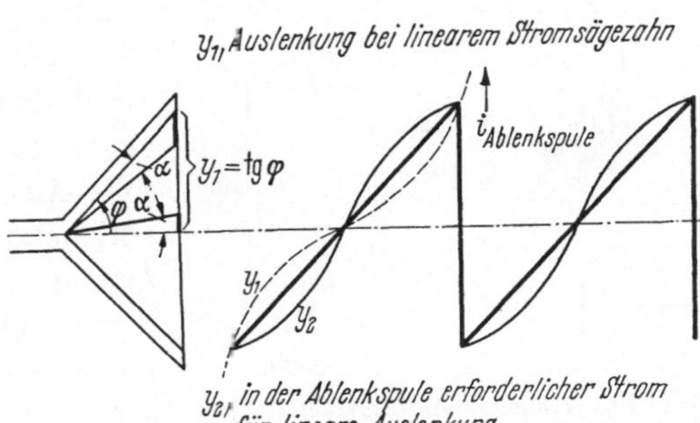

Abb. 19. Der Tangensfehler und seine Kompensation durch einen entgegengesetzt verzerrten Ablenkstrom. y_1 Auslenkung bei linearem Stromsägezahn; — y_2 in der Ablenkspule erforderlicher Strom für lineare Auslenkung.

Diese Verzeichnung wird durch einen entgegengesetzt verzerrten Ablenkstrom aufgehoben. Bei den folgenden Betrachtungen wollen wir darauf keine Rücksicht nehmen, sondern einen linearen Sägezahnstrom für die Ablenkung fordern.

Grundsätzlich gibt es zwei Möglichkeiten für die Ausbildung der Vertikalablenk-Endstufe. Die eine verwendet eine Endröhre kleinen Innenwiderstandes, um den Sägezahnstrom durch die Ablenkspule bzw. den Ablenktransformator zu treiben. Um dabei einen linearen Sägezahnstrom in der Anlenkspule zu erhalten, muß dem Steuersägezahn additiv ein Rechteckimpuls zugefügt werden. Diese Ausführung der Vertikalendstufe wird in deutschen Fernsehempfängern heute nicht verwendet. Bei der anderen Arbeitsweise wird der Ablenktransformator über eine Röhre hohen Innenwiderstandes (Penthode) betrieben. Dem Gitter dieser Penthode wird ein aus einer Mischung von Sägezahn und Parabel bestehendes Signal in einer solchen Kombination zugeführt, daß der durch die Ablenkspule fließende Teilstrom linear ist bzw. so weit davon abweichend, wie es die Kompensation des Tangensfehlers fordert.

Heute wird die Ablenkspule ausschließlich über einen Transformator an die Endröhre angeschlossen. Ihre Induktivität ist im Falle der Vertikalablenkung dann so klein, daß sie gegen die Primärinduktivität des Transformators vernachlässigt werden kann. Gemäß Abb. 20 nehmen wir einen idealen Übertrager an, übersetzen alle Induktivitäten auf die Primärseite und fassen sie zu einer Induktivität zusammen.

Wir betrachten dann die Ablenkspule als einen rein Ohmschen Widerstand und übersetzen diesen ebenfalls auf die Primärseite. Dann bleibt als Ersatzbild nur die Parallelschaltung einer Induktivität und eines Widerstandes übrig, die im Anodenkreis der Endstufe liegen. Wir stellen weiter die Frage, wie der Strom aussehen muß, der in die Parallelschaltung dieser Induktivität und des Widerstandes fließen muß, wenn durch den Widerstand (Ablenkspule) ein linearer Sägezahnstrom fließen soll. Aus Abb. 21 ist zu sehen, daß ein linearer Sägezahn und ein parabelförmiger Strom in die Kombination hineinfließen. Bei sehr großer Zeitkonstante, also bei sehr großem und sehr teurem Transformator, könnte man an sich eine lineare Spannung auf das Steuergitter geben. Diese

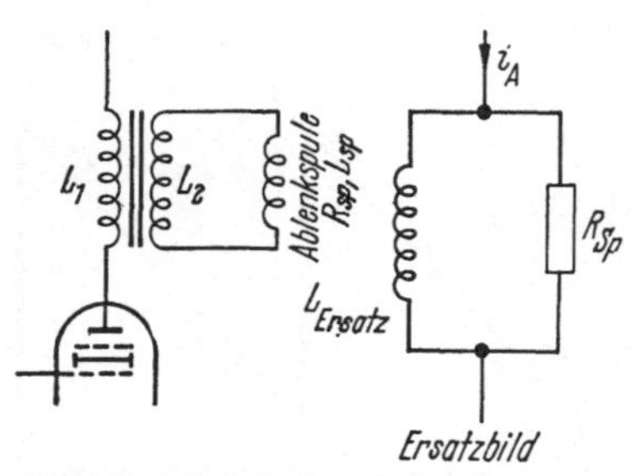

Abb. 20. Transformator-Ersatzbild, das der Berechnung der Vertikalablenkung zugrunde liegt.

Betriebsart ist nicht nur wegen des großen Transformators unwirtschaftlich, sie erfordert auch den größten Aussteuerbereich und größten mittleren Strom für die Endröhre, also auch die größte Leistung.

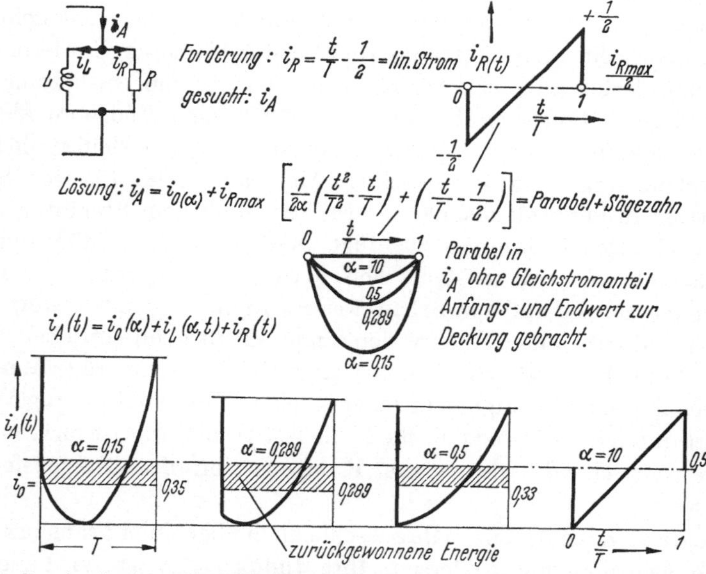

Abb. 21. Der Anodenstrom einer Vertikalendröhre mit hohem Innenwiderstand (Pentode), der erforderlich ist für einen linearen Strom in der Ablenkspule für verschiedene Zeitkonstanten α.

$$\alpha = \frac{L}{RT}.$$

Die zurückgewonnene Energie ist schraffiert gezeichnet. Für $\alpha = 0{,}289$ erhält man die größte Leistungsersparnis.

Für verschiedene Zeitkonstanten, also verschiedene Transformatorgrößen, ist die Form des benötigten Stromes aufgezeichnet. In dem Bild in der Mitte ist für den parabelförmigen Teil, der sich zu dem linearen Sägezahn addiert, wieder der Gleichstromanteil vernachlässigt und Anfangs- und Endwert zur Deckung gebracht, so daß die absolute Größe der erforderlichen Parabel sich deutlich erkennen läßt. In der unteren Reihe der Abbildung sind die absoluten Ströme aufgezeichnet für verschiedene Zeitkonstanten. Es ist bemerkenswert, daß der mittlere Anodenstrom einem Minimum zustrebt. Er ist am größten für $\alpha = 10$, wobei am Gitter ein linearer Sägezahn verwendet werden kann. Bei allen anderen Dimensionierungen wird ein Teil der in einer Teilzeit der Periode in der Induktivität gespeicherten Energie in der anderen Teilzeit wieder zurückgewonnen. Diese zurückgewonnene Energie ist für $\alpha = 0{,}289$ am größten. Bei dieser Dimensionierung wird also die Endröhre mit dem geringsten mittleren Anodenstrom und damit mit dem geringsten Leistungsverbrauch arbeiten können. In der Praxis wird man versuchen, von dieser Dimensionierung Gebrauch zu machen, besonders weil sie auch einen sehr billigen Ablenktransformator benötigt.

Bei kleineren Krümmungen des Sägezahnstroms, wo also noch große Induktivitäten gebraucht werden, kann die Röhrenkrümmung der Endröhre benutzt werden, um den verformten Anodenstrom zu erzeugen. Für wirklich leistungssparende Schaltungen reicht diese Möglichkeit nicht aus und es müssen andere Methoden angewandt werden. Wir wollen uns erst einmal mit der Erzeugung eines linearen Steuersägezahns für die Vertikalablenkung beschäftigen.

a) Mitlaufende Ladespannung. Es ist bekannt, daß die Spannung an einem Kondensator, der von einer konstanten Spannung über einen Widerstand aufgeladen wird, nach einer Exponentialkurve ansteigt, und zwar deshalb, weil infolge der ansteigenden Spannung am Kondensator die treibende Spannung immer kleiner wird und daher der Ladestrom entsprechend nachläßt. Will man daher einen linearen Anstieg der Spannung erreichen, so muß die Betriebsspannung im Verhältnis zum benötigten Sägezahn sehr groß sein. Gelegentlich verwendet man dazu die hohe am Booster-Kondensator der Zeilenablenkendstufe stehende Spannung. Bei den meisten Ablenkschaltungen der Vertikalablenkung wird hinter der den Sägezahn erzeugenden Röhre eine Verstärkerröhre mit Transformator in der Anode verwendet. Das Ersatzbild dieses Transformators war ja eine Induktivität, mit einem Widerstand parallel geschaltet. Im Widerstand soll ein linearer Strom fließen, also muß an der Induktivität eine linear ansteigende Spannung liegen (abgesehen von einer hohen Spannungsspitze, die sich beim Rücklauf ergibt). Es läßt sich nun ein linearer Sägezahn am Ladekondensator erzeugen, wenn zur normalen Anodenspannung eine Sägezahnspannung von gleicher Größe und gleichem Verlauf, wie sie an dem Ladekondensator entsteht, addiert und dann der Ladewiderstand an die Summenspannung gelegt wird. In Abb. 22 ist gezeigt, wie mittels einer dritten Wick-

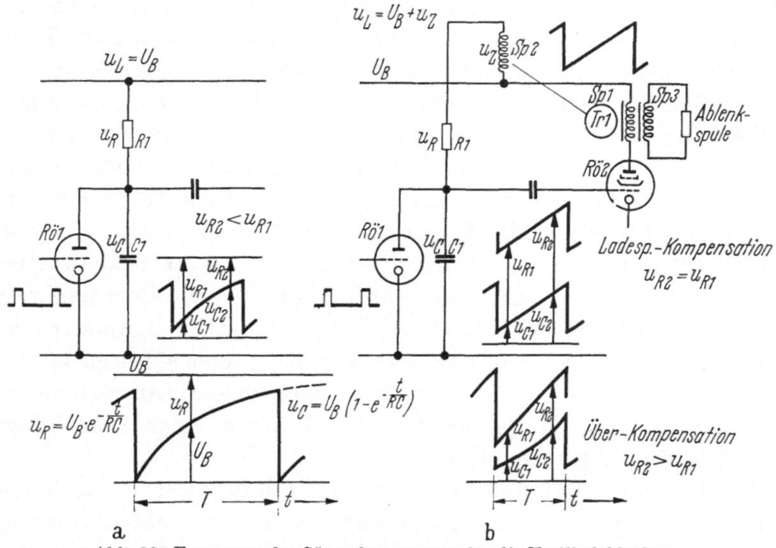

Abb. 22. Erzeugung der Sägezahnspannung für die Vertikalablenkung.
a Normale Sägezahnschaltung, Aufladung eines Kondensators über einen Widerstand; — b Schaltung mit sogenannter „mitlaufender Ladespannung".

lung auf dem Ablenktransformator ein solcher Sägezahn auf die Anodenspannung addiert werden kann, so daß die den Kondensator ladende Spannung konstant bleibt und ein linearer Steuersägezahn entsteht. Wird die zur Anodenspannung addierte Sägezahnspannung größer gemacht als die am Ladekondensator entstehende Spannung, so tritt eine Überkompensation auf, und es ergibt sich ein parabelförmig durchgebogener Sägezahn in einer solchen Form, wie er gebraucht wird, um eine energiesparende Ablenkstufe zu steuern. Diese Schaltung mit „mitlaufender Ladespannung" wird heute bei fast allen Sägezahnerzeugern verwendet. Auch die sogenannte Miller-Schaltung (Miller-Integrator), die für Oszillographen sehr viel verwendet wird, ist letzten Endes eine Schaltung mit mitlaufender Ladespannung.

b) Gegenkopplung und mitlaufende Ladespannung. Die Endröhre ist keineswegs ein lineares Gebilde, es ist daher erwünscht, sie durch Gegenkopplung zu linearisieren, um vom Arbeitspunkt unabhängig zu sein. Mit Hilfe einer Gegenkopplung geeigneter Art läßt sich außerdem der Innenwiderstand der Endröhre vergrößern. Es ist möglich, vom Ausgangstransformator eine Gegenkopplung einzuführen. Alle diese Gegenkopplungen sind aber mit einer gewissen Vorsicht zu behandeln, weil am Transformator beim Rücklauf hohe Spannungsspitzen wirksam sind, die zu Übersteuerungen führen können. In Abb. 23 ist unter a die Prinzipschaltung für mitlaufende Ladespannung und Gegenkopplung gezeichnet. Abb. 23 b zeigt eine ausgeführte Schaltung, wie sie im

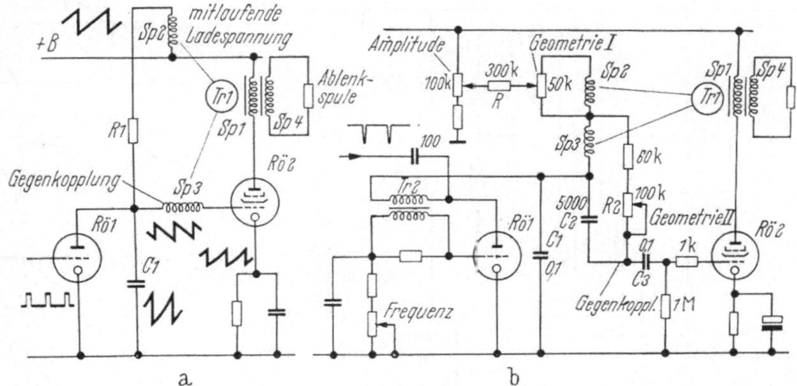

Abb. 23. Vertikalablenkschaltung mit mitlaufender Ladespannung und Gegenkopplung. a Prinzipschaltbild; — b ausgeführte Schaltung (Fernsehempfänger FE 9).

Fernsehempfänger FE 9 verwendet wurde. Die Wicklung für die mitlaufende Ladespannung ist mit einem Potentiometer überbrückt, so daß es bequem möglich ist, die Geometrie der Vertikalablenkung ein-

Abb. 24. Eine vom Bildschirm gemachte Aufnahme eines Testbildes, das die gute Linearität einer solchen Vertikalablenkung zeigt.

zustellen. Das zweite mit Geometrie bezeichnete Potentiometer soll hier in seiner Funktion nicht beschrieben werden, es dient dazu, die obersten Zeilen richtig einzustellen. Mit einer solchen Schaltung kann man sehr hohe Ansprüche in bezug auf die Vertikalgeometrie befriedigen. Abb. 24 zeigt die Photographie eines Rasters mit einem Test-

10*

muster, das mit dieser Schaltung abgelenkt wurde. Abb. 25 zeigt eine ähnliche Schaltung, wie sie in einem älteren Fernsehempfänger (FE 8) enthalten war. Bei den beiden letzten Schaltungen war als Impulsgenerator für die Erzeugung des Sägezahns ein Sperrschwinger verwendet.

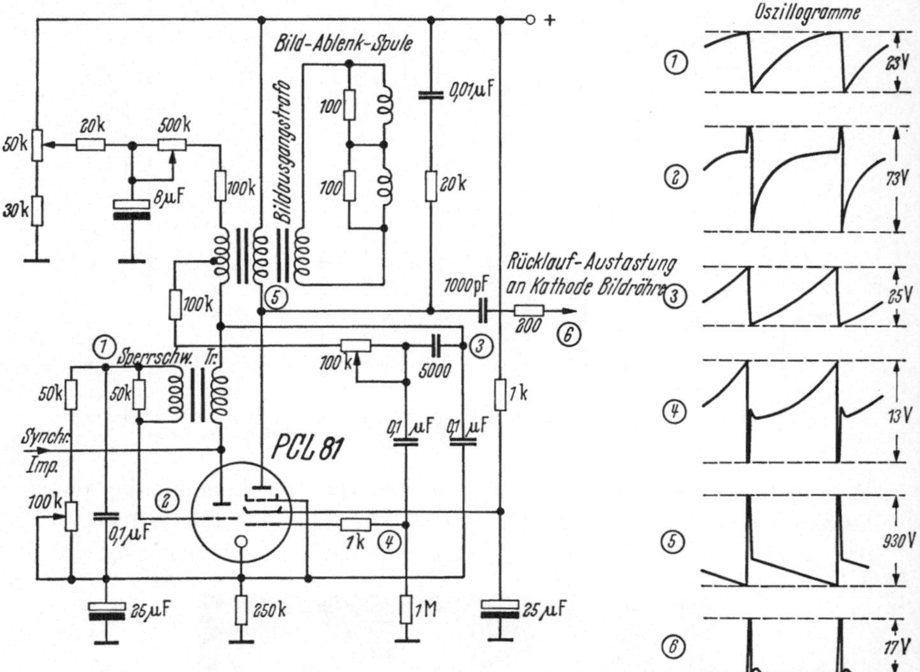

Abb. 25. Ausgeführte Schaltung der Vertikalablenkung eines älteren Fernsehempfängers (FE 8).

c) Der Sperrschwinger oder Blocking-Generator ist ein Röhrengenerator mit induktiver Rückkopplung zur Kippschwingungserzeugung. Er ist zum Unterschied von ähnlichen hierunter fallenden Anordnungen gekennzeichnet durch das Vorhandensein eines Blockierungs-Kondensators im Kreise des durch die Rückkopplung beeinflußten Steuergitters, daher der in Amerika übliche Name Blocking-Generator. Die Schaltung hat eine so starke Rückkopplung, daß ein einmal eingeleiteter Stromstoß sich so lange vergrößert, bis Begrenzung durch einen Spannungs- oder Stromanschlag eintritt. Der Sperrschwinger ist das meistgebrauchte Bauelement neben dem Multivibrator in synchronisierten Kippschwingungsschaltungen. Er kann bei geeigneter Dimensionierung dazu benutzt werden, Impulse von bestimmter, stets gleichbleibender zeitlicher Dauer und leicht einstellbarer Länge zu erzeugen. Er ist vor allen Dingen auch für höhere Frequenzen verwendbar, weshalb er auch für die Steuerung der Horizontalablenkung viel genommen wird.

5. Horizontalablenkung.

Während die Vertikalablenkung mit langsamen Vorgängen arbeitet (50 Wechsel/sek), so daß die Induktivität der Ablenkspulen vernachlässigt werden kann, muß diese bei der Horizontalablenkung als bestimmter Faktor in die Schaltung hineingebracht werden. Die Horizontalablenkendstufen und ihre Schaltungen sind oft beschrieben worden, sie werden daher hier nicht gebracht. Große Fortschritte haben in der letzten Zeit die Schwungradschaltungen gemacht, die zur Steuerung der Horizontalendstufen verwendet werden.

Bei einer solchen Schaltung wird ein freischwingender Generator von den vom Sender kommenden Impulsen auf die richtige Phasenlage geregelt. Dadurch können Störungen weitestgehend unwirksam gemacht werden. Im Gegensatz zur Impulssynchronisierung, wie sie bei der Vertikalablenkung verwendet wird, hat der ankommende einzelne Impuls keinen großen Einfluß auf den Einsatz der Zeile. Der freischwingende Generator am Empfänger läuft weiter, wenn Einzelimpulse ausfallen oder Störungen an Stelle von Impulsen wirksam werden. Erst eine Vielzahl von Impulsen ist in der Lage, den Gleichlauf merklich zu stören. Daher auch die Bezeichnung Schwungradsynchronisierung für diese Phasenvergleichsschaltungen, weil eben der Generator wie ein Schwungrad wirkt, das sich nicht so leicht aus einer Normalbewegung bringen läßt.

Ein Sinus-Oszillator kann über ein Blindwiderstandsrohr gesteuert werden. In der Praxis haben sich aber Multivibratoren oder Sperrschwinger für diesen Zweck mehr durchgesetzt, weil ein solcher Sperrschwinger gleich die Sägezahnspannung in der Form, wie sie für die Aussteuerung der Endröhre benötigt wird, liefert. Der Sperrschwinger kann (ebenso wie ein Multivibrator) durch eine an das Gitter gelegte Vorspannung in seiner Frequenz beinahe linear mit der Spannung geregelt werden. Es ist dann vorteilhaft, seine freie Frequenz durch einen zusätzlichen Sinuskreis zu stabilisieren. Abb. 26 zeigt drei typische Sperrschwingerschaltungen mit Sinusstabilisation. Es kann jede der vom Audion her bekannten Rückkopplungsschaltungen verwendet werden, der Sperrschwinger ist ja letzten Endes nichts anderes als ein „tröpfelndes“ Audion. Entsprechend findet sich in der Abbildung als Beispiel von links nach rechts erstens ein Sperrschwinger mit induktiver Rückkopplung über einen Zweiwicklungstransformator, dann einer mit Kathodenrückkopplung, und der letzte hat Anodenrückkopplung mit Dreipunkttransformator. In jeder dieser Schaltungen kann der Sinuskreis zur Stabilisierung in das Gitter, die Kathode oder in die Anode gelegt werden. Auch diese drei Beispiele finden sich in dieser Reihenfolge in der Abbildung. Besonders vorteilhaft ist der Sinuskreis in der

Kathode, weil er dort beim Abgleich jederzeit kurz geschlossen werden kann, ohne daß der Sperrschwinger seinen Arbeitszustand merklich ändert. Diese Schaltung findet sich z. B. im Fernsehempfänger FE 10.

Phasenvergleichsschaltung. Von der Dimensionierung der Phasenvergleichsschaltung hängt es ab, wie groß die Störanfälligkeit des Gerätes ist, und wie stabil das Bild während des Betriebes steht.

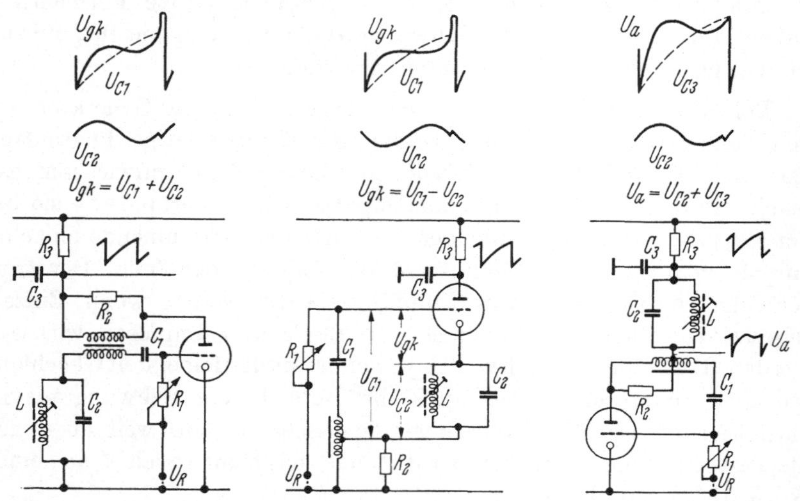

Abb. 26. Sperrschwinger mit Sinus-Stabilisierung. Verschiedene Schaltungen des Sperrschwingers und der Sinus-Stabilisierung, wie sie für die Schwungradsynchronisierung der Zeilenablenkung gebraucht werden.

Man verlangt von einer solchen Schaltung große Regelzeitkonstante, damit Störungen in der Impulsfolge sich erst nach mehrmaligem Auftreten und dann nur langsam auswirken können. Außerdem wird aber ein großer Einstellbereich verlangt, innerhalb dessen nach dem Einschalten oder nach einem Ausfallen der Impulsfolge, z. B. beim Umschalten von einem Bildgeber auf den anderen, die Regelung nach Herausfallen wieder eingefangen wird (sogenannter Fangbereich). Beim Regeln verschiebt sich die Phasenlage des Bildes gegenüber dem Senderbild, und es entsteht eine scheinbare Verschiebung von rechts nach links oder von links nach rechts gegenüber der normalen Lage. Von einer guten Regelschaltung wird verlangt, daß dieser Regelbereich möglichst mit dem Fangbereich zusammenfällt, und daß die richtige Phasenlage des Bildes in der Mitte des Regelbereichs erreicht wird.

Die bis heute zahlenmäßig am meisten verbreitete Schaltung für den Phasenvergleich stammt von der RCA. Abb. 27 zeigt eine solche ältere Zeilenablenkschaltung. Die rechte Hälfte der Doppelröhre ECC 82 arbeitet als Sperrschwinger mit Stabilisierungskreis. Die linke Röhre macht den Phasenvergleich und arbeitet gleichzeitig als Gleichstromverstärker für die Regelspannung. Am Gitter der ersten Röhre liegen folgende drei Signale: 1. eine Parabel, die über ein Integrationsnetzwerk vom Anodensägezahn hergestellt wird, 2. ein spitzer Sägezahn, der vom Rücklaufimpuls aus der Zeilenablenkung durch Integration gewonnen wird, und 3. der vom Sender kommende Impuls. Der auf dem

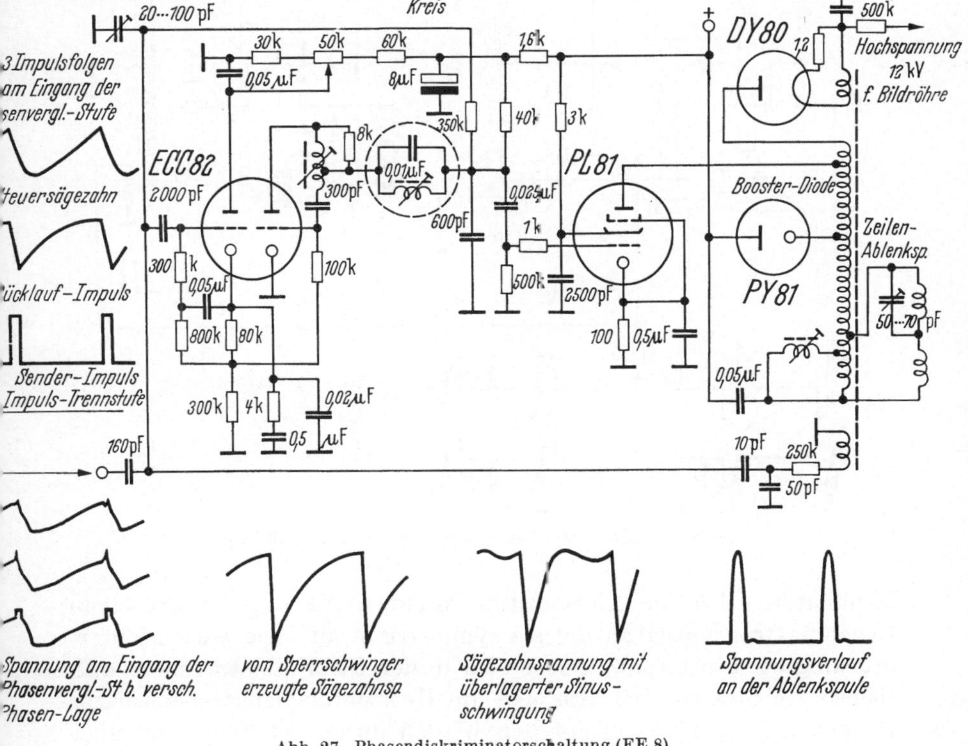

Abb. 27. Phasendiskriminatorschaltung (FE 8).

vom örtlichen Generator erzeugten Gebilde — Sägezahn + Parabel — liegende Senderimpuls rutscht je nach seiner Phase an der steileren Flanke dieser durchgebogenen parabelartigen Spannungskurve auf und ab und durchstößt den Gitterspannungssperrpunkt mehr oder weniger je nach Phasenlage. Daraus ergibt sich ein Regelstrom, der am Kathodenwiderstand abgenommen und als Gittervorspannung dem Sperrschwinger zugeführt wird. Die übrigen Widerstände dienen z. T. der Erzeugung der richtigen Gittervorspannung. Die Kombination 4 k, 0,5 µF und 0,02 µF dient zum Ausgleich von Regelschwingungen.

Neuerdings verwendet man symmetrische Phasendiskriminatorschaltungen, bei denen die Regelung nur wirksam ist in der Umgebung der richtigen Phasenlage. Eine solche Schaltung hat den Vorteil, daß Zünd- oder andere Störungen, nur wenn sie am Bildrande sichtbar werden, die Regelschaltung beeinflussen können, also nur dann, wenn sie in die Umgebung der Synchronisierimpulse fallen. Im übrigen Teil des Zeilenablaufs haben sie keinerlei Einfluß, da der Phasendiskriminator dann nicht arbeitet. Abb. 28 zeigt einen solchen Phasendis-

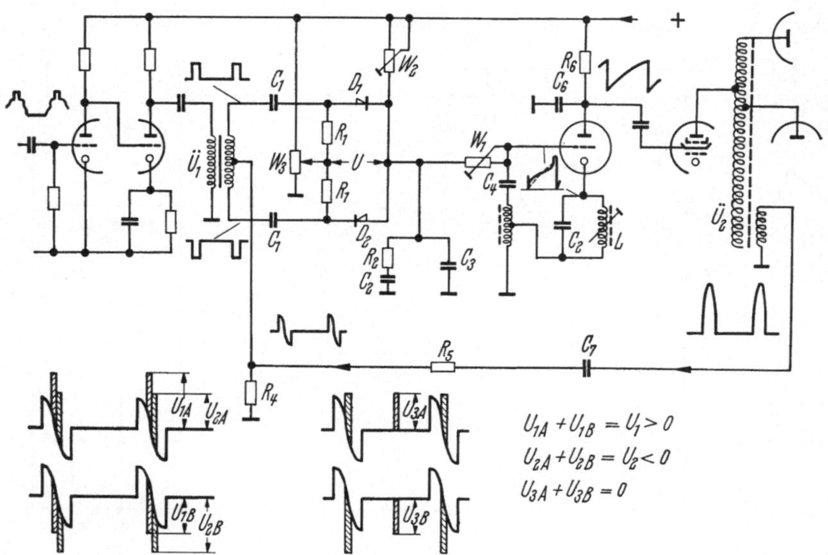

Abb. 28. Symmetrische Phasendiskriminatorschaltung (FE 10).

kriminator. Über die Abtrennstufe kommen die Impulse auf einen Gegentakttransformator, der sie symmetrisch auf eine Gleichrichterbrücke gibt. Die Impulse heben sich in der Diskriminatorbrücke auf, ebenso wie Störimpulse. Aus den am Horizontalablenktransformator stehenden Zeilenrücklaufimpulsen werden durch Differentiation über C_7 und R_4, R_5 Cosinusimpulse gewonnen, die auf die Brücke gegeben deren Gleichgewicht stören. Nur in der Zeit, wo das Brückengleichgewicht gestört ist, werden die vom Sender kommenden Impulse wirksam. Sie erzeugen eine Regelspannung, die, je nachdem ob sie zeitlich vor der Mitte der Cosinusimpulse oder nach der Mitte ankommt, positiv oder negativ ist. Diese Regelspannung wird unmittelbar ohne ein dazwischenliegendes Verstärkerrohr auf das Gitter des Sperrschwingers gegeben. Dabei dienen die Potentiometer W_3 und W_2 dazu, die Gleichspannung, die am Sperrschwinger durch Gitterstromgleichrichtung entsteht und die an die Brücke gelangt, zu kompensieren. W_1 ist der Frequenzregler des Sperrschwingers, der zum Einfangen und zur Einstellung der richtigen Phasenlage benutzt wird. R_2, C_2 und C_3

dienen wieder zur Beruhigung von Regelschwingungen. Die Schaltung hat den Vorteil einer so großen Regelsteilheit, daß keine zusätzliche

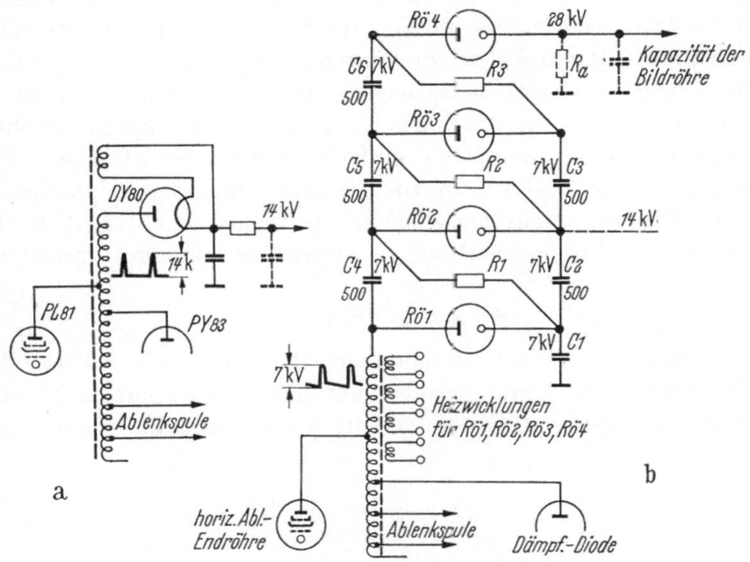

Abb. 29. Die Erzeugung der Hochspannung aus der Rücklaufspannung der Zeilenablenkung. a durch einfache Transformation; — b durch Spannungsvervierfachung.

Abb. 30. Baueinheit eines Ablenktransformators mit Hochspannungsgleichrichter.

Regelverstärkerstufe erforderlich wird. Sie ist dadurch wesentlich stabiler, und der oft sehr unangenehme Einfluß der Mikrophonie der Regelverstärkerstufe ist ausgeschaltet.

In der Horizontalablenkschaltung wird der im Anodenkreis des Ablenktransformators entstehende Rücklaufspannungsimpuls nach Transformation und Gleichrichtung dazu benutzt, die Hochspannung zu erzeugen. Die Heizwicklung für die Hochspannungsgleichrichterröhre wird ebenfalls auf den Ablenktransformator gewickelt. In Abb. 29a ist die Schaltung eines solchen Hochspannungstransformators gezeigt, in Abb. 30 eine praktische Ausführung mit Hochspannungsgleichrichter zusammengebaut. Diese relativ einfache Einheit liefert eine Hochspannung von 14 bis 16 kV. Werden höhere Spannungen benötigt, so wird von der Spannungsvervielfachung Gebrauch gemacht. Abb. 29b zeigt eine Vervielfacherschaltung, sie liefert eine Spannung von 28 kV.

6. Impulsstörungen.

Bei Fernsehempfängern machen sich die Störungen, die von den Zündkerzen der Autos und vor allem der Motorräder kommen, oft sehr unangenehm bemerkbar. Sie können die Abtrennstufe übersteuern und

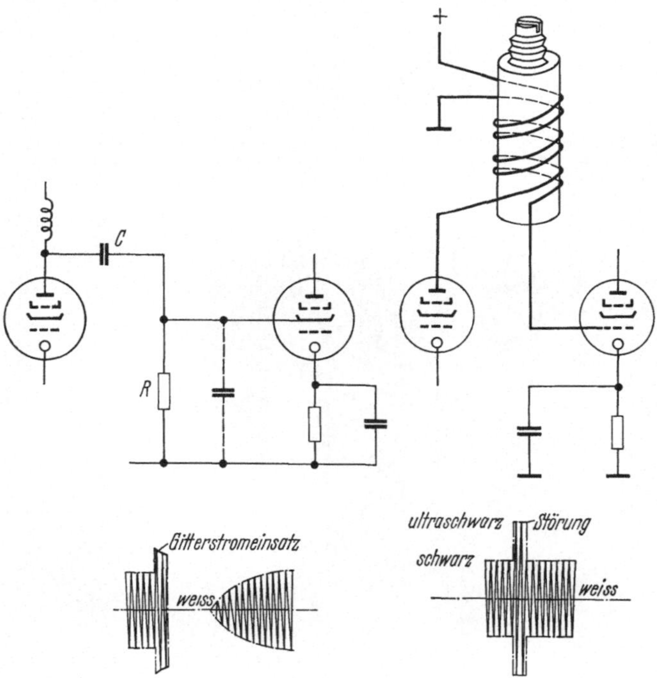

Abb. 31. Die Wirkung von Impulsstörspannungen auf verschieden geschaltete Zwischenfrequenz-Verstärkerstufen des Fernsehempfängers.

eine einwandfreie Synchronisierung unmöglich machen. Aber auch Störungen, die noch nicht so groß sind, daß sie die Abtrennstufe außer Betrieb setzen, können sich im Bild recht unangenehm auswirken. Die

Fernsehempfänger verwenden heute fast ausnahmslos verstimmte Kreise im Zwischenfrequenzverstärker. Wird dabei die Ankopplung des Kreises an die nächste Verstärkerstufe, wie früher üblich, mit einem Kondensator vorgenommen und der Dämpfungswiderstand für den Kreis als Gitterableitwiderstand für die nächste Röhre verwendet, so können die Störungen recht unangenehm sichtbar werden. Sie sind bei der Negativmodulation schwärzer als schwarz und oft viele Male größer als das Nutzsignal. Sie können daher leicht die Verstärkerstufen übersteuern. Beim nicht übersteuerten Verstärker erscheinen die Zündstörungen als kleine schwarze Punkte. Während der Störimpuls-Übersteuerung entsteht beim Verstärker mit RC-Ankopplung Gitterstrom, der einen Spannungsabfall am Gitterwiderstand erzeugt und den Verstärker sperrt. Nach dem Abklingen der Störung kann der Ankoppelkondensator sich nicht so schnell entladen. Die Sperrung der Röhre bleibt also je nach der Zeitkonstante der Ankopplung längere Zeit — über die Stördauer hinaus — aufrechterhalten. Ein gesperrter Verstärker bedeutet aber bei der Negativmodulation ein weißes Signal, so daß einem kurzen schwarzen Störimpuls ein langer, unangenehm sichtbarer weißer Störimpuls folgt. Daher wird in Verstärkern mit verstimmten Kreisen keine RC-Kopplung mehr verwendet. Transformatoren normaler Ausführung sind leider nicht brauchbar, weil durch die beschränkte Kopplung eine Bandfilterwirkung entsteht. Ein Ausweg führt auf Transformatoren mit Bifilar-Wicklung. Bei diesen ist die Kopplung so fest, daß keine Zweihöckrigkeit der Durchlaßkurve eines Kreises auftreten kann (Abb. 31).

Durch Gitterstrom kann an der niederohmigen Transformatorwicklung kein Spannungsabfall mehr auftreten, der das Gitter sperrt; außerdem ist die Zeitkonstante klein gegen die Zeit eines Bildpunktes.

Die Anwendung der Impulstechnik in der Funknavigation.

Von **E. Kramar**, Stuttgart.

Die Aufgabe, den Standort eines Flugzeuges oder Schiffes zu bestimmen, läßt sich mittels der Funktechnik auf dreierlei Weise lösen: als Winkelmessung durch den Schnitt der Standlinien von zwei bekannten Punkten, deren Richtungen, gegenüber N gemessen, den Ort eindeutig festlegen; durch eine kombinierte Richtungs- und Entfernungsmessung von einem Punkte aus oder durch Entfernungsmessungen von zwei (doppeldeutig) bzw. drei bekannten Punkten.

Bei den meisten Verfahren zur *Entfernungsbestimmung* wird die Impulstechnik mit Vorteil angewandt, denn hier ist die *Zeit* zwischen der Ausstrahlung eines Signals und dem Eintreffen des „Echos" von dem gesuchten Objekt zu bestimmen; diese kann am einfachsten als direkte Laufzeit von *Impulsen* gemessen werden — es entspricht einer Strecke von 150 km für Hin- und Rücklauf 1 msek —, die vom Objekt, bei Höhenmessung im Flugzeug vom Erdboden, reflektiert werden (passive Reflexion) oder es wird an der Gegenstelle empfangen und auf einer neuen Frequenz wieder ausgestrahlt (durch sog. Transpondor, Antwortsender mit Frequenzumsetzung).

Zweifellos ist das Radargerät, auf Richtungs- und Entfernungsmessung beruhend, eines der bekanntesten Nutznießer der ungeheuren Fortschritte, welche die Impulstechnik in knapp zwei Jahrzehnten gebracht hat; man kann fast sagen, daß die Entwicklung auf diesem Sondergebiet der Modulation nur durch die Radaraufgaben in den Kriegsjahren so stürmisch verlaufen ist.

Zur eigentlichen Navigation auf Grund der Anzeigebilder an Bord — sei es im Flugzeug oder auf dem Schiff — wird das Radargerät heute noch wenig benutzt. Es dient viemehr hauptsächlich zur Überwachung von Bewegungsvorgängen in der Luft oder auf dem Wasser und damit zur Verkehrsregelung, Warnung vor Kollisionen usw. Zur *Fremdortung* eingesetzt, erfordert es eine Nachrichtenübermittlung, über die jeweils nur einem bestimmten Verkehrsteilnehmer Anweisungen auf Grund der an Land gemessenen Daten gegeben werden können, ein Verfahren, dem, wie bei der Fremdpeilung, mit zunehmender Verkehrsdichte bald Grenzen gesetzt sind.

Diese Einschränkungen fallen bei *Eigenortung* fort. Aus diesem Gebiet soll über zwei Abkömmlinge der Impulstechnik berichtet werden, einem Vertreter der Nahnavigation „DME" (*Distance Measuring Equipment*), und der Fernnavigation „Loran" (*Long Range Navigation*), Ortungsverfahren, die heute in weitem Umfange von der See- und Luftfahrt benutzt werden.

I. DME-Entfernungsmeßverfahren.

Als Ergänzung zu Drehfunkfeuern (VOR), welche Richtungsangaben (Azimut bezogen auf den VOR-Standort) liefern, wurde in den USA in den Nachkriegsjahren ein Entfernungsmeßverfahren entwickelt, das heute in zunehmendem Maße für die Flugnavigation in Einführung steht. Die kombinierte VOR/DME-Bodenanlage ermöglicht eine Flugzeugeigenortung nach Polarkoordinaten (sog. ϱ-Θ-Verfahren). Als Nahnavigationshilfe gedacht, konnten für beide Teile der Anlage Frequenzen gewählt werden, deren Ausbreitung den optischen Gesetzen entspricht, d. h. etwa 110 km in 1000 m Flughöhe bzw. 360 km in 10000 m, ebenes Gelände vorausgesetzt. Die von der Internationalen Zivilen Luftfahrtorganisation (ICAO) festgelegten Frequenzbänder sind für VOR 112 bis 118 MHz, für DME 960 bis 986 MHz für Bord — Bodenabfrage bzw. 1188 bis 1215 MHz für Boden — Bordantwort.

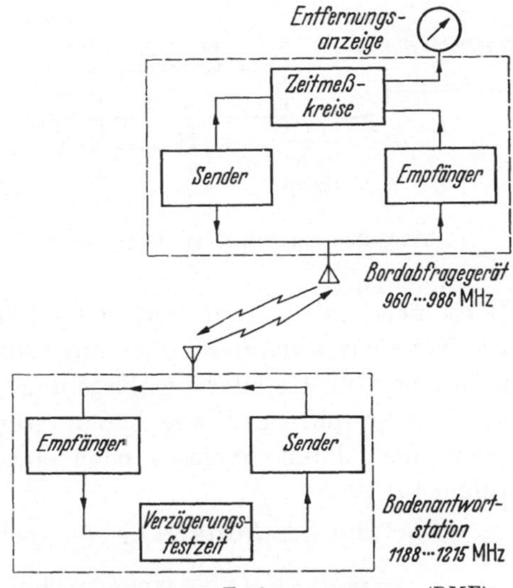

Abb. 1. Prinzip der Entfernungsmessung (DME).

Abb. 1 zeigt das Prinzip der Entfernungsmeßmethode, welche durch eine Reihe, nur bei der Impulstechnik anwendbarer Kunstgriffe die von betrieblicher Seite gestellten schwierigen Forderungen erfüllen konnte. Die vom Bordabfragegerät (Interrogator) ausgesandten Impulse werden von der Bodenantwortstation (Transpondor) aufgenommen, geprüft und auf anderer Frequenz wieder ausgestrahlt; der Empfänger des Abfragegerätes an Bord nimmt diese Impulse auf und bringt die Laufzeit Bord — Boden — Bord unter Berücksichtigung der Verzögerungen in den Geräten an einem in Meilen geeichten Instrument zur Anzeige.

Die Entfernung soll nun innerhalb der Reichweitengrenzen laufend mit einer Genauigkeit von $\pm 3\%$ angezeigt werden. Da das DME-Netz schon heute für eine in Zukunft zu erwartende große Verkehrsdichte geplant werden mußte, wurde verlangt, daß bei einer gleichzeitigen Abfrage der Bodenstation durch 50 Maschinen keine Beeinträchtigung der gegebenen Antworten auftreten darf und weiterhin, daß unter Be

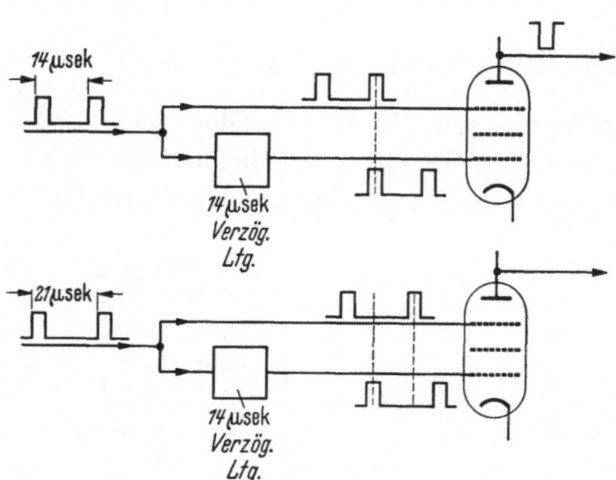

Abb. 2. Doppelimpuls-Koinzidenzschaltung.

rücksichtigung der vielen Bodenanlagen, die von Maschinen in großer Höhe abgefragt werden können, 100 Meßkanäle bordseitig zur Verfügung stehen müssen. (Diese und die folgenden Daten sind den Literaturstellen [1] und [2] entnommen.) Bei einer Impulsdauer von 2,5 µsek und einem Kanalabstand von 2,5 MHz, der schon deshalb erforderlich war, um die Frequenzstabilität an Bord nicht zu hoch zu treiben (± 400 kHz), konnten die geforderten 100 Kanäle innerhalb des oben angegebenen Bandes nur durch die Verwendung von Impulsverschlüsselung (pulse multiplex) verwirklicht werden: sowohl bord- wie bodenseitig werden jeweils Doppelimpulse verwendet, deren Abstand nach einem bestimmten Schema (mode) aufgebaut ist.

So beträgt der Abstand der Doppelimpulse bei:

Schlüssel 1: Bordabfrage 14 µsek,   Bodenantwort 77 µsek,
Schlüssel 2: Bord   21 µsek,   Boden 70 µsek,
Schlüssel 3: Bord   28 µsek,   Boden 63 µsek. usw. usw.

Da jeder der 10 Schlüssel bei 10 Trägerfrequenzen angewendet werden kann, entstehen so je 100 Kanäle innerhalb von 25 MHz Bandbreite in der einen und 25 MHz in der anderen Richtung.

Eine Koinzidenzschaltung (Abb. 2) prüft, durch Laufzeitkette auf den Schlüssel „eingestellt", ob der zweite Impuls im richtigen Zeitabstand eintrifft: wenn ja, werden beide Gitter gleichzeitig positiv und lösen einen neuen (einfachen) Impuls aus, der im Gerät weiterarbeitet; wenn nicht, bleibt das Rohr gesperrt. Natürlich riegelt diese Schaltung auch Einzelstörimpulse ab und verhindert so ein zweckloses Ansprechen der Bodenstation. Als einstellbares Laufzeitglied wird ein Nickeldraht verwendet, in dem die Impulse als Kontraktionswelle, durch Magnetostriktion erregt und wieder abgenommen, mit einer Geschwindigkeit von $4{,}5 \cdot 10^5$ cm/sek entlanglaufen, so daß 7 μsek einem Abstand von 3 cm entsprechen. Die gleiche Einrichtung wird auch zur Verschlüsselung der ausgehenden Impulse verwendet.

Als weiterer Kunstgriff sei die Echosperre genannt. Es besteht bei Doppelimpulsen die Gefahr, daß durch Reflexionen, z. B. an einem

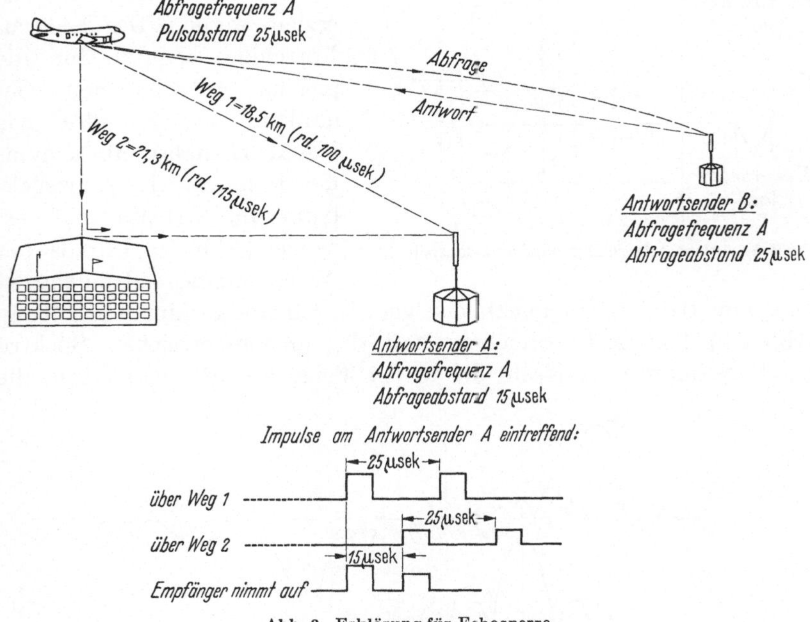

Abb. 3. Erklärung für Echosperre.

Hallendach (Abb. 3), für eine Bodenstation mit anderem Impulsschlüssel, deren Abfrage nicht beabsichtigt ist, der dort eingestellte Impulsabstand vorgetäuscht wird, wodurch diese Anlage unnötigerweise antworten würde. Zweifellos wird der reflektierte zweite Impuls mit kleinerer Amplitude als der direkte erste ankommen. Eine Einrichtung im Empfänger prüft nun, ob beide Impulse gleiche Amplitude haben, und läßt sie gar nicht erst zum Koinzidenzrohr laufen, falls dies nicht der Fall ist.

Von besonderem Interesse ist eine Selektionssteigerung des Empfängers durch „Spitzen-Unterdrücker" (Spike Eliminator, von Hazeltine vorgeschlagen) oder durch den Ferris Discriminator der Federal Laboratories. Bei dem erstgenannten Verfahren ging man davon aus, daß ein Impuls im Nachbarkanal durch die steilen Flanken des Anstieges bzw. Abfalls zwei Spitzen in Form eines M auslöst. Wird daher durch eine Koinzidenzschaltung, wie in Abb. 4 gezeigt, die Form jedes *einzelnen* Impulses geprüft — bevor dieser der Entschlüsselung zuge-

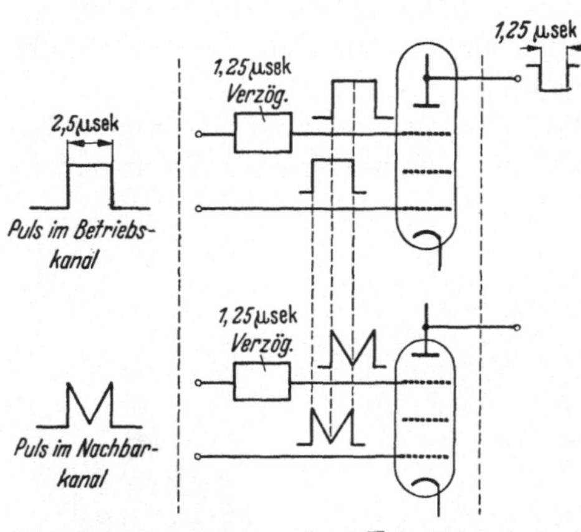

Abb. 4. Selektionssteigerung durch Koinzidenzprinzip.

leitet wird (s. auch Abb. 6) —, so kann durch diese Maßnahme für den Nachbarkanal (2,5 MHz) trotz verhältnismäßig geringer ZF-Selektion eine Abschwächung von 80 dB erzielt werden. Der Federal-Vorschlag benutzt für die gleiche Aufgabe den Gedanken, daß Impulse des Nachbarkanales ein unsymmetrisches Störfrequenzspektrum im Arbeitskanal erzeugen (Abb. 5a), Impulse des Arbeitskanales selbst dagegen ein symmetrisches Frequenzbild zeigen. Durch eine geeignete Schaltung (Abb. 5b) läßt sich erreichen, daß die unsymmetrischen Spektra negative Impulse auslösen, die in der Folge unwirksam bleiben, die

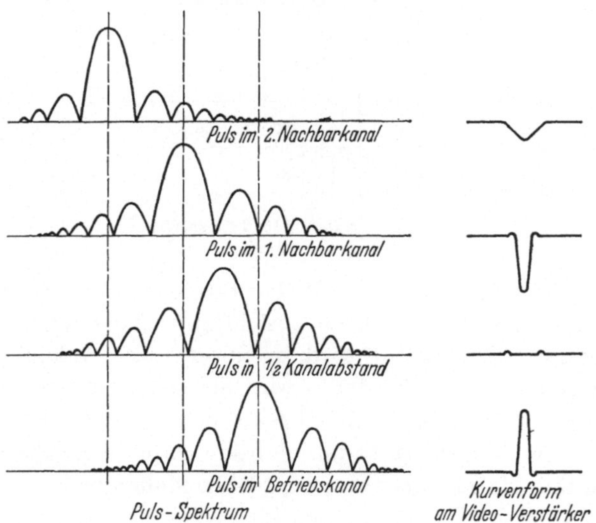

Abb. 5a. Wirkungsweise des Ferris-Discriminators.

symmetrischen dagegen positive Arbeitsimpulse, die weitergeleitet werden. Durch diese „Abweisung" (rejection) der Nachbarimpulse kann so die Selektion bei 2 MHz Abstand sogar auf 100 dB gesteigert werden.

Betrachten wir nun das Prinzipschema eines Bodenantwortsenders, soweit er Besonderheiten aufweist (Abb. 6). Über die für Sendung und Empfang gemeinsame Antenne gelangen die Impulse über einen Hohlresonatorvorkreis und nach Überlagerung zum ZF-Verstärker (6 Stu-

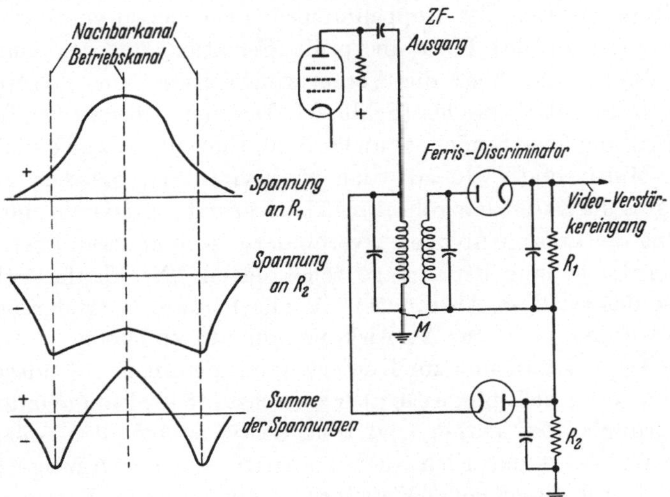

Abb. 5b. Selektionssteigerung durch Ferris-Discriminator.

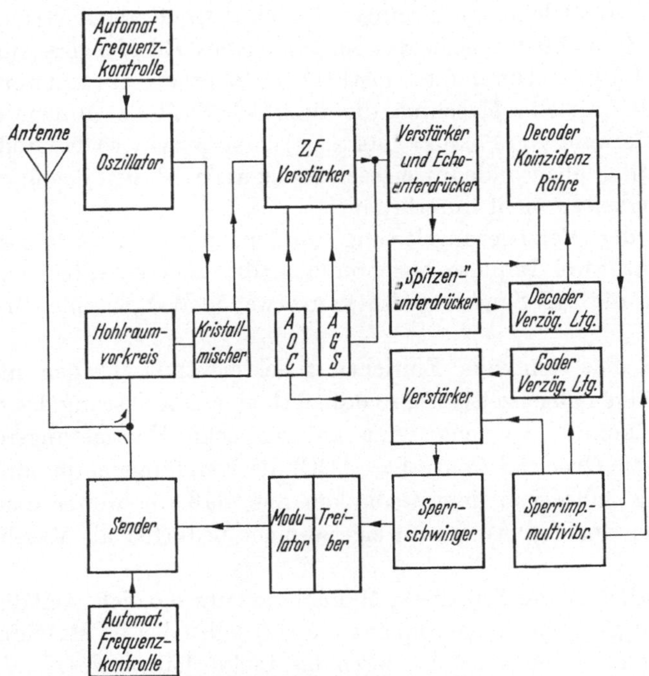

Abb. 6. Prinzip eines Bodenantwortsenders (Transpondor).

fen und Detektor); an dessen Ausgang wird eine vom mittleren Störspiegel gesteuerte Regelspannung abgenommen, welche den Verstärkungsgrad der ZF konstant hält (*Automatic Gain Stabilization* = AGS). Es folgt ein zweistufiger Impulsverstärker, der gleichzeitig die Amplitudenprüfung der Doppelimpulse (Echosperre) vornimmt. Dann werden diese auf ihre Form überprüft (Selektion) und der Koinzidenzröhre direkt und über die Verzögerungsleitung zur Kontrolle des richtigen Impulsabstandes (Schlüssel, Decoder) überwiesen. Ist auch diese Prüfung überstanden, dann läuft ein Einzelimpuls zu einem Sperrimpuls-Multivibrator (dead time multivibrator), welcher zunächst rückwärts die Koinzidenzröhre für 75 μsek sperrt; einmal um eine Selbsterregung der ganzen Anlage zu verhindern, zum anderen aber, um die von der Umgebung der Anlage reflektierten „Nachläufer" (Doppelimpulse des *richtigen* Abstandes), die alle Prüfungen erfolgreich überstehen würden, nicht zur Auswirkung kommen zu lassen.

Der Impuls läuft nun zur Kodierung mit dem neuen Sendeschlüssel zur Verzögerungsleitung, wo er aber zunächst 115 μsek aufgehalten wird; diese Grundlaufzeit (suppressed time delay) ist bei allen Anlagen die gleiche und wird natürlich auch bordseitig bei der Anzeige berücksichtigt. Durch diesen neuen Kunstgriff — ein deutsches Patent aus dem Jahre 1939 [*3*] — werden *die* Schwierigkeiten beseitigt, die bei der Messung von Kleinstentfernungen bei passiven Radarreflexionen auftreten (Maßnahmen gegen das Zustopfen des Empfängers durch den eigenen Impuls). Durch die künstliche Verzögerung der Antwortsignale wird selbst für eine Maschine, die direkt oberhalb der Anlage abfragt, eine Entfernung von 17 km (= 114 μsek) vorgetäuscht, so daß Boden- und Bordstation, ebenso die Anzeigeschaltung an Bord, den obengenannten Schwierigkeiten nicht unterliegen.

Von der Verzögerungsleitung werden nun, dem Schlüssel entsprechend, zwei Impulse abgenommen, die über entsprechende Verstärkung die HF-Sendeimpulse von etwa 5 kW-Spitzenleistung auslösen.

Noch eine sinnvolle Einrichtung sei erwähnt. Fragen mehr als 50 Maschinen gleichzeitig ab, so daß evtl. eine Überlastung des Senders erfolgen könnte, so senkt eine automatische Überlastungsregelung (*Automatic Overload Control* = AOC) die Empfängerempfindlichkeit; man ging dabei von dem Gedanken aus, daß die weiter entfernten Maschinen der Entfernungsanzeige weniger bedürfen als Maschinen in Platznähe.

Natürlich ist ein Teil dieser Maßnahmen nur möglich, weil durch die sehr niedrige Impulsfolgefrequenz (30 Hz) selbst bei 50 Maschinen mit 30 Doppelimpulsen von $2{,}5 \cdot 10^{-6}$ s das Tastverhältnis des Senders nur etwa $7{,}5 \,^{0}/_{00}$ beträgt.

Nun eine Erklärung der Bordanlage, insbesondere der direkten Instrumentenanzeige der gemessenen Zeit, die oberhalb der Anlage, wie erwähnt, nur 115 μsek, bei 150 km dagegen 1,115 msek beträgt.

Sende- und empfangsseitige Verschlüsselungstechnik entsprechen derjenigen der Bodenanlage, auch einige der Kunstgriffe sind über nommen. Der Meßvorgang selbst erfolgt in zwei Stufen: beim „Suchen" der Entfernung werden so lange 150 Impulse/sek gesendet, bis der zurück-

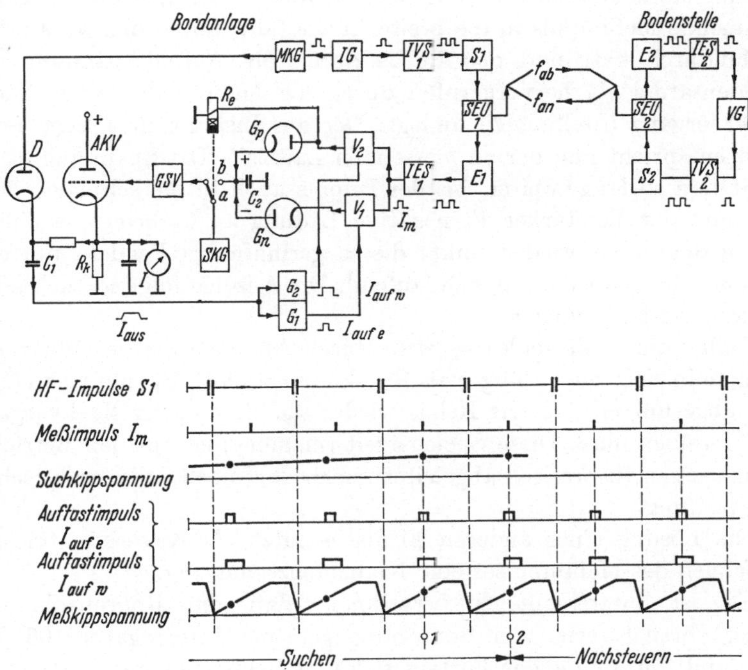

Abb. 7. Prinzip der Entfernungsanzeige Schaltbild und Impulslaufzeitdiagramm.

kommende Meßimpuls in ein Tor (gate) fällt, das in 10 sek den ganzen Meßbereich von Null an absucht. Von diesem Moment tritt eine Synchronisierung, ein Nachsteuern, ein, zu welchem 30 Impulse/sek ausreichen.

Im folgenden wird eine der Ausführungsformen erläutert: In Suchstellung verbindet ein Relais, wie in Bild 7 dargestellt, einen Suchkippgenerator SKG, dessen Spannung in 10 sek langsam ansteigend den Meßbereich überstreicht, mit den folgenden Verstärkerröhren und hebt so langsam das Potential der Diode D, das am Kathodenwiderstand R_K entsteht und am Entfernungsinstrument I angezeigt wird. Diesem langsamen Vorgang überlagert sich eine sägezahnförmige Meßkippspannung an der Diode, welche mit jedem Sendeimpuls ausgelöst wird

11*

und deren Größe daher proportional der zu messenden Zeit bzw. Entfernung ist. Jeweils, wenn die Diode positiv wird, löst sie in den beiden Generatoren G_1 bzw. G_2 (gate generator) einen schmalen (10 µsek) und einen breiten (20 µsek) Impuls aus, welche die beiden Verstärker V_1 und V_2 entsperren und so für den Anwortimpuls durchlässig machen. Da dieser Zeitpunkt durch das Ansteigen der Suchkippspannung immer später, bezogen auf den abgehenden Sendeimpuls, eintritt, muß schließlich der Moment kommen (*1* in Abb. 7 unteres Bild), wo der zurückkommende Meßimpuls in die breite Lücke fällt, durch den Verstärker V_1 hindurch tritt und das Relais durch die Aufladespannung des Kondensators C_2, hervorgerufen durch die Meßimpulse, zum Nachsteuervorgang (Stellung *b*) umlegt. Der am Instrument I abgelesene Wert entspricht nun der zu messenden Laufzeit. Die Spannung an C_2 steigt nun so lange weiter, bis der Impuls auch in die schmale Lücke fällt und der Verstärker V_2 negative Ladung an C_2 bringt, wodurch dessen Spannung wieder sinkt; dieses geringfügige Pendeln um den richtigen Wert wiederholt sich laufend. Die Anzeige folgt so auch allen Entfernungsänderungen.

Fallen die Meßimpulse — etwa durch Abschattung der Flugzeugantenne in Kurven — länger als 15 sek aus, so ist die Spannung an C_2 so weit abgesunken, daß das Relais wieder abfällt und der Suchvorgang neu einsetzen muß. Diese Speicherzeit (memory) ist aus den Betriebsverhältnissen theoretisch abgeleitet und bedarf noch einer praktischen Überprüfung.

Die Lösung einer anderen Firma benutzt als Kriterium für das Einfangen des Meßimpulses eine Koinzidenzschaltung.

Es ist interessant, zu erwähnen, daß die Röhrenzahl der ersten Versuchsserie von Bordabfragegeräten (Interrogator) 66 betrug und im Laufe der Fortentwicklung heute nur noch etwa 30, bei einem einfachen Gerät für Sportflugzeuge sogar nur 23. Im gleichen Verhältnis sind etwa auch Gewicht und Preis dieser Bordgeräte gesunken.

Ein Entfernungsmeßverfahren, das auf dem gleichen Prinzip Bordabfrage — Bodenantwort mit Frequenzumsetzung beruhte, wurde von deutscher Seite während des Krieges unter dem Namen „Baldur" entwickelt [*4*]. Die Geräte arbeiteten mit einer Frequenz von etwa 150 MHz mit Impulsen von wenigen Millisekunden Dauer; die Impulsfolge von 375 Hz wurde von einem Quarzgenerator abgeleitet, der gleichzeitig die Zeitablenkung des Braunschen Rohres empfangsseitig steuerte. Die Messung der Laufzeit erfolgte in drei Genauigkeitsstufen mittels geeichter Phasenschieber, durch welche die Phase der Horizontalablenkung so weit verändert werden konnte, bis der Empfangsimpuls auf eine bestimmte Marke fiel (Meßgerät „Emil").

II. Loran.

1. Verfahren.

Bereits 1915 wurde für Schallwellen der Gedanke geäußert [5], der wenig später auch in die Funktechnik übertragen wurde [6], den Standort einer Schallquelle (Granateneinschlag) dadurch zu bestimmen, daß das Eintreffen des Schallimpulses an drei Meßstellen in geeignetem Abstand registriert und aus den Zeitdifferenzen auf den Einschlagsort geschlossen wurde. Der geometrische Ort von Entfernungsdifferenzen ist bekanntlich eine Hyperbelschar, in deren Brennpunkten in diesem Falle die Meßstellen liegen; aus dem Schnitt zweier bestimmter Hyperbeln durch Hinzuziehung des dritten Meßortes kann eindeutig auf den Ursprungsort der Impulsquelle geschlossen werden.

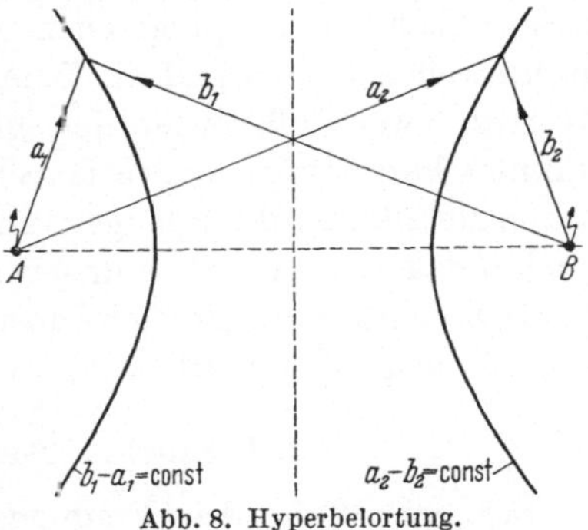

Abb. 8. Hyperbelortung.

Natürlich kann dieses Prinzip auch umgekehrt angewandt werden, indem man von zwei festen Punkten (A und B — Abb. 8) Impulse aussendet und die Laufzeitdifferenz beim Beobachter an unbekanntem Ort mißt; auch hier sind die geometrischen Örter Hyperbeln mit den beiden Sendestellen als Brennpunkte. Werden die Impulse gleichzeitig abgestrahlt und sind sie untereinander nicht unterscheidbar — etwa durch Länge oder Doppelimpulse —, dann erfüllen zwei Hyperbeln die gleiche Laufzeitbedingung; anderenfalls kann man aus dem Vor- oder Nacheilen der gekennzeichneten Impulse der einen Stelle auf einen bestimmten Hyperbelast schließen; ein zweites System ist dann zur eindeutigen Standortbestimmung (Schnitt zweier Hyperbeläste) erforderlich.

An Stelle der Kennzeichnung der von A und B ausgesandten Impulsfolgen kann die Mehrdeutigkeit dadurch beseitigt werden, daß man die Abstrahlung von B erst dann auslöst, wenn der A-Impuls bereits über diese Stelle hinweggewandert ist. Die Impulsfolge von B wird durch A synchronisiert, zur Vereinfachung der Bordanzeige erfolgt die Impulsauslösung von B durch künstliche Verzögerung etwa auf Mitte der Lücke zwischen den A-Impulsen (s. Abb. 14). Die in Spezialkarten eingezeichneten Hyperbeln sind direkt mit den Laufzeitdifferenzen beziffert. Damit ist der Grundgedanke des „Loran"-Verfahrens skizziert.

Da nicht der Träger, sondern das Eintreffen der Impulse als Kriterium für die Ortung dient, können mehrere Sender mit unter-

E 11

schiedlichen Impulsfolgen auf der gleichen Trägerfrequenz arbeiten. Als Anzeigegerät wird an Bord ein Braunsches Rohr benutzt, dessen Ablenkfrequenz mit der der Impulsfolge synchronisiert wird. Die „falschen" Zeichen fremder „Loran"-Sender auf gleicher Welle wandern über das stehende Bild der richtigen Impulse hinweg, ohne die Messung zu beeinträchtigen. Diesem Vorteil – geringe Anzahl von Trägerfrequenzen – steht der Nachteil des großen Frequenzspektrums gegenüber, das durch die Impulstastung entsteht und auch entsprechend große Bandbreite des Empfängers verlangt.

Die Impulstastung bei „Loran" und die Darstellung auf dem Braunschen Rohr ermöglichen aber die Trennung von Boden- und Raumwellenzeichen und die Beurteilung der Qualität des gewonnenen Wertes, zwei außerordentlich große Vorteile, die kein anderes bekanntes Fernnavigationsverfahren aufweisen kann. Diese allein würden schon die Inkaufnahme der genannten Nachteile rechtfertigen. Es kommt noch hinzu, daß „Loran" nur mit sehr großem Aufwand und auch dann nur in beschränktem Bereich künstlich störbar ist, wodurch es militärisch einen sehr großen Wert erhält, wie der letzte Krieg bewies.

2. Frequenzbereich und Ausbreitung.

Bei der Wahl des Frequenzbereiches für „Loran" mußte ein Kompromiß einerseits zwischen der erwünschten großen Bodenwellenreichweite geschlossen werden, eine Forderung, welche die Anwendung von längeren Wellen nahe legte, und andererseits den Störungen durch das große Frequenzspektrum der Impulsmodulation, das nur bei

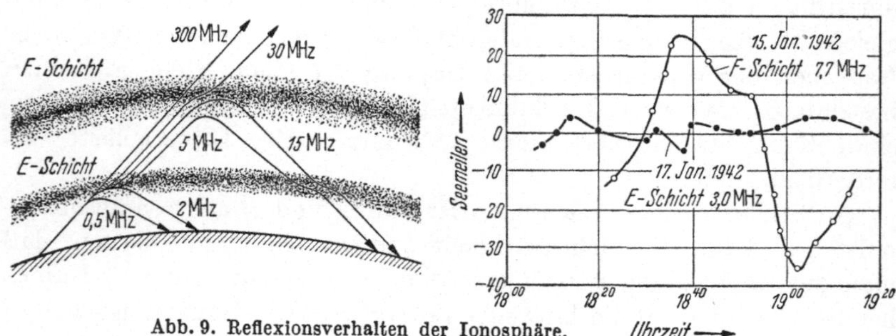

Abb. 9. Reflexionsverhalten der Ionosphäre.

kürzeren Wellen untergebracht werden kann. J. A. Pierce [7] erkannte nun im Jahre 1941 die Möglichkeit, im Grenzwellenbereich um 2 MHz auch die Raumwellen zur Fernortung zu benutzen, da in diesem Bereich die E-Schicht der Ionosphäre eine erstaunlich konstante Höhe einhält; man entschied sich daher endgültig für diese Frequenzen.

Abb. 9 (linkes Bild) zeigt hierzu das grundsätzliche Verhalten der verschiedenen Schichtungen der Ionosphäre für die verschiedenen

Frequenzbereiche: die D-Schicht in etwa 70 km Höhe über dem Erdboden reflektiert nur sehr lange Wellen, die Mittel- und Grenzwellen reflektierende E-Schicht ändert ihre Höhe von 100 km nur um etwa $\pm 2,5$ km,

die F-Schicht, die Kurzwellen reflektiert, schwankt dagegen, je nach Tages- und Jahreszeit, in ihrer Höhe zwischen 200 und 250 km. Von den Amerikanern durchgeführte Laufzeitmessungen (Abb. 9, rechtes Bild) zeigten, daß die F-Reflexionen denen der E-Schicht in bezug auf Konstanz in dieser Hinsicht weit unterlegen sind.

Abb. 10 gibt die Laufzeitvergrößerung und deren Toleranzen von

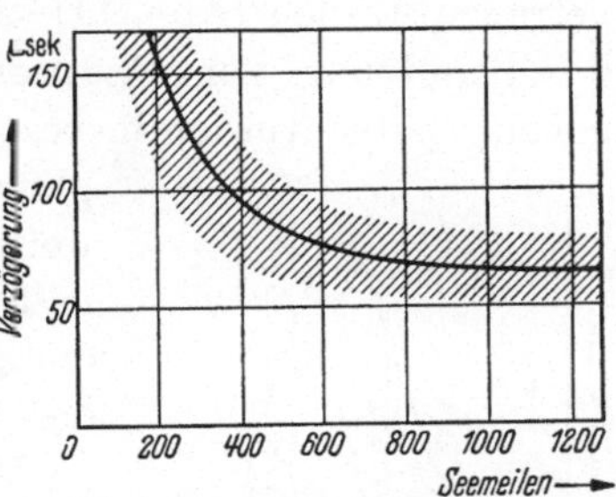

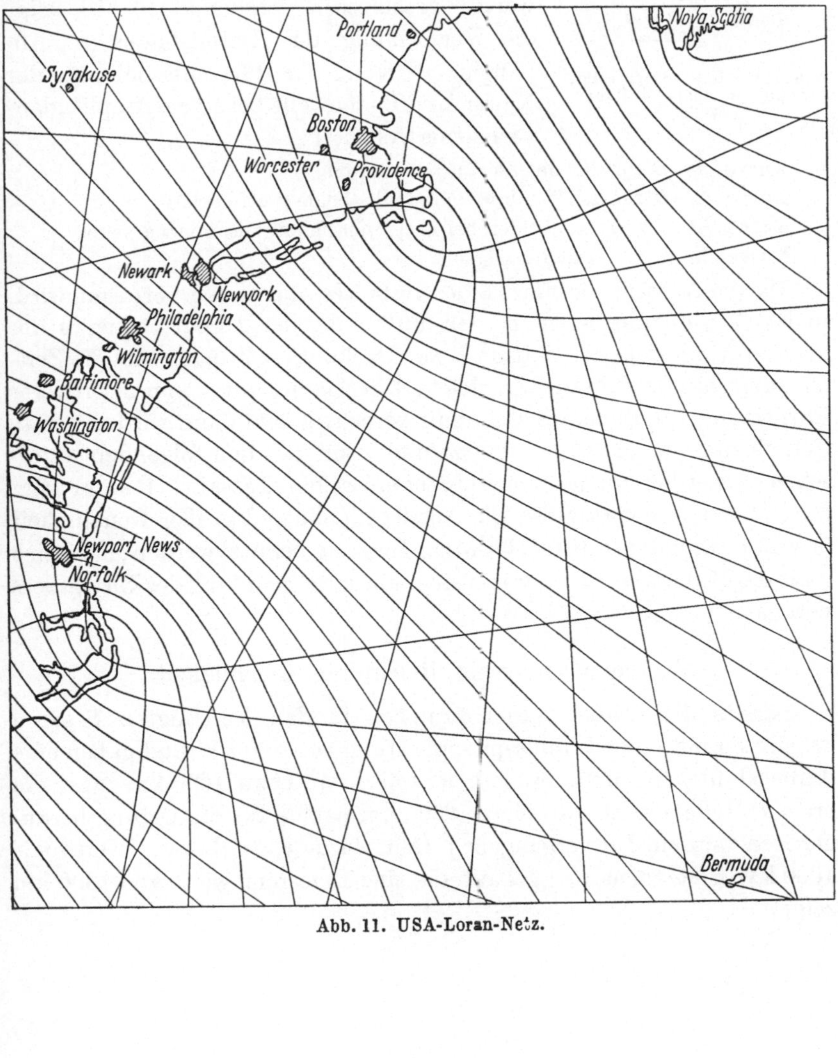

Abb. 10. Laufzeitunterschied zwischen Bodenwelle und E-Reflexion.

Abb. 11. USA-Loran-Netz.

E-Raumwellen gegenüber der Bodenwellenausbreitung in Abhängigkeit von der Entfernung wieder.

Zu den Karten, in denen die Hyperbeln gleicher Laufzeit eingetragen werden (Abb. 11), wurden anfänglich Korrekturtabellen für die Benutzung von Raumwellenimpulsen entsprechend Abb. 10 gegeben; später wurden insbesondere für den europäischen Kriegsschau-platz die Hyperbelscharen für die Reichweite der Bodenwelle eingezeichnet und außerhalb dieses Bereiches für die erste E-Reflexion die zusätzliche Laufzeit in der Beschriftung der Hyperbeln mit berücksichtigt.

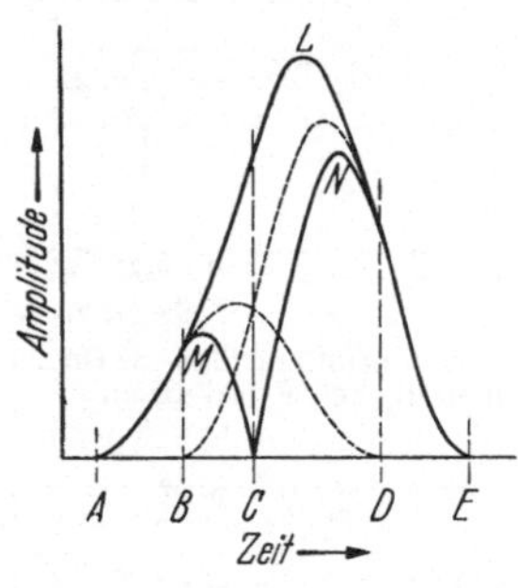

Abb. 12.   Loran-Impulsbild, Einfluß von Boden- u. Raum-welle.

Wie schon erwähnt, kann am Anzeige-schirm des Braunschen Rohres aus der Form des Impulses auf die Zuverlässigkeit des Meß-wertes geschlossen werden. Abb. 12 zeigt die Verformung des Impulsbildes in Abhängigkeit von der Phasenbeziehung der Raum- und Bodenwelle bei einem Amplituden-verhältnis von $2:1$:

Kurve $A—D$ gilt für den Bodenwellenimpuls,
Kurve $B—E$ für den Raumwellenimpuls (beide gestrichelt);
Kurve L zeigt die beiden bei Gleichphasigkeit zusammengesetzt,
Kurve M/N bei Gegenphasigkeit.

Da der Anstieg, die Flanke des Impulses, nur wenig verformt wird, so ist es durchaus möglich, den Fußpunkt des Impulsanstieges der Station A mit dem der Station B zur Deckung zu bringen, um die Zeit-messung durchzuführen. Die gleiche Überlegung gilt, wenn in größerer Entfernung der Bodenwellenimpuls verschwindet; dann wird die erste E-Reflexion zur Messung benutzt und kann von den folgenden unter-schieden werden, die ja immer später eintreffen. Tatsächlich kann trotz des „Atmens" der Impulse die Anstiegsflanke mit großer Genauigkeit (etwa 1 µsek, entsprechend 300 m) zur Messung benutzt werden; natürlich setzt die Bedienung des Gerätes eine sehr gute Schulung des Navigators voraus.

3. Dimensionierung, Reichweite, Genauigkeit.

Bereits die ersten Versuchsanlagen in den Vereinigten Staaten arbeiteten mit einer Impulsspitzenleistung von 100 kW und gaben eine durchschnittliche Bodenwellenreichweite von etwa 1000 km tags; die erste E-Reflexion konnte bis zu 2500 km nachts für die Ortung heran-gezogen werden. Im vergangenen Jahr wurde eine „Loran"-Kette mit 1000 kW Spitzenleistung gebaut, die eine Tagesreichweite von 1600 km zeigt.

Vier Trägerfrequenzen zwischen 1750 und 1950 kHz sind vorgesehen und je acht Impulsfolgefrequenzen mit einer Ausgangsbasis von 25 Hz und einem Abstand von $^1/_{16}$ Hz bzw. $33^1/_3$ Hz und einem Abstand von $^1/_9$ Hz, so daß 64 Kanäle verfügbar werden.

Tabelle 1. *„Loran"-Impulsfolgefrequenzen.*

Impulsfolgefrequenz Hz	Impulsintervall μsek	Impulsfolgefrequenz Hz	Impulsintervall μsek
25	40.000	$33^1/_3$	30.000
$25^1/_{16}$	39.900	$33^4/_9$	29.900
$25^1/_8$	39.800	$33^5/_9$	29.800
$25^3/_{16}$	39.700	$33^2/_3$	29.700
$25^1/_4$	39.600	$33^7/_9$	29.600
$25^5/_{16}$	39.500	$33^8/_9$	29.500
$25^3/_8$	39.400	34	29.400
$25^7/_{16}$	39.300	$34^1/_9$	29.300

Der Sendeimpuls hat eine Halbwertsbreite von 45 μsek, der Anstieg (Flanke) darf nicht über 10 μsek dauern.

Um die für die Zeitmessung an Bord erforderliche Synchronisierung des Bildes mit der Impulsfolgefrequenz sicherzustellen, muß auf deren Stabilität größter Wert gelegt werden. Der Zeitgeber (timer) der Mutterstation A (master) besteht aus einem 50 kHz-Quarzgenerator sehr hoher Genauigkeit ($3 \cdot 10^{-9}$), von dem die Impulsfolgefrequenzen durch Teilung in vier Stufen abgeleitet werden. Zu diesem Zweck wird aus der 50 kHz-Sinus-Schwingung zunächst eine Rechteckwelle erzeugt, durch Differentiation dann positive und negative Impulse mit Wiederholungszeiten von 20 μsek. Die Teilerstufen bestehen im wesentlichen aus einem Kondensator, der durch eine Anzahl von Impulsen aufgeladen wird und bei einer bestimmten Spannung jeweils einen einzelnen Sperrschwingerimpuls auslöst. Auf diese Weise werden die Impulsintervalle von 20 μsek auf 100, 1000, 5000 und dann 20000 μsek vergrößert. Ein Rechteckgenerator verdoppelt schließlich die Folgezeit von 20 auf 40 μsek (25 kHz).

Um nun von der gleichen Ausgangsfrequenz die Folgefrequenz von $25^1/_{16}$ Hz und so fort ableiten zu können, wird folgender Kunstgriff verwendet: Die Impulse des letztgenannten Rechteckgenerators werden als Rückstellung der zweiten Teilerstufe gleichzeitig mit denen des ersten Teilers mit einer solchen Amplitude zugesetzt, daß dieser bereits nach neun Impulsen des ersten Teilers den Sperrschwinger auslöst (900 an Stelle von 1000 μsek). Die Wiederholungszeit beträgt dann 39900 an Stelle von 40000 μsek ohne Rückstellung. Wird der Ladeimpuls des Rechteckgenerators so vergrößert, daß er zwei Impulsaufladungen des ersten Teilers entspricht, so steigt die Periode auf 39800 μsek. Auf diese Weise werden die acht *L*-Frequenzen (Low Frequencies) erzeugt.

Wird die letzte der vier Teilerstufen so eingestellt, daß die Frequenz nicht auf den vierten, sondern auf den dritten Teil herabgesetzt wird (von 5000 auf 15 000 μsek), so entstehen nach Teilung im Rechteckgenerator durch die gleiche Maßnahme die acht H-Frequenzen (High Frequencies) mit $33^1/_3$ Hz Ausgangsfrequenz. Die gleiche Teilmethode wird auch bei der Erzeugung der Ablenkfrequenz des Braunschen Rohres im Bordgerät benutzt.

Der Zeitgeber enthält weiter noch die Treiberstufe für den Sender sowie einen Empfänger mit Braunschem Rohr, der ähnlich wie das Bordempfangsgerät arbeitet, zur Kontrolle der eigenen Impulse sowie derjenigen des Tochtersenders B.

Die Tocherstation B (slave) muß durch Richtempfang der Bodenwelle von A in ihrer Auslösezeit genau synchronisiert werden, da ja

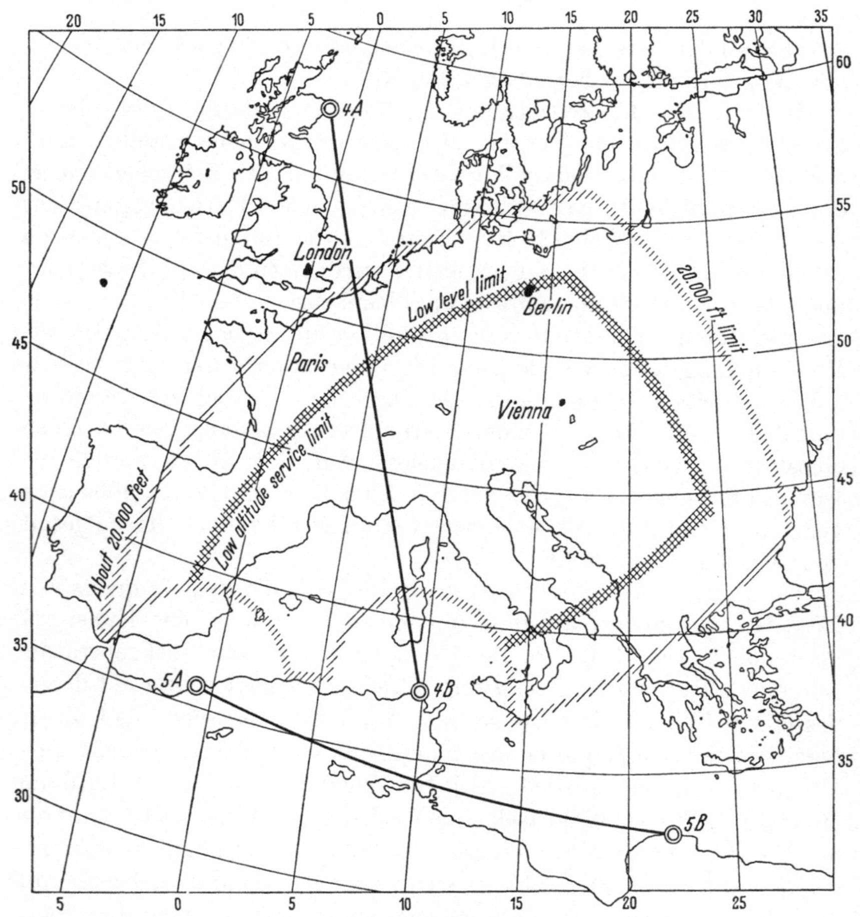

Abb. 13. Europäische Lorankette 1944—45.

auf der Messung dieser Zeitdifferenz das ganze Verfahren beruht. Bei einem Abstand der Sender bis zu etwa 600 km ist diese Bodenwellen-synchronisierung bei dem sogenannten Standard-„Loran" einwandfrei durchführbar. Am europäischen Kriegsschauplatz trat 1944 erstmalig die Notwendigkeit auf, größere Senderbasen zu verwenden (Abb. 13: Senderpaar 4A—4B etwa 2000 km, 5A—5B etwa 1200 km; Reich-weitengrenzen für geringe Flughöhen und für solche von etwa 7000 m). Man war gezwungen, unter Hinzufügen einer Kontrollstelle in geeigneter Entfernung zwischen den Sendern die Synchronisierung über die Raum-welle vorzunehmen (SS-„Loran", Sky Wave Synchronized Loran); so-bald an der Kontrollstelle Unregelmäßigkeiten festgestellt wurden, er-folgt über die „Loran"-Trägerfrequenz eine Warnung an die Benutzer.

Die zur Messung erforderlichen Feldstärken sind nun stark vom Störspiegel in den verschiedenen Breiten der Erde abhängig. Diese Werte für das Signal schwanken am Äquator zwischen 25 μV/m tags und 250 μV/m nachts und erniedrigen dort die Tagesreichweite von etwa 1000 km auf etwa 750 km nachts; in der Arktis ist dagegen tags wie nachts nur 1 μV/m er-forderlich, und die Reich-weite wird dort mit etwa 1500 km angegeben.

Die Genauigkeit des Ver-fahrens schwankt, abhängig vom Störspiegel und dem Zustand der Ionosphäre, zwischen 0,2 bis 0,6% der Entfernung, gelegentlich wird auch der Wert 1% ge-nannt. Das Fehlerviereck ist hinsichtlich seiner Form vom Schnittwinkel der Hyperbel-scharen abhängig; es beträgt

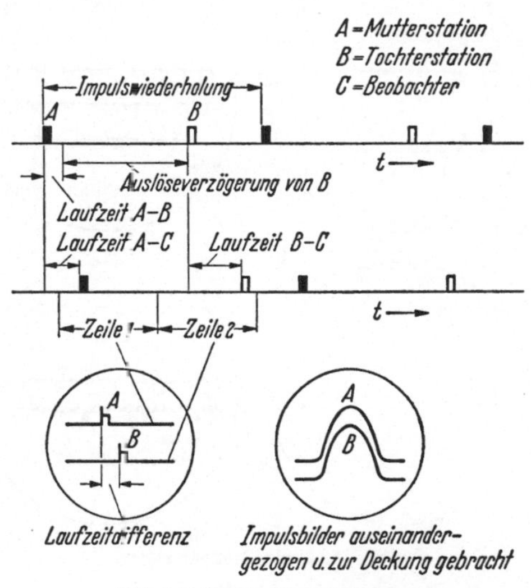

Abb. 14. Loran-Anzeigeverfahren.

in den größten Entfernungen (bei 0,5% im Mittel) bei 1000 km nur 5 × 5 km, bei 2500 km maximal etwa 12 × 12 km, für ein Fern-navigations-Funkverfahren ausgezeichnete Werte.

Die Meßmethode für die Laufzeitdifferenz ist von besonderem Interesse:

Der Empfänger hat bei einer Bandbreite von 75 kHz eine Empfind-lichkeit von 15 μV. Er ist mit dem Anzeigerohr in einem gemeinsamen Gehäuse zusammengebaut. Zur Bedienung müssen zunächst die Träger- und Impulsfolgefrequenz eingestellt werden; dann wird (Abb. 14) bei niedrigster Ablenkgeschwindigkeit des Braunschen Rohres der A-Impuls in der oberen Zeile nach links geschoben, in der unteren Zeile erscheint der B-Impuls rechts von A; der Abstand der beiden Impulse entspricht genau deren Laufzeitdifferenz.

Abb. 15 zeigt das Meßverfahren. Auf beiden Zeilen wird eine Fußmarke (pedestal) als rechteckige Auslenkung von 2 μsek Dauer erzeugt; die Fußmarke der oberen Zeile ist fest, der A-Impuls wird durch Änderung der Ablenkphase auf diese Fußmarke geschoben. Die verschiebbare Fußmarke der unteren Zeile wird dann so eingestellt, daß der B-Impuls auf ihr zu stehen kommt (Abb. 15a). Bei etwa zehnfacher Ablenkgeschwindigkeit erscheinen die Fußmarken bei der nächsten Phase der Messung über die ganzen Zeilen auseinandergezogen. Die untere Fußmarke mit dem B-Impuls wird nun so verschoben, daß die A- und B-Impulse übereinander zu liegen kommen (Abb. 15b), und dann wird bei noch größerer Auflösung auf genaue Deckung der Impulsflanken eingeregelt (Abb. 15c). Um diese Feinortung durchführen zu können, werden die beiden Zeilen aufeinandergeschoben. Nun wird die Verschiebung der unteren Fußmarke gegenüber der festen oberen gemessen, die notwendig war, um die Impulse zur Deckung zu bringen, und zwar, wie Abb. 15d—f zeigen, in drei Stufen an Hand von Zeitmarken von 500, 50 und 10 μsek, welche von dem gleichen 50 kHz-Quarzgenerator durch Teilung abgeleitet werden, der auch die Zeilenablenkung bewirkt.

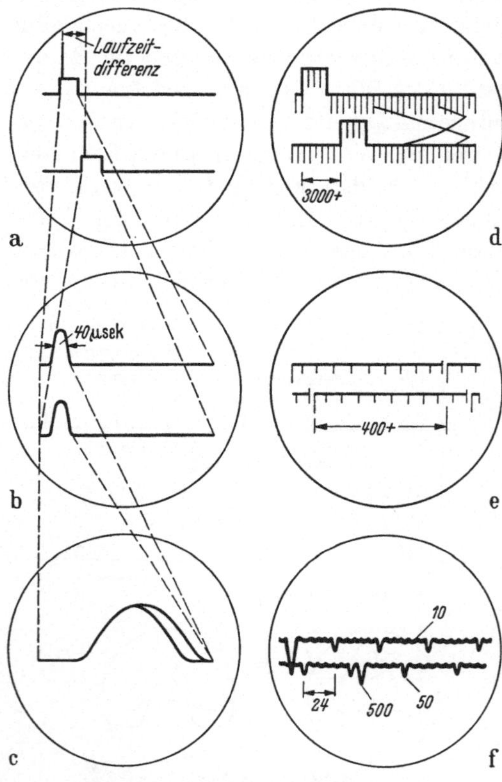

Abb. 15. Loran-Meßverfahren.

Bei einem modernen, direkt anzeigenden „Loran"-Empfänger (Abb. 16) kann die Laufzeitdifferenz an einer Skala abgelesen werden; die Impulse müssen auch hier, wie oben beschrieben, zur Deckung gebracht werden, die hierzu nötige Verschiebung der Fußmarke auf der B-Zeile löst elektronische Zähleinrichtungen (Time Difference Counter) aus, welche den Laufzeitwert in drei Dekaden anzeigen. Dieses Gerät berücksichtigt auch die neuerdings eingeführten weiteren acht „S"-Kanäle mit Impulsfolgefrequenzen, die von 20 Hz ausgehen.

Die Amerikaner haben nach dem Kriege eingehende Versuche durchgeführt, „Loran" im Langwellenbereich zu verwirklichen (sog. LF-Loran, *Low Frequency* Loran). Mit einem Träger von 180 kHz wurden

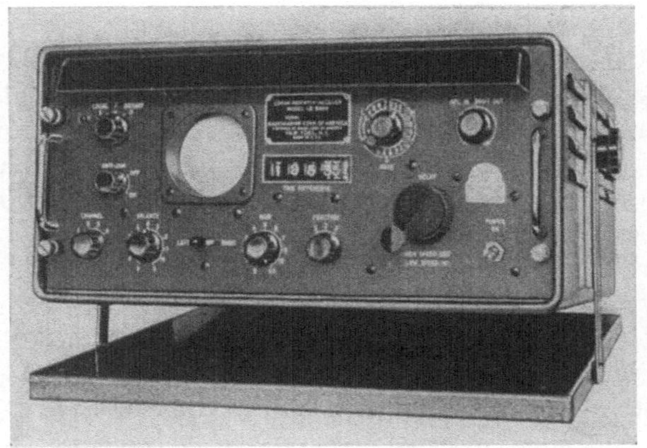

Abb. 16. Direktanzeigender Loran-Empfänger der RCA.

zwar mit 100 kW Spitzenleistung und Impulsen von 300 μsek Dauer bei Reichweiten bis zu 2500 km sehr große Genauigkeiten erzielt; doch ist die erforderliche Bandbreite in diesem so stark besetzten Wellenbereich nicht verfügbar. Auch sind andere aussichtsreiche Navigationsverfahren geringer Bandbreite in Erprobung (Navaglobe, Navarho) bzw. in Entwicklung (Dectra, Delrac), welche, im Langwellenbereich arbeitend, mit „Loran" vergleichbare Werte zu liefern versprechen.

Der Vollständigkeit halber sei erwähnt, daß die Engländer mit ihrem „GEE"-System, wohl unabhängig von den Amerikanern, im März 1942 die Impulshyperbelortung auf Ultrakurzwellen verwirklichten und in den folgenden Jahren für den taktischen Einsatz zu einer hohen Vollkommenheit führten. Auch heute wird GEE in England noch mit Hilfe von fünf Ketten zur Navigation über der Insel und den Randgebieten benutzt, z. T. auch zur Ortung in Verkehrsflugzeugen.

Im Frequenzbereich von 20 bis 85 MHz arbeitend, werden, bei 300 kW Impulsspitzenleistung, bei kleinen Flughöhen Reichweiten bis zu 250 km, bei großen Flughöhen bis zu 700 km erzielt. Bei der relativ kurzen Basis von etwa 150 km zwischen den Stationen werden in der

Nähe der Senderverbindungslinien Genauigkeiten von 200 m gemessen, in 700 km kann mit etwa 7 bis 8 km Fehler gerechnet werden.

Auch zu „Loran“ liegt eine deutsche Parallelentwicklung aus den Jahren 1939/1940 unter dem Decknamen „Ingolstadt“ vor. Von einem Muttersender der Frequenz f_0 wurden zwei Töchtersender der Frequenz f_1 und f_2 durch Empfang der Bodenwelle von f_0 in ihrer Impulsfolge synchronisiert, so daß drei Hyperbelscharen zur Feststellung von Standorten zur Verfügung standen. Frequenzbereich (1,5 bis 2 MHz), Impulsfolgefrequenz (80 Hz) und Impulsdauer (50 bis 80 µsek) entsprachen weitgehend der „Loran“-Dimensionierung; die Vorteile und Möglichkeiten, die in der Trennung von Boden- und Raumwellenausbreitung bei Verwendung eines Braunschen Rohres als Anzeige liegen, wurden bereits damals erkannt. Trotz recht positiver Erprobungsergebnisse mit einem zunächst primitiven Meßverfahren wurde diese Entwicklung aus heute unverständlichen Gründen bereits im ersten Kriegsjahr eingestellt.

Es sind noch andere Impulsverfahren bekannt und praktisch erprobt worden, welche einem der beiden Systeme „Loran“ oder DME ähneln [8]. So das amerikanische Shoran (*Short Range Navigation*) sehr hoher Ortungsgenauigkeit, das für Vermessungszwecke benutzt wird; das englische Oboe-Verfahren, das während des Krieges für Sondereinsatz von Kampfflugzeugen benutzt wurde, und das australische MTR (*Multi Track Radar* Range), das in diesem Lande bis vor kurzem zur Streckenführung von Flugzeugen diente.

„Loran“ und DME wurden besonders herausgestellt, weil beide heute in großem Umfange zur Sicherheit und Regelmäßigkeit moderner Verkehrsmittel beitragen. Sie schöpfen auch, jedes in seiner Art, voll die Vorteile aus, welche die Impulstechnik bieten kann; bei „Loran“ gelang durch ihre Hilfe die einwandfreie Trennung von Boden- und Raumwellenausbreitung und darauf aufbauend die Verwirklichung eines Fernnavigationsverfahrens mittels Raumwellen, bei DME konnte eine äußerst schwierige Aufgabenstellung, aus den betrieblichen Bedingungen diktiert, nur durch die Impulstechnik in einer so eleganten Form gelöst werden.

Schrifttum.

[1] Borden, R. C., C. C. Tront, u. E. C. Williams: UHF Distance Measuring Equipment for Air Navigation, Civil Aeronautics Administrations Techn. Development Report 114.
[2] Intern. Civil Aviation Organisation Aeronautical Telecommunications, Annex 10 v. 1. 12. 1952.
[3] DRP 767628 vom 4. 7. 1939, C. Lorenz AG.
[4] Kruse, F.: Die deutschen Entwicklungen „Ingolstadt“ und „Baldur“. Arbeitstagung des Ausschusses für Funkortung Bonn am 16. XII. 1952,

Sonderbücherreihe der Funkortung, herausgegeben von Min.-Direktor Prof. L. BRANDT.

[5] Britisches Patent 7. 172, 1915.

[6] US-Patent, 1.406.996 vom 30. 9. 1920.

[7] PIERCE, J. A., A. A. McKENZIE u. R. H. WOODWARD: ,,Loran". M.I.T. Radiation Laboratory Serie, New York: McGRAW-HILL 1948.

[8] STANNER, W.: Leitfaden der Funkortung, Elektron-Verlag 1952.

[9] Handbuch für Hochfrequenz- und Elektro-Techniker, II. Bd., Berlin: Verlag für Radio-Foto-Kinotechnik GmbH. 1953.

Es sei noch auf folgende nachträglich erschienene Veröffentlichung hingewiesen: DUNCAN, F. B.: Technical Advances in the Loran System and its Future Development, Transactions of the IRE, Volume CS-3, Nr. 1 (1955), S. 23 bis 27.

Impulsverfahren in der Ionosphärenforschung.

Von **W. Dieminger,** Lindau/Harz.

Im ersten Kapitel werden einige technische Probleme der Impulserzeugung, des Impulsempfangs und der Impulsregistrierung besprochen, soweit sie für die Impulstechnik der Ionosphärenforschung charakteristisch sind. Im zweiten Kapitel wird auf die Anwendung der Impulstechnik in der Ionosphärenforschung eingegangen. In beiden Kapiteln sollen gewisse Grundtatsachen als bekannt vorausgesetzt werden, so das Prinzip der Abstandsbestimmung mit Hilfe des Echolaufzeitverfahrens, die Zusammenhänge zwischen Impulsdauer, Bandbreite des Impulsspektrums und Genauigkeit der Abstandsbestimmung sowie die Zusammenhänge zwischen Impulsfolgefrequenz und maximalem Abstandsmeßbereich.

I. Impulstechnik.

1. Impulsdauer und -folge.

Die Funkmeßtechnik [1] [2] befaßt sich mit der Aufgabe, den Ort eines „Zieles" im Raum festzulegen. Die Funkmeßgeräte der üblichen Bauart lösen diese Aufgabe, indem sie die Laufzeit, den Einfalls- und den Erhebungswinkel von elektrischen Wellen bestimmen, die am „Ziel" reflektiert werden. Die Laufzeit ergibt den Abstand Funkmeßgerät — Ziel, der Einfallswinkel das Azimut und der Erhebungswinkel zusammen mit dem Abstand die Höhe des Zieles. Bei der Ionosphäre [3] [4] [5] hat man es in guter Näherung mit ausgedehnten zur Erde konzentrischen reflektierenden Schichten zu tun. Es genügt daher eine Abstandsbestimmung senkrecht nach oben. Üblicherweise verwendet man dazu das Impulslaufzeitverfahren. Im Interesse einer genauen Messung und eines guten Auflösungsvermögens im Falle mehrerer reflektierender Schichten wird man bestrebt sein, möglichst kurze Impulse zu verwenden. Der beliebigen Verkürzung des Meßimpulses ist jedoch durch zwei Umstände eine Grenze gesetzt: — 1. Die Ionosphäre ist ein geschichtetes Medium, bei dem die Eindringtiefe der Radiowellen stark frequenzabhängig ist. Bei sehr kurzen Impulsen mit einem entsprechenden breiten Spektrum erhält man dementsprechend eine sehr erhebliche Laufzeitdispersion und eine Verschmierung des Impulses. — 2. Die Echolotungen der Ionosphärenforschung vollziehen sich in einem Frequenzbereich, der sehr dicht mit Nachrichtendiensten belegt ist. Ein sehr breiter Empfänger, wie er zur Wiedergabe eines kurzen Impulses erforderlich ist, würde also dauernd so viele Störsender aufnehmen, daß eine Messung unmöglich wäre. Man begnügt sich deshalb im allgemeinen mit Impulsdauern von 50—100 µsek und entsprechenden Empfängerbandbreiten von 10000—20000 Hz. Damit erhält man Ortungsgenauigkeiten von einigen Kilometern und ein Auflösungsvermögen von 10—20 km. Die Impulsdauer bei den Ionosphärenuntersuchungen ist also etwa um den Faktor 100 größer als in der Funkmeßtechnik. Als Folgefrequenz wird meist 50 Hz gewählt, entsprechend einem Entfernungsmeßbereich von 3000 km. Wenn auch die Höhe der Ionosphäre meist unter 500 km liegt, so können doch Echos mit wesentlich längeren Laufwegen durch Zickzackwege zwischen Ionosphäre und Erde auftreten.

2. Sendertastung.

In den Echolotungsgeräten der Ionosphärenforschung verwendet man keine Magnetrons oder Klystrons wie in der Funkmeßtechnik, sondern entsprechend den niedrigeren Betriebsfrequenzen normale Trioden oder Pentoden, wie sie in Kurzwellensendern üblich sind. Die Tastung findet im Gitter oder in der Anode statt. Beide Tastmethoden haben ihre Vorzüge und Nachteile. Bei der Gittertastung ist der Aufwand für das Tastgerät gering, Impulsbreite und Form lassen sich bequem ändern. Anderseits hat man an den Röhren dauernd die Anodengleichspannung liegen. Man kann dann die Möglichkeit der Hochtastung, die sich aus der geringen thermischen Belastung der Anode beim Impulsbetrieb ergibt, aus Sicherheitsgründen nicht voll ausnützen. Bei der Anodentastung kann man dagegen unbedenklich die Anodenspannung bis kurz vor die Überschlaggrenze steigern. Selbst gelegentliche Überschläge sind ungefährlich, da sich nur die geringe Elektrizitätsmenge eines Impulses entlädt, während bei der Gittertastung die Entladung der Anodenspannungsquelle meist zur Zerstörung der Röhre oder anderer Bauteile führt. Dafür ist der Aufwand für den Impulsmodulator bei der Anodentastung wesentlich größer. Die meisten ausländischen Geräte arbeiten mit Gittertastung, während im Institut für Ionosphärenforschung ausschließlich die Anodentastung verwendet wird, und zwar für Hochfrequenzimpulsspitzenleistungen zwischen 2,5 und 250 kW (s. Tab. 1, S. 178).

Die Schaltung für die Anodentastung ist aus der Funkmeßtechnik wohl bekannt [6] [7]: Ein Speicher (Abb. 1), dargestellt durch eine sog.

Tabelle 1.

Röhrenbestückung	Nennleistung	Impulsspitzenleistung
2 × LS 50	2 × 80 W	2,5 kW
2 × RS 384	2 × 800 W	30 kW
2 × TS 41	2 × 150 W*	100 kW
6 × TS 41	6 × 150 W*	250 kW

Laufzeitkette, wird aus einer Gleichspannungsquelle aufgeladen. Durch
Ausnützung des Einschwingvorganges lädt sich der Speicher auf nahezu die doppelte Gleichspannung auf. Das Rückfluten der Ladung zur

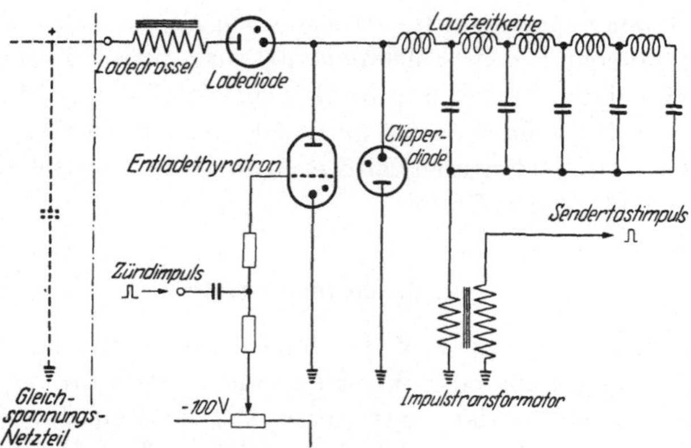

Abb. 1. Schaltung des Impulstastgerätes. Erläuterung im Text. Die Clipperdiode verhindert eine
Spannungsumkehr am Thyratron, die bei Fehlanpassung auftreten kann.

Gleichspannungsquelle wird durch eine Diode (Ladediode) verhindert.
Die Laufzeitkette wird über ein gesteuertes Ventil, z. B. ein Thyratron
oder bei höheren Leistungen ein Ignitron, und über die Primärseite
eines Impulstransformators entladen. Bei Anpassung des äußeren
Widerstandes an den Wellenwiderstand der Laufzeitkette tritt in der
Primärseite des Transformators ein rechteckiger Stromstoß auf, der
auf der Sekundärseite einen entsprechenden Spannungsstoß zur Folge
hat. Dieser Spannungsstoß dient als Anoden- und gegebenenfalls
Schirmgitterspannung für den Sender. Dabei können sämtliche Stufen
des Senders über entsprechende Vorwiderstände vom Transformator
gespeist werden. Der Sender ist damit vollständig gleichspannungs-
frei.

3. Empfänger.

Daß ein Impulsempfänger eine entsprechende Bandbreite besitzen
muß, ist allgemein bekannt. Wenn man ihn unmittelbar neben dem
Sender, womöglich sogar an der gleichen Antenne betreiben will, darf

---

* max. Anodenverlustleistung.

er von den ausgesandten Zeichen nicht blockiert werden. Das ist eine
Forderung, die genauso in der Funkmeßtechnik auftritt und daher
hier nicht diskutiert werden soll. Ein zusätzliches Problem, das bei den
Ionosphärenbeobachtungen auftritt, ist die Unterdrückung von
Störungen, die durch die gleichzeitige Benutzung der Frequenzbereiche
durch andere Dienste entstehen. Das unangenehmste sind dabei die
enorm starken Telefonieträger, die sich an bestimmten Stellen des
Kurzwellenbereiches häufen. Sie blockieren bei den Echolotungen mit
veränderlicher Frequenz — über deren Zweck im Abschn. 2 berichtet

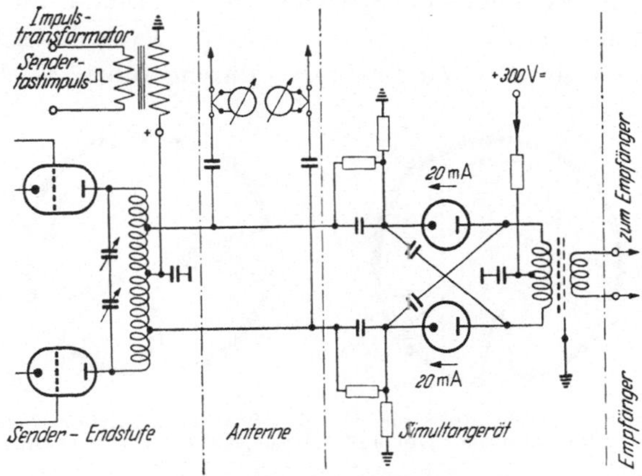

Abb. 2. Schaltung des Simultangerätes zum Betrieb eines Senders und Empfängers
an der gleichen Antenne.

wird — zeitweise jeden Empfang, da der Empfänger von ihnen voll
ausgesteuert wird. Die verschiedenen Versuche, durch eine schnelle
Regelung und durch Differentiationsschaltungen die Impulse herauszuheben, haben in der Praxis eine gewisse, aber keine durchgreifende
Verbesserung gebracht. Ein neues Verfahren ist im Institut für Ionosphärenforschung versucht worden. Dabei wird die Empfängereingangs-
spannung mit einer 9 kHz Schwingung überlagert. Aus einem Telefonieträger entsteht dann eine Wechselspannung von 9 kHz. Durch diese
Spannung wird die Verstärkung des Zwischenfrequenzverstärkers und
der Arbeitspunkt des Gleichrichters so gesteuert, daß unabhängig von
der Eingangsspannung des Empfängers der Gleichrichter immer im
linearen Bereich der Aussteuerung bleibt. Dadurch ist gewährleistet,
daß Impulse, auch wenn sie sehr starken Trägern überlagert sind,
immer noch wahrgenommen werden können. Auf diese Weise konnte
eine Störbefreiung um einen Faktor von etwa 50 erzielt werden.

Für den Simultanbetrieb Sender — Empfänger an der gleichen Antenne wird ein Gerät benutzt (Abb. 2), bei dem in der Zuleitung zum
Empfänger zwei Dioden liegen, die in den Sendepausen durch eine

12*

positive Spannung der Anoden offengehalten werden, während sie in den Sendezeiten durch den Hochspannungsimpuls automatisch gesperrt werden. Die Kapazität der Dioden ist durch eine Brückenschaltung neutralisiert, die Zeitkonstante der Anordnung liegt bei etwa $^1/_{10}$ der Impulsdauer.

4. Registrierung der Impulslaufzeit und der Impulsamplitude.

Die einfachste Methode, Impulslaufzeit *und* Impulsamplitude zu registrieren, ist zweifellos ein normales Oszillogramm, auf dem jeder einzelne Impuls als Zacken aufgezeichnet ist. Tatsächlich hat Mögel auf diese Weise seine ersten Messungen durchgeführt [8]. Auch später

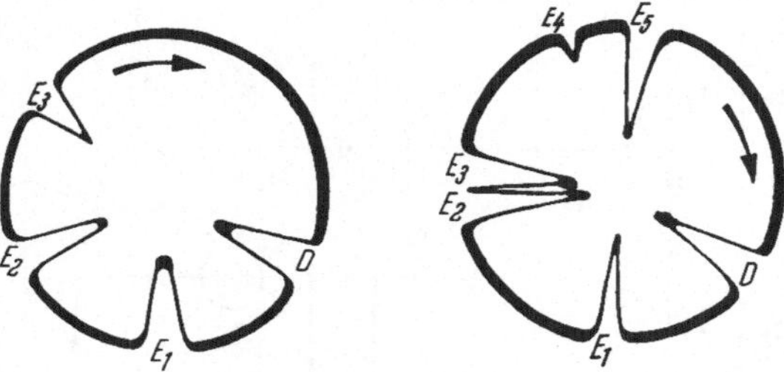

Abb. 3. Echobilder mit radialer Ablenkung nach GOUBAU und ZENNECK. *D* direktes Zeichen. $E_1 - E_5$ Echos. Die Ablenkfigur wird in Pfeilrichtung durchlaufen. Ablenkfrequenz 500 Hz.

ist bei Übertragungsversuchen USA — Deutschland von Kotowski [9] dieser Weg beschritten worden. Die Nachteile liegen auf der Hand: Der Papierverbrauch ist enorm und die Auswertung mühsam. Man hat daher frühzeitig angefangen, mit einem „stehenden Bild" zu arbeiten; dieses entsteht bekanntlich, wenn man die Zeitablenkung eines Oszillographen mit der Impulsfolgefrequenz synchronisiert. Es sei in diesem Zusammenhang erinnert an die radiale Ablenkung, die von Goubau und Zenneck [10] bei ihren Versuchen um 1930 herum verwendet wurde. Aus der Impulsfolgefrequenz wurde ein Drehfeld erzeugt und damit ein Kreis auf dem Schirm einer Braunschen Röhre geschrieben. Die Impulse wurden radial nach innen abgelenkt (Abb. 3). Heute verwendet man durchwegs eine lineare Zeitablenkung, auf der die Impulse in Amplitudenschrift erscheinen (Abb. 4).

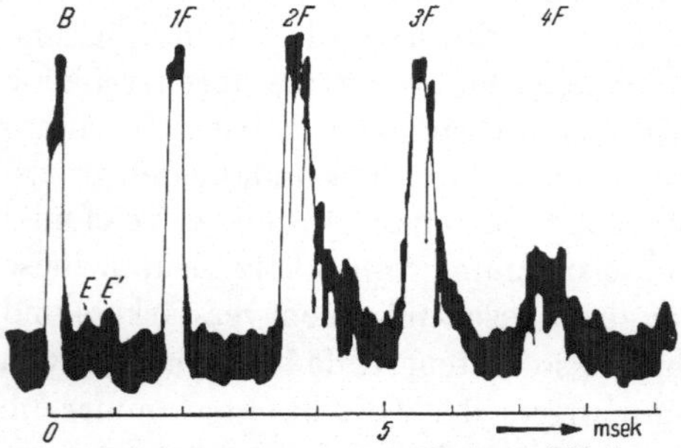

Abb. 4. Echobild mit linearer Zeitablenkung. *B* Bodenwelle, *E, E′*, 1—4 *F* Echos aus der *E*- bzw. *F*-Schicht.

Die lineare Zeitablenkung hat den Vorteil, daß man sie leicht zu einer fortlaufenden Registrierung der Echolaufzeit [*11*] verwenden kann. Auf den Schirm der Braunschen Röhre wird z. B. eine Maske gesetzt [*12*], die lediglich die Zeitlinie frei läßt (Abb. 5). Die Impulse erscheinen dann als Unterbrechung der leuchtenden Linie. Bildet man nun diese Linie über eine Optik auf Registrierpapier oder -film ab, der gleichmäßig senkrecht zur Zeitachse bewegt wird, so kann man die zeitlichen Abstandsänderungen der Impulse untereinander bequem festhalten. Neuerdings benützt man anstelle der Amplitudenschrift und

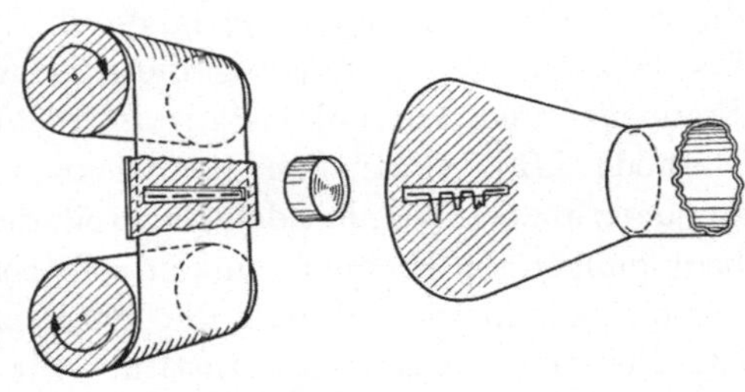

Abb. 5. Schematische Darstellung der kontinuierlichen Aufzeichnung der Echolaufzeit.

der Maske vielfach eine Intensitätsmodulation [*13*]; man unterdrückt z. B. die Zeitlinie und tastet nur an der Stelle der Impulse hell (Abb. 6). Man verliert bei diesen Laufzeitregistrierungen allerdings die Amplitude der Impulse. Man kann eben auf einer zweidimensionalen Registrierung in übersichtlicher Form nur zwei unabhängige Parameter festhalten, also

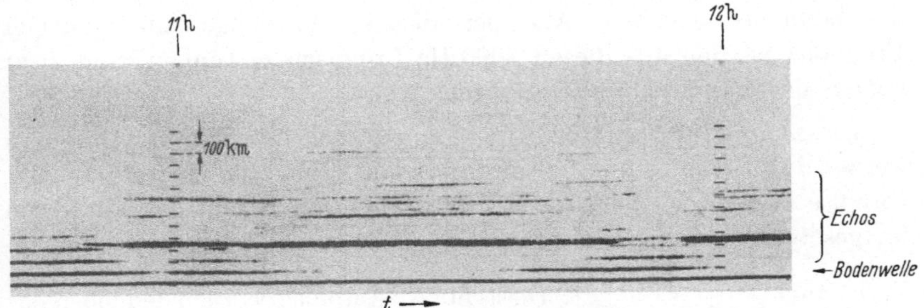

Abb. 6. Echoregistrierung mit Intensitätssteuerung der Braunschen Röhre. Höhenmarken jede volle Stunde. Aufnahme: Rechlin 1938.

z. B. die Impulslaufzeit und -amplitude für einen festen Zeitpunkt oder die Impulslaufzeit als Funktion der Beobachtungszeit oder die Impulsamplitude als Funktion der Beobachtungszeit. Über die kontinuierliche Registrierung der Impulsamplitude wird im Abschn. 5 berichtet werden.

Bei den fortlaufenden Registrierungen der Echolaufzeit treten einige Anforderungen an die Geräte auf, die von vielen Oszillographen nicht erfüllt werden. Schwankungen der Länge und der Lage der Zeitlinie, die durch Änderungen der Speisespannung und der Temperatur hervorgerufen werden und die bei Augenbeobachtungen gar nicht stören, machen das Bild unansehnlich und schwer auswertbar. Man muß daher bei den Registrierungen eine sehr hohe Konstanz sämtlicher Betriebsspannungen und Starrheit der Synchronisierung fordern.

Ferner ist ein System von Referenzlinien auf dem Registrierstreifen zur Erleichterung der Auswertung erwünscht. Solche Eichpunkte auf der Zeitachse kann man bekanntlich [14] auf mannigfaltige Art durch eine Schwingung erzeugen, die ein Vielfaches der Zeitablenkungsfrequenz ist. Die Erzeugung dieser Harmonischen mit der nötigen Frequenz- und Phasenkonstanz ist nicht einfach. Die ursprüngliche Methode [12], einen Schwingungskreis durch die Zeitablenkungsfrequenz anzustoßen, hat den Nachteil, daß bei Änderung der Betriebsbedingungen die Frequenz unkontrollierbar auf ein anderes Vielfaches umspringen kann und daß die Phasenstarrheit nicht gewährleistet ist. Bei den Geräten des Instituts für Ionosphärenforschung wird jetzt nach vielen Versuchen mit Vervielfacherschaltungen ein grundsätzlich anderer Weg beschritten. Sämtliche Vorgänge, die zueinander in einer festen Phasenbeziehung stehen müssen, werden von einem Oszillator abgeleitet, dessen Frequenz gleich der Frequenz der höchsten verwendeten Schwingung ist. Benötigt man z. B. auf der Zeitachse Marken im Abstand von 100 km Wegdifferenz, so geht man von einem quarzgesteuerten Oszillator von 3000 Hz aus. Die daraus abgeleiteten Impulse werden direkt als Hell- oder Dunkelpunkte auf die Zeitachse gegeben. Alle periodischen Vorgänge mit niedriger Frequenz werden aus diesen 3000 Hz-Impulsen gewonnen, und zwar mittels des Impulsauswahlverfahrens.

Dieses arbeitet nach folgendem Prinzip: Aus den 3000 Hz-Impulsen werden durch eine Teilerschaltung, z. B. einen Sperrschwinger, 1000 Hz-Impulse abgeleitet, diese werden wiederum geteilt und das Verfahren fortgesetzt, bis man 50 Hz-Impulse erhält (z. B. durch 3 Stufen im Verhältnis $\dfrac{1}{3 \cdot 4 \cdot 5} = \dfrac{1}{60}$). Diese 50 Hz-Impulse werden jedoch nicht direkt verwendet, da sie wegen der Teilung nicht mehr absolut phasenstarr zu den 3000 Hz-Impulsen stehen. Aus ihnen werden vielmehr „Sockelimpulse" gewonnen, die mit den 3000 Hz-Impulsen gemischt werden und die jeden sechzigsten 3000 Hz-Impuls hochheben. Damit hat man Impulse im Abstand von 1/50 sek, die völlig phasenstarr zu den 3000 Hz-Impulsen stehen, selbst wenn der Sockelimpuls etwas „wackelt". Man kann auf diese Weise auch zwei Vorgänge steuern, die mit 50 Hz periodisch sind und gegeneinander eine feste Phasendifferenz von $n \cdot \dfrac{1}{3000}$ sek haben sollen, also z. B. den Kippstart und den Sendeimpuls. Man erzeugt dazu einen phasenverschobenen 50 Hz Sockelimpuls und hebt damit einen anderen 3000 Hz-Impuls an.

Das Verfahren läßt sich beliebig weit nach niedrigen Frequenzen fortsetzen, wenn man bei langperiodigen Vorgängen zur mechanischen Impulsauswahl durch Nockenräder o. ä. übergeht. Es ist auf diese Weise ohne Schwierigkeiten möglich, alle 24 h einen Impuls zu erzeugen, dessen Einsatz genauer als 10^{-4} sek ist. Das entspricht einer relativen Genauigkeit von $1:10^4 \cdot 60 \cdot 60 \cdot 24 = 1:840\,000\,000$. Eine Anwendung solcher Impulse zur Auslösung von Schaltvorgängen wird im Kap. II, Abschn. 4 erörtert werden.

5. Registrierung der Impulsamplitude.

Es hat nicht an Versuchen gefehlt, neben der Echolaufzeit auch die Amplitude auf der gleichen Registrierung festzuhalten. Man hat daran gedacht, die Schwärzung der Echospur als Maß für die Amplitude zu benutzen. Eine andere Möglichkeit besteht darin, die Breite der Echospur entsprechend der Stärke des Echos zu verändern. Im Dauerbetrieb hat sich keines dieser Verfahren durchsetzen können, weil entweder die Reproduzierbarkeit zu schlecht ist oder das Bild zu unübersichtlich wird. Man ist also gezwungen, die Echoamplitude getrennt zu registrieren, und zwar für jedes Echo einzeln. Man kann das nach folgendem Prinzip durchführen [15]: Der Anzeigeverstärker für die Echoamplitude wird normalerweise durch eine negative Vorspannung blockiert und nur für eine bestimmte Zeitdauer der periodischen Zeitablenkung freigegeben. Dabei ist Zeitdauer und Phase der elektrischen Blende („gate") veränderlich und wird so von Hand justiert, daß ein Echo bestimmter Laufzeit hineinfällt. Die Ausgangsspannung des Verstärkers wird auf die X-Platten einer Braunschen Röhre gegeben,

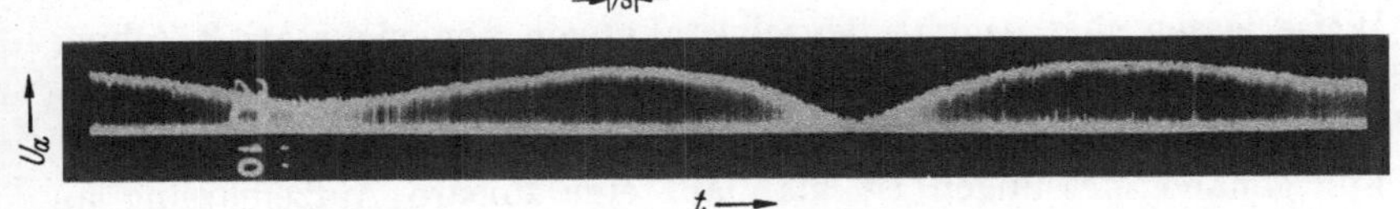

Abb. 7. Impulsamplitudenregistrierung. Aufnahme: Institut für Ionosphärenforschung, Lindau/Harz.

deren Y-Platten kurzgeschlossen sind. Es entsteht dann ein Strich, der der Echoamplitude proportional ist. Wenn man in üblicher Weise diesen auf Registrierpapier abbildet, das senkrecht zum Strich bewegt wird, so erhält man ein Band, dessen Einhüllende die Amplitudenvariation wiedergibt (Abb. 7). In der Praxis hat sich ein zusätzlicher Trick bewährt: Steuert man durch eine Differenzierschaltung lediglich den Umkehrpunkt des Echos hell, so erhält man eine saubere Amplitudenkurve. Man kann dann z. B. gleichzeitig über eine zweite und dritte Blende weitere Echoamplituden auf dem gleichen Streifen registrieren. Schaltet man die einzelnen Blenden in charakteristischem Rhythmus ein und aus, so erhält man Registrierungen, wie sie in Abb. 8 wiedergegeben sind.

Das Hauptproblem bei der Amplitudenregistrierung ist die Verarbeitung des Bereiches, in dem sich die Echoamplitude ändert. Bei den Ionosphärenechos muß man mindestens mit Variationen von 1:1000 rechnen. Man kann sich damit helfen, daß man den Anzeigeverstärker mit logarithmischer Kennlinie baut. Der Weg dazu führt über eine

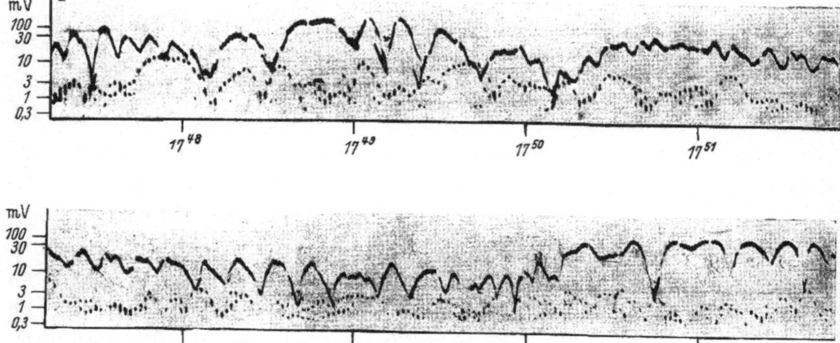

Abb. 8. Gleichzeitige Registrierung der Amplituden von zwei Echos. Die ausgezogene Spur rührt von dem einen, die punktierte Spur von dem anderen Echo her. Logarithmischer Amplitudenmaßstab. Die zeitweilige Verdopplung der Spuren ist reell. Sie ist verursacht durch Aufspaltung der Impulse in zwei benachbarte Spitzen.

Schwundregelung mit außerordentlich kurzer Zeitkonstante. Auf diese Weise lassen sich Amplitudenschwankungen von mehr als 3 Zehnerpotenzen verarbeiten. Die Schwierigkeit liegt in der Aufrechterhaltung der Eichung und in der nachherigen quantitativen Auswertung [16]. Für genaue Messungen ist man auf eine lineare Aufzeichnung angewiesen, die sich selbsttätig auf 10mal größere oder kleinere Empfindlichkeit umschaltet, wenn die Bereichsgrenze überschritten wird. Man muß dann allerdings auf die Mehrfachausnutzung des Registrierstreifens verzichten. Ein derartiges Gerät befindet sich z. Z. im Institut für Ionosphärenforschung in Erprobung.

Vollautomatisch arbeiten diese Geräte allerdings nicht. Die Blende muß bei Änderungen der Impulslaufzeit dem Impuls nachgeführt werden. Es gibt zwar Schaltungen, bei denen sich die Blende an dem Impuls „anklammert" und ihm bei Laufzeitänderungen in gewissen Grenzen folgt. Doch setzt dies voraus, daß die Echoamplitude genügend über dem Störpegel liegt.

II. Anwendungen der Impulstechnik in der Ionosphärenforschung.

Nach diesem Überblick über die Impulstechnik soll nunmehr auf die einzelnen Impulsverfahren der Ionosphärenforschung eingegangen werden.

1. Echolotung mit fester Frequenz.

Das älteste [17] und zugleich einfachste Verfahren ist die Echolotung mit fester Frequenz, wobei der Empfänger dicht beim Sender steht. Man erhält dann den für die theoretische Behandlung besonders einfachen Fall der senkrechten Inzidenz auf die Ionosphäre. Die Theorie zeigt, daß bei senkrechtem Einfall eine Trägerfrequenz f dort total reflektiert wird, wo eine Elektronenkonzentration

$$N = \frac{\varepsilon_0 \cdot 4\pi^2}{e^2/m} \cdot f^2 = 1.24 \cdot 10^{-8} \; f^2$$

N Elektronenkonzentration;	f Betriebsfrequenz;
ε_0 Influenzkonstante;	e, m Ladung bzw. Masse des Elektrons;

herrscht. Wenn man also mit einer festen Frequenz lotet, so verfolgt man die Höhe, in der eine bestimmte Elektronenkonzentration herrscht; genauer gesagt, man bestimmt die Laufzeit eines Impulses, der an dem Ort einer bestimmten Elektronenkonzentration reflektiert wird. Beides ist nicht notwendigerweise identisch. Die Ableitung der Höhe aus der

Laufzeit $h' = \dfrac{1}{2} c \cdot \tau$

h' scheinbare Höhe;	τ Laufzeit;
c Lichtgeschwindigkeit;	

setzt voraus, daß die Ausbreitungsgeschwindigkeit auf dem ganzen Weg konstant und gleich der Lichtgeschwindigkeit ist. Das trifft für ein ionisiertes Medium nicht zu. Dort läuft vielmehr ein Signal mit der Gruppengeschwindigkeit $u = c \cdot n$, und die tatsächliche oder wahre Reflexionshöhe ist gegeben durch

$$h = \frac{1}{2} \int_0^\tau u_{(h)}\, d\tau = \frac{c}{2} \int_0^\tau n_{(h)}\, d\tau$$

Da u im ionisierten Medium stets kleiner ist als c, ist der Wert, den man für die „scheinbare Höhe" h' erhält, stets größer als die wahre Höhe h. Die Unterschiede können sehr beträchtlich werden, wenn die Welle längere Zeit in einem Gebiet läuft, in dem n und damit u sich nur wenig von Null unterscheiden. Die Reduktion der scheinbaren Höhe auf die wahre Höhe ist wohl prinzipiell gelöst [18], [19] bereitet aber im Einzelfall immer noch beträchtliche Schwierigkeiten. Auf Einzelheiten soll hier nicht eingegangen werden. Man muß sich jedoch bei der Betrachtung der Registrierungen immer vor Augen halten, daß die tatsächlichen Höhenänderungen unter Umständen stark überhöht wiedergegeben sein können. In den Registrierungen treten nicht nur die Echos auf, die den Wellengruppen entsprechen, die einmal an der Ionosphäre reflektiert worden sind. Man bemerkt daneben auch Echos mit der doppelten, drei-, vier- und fünffachen Laufzeit. Sie entstehen dadurch, daß die Wellengruppen nach ihrer Rückkehr aus der Ionosphäre auch am Erdboden

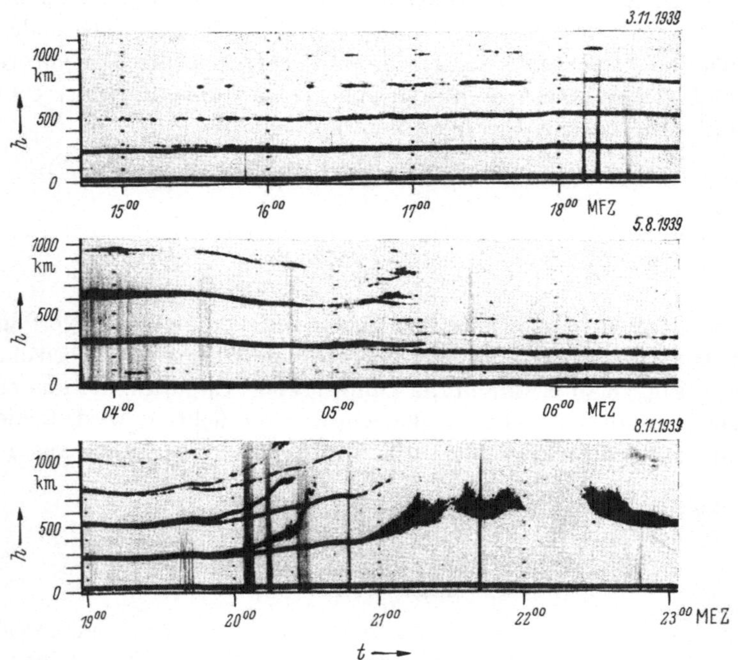

Abb. 9. Echoregistrierungen auf fester Frequenz. Aufnahmen: Rechlin 1938.

reflektiert werden und solange zwischen Erde und Ionosphäre hin- und herlaufen, bis ihre Intensität unter den Störspiegel gesunken ist. Die Zahl der Reflexionen ist ein ungefähres Maß für die Dämpfung der Wellen auf dem Weg zwischen Erde und Ionosphäre. In Abb. 9 sind einige Beispiele von Registrierungen mit fester Frequenz wiedergegeben. Das erste Beispiel zeigt den Fall, daß sich die Reflexionshöhe im Laufe einer Stunde nicht wesentlich ändert. Die Zahl der Reflexionen nimmt mit sinkender Sonne zu. Im zweiten Beispiel tritt ein plötzlicher Sprung der Höhe auf, der folgendermaßen zu erklären ist: Unterhalb der ursprünglichen Reflexionsstelle bildet sich bei Sonnenaufgang eine weitere Schicht aus. Ist die Elektronendichte so weit angewachsen, daß sie zur Reflexion der verwendeten Wellenlänge ausreicht, so tritt

Totalreflexion an der tiefer liegenden Schicht auf, während die höher liegende „abgedeckt" wird. Im dritten Beispiel nimmt die Elektronenkonzentration so weit ab, daß die Signale die Schicht durchdringen und die Echospuren nach oben weglaufen. Daß sie dies in zwei Ästen tun (um 2020 h und 2115 h) rührt von der Doppelbrechung in der Ionosphäre her.

Der Nachteil der Lotung mit fester Frequenz ist, daß man nur *einen* Wert der Elektronenkonzentration in der Ionosphäre verfolgt. Man ist daher bald dazu übergegangen, die Lotungen mit mehreren Frequenzen durchzuführen [10]. Man erhält dann wenigstens *einige* Punkte für die Verteilung der Elektronenkonzentration. Der Wunsch nach einer genauen Kenntnis führt dann schließlich zu dem Echolotungsverfahren mit kontinuierlich veränderlicher Frequenz [20].

2. Echolotung mit kontinuierlich veränderlicher Frequenz.

Der Echolotung mit kontinuierlich veränderlicher Frequenz — auch Durchdreh-Methode genannt, weil dabei die Abstimm-Mittel des Senders und Empfängers vom Anfang bis zum Ende „durchgedreht" werden — liegt folgendes Prinzip zugrunde: Jeder Impulsträgerfrequenz entspricht, wie bereits im vorhergehenden Abschnitt gezeigt wurde, eine

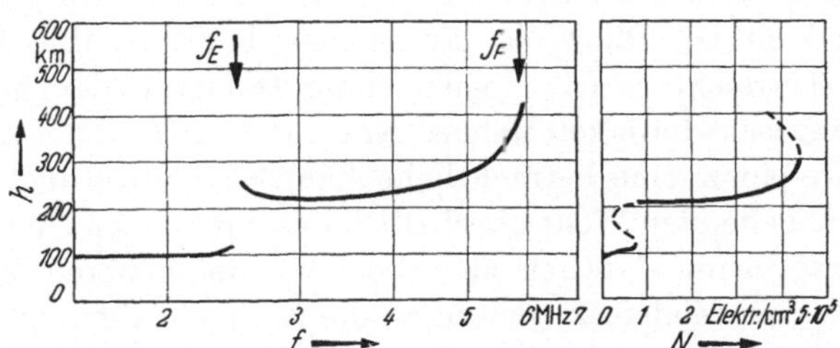

Abb. 10. Idealisiertes Ionogramm (links) und daraus abgeleitete Verteilung der Elektronenkonzentration. f_E, f_F Grenzfrequenzen der E- bzw. F-Schicht.

bestimmte Elektronenkonzentration am Reflexionspunkt. Führt man die Lotung mit einer gleitenden Trägerfrequenz durch, so tastet man nacheinander die Stellen verschiedener Trägerkonzentration ab. Zeichnet man für jede Frequenz die zugehörige Reflexionshöhe auf, so erhält man ein Frequenz-Höhendiagramm, auch Ionogramm genannt. Aus diesem läßt sich auf Grund der obigen Beziehung das Elektronendichte-Höhendiagramm ableiten, also ein Querschnitt durch die Elektronenverteilung in der Ionosphäre; allerdings ist dabei zu berücksichtigen, daß die gemessenen Höhen scheinbare und nicht wahre Höhen sind. Ein idealisiertes Ionogramm ist in Abb. 10 links wiedergegeben, rechts daneben die zugehörige Verteilung der Elektronenkonzentration. Als Ordinate ist die Reflexionshöhe, als Abszisse die

Frequenz bzw. die äquivalente Elektronenkonzentration aufgetragen. Bei niedrigen Frequenzen werden die Impulse in ca. 100 km Höhe reflektiert (E-Schicht der Ionosphäre). Mit zunehmender Frequenz steigt die Höhe etwas an, weil die Welle etwas tiefer in die Schicht eindringen muß, bis sie an eine Stelle ausreichender Elektronenkonzentration kommt. Bei 2,5 MHz springt die Reflexionshöhe plötzlich auf 250 km. Der Grund ist dafür folgender: Die Elektronendichte, die im Maximum der E-Schicht herrscht, reicht zur Reflexion von Frequenzen über 2,5 MHz nicht mehr aus; die Welle durchdringt die E-Schicht und wird an der darüberliegenden F-Schicht der Ionosphäre reflektiert, in der eine höhere Elektronendichte herrscht. Man nennt die höchste an einer Schicht reflektierte Frequenz die Grenzfrequenz der Schicht und kann daraus die maximale Elektronendichte in der Schicht berechnen. Der gleiche Vorgang wiederholt sich bei höheren Frequenzen bei der F-Schicht. Bei 6 MHz ist die Grenzfrequenz der F-Schicht erreicht. Da oberhalb keine weitere Schicht höherer Elektronendichte vorhanden ist, durchdringt die Welle die gesamte Ionosphäre.

Charakteristisch ist das Hochziehen der Reflexionshöhe in der Nähe der Grenzfrequenz. Es ist nur zum Teil durch ein tieferes Eindringen in die Schicht bedingt. In der Hauptsache ist es dadurch hervorgerufen, daß der Gradient der Elektronendichte in der Nähe des Schichtmaximums sehr klein ist. Die Welle läuft daher, bevor sie ihre Reflexionsstelle $n = 0$ erreicht, relativ lange in einem Gebiet, in dem n und damit die Gruppengeschwindigkeit nahezu Null ist. Es tritt daher in der Nähe der Grenzfrequenz eine beträchtliche Laufzeitverzögerung auf. Auch bei der durchgehenden Welle oberhalb der Grenzfrequenz der E-Schicht ist die Verzögerung deutlich zu erkennen. Bei höheren Frequenzen verschwindet sie wieder, da sich dann die (frequenzabhängige!) Brechzahl in der E-Schicht wieder dem Wert 1 nähert, also keine Verzögerung mehr entsteht.

Das tatsächliche Ionogramm entsteht nun dadurch, daß man — wie bereits in Kap. I, Abschn. 4 besprochen — die Impulse auf einer Zeitachse in Intensitätsschrift darstellt und auf Registrierfilm abbildet. Schiebt man den Film proportional der Frequenzänderung an dem Bild vorbei, so erhält man Registrierungen von der Art, wie sie in Abb. 11 und 11a wiedergegeben sind. Gegenüber dem idealisierten Ionogramm fällt auf, daß die Echospuren im gleichen Höhenabstand mehrmals vorhanden sind. Diese ,,Mehrfachzeichen'' sind — wie bereits in Abschn. 1 erwähnt — dadurch hervorgerufen, daß bei genügender Sendeleistung die Wellen mehrmals zwischen Erde und Ionosphäre hin und her laufen, bis sie im Störspiegel verschwinden. Daß die Echospuren zweimal nebeneinander auftreten, und zwar um etwa 0,7 MHz verschoben, rührt daher, daß die Ionosphäre ein doppelbrechendes Medium ist. Man erhält daher eine ordentliche und eine außerordentliche Welle. Der gegen höhere Frequenzen verschobene Kurvenzug entspricht der a. o. Welle.

Auf den Registrierungen erkennt man außerdem als horizontale Striche „Höhenmarken" im Abstand von 100 km. Über ihre Erzeugung

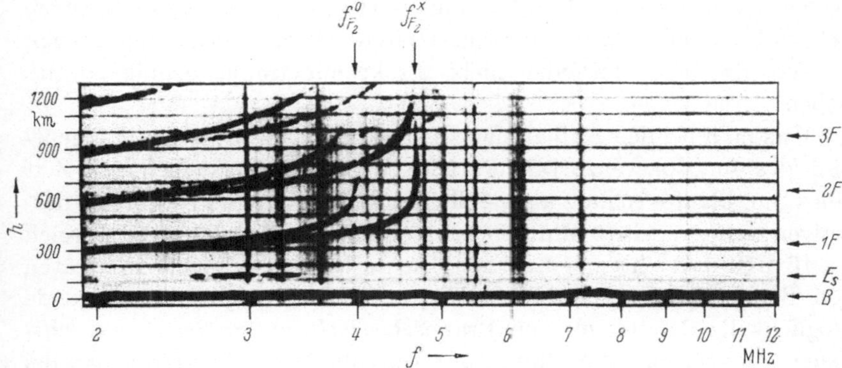

Abb. 11. Ionogramm bei Nacht. $f^{0}F_{2}$ ordentliche, $f^{x}F_{2}$ außerordentliche Grenzfrequenz der $F2$-Schicht. B Bodenwelle, E_{s} sporadische E-Schicht, 1—3 F Echos von der F-Schicht. Aufnahme: Institut für Ionosphärenforschung, Lindau/Harz.

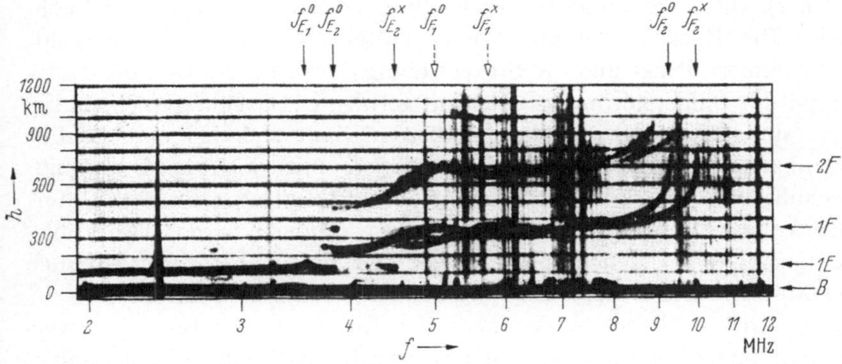

Abb. 11 a. Ionogramm bei Tag. $f^{0}E_{1}$ ordentliche Grenzfrequenz der E_{1}-Schicht, $f^{0}E_{2}$ ordentliche G. F. der E_{2}Schicht-, $f^{x}E_{2}$ außerordentliche G. F. der E_{2}-Schicht; $f^{0}F_{1}$, $f^{x}F_{1}$ ordentliche und außerordentliche G. F. der F_{1}-Schicht; $f^{0}F_{2}$, $f^{x}F_{2}$ ordentliche und außerordentliche G.F. der F_{2}-Schicht. B Bodenwelle, 1 E einmalige Reflexion von der E-Schicht, 1—2 F ein- und zweimalige Reflexion von der F-Schicht. Aufnahme: Institut für Ionosphärenforschung, Lindau/Harz.

wurde bereits im Kap. I, Abschn. 4 gesprochen. Ferner sind unterhalb der Bodenwelle „Frequenzmarken" angebracht. Sie entstehen durch die Harmonische eines impulsgetasteten 1 MHz Generators. Immer wenn der Empfänger eine Harmonische überstreicht, empfängt er einen Impuls, dessen Phasenlage so eingerichtet ist, daß er knapp unter der Bodenwelle erscheint. Die senkrechten Striche im Ionogramm sind hervorgerufen durch die Träger von Telefoniesendern, die im Kurzwellenbereich arbeiten.

Das Hauptproblem beim Durchdrehbetrieb ist der Frequenzgleichlauf zwischen Sender und Empfänger. Es werden hierfür im wesentlichen zwei Verfahren angewendet: Das eine benutzt ein besonderes Überlagerungsprinzip, das automatisch immer die richtige Zwischenfrequenz liefert [21] [22]. Das andere arbeitet mit einem groben mechanischen Gleichlauf und einer zusätzlichen automatischen Scharfabstimmung [23]. Auf Einzelheiten soll hier nicht eingegangen werden, da diese Methoden nicht direkt mit Impulstechnik zu tun haben.

Was man bei den Aufnahmen zu erhalten wünscht, ist ein Momentbild des Ionosphärenzustandes. Man wird also versuchen, die Zeit eines Durchlaufes so kurz als möglich zu halten. Während die ersten derartigen Geräte noch 15 Minuten für eine Aufnahme im Frequenzbereich 1—16 MHz brauchten, schafft man heute bei den schnellsten Geräten den Bereich von 1—25 MHz in $7^1/_2$ sek. Damit ergibt sich folgende Möglichkeit: Benützt man ein Braunsches Rohr mit großer Nachleuchtdauer und verschiebt während des Durchlaufs die Zeitachse parallel zu sich selbst proportional zur Frequenzänderung auf dem Schirm der Röhre, so erhält man ein sofort betrachtbares Ionogramm (Panoramic-Geräte). Die Steigerung der Geschwindigkeit hat allerdings auch Nachteile: Die Energie, die pro Frequenzintervall zur Verfügung steht, wird immer kleiner und die Störbefreiung durch Integration der Nutzamplitude immer geringer. Bilder mit geringerer Durchlaufgeschwindigkeit sind daher detailreicher. Außerdem läßt sich bei so schnellen Frequenzänderungen der Sendeverstärker nur noch in Breitbandtechnik aufbauen. Die Erzeugung größerer Leistungen und die Unterdrückung von unerwünschten Nebenausstrahlungen wird daher problematisch. Neben den Panoramic-Geräten haben sich deshalb auch Geräte mit einer Durchlaufzeit von einigen Minuten erhalten.

Um die zeitlichen Änderungen des Ionosphärenzustandes zu verfolgen, wiederholt man die Ionogramme in regelmäßigen Abständen, z. B. alle halbe Stunde; bei besonderen Ereignissen, z. B. während Sonnenfinsternissen, auch alle 5 Minuten. Derartige Routineaufnahmen, die regelmäßig ausgewertet werden, werden heute an etwa 100 Stellen durchgeführt, die auf der ganzen Erde verteilt sind. Die Ergebnisse bilden das Grundmaterial für die statistische und theoretische Ionosphärenforschung.

3. Ionosphären-Filmaufnahmen.

Die kurzen Durchlaufzeiten der Panoramic-Geräte ermöglichen einen weiteren Schritt in der Darstellung der Vorgänge in der Ionosphäre. Wiederholt man die Aufnahmen in genügend dichter Folge und reiht die einzelnen Bilder als Film hintereinander, so erhält man einen Bildstreifen, der in Zeitraffung die Vorgänge in der Ionosphäre außerordentlich anschaulich wiedergibt. Bei einer Aufnahmefolge von 15 sek ergibt sich eine Zeitraffung von etwa 1:300. Ein Tag in der Ionosphäre dauert dann im Film etwa 5 Minuten. Der erste derartige Film wurde im Jahre 1944 von Dr. PAUL und Mitarbeitern von der Firma Telefunken hergestellt. Heute gibt es in verschiedenen Ländern derartige Apparaturen. Bei der Konferenz der Union Radio Scientifique Internationale in den Haag im August 1954 wurde sogar ein amerikanischer Ionosphärenfilm vorgeführt [24], der in einem Flugzeug beim Flug über den geographischen und magnetischen Nordpol aufgenommen wurde[1].

Die Bedeutung des Ionosphärenfilms liegt neben der anschaulichen Darstellung vor allem darin, daß er Bewegungsvorgänge in der Ionosphäre genau erfaßt. Sein wissenschaftlicher Wert wird allerdings dadurch etwas beeinträchtigt, daß für genaue Auswertungen die angezeigten Höhen erst auf wahre Höhen reduziert werden müssen. Diese Arbeit ist so mühsam und zeitraubend, daß sie nur für begrenzte Zeiträume durchgeführt werden kann.

4. Echolotung bei schrägem Einfall.

Die Echolotung mit senkrechter Inzidenz ist das Standardverfahren für die dauernde Überwachung der Ionosphäre und für zahlreiche spezielle Untersuchungen. Für die Praxis des Funkverkehrs ist daneben die Echolotung bei schräger Inzidenz bedeutungsvoll. Dabei werden die Impulse, die von einem Sender ausgestrahlt werden, an einem beliebig entfernten Punkt aufgenommen. Der Vorteil dieses Verfahrens gegenüber einer Feldstärkeregistrierung eines Dauerstrichsenders liegt auf der Hand. Bei der Feldstärkeregistrierung erhält man am Empfangsort das resultierende Feld der verschiedenen Ausbreitungswege; nur in speziellen Fällen ist es möglich, hieraus genaue Rückschlüsse auf den Ausbreitungsmechanismus zu ziehen. Bei der Impulsmethode werden dagegen die einzelnen Wege aufgelöst; aus der Laufzeitdifferenz der einzelnen Impulse lassen sich die Ausbreitungswege und aus ihrer Amplitude die Ausbreitungsdämpfung der einzelnen Wege genau berechnen.

Der Grund, warum dieses Verfahren nicht in größerem Umfang angewendet wird, liegt in einem technischen Problem: Impulsfolgefrequenz des Senders und Zeitablenkungsfrequenz des Registriergerätes am Empfangsort müssen synchronisiert sein [15]. Hierzu kommt

---

[1] Bei dem Vortrag der Vortragsreihe „Impulstechnik" wurde ein Film gezeigt, der von STOFFREGEN im Ionosphärenobservatorium Upsala aufgenommen wurde.

bei Betrieb mit veränderlicher Frequenz die Abstimmsynchronisierung zwischen Sender und Empfänger. Bei nicht zu großer Entfernung kann man die Synchronisierung über Drahtleitungen vornehmen, bei größerer Entfernung hat sich bisher nur die Synchronisierung durch örtliche Generatoren höchster Konstanz bewährt. Die erforderliche Konstanz läßt sich leicht abschätzen: Läßt man eine Verschiebung um eine Impulsbreite während einer Stunde zu, so erhält man bei den in der Ionosphärenforschung üblichen Impulsbreiten von 100 μsek eine erforderliche relative Konstanz von $\dfrac{1}{10^4 \cdot 60 \cdot 60} \approx 3 \cdot 10^{-8}$. Solche Genauigkeiten lassen sich mit Quarzuhren erzielen. Bei der Abstimmsynchronisierung treten zusätzlich folgende drei Teilprobleme auf: — 1. Der gemeinsame Beginn der Drehbewegung der Abstimm-Mittel an beiden Geräten. — 2. Die synchrone Drehung während des Frequenzdurchlaufes. — 3. Die Übereinstimmung der Drehwinkel/ Frequenzkurve von Sender und Empfänger. Eine Überschlagsrechnung zeigt, welche Genauigkeiten dazu erforderlich sind. Bei dem Gerät des Instituts für Ionosphärenforschung ist die maximale Geschwindigkeit der Frequenzänderung 10 MHz/min. Das ergibt bei einer zulässigen Frequenzabweichung von ± 8 kHz entsprechend einer Empfängerbandbreite von 16 kHz eine erforderliche Startgenauigkeit von rund 50 msek und eine maximal zulässige Abweichung in der Drehgeschwindigkeit und in der Frequenzeichung von 0,5%. Die Übereinstimmung der Drehgeschwindigkeit läßt sich sehr einfach erreichen, wenn die frequenzbestimmenden Achsen bei beiden Geräten durch Synchronmotoren angetrieben werden, die ihrerseits — unter Zwischenschaltung entsprechender Verstärker — aus den Quarzuhren gespeist werden, die ohnehin für die Bildsynchronisierung nötig sind. Die tatsächliche Genauigkeit ist dann etwa um den Faktor 10^4 besser als erforderlich. Die gleiche Genauigkeit läßt sich theoretisch für den Start erzielen, wenn man das Startsignal in der Weise, wie in Kap I, Abschn. 4 besprochen, von der Quarzuhr ableitet. Die tatsächliche Genauigkeit hängt hier von der Methode ab, wie dieses Signal den Beginn der Drehbewegung bewirkt. Im praktischen Betrieb wurde eine Startgenauigkeit von 20 msek erreicht. Die Eichgenauigkeit von 0,5‰ läßt sich bei sorgfältigem mechanischen und elektrischen Aufbau der Schwingungskreise erreichen, besonders wenn man konstante Raumtemperatur voraussetzt.

Blockschaltbilder einer praktisch ausgeführten Anlage zeigen die Abb. 12 und 13. Bei ihr wurde das schwierige Problem, einen Sender und einen Empfänger mit genau gleicher Abstimmkurve zu bauen, durch folgenden Kunstgriff vereinfacht: Als frequenzbestimmendes Organ am Ort des Senders wird ein Empfänger benützt, der gleichzeitig die senkrechten Echos registriert. Der Sender wird durch eine automatische Scharfabstimmung gezwungen, dem Empfänger mit einer Genauigkeit von ca. 1 kHz zu folgen. Der abgesetzte Empfänger

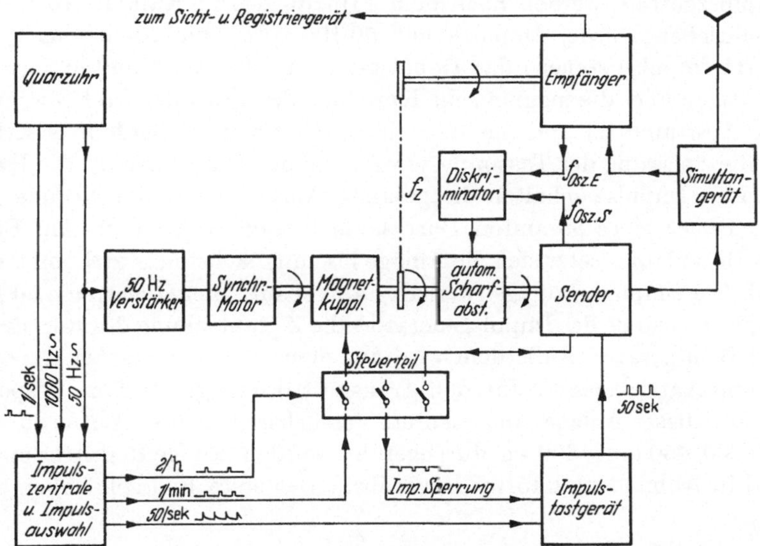

Abb. 12. Blockschaltbild der Sendeanlage für Impulsbeobachtungen bei schrägem Einfall.

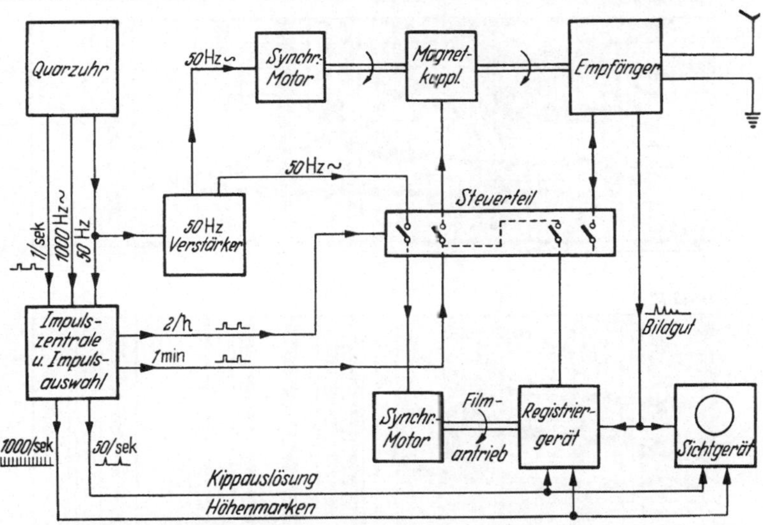

Abb. 13. Blockschaltbild der Empfangsanlage für Impulsbeobachtungen bei schrägem Einfall.

muß also lediglich mit dem Empfänger am Sendeort in der Eichung übereinstimmen. Die Schaltung am Sender arbeitet folgendermaßen: Die Quarzuhr liefert 1 V Sinusspannung mit 1000 und 50 Hz sowie 10 msek Impulse mit 1 Hz. Die 50 Hz-Spannung wird auf 220 V ver-

stärkt und einem Synchronmotor zugeführt, der über eine magnetische
Kupplung und den Scharfabstimmungsmechanismus (tatsächlich ein
Differentialgetriebe) die Abstimmittel des Senders antreibt. In einer
Impulszentrale werden nach dem Prinzip, das in Kap. I, Abschn. 4
beschrieben wurde, Impulse mit 50 Hz, 1/m und 2/h erzeugt. Die
50 Hz-Impulse steuern das Impulstastgerät, die Ein-Minuten-Impulse
betätigen über die magnetische Kupplung den Start der Drehbewegung
der Abstimmittel und die Bereichsumschaltung. Außerdem bewirken
sie die Sperrung der Tastimpulse während der Umschaltung. Die Halb-
stunden-Impulse schalten die gesamte Anlage jede halbe Stunde ein.
Die Dauer eines gesamten Durchlaufs beträgt 8 Minuten. Am Ende
des Durchlaufes setzt sich die Anlage bis zum nächsten Startkommando
still. Die Empfangsanlage ist analog aufgebaut. Hier steuern die 50 Hz-
Impulse anstelle des Impulsgenerators die Zeitablenkung des Registrier-
und Sichtgerätes. Außerdem wird aus dem 50 Hz-Verstärker der synchrone Antriebsmotor für den Transport des Registrierfilms gespeist.

Mit dieser Anlage sind mehrere Versuchsreihen über Entfernungen
von 200, 450 und 1300 km durchgeführt worden. Einige Registrierungen
sind in Abb. 14 und 15 wiedergegeben. Das erste Bild zeigt oben eine

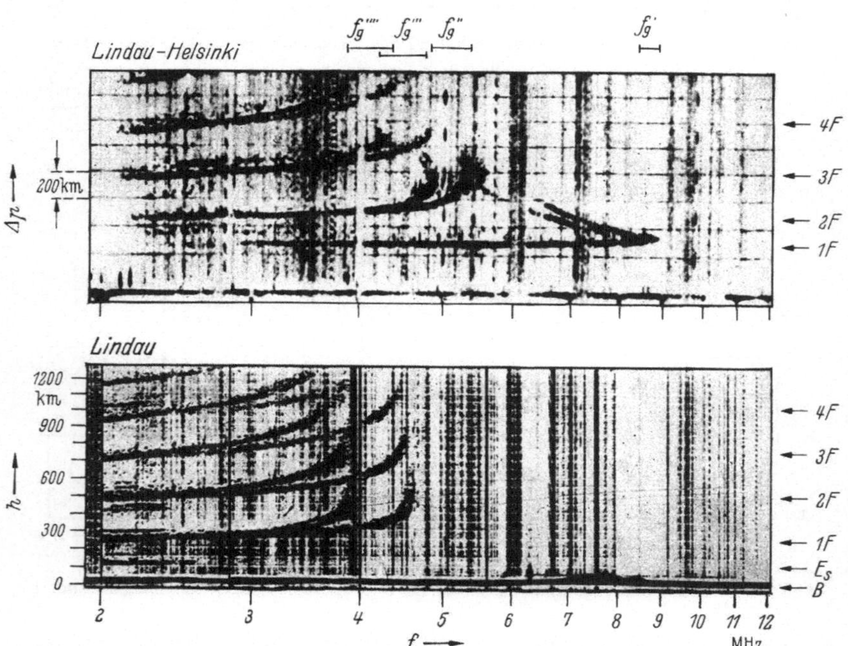

Abb. 14. Ionogramm bei schrägem (oben) und senkrechtem (unten) Einfall auf die Ionosphäre. Anstelle der Höhe h tritt bei schrägem Einfall die Wegdifferenz Δp. B Bodenwelle (fehlt bei der oberen
Aufnahme, da Entfernung Lindau-Helsinki zu groß), E_s sporadische E-Schicht, 1—4 F Echos aus
der F-Schicht, $fg' - fg''''$ Grenzfrequenzen der Sprünge 1—4. Aufnahme: Institut für Ionosphärenforschung, Lindau/Harz.

Aufnahme, die während der Nacht auf der Strecke Lindau-Helsinki gemacht wurde, darunter zum Vergleich die gleichzeitige Senkrechtlotung in Lindau. Man erkennt deutlich die verschiedenen Übertragungswege, die durch ein-, zwei-, drei- und viermaligen Sprung

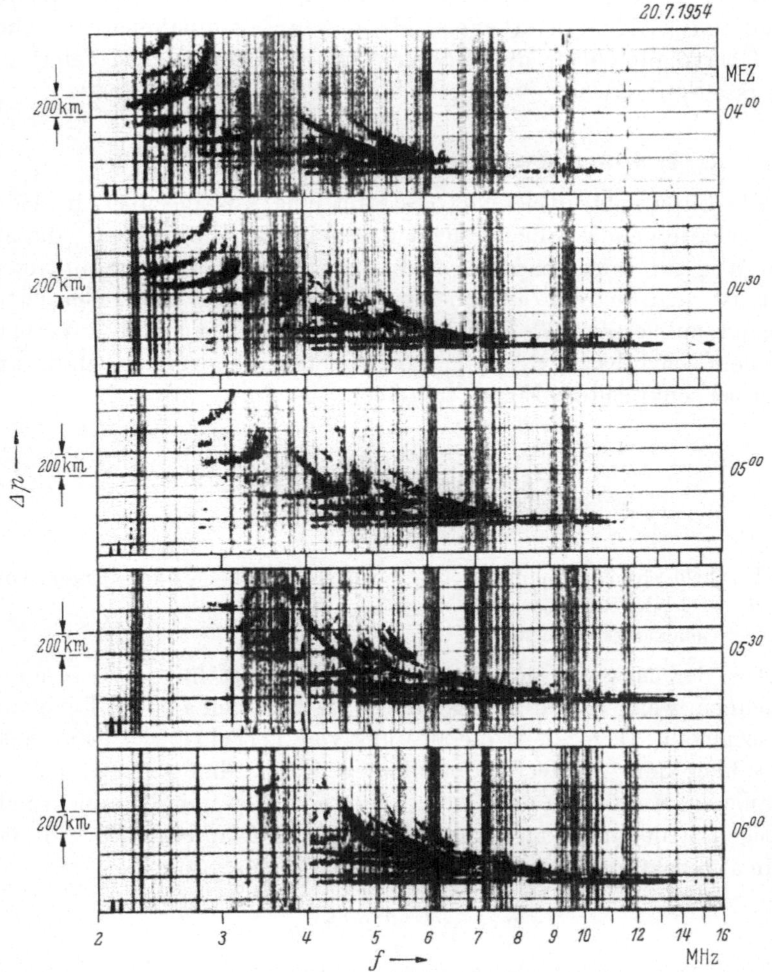

Abb. 15. Ionogramm bei schrägem Einfall auf die Ionosphäre. Sender Lindau, Empfänger Helsinki: Entfernung 1300 km. Wegdifferenz Δp als Funktion der Trägerfrequenz f. Aufnahme: Institut für Ionosphärenforschung, Lindau/Harz.

entstanden sind. Den verschiedenen Wegen entsprechen verschiedene Einfallswinkel: Der einmalige Sprung hat den flachsten Einfallswinkel und — der Theorie entsprechend — die höchste Grenzfrequenz fg'. Mit zunehmender Ordnungszahl der Sprünge wird der Einfall steiler und die Grenzfrequenz (fg'', fg''') nimmt ab. fg''' stimmt bereits nahezu mit der Grenzfrequenz bei senkrechtem Einfall überein. Bei sämtlichen Wegen handelt es sich um Reflexionen an der F2-Schicht (Nachtaufnahme). Den Einfluß der Tageszeit zeigt das zweite Bild: Mit steigender Sonne verschiebt sich alles zu höheren Frequenzen. Vor allem der allmähliche Ausfall der niederen Frequenz wegen der zunehmenden Dämpfung ist klar zu erkennen. Bei diesen Tagaufnahmen tritt auch die Übertragung über die E-Schicht in Erscheinung. Sie liefert die unterste Spur, die sich bis zu sehr hohen Frequenzen erstreckt.

5. Anwendungen von Amplitudenbeobachtungen.

Die Impulslaufzeitmessung gestattet eine Aussage über die Höhe der reflektierenden Schicht, nicht dagegen über die Verluste, die auf dem Weg zur Reflexionsstelle und bei der Reflexion selbst auftreten. Hier ist man darauf angewiesen, die Amplitude des reflektierten Zeichens zu messen [26]. Üblicherweise faßt man die gesamten Verluste in einem scheinbaren Reflexionskoeffizienten ϱ zusammen. Man kann dann bei senkrechtem Einfall schreiben:

$$E_1 = E_0 \cdot \frac{1}{2H} \cdot \varrho$$

$$\varrho = \frac{E_1}{E_0} \cdot 2H$$

E Feldstärke am Empfangsort; E_0 Feldstärke in 1 km Abstand vom
H Höhe der Reflexionsstelle in km;   Sender;
ϱ Reflexionskoeffizient.

Aus der Messung der Empfangsfeldstärke E läßt sich somit ϱ berechnen, wenn H und E_0 bekannt ist. H läßt sich aus der Echolaufzeit ermitteln. Dagegen ist die Messung von E_0 (Feldstärke 1 km senkrecht über dem Sender) meist nicht möglich. Man kann jedoch E_0 eliminieren, wenn man die Amplitude von Echos mißt, die mehrmals zwischen Erde und Ionosphäre hin- und hergelaufen sind. Für das zweimal reflektierte Zeichen erhält man die Feldstärke

$$E_2 = E_0 \cdot \frac{1}{4H} \cdot \varrho^2 \cdot \varrho_E$$

ϱ Reflexionskoeffizient des Erdbodens.

Kombiniert man mit der ersten Gleichung, so erhält man

$$\frac{E_1}{E_2} = \frac{2}{\varrho \cdot \varrho_E}.$$

Da ϱ_E mit guter Näherung gleich 1 gesetzt werden kann, wird

$$\varrho = 2 \frac{E_2}{E_1}.$$

Aus dem Verhältnis der Amplituden des ein- und zweimal reflektierten Zeichens läßt sich also der Reflexionskoeffizient sehr einfach bestimmen.

In der Praxis ist diese Bestimmung allerdings nicht so einfach [16]. Die Amplituden der Echos schwanken durch dauernde kleine Veränderungen der Ionosphäre sehr stark. Außerdem können durch Wölbung der reflektierenden Schicht Fokussierung und Defokussierung auftreten, die gelegentlich das zweite Echo sogar noch stärker werden lassen als das erste. Man hilft sich durch zeitliche Mittelung und durch Beobachtung auf mehreren Frequenzen. Die Messung des Reflexions-

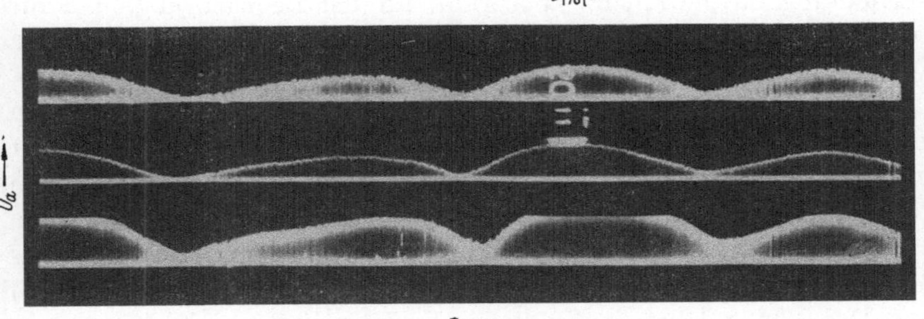

Abb. 16. Gleichzeitige Amplitudenregistrierung mit 3 Empfängern, die im Dreieck mit etwa einer Wellenlänge Seitenlänge aufgestellt sind. Die Amplitudenminima sind zeitlich gegeneinander verschoben. Aufnahme: Institut für Ionosphärenforschung, Lindau/Harz.

koeffizienten ist aber vorläufig noch viel unsicherer als die Höhenmessung, ganz zu schweigen von den Schwierigkeiten, die bei der Deutung des Meßergebnisses auftreten [27].

Eine andere Anwendung der Amplitudenbeobachtung, die in der Durchführung sehr einfach, in der Deutung aber umstritten ist, ist folgende [15] [28]: Beobachtet man die Echoamplitude gleichzeitig in mehreren Empfängern, die im Abstand von etwa einer Wellenlänge aufgestellt sind, so sind die Schwankungen nicht gleichzeitig. Neben ganz unregelmäßigen Schwankungen treten zeitweise auch solche auf, die gegeneinander eine konstante Phasendifferenz aufweisen (Abb. 16). Man kann dies deuten durch Amplitudenmaxima und -minima, die mit einer bestimmten Geschwindigkeit über das Empfangsfeld hinweglaufen. Benutzt man 3 Empfänger, die im Dreieck aufgestellt sind, so läßt sich Geschwindigkeit *und* Richtung der Bewegung bestimmen. Man hat nun angenommen, daß die Wanderung der Extrema durch entsprechende horizontale Bewegungsvorgänge in der Ionosphäre hervorgerufen wird, deren Geschwindigkeit halb so groß ist, wie die Geschwindigkeit des Interferenzfeldes am Boden. Man spricht in diesem Zusammenhang von Wind oder besser Drift in der Ionosphäre.

Was sich dabei wirklich bewegt, ob die Luft oder die Elektronen oder ob es sich um durchlaufende Druckwellen handelt, ist noch Gegenstand der Diskussion. Jedenfalls liegen die abgeleiteten Geschwindigkeiten von einigen 100 km/h in der gleichen Größenordnung wie diejenigen, die aus anderen Beobachtungen, z. B. aus der Bewegung von Meteorspuren [29] [30] bekannt sind.

6. Impulsrückstreubeobachtungen.

Als letztes Anwendungsbeispiel soll noch ein Impulsverfahren besprochen werden, das im Begriff steht, erhebliche praktische Bedeutung zu gewinnen. Es beruht auf der Beobachtung, daß die Unregelmäßigkeiten des Erdbodens elektrische Wellen diffus streuen. Diese Tatsache wird in der Funkmeßtechnik [1] [2] in den Bodenbetrachtungsgeräten und den Schiffsradargeräten ausgenützt. Beim Bodenbetrachtungsgerät („Rotterdamgerät") sendet ein Flugzeug mit einer rotierenden Richtantenne Impulse auf cm-Wellen in den unteren Halbraum. Die Streureflexionen, die an den Geländeunebenheiten, Bäumen oder Gebäuden entstehen, werden mit der gleichen Richtantenne wieder aufgenommen und auf einem Planbild („P.P.I.") zur Darstellung gebracht. Zu diesem Zweck rotiert um die Mitte einer Braunschen Röhre synchron mit der Richtantenne eine Zeitlinie. Sie startet in der Mitte des Schirmes beim Aussenden des Impulses und läuft radial zum Schirmrand. Sie wird immer dann hellgetastet, wenn Reflexe vom Erdboden eintreffen. Man erhält so ein stehendes Bild in Polarkoordinaten auf dem Schirm der Röhre, bei dem der Abstand von der Schirmmitte proportional der Entfernung und der Winkel gleich dem Azimut des Reflektors ist, gesehen vom Standort des Flugzeuges. Solche „Elektronenkarten" unterscheiden sich von dem optischen Bild einer Landschaft, da die elektrischen Reflexionseigenschaften der Gegenstände nicht mit den optischen übereinstimmen. Am deutlichsten heben sich Wasserflächen als dunkle und Häusermassen als helle Stellen ab. Derartige Geräte wurden im letzten Krieg zur Zielfindung mit Erfolg angewandt. Die Schiffsradargeräte, die daraus hervorgegangen sind, arbeiten nach dem gleichen Prinzip, nur daß sich die Richtantenne auf einem Schiffsmast befindet. Hier werden auf freier See in erster Linie andere Schiffe und bei Hafeneinfahrten die Konturen des Landes sowie seiner Bebauung angezeigt.

Bei der Rückstreulotung im Kurzwellengebiet („*backscatter sounding*") ist die Anordnung grundsätzlich die gleiche, nämlich eine drehbare Richtantenne und ein Polarkoordinatenrohr zur Darstellung der Echos. Die Zielsetzung ist jedoch eine andere. In Abb. 17 sind schematisch die Ausbreitungswege für eine Kurzwelle dargestellt, die senkrecht nicht mehr reflektiert wird. Es entsteht dann um den Sender herum die „Tote Zone", in der keine an der Ionosphäre reflektierte Strahlung eintrifft. Außerhalb der Toten Zone fällt dagegen reflektierte Strahlung mit hoher Feldstärke ein. Im wesentlichen werden

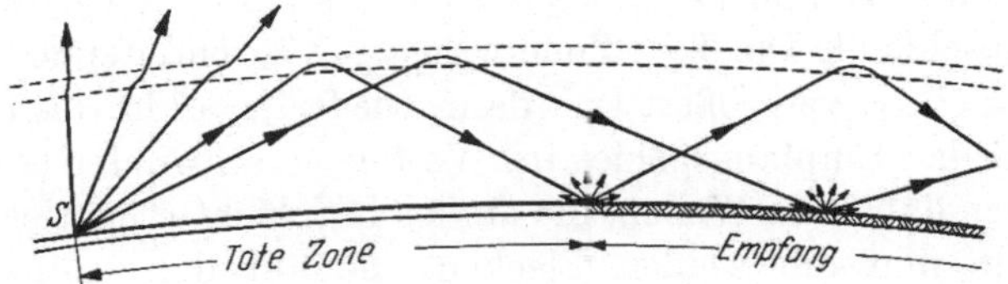

Abb. 17. Querschnitt durch den Strahlengang einer Kurzwelle. *S* Sender. Das Bild ist rotationssymmetrisch um *S* zu ergänzen. Erläuterungen im Text.

diese Wellen am Erdboden gespiegelt, ein gewisser Bruchteil wird jedoch an den Unebenheiten der Erdoberfläche gestreut. Diejenigen Wellen, die gerade in die Richtung der einfallenden Strahlung zurückgeworfen

werden, laufen zurück zum Sender und können dort empfangen werden. Man erhält also grundsätzlich in einem Empfänger, der in der Nähe des Senders steht, Streustrahlung von allen Gebieten der Erdoberfläche, in der Energie vom Sender ankommt, in denen also Empfang vorhanden ist [*31*]. Mit einer Anordnung, wie oben beschrieben, kann man nun ein Planbild dieser Gebiete guten Empfangs aufzeichnen.

Das Ergebnis einer derartigen Rückstreulotung über die Ionosphäre

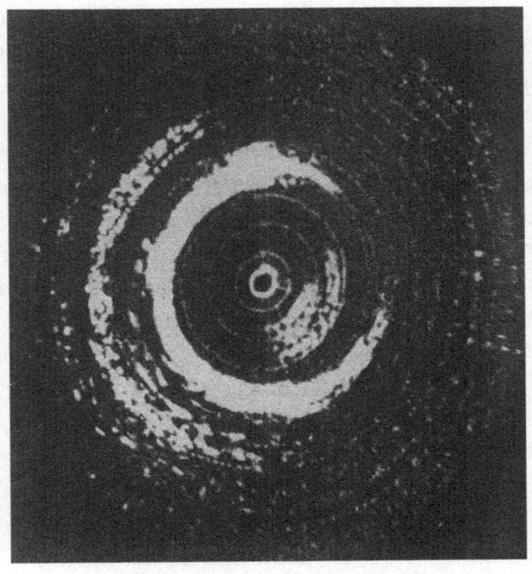

Abb. 18. Schirmbild bei Rückstreulotung. Aufnahme: Villard und Peterson, Stanford University.

ist in Abb. 18 dargestellt. Sie entstammt einer Arbeit [*32*] der amerikanischen Ionosphärenforscher Villard und Peterson, die dieses Verfahren erstmalig praktisch versucht haben. Der Maßstab ist in diesem Falle natürlich ein ganz anderer als bei den Radarbildern. Der Abstand zwischen zwei konzentrischen Kreisen, die als Entfernungsskala dienen, beträgt 500 km. Man erkennt auf dem Bild deutlich, daß um den Sender herum eine Tote Zone vorhanden ist, an die sich dann mehrere Zonen guten Empfangs anschließen. Eine Folge derartiger Bilder über einen ganzen Tag ist in Abb. 19 wiedergegeben. Es ist deutlich zu sehen, wie am Morgen (0612 h) der Empfang aus östlicher Richtung einsetzt und gegen 0800 h das Empfangsgebiet den ganzen Sender umschließt. Die Tote Zone wird mit fortschreitender Tageszeit zunächts kleiner, vergrößert sich dann wieder (1618 h), bis schließlich am Abend das Empfangsgebiet im Westen verschwindet (1929 h). Es handelt sich dabei um Wellen, die an der F-Schicht reflektiert wurden. Interessant sind die weißen Flecken, die auf den Aufnahmen ab 1825 h in südwestlicher Richtung auftreten. Es ist dies ein Empfangsgebiet, das durch Reflexionen an der sogenannten „sporadischen" E-Schicht entsteht. Diese Gebiete sind auch noch vorhanden, wenn der Empfang über die F-Schicht bereits vollständig ausgesetzt hat (1945 h).

Der große Vorteil dieses Verfahrens ist, daß eine momentane Bestimmung der Empfangsgebiete eines Kurzwellensenders vom Ort des Senders aus möglich ist. Der gerätemäßige Aufwand ist dabei erstaunlich gering. Die gezeigten Bilder wurden mit einem Sender von 1 kW Leistung und einer 3-Element-Richtantenne gemacht, die einmal pro Minute um 360° gedreht wurde. Natürlich hat die Methode auch ihre Grenzen. Damit am Sender noch rückgestreute Energie ankommt, muß der Sender im Empfangsgebiet eine nicht zu niedrige Feldstärke erzeugen. Man kann also mit dem Verfahren nur die Gebiete feststellen, in denen wirklich guter Empfang herrscht, während die Gebiete, in denen die Feldstärke eben noch für Telegraphieverbindung ausreicht, nicht mehr zur Darstellung kommen. Immerhin berichten Villard und Peterson, daß sie unter günstigen Umständen Rückstrahlung aus Entfernungen bis zum halben Erdumfang bekommen haben. Da bei diesem Verfahren mit Impulsen von 1 msek Dauer (entsprechend einem Auflösungsvermögen von 150 km) gearbeitet wird, werden Einzelheiten der Erdoberfläche im allgemeinen nicht aufgelöst. Das ist auch gar nicht erwünscht, da es die Deutung des Bildes nur erschweren würde.

Man kann aber vielleicht die Tatsache, daß die Stärke der Rückstreuung von der Rauhigkeit der Erdoberfläche abhängt, ausnützen. Bei Beobachtungen in Lindau/Harz mit Impulsen von 100 μsek Dauer (entsprechend einem Auflösungsvermögen von 15 km) und Leistungen von 100 kW wurde festgestellt, daß diejenigen Streuechos, die aus einer Bodenentfernung von 450 km kamen, eine merklich größere Amplitude hatten als die aus anderen Entfernungen [31]. Nun beträgt der Abstand des Alpennordrandes von Lindau am Harz rund 450 km. Es besteht also guter Grund anzunehmen, daß diese Echos vom Nordrand der Alpen herrühren und daß man mit elektrischen Wellen passender Frequenz Gebirge über die Ionosphäre als Spiegel sehen kann. Theore-

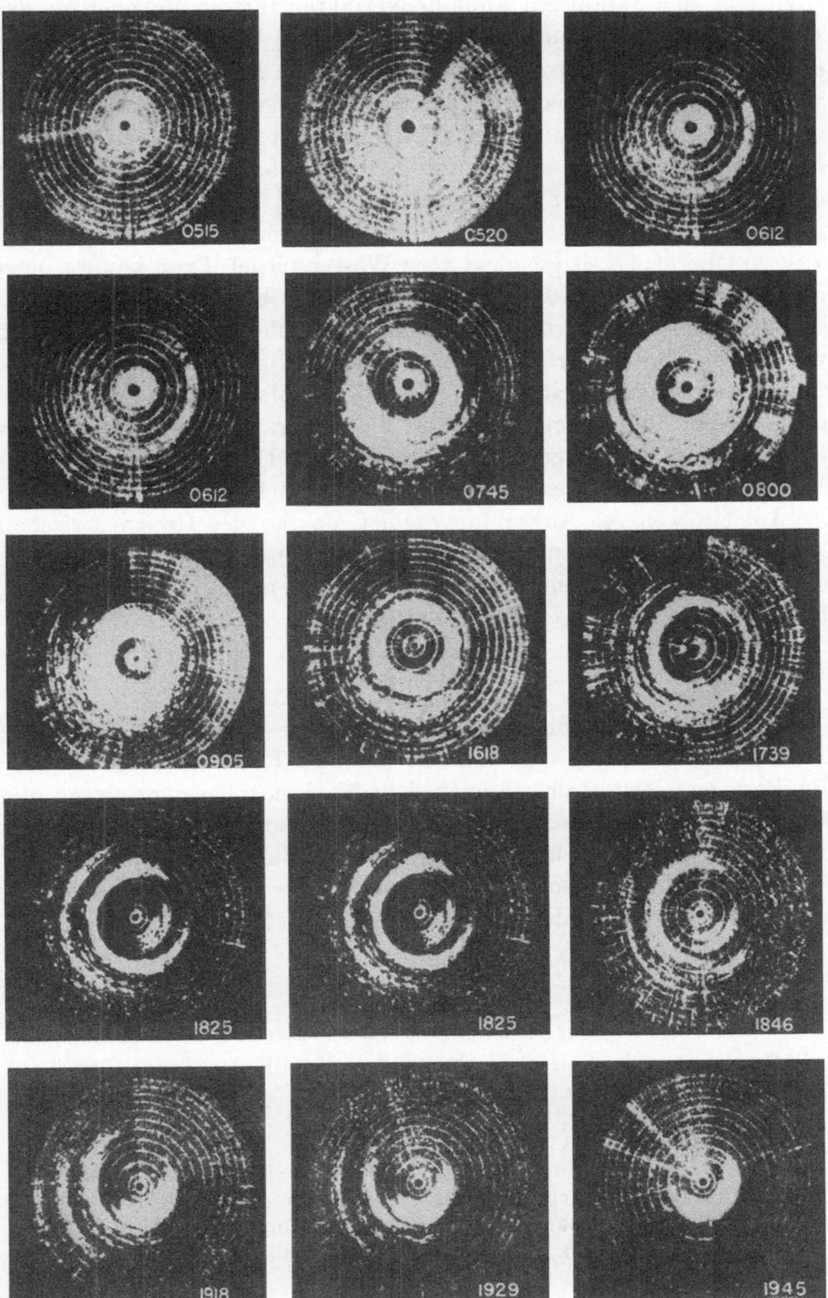

Abb. 19. Tageszeitliche Änderung des Schirmbildes bei Rückstreulotung; beigeschriebene Zahlen sind Uhrzeit. Aufnahmen: Villard und Peterson, Stanford University.

tisch läßt sich darauf ein Funkmeßverfahren für die Morphologie der Erdoberfläche aufbauen [*33*]. Der Erfolg dieses Verfahrens hängt allerdings ausschlaggebend davon ab, wie gut die Ionosphäre als Spiegel wirkt. Das optische Analogon dazu ist das Spiegelbild einer Landschaft in einem See. Nur solange der Seespiegel glatt ist, lassen sich Einzelheiten unterscheiden; sobald die Wasseroberfläche bewegt ist, werden die Konturen unscharf und verschwinden bei stärkerem Wellengang gänzlich. Leider gleicht die Ionosphäre vielmehr einer vom Wind bewegten Oberfläche als einem glatten Wasserspiegel. Dazu kommt noch die Schwierigkeit der Frequenzwahl, auf die hier nicht eingegangen werden soll. Die Erwartungen auf die praktische Brauchbarkeit dieses Ortungsverfahrens dürfen also nicht zu hoch geschraubt werden. — Unerwartet war die Tatsache, daß auch der Meeresspiegel eine merkliche Streustrahlung liefert. Man muß aber daran denken, daß auf den Ozeanen auch bei ruhigem Wetter immer eine Dünung herrscht, deren Wellen offenbar genügend Streureflexionen liefern.

Auf ein weiteres Anwendungsgebiet, das an der Grenze zwischen Ionosphärenforschung und Radioastronomie liegt, nämlich auf die Beobachtung von Meteorspuren in der Ionosphäre mit Hilfe von Impulsen, kann hier aus Raummangel nicht eingegangen werden.[1]

III. Schlußbemerkung.

Die vorstehende Übersicht zeigt, daß die Impulstechnik in der Ionosphärenforschung eine ähnlich wichtige Rolle spielt wie in der Funkortung. Historisch gesehen ist die Ionosphärenforschung die ältere. Ob die Funkmeßtechnik durch konsequente Anwendung der Ionosphärenlotungstechnik auf terrestrische Ziele entstanden ist, vermag ich nicht zu entscheiden. Sicherlich aber haben sich beide Anwendungen immer wieder gegenseitig befruchtet.

Schrifttum.

Zusammenfassende Darstellungen.

[*1*] Reintjes, J. F., u. G. T. Coates: Principles of Radar, London: McGraw-Hill Book Publishing Company Ltd, 1952.

[*2*] Stanner, W.: Leitfaden der Funkortung, Garmisch-Partenkirchen: Elektron-Verlag 1952.

[*3*] Mitra, S. K: The Upper Atmosphere, Calcutta: The Asiatic Society 1952.

[*4*] Rawer, K.: Die Ionosphäre, Groningen: P. Noordhoff N. V. 1953.

[*5*] Hüter, W.: Ionosphäre in C. Rint: Handbuch für Hochfrequenz- und Elektrotechniker, III. Bd., Berlin-Borsigwalde: Verlag für Radio-Foto-Kinotechnik GmbH, 1954.

---

[1] Eine zusammenfassende Darstellung des Verf. über dieses Thema findet sich in A.E.Ü. Bd. 7 (1953) S. 550.

[6] GLASOE, G. N., u. J. N. VEBACQZ: Pulse Generators, New York and London: McGraw-Hill Book Company, Inc. 1948.

Einzeldarstellungen.

[7] SVENSSON, S. I.: Transactions of Chalmers University of Technology Nr. 68, Göteborg 1948

[8] MÖGEL, H.: Telefunken-Zeitung Nr. 56 (1930) S. 14.

[9] KOTOWSKI, P., u. H. WISBAR: Drahtloser Überseeverkehr, Leipzig: Hirzel 1941.

[10] GOUBAU, G.: Hochfrequenztechn. u. Elektroak. Bd. 40, (1932) S. 1.

[11] GILLILAND, T. R., u. G. W. KENRICK: Proc. Inst. Radio Engrs. Bd. 20, (1932) S. 540

[12] GOUBAU, G.: Hochfrequenztechn. u. Elektroak. Bd. 41, (1933) S. 77.

[13] DIEMINGER, W., u. H. PLENDL,: Z. techn. Phys. Bd. 19 (1938) S. 429.

[14] CHANCE, B.: Elektronic Time Measurements, New York/Toronto/London: McGraw-Hill Book Company, Inc. 1949.

[15] KRAUTKRÄMER, J.: Dtsche Luftfahrtforsch., Forschungsber. Nr. 1761 (1943).

[16] OCHS, A.: Archiv der elektr. Übertragung Bd. 8, (1954) S. 535.

[17] BREIT, G., u. M. A. TUVE: Nature Bd. 116 (1925) S. 357.

[18] PEKERIS, C. L.: Terr. Magn. Atm. Electr Bd. 45 (1940) S. 205.

[19] RYDBECK, O. E.: Phil. Mag. Bd. 30 (1940) S. 282.

[20] GILLILAND, T. R.: Journ. Res. Nat. Bur. Standards Bd. 11, (1933) S. 561.

[21] BERKNER, L. V., u. H. W. WELLS: Trans. Assoc. Terr. Magn. Atmosph. Electr. Bull. Nr. 10 (1937) S. 340.

[22] SULZER, P. G.: Elektronics, Juli 1946, S. 137.

[23] DIEMINGER, W.: Research Bd. 2 (1949) S. 571.

[24] GERSON, N. C.: URSI Gen. Ass., den Haag 1954.

[25] DIEMINGER, W.: Z. angew. Phys. Bd. 3 (1951) S. 90 dort ausführliche Literaturangabe.

[26] WHITE, F. W., u. L. W. BROWN: Proc. Roy. Soc. London, Bd. 153 (1936) S. 639 u. 660.

[27] RAWER, K.: Dtsche. Luftfahrtforsch., Forschungsber. Nr. 1872 (1943).

[28] MITRA, S. N.: Journ. Inst. Electr. Engrs III, Bd. 96 (1949) S. 441.

[29] MANNING, L. A., O. G. VILLARD u. A. M. PETERSON: Proc. Inst. Radio Engrs. Bd. 38 (1950) S. 877.

[30] GREENHOW, J. C.: J. Atmos. Terr. Phys. Bd. 2 (1952) S. 282.

[31] DIEMINGER, W.: Proc. Phys. Soc. B, Bd. 64 (1951) S. 142.

[32] VILLARD, O. G., u. A. M. PETERSON: QST Bd. 36 (1952) S. 11.

[33] DIEMINGER, W.: Sonderfragen der Funkortung im Luftraum und im Weltall, Bücherei der Funkortung, Bd. 2, Teil V, Dortmund: Verkehrs- und Wirtschaftsverlag GmbH, 1953.

Impulsprobleme der elektronischen Rechenmaschinen.

Von **A. P. Speiser**, Zürich.

I. Mathematische Bedeutung der Impulse in Rechenmaschinen.

In Abschnitt I bis IX ist ausschließlich von *digitalen Rechenmaschinen* die Rede, d. h. von Maschinen, die die zu verarbeitenden mathematischen Größen in ziffernmäßiger Form unter Verwendung eines bestimmten Zahlsystems darstellen. (Im Gegensatz dazu stehen die *Analogie-Rechenmaschinen*, welche mit kontinuierlich variablen Größen arbeiten.) Zur Darstellung der Ziffern dienen Impulse. Im Interesse bester Betriebssicherheit wird weder Amplitude noch Breite eines Impulses als wesentliche Eigenschaft verwendet, sondern nur das Merkmal der Anwesenheit oder Abwesenheit. Dies entspricht einer Variablen, die zwei diskrete Werte annehmen kann. Wir wollen allgemein einen vorhandenen Impuls mit 1, einen fehlenden Impuls mit 0 kennzeichnen. Damit lassen sich Zahlen im Dualsystem darstellen. Die Anzahl der erforderlichen Stellen ist im Dualsystem natürlich höher als im Dezimalsystem; zur Darstellung der Zahl N braucht es im Dezimalsystem $\log_{10} N$ Stellen, im Dualsystem $\log_2 N$ Stellen; im Dualsystem sind also $\log_2 10 = 3{,}32$mal mehr Stellen erforderlich.

Um die Anforderungen an das Bedienungspersonal nicht unnötig zu erhöhen, muß der Verkehr mit der Außenwelt in jedem Fall im Dezimalsystem erfolgen. Die Übersetzung zwischen den beiden Systemen ist ein komplizierter mathematischer Vorgang, der durch die Maschine selbst auszuführen ist. Bezüglich der zur Anwendung kommenden Verfahren muß auf die einschlägige Literatur verwiesen werden [1]. Bei fehlerhaftem Arbeiten der Maschine ist es oft nötig, Zahlen direkt aus dem dualen Speicherwerk abzulesen, wobei dann die Übersetzung durch das Personal erfolgen muß. Aus diesen Gründen zieht man es oft vor, jede Dezimalziffer einzeln durch eine Gruppe von vier Dualziffern darzustellen, etwa nach folgendem Schlüssel:

0	0000	5	0101
1	0001	6	0110
2	0010	7	0111
3	0011	8	1000
4	0100	9	1001

Da mit vier Dualziffern $2^4 = 16$ Kombinationen möglich sind, können statt der gezeigten auch andere Zuordnungen gewählt werden [1], die oft einfachere elektrische Schaltungen ergeben; ferner entsteht mit diesem Verfahren ein Mehraufwand an Schaltmitteln, da nun zur Darstellung der Zahl N nicht mehr $\log_2 N$, sondern $4 \log_{10} N$ Dualziffern nötig sind, was einer Erhöhung um den Faktor 1,20 entspricht. Dies hängt damit zusammen, daß von den 16 möglichen Kombinationen nur 10 gebraucht werden. Die verbleibenden nennt man ,,Pseudodezimalen''; sie werden gelegentlich für gewisse Steuerzwecke gebraucht, eine Möglichkeit, die beim reinen Dualsystem nicht besteht. Von solchen Maschinen sagt man, sie arbeiten im Dezimalsystem, obwohl im Grund auch hier nur duale Ziffern vorkommen.

Es gibt Maschinen, die nebst den numerischen Symbolen auch alphabetische Informationen verarbeiten, was für Buchhaltungszwecke oder für die automatische Übersetzung von Sprachen von Bedeutung ist. Dann besteht jedes Symbol aus 5 oder 6 Dualziffern.

II. Elektrische Eigenschaften der Impulse.

Entsprechend der besonderen Anwendung in Rechenmaschinen, die durch komplizierte Schaltungen mit vielen Teilen und durch höchste Anforderungen an die Betriebssicherheit gekennzeichnet ist, haben sich gewisse Normen für die Impulse herausgebildet, die man heute fast allgemein erfüllt findet.

Frequenz. Die höchste heute verwendete Impulsfrequenz dürfte 4 MHz betragen, doch wird 500 kHz nur selten überschritten. Viele Konstrukteure bevorzugen niedrigere Frequenzen und gehen bis 25 kHz herunter, wobei der Verlust an Rechengeschwindigkeit teilweise durch verbesserte Rechenabläufe wettgemacht werden kann.

Dauer. Die verwendete Impulsdauer hängt nicht nur von der Frequenz, sondern auch von den Schaltungen ab. Wenn Impulsübertrager vorkommen, so ist man bestrebt, die Impulse auch bei niederen Frequenzen nicht länger als auf 1 µsek festzusetzen, damit die Übertrager räumlich klein bleiben. Wesentlich kürzere Impulse kommen nur bei sehr hohen Frequenzen vor. Bei der Impulsfrequenz f beträgt die längste mögliche Impulsdauer $1/f$; in diesem Fall kehrt die Spannung zwischen zwei aufeinanderfolgenden Impulsen nicht auf den Ursprungswert zurück, eine Spannungsänderung entsteht also nur bei einem Wechsel zwischen den Größen 0 und 1. Demnach kann die Signalspannung auf zwei möglichen Pegeln während längerer Zeit konstant bleiben; man bezeichnet dieses Verfahren gelegentlich als die *statische Darstellung* von Zahlen. Bei Verwendung der statischen Darstellung müssen die verschiedenen Rechenelemente gleichstromgekoppelt sein.

Amplitude. Allgemein verwendet man Amplituden zwischen 10 und 30 Volt. Die Amplitude muß so hoch sein, daß am Gitter einer Röhre mit genügendem Sicherheitsfaktor eine Unterscheidung zwischen nichtleitendem und stark leitendem Zustand entsteht. Zu geringe Amplitude verschlechtert die Betriebssicherheit; zu hohe Amplitude führt zu unnötig großen Strömen beim Aufladen der Streukapazitäten. Eine Ausnahme bilden jedoch die Speicherwerke, die entsprechend ihrer physikalischen Natur mit sehr kleinen Impulsen arbeiten müssen. Ferner verwendet man bei Transistoren Impulse von nur wenigen Volt.

Impedanz. Die Quellenimpedanz aller Schaltungen, die Impulse liefern, wird diktiert durch die Tatsache, daß in Rechenmaschinen ein Element oft mehrere andere Elemente speist und daß, entsprechend der Verwendung von Tausenden von Elementen, Verbindungsleitungen von mehreren Metern Länge die Regel bilden, so daß hohe Schaltkapazitäten aufzuladen sind. Wenn z. B. Impulse von 1 μsek Dauer mit einer Anstiegszeit von 0,2 μsek zu übersteigen sind, so braucht es bei 20 V Amplitude zur Aufladung einer Schaltkapazität von 100 pF einen Strom von 10 mA, was einer Impedanz von 2000 Ω entspricht; die Quellenimpedanz muß in der Regel bedeutend niedriger als dieser Wert sein. Allgemein verwendet man Impedanzen von einigen Hundert bis einigen Tausend Ohm; lediglich in Fällen, in denen man voraussehen kann, daß nur kurze Leitungen vorkommen, können die Quellenimpedanzen höher sein.

Mit der Frage der Quellenimpedanzen eng verknüpft ist die Wahl von geeigneten Verbindungsleitungen. Koaxialkabel bieten vollständigen Schutz gegen Übersprechen. Sie haben aber eine hohe Kapazität, wenn man den Innenleiter nicht sehr dünn wählt, ferner bietet der Endanschluß bei dicht gedrängten Anordnungen räumlich Schwierigkeiten. In Anbetracht der recht komplizierten Verdrahtungen, die bei Rechenmaschinen die Regel bilden, können daher Koaxialkabel nur für vereinzelte (z. B. besonders lange) Verbindungen verwendet werden. Gewöhnliche Schaltdrähte, in Bündeln zusammengefaßt, zeigen hohe Kapazität und starkes Übersprechen, so daß dieses Verfahren nur bei niedriger Quellenimpedanz verwendet werden kann. Diese Mängel werden vermieden durch freitragend geführte Leitungen, die so festgehalten sind, daß zwischen benachbarten Drähten ein Abstand von mehreren Millimetern eingehalten wird.

III. Impulserzeuger.

Die Uhr. Die zeitlichen Abläufe in Rechenmaschinen werden meistens durch einen zentralen Impulsgenerator von fester Frequenz gesteuert. Seine Impulse bestimmen, ähnlich wie die Signale einer

Mutteruhr in einer ferngesteuerten Uhrenanlage, den Arbeitstakt der ganzen Maschine und werden daher *Uhrimpulse* genannt. Die Rechengeschwindigkeit ist also mit der Folge der Uhrimpulse starr verknüpft, und kleine Schwankungen in ihrer Frequenz wirken sich an allen Stellen gleich aus, ohne Störungen zu verursachen. Diese zentrale Zeitsteuerung ist deshalb wichtig, weil oft mehrere Signale, die von ganz verschiedenen Teilen der Maschine herrühren, an einer Stelle zusammengefaßt werden, wobei natürlich ein genau gleichzeitiges Eintreffen notwendig ist. Nur selten werden Rechenmaschinen ohne übergeordnete Zeitsteuerung gebaut.

Als Uhr eignet sich infolge seiner Stabilität und Regulierbarkeit am besten ein Sinus-Oszillator, außer in Maschinen mit Magnettrommel, wo die Uhrimpulse durch die Trommel selbst erzeugt werden.

Impulsformer. Die von der Uhr erzeugten Sinus-Schwingungen müssen in Impulse verwandelt werden. Dies geschieht entweder durch einen zentralen Impulserzeuger mit sehr niedriger Ausgangsimpedanz, der die Verteilung für die ganze Maschine besorgt, oder durch mehrere lokale Impulserzeuger für einzelne Maschinenteile. Das letztere Verfahren hat den Vorteil, daß die

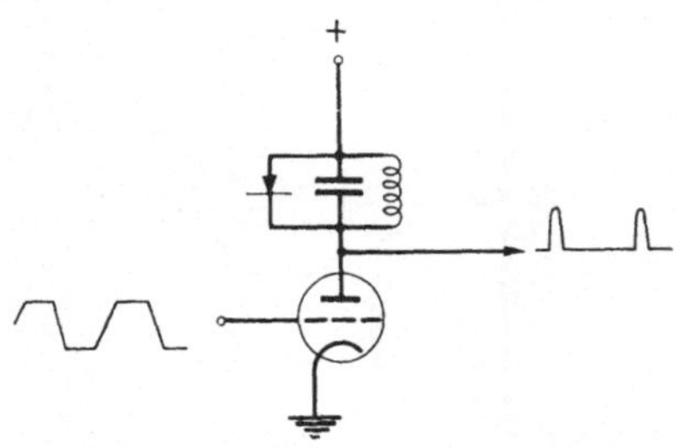

Abb. 1. Gedämpfter Resonanzkreis zur Erzeugung kurzer Impulse.

Verteilungen über die langen Leitungen bei einer Sinus-Schwingung bedeutend weniger Blindenergie braucht als bei einem Impuls.

Zur Verwandlung der Sinuswelle in Impulse stehen verschiedene Schaltungen zur Verfügung. Die einfachste ist ein gedämpfter Resonanzkreis nach Abb. 1. Durch beidseitiges symmetrisches Beschneiden wird der Sinus in ein Trapez verwandelt und auf das Gitter der Röhre gegeben. Die abfallende Flanke schneidet den Anodenstrom ab und stößt den Schwingkreis an; nach einer Halbschwingung wird jedoch die Diode leitend und dämpft den Kreis aperiodisch. Das Resultat ist ein halber Sinusbogen als Impuls. Die ansteigende Flanke der Gitterwellenform verursacht am Ausgang nichts Wesentliches, da die entstehenden Vorgänge im Schwingkreis durch die Diode von Anfang an stark gedämpft werden.

Für die Impulsamplitude u und für die Impulsdauer τ gilt:

$$u = i \sqrt{\frac{L}{C}} \qquad \tau = \pi \sqrt{LC},$$

wobei i der Anoden-Ruhestrom ist. Um möglichst hohe Impulsspannung zu erhalten, soll also (bei gegebenem τ) C möglichst klein sein.

Praktisch läßt man C überhaupt weg und verläßt sich auf die Schaltkapazität. Es empfiehlt sich, in einer folgenden Stufe durch Begrenzung den oberen, runden Teil des Impulses abzuschneiden, um ihm eine bessere Form zu geben. Dadurch wird auch die Amplitude konstanter; denn die Amplitude des aus der Schaltung von Abb. 1 kommenden Impulses ist abhängig vom Anoden-Ruhestrom, welcher mit den Eigenschaften der Röhre, der Heizspannung usw. variiert.

Mit dieser Schaltung lassen sich Impulse von etwa 1 bis 5 μsek gut erzeugen. Für kürzere Zeiten eignet sich der bekannte Sperrschwinger (Blocking-Oszillator), der den Vorteil hat, außerordentlich niedere Ausgangsimpedanz aufzuweisen. Die hohen Ströme, die die Röhre abgeben muß, geben allerdings in einer Rechenmaschine, wo höchste Betriebssicherheit verlangt wird, zu Bedenken Anlaß. Für längere Impulse (über 5 μsek) wählt man zweckmäßig einen monostabilen Multivibrator; ein Beispiel ist in Abb. 2 gezeigt. Normalerweise ist die rechte Röhre leitend, die linke nichtleitend. Ein kurzer negativer Impuls an der Anode der letzteren wird die Rollen vertauschen, und

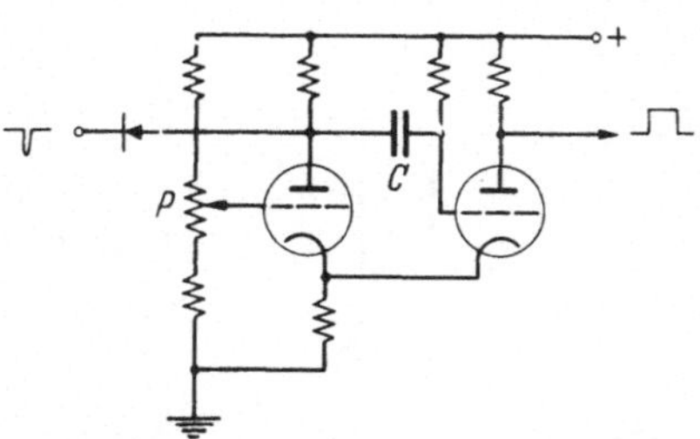

Abb. 2. Monostabiler Multivibrator für längere Impulse.

der ursprüngliche Zustand wird zurückkehren, nachdem C durch R so weit aufgeladen ist, daß die rechte Röhre wieder leitet. Es entsteht also an deren Anode ein positiver Impuls, dessen Dauer proportional dem Produkt RC ist. Die Dauer kann außerdem mit Hilfe des Potentiometers P in gewissen Grenzen variiert werden. Dank der starken Gegenkopplung durch den gemeinsamen Kathodenwiderstand hängt die Impulsamplitude fast nur von der Quellenspannung und den Widerstandsverhältnissen, nicht aber vom Zustand der Röhren ab. Dies ist ein wesentlicher Faktor in der Erhöhung der Betriebssicherheit dieser und vieler ähnlicher Schaltungen.

IV. Impulstore.

Impulstore oder Impulsschalter dienen zur Verknüpfung verschiedener Impulsfolgen (d. h. verschiedener mathematischer Variablen) nach den Gesetzen, die für die betreffende Operation vorgeschrieben sind. In unserer Anwendung sind die Impulse duale Variablen, indem an ihnen (vom logischen Gesichtspunkt aus betrachtet) nur die Eigenschaft der Anwesenheit oder Abwesenheit von Bedeutung ist. Für die Verknüpfungen solcher Variablen gelten die Regeln des Logik-Kalküls [2]. Der Logik-Kalkül zeigt, daß alle möglichen Verknüpfungen aufgebaut werden können, wenn die drei Operationen *Disjunktion, Konjunktion* und *Negation* definiert werden. Statt einer Erklärung diene das folgende Schema zur Erläuterung:

<table>
<tr><td>Disjunktion:</td><td>Konjunktion:</td><td>Negation:</td></tr>
<tr><td>A v B</td><td>A & B</td><td>$\overline{A}$</td></tr>
<tr><td>sprich: A oder B</td><td>sprich: A und B</td><td>sprich: nicht A</td></tr>
<tr><td>0 v 0 = 0</td><td>0 & 0 = 0</td><td>$\overline{0} = 1$</td></tr>
<tr><td>0 v 1 = 1</td><td>0 & 1 = 0</td><td>$\overline{1} = 0$</td></tr>
<tr><td>1 v 0 = 1</td><td>1 & 0 = 0</td><td></td></tr>
<tr><td>1 v 1 = 1</td><td>1 & 1 = 1</td><td></td></tr>
</table>

Wir erinnern uns, daß wir mit 0 einen fehlenden, mit 1 einen vorhandenen Impuls bezeichnet haben. Demgemäß kann die Disjunktion als eine *Überlagerung* von Impulsen betrachtet werden: Impuls A und B werden einander superponiert, wobei zwei zusammenfallende Impulse wiederum einen gewöhnlichen Impuls geben. Die Konjunktion anderseits entspricht einem *Schalter*, indem Impuls A den Weg für Impuls B freigibt oder sperrt.

Disjunktion und Konjunktion werden meistens mit Dioden elektrisch dargestellt; Abb. 3 zeigt die zugehörigen Schaltungen für ein

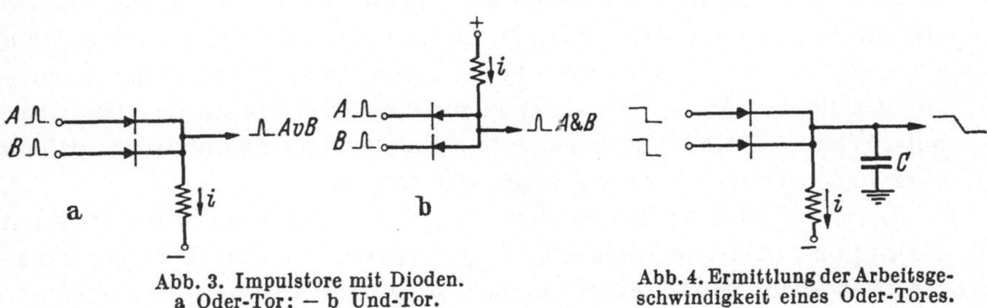

Abb. 3. Impulstore mit Dioden. a Oder-Tor; — b Und-Tor.

Abb. 4. Ermittlung der Arbeitsgeschwindigkeit eines Oder-Tores.

Oder-Tor und ein Und-Tor. Es ist hier überall angenommen, daß die verwendeten Impulse positiv sind. Durch Nachprüfen des Stromflusses in den Gleichrichtern kann man sich davon überzeugen, daß die Verknüpfungen richtig dargestellt werden. Von Bedeutung ist die Arbeitsgeschwindigkeit dieser Tore, die an Hand von Abb. 4 studiert wird. Wir betrachten den abfallenden Teil der Impulse, deren Amplitude u sei, und nehmen an, daß an einem Oder-Tor gleichzeitig beide Eingänge fallende Impulsflanken erhalten. Dann werden die Dioden nichtleitend, und der Strom zur Entladung der Streukapazitäten C muß durch den Widerstand abfließen. Die Zeit t, die dieser Prozeß beansprucht, errechnet sich zu:

$$t = \frac{u \cdot C}{i}.$$

Für $u = 20$ V, $C = 50$ pF, $i = 1$ mA erhalten wir $t = 1$ μsek, also bereits eine ziemlich lange Zeit für die Impulsflanke. t kann verkürzt werden durch Erhöhung von i. Im stationären Zustand muß aber der Strom i durch die Quellen, die das Tor betreiben, geliefert werden, was ins Gewicht fällt, sobald dieselbe Quelle mehrere Tore speisen muß. Aus dem gleichen Grunde ist es nicht möglich, viele Tore in Reihe zu schalten, da jedes folgende gegenüber dem vorhergehenden ein kleineres i aufweisen muß [3, 4]. Als Und-Tor kann auch eine Pentode nach Abb. 5 verwendet werden, indem die beiden Impulse auf Steuer- und

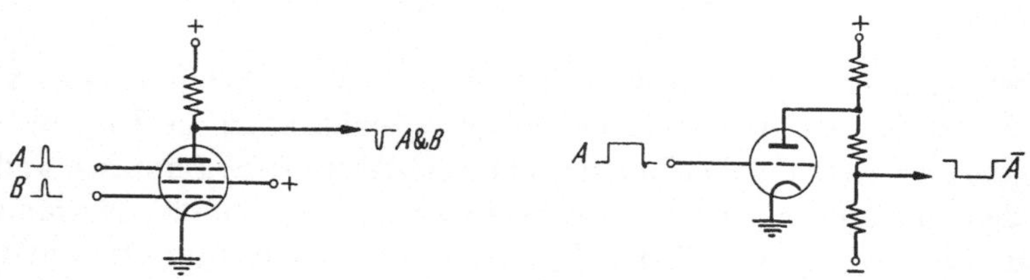

Abb. 5. Pentode als Und-Tor.   Abb. 6. Triodenverstärker in Gleichstromkopplung.

Bremsgitter gegeben werden. Das Nullpegel ist so zu wählen, daß der Anodenstrom nur dann fließt, wenn an beide Gitter ein Impuls gelangt. (Bei normalen Pentoden ist am Bremsgitter eine Impulsamplitude von etwa 40 V nötig. Es gibt aber heute Spezialröhren mit hoher Bremsgittersteilheit.) An der Anode erscheint als Ergebnis ein negativer Impuls. Weitere Impulse lassen sich mit Trioden-Paaren aufbauen, jedoch überwiegen heute die Schaltungen mit Dioden.

Da die Dioden endlichen Vor- und Rückwiderstand haben, werden die Impulse in jedem Diodentor abgeschwächt. Ferner findet ein Übersprechen nicht erwünschter Signale statt. Die Streukapazitäten verursachen darüber hinaus noch eine Formveränderung im Sinne einer Verbreiterung. Es ist daher nötig, in längeren Ketten von Toren an mehreren Stellen Verstärker einzustreuen. Deren Aussehen hängt nun stark davon ab, ob die Signale „statisch" dargestellt sind (vgl. Abschnitt II). Bei statischer Darstellung werden gleichstromgekoppelte Verstärker verwendet, z. B. eine Triodenstufe nach Abb. 6. (Wird niedrige Ausgangsimpedanz verlangt, so ist ein Kathodenverstärker nachzuschalten.) Die Verstärkerröhre wird über den linearen Teil hinaus gesteuert, so daß sich Pegelungenauigkeiten am Eingang nicht am Ausgang bemerkbar machen. Dadurch werden die großen Schwierigkeiten, denen man bei linearen Gleichstromverstärkern begegnet, umgangen. Die gezeichnete Stufe kehrt das Vorzeichen des Signale um und wirkt daher gleichzeitig als *Inverter*, d. h. sie führt eine Negation aus. Ist eine Inversion unerwünscht, so sind zwei Stufen in Reihe zu schalten. Ein besserer Verstärker für statische Signale ist der sogenannte *Schmitt-Trigger*, den Abb. 7 zeigt [5]. Diese Schaltung besitzt zwei stabile Stellungen; die Spannung bei A bestimmt, welche der Stellungen eingenommen wird. Das Umklappen erfolgt in einem ganz bestimmten, engen Spannungsbereich von A, und dieser Bereich soll der halben Impulshöhe entsprechen. Innerhalb eines stabilen Zustandes ist die Ausgangsspannung B vollkommen unabhängig von der Eingangsspannung A. Die Schaltung hat, wie die in Abb. 2 gezeigte, den großen Vorteil, daß eine Alterung der Röhre fast ohne Einfluß auf die Spannungspegel am Ausgang ist; dafür ist die Gegenkopplung durch den Kathodenwiderstand verantwortlich.

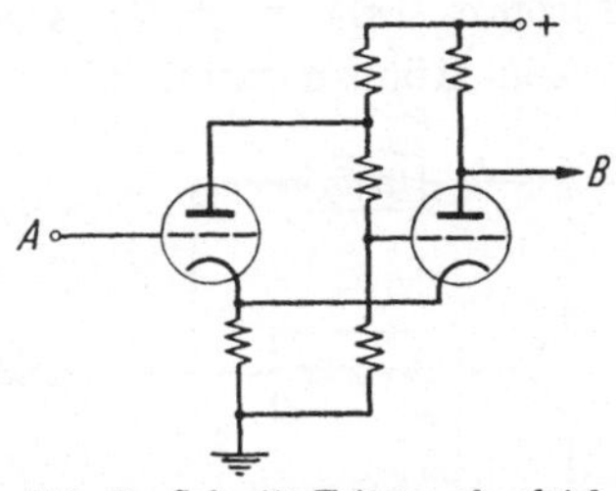

Abb. 7. Schmitt-Trigger als gleichstromgekoppelter Verstärker.

Die Schaltung eines vollständigen Rechenwerkes ist eine komplizierte Anordnung mit vielen geschlossenen Zyklen. Damit sich eine kleine, zufällig entstehende Störung nicht zu einer Schwingung aufbauen kann, ist es wichtig, daß die Verstärkung entlang einem geschlossenen Kreis *für kleine Signale* kleiner als 1 ist. Für Signale von der Größe der Impulse ist die Verstärkung immer ungefähr 1, da das Pegel konstant gehalten wird. (Da wir es hier mit nicht linearen Schaltungen zu tun haben, ist die Verstärkung amplitudenabhängig.) Ideal in dieser Hinsicht ist der Schmitt-Trigger, dessen Verstärkung für kleine Signale Null ist.

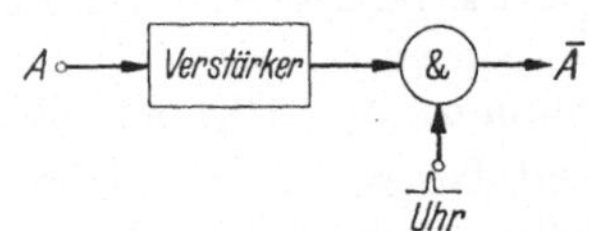

Abb. 8. Negationsglied für dynamische Schaltungen.

Im Gegensatz zur statischen Darstellung steht die dynamische Arbeitsweise, in der die Spannung zwischen zwei aufeinanderfolgenden Impulsen auf ihren Ruhewert zurückkehrt. Hier ist die Verwendung von wechselstromgekoppelten Verstärkern möglich. Besonders zweckmäßig ist es, im Anodenkreis der Verstärkerröhre einen *Impulsübertrager* vorzusehen. Durch ein absteigendes Übersetzungsverhältnis kann man hier sehr niedrige Ausgangsimpedanzen erreichen; ferner lassen sich zwei Sekundärwicklungen vorsehen, so daß Impulse beider Polaritäten entnommen werden können. Der Prozeß der Negation ist allerdings bei dynamischer Darstellung schwieriger; es genügt nicht, einfach die Polarität umzukehren. Vielmehr muß ein neuer Impuls eingegeben werden, der der Uhr entnommen wird. Ein vollständiges dynamisches Negationsglied ist in Abb. 8 gezeigt; es besteht aus einem Verstärker, der die Polarität umkehrt, und einem Und-Tor. In ähnlicher Art werden Impulsfolgen regeneriert, die nach dem Durchlaufen vieler Tore ihre Form verschlechtert haben. Solche Folgen werden in einem Und-Tor mit Uhrimpulsen zusammengefaßt. Die entstehenden Impulse haben alsdann immer noch den Informationsinhalt der eingegebenen Folge, aber die verbesserte Form der Uhrimpulse [6].

V. Das dynamische Äquivalent des Flipflops.

Der eigentliche Flipflop (der bistabile Multivibrator) wird hier als bekannt vorausgesetzt [7, 8]. Er findet in Rechenmaschinen ausgiebige Verwendung. Es wird gelegentlich als Nachteil empfunden, daß der Flipflop relativ große Ausgangsimpedanz hat, und daß die verwendeten Röhren unter Umständen längere Zeit stromlos sind, was bei gewissen Typen eine Verschlechterung der Kathode zur Folge hat. Man hat daher Schaltungen entwickelt, die als dynamische Impulsspeicher angesprochen werden können. Das Prinzip ist in Abb. 9 gezeigt. Wesentliches Element ist eine Verzögerungsleitung (z. B. eine L-C-Tiefpaßkette), deren Verzögerung genau $1/f$ beträgt, wo f die Impulsfrequenz der Uhr ist. Wenn wir nun annehmen, das eingezeichnete Und-Tor sei in einem bestimmten Moment offen, so wird in den Verstärker ein Uhrimpuls gelangen; er wird verstärkt, in die Verzögerungsleitung geleitet und kommt nach der Zeit $1/f$ aus dieser heraus. Der Impuls erscheint dann am Eingang des Und-Tors gerade zur richtigen Zeit, um dieses für den nächsten Uhrimpuls zu öffnen. Somit werden wir am Ausgang eine ununterbrochene Folge von Impulsen haben. Wenn andererseits aus der Verzögerungsleitung nichts herauskommt, so bleibt das Und-Tor verriegelt, und am Ausgang werden keine Impulse geliefert. Beide Zustände sind mit den Eigenschaften der Schaltung verträglich. Wir haben somit eine Anordnung vor uns, die einen Ja-Nein-Wert während beliebig langer Zeit aufspeichert und welche daher einem Flipflop entspricht. Zum Einstellen der Werte muß man von außen einen einmaligen Impuls eingeben bzw. den Kreis unterbrechen, wozu weitere Tore nötig sind. Eigentlicher Träger der Speicherung ist die Tiefpaßleitung. Der Verstärker ist meist einstufig und braucht nicht gleichstromgekoppelt zu sein; er kann z. B. einen Impulsübertrager enthalten und kann so ausgelegt werden, daß die Röhre auch im impulsfreien Zustand einen gewissen Anodenstrom führt, so daß die Kathode nie stromlos ist [6]. Die Verzögerungsleitung braucht nicht unbedingt eine LC-Kette zu sein; es genügt auch ein einfaches RC-Glied, wenn an der Schaltung gewisse Zusätze angebracht werden [9].

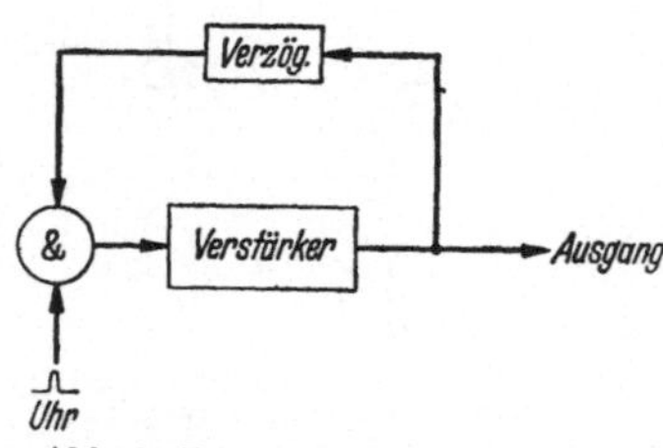

Abb. 9. Der dynamische Flipflop.

Es scheint, daß dieser dynamische Flipflop wegen seiner großen Vorteile die gewöhnliche Eccles-Jordan-Schaltung für viele Anwendungen verdrängen wird.

VI. Speicherung langer Impulsfolgen.

Bedeutung des Speicherwerkes. In Rechenmaschinen müssen die numerischen Zwischenresultate aufgespeichert werden, um zu einem beliebigen Zeitpunkt für spätere Rechnungen wieder verfügbar zu sein; die gespeicherten Zahlen müssen dabei in beliebiger Reihenfolge und beliebig oft abgelesen werden können. Man verlangt heute Speicherkapazitäten von 10000 Zahlen, wobei jede Zahl z. B. aus 50 Dualziffern besteht, so daß total 500000 Dualziffern zu speichern sind. Die Unterbringung solcher Informationsmengen bietet schon rein räumlich ein Problem. Erschwerend tritt hinzu, daß die *Zugangszeit* außerordentlich kurz sein muß; entsprechend der Rechenzeit für Additionen, die in den schnellsten Maschinen nur einige Mikrosekunden beträgt, wird heute oft verlangt, daß gespeicherte Zahlen 5 bis 10 μsek nach ihrem Aufrufen bereits abgenommen werden können. Es ist allerdings bis heute noch nicht gelungen, solche extrem kurzen Zugangszeiten für Speicherwerke der Größenordnung von 500000 Dualziffern zu erreichen, sondern nur für wesentlich kleinere Kapazitäten. Man behilft sich daher so, daß in schnellsten Maschinen zwei Speicherwerke vorgesehen werden: Ein Schnellspeicher mit z. B. 50000 Dualziffern dient für die laufenden Rechnungen, und ein großer Zwischenspeicher nimmt Resultate auf, die längere Zeit nicht gebraucht werden. Zwischen den beiden Speicherwerken werden die Zahlen nur in größeren Gruppen umgespeichert.

Einteilung der Speicherwerke. Die Technik der heute verwendeten Speicherwerke ist sehr verwickelt. Hier kann daher nur eine Andeutung der physikalischen Grundlagen gegeben werden, während für die Schaltungstechnik auf das Schrifttum verwiesen werden muß [*1, 10*]. Physikalisch unterscheidet man 3 Arten der Speicherung:

1. Magnetisch; — 2. Elektrostatisch; — 3. Akustisch.

Ferner spielt die geometrische Anordnung der vielen Dualstellen eine Rolle, wozu 3 Möglichkeiten bestehen:

1. Eindimensional; — 2. Zweidimensional; — 3. Dreidimensional.

Schließlich gibt es technologisch zwei verschiedene Verwendungsarten der speichernden Substanzen:

1. Speicherung in kontinuierlichem Medium; — 2. Speicherung in diskreten Zellen.

Magnettrommel. Am meisten wird heute der *Magnettrommelspeicher* verwendet. Die Einteilung diesse Verfahrens ist: Magnetisch, Zweidimensional, in kontinuierlichem Medium. Die Speicherung erfolgt auf der Oberfläche einer rotierenden Trommel, auf welcher eine magnetisierbare Schicht ähnlich der in Magnetophonbändern verwendeten aufgebracht ist. Abb. 10 zeigt einen Schnitt durch die Trommel mit Magnetkopf. Die Umdrehungszeit der Trommel bestimmt die Zugangszeit zu einem gespeicherten Impuls. Meist werden 3000 U/min verwendet, was 20 msek entspricht, doch wurden Trommeln bis 15 000 U/min (4 msek) gebaut [*11*]. Es ist ersichtlich, daß die Zugangszeit des Magnettrommelspeichers niemals den hohen Anforderungen für eine schnelle Maschine genügt. Sein Vorteil liegt in der Möglichkeit, große Impulsmengen aufzunehmen. Die erreichbare Impulsdichte entlang einem Umfang beträgt etwa 4/mm, und die Breite der Spuren, von denen jede einen Magnetkopf besitzt, kann auf etwa 2 mm reduziert werden. Somit lassen sich auf 0,25 m² Oberfläche bereits 500 000 Impulse aufzeichnen. Die Werte 0 und 1 werden durch positive und negative Dipole

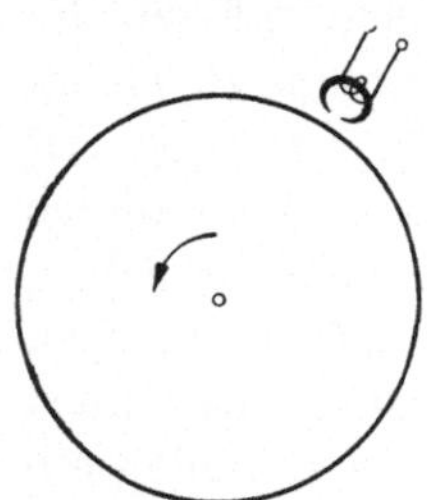

Abb. 10.   Querschnitt durch einen Magnettrommelspeicher.

gekennzeichnet. Um das erwähnte Auflösungsvermögen zu erhalten, müssen die Köpfe sehr nahe an die Trommel herangeführt werden. Man verwendet Abstände von etwa 0,02 mm, was mechanisch hohe Anforderungen stellt.

Schreiben und Ablesen kann mit dem gleichen Magnetkopf erfolgen. Zum Schreiben sind etwa 25 AW erforderlich; die beim Ablesen induzierte Spannung, die natürlich von der Umfangsgeschwindigkeit abhängt, beträgt hinter dem Impulsübertrager etwa 0,1 V. Die verwendeten Trommeldurchmesser variieren zwischen 10 und 30 cm.

Der magnetische Matrix-Speicher. Hier handelt es sich um eine magnetische Speicherung in diskreten Zellen mit zwei- oder dreidimensionaler Anordnung [*12, 13*]. Die einzelnen Zellen bestehen aus kleinen Ringkernen von nur einigen Millimetern Außendurchmesser, deren Material (vorzugsweise Ferrit) eine nahezu rechteckige Hysterese-Schleife besitzt. Durch eine zwei- oder dreidimensionale Anordnung ist der Zutritt zu jedem einzelnen Glied mit relativ einfachen Schaltmitteln möglich. Bis jetzt sind Anordnungen mit 10 000 Gliedern beschrieben worden, doch ist anzunehmen, daß ein Mehrfaches dieser Zahl zu erreichen ist. Die Zugangszeit beträgt 10 μsek und genügt damit höchsten Anforderungen. Es ist zu erwarten, daß der Matrix-Speicher die übrigen heute noch verwendeten Schnellspeicher (Kathodenstrahlröhre und akustische Vorrichtungen) verdrängen wird.

Die Kathodenstrahlröhre. Eine Punktladung auf dem Leuchtschirm einer Kathodenstrahlröhre bleibt bei geeigneter Anordnung während längerer Zeit (bis zu 1 sek) erhalten und kann daher zur Speicherung eines Ja-Nein-Wertes verwendet werden, falls die Ladungen vor ihrem

Abfließen rechtzeitig (d. h. z. B. 1000mal pro Sekunde) regeneriert werden. Die Ladung wird durch kurzzeitiges Einschalten des Strahles aufgebracht; die Ablesung erfolgt durch Aufnahme des Verschiebungsstromes, der in einer außerhalb der Röhre (vor dem Schirm) angebrachten Platte bei einem zweiten Einschalten des Strahles entsteht. 0 und 1 werden durch Ladungen verschiedener geometrischer Anordnung unterschieden. Die Zugangszeit beträgt, entsprechend der hohen Beweglichkeit des Elektronenstrahles, einige Mikrosekunden. Auf einem Schirm lassen sich etwa 1000 Impulse speichern. Es sind Rechenmaschinen mit bis zu 40 Kathodenstrahlröhren gebaut worden, doch ist selbst bei diesem hohen Aufwand die Speicherkapazität relativ klein. Zu erwähnen ist noch, daß die Schaltungen für Ablenkung und Steuerung des Strahls sehr kompliziert sind und zahlreiche Röhren benötigen.

Akustische Speicher. Die akustischen Speicherwerke arbeiten genau nach dem Schema des dynamischen Flipflop (Abb. 9), wobei aber die Verzögerungsleitung nicht 1 Impulszeit, sondern z. B. 1000 Impulszeiten als Laufzeit besitzt. Eine einmal eingegebene Impulsfolge zirkuliert beliebig lange und kann daher beliebig oft entnommen werden. Um die sehr hohen Laufzeiten von etwa 1 ms zu erhalten, werden die elektrischen Impulse zuerst einer Trägerfrequenz von z. B. 15 MHz aufgedrückt und dann mit einem Piezo-Quarz in Ultraschallwellen verwandelt. Diese Wellen werden dann auf eine Säule von flüssigem Quecksilber übertragen, an deren anderem Ende ein zweiter Quarz die verzögerten Signale aufnimmt und wieder in elektrische Schwingungen verwandelt. Das Quecksilber wird in einem Stahlrohr von 1 bis 2 cm Durchmesser untergebracht; entsprechend der Schallgeschwindigkeit in Quecksilber ist für 1 msek Verzögerung ein Rohr von etwa 1 m Länge notwendig. Bei 1 MHz Impulsfrequenz können in diesem Rohr 1000 Impulse gespeichert werden; die Zugangszeit ist gleich der Laufzeit, da die Impulse nur beim Durchgang durch den Verstärker abgelesen werden können. Statt langer Rohre verwendet man oft Behälter mit größerem Durchmesser, aber geringerer Länge, in denen die Schallwellen mehrere Male hin- und herreflektiert werden.

Dieser akustische Speicher hat eine beschränkte Kapazität, und seine Zugangszeit genügt nicht für schnellste Maschinen, obwohl sie bedeutend kürzer als bei der Magnettrommel ist. Die mit einem Rohr verbundenen elektronischen Schaltungen sind ziemlich einfach.

Verschiedene Speicherverfahren. Neben den beschriebenen, heute im Gebrauch befindlichen Speicherwerken gibt es einige grundsätzlich andere Verfahren, welche zur Zeit in Entwicklung sind [14]. Es handelt sich um optische, chemische und ferroelektrische Methoden, und bei den meisten dieser Entwicklungen wird auf die Erreichung großer Speicherkapazitäten bei beschränktem Volumen Wert gelegt. Es ist möglich, daß eine dieser Entwicklungen zu einem Speicherwerk führt, das erfolgreich mit Magnettrommel oder Matrix-Speicher konkurrieren kann.

VII. Abkehr von den Elektronenröhren.

In einer gut durchkonstruierten Rechenmaschine bilden die Elektronenröhren die weitaus häufigste Fehlerquelle. Störungen, die durch die übrigen Schaltelemente (Widerstände, Kondensatoren, Übertrager) verursacht werden, können auf ein verschwindend kleines Maß zurückgeführt werden. Dies rührt davon her, daß in den Röhren hohe Betriebstemperaturen vorkommen; und es ist eine Erscheinung, die im gesamten Gebiet der Technik beobachtet werden kann, daß Temperaturen von mehreren hundert Grad Celsius erhöhte Ausfälle und verminderte Betriebssicherheit nach sich ziehen. Da die Verbesserung der Betriebssicherheit ein ganz dringendes Problem darstellt, werden große Anstrengungen unternommen, um die Röhren durch andere Schaltelemente zu ersetzen. Es ist zu betonen, daß an eine vollständige Elimination von Vakuumröhren heute noch nicht gedacht werden kann; lediglich ihre Anzahl kann erheblich reduziert werden, womit aber der erstrebte Zweck größtenteils erreicht ist.

Germaniumdioden. Die in Abschn. IV beschriebenen Impulstore werden vorwiegend mit Germaniumdioden gebaut. Eine Röhre (Doppeltriode oder Pentode) kann im allgemeinen durch 2 bis 3 Dioden ersetzt werden; die Ausfälle, gemessen in Prozent pro 1000 Betriebsstunden, liegen aber bei den Röhren 5- bis 10mal höher als bei den Dioden, so daß diese eindeutig überlegen sind. Es hat jedoch große Anstrengungen von seiten des Fabrikanten wie des Konstrukteurs gebraucht, bis dieses Resultat erreicht war. Nicht nur sind die gelieferten Dioden heute unvergleichlich betriebssicherer als vor einigen Jahren; auch in der Dimensionierung der Schaltungen und in der Handhabung beim Einbau hat man gelernt, frühere Fehler zu vermeiden. So muß z. B. damit gerechnet werden, daß der Sperrwiderstand der Diode sowohl von Exemplar zu Exemplar als auch im Verlauf der Lebensdauer in weiten Grenzen schwankt, und die Schaltungen müssen diesen Schwankungen mit großem Sicherheitsfaktor Rechnung tragen. Daher hängt die Betriebssicherheit nicht nur vom Fabrikat, sondern ebensosehr vom geschickten Entwurf der Schaltungen ab.

Magnetische Schaltelemente. Die Verwendung von magnetischen Schaltelementen als Speicherwerke wurde bereits erläutert. Es sind Ansätze vorhanden, solche Glieder auch als Tore in Rechenwerk und Leitwerk einzusetzen. Damit wird in Richtung der Elimination von Röhren ein weiterer Schritt getan, da magnetische Schaltelemente, im

Gegensatz zu Dioden, auch verstärkende Eigenschaft haben können. Diese Schaltungstechnik ist eng verwandt mit derjenigen der Matrix-Speicher, doch ist über vollständige Rechenwerke dieser Art nur sehr wenig bekannt.

VIII. Impulsschaltungen mit Transistoren.

Es besteht die denkbar beste Aussicht, daß die Transistoren in Rechenmaschinen ausgiebig zur Verwendung kommen können. Folgende Gründe sprechen hierfür:

a) Eine Reduktion von Größe und Stromverbrauch ist dringend nötig. Heute hat eine große Rechenmaschine ein Gewicht von 5000 kg und einen Stromverbrauch von 20 kW. Dies sind Richtwerte, die natürlich je nach Exemplar stark variieren. Transistoren sollten es gestatten, diese Werte um einen Faktor 10 oder gar 100 zu verkleinern, so daß eine Rechenmaschine zu einem transportierbaren Gerät wird, das auch in Fahr- oder Flugzeugen betrieben werden kann.

b) Die überaus vorteilhafte Darstellbarkeit der logischen Funktionen mit Dioden wird durch kein anderes Schaltelement erzielt. Für die nötigen Zwischenverstärker eignen sich aber die Transistoren gut, da die Impedanz- und Spannungsverhältnisse der Dioden zu den Transistoren besser passen als zu den Vakuumröhren.

c) Eine der größten Schwierigkeiten beim Ersatz von Röhren durch Transistoren etwa in der Rundfunktechnik besteht in der starken Temperaturabhängigkeit der Eigenschaften aller Halbleiter. In Impulsschaltungen, bei denen die Signale durch Nichtlinearitäten begrenzt sind, lassen sich diese Effekte besser beherrschen, so daß hier ein schnellerer Fortschritt der schaltungstechnischen Entwicklungen erwartet werden darf.

Flipflop-Schaltungen. Mit einem einzelnen Transistor läßt sich eine einfache Schaltung aufbauen, die wie ein Flipflop zwei stabile (stationäre) Zustände besitzt [15]. Diese Anordnung, wie übrigens die meisten Anwendungen von Transistoren in Rechenmaschinen, beruht auf dem negativen Eingangswiderstand, den die Spitzentransistoren aufweisen. Dies soll im folgenden erläutert werden. Abb. 11 zeigt

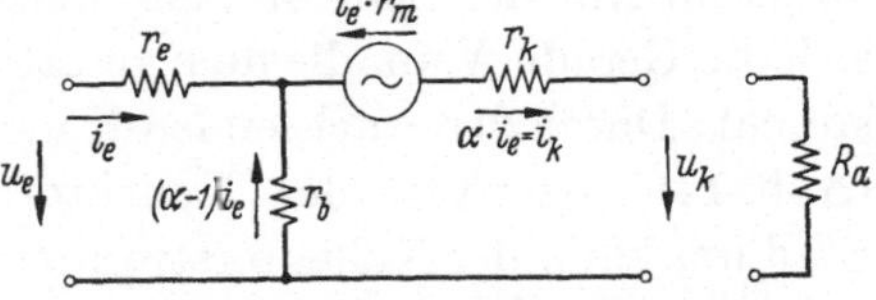

Abb. 11. Ersatzschaltung eines Transistors.

eine der möglichen Ersatzschaltungen für einen Transistor [16]. r_e ist der Emitterwiderstand, r_b der Basiswiderstand (beide z. B. 250 Ω); r_k ist der Kollektorwiderstand (z. B. 20 kΩ) und r_m die „Steilheit" der gesteuerten Spannungsquelle (z. B. 35 kΩ). α ist die Stromverstärkung, die entsteht, wenn der Außenwiderstand R_a angeschlossen ist. Aus dem Ersatzschema läßt sich ablesen:

$$\alpha = \frac{r_m + r_b}{r_k + r_b + R_a}.$$

Dieser Wert kann bei Spitzentransistoren, für welche $r_m > r_k$, größer als Eins werden. Für die Eingangsimpedanz $r_i = u_e/i_e$ lesen wir, wiederum aus dem Ersatzschema, ab:

$$r_i = r_e + r_b (1 - \alpha).$$

Falls $\alpha > 1$, kann r_i negativ werden, besonders wenn r_b durch Zuschalten eines Ohmschen Widerstandes noch vergrößert wird.

Das Ersatzschema von Abb. 11 gilt natürlich nur für den linearen Teil der Transistorcharakteristik. Der vollständige Verlauf der i_e—u_e-Kennlinie ist in Abb. 12 gezeigt, wobei die einzelnen Teile durch gerade

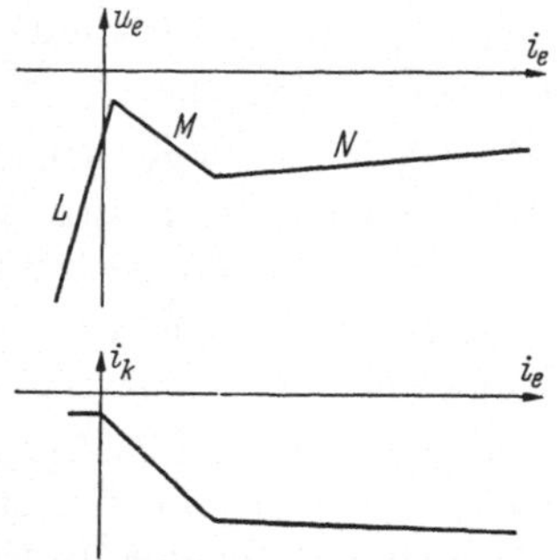

Abb. 12. Emitterspannung und Kollektorstrom in Funktion des Emitterstromes.

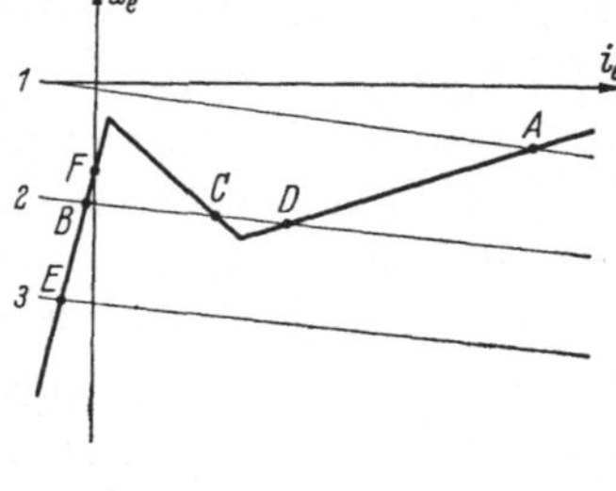

Abb. 13. Arbeitspunkte der Schaltung von Abb. 14.

Linien angenähert sind. Das Stück M ist der durch das Ersatzschema dargestellte Teil mit negativem Widerstand. Das Stück L kennzeichnet das Gebiet negativer Emitter-Vorspannungen, wo die Eingangsimpedanzen sehr hoch sind, entsprechend der Gleichrichterwirkung des Halbleiters; in diesem Feld geht auch die Steuerwirkung des Emitters verloren. Auf der anderen Seite der Betriebscharakteristik M schließt sich die Gerade N an, die dem gesättigten Zustand des Transistors entspricht: Durch den wachsenden Kollektorstrom ist der Knotenpunkt K (Abb. 11) negativer, der Kollektor positiver geworden. In diesem Stadium kann der Kollektorstrom nicht mehr wachsen. Die Kollektorströme i_k für diese drei Gebiete sind über der gleichen i_e-Achse aufgetragen. Das i_e—u_e-Diagramm von Abb. 12 kennzeichnet einen negativen Widerstand vom Serien-Typ, d. h., durch Serienschaltung eines hinreichend großen Ohmschen Widerstandes kann daraus ein immer positiver Widerstand gemacht werden. (Im Gegensatz dazu stehen negative Widerstände vom Parallel-Typ, die durch *Parallelschaltung* eines hinreichend *kleinen* Ohmschen Widerstandes zu einem immer positiven Widerstand werden.) Die Kurve kann mit einer Arbeitsgeraden 3 Schnittpuntke haben, siehe B, C und D in Abb. 13. C ist labil, B und D dagegen sind stabil. Abb. 14 zeigt eine Schaltung, die diese Zustände ermöglicht. Zur Erhöhung von r_b im Ersatzbild ist R hinzugeschaltet, was aber die Kennlinie nicht grundsätzlich ändert. Die Neigung der Geraden in Abb. 13 entspricht R_0. Um nun diese Schaltung, die einen Flipflop darstellt, in den Arbeitspunkt D zu bringen, wird die Arbeitsgerade durch Änderung von u_0 nach der Stellung 1 verbracht, wo nur noch ein einziger Arbeitspunkt A möglich ist; dieser Punkt wandert bei Erreichen der Ruhelage 2 nach D. Analoges gilt für den Arbeitspunkt B, der über E in Stellung 3 zu erreichen ist. Eine praktische Schaltung, die die äußere Beeinflussung an der Basis statt an u_0 vollzieht, ist in Abb. 15 gezeigt. Ein positiver

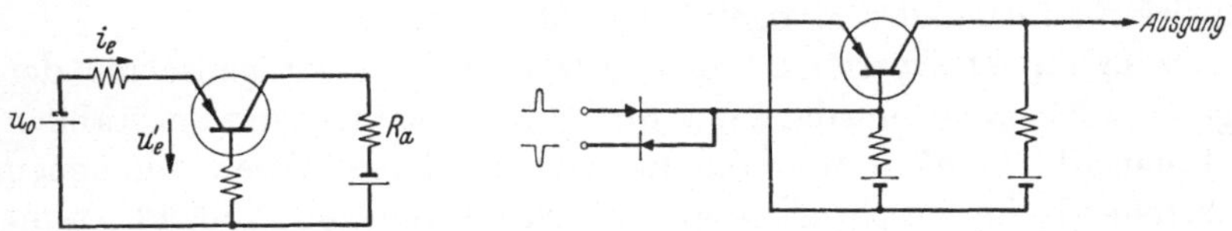

Abb. 14. Transistor-Flipflop.   Abb. 15. Transistor-Flipflop mit Steuerleitungen.

Impuls am obern Eingang führt den Transistor in die Stellung B (Abb. 13), ein negativer Impuls am untern Eingang in die Stellung D. Am Ausgang kann der Zustand des Transistors in Form von zwei verschiedenen Spannungswerten abgelesen werden.

Der dynamische Flipflop. Im Punkte B von Abb. 13 ist die Emitterimpedanz hoch; es ist daher leicht, mit einer relativ hochohmigen Quelle den Transistor von B nach D zu steuern, falls die Arbeitspunkte günstig gewählt werden. Dasselbe gilt für die Steuerimpedanz der Schaltung von Abb. 15. Wesentlich niedrigere Impedanzen liegen dagegen im Punkt D vor, so daß für die Umschaltung von D nach B ein höherer Strom nötig ist. Da nun die mit Dioden arbeitenden Rechenschaltungen keine hohen Ströme abgeben können, eignet sich das Verfahren von Abb. 15 nicht gut für Rechenmaschinen. Vielmehr zieht man die dynamische Schaltung von Abb. 9 vor, wobei die Stellung des Flipflops nur während der halben Zeit im Transistor, während der übrigen halben Zeit jedoch in einer Verzögerungsleitung registriert wird. Es besteht dann die Möglichkeit, die Rückstellung in den hochohmigen Zustand durch eine Uhrimpulsleitung zu besorgen, die für die ganze Rechenmaschine gemeinsam ist und normale Uhrimpulse liefert [17]. Hierzu ist eine einzige, sehr niederohmige Quelle erforderlich, was natürlich keinen großen Aufwand bedeutet. Abb. 16 zeigt eine praktische Schaltung für den Verstärker. Wenn sich der Transistor im nichtleitenden Zustand B (Abb. 13) befindet, so ist er bereit, am Eingang einen positiven Impuls entgegenzunehmen, der ihn in den leitenden Zustand überführt. Die zusätzlichen Dioden und Widerstände

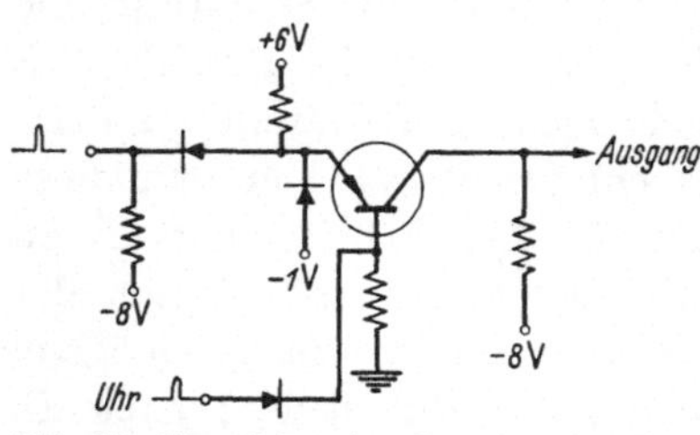

Abb. 16. Verstärker für den dynamischen Flipflop.

dienen dazu, anschließend die Eingangsquelle abzutrennen und den Emitter auf -1 V zu halten. Das Rückschalten geschieht durch den positiven Uhrimpuls. Wenn nun, wie in Abschn. V geschildert, der Ausgang durch eine Verzögerungsleitung an den Eingang zurückgeschaltet wird, so hat die Schaltung wiederum zwei Zustände, nämlich einen oszillierenden und einen nicht oszillierenden, die durch äußere Einwirkung ineinander übergeführt werden können.

Erzeugung verzögerter Impulse. Die geschilderte Eigenschaft der negativen Eingangsimpedanz und der dadurch möglichen zwei stabilen Zustände gibt Anlaß zu weiteren interessanten Schaltungen, von denen nachstehend eine beschrieben sei. Die Schaltung von Abb. 14 ist bistabil, d. h., sie hat zwei stabile Zustände. Wenn man die Emitterlast nicht ohmisch, sondern reaktiv macht, so entsteht (je nach dem Arbeitspunkt) monostabiles oder astabiles Verhalten. Abb. 17 zeigt

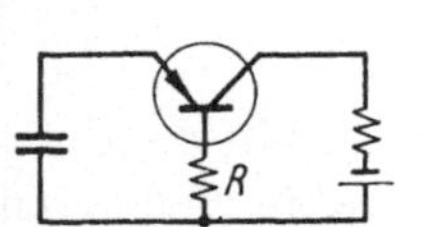

Abb. 17. Monostabiler Flipflop.

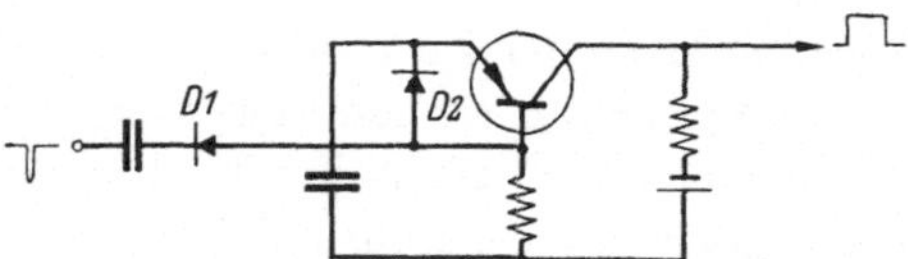

Abb. 18. Schaltung zur Verlängerung eines Impulses.

einen monostabilen Transistor. Im stationären Zustand wirkt der Kondensator als Sperre, der Emitterstrom ist Null, und wir befinden uns am Punkt F in Abb. 13. Wird durch einen äußeren Einfluß ein positiver Emitterstrom eingegeben, so geht der Arbeitspunkt in die Gegend negativen Widerstandes und von dort nach einem Punkt in der Umgebung von A. Der Kondensator, der während des eben beschriebenen Vorganges als Kurzschluß wirkte, da seine Spannung sich in der kurzen Zeit nicht ändern konnte, wird sich nun aber aufladen und nach einer Zeit, die durch die Kapazität und durch R bestimmt ist, wird der Emitterstrom klein genug, daß der ursprüngliche Zustand wiederhergestellt wird. Es entsteht also am Kollektor ein positiver Impuls, dessen Höhe und Dauer genau bestimmt und weitgehend unabhängig vom Steuerimpuls ist (Impuls-Regenerierung). Abb. 18 zeigt eine praktische Schaltung. Die Diode $D\,1$ trennt den Transistor von der steuernden Quelle ab, sobald der Vorgang begonnen hat. $D\,2$ dient dazu, den Kondensator nach Erreichen des stationären Zustandes schnell zu entladen, damit die Anrodnung für einen neuen Impuls bereit ist. In einer praktisch ausgeführten Schaltung genügt für den Eingangsimpuls eine Amplitude von 0,5 V; der Ausgangsimpuls hat eine Amplitude von 40 V, ferner außerordentlich kurze Anstiegs- und Abfallzeiten, nämlich 0,02 µsek bzw. 0,1 µsek. Die Dauer läßt sich in der Umgebung von 1 µsek in weiten Grenzen frei wählen.

Man kann auch die abfallende Flanke zur Erzeugung eines neuen kurzen Impulses verwenden, indem man eine Anodenlast gemäß Abb. 19 einschaltet. Dies ist ein Schwingkreis (der gestrichelte Kondensator stellt die Streukapazität der Spule dar), der bei der absteigenden Flanke genau eine Halbschwingung von z. B. 0,1 µsek Dauer ausführt und dann durch die Diode gedämpft wird. Diese Schaltung erzeugt also auf jeden Eingangsimpuls hin nach einer ganz bestimmten Verzögerung

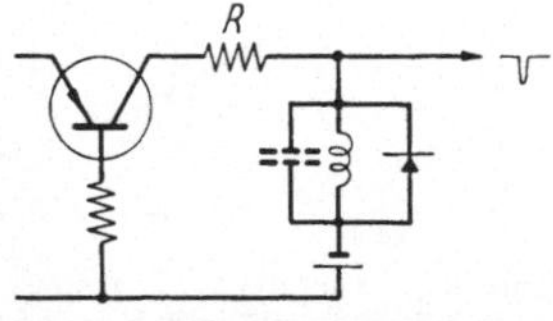

Abb. 19. Schaltung zur Erzeugung eines verzögerten Impulses.

einen Ausgangsimpuls. Durch Reduktion von R auf z. B. 10 Ω lassen sich mit einem gewöhnlichen Transistor außerordentlich niederohmige Impulse von Strömen bis zu 1 A erzeugen.

Rechenwerke mit Transistoren. Bislang (Frühjahr 1955) sind keine vollständigen programmgesteuerten Rechenmaschinen mit Transistoren bekannt geworden. Dagegen wurden größere Teile, auch ganze Rechenwerke, beschrieben. Die eigentlichen Rechenoperationen, d. h. die logischen Verknüpfungen der Variablen, werden mittels Dioden ausgeführt, während die Transistoren lediglich der Verstärkung und Regenerierung von Impulsen dienen. Durch den Wegfall der Elektronenröhren läßt sich eine außerordentliche Volumenverminderung erreichen, die nicht nur dank dem kleineren Volumen der Schaltelemente selbst, sondern dank der fast verschwindend kleinen erzeugten Wärmemenge möglich wird. Bei diesen Schaltelementen bilden die Drahtenden der Schaltelemente einen wesentlichen Teil des gesamten Volumens; sie dürfen nicht zu stark gekürzt werden, damit beim Verlöten keine Überhitzung und damit Beschädigung vorkommt. Neuerdings wird an Stelle der Lötverbindungen eine Punktschweißung verwendet, bei der unter lokaler Begrenzung eine kleine Wärmemenge genügend hohe Temperaturen für eine gute Schweißverbindung erzeugt, so daß Drahtenden von wenigen Millimetern Länge genügen [18]. Dadurch wird der Weg für kompakteste, dreidimensionale Anordnungen geöffnet.

IX. Betriebssicherheit und Störungen.

Die Anzahl der in einer digitalen Rechenmaschine enthaltenen Schaltelemente (Röhren, Dioden, Widerstände, Kondensatoren, Übertrager) geht in die Zehntausende. Ein einziger Ausfall legt die ganze Maschine still und verursacht oft eine stundenlange Arbeit, bis der Fehler gefunden und behoben ist. Für heutige Verhältnisse darf nun eine Störungshäufigkeit einer elektronischen Rechenmaschine von einem Ausfall pro Woche als genügend angesehen werden. Um dies zu erreichen, müssen die einzelnen Elemente eine außerordentlich hohe mittlere Lebensdauer aufweisen.

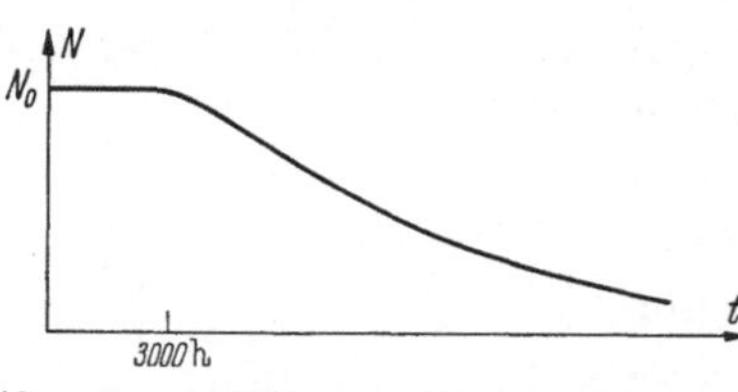

Abb. 20. Ausfälle von Röhren. Die Abb. zeigt, wie viele Röhren N einer Serie von N_0 Stück nach t Stunden noch betriebsfähig sind.

Ausfälle von Röhren. Es wurde weiter oben dargelegt, daß die Röhren den weitaus größten Anteil an den Störungen in einer Rechenmaschine liefern; alle übrigen Teile lassen sich auf eine so hohe Betriebssicherheit bringen, daß ihre Ausfälle bedeutungslos werden. Die Beobachtungen weisen nun darauf hin, daß das Ausfallen von N_0 neuen Röhren teilweise nach einer Exponentialkurve vor sich geht, was in Abb. 20 veranschaulicht ist. Pro Zeiteinheit fällt nach einer Anfangsperiode von etwa 3000 Stunden, die praktisch ohne Versager abläuft, ein einigermaßen konstanter Prozentsatz der verbliebenen Röhren aus. Dies würde darauf hindeuten, daß für die Lebensdauer überhaupt keine obere Grenze existiert; es ist allerdings anzunehmen, daß nach 50000 oder 100000 Stunden die Kurve schnell nach $N = 0$ geht.

Die beobachteten Zahlen liegen zwischen 0,5% und 5% Ausfälle in 1000 Stunden. 0,5% ist als sehr gut zu bezeichnen, und es ist nach dem heutigen Stand der Technik keine Unterbietung dieses Wertes möglich; 5% dagegen ist ungenügend, und eine solche Zahl weist darauf hin, daß entweder schlechte Röhren oder unsachgemäß entworfene Schaltungen verwendet wurden.

Vorbeugende Maßnahmen. Ausfälle von Röhren erfolgen entweder plötzlich oder allmählich. Das plötzliche Versagen rührt von Fadenbruch oder Elektrodenschluß her und konnte in den neuen Röhrentypen mit erhöhter Lebensdauer weitgehend eliminiert werden; es bleibt somit nur noch das allmähliche Nachlassen der Emission als Störungsursache. Die Betriebssicherheit einer Maschine kann durch regelmäßiges (z. B. wöchentliches) Prüfen aller Röhren enorm erhöht werden. Bei dieser Prüfung sind alle diejenigen Röhren zu ersetzen, deren Emission bis in die Nähe der Toleranzgrenzen für die Schaltungen nachgelassen hat. Damit können unerwartete Ausfälle fast völlig vermieden werden.

An Stelle dieses Prüfens, das bei 1000 bis 2000 Röhren immerhin sehr zeitraubend ist, wird meist ein mit „*marginal checking*" bezeichnetes Verfahren angewandt: Man reduziert Heizspannung oder Anodenspannung um einen solchen Betrag, daß gute Röhren immer noch einwandfrei arbeiten. Röhren mit reduzierter Emission werden aber — auch wenn sie unter normalen Betriebsbedingungen noch keine Schwierigkeiten ergeben — zu Fehlern Anlaß geben. Indem man diese Spannungsreduktionen immer nur für kleine Teile der Maschine zugleich vornimmt, ist es verhältnismäßig leicht, auf Grund der während dieses Versuchs auftretenden Rechenfehler die schlechte Röhre zu finden und zu ersetzen. Auch diese Kontrollen werden z. B. wöchentlich ausgeführt.

Automatische Fehlerprüfung. Die geschilderten vorbeugenden Maßnahmen genügen nicht, um ein betriebssicheres Arbeiten zu garantieren. Insbesondere vermitteln sie keinen Schutz gegen sporadische (einmalig auftretende) Fehler, die von Störimpulsen herrühren und deren Ursache selten gefunden werden kann. Hierzu ist es nötig, daß die Rechenmaschine fortlaufend die Richtigkeit ihrer Resultate mittels Rechenkontrollen überprüft. Oft richtet man es so ein, daß die Maschine nach der Feststellung eines Fehlers selbsttätig das letzte Stück der Rechnung wiederholt. So kann erreicht werden, daß trotz sporadischer Fehler — falls diese selten sind — richtige Resultate erscheinen.

X. Servomechanismen mit Impulsen.

Nachdem in den vorangegangenen Abschnitten die Impulstechnik der digitalen Rechenmaschinen erläutert wurde, soll hier kurz auf das verwandte Gebiet der Analogie-Rechengeräte eingegangen werden, insoweit darin Impulse eine Rolle spielen. Normalerweise werden in Analogiegeräten die mathematischen Veränderlichen durch kontinuierlich variable elektrische Spannungen dargestelllt, oder es wird mit ihnen ein Träger von z. B. 50 Hz moduliert. In Ausnahmefällen, so bei Distanzmessung mittels Radar, fallen die Signale in Form von Impulsen an, deren Wiederholungsintervall τ sei. Solche Größen sind überhaupt nur zu diskreten Zeitpunkten (beispielsweise $\tau = 1$ Millisekunde) definiert, während in den Zwischenzeiten nichts über sie bekannt ist. Von einem zugeschalteten Servomechanismus wird nun verlangt, daß er diesem Funktionswert möglichst getreu folgt. Hier ist in erster Linie eine Schaltung nötig, welche den Funktionswert eines Impulses während der folgenden Periode τ, das heißt bis zum Eintreffen des nächsten Impulses, speichert. Dieser Prozeß ist in Abb. 21 veranschaulicht, und Abb. 22 zeigt die zugehörige Schaltung. Hier ist angenommen, daß in einem Radargerät im Augenblick, da der Meßimpuls ausgestrahlt wird, eine Spannung (links angedeutet) linear zu steigen beginnt. Nach einer Zeit, die proportional der Entfernung des reflektierenden Objektes ist, kehrt der Echo-Impuls zurück und wird primärseitig auf die beiden Übertrager gegeben. Er wird aus der linear steigenden Spannung einen Amplitudenwert ausblenden, der proportional der Laufzeit ist; dieser Amplitudenwert ist durch die beiden

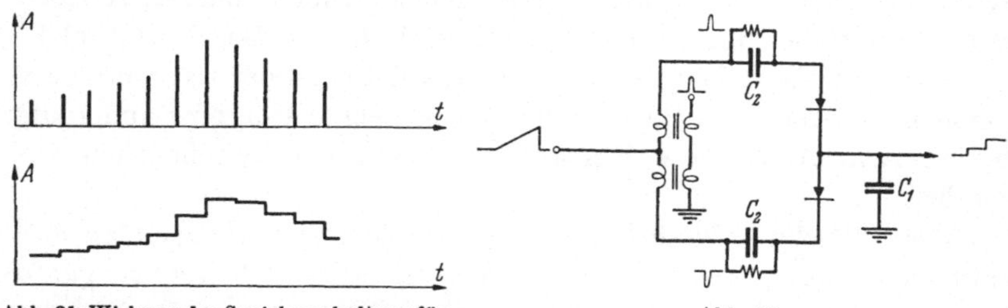

Abb. 21. Wirkung der Speicherschaltung für Amplitudenwerte: Oben eine Folge von Impulsen, unten das Ausgangssignal der Schaltung von Abb. 22.

Abb. 22.
Speicherschaltung für Amplitudenwerte.

RC-Glieder auf C_1 gegeben. Nach Verschwinden des Echo-Impulses werden die Dioden durch die Ladungen von C_2 blockiert; die Ladung von C_1 wird während der Zeit τ konstant bleiben, bis der nächste Impuls einen neuen Spannungswert überträgt, der den alten ersetzt. Die entstehende, treppenförmige Wellenform kann auf einen Servomechanismus gegeben werden, dessen Zeitkonstante größer als τ sein muß, damit ruhiges Nachlaufen gewährleistet ist. Die Stabilitätsbedingungen für solche Regelungen sind etwas schwieriger zu formulieren als im Fall kontinuierlicher Funktionswerte [19].

XI. Impulsübertragung über Kraftleitungen.

Es liegt nahe, das überaus weit verzweigte Netz von Kraftleitungen — einerseits Hochspannungsleitungen zwischen den Kraftwerken und von diesen nach den Verbraucherzentren, andererseits Niederspannungsleitungen von den Unterwerken zu den einzelnen Verbrauchern — zur Übermittlung von Nachrichten heranzuziehen. Es haben sich hier, entsprechend den verschiedenen Übertragungseigenschaften der Verbindungen, verschiedene Techniken herausgebildet, die heute ausgiebig im Gebrauch stehen. Niederspannungsseitig verwendet man die sogenannten *Netzkommando-Anlagen*. Diese dienen dazu, gleichzeitig einer großen Gruppe von Verbrauchern einfache Nachrichten oder Steuersignale zu übermitteln. Im Vordergrund steht hier die vom Unterwerk aus gesteuerte Umschaltung der Elektrizitätszähler auf verschiedene Tarifstufen. Dies geschieht mittels tonfrequenter Impulse, die im Unterwerk in beträchtlicher Leistung ins Netz gegeben werden. Größtes Gewicht wird auf Einfachheit und Betriebssicherheit der empfängerseitigen Anlagen gelegt, da bei den Kleinverbrauchern eine regelmäßige Überwachung nicht möglich ist. Oft werden Glimmlampen verwendet, die durch die in einem Resonanzkreis entstehende Spannung gezündet werden und ihrerseits ein Relais betätigen. Der erste Impuls einer Nachricht läßt einen kleinen Synchronmotor anlaufen, der die Entschlüsselung der weiteren (etwa 10) Impulse besorgt und so die Art der Meldung ermittelt, wonach der entsprechende Schaltvorgang ausgelöst wird.

Übermittlungskanäle über Hochspannungsleitungen dienen vorzugsweise dem Werksverkehr, indem Meßwerte oder Steuerbefehle übertragen werden. Da die Nachrichten hier nur zu einem einzigen Empfänger geleitet werden, ist empfangsseitig ein viel größerer Aufwand zulässig; man verwendet daher hochfrequente Signale kleiner Energie. Die Impulsgeber und -empfänger sind so ausgebaut, daß komplizierte Folgen übermittelt werden können.

Neuerdings wird mit Erfolg eine Art Radartechnik verwendet, um auf Hochspannungsleitungen die Lage von Fehlerstellen (Unterbrüchen oder Kurzschlüssen) zu ermitteln. Zu diesem Zweck werden kurze Hochfrequenzimpulse auf die Leitung gegeben, und man beobachtet die reflektierten Signale. Die Hauptschwierigkeit besteht darin, die von der Fehlerstelle herrührenden Reflexionen von den (oft viel stärkeren) Reflexionen der Transformatoren, Schalter usw. zu unterscheiden.

Schrifttum.

[1] Rutishauser, H., A. Speiser, u. E. Stiefel: Programmgesteuerte digitale Rechengeräte, Basel: Birkhäuser 1951.

[2] Hilbert, D., u. W. Ackermann: Grundzüge der theoretischen Logik, New York: Dover Publications 1946.

[3] Chen, T. C.: Diode Coincidence and Mixing Circuits in Digital Computers. Proc. I.R.E. Bd. 38 (1950) S. 511—514.

[4] Dietrich, W.: Rechen- und Schaltkreise mit Gleichrichtern. Vorträge über Rechenanlagen, herausg. von L. Biermann, Max-Planck-Institut für Physik, Göttingen 1953.

[5] Schmitt, O. H.: A Thermionic Trigger. J. Sci. Instr. Bd. 15 (1938) S. 24—26.

[6] Elbourn, R. D., u. L. P. Witt: Dynamic Circuit Techniques Used in SEAC and DYSEAC. Proc. I. R. E. Bd. 41 (1953) S. 1380—1387.

[7] Piloty, R.: Die Dimensionierung der Eccles-Jordan-Schaltung. A.E.Ü. Bd. 7 (1953), S. 537—545.

[8] Chance, B.: Waveforms. New York: McGraw-Hill 1949.

[9] Ross, H. D.: The Arithmetic Element of the IBM Type 701 Computer. Proc. I.R.E. Bd. 41 (1953) S. 1287—1294.

[10] Eckert, J. P.: A Survey of Digital Computer Memory Systems. Proc. I.R.E. Bd. 41 (1953) S. 1393—1406.

[11] Leilich, H. O.: Trommelspeicher im Parallelbetrieb. Vorträge über Rechenanlagen, herausg. v. L. Biermann. Max-Planck-Institut für Physik, Göttingen 1953.
[12] Gillert, H.: Magnetostatische Schnellspeicher. Vorträge über Rechenanlagen, herausg. v. L. Biermann, Max-Planck-Institut für Physik, Göttingen 1953.
[13] Rajchman, J. A.: A Myriabit Magnetic-Core Matrix Memory. Proc. I.R.E. Bd. 41 (1953) S. 1407—1421.
[14] Marshall, B. O., F. A. Schwertz, u. B. Moffat: Optical Elements for Computers. Pittsburgh: Proc. Assoc. for Computing Maschinery, 1952, S. 109—163.
[15] Lo, A. W.: Transistor Trigger Circuits. Proc. I.R.E. Bd. 40 (1952) S. 1531—1540.
[16] Strutt, M. J. O.: Transistoren, Zürich: Hirzel 1954.
[17] Felker, J. H.: Regenerative Amplifier for Digital Computer Applications Proc. I.R.E. Bd. 40 (1952) S. 1584—1596.
[18] Lutz, S. G.: Welded Joints on Diodes Reduce Computer Bulk. Electronics Bd. 27 (1954) S. 154—158.
[19] James, H. M.: Theory of Servomechanismus. Radiation Laboratory Series, Vol. 25, New York: McGraw-Hill 1947.

Optische Impulstechnik.

Von **P. K. Hermann,** Berlin.

I. Vergleich von optischer und Funk-Impulstechnik.

Die Vorteile der Impulstechnik bei der Nachrichtenübertragung im Vergleich mit Übertragungen mit stetig modulierter Sendeenergie (Dauerstrich) stimmen auf optischem Gebiet nur zum Teil mit denen überein, die sich in den Funkenwellenbereichen ergeben. Den besonderen Möglichkeiten der optischen Bildübertragung entsprechend, ergeben sich aber für die optische Impulstechnik auch ganz andersartige Gesichtspunkte.

Diese Vorteile der Impulstechnik und die Unterschiede zwischen optischer und funktechnischer Übertragung sind folgende:

1. Bildfolgeübertragung.

Abweichend von der Funkwellentechnik besteht die Möglichkeit der gleichzeitigen Darstellung des Momentanwertes zahlreicher Bildpunkte, so daß in der Zeit zwischen den Lichtimpulsen für einzelne Bilder der Filmtransport für die nächste Momentaufnahme oder Projektion oder eine für das nächste Bild erforderliche Lichtablenkung vorgenommen werden kann oder beim Stroboskop eine Objektschwingung erfolgt ist[1]. Die Lichtimpulstechnik dient hier also zur Bestimmung von Strecken und (Winkel-) Geschwindigkeiten senkrecht zur Abbildungsrichtung.

Die entsprechende Ausnützung einer gebündelten Sendekeule für bildliche Erfassung vieler Objektpunkte erfolgt bei Radarsystemen nacheinander für jeden Bildpunkt. Gleichzeitige Übertragung für viele unterschiedliche Senderichtungen ist grundsätzlich zwar wie in der Optik denkbar, aber praktisch wegen des Aufwandes für viele Übertragungswege unmöglich und auch unnötig, solange man bei Abtastung der Objektpunkte nacheinander eine ausreichende Bildfolgefrequenz für die Beurteilung der Objektbewegungen erhält.

---

[1] Bei nur eindimensionaler Aufnahme, also bei der Aufnahme einer Wegzeitfunktion, kann man den Film oder den Strahl in einer Richtung zeitproportional ablenken und den Weg in einer dazu senkrechten Richtung abbilden, dann erhält man auch bei Gleichlicht die Wegzeitfunktion.

2. Reichweitensteigerung.

Ferner wird im Verhältnis von Impulsdauer zu Impulsperiodendauer eine größere Empfangsimpulsleistung bei gleicher mittlerer Sendeleistung und gleichen Übertragungsverhältnissen erreicht. Die somit erzielte Hebung des Empfangssignals über den Störpegel kann zur Steigerung der Reichweite oder der Zahl der unterscheidbaren Helligkeitswerte je Bildpunkt am Empfänger ausgenützt werden, vorausgesetzt, daß der Störpegel auf Fremdlicht beruht und nicht auf Streulicht der eigenen Signallichtquelle, das etwa von anderen Bildpunkten her eingestreut wird — also eine andere Helligkeitsmodulation —, aber die gleiche Impulssteigerung wie der Signalwert in den betrachteten Bildpunkt aufweist. Im Unterschied zur Funkwellenübertragung spielt die Rauschleistung, die durch die Raumtemperatur am Empfänger entsteht [32], bei optischen Empfängern primär keine Rolle, da die quantenstatistischen Schwankungen des sichtbaren Lichtes einer etwa zehnmal höheren absoluten Temperatur als dem Empfängerrauschen bei Raumtemperatur von zirka 300°K entsprechen. Die minimale optische Empfangsleistung muß also mindestens 10mal höher sein als bei Funkwellenübertragung. Bei Röntgenwellen müßte sie aus dem gleichen Grunde sogar 10^3- bis 10^5mal größer sein. Das letztere ist jedoch unwesentlich, da ohnehin Röntgenlicht für Übertragungen mit großen Reichweiten wegen der starken Absorption und Streuung an Luftmolekülen nicht in Frage kommt (Rayleighsche Streuung).

3. Entfernungsmessung.

Die Bestimmung von Abständen und Objektgeschwindigkeiten in Strahlrichtung kann mit optischer Impulstechnik in gleicher Weise wie bei der Funkwellentechnik in Form von Laufzeitmessungen zwischen Sendeimpuls und Empfang des reflektierten Signals durchgeführt werden. Diese Technik ist aber nur für Funkwellen von Bedeutung, optische Laufzeitmessungen haben bei bekannter Meßstrecke lediglich in klassischen und modernen Experimenten zur Bestimmung der Lichtgeschwindigkeit gedient. Eine technische Ausnutzung der endlichen und konstanten Lichtgeschwindigkeit hat SCHARDIN [60] zur Erzeugung höchster Lichtblitzfrequenzen beschrieben (vgl. S. 241 unten), sowie ferner MOFFERT zum Bau von optischen Impulsverzögerungsleitungen für elektronische Rechengeräte [66]. Ferner wird die Frequenzänderung der empfangenen Welle durch die Radialgeschwindigkeit des Objektes nach dem Dopplereffekt z. B. zur Bestimmung der Hubbel-Dilatation des Weltalls aus der Rotverschiebung der Spektrallinien des Lichtes von weit entfernten Galaxien ausgenutzt oder zur Bestimmung der Temperaturgeschwindigkeitsverteilungen und Gasströmungen aus der Verbreiterung von Spektrallinien. Diese Radialgeschwindigkeitsmessungen sind jedoch nicht an Impulstechnik gebunden und treten mit dieser zusammen im Funkmeßwesen bei der Unterdrückung von Standzeichen [36] auch nur auf, weil die Impulstechnik für die Entfernungsmessung benötigt wird.

Der Anreiz, optische Laufzeitmessungen mit Lichtimpulsen zur Entfernungsmessung von reflektierenden Objekten zu machen, ist deshalb so gering, weil optische Abbildungen des Objektes die Entfernung aus (geschätzter) Absolutgröße und Bildgröße oder aus der Parallaxe der Visierrichtungen von verschiedenen Basispunkten aus bei Gleichlicht ebenfalls ermöglichen und einfacher sind. Es hängt das aber auch daran, daß die Herstellung von Impulslicht etwa gleicher zeitlich gemittelter Leuchtdichte wie bei Scheinwerfer-Gleichlicht aus physikalischen und technologischen Gründen nicht möglich ist, während bei Sendeantennen und Impulsgeneratoren der Funktechnik mittlere Leistungen und mittlere Strahlungsdichten von gleicher Größenordnung wie die Dauerstrichleistungen mit nahezu gleichem Aufwand und Nutzeffekt ohne weiteres möglich sind.

4. Bündelung und Abbildung.

Infolge der im Vergleich zur Funkimpulstechnik um viele Größenordnungen kleineren Wellenlängen der sichtbaren elektromagnetischen Strahlung ergeben sich die typischen Unterschiede der Impulstechnik auf beiden Gebieten. Insbesondere ist es die mit dem Reziprokwert der Wellenlänge bei vergleichbaren Sender- oder Empfängerabmessungen linear zunehmende Bündelungsfähigkeit, durch die bei optischen Übertragungen derart kleine Sende- und Empfangsbereiche einander zugeordnet werden können, daß eben optische Bildübertragung (z. B. mit Fernrohren oder Projektoren) zustande kommt, mit — funktechnisch gesprochen — zahlreichen gleichzeitig betriebenen, durch Bündelung und Fokussierung gegenseitig entkoppelten parallelen Übertragungswegen für gleiche Sendewellenbereiche.

Dadurch, daß Sende- und Empfangseinrichtungen für optische Wellen atomarer Art sind, entfallen auch die aufwandmäßigen Hindernisse, die einer entsprechenden Abbildungstechnik im Funkwellenbereich im Wege stehen würden. Der Winkelabstand ε zweier noch auflösbarer Objektpunkte kennzeichnet auch die Bündelungsfähigkeit. Für ε als Funktion des Durchmessers D der Eintrittspupille eines optischen Instrumentes und der Wellenlänge λ des Lichtes gilt: $\varepsilon = 1,22 \cdot \lambda/D$. Es nimmt daher ε mit λ/D ab. Das gleiche gilt für die Bündelung bzw. den Öffnungswinkel der „Sendekeule" eines Scheinwerfers durch Beugung bei punktförmiger Lichtquelle im Spiegelbrennpunkt. Diese

Bündelungsfähigkeit wird aber nur ausgenützt, wenn die Divergenz des Scheinwerferlichtes, die durch die Abmessungen der Lichtquelle entsteht, nicht größer ist, als die durch Beugung entstehende. Der Lichtquellendurchmesser d brauchte demnach also bei einer Brennweite f des Spiegels nicht größer zu sein, als $d/f = \varepsilon = 1{,}22 \cdot \lambda/D$, ist aber so klein gar nicht herstellbar. Bei einer Öffnung $\sigma = D/f$ des Parabolspiegels wird somit $d = 1{,}22\,\lambda/\sigma$. Bei einem Durchmesser D von z. B. 50 cm wird somit der durch Beugung begrenzte Öffnungswinkel für $\lambda = 0{,}5\,\mu$ nur $\varepsilon = 0{,}3''$ und ist daher sehr viel kleiner als der mit Rücksicht auf die Aufstellung, Festeinstellung und optische Güte des Scheinwerferspiegels erforderliche Öffnungswinkel (vgl. S. 250). Nur in der Auflösbarkeit einzelner Objekte bei Abbildung mit Mikroskopen und Fernrohren wird die durch Beugung gegebene Grenze erreicht, ferner spielt sie für die kleinsten meßbaren Ausschläge von Lichtmarken-Instrumenten, Galvanometern und Schleifenoszillographen eine entscheidende Rolle [1].

5. Leuchtdichte und Impulsdauer.

Die Entwicklungstendenz geht aber dennoch dahin, Punktlichtquellen größtmöglicher Leuchtdichte und kleinster Abmessungen in Hochdruck-Gasentladungslampen und offenen Funkenstrecken zu schaffen. Die Verkleinerung der Abmessung der Lichtquelle wirkt sich insbesondere auch für die Impulstechnik und die Modulationsfähigkeit durch Steuerung der elektrischen Leistungszufuhr zur Lichtquelle günstig aus; denn die Halbzeit t_h, nach der eine thermische Lichtquelle geringster Wärmeträgheit, also z. B. eine Hochdruck-Gasentladungsstrecke mit Xenon, die durch extrem kurzzeitige Kondensator-Entladungs-Stromstöße zur thermischen Lichtemission angeregt wird, die Hälfte des Impulslichtstromes emittiert hat, ist um so kürzer, je größer die Oberfläche im Verhältnis zum Volumen ist. Je kleiner das Volumen der Lichtquelle ist, desto schneller wird daher die Strahlung nach dem Stromdurchgang den Energieinhalt des strahlenden Gasvolumens verzehren. Im übrigen ist diese Nachleuchtdauer von der Rekombinationszeit der Ionen und von der Verweildauer der Atome in angeregtem Zustand abhängig und daher stets größer als etwa 10^{-8} sek [58].

6. Modulationsfrequenzbereich.

Weiterhin wird durch die räumlich und zeitlich statistische Verteilung der molekularen optischen Emissions- und Absorptions-Einzelprozesse und durch die große Frequenzbandbreite der meisten Lichtquellen bedingt, daß die Trägerfrequenzen im optischen Wellenbereich nicht mit relativ so hohen Frequenzen modulierbar sind, wie das in der Funktechnik möglich ist. Die absoluten Modulationsfrequenzen sind bestenfalls die gleichen, wie in der Funktechnik und auch das nur, wenn der Lichtstrom durch elektrische Verschlüsse moduliert wird, nicht aber durch Modulation der Sendeleistung der Lichtquelle. Diese ist nur mit wesentlich kleineren Frequenzen durchführbar. Die Verschlußmodulation gibt jedoch nur kleine Nutzeffekte beim Impulsbetrieb und keine Empfangspegelsteigerung.

7. Übertragungsdämpfung, Absorption und Streuung.

Nachteilig für die Fernübertragung optischer Signale und Bilder sind die mit abnehmender Wellenlänge zunehmenden Dämpfungen und Einstreuungen bei der Übertragung durch Streuung und Absorption an Staub, Dunst, Nebel und einzelnen Molekülen, so daß die optische Übertragung von der Witterung in ungleich stärkerem Maße abhängig ist als die Übertragung auch der kürzesten technischen Funkwellen.

In der Vortragsreihe über Fernsehen [34] wurde unter Richtfunktechnik bereits auf die Regendämpfung der elektromagnetischen Wellen zwischen 0,6 und 10 cm Wellenlänge eingegangen [35]. Nach großen Wellenlängen hin ist diese Dämpfung der vierten Potenz der Wellenlänge umgekehrt proportional, solange nämlich die Teilchengröße der Regentropfen klein ist gegenüber der Wellenlänge. Der gleichen Gesetzmäßigkeit folgt auch die Rayleighsche Dämpfung von Licht durch Partikel, die klein sind im Vergleich zur Lichtwellenlänge. Solche Partikel kommen in Wolken, Nebeln und Dunsten vor, bei sehr großen Entfernungen sind auch die Luftmoleküle selbst wirksam.

Wird die überbrückte Entfernung x in Einheiten der verwendeten Wellenlänge λ, also in x/λ gemessen, so erhält der Dämpfungsexponent D in der Gleichung der exponentiellen Energieabnahme $J = J_0 \cdot e^{-D}$ die einfache Form $D = k \cdot v \cdot x/\lambda$. Für $d/\lambda \ll 1$ wird für kugelförmige Wassertröpfchen, also Nebel, $k = 175\,(d/\lambda)^3$, was sich aus der Extinktionskonstanten K für Rayleighsche Streuung $K = \dfrac{N\,8\pi^3 a^2}{3\,\varepsilon_0^2\,\lambda^4}$ errechnen läßt und für $d/\lambda \gg 1$ wird $k = 1{,}5\,\lambda/d$, was sich aus der „Abschattung" durch die Summe des Teilchenquerschnitte ergibt. Das Übergangsgebiet zwischen diesen beiden Ästen ist in Abb. 1 in Angleichung an die unter [35] zitierte Arbeit wiedergegeben, wobei berücksichtigt werden muß, daß dieser Bereich mehr oder weniger durch den Streubereich der in Frage kommenden Teilchendurchmesser verschliffen sein kann. Im übrigen ist der Dämpfungsexponent D proportional den Volumprozenten v des Wassergehaltes der Luft und der Wellenzahl x/λ. Wie man hieraus ersieht, läßt sich die Reichweite im Rayleighschen Gebiet durch Verdopplung der Wellenlänge des benutzten Lichtes auf den 16fachen Betrag bringen. Da jedoch Nebelbildungen mit Teilchen von der Größenordnung der Lichtwellenlänge zwischen 0,5 und 1 μ häufig vorkommen, bei denen k seinen Extremwert erreicht, ist für bestimmte Nebelbildungen nur ein geringer mit x/λ proportionaler Reichweitengewinn durch Verwendung größerer Wellenlängen zu erreichen. Wenn man berücksichtigt, daß Sendeleistung und Leuchtdichte im Sender mit der vierten Potenz der Wellenlänge abnimmt und ein Impulsbetrieb sendeseitig bei großen Wellenlängen nicht mehr durch die Modulation der Speiseleistung möglich ist, sondern nur in Form von Verschlüssen, so erkennt man, daß die Verwendung der Infrarotstrahlung (103 ÷ 106) nicht der Steigerung des Empfangssignalpegels dienen kann, sondern nur der Herabminderung des Streulichtanteils des eigenen Senders bei Bildübertragung (Blendung) sowie der Störpegelsenkung durch fremde Lichtquellen bei Bild- oder Signalübertragung. In beiden Fällen muß der Empfänger gegen Störlicht anderer Quellen, insbesondere solcher mit

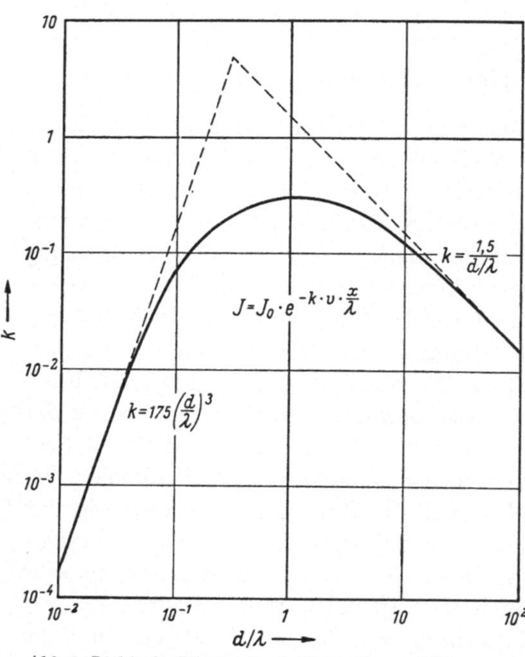

Abb. 1. Lichtschwächung durch Absorption und Streuung
$J = J_0$ exp. $(-kvx/\lambda)$.
Rayleighsche Streuung $k = 175\left(\dfrac{d}{\lambda}\right)^3$;
Abschattung $k = \dfrac{1,5}{(d/\lambda)}$.
d Teilchendurchmesser von Wassertröpfchen (Nebel); — λ Wellenlänge; — x Lichtweg; — v volumetrischer Wassergehalt.

kürzeren Wellenlängen, die mit höherem Pegel auftreten, durch Filter oder durch die eigene Frequenzselektivität des Empfängers unempfindlich gemacht werden. Die Verschluß-Impulstechnik erhöht zwar nicht die Empfangsleistung im Impulsmoment, aber sie ermöglicht eine zusätzliche Selektivität der Empfänger von (Einkanal-) Signalübertragungen auf die Impulsfrequenz und senkt damit den Störpegel des Streulichtes fremder Quellen. Die höchste übertragbare Modulationsfrequenz wird dabei jedoch je nach der gewählten Impulsfrequenzselektivität mehr oder weniger weit unter diese Impulsfrequenz gesenkt und dementsprechend auch der übertragbare Nachrichtenfluß.

II. Empfänger.

1. Das Auge.

Der Spektralbereich des menschlichen Auges [13] hat sich dem Wellenbereich maximaler Emission des Sonnenlichtes im Bereich zwischen 0,35 bis 0,7 µ Wellenlänge, der der Temperaturstrahlung eines schwarzen Körpers von 5700° K und einer Farbtemperatur von etwa 6000° K entspricht, in entwicklungsgeschichtlichen Zeiträumen angepaßt (Abb. 2). Die farbempfindlichen Zäpfchen haben bei 555 mµ maximale Empfindlichkeit, die Stäbchen bei einer Wellenlänge von 500 mµ. Sie sind viel empfindlicher und können nur Grautöne unterscheiden. Die Reizschwelle ist von dem Adaptionszustand in hohem Maße abhängig, der sich bei Dunkeladaption erst nach 10 bis 15 Minuten einstellt [2] [10]. Die Schwellenleuchtdicke B_i ist eine Funktion der Sehwinkelgröße α, und zwar wird bei einer Umfeldleuchtdichte $B_u \leqq 10^{-5}$ asb für $\alpha < 20'$ nach dem Riccoschen Gesetz $B_i \cdot \alpha^2 = \mathrm{const}$ (Abb. 3). Nach BEREK gilt [9]:

$(B_i - B_u)\, \alpha^2 = (\sqrt{\varPhi} + \alpha\,\sqrt{B})^2$. Die größte Unterschiedsempfindlichkeit $UE = B_u/(B_i - B_u)$ ergibt sich bei $B_i = 1000$ bis 3000 asb, wenn $B_u = 0,1\, B_i$ ist[1].

Die absolute Reizschwelle liegt bei voll geöffneter Pupille mit 8 mm $\varnothing$ und $F = 5 \cdot 10^{-5}\,\mathrm{m}^2$ bei einem Lichtfluß $\varPhi = E \cdot F = 10^{-13}$ lm. Bei Nacht ist daher eine Lichtquelle von 1 cd nach:

---

[1] Für die Umrechnung der verschiedenen Helligkeitsangaben und Lichteinheiten gilt (vgl. auch [52]):

1. Sehwinkel α in Grad (°) oder Minuten (')

2. Raumwinkel $\omega = 4\pi \sin^2 \dfrac{a}{4}$

3. Lichtstärke I, gemessen in Kerzen (cd)

4. Lichtfluß $\varPhi = \int I \cdot d\omega$, gemessen in Lumen (lm). Bei Gleichverteilung einer Lichtquelle nach allen Richtungen wird $\varPhi = 4\pi\,(I/\mathrm{cd})$ lm

5. Beleuchtungsstärke $E = d\varPhi/dF = J/R^2$ gemessen in Lux (lx)

$$E = d\,(\varPhi/\mathrm{lm})/d\,(F/\mathrm{m}^2)\,\mathrm{lx} = (I/\mathrm{cd})/(R/\mathrm{m})^2\,\mathrm{lx}$$

6. Leuchtdichte $B = J/F$ gemessen in Stilb (sb) oder Apostilb (asb)

$$B = (J/\mathrm{cd})/(F/\mathrm{cm}^2)\,\mathrm{sb}$$

$1\,\mathrm{sb} = \pi \cdot 10^4\,\mathrm{asb} = 1/60$ der Leuchtdichte des schwarzen Körpers beim Erstarrungspunkt von Pt. Die Leuchtdichte B einer mit E beleuchteten 100% diffus reflektierenden Fläche ist $B = (E/\mathrm{lx})$ asb

7. Lichtmenge $Q = \int \varPhi \cdot dt$, gemessen in Lumenstunden (lm · h) oder Kerzensekunden (cd · sek)

8. Lichtäquivalent $M = 1/\mathrm{K} = 1/680\quad W/\mathrm{lm}\quad$ bei $\lambda = 555$ mµ

$E = 10^{-13}\,\mathrm{lm}/5 \cdot 10^{-5}\,\mathrm{m}^2 = 2 \cdot 10^{-9}\,\mathrm{lx} = 1\,\mathrm{cd}/r^2$ noch in $r = 22\,\mathrm{km}$ Entfernung wahrnehmbar [2, 9, 12]. Die Zeitfunktion der relativen Reizempfindung (Exnersche Kurve) zeigt Abb. 4 [8].

Nach dem Talbot-Plateauschen Gesetz von der gleichen Wirksamkeit gleicher Antriebe — das sind die Produkte aus Reizstärke mal

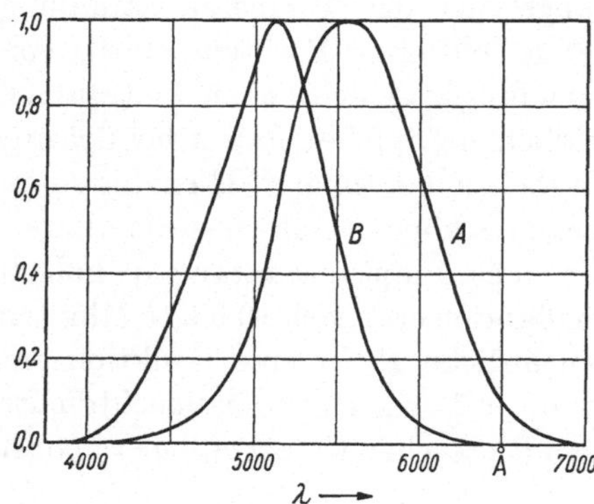

Abb. 2. Relativer, spektraler Hellempfindungsgrad — A der Zapfen (Helladaption für mehr als 3 od/m²); — B der Stäbchen (Dunkeladaption in Nähe des Schwellwertes).

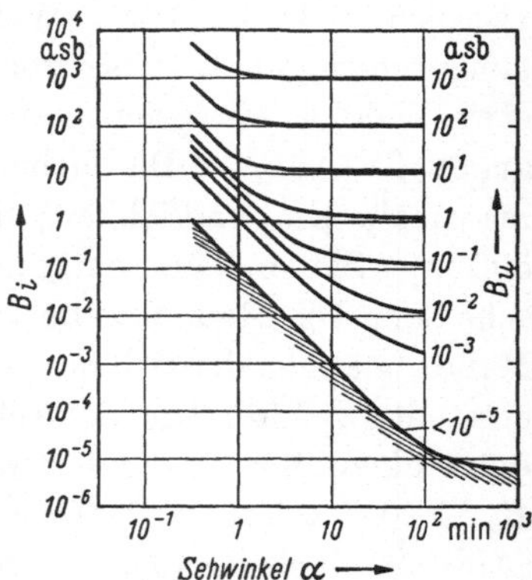

Abb. 3. Schwellenleuchtdichte B_i als Funktion von Umfeldleuchtdichte B_u und Sehwinkel α.

Reizdauer — wächst die Reaktionsträgheit mit der Intensitätsabnahme. Zu einer Lichtempfindung an der Empfindlichkeitsschwelle genügt der Eintritt von 20 Photonen durch die Pupille und 5 Photonen je Sehzelle. Das Auge mittelt über die quantenstatistischen Schwankungen, empfindet aber Intensitätsschwankungen als solche bereits, wenn sie nur wenig über diese statistischen Schwankungen hinausgehen [15]. Durch die Trägheit der Empfindung, und zwar insbesondere durch die Erregungsnachdauer, wird eine rhythmische Einwirkung oberhalb der Verschmelzfrequenz wie Gleichlicht gesehen.

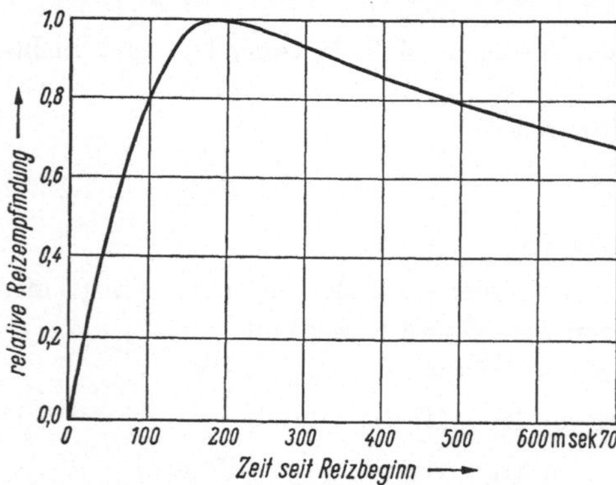

Abb. 4. EXNERsche Kurve des zeitlichen Ablaufs der relativen Reizempfindung.

Die somit feststellbare Flimmergrenze f_c [14] für kinematografische Bildwiedergabe und Fernsehbilder liegt bei geringen Leuchtdichten bei 15 Hz und wächst nach dem Gesetz von Ferry und Porter linear mit dem Logarithmus der Leuchtdichte B. Es ist daher $f_c = a \cdot \log B + b$ mit $b = 15\,\mathrm{Hz}$

und $a = 10$ bis 20 Hz. f_c wächst demnach bei zehnfacher Beleuchtung um etwa 15 Hz. Das Flimmerphotometer beruht darauf, daß f_c farbunabhängig ist, ein unmittelbarer Vergleich der Helligkeitswerte bei Gleichlicht ist dagegen bei unterschiedlichen Farben nicht möglich [16, 18,]. Die Flimmerfrequenz f_c ist zusätzlich abhängig von dem Verhältnis von Helligkeitsdauer zu Dunkelpause. Für Fernsehbilder ist daher bei gleicher Frequenz mit nachleuchtenden Schirmen von 13 msek Nachleuchtdauer eine 4,5mal größere Leuchtdichte zulässig als bei kurz nachleuchtenden Schirmsubstanzen [11].

Das Auge vermag Lichtflüsse, die sich wie $1 : 10^{13}$ verhalten, wahrzunehmen. Wie RANKE [10] nachgewiesen hat, sind in diesem Bereich 572 Unterschiedsschwellen, die an Helligkeitswerten unterschieden werden können, jedoch nur unter Zuhilfenahme einer weitgehenden Adaption mit langen Adaptionszeiten von 10—20 Minuten. In einem festen Adaptionszustand kann das Auge dagegen nur 22 Unterschiedswellen auseinanderhalten. Das hängt mit der Reizfortpflanzung in den Optikusfasern zusammen, die die Reizintensitäten impulsweise in Form von unterschiedlichen Frequenzen (nicht Amplituden) der Aktionsströme zum Gehirn weiterleiten. Diese Frequenzen sind nach oben durch die Refraktärperiode der Nervenfasern nach SCHÄFER mit 500 Hz und nach unten durch die jeweilige Flimmerfrequenz bei etwa 20 Hz begrenzt. Einer Frequenzänderung von 1 dB dieser Aktionsströme entspricht etwa eine wahrnehmbare Unterschiedsschwelle. Danach wären 28 Unterschiedsschwellen bei einem festen Adaptionszustand zu erwarten. KERN findet empirisch nur 22. Bei hoher Leuchtdichte mit einer unteren Grenzfrequenz von 70 Hz für die Aktionsströme ergeben sich theoretisch 17 und empirisch 13 Unterschiedsschwellen.

Wegen der Adaption des Auges an die allgemeine Helligkeit lassen sich absolute Helligkeiten nicht abschätzen, abgesehen von dem Grenzzustand bei vollständiger Dunkeladaption für geringe Leuchtdichten von etwa 0,1 asb.

Auf Grund des Talbotschen Gesetzes wird oberhalb der Flimmerfrequenz kein Reichweitengewinn durch Lichtimpulse bei visueller Beobachtung erreicht, wenn Lichtquellen gleicher mittlerer Helligkeit miteinander verglichen werden. Es wird vielmehr diese Trägheit der Lichtwahrnehmung dazu benutzt, um dem Auge Gleichlicht vorzutäuschen, wenn aus Gründen der Technik der Nachrichtenübermittlung die Bildwiedergabe, z. B. bei kinematografischer, fernsehtechnischer oder stroboskopischer Darbietung nur impulsweise erfolgen kann.

Ein erheblicher Gewinn an Wahrnehmbarkeit läßt sich dagegen bei langsamen Impulsfolgen unterhalb der Flimmergrenze erreichen. Frequenzen über 2 bis 3 Hz werden dabei noch als unangenehm, bei hoher Leuchtstärke als ermüdend und lästig bis schmerzhaft empfunden. Die Steigerung der Wahrnehmbarkeit und der Auffälligkeit von Lichtwirkungen bei Impulsfolgefrequenzen von 0,1 bis 1 Hz hat dagegen zu vielseitigster Anwendung für Reklameleuchten, Blinklichter und Blinkfeuer, Positionslampen und Leuchtbojen und Baken geführt. Dafür ist nur zum geringsten Teil die Steigerung des Empfangspegels beim Beobachter bei gleicher mittlerer Lichtsendeleistung maßgebend, wie sie für Leuchtbojen wegen der Betriebsstundenkapazität immerhin wichtig ist, sondern vor allem die bevorzugte Reaktionsfähigkeit des Auges auf zeitliche Änderungen eines Lichtreizes verantwortlich [2, 4, 6, 8, 12]. Die visuelle Impulstechnik dient bei Verwendung von unterschiedlichen Rythmen oder Impulsfolgeperiodizitäten auch der Nachrichtenübertragung, insbesondere zur Kennung von ortsfesten Seezeichen.

Die gesteigerte Wahrnehmbarkeit des Auges von Reizstärkeschwankungen kommt u. a. auch darin zum Ausdruck, daß das Auge ein Objekt nicht ruhend fixiert, sondern unwillkürliche, ruckweise Fixationsschwankungen vollführt, die als physiologischer Nystagmus bezeichnet werden [3, 4]. Dabei schwankt die Blickrichtung mit Periodendauern von 1 bis 3 Sekunden über Winkelwege von 4 bis 5'. Diese Fixationsschwankungen sind immer gleichzeitig beidäugig, sie sind in der Dämmerung und bei herabgesetzter Sehschärfe größer als am Tage und bei voller Sehschärfe und hängen mit dem Verbrauch der Zapfensehstoffe und dem Sehpurpur der Stäbchen, also einer raschen Ermüdung der belichteten Sehzelle, zusammen, die auf diese Weise unschädlich gemacht wird. Die Sprünge selbst dauern dabei nur 0,02 bis 0,06 sek.

Die Technik des Absehens oder Absuchens eines größeren Gesichtsfeldes ist kein stetiger Prozeß, sondern ebenfalls ein unwillkürlich impulsgesteuerter Vorgang, den z. B. ein Seemann in jahrelanger Übung ausbildet. Die Sprungdauern liegen wieder bei 0,02 bis 0,06 sek, gelegentlich auch bei 0,1 bis 0,2 sek, und die Verweilzeiten bei 1 bis 3 sek. Dem kleinen Sehwinkel des Fixationszentrums hat sich also eine unwillkürliche impulsweise, gleichsam kinematografische Sehtechnik angepaßt, der sich beim Fixieren von bewegten Objekten eine langsame stetige Blickfolgebewegung ohne eigene Willenshandlung überlagert.

2. Fotografische Empfänger [20 bis 23].

Für fotografische Platten und Filme gilt in einem weiten Belichtungsbereich das „Bunsen-Roscoesche Gesetz", nach dem die Schwärzung S der Lichtmenge $J \cdot t$ proportional ist. Eine bessere Wiedergabe der Schwärzungsfunktion ist die Gleichung $S = J \cdot t^p$. Darin ist p der

Schwarzschildsche Exponent, der kleiner als 1 ist. Bei kleinen Intensitäten und großen Zeiten ist die Schwärzung also geringer, als nach dem Bunsen-Roscoeschen Gesetz zu erwarten wäre.

Die Empfindlichkeit fotografischer Schichten liegt beispielsweise bei $\varepsilon = 26/10$ DIN $= 2{,}6$ bei $E_{min} = 0{,}7 \cdot 10^{-3}$ lx s für eine Schwärzung von 0,1 über Schleier, was etwa dem Schwellwert einer auswertbaren Schwärzung entspricht. Die kleinste fotografisch nachweisbare Strahlungsenergie ist dann noch eine Funktion der Korngröße. Bei einem Korndurchmesser von 0,01 mm ergibt sich die Nachweisbarkeit von 10^{-13} lm s, also größenordnungsmäßig dieselbe Empfindlichkeit, wie mit dem Auge.

Für die Impulstechnik mit fotografischem Nachweis sind noch folgende Effekte zu beachten [20]:

1. der Intermittenz-Effekt, der bedeutet, daß ein einzelner Lichtimpuls nicht die gleiche Schwärzung hervorruft, wie eine Reihe von Lichtblitzen gleicher Intensität und kürzerer Einzel-, aber gleicher Summendauer.
2. Becquerel-Effekt bedeutet Kontraststeigerung durch Nachbelichtung mit langwelligerem Licht.
3. Herschel-Effekt bedeutet Abschwächung durch langzeitige Nachbelichtung mit rotem Licht, die bis zur Kontrastumkehr vorkommt.
4. Clayden-Effekt bedeutet Kontrastumkehr bei Blitzaufnahmen durch Nachbelichtung mit dem Streulicht („Phänomen der schwarzen Blitze"). Hierbei handelt es sich um einen Ultrakurzzeit-Effekt, der bei kurzer Belichtungsdauer mit hoher Intensität entsteht.
5. Villard-Effekt ist der Clayden-Effekt bei Röntgenstrahlen-Belichtung und Nachbelichtung mit diffusem gewöhnlichem Licht.

Alle beschriebenen Effekte sind mit den modernen Theorien des latenten Bildes erklärbar [20, 21, 23].

3. Lichtelektrische Empfänger.

Für die Impulstechnik kommen in Frage:

Vakuum- und gasgefüllte Fotozellen, Fotowiderstände und Fotoelemente [24—29], ferner Sekundärelektronen-Vervielfacher mit Fotokathode [30], Ikonoskope [75] und Bildwandler [69—74].

Abb. 5 gibt die spektrale Empfindlichkeit einiger Fotowiderstände, Fotoelemente, Fotozellen und Sekundärelektronenvervielfacher wieder, deren maximale Empfindlichkeiten bei Wellenlängen zwischen 0,35 und $1{,}5\,\mu$ liegen. Vakuumzellen haben Sättigungsströme. Die bis zu zehnmal höhere Empfindlichkeit der gasgefüllten Zellen wird erkauft mit einer starken Abhängigkeit von der Betriebsspannung, mit der Gefahr der Glimmzündung und mit einer erhöhten Trägheit [26].

Aus Stromempfindlichkeit und Kapazität ergibt sich eine frequenzabhängige Empfindlichkeitsabnahme bei der Umsetzung von modu-
liertem Licht in elektrische Schwingungen [24, 26]. Hohe Empfind-

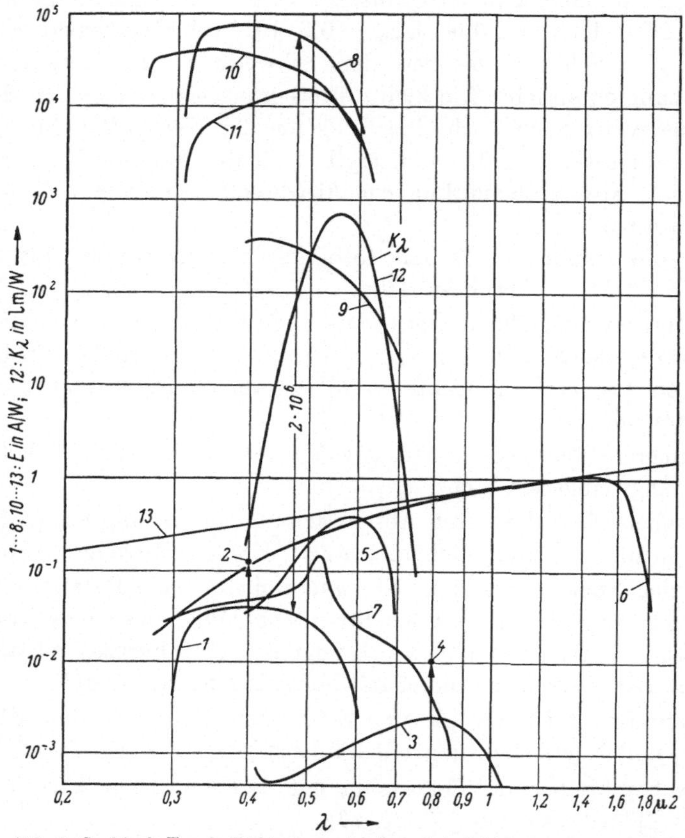

Abb. 5. Spektrale Empfindlichkeit verschiedener fotoelektrischer Zellen in A/W.
1 Cäsium Vakuumzelle (RCA 929); — *2* Maximalempfindlichkeit der Zelle nach 1 bei Gasfüllung; —
3 Cäsiumoxyd Vakuumzelle (RCA 922); — *4* Maximalempfindlichkeit der Zelle nach 3 mit Gasfüllung; — *5* Selen Fotoelement; — *6* Germanium Fotodiode; — *7* Kadmiumsulfid Fotowiderstand; — *8* Sekundärelektronen-Vervielfacher (RCA IP 21) mit Cäsium Fotokathode; —
9 Sekundärelektronen-Vervielfacher (RCA IP 22) angepaßt an Augenempfindlichkeit; —
10 Sekundärelektronen-Vervielfacher (RCA IP 28) für kurzwelliges Licht; — *11* Sekundärelektronen-Vervielfacher (RCA 5819); — *12* Hellempfindung des Auges K_λ mit der Einheit lm/Ws
der Ordinate; — *13* Quantenäquivalent $e/h\nu$.

lichkeiten bei hohen Frequenzen erfordern äußerst kapazitätsarme
Ankopplungen der nachgeschalteten Verstärker [27]. Die Eingangs-
röhre des Verstärkers wird daher zweckmäßig als Impedanzwandler
unmittelbar neben der Fotozelle angebracht. Die Eigenkapazität technischer Fotozellen beträgt nur 1,5 pF und ist daher im allgemeinen
klein im Vergleich zu der erzielbaren gesamten Eingangskapazität des
Verstärkers. Besondere Bedeutung haben daher Fotozellen mit Foto-

kathode und unmittelbar anschließender Sekundärelektronen-Ver-
vielfachung, die sog. Multiplier, bei denen je Prallelektrode eine Stromverstärkung von 1:2 bis 1:4 erreicht wird (Tab. 1). Auf diese Weise

Tabelle 1. *RCA-Multiplier.*

Type	Max. Empf. b. Å	Empfind-lichkeit µA/µW	Maxim. Anod.-Strom mA	Maxim. Dunk.-Strom µA	Licht-empfind-lichkeit A/lm	Äquiv. Rauschwert lm	Strom-verstärkung
IP 21	4000	74000	1	0,1	80	$5 \cdot 10^{-13}$	$2 \cdot 10^6$
IP 22	4200	370	10	0,25	0,6	$1 \cdot 10^{-10}$	$2 \cdot 10^5$
IP 28	3400	22600	5	0,1	20	$7 \cdot 10^{-12}$	$1 \cdot 10^6$
931-A	4000	18600	10	0,1	20	$7 \cdot 10^{-12}$	$1 \cdot 10^6$
5819	4800	14900	7,5	0,05	24	$2 \cdot 10^{-11}$	$6 \cdot 10^5$

Die Multiplier haben 10 Prallelektroden.

gelingt es, einzelne Scintillationen oder Photonen nachzuweisen bei
einer fast 100%igen Ausbeute, also einem emittierten Elektron je
Lichtquant. Die Stromimpulse werden entweder wie bei Geiger-Müller
Zählrohren mit Untersetzern ausgezählt [*31*] oder über ein RC-Glied
summiert, um eine stetige Anzeige zu gewinnen. In Verbindung mit
modernen Kettenverstärkern kann man mit Hilfe von Foto-Multi-
pliern den zeitlichen Ablauf der Lichtintensität bis auf 10^{-9} sek auflösen und das mit einer Empfindlichkeit, die lediglich durch die Quan-
telung des Lichtes begrenzt ist [*56, 58, 59*]. Eine Intensitätsmessung
mit einer Genauigkeit bis auf 1% innerhalb von 10^{-9} sek benötigt danach mindestens 10^4 Lichtquanten in diesem Zeitinervall. Wegen
der statistischen Verteilung der Quanten wächst die erforderliche
Quantenzahl je Meßwert umgekehrt proportional mit dem Quadrat
der zugelassenen Meßunsicherheit. Das bedeutet für eine Lichtwellenlänge von $0,5\,\mu$ eine minimale Empfangsleistung von $4\,\mu\,W$
bzw. $2,7$ m lm.

Unter den Fotowiderständen haben die Kadmium-Sulfid-Wider-
stände besondere Bedeutung erlangt als hochempfindliche kleine Einheiten, die jedoch temperaturabhängig sind und eine verhältnismäßig
niedrige Grenzfrequenz besitzen. Selen-Foto-Widerstände werden auch
als Fotoelemente vorzugsweise für Beleuchtungsmesser verwendet.
Die neuesten Fotoelemente bzw. -widerstände benutzen Germanium-
Dioden oder Transistoren, die sich ganz besonders dadurch auszeichnen,
daß sie nahezu 100%ige Ausbeute haben und für infrarotes Licht
empfindlich sind. Als Vorsatzfilter für reine Infrarotempfindlichkeit
eignet sich auch der Germanium-Kristall selbst, der in diesem Falle
von der Rückseite her beleuchtet wird.

Fototransistoren geben außer dem Germanium-Foto-Effekt auch noch einen Transistor-Verstärker-Effekt und haben daher eine Ausbeute, die größer als eins ist, ebenso wie die Sekundärelektronen-Vervielfacher.

Im Vergleich mit fotografischen Meßeinrichtungen sind lichtelektrische Meßverfahren noch sehr viel lichtempfindlicher. Die fotografi-

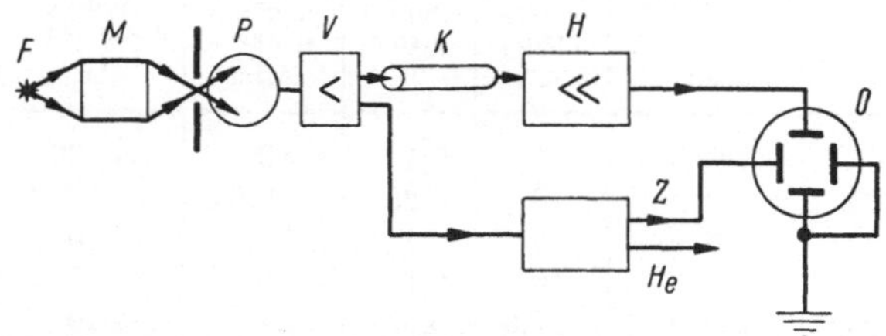

Abb. 6. Fotoelektrische Registrierung des zeitlichen Ablaufs eines Funkenblitzes in verschiedenen spektralen Bereichen nach SCHARDIN u. FÜNFER.
F Funkenstrecke; — *M* Monochromator; — *P* Fotozelle; — *V* Verstärker; — *K* Laufzeitkabel; — *H* Hauptverstärker; — *O* Oszillograph; — *Z* Zeitablenkspannung; — *He* Hellsteuerspannung.

schen Verfahren bieten aber den Vorteil, daß sie in Verbindung mit einem Spektrographen die spektrale Verteilung der Lichtemission, z. B. eines einzelnen Funkenblitzes, aufnehmen können, während die lichtelektrischen Verfahren beispielsweise in einer Schaltung nach Abb. 6 nur punktweise für jeweils eine Wellenlänge bei einer Aufnahme den zeitlichen Ablauf der Lichtemission in Abhängigkeit von der Wellenlänge aufzunehmen gestatten.

III. Lichtimpulslampen.

1. Glühlampen.

Thermische Lichtquellen eignen sich schlecht zur Erzeugung von Lichtimpulsen, da durch die thermische Trägheit eines mit einem Stromimpuls aufgeheizten Glühfadens die Strahlungstemperatur je nach Drahtstärke und Temperaturhöhe erst nach Zeiten zwischen 10^{-2} und 10^{-1} sek so weit abgesunken ist, daß die Hälfte der gesamten Lichtemission erfolgt ist. Glühlampen für 220 V werden bei 50periodigem Wechselstrom bei 60 W mit etwa 15% und bei 15 W-Lampen mit 30% moduliert mit 100 Hz Modulationsfrequenz [54]. Glühfaden-Lichtimpulslampen für kürzere Blitzdauern müßten entweder so dünne Glühfäden oder so hohe Temperaturen haben, daß die Lebensdauer infolge der Zerstäubung und Verdampfung des Glühfadens zu klein würde. Für Fotoblitzgeräte haben auch Glühlampen Verwendung gefunden [19].

Als hinreichend trägheitsfreie Lichtquelle wird in der Impulstechnik daher fast ausschließlich die Gasentladungslampe oder der offene Funke benutzt oder eine Gleichlichtquelle in Verbindung mit mechanischen oder elektrischen Verschlüssen, die dann natürlich auch ein thermischer Strahler sein kann.

2. Leuchtstofflampen.

Für die Erzeugung von Lichtblitzen kommt auch die reine Lumineszenzstrahlung von Leuchtstoffen in Frage [51], die durch Ultraviolett- oder Elektronenbestrahlung angeregt wird. Das unmodulierte Linienraster lichtstarker Fernsehröhren, sog. Flying Spot Scanning Tubes, wird als Lichtquelle für die Fernsehsendung von Filmen benutzt als Bildzerleger, indem es auf das Filmbild abgebildet wird, und der jeweilig belichtete Bildpunkt den auf eine Fotozelle treffenden durchgehenden Lichtstrom moduliert. Auf diese Weise lassen sich jedoch nicht die hohen Leuchtdichten erreichen, die mit Hochdruck-Gasentladungslampen oder in kapillaren Funkenkanälen erzeugt werden können [58, 76]. Auf hohe Leuchtdichte kommt es aber für Projektions- und Signalübertragungs-Zwecke in entscheidendem Maße an, vgl. Abschn. VI u. [47].

Die nachstehende Tabelle gibt die Leuchtdichten wieder, die sich mit Punktlichtlampen für Gleichlicht erzielen lassen.

Tabelle 2.

Nenn-Lstg. W	Brennspannung V	Strom A	Bogen-Durchm. mm	Leuchtdichte max cd/mm²	mittel	Nutz-effekt cd/W	Lebensdauer h
2	37	0,06	0,08	96	56	0,15	175
10	21	0,05	0,40	55	22	0,25	700
25	20	1,25	0,37	40	21	0,35	800
100	15	6,25	1,50	52	39	0,80	1000

3. Funkenblitz-Kinematografie [55 bis 65].

Nachdem CRANZ 1910 als erster offene Funken zur Erzeugung extrem kurzzeitiger Lichtblitze hoher Leuchtdichte verwendet hatte, wurde dieses Verfahren später von CRANZ und SCHARDIN als Kinematografie auf ruhendem Film mit extrem hohen Bildzahlen bis zu hoher technischer Vollkommenheit durchentwickelt. Dabei wurden mit getrennten Funkenstrecken bis zu 30 Einzelblitzen nacheinander ausgelöst mit praktisch beliebig hohen Blitzfolgefrequenzen. SCHARDIN weist nach [60], daß man nach diesem Prinzip bis auf 10^7 Bilder pro Sekunde kommen kann. Grundsätzlich kann sogar eine Bildfrequenz von 10^9 sek^{-1} leicht erreicht werden, wenn man das Licht eines Einzelfunkens über verschieden lange Lichtwege dem Objekt zuleitet. Die Schwierigkeit liegt dabei nur in der Funkenblitzerzeugung, die für Bildfrequenzen von 10^7 sek^{-1} noch hinreichend hell und kurzzeitig gemacht werden kann. Die Blitzdauer des Funkenblitzes sollte höchstens $^1/_{10}$ der Bildwechselzeit sein, und muß eine für die Aufnahme ausreichende feste Lichtmenge ausstrahlen. Die realisierbare Frequenz läßt sich heraufsetzen, die Blitzdauer also entsprechend vermindern, wenn man als Kondensatoren offene Koaxialkabel mit Barium-Titanat als Dielektrikum benutzt [58]. Bei einer derartigen von Fitzpatrik [76] angegebenen Funkenstrecke mit einer engen Funkenentladungsbahn mit nur 0,3 mm Durchmesser in Speckstein wird eine sehr hohe Leuchtdichte erreicht bei einer Blitzdauer von nur $3 \cdot 10^{-8}$ sek. Für Druckwellenaufnahmen mit Funken-

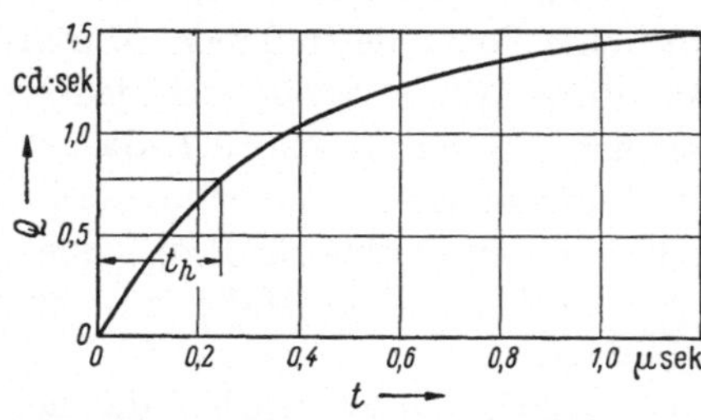

Abb. 7. Zeitfunktion der Lichtmenge eines Funkenblitzes mit $C = 1,6 \cdot 10^{-3}$ µF; $V = 40$ kV; $A = 1,28$ Ws.

blitzen wird die Schlierentechnik angewandt, bei der das Licht im Brennfleck des Strahlenganges z. B. halb abgedeckt wird.

Wird nur eine einzelne Funkenstrecke als Lichtquelle für rasche Impulsfolgen benutzt, so ist die Bildzahl praktisch auf 45000 Bilder pro Sekunde beschränkt.

Elektrische und optische Angaben für Funkenblitze gibt Kornétzki [56, 57] an für Spannungen zwischen 4 und 50 kV, Entladekondensatoren zwischen 10^{-3} und 1 µF. Dabei werden Beleuchtungen von $Q = 0,01$ bis 200 Kerzensekunden erzeugt. Für die Funkenhelligkeit Q ergab sich bei 0,5 m Leitungslänge ohne Zusatzwiderstand im Entladungskreis $Q = 0,02 \cdot C \cdot V^3$ in cd. s, wenn C in µF und V in kV gemessen wird. Abb. 7 gibt den Verlauf der Lichtemission über der Zeit wieder für $C = 1,6 \cdot 10^{-3}$ µF und $V = 40$ kV.

Eine genauere Analyse der Lichtemission eines Entladungsfunkens wurde von Schardin und Fünfer durchgeführt [58]. Der gesamte Vorgang setzt sich aus Aufbauzeit, Entladung und Nachleuchtvorgang zusammen. Ein einzelnes Elektron erzeugt in der Aufbauzeit so viele Ionen und Elektronen, daß, bevor es die Anode erreicht hat, eine Elektronenlawine mit hoher Trägerdichte entstanden ist. Die Ladungsdichte steigt zeitlich exponentiell. Die Elektronen laufen mit Geschwindigkeiten von etwa 10^7 cm/sek. Rogowski hat erkannt, daß die tatsächlichen Aufbauzeiten erheblich kürzer sind, als es nach der Townsendschen Vorstellung zu erwarten ist. Die Ausbreitungsgeschwindigkeit der Entladungsbahn wird durch Feldverzerrung infolge der Raumladungstrennung und durch ultraviolette Strahlungsquanten im Kopf der Lawine gesteigert. Die Stromdauer der nachfolgenden Hauptentladung wird durch Induktivität, Kapazität und

Ohmschen Widerstand des Entladungskreises bestimmt. Die Spannung an der Funkenstrecke ist bereits vor dem Auftreten des maximalen Entladungsstromes auf den Brennspannungswert der Lichtbogenentladung zusammengebrochen. Die Blitzdauer wird im wesentlichen durch die Nachleuchtdauer bestimmt. Diese hängt wiederum von Druck und Volumen der Entladungsbahn ab, da insbesondere sekundäre Ionisations- und Lichtemissionsprozesse durch Absorption ultravioletter Strahlungsquanten bedingt sind. Die kürzeste erreichbare Blitzdauer ist durch die Verweilzeit der Atome in angeregtem Zustand und durch die Rekombinations-Wahrscheinlichkeit der Ionen und Elektronen bedingt und liegt daher über 10^{-8} sek.

Die Lichtausbeute bei einem Funkenblitz liegt in einem Wellenbereich von 250 bis 290 mμ besonders günstig bei Xenon und Krypton bei hohen Drucken von 13 bis 15 atü und energiereichen Entladungen von 5 bis 10 Ws, und zwar bei etwa 10,2% für Xe und 8,1% für Kr. Sie läßt sich zwar mit Gleitfunken noch weiter verbessern, da sich hierbei bessere Widerstandsanpassung an den Entladungskreis durch höheren Funkenwiderstand ergibt, die Blitzdauer ist jedoch um eine Größenordnung länger als beim offenen Funkendurchschlag. Vergleichsweise ergeben sich folgende Blitzdauern:

Funkenkanal nach FITZPATRIK [76]	$t_h = 3 \cdot 10^{-8}$ s bei 16 cm Kabellänge
Xenon-Gleitfunken [58]	$t_h = 4 \cdot 10^{-7}$ s bei 0,5 Ws
Xenon-Flash-Lampe [48]	$t_h = 4 \cdot 10^{-5}$ s bei 10 Ws
Foto-Flux-Lampe [50, 53]	$t_h = 3 \cdot 10^{-2}$ s bei 100 000 lm s

Die Lichtstärke bestimmte GLASER [61] fotografisch über Drehspiegelaufnahmen z. B. für Argon bei 11 atü und 5 Ws zu maximal $3,5 \cdot 10^5$ W/RW $\cdot$ cm² (Watt pro Raumwinkel und Quadratzentimeter), und die maximale Leuchtdicke zu $3,3 \cdot 10^7$ sb. Bei diesen Drehspiegelaufnahmen entsprachen 3 mm im Bild einer Zeit von einer Mikrosekunde.

Als moderne praktische Anwendung derartiger Funkenblitze hat FRÜNGEL [94] ein neues Autoüberholgerät vorgeschlagen, das mit einer 1000 Hz Funkenstrecke in Argon betrieben wird. Der fotoelektrische Empfänger ist für diese Lichtmodulation selektiv und daher gegen Tageslicht unempfindlich.

Nach dem gleichen Prinzip wurde während des letzten Krieges ein Lichtblitz-Kommandogerät erprobt, das mit 10 Ws Funkenenergie mit einem Funken in Argon und CO_2 arbeitete und zur Übertragung von fünf unterschiedlichen Steuerkommandos über Entfernungen bis zu 30 km auch bei vollem Sonnenlicht geeignet war.

Über spannungsoptische Messungen mit Funkenblitzen berichtet EMSCHERMANN [62].

16*

4. Elektronenblitzlampen und Stroboskoplampen.

Elektronenblitzlampen werden für photographische Aufnahmen und für Stroboskope [*88, 89*] verwendet. Aldington [*48*] gibt für amerikanische Lampen folgende Tabellenübersicht:

Tabelle 3.

Type	Normalspannung V	Maximalkapazität µF	Maximalarbeit Ws	Blitzdauer µs	Dauerleistung W
SF 1	4000	2000	16000	—	500
SF 2	2000	200	400	—	50
SF 3	2000	50	100	—	30
SF 4	2000	100	200	200	40
SF 5	2000	60	120	—	26
SF 6	2000	30	60	100	13
SF 7	7500	2	56	1	—
SF 8	2500	20	63	—	—

Abb. 8 zeigt die Zeitfunktion von Lichtfluß und Lichtmenge bei der SF 2. Der Nutzeffekt liegt zwischen 20 und 40 lm/W, die Lebensdauer für Einzelblitze bei etwa 100000 Blitzen, bei periodischem Betrieb (Stroboskop) einige 10^6 Blitze. Die hellste Blitzlampe SF 1 nach Edgerton hat eine höchste Lichtstärke von 10^6 lm · s und dient z. B. für Luftnachtaufnahmen. Eine der SF 4 entsprechende Lampe bzw. Beleuchtungseinrichtung dient für Aufnahmen mit der Wilson-Kammer, sie hat eine Leuchtdichte von 10^5 sb bei einer elektrischen Arbeit von 400 Ws. Die SF 7 mit kürzester Blitzdauer dient beispielsweise für Explosionsaufnahmen.

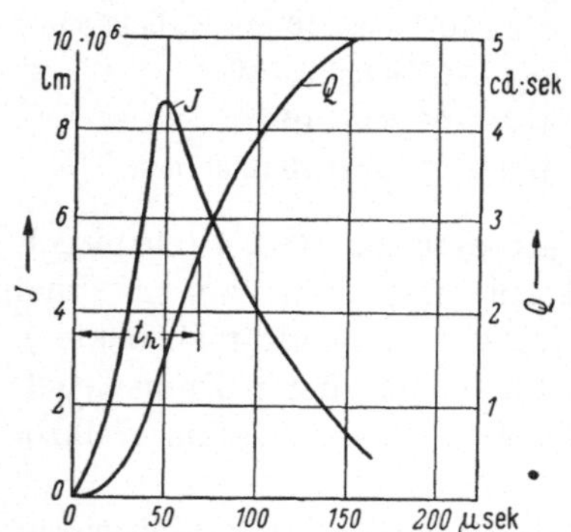

Abb. 8. Zeitfunktion von Lichtmenge und Lichtstärke eines Lichtblitzes einer Xenon Hochdruckgasentladungslampe (S. F. 2) bei $C = 25$ µF; $V = 2$ kV; $A = 5$ Ws.

Deutsche Blitzlampen von Osram, Typenbezeichnung XIE 200 bzw. 40 usw. für Lichtblitzstroboskope werden mit mittleren Leistungsaufnahmen von 200, 40, 15 und 5 W ausgeführt. Sie haben einen mittleren Nutzeffekt von 23 bis 28 lm/W und werden normalerweise in Lichtblitzstroboskopen mit Blitzdauern von 10^{-5} sek und maximalen Frequenzen von 200 Hz verwendet. Die Blitzdauer ist dabei jedoch noch in der Hauptsache durch die Entladungsdauer, nicht durch die Nachleuchtdauer, bedingt. Die Lampen können auch mit maximal 1000 Hz betrieben werden. Bei 50 Hz Blitzfrequenz kann die XIE 200 eine

Arbeit von 4 Ws je Impuls aufnehmen und erreicht dabei Spitzen-helligkeiten von 10^6 cd, Leuchtdichten von $0{,}5 \cdot 10^6$ sb und Blitzdauern von $t_h = 15\ \mu\text{sek}$ [49].

Über Anwendungen technischer Stroboskopie vgl. [88 bis 101]. Eine genaue Darstellung der Entladungserscheinungen und der Leucht-dichten bei Hochdruck-Gasentladungslampen gibt LARCHÉ [107].

5. Fotoflux-Lampen.

Auch in der Technik der chemischen Blitzlichtlampen sind bezüg-lich der Lichtmenge je Volumeneinheit in den letzten Jahren erhebliche Fortschritte zu verzeichnen gewesen [50, 53]. Von 1932 bis 1952 ist dieser Wert bei den jetzt mit AlMg-Drähten und O_2 gefüllten Blitz-lampen von 50 bis auf 800 lm · s/cm³ gestiegen, dadurch ist der Preis gesunken und die Zahl der mitführbaren Blitzlichter gestiegen. Neue Ausführungen ohne Quetschfuß mit Perlfuß und Zünddrahtzuführun-gen werden von Philips mit den Typenbezeichnungen PF 3 usw. bis PF 25 in Ausführungen von 8 bis 20 cm³, 700 bis 800 lm s/cm³, 5500 bis 16000 lm s und 22 bis 30 mm Φ hergestellt. Sie enthalten 11 bis 34 mg Al.

IV. Verschlußtechnik.

1. Mechanische Verschlüsse.

In Verbindung mit Gleichlichtquellen oder auch mit Lichtblitz-lampen oder Funkenblitzen können Verschlüsse zur Einstellung der erforderlichen kurzen Belichtungsdauern verwendet werden. Auf die mechanischen Verschlüsse, die in Konstruktionseinheit mit Foto-apparaten und Kinokameras üblich sind, kann im einzelnen nicht ein-gegangen werden. Folgende Spitzenleistungen für Hochfrequenz-kameras seien erwähnt:

Eine Kamera für 10 Mill. Bilder/sek [37] arbeitet mit Hohltrommel für 60 cm Film bei 120 m/sek Umfangsgeschwindigkeit. Es sind 15 Bild-zerleger mit nebeneinanderliegenden Linsensegmenten vorgesehen und eine Schlitzblende als Verteiler, die eine Bildpunkt-Belichtungsdauer von 0,1 μsek bewirkt. Bei 10^7 Bildern/sek überlappen sich die Einzelauf-nahmen, von denen 60000 Bilder auf 60 cm Film entfallen. Ohne Über-lappung können maximal 16000 Bilder auf 60 cm Film in 5 msek auf-genommen werden.

Hochfrequenzkamera nach Brixner für 3500000 Bilder/sek [38].

Bei dieser Kamera werden Filmstücke fest eingelegt und über einen mit 10000 UpM umlaufenden Drehspiegel belichtet. Einzelne Ab-bildungslinsen für je ein Bild sind auf Kreisbögen zwischen dem Film und dem Drehspiegel angeordnet. 170 Bilder vom Format $1{,}2 \cdot 1{,}4$ cm²

E 16

werden während eines Drehspiegelumlaufes aufgenommen. Als Verschluß nach der Belichtung der Filmstreifen dient ein explosiv zerspringender Glasblock. Abb. 9 zeigt den Aufbau dieser Kamera, die insbesondere zur Aufnahme selbstleuchtender Vorgänge verwendet wird. Über kontinuierliche Drehspiegelaufnahmen vgl. Joos [46].

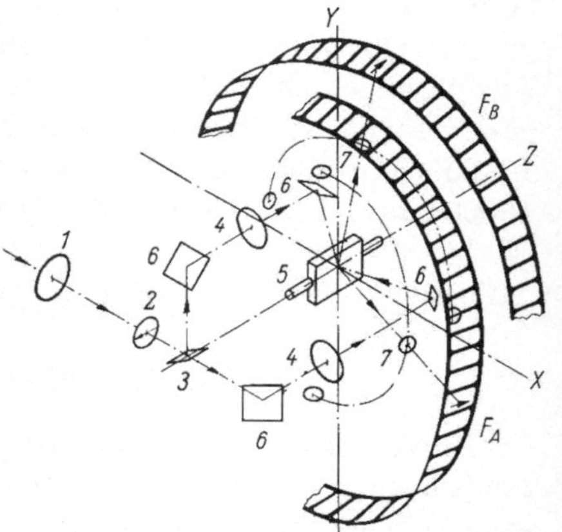

Abb. 9. Hochfrequenzkamera für 3 500 000 Bilder pro Sekunde nach Brixner.

Fastax-Zeitlupen-Kamera. Diese Kamera arbeitet mit gleichmäßigem Filmvorschub. Bei der Aufnahme wird das Bild durch ein rotierendes Prisma als optischer Ausgleich mit dem Film mitgeführt. Die Kamera für 8 mm Film kann 300 bis 16 000 Bilder/sek aufnehmen, die für 16 mm Film 150 bis 7000 Bilder/sek und die für 35 mm Film 500 bis 5000 Bilder/sek.

Zeitdehner der AEG [40 bis 45]. Auch diese Kamera arbeitet mit gleichmäßigem Filmvorschub mit einer Geschwindigkeit von 20 m/sek und Normalfilm von 35 mm. Der optische Ausgleich erfolgt hier durch eine Linsenscheibe, die mit einer wesentlich höheren Umfangsgeschwingigkeit als der Film umläuft und dabei Einzellinsen durch den Strahlengang des Objektivs durchlaufen läßt. Mit vollem Bildformat lassen sich 1000 Bilder/sek und bei halber Bildhöhe 2000 Bilder/sek aufnehmen. Noch höhere Bildzahlen werden durch weitere Unterteilung der Höhe sowie durch seitliche Unterteilung mit Hilfe von Linsenrastern und mit Schlitzscheiben an Stelle der Linsenscheiben erzeugt. Maximal können bei 8facher Seitenunterteilung und 10facher Höhenunterteilung 80 Einzelbilder auf einem Normalfilm-Bildformat 18 · 24 cm untergebracht werden, die über die Schlitzscheibe nach Art der Verteilung einer Nipkow-Scheibe treppenartig nacheinander belichtet werden. Maximal können also 80000 Bilder/sek aufgenommen werden.

Rein mechanische Verschlüsse können, wie hieraus zu ersehen ist, nahezu die gleiche Größenordnung von Belichtungsdauern wie die kürzesten Lichtblitze erzeugen.

Für den Tonfilm sind auch noch Blendenverschlüsse wichtig, die einen Lichtstrom im Tonfrequenzbereich stetig modulieren können. Hierfür dienen „Lichthähne", die ähnlich wie ein Bändchen-Mikrophon oder Lautsprecher aufgebaut sind und durch die Bewegung des Bändchens einen foskussierten Lichtfluß mehr oder weniger abdecken.

2. Elektrische Verschlüsse.

Neben diesen den Lichtstrom mechanisch modulierenden Verschlüssen haben sich insbesondere für die Funkenkinematografie zusätzlich auch noch elektrische Verschlüsse mit extremer Trägheitsfreiheit eingeführt [58].

Hierzu gehört

1. der magneto-optische Kurzzeitverschluß, der auf dem Faraday-Effekt beruht. Wird ein durchsichtiger Körper, vorzugsweise z. B. schweres Flintglas, in der Durchstrahlungsrichtung einem magnetischen Längsfeld ausgesetzt, so wird er optisch aktiv. Die Schwingungsebene von polarisiertem Licht wird um einen Winkel α gedreht, für den gilt $\alpha = w \cdot H \cdot l$. Hierin ist w die Verdetsche Konstante, H die magnetische Feldstärke und l die durchstrahlte Länge. Für schweres Flintglas erreicht die Konstante w nach EDGERTON und WYCKOFF [74] bei $\lambda = 5893$ Å den besonders hohen Wert $w = 0,0647$ Min/Gauß. Setzt man diesen Körper zwischen gekreuzte Nikols, so wird der Strahlendurchgang beim Anlegen eines magnetischen Feldes freigegeben. Die Anordnung wird zu dem Zweck in eine Längsspule eingesetzt, über die der Entladungsstromstoß beispielsweise einer Gleitfunkenstrecke geleitet wird. Im Vergleich zu dem nachstehend beschriebenen Kerrverschluß sind die magneto-optischen Verschlüsse relativ lang. Zeiten von einigen Mikrosekunden wurden bei Kondensatorspannungen von 8 kV und Kapazitäten von 4 µF erreicht. Die maximale Öffnung für $\alpha = 90°$ braucht nicht ganz erreicht zu werden. Bei $\alpha = 60°$ erreicht man schon etwa 80% Durchlässigkeit.

2. Der Kerrzellenverschluß beruht auf der Doppelbrechung dielektrischer Flüssigkeiten im elektrostatischen Feld. Wegen der hohen

Kerrkonstante wird vorzugsweise mit Nitrobenzol gearbeitet. Diese Zellen haben aber den Nachteil, daß sie von Wellenlängen von 430 μm bis ins Ultraviolette das Licht absorbieren. Bei Kerrzellen mit Phenylsenföl ergibt sich nur der halbe Kerreffekt, aber keine Lichtabsorption für kurze Wellen. Will man mit einer solchen Kerrzelle einen Lichtweg innerhalb von 10^{-8} sek öffnen oder schließen, so benötigt man einen Rechteckstoß mit 400 A Spitzenstrom. Der Nutzlicht-Durchtritt beträgt nur 10 bis 15%. Der Sperrfaktor reicht mit 10^4 bis 10^5 im allgemeinen nicht aus ohne Verwendung von zusätzlichen mechanischen Schnellverschlüssen.

3. Das Ikonoskop als elektrischer Verschluß [75]. Die Erzeugung eines Ladungsbildes im Ikonoskop kann elektrisch impulsweise gesperrt oder freigegeben werden. Auf diese Weise dient das Ikonoskop als elektrischer Verschluß. Das Ladungsbild wird anschließend in der üblichen Technik abgetastet.

4. Bildwandler als Kurzzeitverschluß [69 bis 73]. Bereits 1942 verwendete Fünfer einen Bildwandler als elektrischen Kurzzeitverschluß mit Hilfe von impulsweise angelegten Anoden- oder Steuerspannungen. Der Bildwandler erfüllt dabei dreierlei Funktionen:

Er wandelt erstens ultrarote Strahlung in sichtbares Licht um, bewirkt zweitens durch die Beschleunigungsspannung eine Verstärkung des Lichtstromes und dient drittens im beschriebenen Fall als Kurzzeitverschluß. Ein derartiger Verschluß kann auch zur Aufnahme zahlreicher Einzelbilder benutzt werden, wenn nur ein kleiner Teil der Schirmfläche für das Einzelbild ausgenützt wird. Dabei wird die elektronische Bildübertragung durch elektrische Felder zeilenartig verschoben. Ein Bildwandler als elektrischer Verschluß ist bequemer als Kerrzellen oder magneto-optische Verschlüsse, er ergibt aber nicht die gleiche Bildqualität infolge von Raumladungseffekten und Aufladungen an der Fotokathode.

Cubasch [73] berichtet über zwei neue Bildwandlerröhren von Philips, die vorzugsweise als Schnellverschlüsse verwendet werden können. Besondere Maßnahmen waren zur Vermeidung lichtelektrischer Rückkopplungen erforderlich. Diese kann andererseits in Speichern und Verzögerungsgliedern elektronischer Rechengeräte auch technisch ausgenutzt werden [66].

Jenkins und Chippendale [72] berichten über ultraschnelle Momentphotographie mit dem Bildwandler als Schnellverschluß mit Belichtungszeiten von $3 \cdot 10^{-8}$ sek unter Verwendung von Elektronenblitzlampen zur Objektbeleuchtung. Es kann auch der zeitliche Ablauf eines Lichtblitzes aufgenommen werden.

5. Ultraschall-Lichtrelais. Es gibt zwei grundsätzlich unterschiedliche Verfahren zur Lichtmodulation mit Ultraschall. Das erste beruht auf der Brechung durch stehende Ultraschallwellen, das andere auf der Lichtbeugung an Schallwellen [78]. TAWIL [79] hat bereits beide Möglichkeiten behandelt. Anwendungsbeispiele sind die Ultraschall-Stroboskopie, Bild-Telegrafie und die Fluorometrie, die zum Zwecke der Bestimmung von An- und Abklingzeiten fluoroszierender Stoffe dient. Auch zur Lichtmodulation für Fernsehzwecke wurde das Ultraschall-Lichtrelais in den Jahren bis 1939 probeweise verwendet.

Beugungseffekte zur Lichtsteuerung lassen sich an stehenden oder auch an fortschreitenden Schallwellen durchführen, letzteres nach dem SCOPHONY-Verfahren [87] oder nach von BECKER [80] angegebenen Verfahren mit Ausgleich der Laufzeit durch eine Art Nipkow-Scheibe oder durch ein Spiegelrad. BECKER wies auch darauf hin, daß für höchste Modulationsfrequenzen aperiodisch gedämpfte Schwingquarze erforderlich sind. HANLE und MAERCKS [83 bis 85] untersuchten die Modulation des Lichtes mit kritischer Betrachtung von Modulations-grad, Aufhelldauer und Lichtstärke bei verschiedenen Beugungs-Ordnungszahlen. Zur Messung kurzer Abklingzeiten von $5 \cdot 10^{-9}$ sek mit dem Fluorometer ist eine mindeste Unterbrecherfrequenz von $2 \cdot 10^7$ Hz erforderlich [84]. Bei hohen Frequenzen ist das Ultraschall-Lichtrelais dem Kerrverschluß überlegen, es bietet also gerade für sehr kleine Abklingzeiten große Vorteile und benötigt insbesondere eine sehr viel geringere Aussteuerleistung als der Kerrverschluß bei hohen Fre-quenzen. Bei der Aussteuerung mit nichtperiodischen Modulations-vorgängen ist die Öffnungs- und Verschlußzeit des Lichtralais durch die Abmessungen und die Schallgeschwindigkeit bestimmt.

V. Röntgenblitztechnik [65, 67 und 68].

Außer dem sichtbaren Licht wird insbesondere bei der Funken-blitzerzeugung bereits auch Röntgenlicht emittiert. Bei der Röntgen-blitztechnik verwendet SCHAAFS [67] Vakuumröntgenröhren mit 20 bis 100 kV Spannungen am Entladekondensator und erzielt Blitz-leistungen mit maximal $64 \cdot 10^6$ W bei 8000 A Spitzenstrom auf einem Brennfleck von 4 mm $\varnothing$, also 12 mm² Fläche, also rund $6 \cdot 10^8$ W/cm² elektrischer Aufheizung bei der Entladung im Brennfleck der Röntgen-röhre mit einer Arbeit von 76 Ws/cm² je Einzelblitz. Der Nutzeffekt bei der Erzeugung von Röntgen-Bremsstrahlung liegt bei etwa 7,4⁰/₀₀ bei Anodenspannungen von 100 kV. Die Strahlungsdichte im Brennfleck beträgt also maximal etwa $5 \cdot 10^6$ W/cm². Die gesamte Blitzdauer bei einem mittleren Entladungsstrom von 5000 A ist $3 \cdot 10^{-7}$ sek, die wirk-same Blitzdauer jedoch nur $3 \cdot 10^{-8}$ sek, während die Stromdauer 10^{-6} sek ist. Die Röntgenstrahlungsleistung beträgt 200 000 r/sek. Es können 8 mm Fe oder 80 mm Al unmittelbar vor dem Fenster mit einem Einzelblitz durchleuchtet werden. In 100 bis 200 mm Entfernung kann man noch 3 bis 4 mm Fe durchleuchten. Die Strahlungsdichte im Brennfleck steigt quadratisch mit der Anodenspannung, diese kann maximal 120 kV betragen, bricht aber während der Entladung so stark zusammen, daß die Röntgenstrahlung einer Blitzröhre viel weicher ist, als wenn diese Röhre mit der gleichen Gleichspannung betrieben würde.

Röntgenblitz-Photographie kann zur Aufnahme von rasch bewegten mechanischen Konstruktionen zur Feststellung von Fehlstellen sowie von Fliehkraft- und Stoßbeanspruchungen dienen. Insbesondere wurden Stoßwellen in festen, flüssigen und gasförmigen Medien unter extremen Verhältnissen, z. B. im Explosionszentrum von Detonationen aufgenommen. In letzter Zeit wurden auch Röntgenblitz-Feinstrukturaufnahmen durchgeführt.

VI. Strahlungsenergiedichte.

Die Betriebsdämpfung bei optischen Signalübertragungen kann in ganz entsprechender Weise behandelt und beschrieben werden wie bei Richtfunk-Übertragungswegen. Die Gründe für die mangelnde Eignung für höchste Signal-Bandbreite, die man wegen der hohen Trägerfrequenzen beim Licht an sich nicht erwarten sollte, sind für einzelne Teile des optischen Übertragungsweges bereits dargelegt. Insbesondere ist es die Witterungsabhängigkeit optischer Übertragungswege, die sie im Vergleich mit Funkverbindungen unterlegen sein

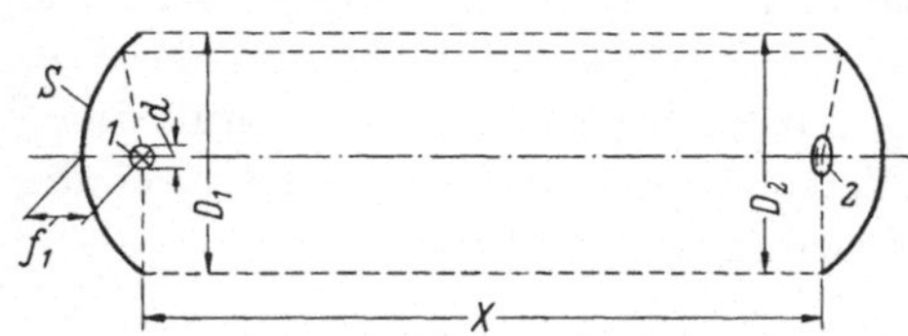

Abb. 10. Optische Nachrichtenübertragung.
1 modulierte Lichtquelle; — *2* Photozelle; — *d* Durchmesser einer kugelförmigen Lichtquelle; — *S* Scheinwerfer mit Brennweite f_1 und Durchmesser D_1; — D_2 Empfangsspiegeldurchmesser; — *x* Lichtweg.

läßt, obwohl die vorzügliche Richtwirkung eine wesentlich geringere Abhörmöglichkeit, also bessere Geheimhaltung, ermöglicht.

Auf die grundsätzlichen Beziehungen bei optischen Signalübertragungen sei abschließend noch eingegangen. Abb. 10 zeigt den Aufbau einer optischen Nachrichtenübertragung. Die Lichtquelle *1* wird entweder mit der elektrischen Speiseleistung oder über einen elektrischen oder elektromechanischen Verschluß moduliert (bzw. Lichtrelais). Das vom Scheinwerfer *S* erzeugte Strahlenbündel hat einen Öffnungswinkel d/f_1, wenn d der Durchmesser der Lichtquelle (kugelförmig) und f_1 die Brennweite des Parabolspiegels *S* ist. Die Öffnung des Lichtbündels durch Beugung beträgt nur $1{,}22\,\lambda/D_1$, worin λ die Wellenlänge des Lichtes und D_1 der Spiegeldurchmesser des Scheinwerfers ist. Sie spielt im Unterschied zur Richtfunktechnik keine Rolle im Vergleich mit

d/f_1. Im Abstand x wird der Öffnungswinkel D_2/x erfaßt. Vom Gesamt-lichtfluß des Scheinwerfers S ist das der Bruchteil $(D_2 \cdot f_1/d \cdot x)^2$. Von dem gesamten Lichtfluß Φ_1 der Quelle 1 wird nur der Anteil $\Phi_1 \cdot \eta \cdot \omega_1/4\,\pi$ vom Scheinwerfer S gebündelt, worin η der Nutzeffekt bzw. der maximale Durchlaß-Koeffizient des Lichtrelais und der verschiedenen Verluste bei den Lichtreflektionen an spiegelnden Flächen und Abbil-dungslinsen ist. ω_1 ist der Raumwinkel, den der Scheinwerfer S erfaßt. Es ist $\omega_1 = 4\,\pi \sin^2 (D_1/4\,f_1)$. Für kleine Öffnungen wird $\omega_1 = \pi\,(D_1/2\,f_1)^2$. In die Photozelle des Empfängers gelangt also der Lichtfluß

$$\Phi_2 = \Phi_1 \cdot \eta \cdot (D_1/2\,f_1)^2 \cdot (D_2 \cdot f_1/x \cdot d)^2/4. \tag{1}$$

Nun gilt für kugelförmige schwarze Temperaturstrahler mit dem Durchmesser d für die Strahlungsdichte S

$$S = \Phi_1/\pi \cdot d^2 = (2/3)\,(\pi/5)^5 \cdot h \cdot v^2/\lambda^2, \tag{2}$$

wie man aus dem Stefan Boltzmannschen Gesetz

$$S = 2 \cdot \pi^5 \cdot k^4 \cdot T^4/15 \cdot c^2 \cdot h^3 \tag{3}$$

und dem Wienschen Verschiebungsgesetz

$$\lambda_{\mathrm{Em}} \cdot T = c \cdot h/5{,}0 \cdot k \tag{4}$$

durch Elimination von T ableiten kann. λ ist in Gl. (2) und im folgenden also die Wellenlänge maximaler Strahlungsenergie und $v = c/\lambda$ die zu-gehörige Frequenz.

Fordern wir, daß die empfangene Leistung hinreichend weit über dem Schroteffekt des an der Photozelle ausgelösten Elektronenstromes liegt, daß also N Photonen pro Periode $1/f$ der maximalen Modulations-frequenz f empfangen werden, so ist bei einer hundertprozentigen Quantenausbeute der erforderliche aufgefangene Lichtfluß Φ_2 von der Stärke

$$\Phi_2 = h \cdot v \cdot f \cdot N. \tag{5}$$

Mithin wird unter Benutzung der drei Gleichungen (1), (2) und (5)

$$(x \cdot \lambda/D_1 \cdot D_2)\,\sqrt{f \cdot N/v \cdot \eta} = 2\,\sqrt{10/3}\,(\pi/10)^3 \approx 0{,}112. \tag{6}$$

In dieser Formel tritt bemerkenswerterweise die Brennweite f_1, der Durchmesser der Lichtquelle d und das Wirkungsquant h nicht auf. Maßgebend für die Reichweite ist nur die Leuchtdichte, aber nicht die Abmessungen der Lichtquelle, durch die lediglich der Winkel des Scheinwerferlichtes vergrößert und damit die Justage erleichtert wird.

Soll z. B. ein Video-Signal mit $f = 5 \cdot 10^6$ Hz optisch über $x = 20\,\mathrm{km}$ übertragen werden, so wird ohne Berücksichtigung einer Übertra-gungsdämpfung durch Dunst und Nebel der erforderliche Spiegel-durchmesser $D_1 = D_2 = D$ am Sender und Empfänger bei einer Quantenzahl $N = 10^4$ Quanten (vgl. S. 239 mitte) je Impulsdauer

$1/f$ und bei $\eta = 0{,}15$ wie bei Kerrzellen für eine Lichtwelle $\lambda = 1{,}0\,\mu$ entsprechend $T = 2880°K$ eines schwarzen Strahlers.

$$D = \sqrt{x \cdot \lambda/0{,}112} \cdot \sqrt[4]{f \cdot N/v\,\eta} \approx 10 \text{ cm.} \tag{7}$$

D wächst nach Gl. (4) und (7) mit $T^{-3/4}$.

Bei einer Dunstdämpfung von $1:10000$ würde mit 10fachem Spiegeldurchmesser, also mit rund 1 m Durchmesser die gleiche Entfernung von 20 km noch zu überwinden sein.

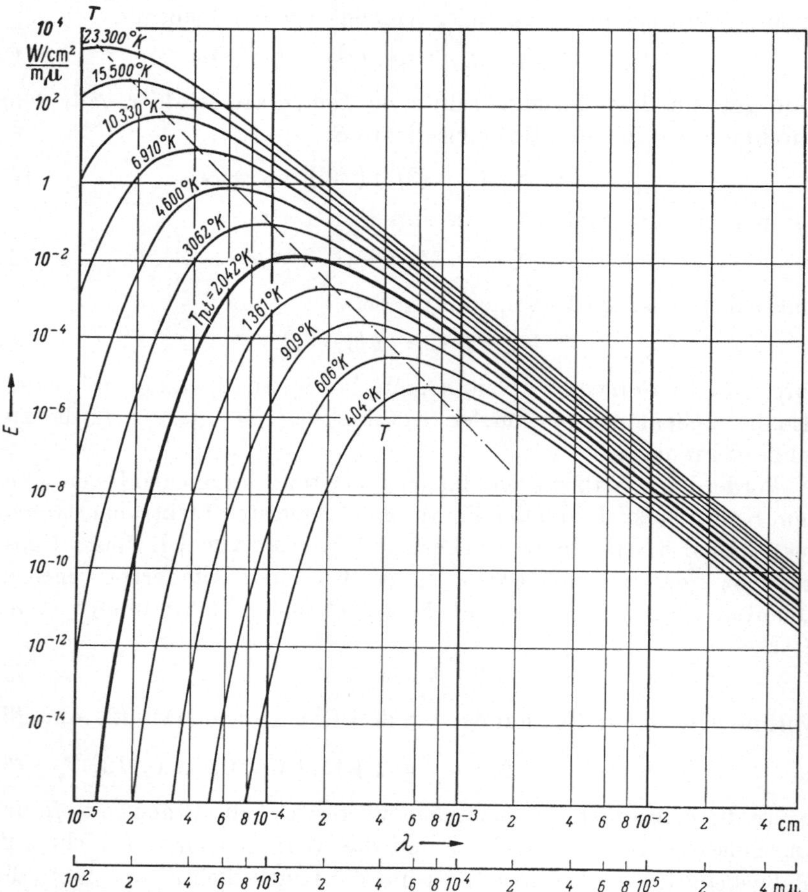

Abb. 11. Spektrale Strahlungsenergiedichte E nach der PLANCKschen Strahlungsgleichung schwarzer Körper

$$E = \frac{2\,c^2 h}{\lambda^5 (exp\,(hc/kT\lambda) - 1)}; \qquad S = \pi \int_0^\infty E\,d\lambda = 4{,}87\,E_{\max} \cdot \lambda_{\mathrm{Em}};$$

$$E_{\max} = \frac{8{,}36 \cdot 10^{13}}{(\lambda_{\mathrm{Em}}/m\mu)^5} \cdot \frac{\mathrm{W/cm^2}}{m\mu}; \qquad \lambda_{\mathrm{Em}} \cdot T = 2880\,\mu \cdot °K;$$

λ Wellenlänge; — λ_{Em} Wellenlänge für $E = E_{\max}$; — c Lichtgeschwindigkeit $= 3 \cdot 10^{10}$ cm/s
h Wirkungsquantum $= 6{,}625 \cdot 10^{-34}$ W·s²; — k BOLTZMANNsche Konstante $= 1{,}38 \cdot 10^{-23}$ Ws/°K;
— T absolute Temperatur in °K; — S Gesamtstrahlungsdichte in den Halbraum.

Die obige Formel für die Strahlungsdichte

$$S = 2/3 \, (\pi/5)^5 \cdot h \cdot \nu^2/\lambda^2 \tag{2}$$

läßt sich deuten als die „Elementarleistung" $h \cdot \nu^2$ von einem Strahlungsquant je Periode geteilt durch eine dem Quadrat der Wellenlänge proportionale Wirkungsfläche. Die Energiedichte unmittelbar vor und in der Strahlungsquelle ist dann $\alpha = S/c = 2/3 \cdot (\pi/5)^5 \cdot h \cdot \nu/\lambda^3$. Sie ist also das auf das Volumen eines Würfels der Seitenlänge λ bezogene Strahlungsquant $h \cdot \nu$ mit dem gleichen Proportionalitätsfaktor wie für S.

Abb. 11 zeigt die spektrale Verteilung der Strahlungsdichte nach der PLANCKschen Strahlungsgleichung der schwarzen Körper. Aus Abb. 12 kann man die Gesamtstrahlungsdichte für gegebene Wellenlängenbereiche und Temperaturen von schwarzen Strahlern ent-

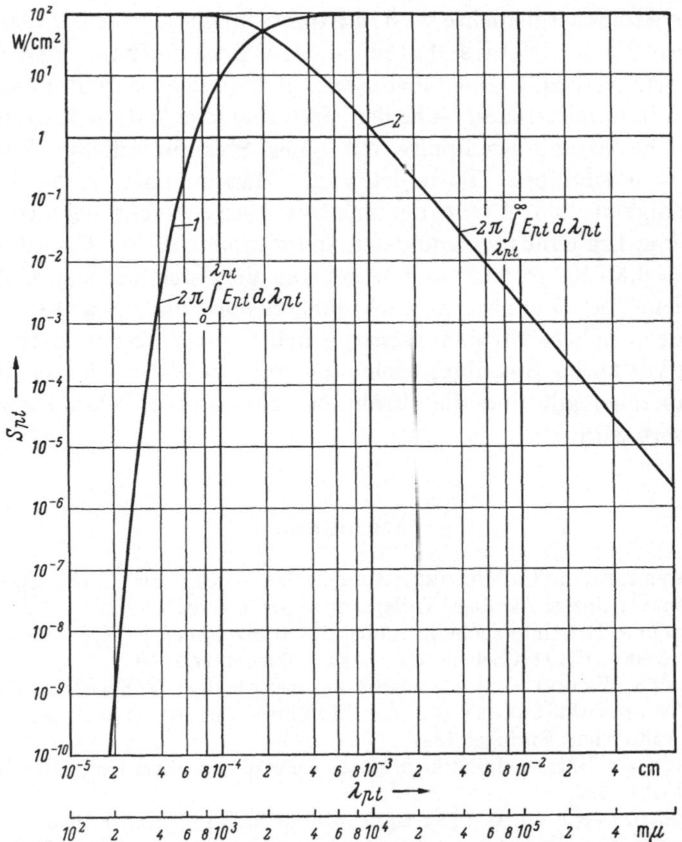

Abb. 12. Gesamtstrahlungsdichte S_{pt} für schwarze Körper beim Schmelzpunkt $T_{\mathrm{pt}} = 2042^\circ\,\mathrm{K}$ des Platins für Wellenlängenbereiche unterhalb (Kurve *1*) und oberhalb (Kurve *2*) beliebiger Wellenlängengrenzwerte λ_{pt}. Umrechnung für beliebige Temperaturen T und Wellenlängengrenzen λ nach: $\lambda_{\mathrm{pt}} = \lambda \cdot T/2042^\circ\,\mathrm{K}$ und $S = S_{\mathrm{pt}}\,(T/2042^\circ\,\mathrm{K})^4$.

nehmen. Die Strahlungsenergiedichte bei Röntgenstrahlen liegt dagegen selbst bei den Röntgenblitzröhren um etwa 16 Größenordnungen unter den diesen kurzen Wellenlängen zukommenden Werten maximaler Strahlungsdichte. Immerhin entspricht die Strahlungsdichte bei technischen Röntgenblitzröhren mit 100 keV bereits derjenigen eines schwarzen Körpers von 35000° K und ruft trotz der kurzen Stoßdauer bereits eine erhebliche Verdampfung und Gasemission des Anodenmaterials hervor.

Nach der Einsteinschen Relation $\alpha = \gamma \cdot c^2$ entspricht der Energiedichte eine Massendichte γ nach $\gamma \cdot c^2 = S/c = \alpha$. Beim Übergang zu kleinsten Wellenlängen λ von der Größenordnung der Elementarlänge $\lambda = l_E \approx 10^{-13}$ cm erreicht die Massendichte $\gamma = \alpha/c^2 = S/c^3$ die Größenordnung der Massendichte von Protonen und Neutronen mit $\gamma = 10^{14}$ g/cm³.

Die Atomenergiedichte wird in Atombomben nur nach Maßgabe des geringen Massendefektes $\Delta m/m$ bei den Kern-Aufbau- oder Abbau-Prozessen zerstrahlt. Die dabei maximal möglichen Strahlungsenergiedichten in unmittelbarer Nähe der zerstrahlenden Materie kann man als technische Strahlungsimpulse mit einer Strahlungsdichte $S = \gamma \cdot c^3 \cdot \Delta m/m$ beschreiben. Darin ist γ die Massendichte, c die Lichtgeschwindigkeit und $\Delta m/m$ der relative Massendefekt bei der Atomexplosion. Die Größenordnung der Energiedichte dieser Atomstrahlung ist $S = 6{,}5 \cdot 10^{22}$ W/cm² und somit im Vergleich zu maximal etwa 10^4 W/cm² bei technischen Lichtquellen eine um etwa 18 Größenordnungen höhere Strahlungsenergiedichte, die zutreffen muß, sofern die Plancksche Strahlungsgleichung auch noch in diesem Wellenlängenbereich gilt und die Strahlung nicht durch Sekundärprozesse verändert wird.

Schrifttum.

[1] Meyer, E., u. C. Moeder: Spiegelgalvanometer und Lichtzeigerinstrumente. Leipzig: Akadem. Verlagsges. Geest u. Portig 1952.
[2] Möller, H.: Untersuchungen über das Dunkelsehen 1929.
[3] Schober, H.: Das Sehen. Darmstadt: Markewitz 1950.
[4] Ries u. Wetzel: Physiologie des Sehens. Akadem. Verlagsges. 1940.
[5] v. Tschermak-Seysenegg, A.: Einführung in die physiologische Optik. 2. Aufl. Wien: Springer 1947.
[6] Katz, J.: Untersuchung über einige Gesetze der phys. Optik. Optik Bd. 8 (1951) S. 385.
[7] Trendelenburg, W.: Der Gesichtssinn. Berlin: Springer 1943.
[8] Exner, S.: Über die zu einer Gesichtswahrnehmung nötige Zeit. Wien: Akad. d. Wissensch. Bd. 58 (1868) S. 601.
[9] Arndt, W.: Über die Leistungsfähigkeit des Auges. Lichttechn. Bd. 1 (1949) S. 112.

[10] RANKE, O. F.: Die optische Simultanschwelle als Gegenbeweis gegen das *Fechner*sche Gesetz. Lichttechn. Bd. 1 (1949) S. 112. — Z. f. Biologie Bd. 105 (1952) S. 224.

[11] HAANTJES, J., u. F. W. VRIJER: Das Flimmern von Fernsehbildern. Phil. Techn. Rundsch. Bd. 13 (1951) S. 55.

[12] DARTNALL, H. J. A.: Nachtsehen und Sehpurpur. Light and Lighting Bd. 42 (1949) S. 44.

[13] BOUMA, P. J.: Eigenschaften des Auges usw. Phil. Techn. Rundsch. Bd. 1 (1936) S. 102.

[14] FORTUIN, G. J.: Visual Power and Visibility. Philips Res. Rep. Bd. 6 (1951) S. 251 u. 347.

[15] GOBRECHT, H., u. H. OERTEL: Der Sehvorgang beim Dämmerungssehen unter Berücksichtigung der Quantennatur des Lichtes. Z. f. Phys. Bd. 135 (1953) S. 541.

[16] SCHIESS, J.: Photometrische Empfindlichkeit bei flimmerphotometrischer Messung von Spektrallichtern im Bereich des Tagessehens. Lichttechn. Bd. 3 (1951) S. 276.

[17] BOUMA, P. J.: Natürliche Beleuchtung und Sichtbarkeit während der Nacht. Phil. Techn. Rundsch. Bd. 5 (1940) S. 303.

[18] DZIOBEK, W., u. O. REEB: Zur photometrischen Messung stark verschieden-farbiger Lichtquellen. Z. f. techn. Phys. Bd. 14 (1933) Nr. 9.

[19] WEISE, H.: Photographische Blitzlichtgeräte Feinwerktechn. Bd. 58 (1954) S. 358.

[20] STAUDE, A.: Der photographische Prozeß. Leipzig 1953.

[21] ANGERER, E. v.: Wissenschaftliche Photographie. Leipzig: Akadem. Verlagsges. Geest u. Portig.

[22] RIECK, G. D., u. L. H. VERBEEK: Kunstlicht und Photographie. Phil. Techn. Bibl. 1951.

[23] EGGERT, J.: Das latente photographische Bild und seine Entwicklung. Umschau Bd. 52 (1952) S. 275.

[24] GÖRLICH, P.: Die lichtelektrischen Zellen. 1951.

[25] KLUGE u. WEBER: Das Verhalten von Photokathoden bei Impulsbestrahlung. Glas- u. Hochvakuumtechn. Bd. 2 (1954) S. 301.

[26] KRUITHOF, A. A.: Trägheit lichtelektrischer Zellen. Phil. Techn. Rundsch. Bd. 4 (1939) S. 56.

[27] DE GROOT, W.: Photometrie bei niedrigen Leuchtstärken. Phil. Techn. Rundsch. Bd. 15 (1953) S. 97.

[28] GIBSON, A. F.: Germanium Modulator for infrared Communication Electronics (1954) S. 155.

[29] HERTWIG, H.: Lichtelektrischer Schwellwertanzeiger. Funktechn. Bd. 8 (1953) S. 366.

[30] Radio Corp. of America: Druckschrift über „Multiplier".

[31] HACHS u. KLOSE: Elektronische Zähler und ihre Anwendungen. Radio mentor Bd. 20 (1954) S. 502.

[32] KLEEN, W.: Rauschprobleme der Nachrichtentechnik ETZ A Bd. 76 (1955) S. 209.

[33] KERKHOF, F., u. W. WERNER: Fernsehen. Verlag Philips 1951.

[34] LEITHÄUSER, G., u. F. WINCKEL: Fernsehen. Berlin/Göttingen/Heidelberg: Springer 1953.

[35] FRIIS, H. T.: Microwave repeator research Bell. Syst. J. 27 (1948) S. 183.

[36] WILDI: Unterdrückung der Standzeichen bei Radar, Anwendung des Doppler-Effektes. Bull. d. Schweiz. Elektr. Ver. Bd. 45 (1954) Nr. 24.

[37] Obren, B., u. G. Milne: 10 Millionen Bilder pro Sekunde. Photo- u. Kinotechn. Bd. 8 (1949) S. 201.

[38] Hinze, H.: Hochfrequenz-Kamera für 3500000 B/s Kinotechn. Bd. 10 (1953) S. 287, Ref. aus: B. Brixner A High-spect Rotating-Mirror Frame Camera Hefte SMPTE Bd. 59 (1952) H. 12.

[39] Nagel, M.: Restausgleichsunschärfe und nutzbares Bildfeld beim optischen Ausgleich mit ebenem Drehspiegel. Optik Bd. 3 (1948) S. 541.

[40] Ende, W.: Über Kinematographie mit hoher Bildfrequenz. Z. f. techn. Phys. Bd. 10 (1932) S. 483.

[41] Richter, B.: Zeitdehner mit optischem Ausgleich für 80000 B/s Z. VDI B Bd. 81 (1937) S. 1314.

[42] Richter, B.: Über die Bildaufteilung bei Hochfrequenz-Filmaufnahmen. Feinmech. u. Präzis. Bd. 47 (1939) S. 177.

[43] Richter, B.: Zur Theorie des Zeitdehners. Z. f. techn. Phys. 24 (1943) S. 255.

[44] Richter, B.: Geräte der Hochfrequenz-Filmaufnahmen. ATM V 142-15 (1954)

[45] Thun, R.: Fortschritte der Hochfrequenz-Kinematographie. Z. VDI Bd. 82 (1938) S. 697.

[46] Joos, W.: Bericht über photographische Untersuchungen von Detonationsvorgängen. Z. f. angew. Photogr. Bd. 3 (1941) S. 30.

[47] Thouret: Neue Bauarten von Quarzlampen. Lichttechn. Bd. 2 (1950) S. 72, Fotokinotechn. Bd. 4 (1947) S. 9.

[48] Aldington: The Flash Tube and its Application. Journ. Instr. Electr. Engrs. Bd. 95 (1948) S. 671.

[49] Ernst, F.: Neuzeitliche elektrische Lichtquellen in der photographischen Aufnahmetechnik. Lichttechnik Bd. 5 (1953) S. 228.

[50] Verbeek: Die spezifische Lichtmenge der Photoflux-Blitzlichtlampen. Phil. Techn. Rundsch. Bd. 15 (1954) S. 316.

[51] Pringsheim, P., u. M. Vogel: Lumineszenz von Flüssigkeiten und festen Körpern. 1951.

[52] Liempt, J. A. M. v., u. De Vriend: Zur Klärung der Begriffe lichtelektrischer Größen bei Blitzlicht. Physica Bd. 7 (1940) S. 253.

[53] Liempt, J. A. M. v., u. De Vriend: Photoflux-Lampen. Phil. Techn. Rundsch. Bd. 1 (1936) S. 289).

[54] Bouma, P. J.: Das Flimmern elektrischer Lichtquellen. Phil. Techn. Rundsch. Bd. 6 (1941) S. 299.

[55] Cranz u. H. Schardin: Kinematographie auf ruhendem Film mit extrem hoher Bildzahl. Z. f. Phys. Bd. 54 (1928) S. 147.

[56] Kornetzki, Tomin u. Steinitz: Messung der Funkenhelligkeit und Dauer. Z. f. techn. Phys. Bd. 14 (1933) S. 274.

[57] Steinitz: Zur Erklärung der Lichterscheinungen beim elektrischen Gasdurchschlag. Z. f. techn. Phys. Bd. 14 (1933) S. 59.

[58] Schardin, H., u. E. Fünfer: Grundlagen der Funkenkinematographie. Z. f. angew. Phys. Bd. 4 (1952) S. 185 und 224.

[59] Fünfer, E.: Einige experimentelle Untersuchungen der elektrischen und optischen Vorgänge beim Funkendurchschlag in Gasen. Z. f. angew. Phys. Bd. 1 (1949) S. 295.

[60] Schardin, H.: Die Mehrfach-Funkenkamera und ihre Anwendung in der technischen Physik. Z. f. angew. Phys. Bd. 5 (1953) S. 19.

[61] Glaser, G.: Zur Lichtemission stromstarker Funkenentladungen Optik. Bd. 7 (1950) S. 33, 61 und 331.

[62] EMSCHERMANN u. K. RÜHL: Spannungsoptische Untersuchungen mittels Funken-Kinematographie. VDJ Forsch.-Heft B 20 (1954) S. 443.

[63] GÄNGER, B.: Der elektrische Durchschlag von Gasen, Berlin/Göttingen/Heidelberg: Springer 1953.

[64] SCHARDIN, H.: Physikalische Methoden zur Untersuchung kurzzeitiger Vorgänge. Phys. Bl. Bd. 7 (1951) S. 487.

[65] FÜNFER, E.: Der Hochvakuumdurchschlag und seine Anwendung beim Röntgenblitzrohr (Mit Lit.). Z. f. angew. Phys. Bd. 5 (1953) S. 426.

[66] MOFFERT, B.: Optik Elements for computors Proc. of the Ass. for computing mach. Pittsburg (1952) S. 159.

[67] SCHAAFS, W.: Röntgenblitz-Photographie. VDJ Forsch.-Heft 20 (1954) S. 443. — Z. f. angew. Phys. Bd. 1 (1949) S. 462, Bd. 6 (1954) S. 416.

[68] OOSTERKAMP, W. J.: Röntgenaufnahmen mit äußerst kurzer Belichtungszeit. Phil. Techn. Rundsch. Bd. 5 (1940) S. 22.

[69] SCHAFFERNICHT, W.: Bildwandler. Naturforsch. u. Medizin 1939 S. 15 u. 46.

[70] COURTENEY-PRATT, J. S.: A new method for the photographie studys of fast transient phenomena. Research Bd. 2 (1949) S. 287.

[71] TEVEN, M. C., u. T. TOL: Elektronische Verstärkung von Röntgenbildern. Phil. Techn. Rundsch. Bd. 14 (1953) S. 37.

[72] JENKINS, J. A., u. R. A. CHIPPENDALE: Ultraschnelle Momentphotographie mit Hilfe des Bildwandlers. Phil. Techn. Rundsch. Bd. 14 (1953) S. 382.

[73] CUBASCH, F. R.: Zwei neue Bildwandlerröhren für wissenschaftliche Zwecke. Elektronische Rundschau Bd. 1 (1955) S. 1.

[74] EDGERTON, H. E., u. CH. W. WYCKOFF: Kurzzeitverschlüsse. Z. JSM PTE Bd. 56 (1951) S. 398.

[75] PRIME, H. A., u. R. C. TURNOCK: Ikonoskop als elektrischer Verschluß. Rev. Sci. Instr. Bd. 20 (1949) S. 830.

[76] FITZPATRICK, J. K., HUBBARD, u. W. J. THALER: Kerrverschlußtechnik und Erzeugung von Funkenblitzen. Appl. Phys. Bd. 21 (1950) S. 269.

[77] FAYOLLE, P., u. P. NASLIN: Photographie instantanée et cinématographie ultrarapide. Memorial de l'artillerie française Bd. 22 (1948) S. 657; Bd. 23 (1948) S. 7.

[78] HIEDEMANN, E.: Ultraschallforschung Berlin: Walter de Gruyter 1939.

[79] TAWIL, E. P.: les ondes stationnaires ultra-sonores rendues visibles dans les gaz par la methode des stries. R. C. (Paris) Bd. 191 (1930) S. 92 und 998.

[80] BECKER, H. E. R.: Eine fast trägheitslose Lichtsteuerung mittels Ultraschallwellen. Hochfrequenztechn. u. Elektroak. Bd. 48 (1936) S. 89.

[81] BERGMANN, L., u. H. OERTEL: Untersuchungen über eine neue Methode der direkten Messung von Schallgeschwindigkeiten. Akust. Z. Bd. 3 (1938) S. 332.

[82] BÄR, R: Über stroboskopische Ersch. b. Durchgang d. Lichtes durch zwei Ultraschallwellen. Helvetia Phys. Acta Bd. 9 (1936) S. 678.

[83] HANLE, W., u. O. MAERCKS: Modulation d. Lichtes durch einen Schwingquarz. Phys. Z. Bd. 37 (1936) S. 414.

[84] MAERCKS, O.: Neuartige Fluorometer. Z. f. Phys. Bd. 109 (1938) S. 598.

[85] MAERCKS, O., u. W. HANLE: Eine neue Meßmethode der Trägheit des Kerreffektes. Z. f. techn. Phys. Bd. 19 (1938) S. 538. — Phys. Z. Bd. 39 (1938) S. 852.

[86] HIEDEMANN, E., u. K. H. HOESCH: Ultraschall-Stroboskope. Z. f. Phys. Bd. 102 (1936) S. 253.

[87] LEE, H. W.: The Scophony Television Receiver. Nature London Bd. 142 (1938) S. 59.

[88] DREWELL, P.: Technische Stroboskopie. ATM V 145—1 u. 2.

[89] Peters, A. E.: Neuentwicklungen stroboskopischer Lichtblitzgeräte. AEG-Mitteilungen Bd. 43 (1953) S. 79.

[90] Strobl, K.: Stroboskopische Drehzahlmessung. Elin Z. Bd. 2 (1950) S. 63.

[91] Hermann, P. K.: Stroboskopische Drehzahlmessungen. ETZ A 1953, H. 24.

[92] Drewell, P.: Ein neues Schlupfmeßgerät. ETZ B (1952) H. 8.

[93] Früngel, F. R.: Stroboskopische Meß- und Prüfverfahren. Industrie-Anz. 1952, Nr. 16.

[94] Früngel, F. R.: Ein neues Auto-Überholgerät nach dem impuls-optischen Prinzip. Optik Bd. 10 (1953) S. 408.

[95] Stein, H.: Stroboskopische Messungen in der Textil-Industr. Z. Textil-Praxis Bd. 5 (1952) S. 356.

[96] Winkelmann, J. E., u. N. Wamholtz: Photographie des Auges mit Hilfe des Elektronenblitzes. Phil. Techn. Rdsch. Bd. 16 (1954), S. 46.

[97] Hanle, W., u. G. Podzuweit: Ein neues mikrophongesteuertes Stimm-lippenstroboskop. Z. f. angew. Phys. Bd. 5 (1953) S. 41.

[98] Schönhärl, E.: Die Bedeutung der Laryngostroboskopie usw. Z. Laryng rhin., Ob. Bd. 31 (1952) S. 383.

[99] Winckel, F.: Neuere Zeitlupenverfahren f. Stimmlippenbetracht. Arch. Ohr Heilk. u. Z. Hals, Heilk. Bd. 165 (1954) S. 582.

[100] Winckel, F.: Neuentwicklung eines Lichtblitzstroboskops f. Laryngologie. HNO Wegweiser Bd. 154 (1954) H. 7, S. 210.

[101] Wormsbacher, F.: Die Anwendung d. Stroboskops z. Prüfung von Diesel-motoren. Phil. Elektron. Messen 3, Nr. 6.

[102] Gabor, D.: Der Nachrichtengehalt eines elektromagnetischen Signals. Arch. f. elektr. Übertr. Bd. 7 (1953) S. 95.

[103] Brügel, W.: Phys. u. Techn. d. Ultrarotstrahlung. 1951.

[104] Golay, M.: Brücken zwischen Infrarot- u. Radiowellen. Proc. J. R. E. Bd. 40 (1952) S. 1161.

[105] Pratt, T. H.: Infrarot. Electron. Ing. Bd. 20 (1948) S. 274.

[106] Schaffernicht, W.: Infrarot-Bildwandler. Phys. Bl. Bd. 4 (1948) S. 4.

[107] Larché, K.: Die Bogenform der Edelgas-Hochdruckentladung Z. f. Phys. Bd. 132 (1952) S. 544.

Die Impulsübertragung im Nervensystem.

Von **H. Fack,** Braunschweig.

I. Einleitung.

1. Aufgaben des Nervensystems.

Nerven dienen der schnellen Signalübermittlung [23] in den komplizierten Organsystemen fast aller Metazoen[1]. Elemente der Nachricht (Elementarsignale) sind mit chemischen Vorgängen gekoppelte elektrische Impulse[2].

Die vom Nervensystem zu erfüllenden Aufgaben lassen sich in zwei Gruppen einteilen (Abb. 1):

a) Im *Verkehr mit der Außenwelt* werden die von äußeren Reizen in den Sinnesorganen (Rezeptoren) ausgelösten Signale zu zentralen Schaltstellen geleitet. Von dort können Antworten an Effektoren (Muskeln und

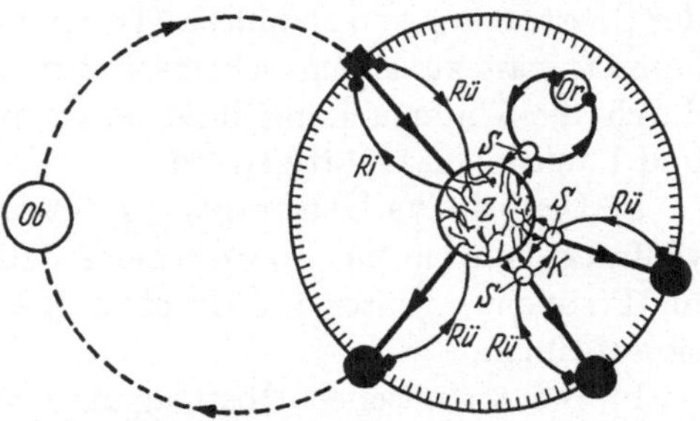

Abb. 1. Schematische Darstellung der wichtigsten Aufgaben des Nervensystems. ■ Rezeptor; — ● Effektor; — *Ob* Objekt; — *Or* Organ; — *Z* Zentrale; — *S* Schaltstelle; — *Rü* Rückmeldung; — *Ri* Richtimpulse; — *K* Kopplung.

Drüsen) übermittelt und durch sie das Objekt beeinflußt werden.

b) Im *internen Betrieb* sind zur Aufrechterhaltung oder Wiederherstellung des Sollzustandes (z. B. Blutdruck, Körpertemperatur) die von den Meßgliedern (Rezeptoren) aufgenommenen Werte über Zwischenglieder an Stellglieder (Effektoren) weiterzuleiten (biologische Regelkreise). Teilsysteme müssen miteinander gekoppelt werden, um ihr Verhalten aufeinander abzustimmen (z. B. Koordination der Bewegung von Gliedmaßen), schließlich müssen in den Schaltstellen und

---

[1] Die Ausnahme bilden die nicht immer zu den mehrzelligen Tieren (Metazoen) gerechneten Schwämme, s. [21, 28].

[2] Neben der Nachrichtenübermittlung durch Nerven mit Hilfe elektrischer Zeichen spielt auch bei den Metazoen die Befehlsübertragung durch Transport chemischer Stoffe (z. B. Hormone) eine wichtige Rolle, auf ihn sind die Einzeller und die „langsam lebenden" Pflanzen allein angewiesen.

17*

besonders in der Zentralschaltstelle (Gehirn) Informationen aufgenommen, verarbeitet (Denken), gespeichert (Gedächtnis) und wieder abgegeben werden.

Zu beiden Aufgabengruppen gehört die Übertragung von Richtimpulsen an motorische Organe (z. B. Augen) und die Rückmeldung ihrer Stellung an die Zentrale.

2. Technische Forderungen der Impulsübertragung.

Durch Beachtung technischer Gesichtpunkte und Forderungen bei der Übertragung von Impulsen (Dauer der kürzesten Impulse ≈ 1 msek) kommt man zu einem schematischen Aufbau der Nervenfaser, der durch die Untersuchung ihrer passiven und aktiven Eigenschaften und Funktionen bestätigt wird.

a) Die passive Übertragung elektrischer Impulse ist in den Nervenfasern nur auf kurzen Strecken möglich, da die *Neperdämpfung*/cm für Frequenzen unter 100 Hz etwa gleich 2/cm ist, für 10 kHz steigt sie auf 10/cm.

b) Bei technischen Übertragungssystemen (z. B. Kabel) werden *Zwischenverstärker* eingebaut, um den Energieverlust auszugleichen. Der Abstand dieser Verstärker ergibt sich daraus, daß die Neperdämpfung der am stärksten geschwächten Frequenz im Übertragungsbereich höchstens auf 3 steigen soll [*37*].

c) Bei Verwendung linearer Verstärker würde aber der Impuls wegen der hohen — oben angegebenen — *Dispersion* in völlig verzerrtem Zustand am Ziel ankommen. Die Verstärker müssen deshalb zugleich das ursprüngliche Signal wiederherstellen. Das läßt sich am einfachsten erreichen, wenn die Nachrichten aus Elementarsignalen von einheitlicher Form (Impulse) zusammengesetzt sind. Dann lassen sich die Verstärker auf Schalter reduzieren, die durch das ankommende Signal ausgelöste Normalzeichen (Alles-oder-Nichts-Gesetz) abgeben.

3. Schematischer Aufbau der Nervenfaser.

Damit erhält man den in Abb. 2 dargestellten schematischen Aufbau der Nervenfaser. Die Schalter (S) als aktive Elemente, in denen die Normalimpulse erzeugt werden, sind durch passive Übertragungsglieder gekoppelt. Jeder von einem Schalter abgegebene Impuls löst verzögert durch das R-C-Glied den folgenden Schalter aus. Eine zweite Auslösung des vorhergehenden Schalters wird dadurch unmöglich gemacht, daß jeder Schalter erst nach einer hinreichend langen Zeit in seinen Ausgangszustand zurückkehrt (Refraktärstadium), in dem er wieder ansprechbar ist.

Es läßt sich noch nicht entscheiden, ob die Nervenfaser genau dem in Abb. 2 angegebenen Aufbau mit lokalisierbaren Schaltern und endlich langen nur passiven Strecken (saltatorische Erregungsleitung) entspricht [23, 16]. In Übereinstimmung mit der in 2. b) genannten technischen Forderung würde sich, wenn Frequenzen bis 5 kHz übertragen werden sollen, für die Länge eines Kettengliedes etwa 4 mm ergeben. Das entspricht der Länge eines Internodiums. Es ist aber auch möglich, daß aktive und passive Funktionen

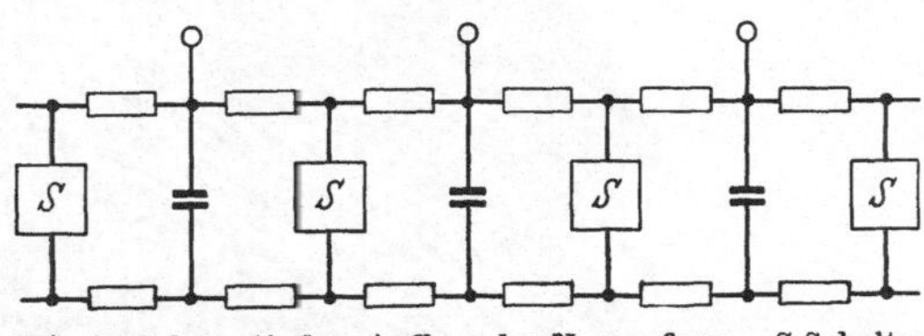

Abb. 2. Schematischer Aufbau der Nervenfaser. *S* Schalter.

kontinuierlich über die ganze Faser verteilt sind. Die bei manchen Fasern (markhaltige) beobachtete schrittweise Ausbreitung der Aktion kann wegen ihrer periodischen Struktur (Ranviersche Schnürringe) und die dadurch bedingte periodische Variation der Schaltungskonstanten vorgetäuscht sein, da auf eine schnelle Ausbreitung im Internodium eine relativ langsame Erregungsleitung in der Umgebung der Schnürringe folgen kann.

II. Struktur und Funktion der Nervenfaser.

1. Struktur der Nerven.

Isolierte Nervenfasern treten im allgemeinen nur innerhalb der Organe bei der Versorgung der einzelnen Organelemente auf. Die Verbindungsstrecken zwischen den Organen werden von Bündeln einer großen Zahl von Fasern gebildet, bei Hauptnerven sind mehrere solcher Bündel zu einer Einheit zusammengeschlossen (Abb. 3 [35]).

Den Aufbau einer Faser zeigt schematisch Abb. 4. Der im wesentlichen aus Eiweiß bestehende Kern der Faser, der Achsenzylinder, ist nach außen durch eine — im Bild nicht besonders gekennzeichnete — Membran abgeschlossen, in der nach den Untersuchungen von HODGKIN, HUXLEY und KATZ [10—15] der Sitz der aktiven Eigenschaften angenommen werden muß[1]. Die „schnellen" Fasern

---

[1] Die Untersuchungen von HODGKIN und Mitarbeitern wurden an der Riesenfaser des Tintenfisches (Loligo) durchgeführt. Sie erreicht Dicken bis 500μ. In solche Fasern lassen sich bis 150μ dicke Elektroden einführen [10—15], die Untersuchungen wurden mit Elektroden von 70μ Dicke durchgeführt. Bei solchen Elektroden bleibt die Faser lebend. Die Markscheide der Fasern läßt sich ohne Zerstörung der Membran entfernen. Bei den Messungen befand sich die Faser in Meerwasser, in das die äußeren Elektroden tauchten. Man kann somit annehmen, daß die Meßergebnisse im wesentlichen durch Eigenschaften der

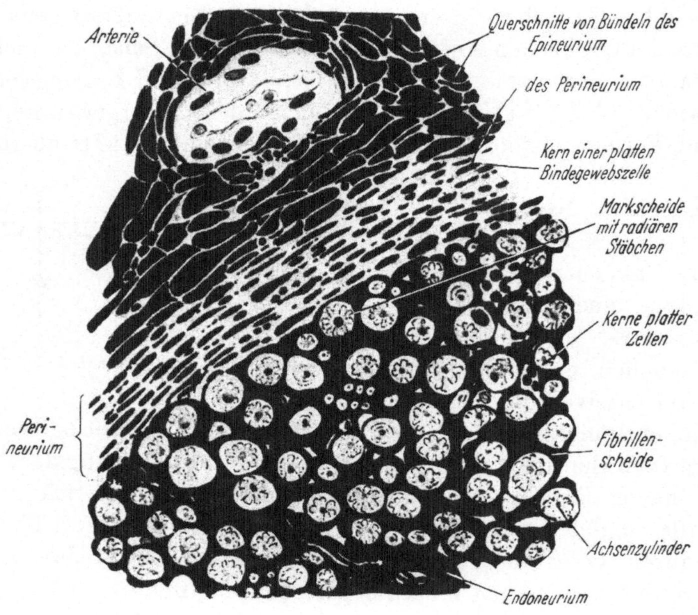

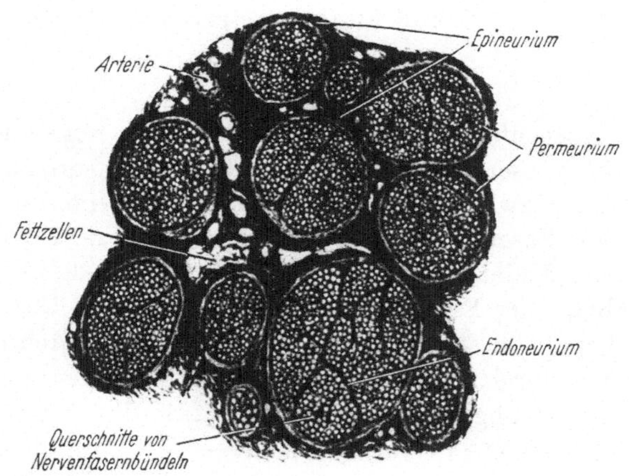

Abb. 3. Stück eines Querschnittes des Nervus medianus des Menschen (nach STÖHR).

Membran bestimmt waren. Die Beschränkung der Dicke der inneren Elektrode kann allerdings bedeuten, daß die Eiweißketten des Achsenzylinders an der Funktion der Nervenfaser aktiv beteiligt sind. Ob dabei die von O. Schmidt [30] vermutete Energieleitung durch quantenmechanische Resonanz in der periodisch gebauten Eiweißkette eine Rolle spielen kann, ist um so mehr unsicher, als auch über die Struktur der Membran und die in ihr bei der Aktion ablaufenden Prozesse wenig oder nichts bekannt ist.

sind außen bis auf Stellen im Abstand von etwa 3 mm (RAN-
VIERsche Schnürringe) von der isolierenden Markscheide umgeben
(markhaltige Nerven), nur bei den „langsamen" Nerven fehlt diese Markscheide (marklose Nerven)[1]. Aus röntgenographischen Untersuchungen
ergab sich für die Markscheide der in der
Abb. 5 schematisch dargestellte Feinbau [23].

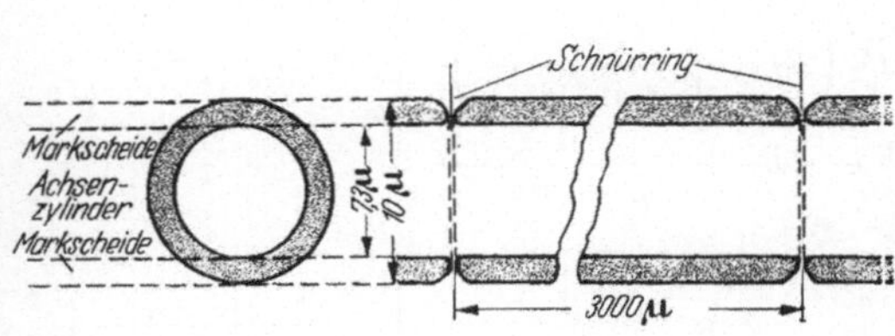

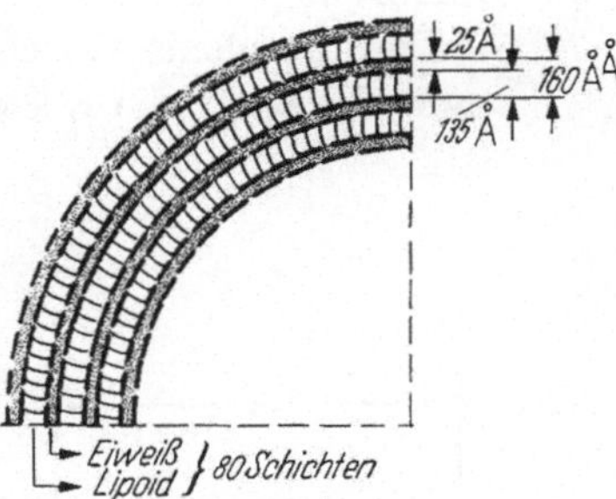

Abb. 4. Markhaltige Nervenfaser (Frosch n. ischiadicus).   Abb. 5. Feinbau der Markscheide.

2. Passive elektrische Eigenschaften der Nervenfaser.

Der Aufbau der Markscheide aus leitenden (Eiweiß) und isolierenden
(Lipoid) Schichten um den leitenden Kern (Eiweiß-Achsenzylinder)
legt es nahe, bei passiven elektrischen Messungen das reine R-C-Kabel
(THOMSON-Kabel) als vereinfachte Ersatzschaltung zugrunde zu legen[2].

Die Messungen an technischen Kabeln und lebenden Nervenfasern
unterscheiden sich dadurch, daß im zweiten Fall Messungen zwischen
Außen- und Innenleiter im allgemeinen nicht ohne erhebliche Störung
oder gar Zerstörung des Objektes durchgeführt werden können. Man
wird nach Möglichkeit versuchen, mit Hilfe von außen angelegten
Elektroden zu messen.

Mißt man derart den Widerstand in Abhängigkeit von der Frequenz
eines Faserstückes der Länge L zwischen 2 Elektroden, so kann man
im allgemeinen erwarten, daß diese Messungen Rückschlüsse auf die
Werte der einzelnen Systemgrößen zulassen und damit ergänzende
Auskunft über die mit anderen Mitteln gewonnene Kenntnis der Struk-
tur der Fasern liefern. Zugleich erlaubt die Kenntnis der elektrischen
Werte, unmittelbar Aussagen über den Verlauf passiver elektrischer
Vorgänge zu machen.

a) Theorie der Widerstandsmessungen. α) Um einen Überblick
über das Ergebnis solcher Widerstandsmessungen zu bekommen, sei
zunächst die in Abb. 6 dargestellte *vereinfachte Schaltung* betrachtet.

---

[1] Alle Fasern treten in die zentralen Schaltstellen als nackte Neurite ein,
s. [25], S. 56.

[2] Eine induktive Komponente auf Grund der Trägheit der Ionen würde
erst bei extrem hohen Frequenzen eine Rolle spielen.

Darin bedeuten R_A und R_I die Längswiderstände des Außen- (Markscheide) und des Innenleiters (Achsenzylinder), C_M und G_M die resultierenden Werte der Kapazität und des Leitwertes der als hintereinandergeschaltet anzusehenden Schichten der Markscheide und der Membran.

Der komplexe, zwischen den Klemmen zu messende Gesamtwiderstand $\Re$ hat für die Kreisfrequenz ω den Wert

$$\Re = \frac{R_A\left(R_I + \dfrac{1}{G_M + j\,\omega\,C_M}\right)}{R_A + R_I + \dfrac{1}{G_M + j\,\omega\,C_M}}.$$

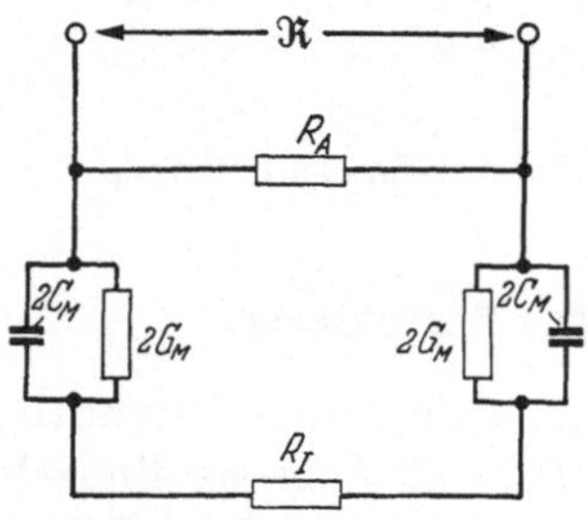

Abb. 6. Vereinfachtes Ersatzschaltbild der Nervenfaser. R_A und R_I Längswiderstände der Markscheide und des Achsenzylinders. C_M und G_M Kapazität und Leitwert der „Isolation".

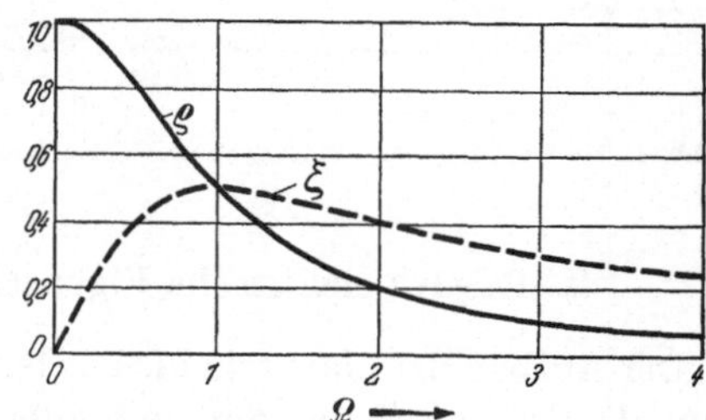

Abb. 7. Real- und Imaginärteil des normierten in Abb. 6 dargestellten Widerstandes als Funktion der normierten Frequenz.

$$\frac{\Re - R_\infty}{R_0 - R_\infty} = \varrho - j\,\xi = \frac{1}{1 + j\,\Omega}; \qquad \Omega = \frac{\omega}{\omega_M},$$

$$\omega_M = \frac{G_M}{C_M}\left(1 + \frac{1}{G_M(R_A + R_I)}\right).$$

Führt man die sich für $\omega \to \infty$ und $\omega = 0$ ergebenden Werte $\Re(\infty) = R_\infty$ und $\Re(0) = R_0$ ein

$$R_\infty = \frac{R_A\,R_I}{R_A + R_I}; \qquad R_0 = \frac{R_A\left(R_I + \dfrac{1}{G_M}\right)}{R_A + R_I + \dfrac{1}{G_M}},$$

so erhält man für den normierten Widerstand $\varrho - j\xi$ als Funktion der normierten Frequenz Ω

$$\frac{\Re - R_\infty}{R_0 - R_\infty} = \varrho - j\,\xi = \frac{1}{1 + j\,\Omega}$$

mit

$$\Omega = \frac{\omega}{\omega_M}, \qquad \omega_M = \frac{G_M}{C_M}\left[1 + \frac{1}{G_M(R_A + R_I)}\right].$$

In Abb. 7 sind

$$\varrho = \frac{1}{1 + \Omega^2} \quad \text{und} \quad \xi = \frac{\Omega}{1 + \Omega^2}$$

als Funktion von Ω dargestellt.

Wie der Vergleich mit Abb. 9 zeigt, geben diese Kurven den Verlauf der gemessenen Werte qualitativ recht gut wieder. Eine wichtige Abweichung besteht darin, daß nach der vereinfachten Theorie die Kurve des Imaginärteiles ξ die ϱ-Kurve überschneidet, das Maximum der ξ-Kurve fällt mit dem Wert 0,5 von ϱ zusammen, während sie sich tatsächlich asymptotisch einander nähern. Da bei echten passiven Widerständen Real- und Imaginärteil sich wechselseitig bestimmen [3], bedeutet das, daß beide Kurven von den Kurven der vereinfachten Theorie abweichen müssen. Das hat für die Auswertung der Messungen eine wichtige Konsequenz: Der Widerstand $\Re$ der vereinfachten Schaltung ist durch 3 Größen vollständig festgelegt, z. B. durch die experimentell leicht zugänglichen Größen R_0, R_∞ und ω_M. Es können also nicht die Werte der 4 unbekannten Größen R_A, R_I, C_M und G_M allein durch eine Widerstandsmessung ermittelt werden.

In der vollständigen Theorie tritt ein weiterer Parameter auf, durch den diese Unbestimmtheit behoben ist, für den außerdem ein solcher

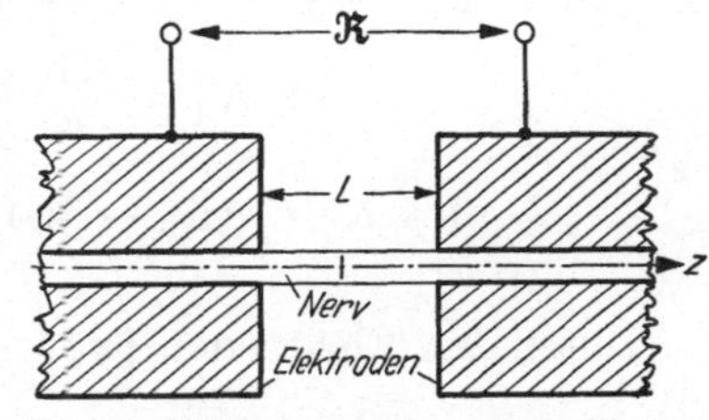

Abb. 8. Elektrodenanordnung zur Messung des Nervenwiderstandes.

Wert gewählt werden kann, daß sich die theoretische Kurve dem gemessenen Verlauf gut anpaßt.

β) Die Theorie des THOMSON-Kabels ist im Falle der Widerstandsmessung am Nerven aus dem oben angeführten Grund komplizierter als die üblichen Rechnungen der Nachrichtentheorie. Diese *Kernleitertheorie der Nerven* wurde deshalb bisher vorwiegend für eine Kette von Gliedern der in Abb. 6 dargestellten Form durchgeführt [30][1].

In Abb. 8 ist die Meßanordnung schematisch dargestellt. Zur Vereinfachung der Rechnung soll angenommen werden, daß der Nerv unendlich lang und die Elektroden nach den Seiten unendlich ausgedehnt sind. Der Nerv wird in seinem passiven elektrischen Verhalten[2] als koaxiales R-C-Kabel betrachtet. Die Widerstände/Längeneinheit des Außen- und des Innenleiters seien mit R_A^* und R_I^* bezeichnet. Der komplexe Leitwert/Längeneinheit der ,,Isolation'' $\mathfrak{G}_M^*$ setzt sich aus

---

[1] TISCHNER [36] hat die vollständigen Kabelgleichungen benutzt, um Ausbreitungsvorgänge (s. b) in der Nervenfaser unter variierten physiologischen Bedingungen [29] theoretisch zu untersuchen.

[2] Das bedingt, daß die Meßspannungen stets unterhalb der Reizschwelle bleiben. Darüber hinaus muß grundsätzlich mit kleinen Strömen und Spannungen gearbeitet werden, da nur dann zwischen U und I eine lineare Beziehung besteht, d. h. nur dann kann sinnvoll von einem Widerstand gesprochen werden. Bei größeren Amplituden ist schon im Bereich unterhalb der Reizschwelle mit Abweichungen vom linearen Verhalten zu rechnen.

dem kapazitiven $j\,\omega\,C_M^*$ und dem ohmschen G_M^* Leitwert/Längeneinheit zusammen ($\mathfrak{G}_M^* = j\,\omega\,C_M^* + G_M^*$). Die Koordinate in Richtung der Achse des Nerven sei mit z bezeichnet, sie möge von der Mitte zwischen den Elektroden zählen. Die Ströme und Spannungen im Außen- und Innenleiter seien mit $\mathfrak{J}_A$ und $\mathfrak{J}_I$ bzw. $\mathfrak{U}_A$ und $\mathfrak{U}_I$, die außen angelegte Spannung mit $\mathfrak{U}$ bezeichnet. Der zwischen den äußeren Klemmen gemessene Widerstand $\mathfrak{R}$ ist gleich $\dfrac{\mathfrak{U}}{\mathfrak{J}}$, wenn $\mathfrak{J}$ gleich dem gesamten über die Elektroden durch den Nerven fließenden Strom ist.

Im Raum zwischen den Elektroden $\left(-\dfrac{L}{2} \leqq z \leqq \dfrac{L}{2}\right)$ ist dann $\mathfrak{J} = \mathfrak{J}_A + \mathfrak{J}_I$. Es gelten die Telegraphengleichungen

$$\mathfrak{J}_A R_A^* = \frac{d\,\mathfrak{U}_A}{d\,z} \qquad \mathfrak{J}_I R_I^* = \frac{d\,\mathfrak{U}_I}{d\,z}$$

$$(\mathfrak{U}_A - \mathfrak{U}_I)\,\mathfrak{G}_M^* = -\frac{d\,\mathfrak{J}_I}{a\,z}.$$

Unter den Elektroden $\left(z \leqq -\dfrac{L}{2} \text{ bzw. } z \geqq \dfrac{L}{2}\right)$ ist die erste dieser Gleichungen zu ersetzen durch

$$\mathfrak{J}_A = 0$$

$$\mathfrak{U}_A = -\frac{\mathfrak{U}}{2} \text{ für } z \leqq -\frac{L}{2}; \qquad \mathfrak{U}_A = \frac{\mathfrak{U}}{2} \text{ für } z \geqq \frac{L}{2}.$$

Die Randbedingungen lauten:
$\mathfrak{U}_I$ und $\mathfrak{J}_I$ müssen endlich sein für $z \to \pm\,\infty$, an den Elektrodenoberflächen müssen $\mathfrak{U}_A$, $\mathfrak{U}_I$ und $\mathfrak{J}_I$ stetig sein.

Führt man wie in α) die Grenzwiderstände $\mathfrak{R}(\infty) = R_\infty$ und $\mathfrak{R}(0) = R_0$ ein, so erhält man mit den normierten Parametern

$$\Omega = \frac{\omega}{\omega_M^*}, \quad \omega_M^* = \frac{G_M^*}{C_M^*}, \quad \beta = \frac{R_A^*}{R_I^*}, \quad \lambda = \frac{L}{2}\sqrt{G_M^*\,(R_A^* + R_I^*)}$$

$$\frac{\mathfrak{R} - R_\infty}{R_0 - R_\infty} = \varrho - j\,\xi = \frac{1}{\sqrt{1 + j\,\Omega}}\,\frac{\mathfrak{Cotg}\,\lambda + \sqrt{1 + \beta}}{\mathfrak{Cotg}\,\lambda\sqrt{1 + j\,\Omega} + \sqrt{1 + \beta}}.$$

Für die Grenzwiderstände ergibt sich

$$R_\infty = L\,\frac{R_A^*\,R_I^*}{R_A^* + R_I^*}$$

$$\frac{R_0 - R_\infty}{R_\infty} = \frac{\beta}{\lambda\,(\mathfrak{Cotg}\,\lambda + \sqrt{1 + \beta})}.$$

Da R_0 und R_∞ als experimentell bestimmt anzusehen sind, ergibt die letzte Gleichung eine Beziehung zwischen β und λ, so daß nur eine von diesen Größen, z. B. β, frei wählbar ist. Neben diesem Parameter ist zum Vergleich der theoretischen Kurve mit den Messungen noch die Normierungsfrequenz ω_M^* so zu wählen, daß möglichst gute Übereinstimmung erzielt wird. In Abb. 9 ist das Ergebnis dieses Vergleichs mit einer der Meßreihen von LULLIES [19] dargestellt. Die von ihm angegebe-

nen Werte $R_0 = 51,4$ kΩ und $R_\infty = 21,6$ kΩ wurden benutzt, um die gemessenen Widerstandswerte in der angegebenen Weise zu normieren. Die theoretische Kurve wurde mit folgenden Parameterwerten berechnet: $\omega_M^* = 2\pi \cdot 110$ Hz und $\beta = 1,8$; $\lambda = 0,2$.

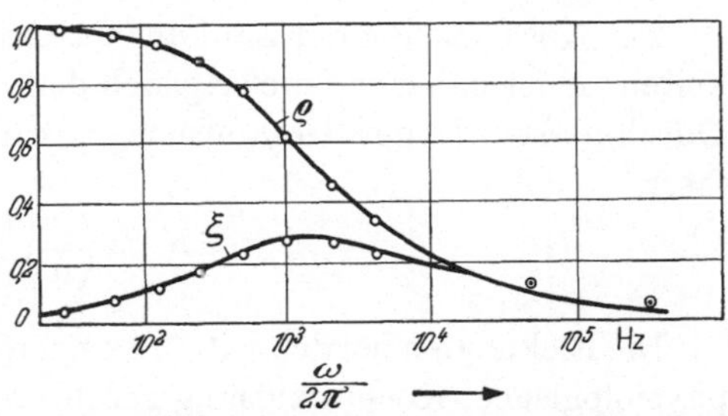

Abb. 9. Elektrischer Widerstand von Nerven. o Meßwerte (LULLIES), — gerechnet.

$$\frac{\mathfrak{R} - \mathrm{R}_\infty}{\mathrm{R}_0 - \mathrm{R}_\infty} = \varrho - j\,\xi.$$

$$\mathrm{R}_\infty = 21,6 \text{ k}\Omega; \ \mathrm{R}_0 = 51,4 \text{ k}\Omega; \ \lambda = 0,2; \ \beta = 1,8;$$

$$\frac{\omega^*_M}{2\,\pi} = 110 \text{ Hz.}$$

γ) Bei der *Auswertung der Messung* zur Bestimmung der Kabelkonstanten ist zu beachten, daß LULLIES am ganzen Nerven (n. ischiadicus des Frosches) gemessen hat. Man kann nun näherungsweise annehmen, daß es sich um ein Bündel aus N gleichen, parallelgeschalteten Fasern handelt. Für die Konstanten der Einzelfaser r_A^*, r_I^*, c_M^* und g_M^* erhält man dann:

$$r_A^* = N R_A^*; \quad r_I^* = N R_I^*; \quad c_M^* = \frac{1}{N}\,C_M^*; \quad g_M^* = \frac{1}{N}\,G_M^*$$

Aus der Gleichung für R_∞ und der Definition von β ergibt sich

$$R_\infty = L\,\frac{R_A^*}{1 + \beta};$$

daraus folgt

$$R_A^* = \frac{R_\infty}{L}\,(1 + \beta).$$

Bei den LULLIESschen Messungen war der Elektrodenabstand $L = 4$ mm. Mit den oben angegebenen Werten für R_∞ und β erhält man dann

$$R_A^* = 151 \text{ k}\Omega/\text{cm.}$$

Die Definition von β ergibt

$$R_I^* = \frac{R_A^*}{\beta} = 84 \text{ k}\Omega/\text{cm.}$$

Aus der Definitionsgleichung für λ erhält man

$$G_M^* = \frac{4\,\lambda^2}{L^2}\,\frac{1}{R_A^* + R_I^*} = 4,25 \ \mu\text{S/cm.}$$

Mit Hilfe von ω_M^* ergibt sich schließlich

$$C_M^* = \frac{G_M^*}{\omega_M^*} = 6{,}15 \text{ nF/cm}.$$

Zur Abschätzung der Zahl der Fasern N bestehen mehrere Möglichkeiten: N ist näherungsweise gleich dem Quadrat des Verhältnisses des Durchmessers D des Gesamtnerven zum Durchmesser d der Einzelfaser

$$N \approx \left(\frac{D}{d}\right)^2.$$

Die Elektroden bei den Lulliesschen Messungen bestanden aus mit physiologischer Kochsalzlösung gefüllten Paraffinschalen, in denen sich auf den einander zugekehrten Seitenflächen 0,3 mm breite Schlitze befanden, durch die der Nerv in die Elektroden geführt war[1]. Es muß also $D \approx 0{,}3$ mm sein. In Abb. 4 ist $d = 10\,\mu$ angegeben. Damit ist

$$N \approx 900.$$

Wenn man für die relative Dielektrizitätskonstante der Lipoidschichten $\varepsilon_r = 3$ (Öl) setzt, kann man $c_M{}^*$ berechnen. Es ist

$$c_M^* = \varepsilon_r\,\varepsilon_0\,\frac{\pi\,d}{a},$$

darin ist $\varepsilon_0 = 8{,}25 \cdot 10^{-14}$ F/cm, a die Dicke aller 80 Lipoidschichten. Mit dem in Abb. 5 für die Dicke einer Schicht angegebenen Wert von 135 Å ist also $a = 1{,}08 \cdot 10^{-4}$ cm. Mit $d = 10\,\mu$ ist dann

$$c_M^* = 7{,}7 \text{ pF/cm}.$$

Da $C_M^* = 6{,}15$ nF/cm war, ergibt sich aus dieser zweiten Berechnung

$$N = \frac{C_M^*}{c_M^*} = 800.$$

Das ist dieselbe Größenordnung wie der oben berechnete Wert. Der kleinere Wert $N = 800$ — da in der ersten Berechnung das die Fasern einhüllende Bindegewebe nicht berücksichtigt ist — ergibt dann[2]

$$r_A^* \approx 121\ M\Omega/\text{cm}; \quad r_I^* \approx 67\ M\Omega/\text{cm}; \quad g_M^* \approx 5\ nS/\text{cm}; \quad c_M^* \approx 8\ \text{pF/cm}$$

---

[1] Der Austritt des Elektrolyten wird durch die Wirkung der Oberflächenspannung verhindert.

[2] Tasaki und Takeuchi haben aus Messungen an einzelnen Fasern ([23] S. 127) gefunden: $r_A^* = 40\,M\Omega$/internodale Strecke und $r_I^* = 30\,M\Omega$/internod. Str., das entspricht etwa $r_A^* = 120\ M\Omega$/cm und $r_I^* = 90\ M\Omega$/cm.

b) Ausbreitungsvorgänge. In der freien Nervenfaser gelten mit $i_A = -i_I$ nach **a)** β) bei sinusförmiger zeitlicher Änderung (Kreisfrequenz ω) die Gleichungen

$$i_A\,(r_A^* + r_I^*) = \frac{d\,(\mathrm{u}_A - \mathrm{u}_I)}{dz}$$

$$(\mathrm{u}_A - \mathrm{u}_I)\,\mathfrak{g}_M^* = \frac{d\,i_A}{dz}$$

($\mathfrak{g}_M^* = j\,\omega\,c_M^* + g_M^*$; $\mathrm{u}_A, \mathrm{u}_I, i_A$ = Spannungen und Strom in der Einzelfaser).

Daraus erhält man in üblicher Weise für $\mathrm{u}_A - \mathrm{u}_I$ die Differentialgleichung 2. Ordnung

$$\frac{d^2(\mathrm{u}_A - \mathrm{u}_I)}{dz^2} - (r_M^* + r_I^*)\,\mathfrak{g}_M^*\,(\mathrm{u}_A - \mathrm{u}_I) = 0.$$

Diese Gleichung hat mit der Randbedingung, daß $\mathrm{u}_A - \mathrm{u}_I$ für $z \to \infty$ endlich bleibt, für $z \geqq 0$ die allgemeine Lösung

$$\mathrm{u}_A - \mathrm{u}_I = A e^{-\alpha z} \quad (\mathfrak{Re}\,\alpha > 0).$$

Darin ist A eine beliebige Konstante und[1] $\alpha = \sqrt{\mathfrak{g}_M^*(r_A^* + r_I^*)}$. An der Stelle $z = 0$ möge zur Zeit $t = 0$ die Spannungsdifferenz $u_A - u_I$ vom Wert 0 auf den Wert u_0 springen. Dann ist im Unterbereich der LAPLACE-Transformation an der Stelle $z = 0$

$$(\mathrm{u}_A - \mathrm{u}_I)_0 = \frac{u_0}{s}.$$

Wenn diese Spannungsänderung aus dem Ruhezustand der Faser heraus erfolgt[2], so erhält man aus der allgemeinen Lösung für sinusförmige Änderungen die Lösung im Unterbereich der Laplace-Transformation, wenn man $j\,\omega$ durch s ersetzt.

Mit $(\mathrm{u}_A - \mathrm{u}_I)_0 = A = \frac{u_0}{s}$ erhält man dann folgende Unterfunktion der zeitlichen Übergangsfunktion an einer beliebigen Stelle z

$$\mathrm{u}_A - \mathrm{u}_I = \frac{u_0}{s}\,e^{-\alpha z} \quad (\mathfrak{Re}\,\alpha > 0)$$

---

[1] Die in I. 2. a) erwähnten Dämpfungskonstanten sind gleich

$$\mathfrak{Re}\,(\alpha) = \sqrt{g_M^*(r_A^* + r_I^*)}\,\sqrt{2 + \sqrt{4 + \Omega^2}}\,; \quad \Omega = \frac{\omega}{\omega_M^*}, \quad \omega_M^* = \frac{g_M^*}{c_M^*}$$

Mit $\sqrt{g_M^*(r_A^* + r_I^*)} \approx 1/\text{cm}$ erhält man für $\Omega \ll 2$ (d. h. $\omega \ll 2\pi\,200\ \text{Hz}$)

$$\mathfrak{Re}\,(\alpha) \approx 2/\text{cm} \text{ und für } \Omega \gg 2 \quad \mathfrak{Re}\,(\alpha) \approx \sqrt{\Omega}/\text{cm}.$$

[2] Das heißt für $t < 0$ ist überall $u_A - u_I = 0$. $u_A - u_I$ ist so definiert, daß es eine durch Spannungsquellen aufrechterhaltene konstante Spannungsdifferenz zwischen Außen- und Innenleiter (Ruhepotential) nicht enthält.

mit
$$\alpha = \sqrt{(s\, c_M^* + g_M^*)\,(r_A^* + r_I^*)} = \gamma\,\sqrt{\sigma + 1}$$

$$\gamma = \sqrt{g_M^*\,(r_A^* + r_I^*)}; \quad \sigma = \frac{s}{\omega_M^*}; \quad \omega_M^* = \frac{g_M^*}{c_M^*}\,.\ ^{1}$$

Unter Anwendung des Ähnlichkeitssatzes, des Dämpfungssatzes, des Integrationssatzes für Oberfunktionen und der Korrespondenz [8]

$$\psi\,(\alpha, t) \;\circ\!\!-\!\!\bullet\; e^{-\alpha\sqrt{s}}$$

$$\psi\,(\alpha, t) = \frac{\alpha}{2\,\sqrt{\pi}\; t^{\frac{3}{2}}}\, e^{-\frac{\alpha^2}{4t}}$$

erhält man mit der normierten Zeit $\tau = \omega_M^*\, t$ und der normierten Koordinate $\zeta = \gamma\, z$ die Lösung im Oberbereich

$$\frac{u_A - u_I}{u_0} = \int\limits_0^\tau e^{-\tau'}\,\psi\,(\zeta, \tau')\,d\tau' = e^{-\zeta}\,\frac{2}{\sqrt{\pi}}\int\limits_{\frac{\zeta}{2\sqrt{\tau}}}^\infty e^{-\left(u - \frac{\zeta}{u}\right)^2}\,d\,u.$$

Das Integral

$$A\,(x, y) = \frac{2}{\sqrt{\pi}}\int\limits_x^\infty e^{-\left(u - \frac{y}{u}\right)^2}\,d\,u$$

läßt sich für $y > 0{,}25$ näherungsweise durch das Fehlerintegral $\Phi(x)$ [17] darstellen. Es ist

$$A\,(x, y) \approx \frac{1}{2}\left\{1 - \Phi\left[2\left(x - \sqrt{y} - \delta(y)\right)\right]\right\}.$$

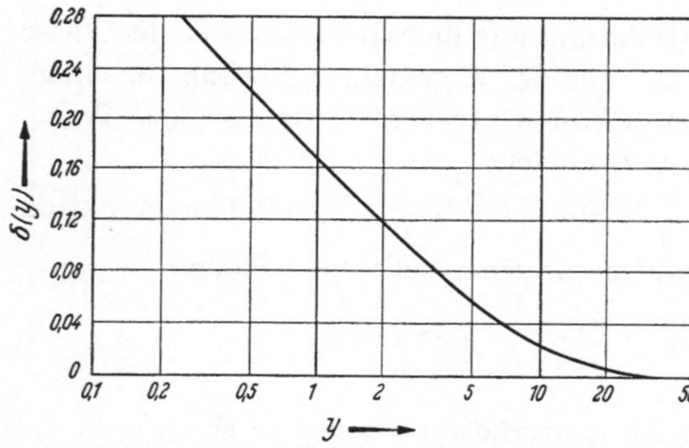

Die Korrekturfunktion $\delta(y)$ wurde durch Berechnung der Funktion $A\,(x, y)$ für die 3 Parameterwerte $y = 0{,}25$; $y = 1$; $y = 4$ mit Hilfe graphischer Integration bestimmt. Sie ist in Abb. 10 dargestellt. Abb. 11 zeigt die Übergangsfunktion der normierten Spannung $\dfrac{u_A - u_I}{u_0}$ als Funktion der

Abb. 10. Korrekturfunktion $\delta(y)$ zur näherungsweisen Berechnung der Funktion $A\,(x, y)$ mit Hilfe des Fehlerintegrals $\Phi(x)$

$$A(x, y) \approx \frac{1}{2}\{1 - \Phi\,[2\,(x - \sqrt{y} - \delta(y))]\}.$$

normierten Zeit ($\tau = 1$ entspricht $t = 1/\omega_M^* \approx 1{,}4$ msek) für 3 Werte des Parameters ζ ($\zeta = 1$ entspricht [2] $z = 1/\gamma \approx 1$ cm).

---

[1] Die Größen γ und ω_M^* sind unabhängig von der Zahl N der Fasern.
[2] Siehe Fußnote 1, Seite 269.

Da die bei der Erregung des Nerven entstehende Aktionsspannung etwa gleich dem 5fachen Wert der Schwellenspannung ist [23], würde also ein gelähmtes, aber sonst unverändertes Stück der Faser durch passive Impulsübertragung übersprungen werden können, wenn dieses Stück nicht länger als 1 cm ist — das ist etwa die Länge von 3 Internodien —, denn die Kurve für $\zeta = 1$ überschreitet kaum noch den Wert 0,2, wenn man dazu beachtet, daß der Kurvenanstieg schon wesentlich flacher geworden ist und damit die Reizschwelle erhöht ist [s. u. 3. b) β)]. Impulse von 1 msek Dauer, entsprechend $\tau = 0,7$, erreichen noch annähernd ihre volle Höhe.

Zur Ergänzung der Überlegung in I. 2. c) ist in Abb. 12 die Übergangsfunktion dargestellt, wenn sie durch einen an der Meßstelle z eingebauten, linearen Verstärker wieder auf ihre ursprüngliche Maximalhöhe gebracht wird[1]. In dieser Darstellung ist die Abflachung der Anstiegsflanke (Dispersion) besonders deutlich erkennbar.

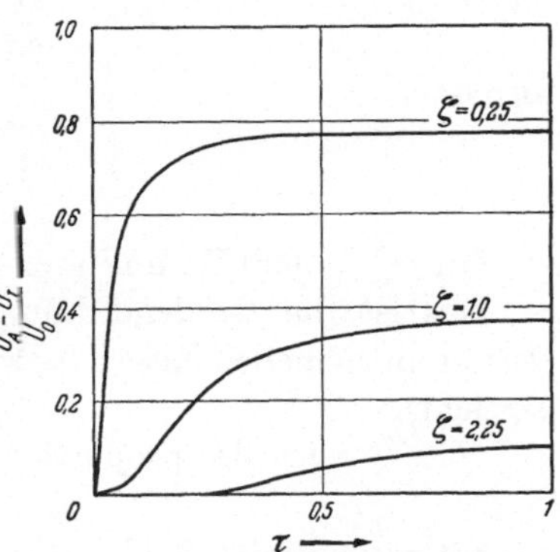

Abb. 11. Ausbreitung und Verformung eines Spannungssprungs u_0. $\dfrac{u_A - u_I}{u_0}$ normierte Spannung zwischen Außen- und Innenleiter, $\tau = \omega_M^* t$, $\zeta = \gamma z$.

Als angenähertes Maß für die Geschwindigkeit der passiven Ausbreitung einer Spannungsschwankung kann man die Geschwindigkeit v

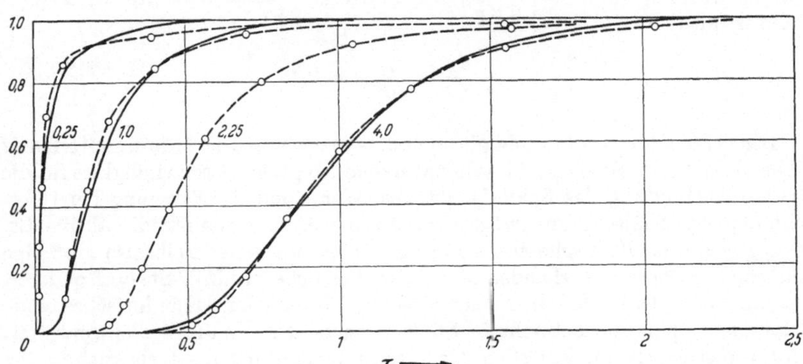

Abb. 12. Auf die Maximalhöhe 1 normierte Übergangsfunktion. (— —O— — nach der Näherungsformel berechnete Werte.) Parameter $\zeta = \gamma z$.

---

[1] Das heißt, in Abb. 12 ist die Funktion $A\left(\dfrac{\zeta}{2\sqrt{\tau}}, \zeta\right)$ dargestellt, da für $\tau \to \infty$ $A(0, \zeta) = 1$ ist. Der Verstärkungsfaktor an der Stelle ζ müßte also gleich e^ζ sein.

ansehen, mit der der Wert 0,5 fortschreitet. Trägt man zu jedem ζ das τ auf, für das die Kurven der Abb. 12 den Wert 0,5 erreichen, so erhält man näherungsweise eine Gerade[1], für die $\dfrac{d\zeta}{d\tau} = 4{,}5$ ist. D. h. es ist

$$4{,}5 = \frac{d\zeta}{d\tau} = \frac{\gamma}{\omega_M^*}\frac{dz}{dt} = \frac{\gamma}{\omega_M^*}\,v,$$

also ist

$$v = 4{,}5\,\frac{\omega_M^*}{\gamma}.$$

Mit $\omega_M^* = 690$ Hz und $\gamma = 1/\text{cm}$ ergibt sich $v = 31$ m/sek.

Das ist die Größenordnung der Geschwindigkeit der Erregungsleitung in schnellen Fasern (es werden Geschwindigkeiten um 100 m/sek erreicht).

v ist also proportional zu $\dfrac{\omega_M^*}{\gamma} = \dfrac{1}{c_M^*}\sqrt{\dfrac{g_M^*}{r_A^* + r_I^*}}.$

Mit wachsender Zahl n der Schichten der Markscheide bleibt der unter der Wurzel stehende Ausdruck zunächst (für kleine n) annähernd

---

[1] Das gilt nicht mehr für $\zeta \to 0$, da für $\sqrt{\tau} \approx \zeta$

$$A\left(\frac{\zeta}{2\sqrt{\tau}}, \zeta\right) \approx \frac{2}{\sqrt{\pi}}\int_{\frac{\zeta}{2\sqrt{\tau}}}^{\infty} e^{-u^2}\,du = 1 - \Phi\left(\frac{\zeta}{2\sqrt{\tau}}\right)$$

ist. Der Wert 0,5, d. h. $\Phi\left(\dfrac{\zeta}{2\sqrt{\tau}}\right) = 0{,}5$ wird für $\dfrac{\zeta}{2\sqrt{\tau}} = 0{,}48$ erreicht [17]. Dann ist also

$$\frac{d\zeta}{d\tau} = \frac{\gamma}{\omega_M^*}\frac{dz}{dt} = \frac{\gamma}{\omega_M^*}\,v = 0{,}48\,\frac{1}{\sqrt{\tau}}.$$

Das geht mit $\tau \to 0$ (und damit auch $\zeta \to 0$) gegen ∞. D. h. in unmittelbarer Nähe der erregten Stelle ergibt sich eine unendlich große Geschwindigkeit für die passive Ausbreitung des Spannungsstoßes. Wenn nun die Erregung bei Überschreiten der Schwelle unverzögert einsetzen würde, so müßte die aktive Erregung sich unendlich schnell ausbreiten. Das ist nicht der Fall, also muß eine endliche Verzögerung vorhanden sein (s. die Versuche in [12]). Sie darf andererseits nur so groß sein, daß die Aktion einsetzt, während der passiv fortschreitende Spannungsimpuls die betrachtete Stelle passiert. Die Leitungsgeschwindigkeit wird infolgedessen eine Funktion der Geschwindigkeit der passiven Ausbreitung und der Verzögerungszeit der Aktion sein. Die im Text berechnete Leitungsgeschwindigkeit ist um den Faktor 3 bis 5 zu klein. Das scheint ein Zeichen dafür zu sein, daß die Erregung schon einsetzt, ehe der Wert $\zeta = 0{,}25$ erreicht ist, also in dem Gebiet der größeren Geschwindigkeit der passiven Ausbreitung. Da $\zeta = 0{,}25$ dem Wert $z = 0{,}25$ cm entspricht, bedeutet das, daß die Erregung innerhalb des Internodiums auftritt, daß also keine saltatorische Erregungsleitung vorliegt.

konstant, da g_M^* und r_A^* mit wachsendem n gleichmäßig abnehmen, wenn schließlich r_I^* das r_A^* übersteigt, nimmt der Wurzelausdruck wie $\sqrt{g_M^*}$, also wie $1/\sqrt{n}$ ab. $1/c_M^*$ nimmt mit n zu, so daß v für kleine n proportional zu n und für große n proportional zu $\sqrt{n}$ zunimmt. Am langsamsten leiten die marklosen Fasern, hier treten Geschwindigkeiten unter 1 m/sek auf.

Abb. 13 zeigt den von GASSER an Nervenfasern der Katze bestimmten Zusammenhang zwischen Leitungsgeschwindigkeit und Faserdicke für markhaltige (S) und marklose (U) Fasern [18]. Abgesehen von dem Bereich kleiner Faserdicke (unter $4\,\mu$), in den auch die Werte für die marklosen Fasern fallen, wird der Verlauf der gemessenen Kurve S mit ihrem zunächst steilen und dann flacher werdenden Anstieg durch die qualitative Theorie ausreichend begründet (s. dazu auch Fußnote 1, S. 272).

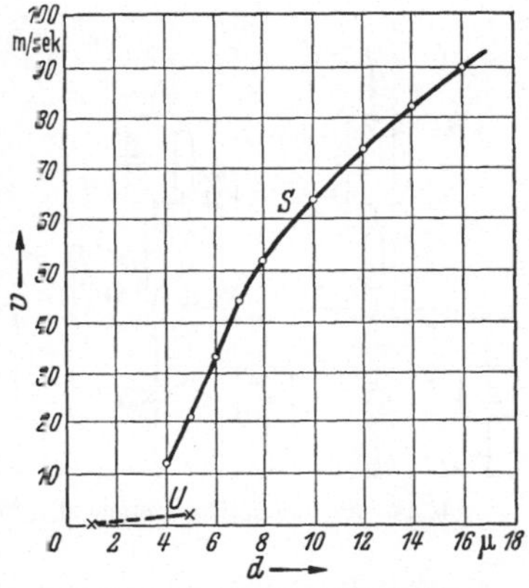

Abb. 13. Leitungsgeschwindigkeit v als Funktion des Faserdurchmessers d der marklosen (U) und der markhaltigen (S) Fasern eines Warmblüters (Katze). 0 Werte nach GASSER (1945), nach KORN-MÜLLER.

3. Aktives Verhalten der Nervenfaser.

Das aktive Verhalten der Nervenfaser soll an einem Modell demonstriert und untersucht werden.

Modelle dienen einerseits, als *Lehr-* und *Demonstrationsmodelle*, der Veranschaulichung eines schwer zugänglichen Gegenstandes, als *Forschungsmodelle* andererseits sind sie ein wichtiges Werkzeug der Theoriebildung. Sie können, wenn sie hinreichend vollkommen sind, die konkrete Form einer abstrakten Theorie sein. In vielen Fällen haben sie den Rang einer Hypothese („Arbeitshypothese"), durch die ein vermuteter logischer Zusammenhang zwischen verschiedenen Erfahrungen und Erscheinungen eines Gebietes als widerspruchsfrei möglich nachgewiesen wird und durch die unbekannte Eigenschaften und Beziehungen erschlossen werden können.

Vom *Gestaltmodell* mit einer dem Urbild ähnlichen raum-zeitlichen Gestalt zu unterscheiden sind die reinen *Funktionsmodelle*, bei denen von aller äußeren Ähnlichkeit oder Vergleichbarkeit mit dem Urbild abgesehen wird, in denen aber alle Vorgänge des untersuchten Gebietes in gleicher Form ablaufen, bei denen also letzten Endes tertium comparationis die mathematische Differentialgleichung ist, die alle am Urbild beobachteten Vorgänge zugleich mit denen des Abbildes beschreibt. Das vollkommene Funktionsmodell ist eine universelle Rechenmaschine [*4, 6, 9, 23, 24*].

a) Beschreibung des Modells. Nervenmodelle sind mehrfach angegeben worden. Das bekannteste ist das auf OSTWALD zurückgehende, ausführlich von LILLIE untersuchte Eisendrahtmodell [*5—7, 30*], bei dem ein in verdünnter Salpetersäure passivierter Eisendraht verwendet wird. Ein einfaches Modell aus elektronischen Schaltelementen hat zuerst BETHE [*1, 7*] benutzt.

Die Grundlage des Modells bildet der in Abb. 2 dargestellte schematische Aufbau der Nervenfaser. Abb. 14 zeigt den Aufbau des Modells. Um eine gemeinsame Energieversorgung aller Schalter zu ermöglichen, wurden die Innenleiterwiderstände ersetzt durch Widerstände, die den ursprünglichen Meßpunkten vorgeschaltet sind. Es war notwendig, die angegebene R-C-Kombination zu wählen, um das PFLÜGER-

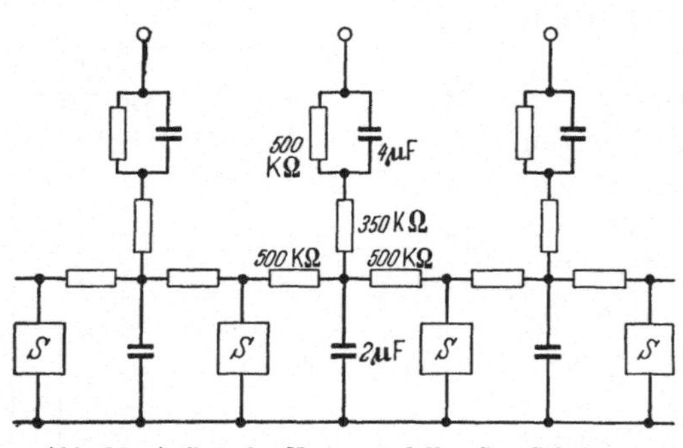

Abb. 14. Aufbau des Nervenmodells. *S* = Schalter.

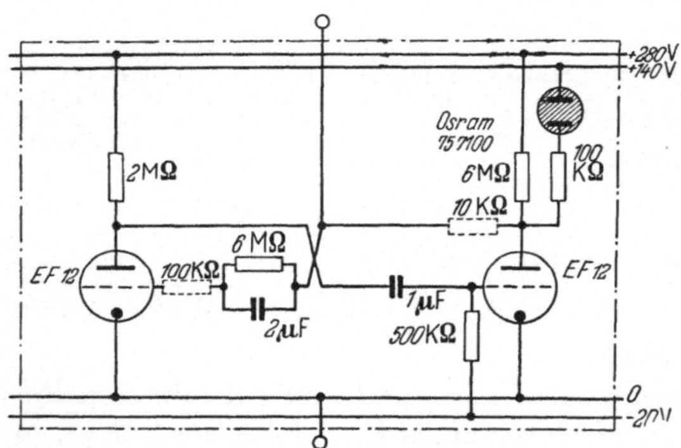

Abb. 15. Aufbau des Schalters. Die gestrichelt gezeichneten Widerstände 10 kΩ und 100 kΩ sind bei den Modellversuchen kurzgeschlossen, sie sind zur Schonung der Röhren bei der Messung der Strom-Spannungscharakteristik (Abb. 27) vorgesehen.

sche Zuckungsgesetz [s. b) α)] zu realisieren. Das Modell besteht aus zehn gleichartig aufgebauten Stufen[1].

Den Aufbau des Schalters zeigt Abb. 15. Es handelt sich um ein monostabiles Flip-Flop, bei dem im Gleichgewichtszustand die erste Röhre gezündet und die zweite gesperrt ist. Durch einen gegenüber

---

[1] Der Abgleich der Schaltelemente muß sehr sorgfältig durchgeführt werden, wenn sich alle Stufen — abgesehen von den Randstufen — gleich verhalten sollen. In dem ausgeführten Modell wurde nur ein grober Abgleich der an den Klemmen des Schalters meßbaren Gleichgewichtsspannung vorgenommen. Es müssen dann zur Untersuchung der Reizgesetze zwei Stufen ausgewählt werden, die sich zufällig gleich verhalten.

dem Gleichgewichtspotential der Meßbuchse negativen Spannungssprung wird die erste Röhre gelöscht. Der an ihrem Anodenwiderstand entstehende positive Spannungssprung zündet die zweite Röhre. Der negative Sprung an deren Anodenwiderstand unterstützt die durch den äußeren Impuls eingeleitete Löschung der ersten Röhre. Nach Umladung der Kapazitäten fällt die Schaltung angenähert (wegen der angelegten Gleichspannung) in den Ausgangszustand zurück. Bei diesem Prozeß unterstützen sich die Röhren in derselben Weise wie bei dem oben beschriebenen Umkippen in den zweiten kurzzeitig möglichen (≈ 2 sek) Gleichgewichtszustand der Schaltung. Diese einmalige Aktion wird durch das Aufleuchten der Glimmlampe angezeigt[1].

Die in Abb. 15 gestrichelt angegebenen Widerstände von 10 bzw. 100 kΩ sind bei den Modelluntersuchungen kurzgeschlossen. Sie wurden zur Schonung der Röhren bei der Aufnahme der Stromspannungscharakteristik des Schalters benutzt [s. b) ε)].

Der Schaltvorgang eines Schalters löst verzögert durch die R-C-Glieder die beiden benachbarten Schalter aus, wenn sich nicht einer von ihnen oder beide durch eine vorhergehende Aktion oder die außen an das Modell gelegte Spannung in einem Zustand befinden, bei dem der ankommende Schaltpuls zur Auslösung nicht ausreicht.

b) Messungen. α) *Pflügersches Zuckungsgesetz.* Die systematische Untersuchung dieser Zündvorgänge ergibt den in der Tabelle dargestellten Zusammenhang mit der Größe der angelegten Reizspannung.

Tabelle. Pflügersches Zuckungsgesetz.

Rei spannung in V	Einschalten	Ausschalten
0 — 145	0	0
150*— 175	← 2 →	0
180 — 205	← 2 →	← 10 ⎫
210 — 225	← 2 ⎱	← 10 ⎬ ⋯→
230 — 340**	← 2 ⎰ →∣	∣← 10 ⎭

* Reizschwelle bei Nervenfasern etwa 50 mV.
** Höchste gemessene Spannung.

Die Anordnung zur Erzeugung der Reizspannung ist im linken Teil von Abb. 16 dargestellt. Die Reizspannung wurde an den Klemmen 1 und 2 abgenommen, so daß Klemme 1 mit dem von außen zu-

---

[1] Der Erregungszustand eines Nerven läßt sich nur durch Anzeigen der Aktionsspannung oder durch den Effekt in einem Erfolgsorgan (Muskel) konstatieren. Es ist historisch interessant, daß VOLTA bei der Aufstellung der Spannungsreihe der Metalle das Froschpräparat, an dem GALVANI die „tierische Elektrizität" entdeckt hatte, als gegenüber den elektrostatischen wesentlich empfindlicheres Elektrometer benutzte [*26*].

8*

gänglichen Meßpunkt der Stufe 10 des Modells und Klemme 2 mit dem Meßpunkt der 2. Stufe verbunden wurde. Beim Öffnen des Schalters lag also an Stufe 2 eine gegenüber dem Gleichgewichtspotential (140 V) negative und an Stufe 10 eine gleich große positive Spannung. Die Bestimmung der in der Tabelle angegebenen Grenzspannungen wurde so vorgenommen, daß jeweils der 1 min nach einer Aktion notwendige

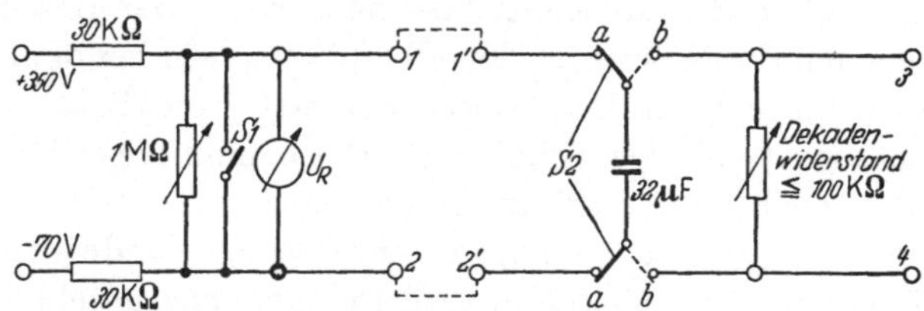

Abb. 16. Anordnung zur Erzeugung der Reizspannung. (Die Versorgungsspannungen sind dem Netzteil des Modells entnommen.)
a) Reizung mit plötzlich eingeschalteter Spannung: $1 - 1'$, $2 - 2'$ geöffnet. Die Reizspannung wird an den Klemmen *1* und *2* abgenommen. S_1 geschlossen → $U_R = 0$; S_1 geöffnet → U_R eingeschaltet. Die Größe von U_R wird am 1-MΩ-Potentiometer eingestellt.
b) Einschleichen: wie a), S_1 geöffnet. Die Spannung U_R wird von kleinen Werten ausgehend langsam erhöht.
c) Reizung mit Kondensatorentladung: $1 - 1'$, $2 - 2'$ geschlossen, S_1 geöffnet. Die Reizspannung wird an den Klemmen *3* und *4* abgenommen. In der Stellung *a*, *a* von S_2 wird der Kondensator $C = 32 \mu$F aufgeladen, in der Stellung *b,b* über den Dekadenwiderstand R entladen. Ladespannung U_R und Zeitkonstante $T = RC$ können variiert werden.

Spannungswert bestimmt wurde[1]. Diese Maßnahme war notwendig, um in jedem Fall in einem annähernd gleichen Ausgangszustand des Modells zu messen und damit reproduzierbare Meßwerte zu erhalten. Der endgültige Ruhezustand trat erst nach sehr langer Zeit [s. γ)] ein.

Die in Spalte 2 und 3 der Tabelle verwendeten Zeichen bedeuten folgendes:

0: es geschieht nichts, ← 2 →: von Stufe 2 ausgehend durchläuft eine Aktion nach beiden Seiten das ganze Modell, d. h. nach links zündet noch Stufe 1, während nach rechts die Erregung bis Stufe 10 durchläuft, dabei zünden nacheinander die den einzelnen Stufen 3 bis 10 zugeordneten Glimmlampen. Entsprechend bedeutet ← 10 --→ eine von Stufe 10 ausgehende Erregungswelle, die nur in einem längeren Modell sichtbare, nach rechts verlaufende Welle ist als gestrichelter Pfeil angedeutet. Ein Strich am Ende des Pfeils (z. B. ← 2 →|) bedeutet, daß die Erregung vor der Erreichung des in Pfeilrichtung liegenden zweiten Reizpunktes erlischt, im angegebenen Beispiel leuchtet also mit Stufe 2 auch Stufe 1 und 3 bis 8 oder 9 auf, aber 10 (und evtl. auch 9) nicht mehr. Diese Ergebnisse stellen in anderer Ausdrucksweise das von Pflüger an einem Nerv-Muskelpräparat gefundene Gesetz dar [27], dessen wichtigste Aussage darin besteht, daß eine gegenüber dem Gleich-

---

[1] Diese Hilfserregung erfolgte durch kurzzeitiges Verbinden des Gitters der 2. Röhre der 1. Stufe mit der Kathode (0 V).

gewicht negative Reizspannung die Erregung auslöst. Diese negative
Spannung entsteht beim Ausschalten einer positiven Reizspannung
durch Entladen der dem Reizpunkt benachbarten Kapazitäten. Der bei
Erhöhung der Reizspannung sich nacheinander ergebende unterschiedliche Erregungsablauf ist bedingt durch die an den Reizpunkten entstehende Verlagerung des Arbeitspunktes der Stufen. Bei hinreichend
hoher Spannung kann der im Zeitpunkt der Aktion einer Nachbarstufe
bestehende Zustand im Reizpunkt eine Erregung der zugehörigen Stufe
verhindern, weil deren Reizschwelle über der ankommenden Aktionsspannung liegt.

β) *Reizzeit-Spannungskurve.* Die am Reizpunkt befindliche Kapazität lädt sich über den Vorwiderstand erst im Laufe einer durch die
Aufladezeitkonstante und die Anstiegsgeschwindigkeit der Reizspannung bestimmten Zeit auf. Wenn
die Reizspannung so langsam ansteigt, daß die relative Spannungs-
änderung der Kapazität $\left(\dfrac{1}{U_C}\dfrac{d\,U_C}{dt}\right)$
klein gegen die reziproke Zeitkon-
stante des Schalters ist, so bleibt der
Schalter stets in der Nähe seines
Gleichgewichtszustandes, ohne daß
er dabei ausgelöst wird, auch wenn
die Reizspannung auf 340 V steigt[1]
(Einschleichen der Reizspannung).
Schnelle Spannungsänderungen müssen hinreichend lange dauern, oder
bei gegebener Dauer hinreichend
groß sein, damit die Kapazität sich
bis zur Reizschwelle aufladen kann.
Durch Reizung mit einer Kondensatorentladung kann man diesen Zusammenhang zwischen der Entlade-

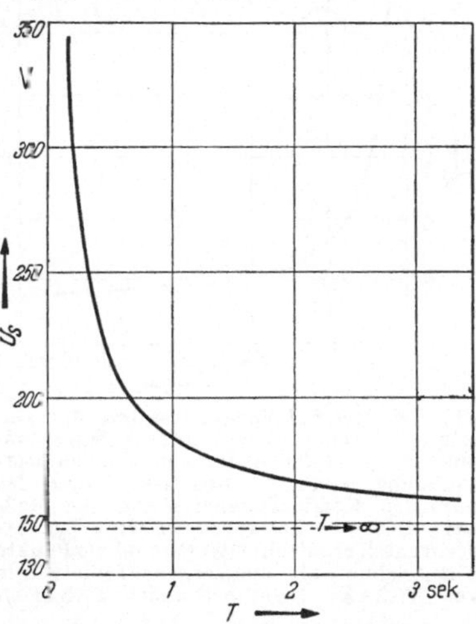

Abb. 17. Reizzeit-Spannungskurve des
Modells. T = Zeitkonstante der Kondensatorentladung (s. Abb. 16), U_S = Schwellenspannung der Erregung des Modells
(= Ladespannung U_R des Kondensators
von Abb. 16).

zeit (Zeitkonstante T) und der Ladespannung U_s, bei der gerade eine
Erregung auftritt, bestimmen.

In dem in Abb. 16 dargestellten Reizgerät sind in diesem Fall die
Klemmen 1 mit 1' und 2 mit 2' verbunden (gestrichelt angedeutet). Die
Reizspannung wird an den Klemmen 3 und 4 abgenommen. Am linken
Potentiometer kann die Ladespannung U_S eingestellt werden
(Schalter geöffnet). Der geladene Kondensator ($C = 32\ \mu$F) kann

---

[1] Erst wenn die resultierende am Schalter liegende Spannung auf etwa
0 V absinkt, können mit beginnender Löschung von Röhre 1 selbstausgelöste,
rhythmische Entladungen auftreten.

durch einen Kippschalter plötzlich an den zwischen den Klemmen 3 und 4 liegenden Widerstand (Dekadenwiderstand) gelegt werden, durch dessen Wert R ($R \leqq 111{,}1\,\mathrm{k\Omega}$) die Zeitkonstante $T = RC$ bestimmt ist.

Abb. 17 zeigt den Zusammenhang zwischen U_S und T[1]. Mit fallender Zeitkonstante T steigt U_S an. Die doppelte Schwellenspannung (296 V) gegenüber der Schwellenspannung bei einem Spannungssprung ($T \to \infty$) wird für $T = 0{,}2$ sek erreicht (Chronaxie).

Die Kurve hat dieselbe Form wie die Reizzeit-Spannungskurve von einzelnen Nervenfasern (Abb. 18[2]). Dabei entspricht der Reizspannung des Modells für $T \to \infty$ von 148 V (U_∞) der Grundwert (Rheobase) $\approx 50\,\mathrm{mV}$ der Nervenfaser. Einer Änderung von $U_S - U_\infty$ um 100 V des Modells entspricht 200 mV bei der Faser. Das Verhältnis entsprechender Werte der T-Skalen der Modellkurve zu denen der Faser ist gleich 6000. Das heißt, dem Wert von $U_S - U_\infty = 25\,\mathrm{V}$ für $T = 1{,}5$ sek entspricht etwa der Wert $U_S - U_\infty = 50\,\mathrm{mV}$ bei $T = 0{,}25$ msek (Chronaxie der Faser). Die Chronaxiewerte stehen nicht in demselben Verhältnis wie die Werte der T-Skalen (800 statt 6000), weil der Wert $U_S = 0$ bei der Faser dem Wert $U_S = 123\,\mathrm{V}$ beim Modell entspricht (die U_S-Skalen sind gegeneinander verschoben).

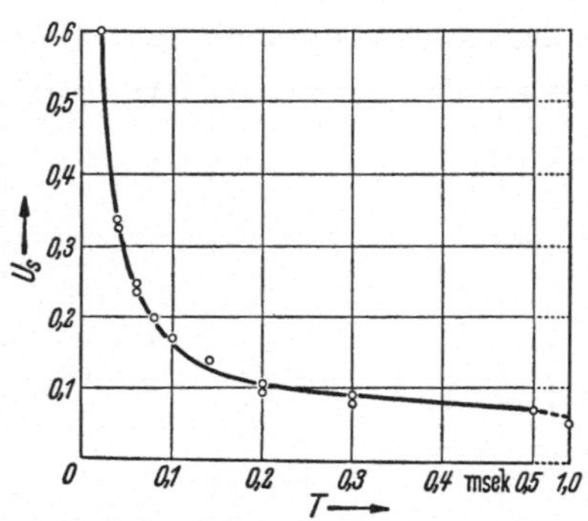

Abb. 18. Reizzeit-Spannungskurve der einzelnen Nervenfaser. Ordinate: Anfangsspannung in V, mit der die reizende Kondensatorentladung einsetzt. Abszisse: Dauer der reizenden Kondensatorentladung. Als Meßwert dient die Zeitkonstante RC. Die experimentell ermittelten Werte sind als Punkte eingezeichnet, die ausgezogene Linie wurde von TASAKI berechnet (nach TASAKI).

γ) *Refraktärstadium*. Nach einer Erregung des Nervenmodells brauchen alle Kondensatoren eine gewisse Zeit, um in ihren Ruhezustand zurückzukehren. Solange das nicht der Fall ist, werden die Schwellenwerte der Reizspannung geändert sein.

Diesem Zusammenhang zwischen der Schwellenspannung einer zweiten Reizung, die nach der Zeit T_i auf eine vorhergehende Reizung folgt, zeigt Abb. 19. Auf der Ordinate ist nicht die Schwellenspannung, sondern die ihr proportionale Zeitkonstante T einer Kondensatorentladung (s. Abb. 16) mit fester Ladespannung (300 V) gewählt. Die

---

[1] Am Beginn jeder Messung wurde wie in α) eine Hilfszündung ausgelöst, um jede Messung bei erträglicher Versuchsdauer mit etwa gleichen Ausgangszuständen durchzuführen.

[2] S. [23] S. 240.

erste Erregung wurde durch kurzzeitiges Verbinden von Gitter und Kathode der Röhre 2 der 1. Stufe ausgelöst[1].

Bei einem Abstand der beiden Reizimpulse von 5,7 sek konnte mit der höchsten noch einstellbaren Zeitkonstante von 380 msek eine zweite Erregung der ersten Stufen ausgelöst werden; die folgenden Stufen hatten sich aber noch nicht so weit erholt, daß die Aktionsspannung zu

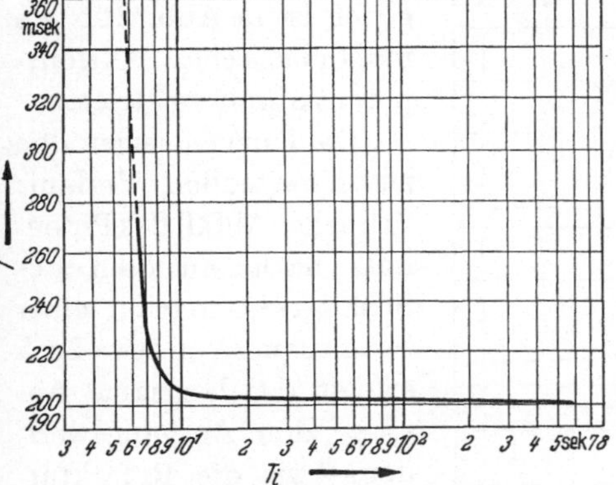

Abb. 19. Refraktärzeitkurve des Modells. T_i = Abstand der beiden Reizimpulse, T = Zeitkonstante der Kondensatorentladung mit fester Ladespannung U_R = 300 V für die Schwelle der 2. Reizung. Unter T_i = 6,5 sek (gestrichelt gezeichnet) werden nur die dem Reizpunkt benachbarten Stufen des Modells wieder erregt; erst für T_i > 6,5 sek erfolgt auch bei der 2. Reizung eine Erregung sämtlicher Stufen (ausgezogene Kurve).

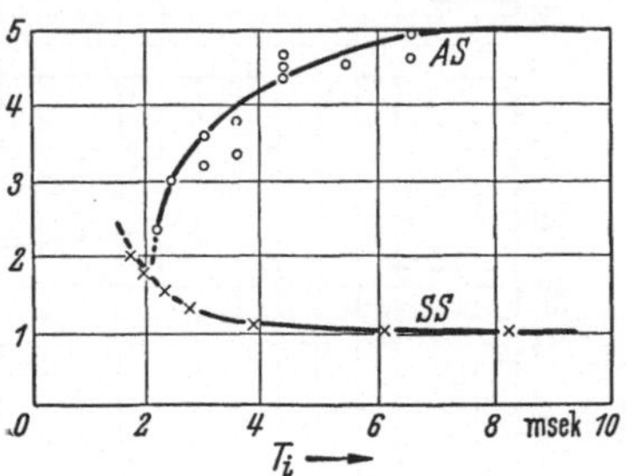

Abb. 20. Aktionspotential und Reizschwelle in der relativen Refraktärphase. Als normale Reizschwelle ist die Ordinate 1 genommen. *SS* zeigt die Größe des Schwellenstromes in relativem Maß. 8 *ms* nach vorangegangener Erregung der Einzelfaser ist die Reizschwelle wieder normal (T_i = Abstand der beiden Reize). Die Größe des Aktionspotentials *AS* nimmt in der relativen Refraktärphase bis auf den Wert 5 zu, der als relatives Normalmaß genommen wird und bedeutet, daß der Sicherheitsfaktor für die Weiterleitung der Erregung 5 geworden ist. (Nach TASAKI und TAKEUCHI.)

einer Erregung ausreichte. Dieser Zustand (absolute Refraktärstadium, in Abb. 19 gestrichelt gezeichnet) reicht bis T_i = 6,5 sek. Für größere T_i-Werte wird wieder das ganze Modell erregt. Bis $T_i \approx 10$ sek fallen die T-Werte schnell auf 205 msek ab (Hauptrefraktärzeit), um sich dann nur noch langsam zu ändern. Nach etwa 4 min ist der Ruhezustand T = 200 msek erreicht (entsprechend einer Schwellenspannung von 300 V, s. Abb. 17).

Das absolute Refraktärstadium bei Nervenfasern dauert etwa 2 ms, die Hauptrefraktärzeit ist etwa = 4 ms (Abb. 20)[2].

δ) *Aktionspotentiale.* Die an der „Oberfläche" der Modellfaser auftretenden Aktionspotentiale konnten mit Hilfe der in Abb. 22 dargestellten Schaltung mit einem Tintenschreiber registriert werden. Das Ergebnis zeigt Abb. 21.

Zu unterscheiden sind zwei Fälle: einmal wird das Potential eines Punktes der Oberfläche gegen ein konstantes Potential gemessen

---

[1] s. Fußnote 1 auf S. 278.
[2] S. [23] S. 236.

(monophasisch, Abb. 21a) und zum anderen die Potentialänderung, die zwischen 2 Punkten der Oberfläche auftritt (diphasisch, Abb. 21b). Die diphasische Aktionsspannung ist gleich der Differenz der monophasischen Aktionspotentiale der beiden Meßpunkte. Zum Vergleich ist in Abb. 21b ein monophasisches Aktionspotential mitregistriert.

Die Kurven zeigen den zu erwartenden Verlauf: Schneller Abfall des Potentials nach Auslösen des Schalters[1], nach einer Schaltdauer von etwa 2 sek erfolgt der langsame Anstieg zum Ausgangswert, der — wie die Refraktärzeitmessung zeigt — erst nach etwa 4 min wieder ganz erreicht wird. Aus Abb. 21a kann man die Laufzeit ablesen, die die Erregung von Stufe 2 bis Stufe 10 des Modells braucht. Es ergibt sich etwa 1 sek.

Abb. 23 zeigt monophasische Aktionspotentiale bei zwei kurz aufeinanderfolgenden Reizen (Abstand T_i, s. γ). Registriert ist der Verlauf an den Stufen 4 und 8 des Modells. Die Reizung erfolgte in derselben Weise wie bei der Messung der Refraktärzeit. Bei einem Abstand von $T_i = 6$ sek

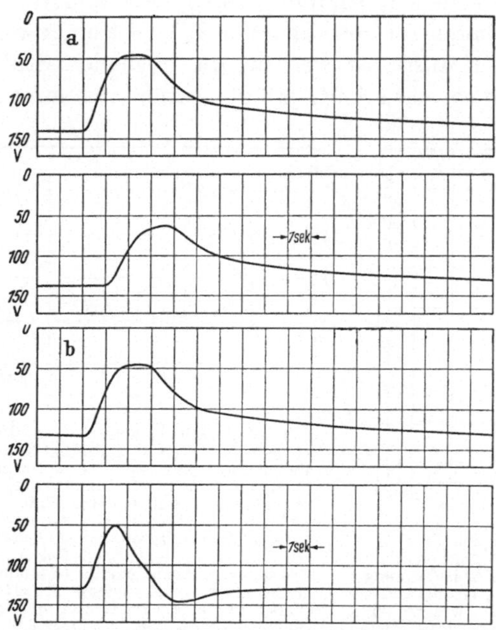

Abb. 21. Aktionsspannung des Nervenmodells. a) Monophasisch an Stufe 2 und an Stufe 10 des Modells. b) monophasisch an Stufe 2 und diphasisch zwischen Stufe 2 und Stufe 10.

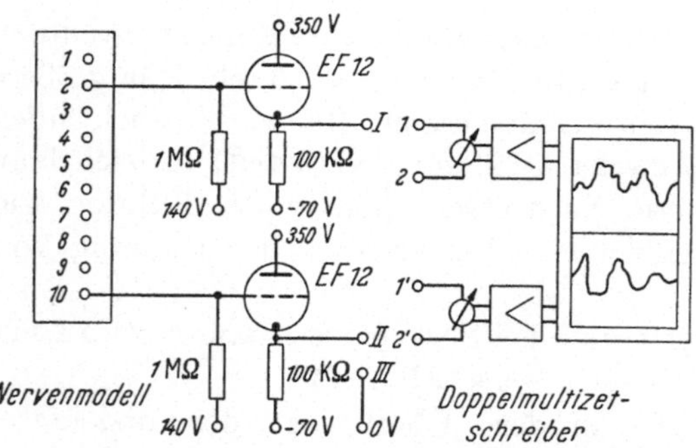

Abb. 22. Anordnung zur Registrierung der Aktionsspannungen des Modells. Die an den Stufen 2 und 10 des Modells abgenommenen Spannungen werden über Kathodenverstärker einem Tintenschreiber zugeführt. a) Beide Stufen monophasisch: Verbindungen 1 — I, 2 — III, 1′ — II, 2′ — III. b) Stufe 2 monophasisch 1 — I, 2 — III, Stufe 2 — Stufe 10 diphasisch 1′ — I, 2′ — II. (Die Versorgungsspannungen sind dem Netzteil des Modells entnommen.)

---

[1] Die Impulsflanke ist durch die Zeitkonstante (≈ 1 sek) des Schreibers etwas abgeflacht.

und einer Zeitkonstante $T = 384$ msek der Kondensatorentladung der 2. Reizung (Ladespannung 300 V) wird Stufe 4, aber nicht mehr Stufe 8 erregt (Abb. 23a). Bei $T_i = 7$ sek ($T = 256$ msek) erregt der 2. Reiz das ganze Modell (Abb. 23b). Die Potential-änderung der zweiten Erregung ist entsprechend dem niedrigeren

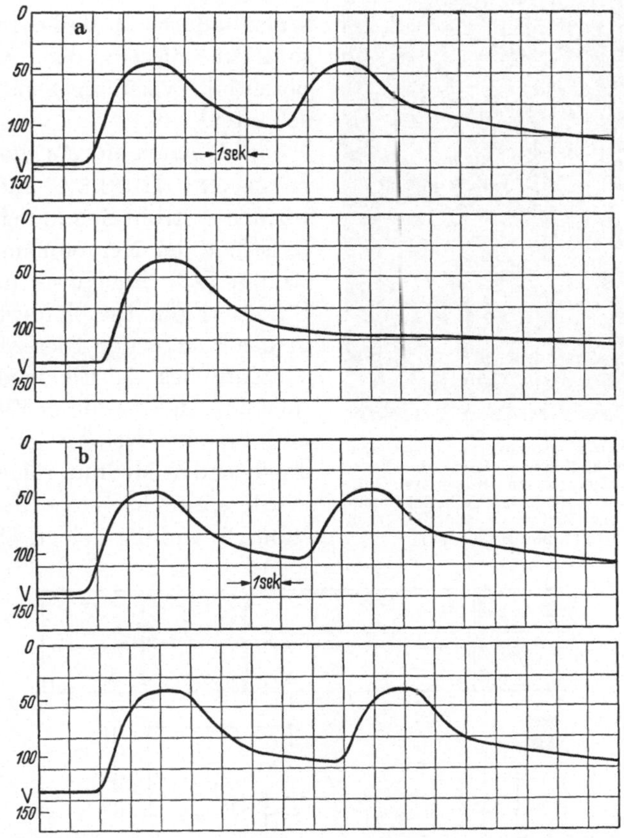

Abb. 23. Refraktärstadium. 1. Reizung durch Gitter-Kathoden-Kurzschluß in Stufe 1, 2. Reizung durch Kondensatorentladung (s. Abb. 19). a) $T_i = 6$ sek, $T = 384$ msek. b) $T_i = 7$ sek, $T = 256$ msek. Aktionsspannungen der Stufe 4 (obere Kurve) und 8 (untere Kurve).

Ausgangspotential — da der Ruhewert noch nicht wieder er-reicht ist — kleiner als die des ersten Impulses. Zu beachten ist die Erniedrigung der Leitungsgeschwindigkeit. Die ersten Impulse in Abb. 23b der beiden Stufen haben einen zeitlichen Abstand von etwa 0,4 sek, während die zweiten Impulse einen Abstand von 1 sek haben.

In Abb. 25 [33] ist das Schaltschema zur Aufnahme von Aktions-potentialen an einzelnen Nervenfasern dargestellt. Abb. 26 [33] zeigt als Ergebnis das diphasische Aktionspotential einer Faser, dessen Form mit der in Abb. 21b gut übereinstimmt.

Das in Abb. 24 dargestellte, als Spannungsdifferenz an der Nervenmembran gemessene monophasische Aktionspotential [11] weicht in der Refraktärphase von dem an der Oberfläche der Modellfaser gemessenen dadurch ab, daß es im Gegensatz zu diesem das Ausgangspotential vorübergehend unterschreitet[1].

ε) *Funktion des Schalters.* Von HODGKIN, HUXLEY und KATZ wurden Strom-Spannungscharakteristiken der Nervenmembran bestimmt [12], indem sie in der auf S. 261 in Fußn. 1 geschilderten Weise in das Innere der Riesenfaser des Tintenfisches 2 Elektroden einführten. An eine dieser Elektroden und an eine weitere im äußeren, umgebenden Medium (Meerwasser) wurde sprunghaft eine dann konstante Spannung gelegt. Die Span-

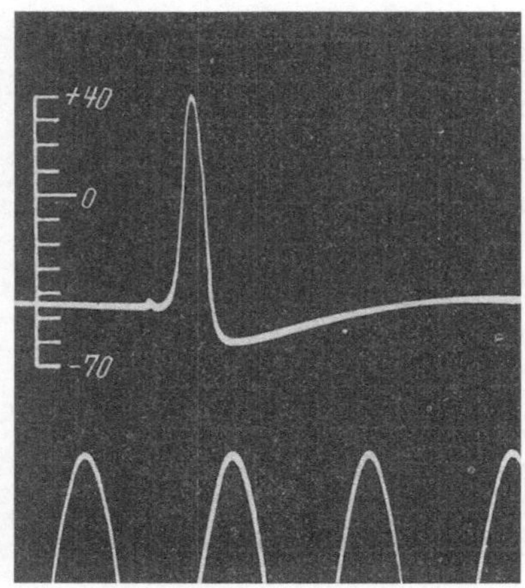

Abb. 24. Aktionsspannung zwischen dem Faserinneren und den äußeren, die Faser umgebenden Elektrolyten (Seewasser, Nullpotential). Die vertikale Skala gibt das Potential in mV an. Zeitmarke 500 Hz (nach HODGKIN und HUXLEY).

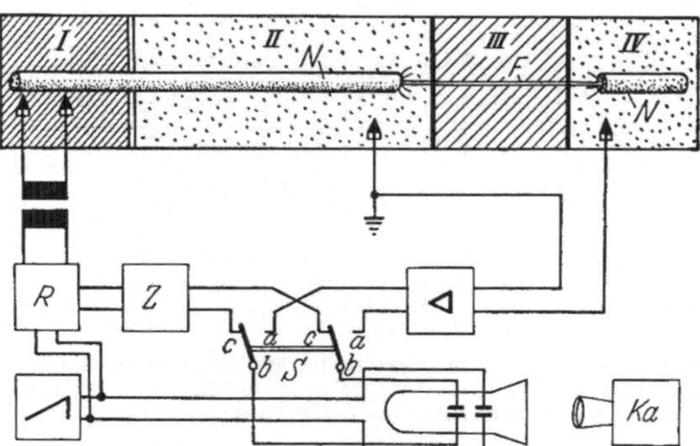

Abb. 25. Schaltschema zur Aufnahme von Aktionspotentialen einer einzelnen isolierten Nervenfaser. F = isolierte Nervenfaser; Ka = Kamera; R = Reizgerät; N = Nervenstamm, aus dem die Faser isoliert wurde (Faserdurchm. 10 − 15 · 10⁻⁴ cm); S = Schalter; Z = R-C-Generator. I und III sind Kammern, die mit einem isolierenden Medium (Vaseline, Paraffinöl oder Luft) gefüllt sind. II und IV sind Kammern, in denen sich gut elektrisch leitende Blutersatzlösung befindet; die Ableiteelektroden tauchen in diese Lösung ein. Z steuert das mit dem Kippgerät synchronisierte Reizgerät. In S sind während der Registrierung des Nervenimpulses die Kontaktpaare a und b verbunden. Wenn die als Zeitschreibung benutzte Sinusschwingung von Z aufgenommen werden soll, so sind in S die Kontaktpaare c und b verbunden (nach SCHNEIDER).

---

[1] Dieses Verhalten läßt sich im Modell durch geeignete Anordnungen von R-C-Kombinationen im Verzögerungsteil ebenfalls erzwingen. Es bleibt zu untersuchen, ob es für die Gesamtfunktion des Nerven und des Modells wesentlich ist.

nungsquelle war als gegengekoppelter Verstärker ausgeführt, so daß sie einen verschwindend kleinen Innenwiderstand hatte. Damit wurde die an den Elektroden liegende Spannung unabhängig von der Größe des fließenden Stromes. Die Spannung an der Membran wurde mit Hilfe der zweiten inneren Elektrode und einer äußeren in der Nähe der Faseroberfläche durch einen hochohmigen Spannungsmesser bestimmt, d. h. ohne Belastung der Elektroden und damit unter Ausschaltung von Polarisationsspannungen. Der Verlauf des Stromes wurde registriert.

In Abb. 27 ist in Kurve A der Wert des Stromes aufgetragen, der sich unmittelbar nach einer sehr schnellen Spannungsänderung ergibt,

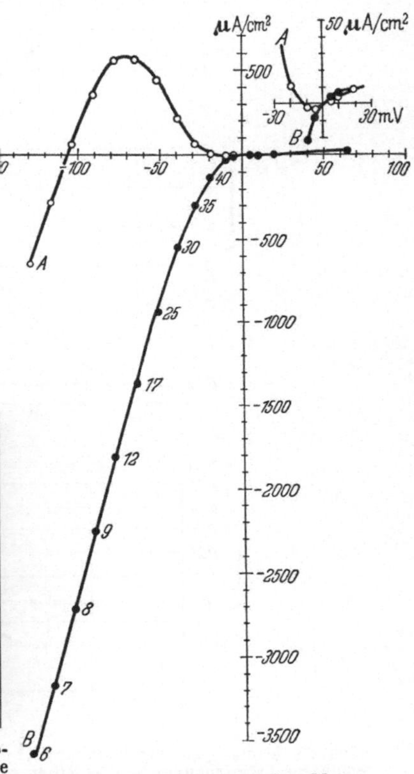

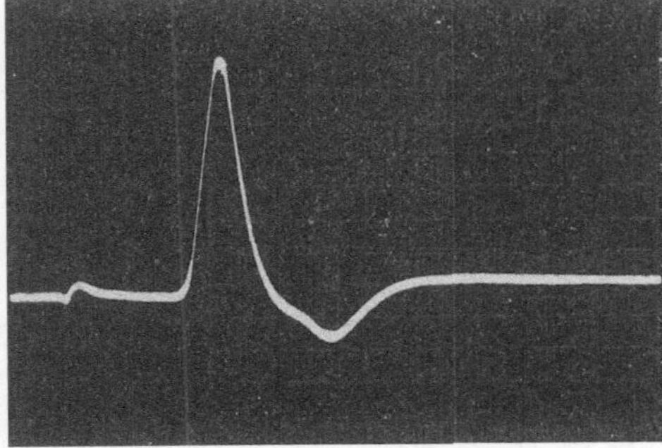

Abb. 26. Normaler diphasischer Aktionsstrom einer isolierten Nervenfaser aus dem Hüftnerv des Frosches. Die erste kleine Zacke des von links nach rechts zu lesenden Oszillogrammes stellt den Reizeinbruch dar. Dann folgt nach der Zeit, die der Impuls von den Reizelektroden bis zur ersten Ableiteelektrode (Abb. 25) braucht, das Bild der Negativität dieser Nervenstelle als aufwärts gerichtete Strahlablenkung; die Negativität der zweiten Ableiteelektrode (in der Kammer IV in Abb. 25) setzt etwas später ein und lenkt den Strahl nach unten ab. Das Oszillogramm ist die Resultierende zweier in der Phase um ca. 0,1 msek versetzter dreieckiger Potentialsprünge, die gegensinnig den Elektronenstrahl ablenken (nach SCHNEIDER).

Abb. 27. Beziehung zwischen Membranstromdichte und Membranpotential. Abszisse: Abweichung des Membranpotentials vom Ruhewert in mV. Ordinate: Membranstromdichte 0,63 msek nach Beginn eines Spannungssprungs (Kurve A) und im Gleichgewicht (Kurve B). Die Zahlen an der Kurve B geben die Zeit in msek an, zu der die Messungen gemacht wurden (nach HODGKIN, HUXLEY und KATZ).

wenn also der während des Übergangs auftretende Verschiebungsstrom abgeklungen ist (0,63 ms nach Einschalten der Spannung), während B den anderen Grenzfall bei beliebig langsamer Änderung der Spannung zeigt. Derselbe Strom stellt sich ein, wenn sich nach einer schnellen Spannungsänderung das neue Gleichgewicht eingestellt hat.

Dieselben Messungen sind im Falle der Modellmembran (Schalter) einfacher durchzuführen. Bei sehr schnellen Spannungsänderungen

können die Kapazitäten als Kurzschlüsse angesehen werden. Wenn man
sie also durch Spannungsquellen mit hinreichend kleinem Innenwiderstand überbrückt und deren Spannung so einstellt, daß sie gleich der
jeweiligen Gleichgewichtsspannung der Kondensatoren am Beginn der

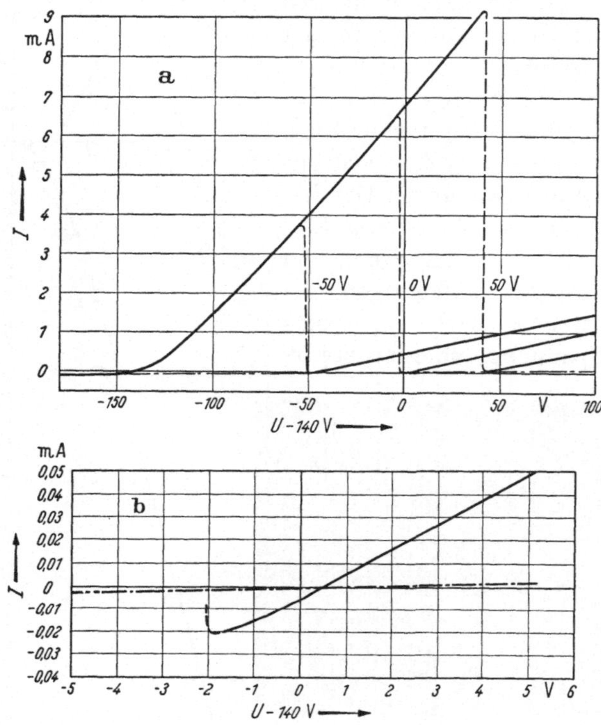

Abb. 28. Strom-Spannungscharakteristik des Schalters. — — bei schneller Änderung für drei verschiedene Arbeitspunkte.   — · — Zusammenhang $I - U$ im Gleichgewicht. a) Gesamtverlauf.
b) Verlauf in der Umgebung des Gleichgewichtspunktes der 0-Volt-Kurve.

Messung ist, so kann man für beliebig wählbare Arbeitspunkte die
Strom-Spannungscharakteristik aufnehmen. Sie entspricht der nach
der Hodgkinschen Methode aus Übergangsfunktionen für sprunghafte
Spannungsänderung erschlossenen Kurve A.

Zur Begrenzung der Ströme wurde vor das Gitter von Röhre 1
(100 kΩ) und die Anode von Röhre 2 (10 kΩ) je ein Schutzwiderstand
gelegt, der in Abb. 15 gestrichelt eingetragen ist[1]. Abb. 28 zeigt das
Ergebnis dieser Messung für drei verschiedene Arbeitspunkte. Der
Charakter der Modellmembran-Kurve ist der gleiche wie der der Nervenmembran (Arbeitspunkt 0 Volt). Strichpunktiert ist der Gleich-
gewichtszusammenhang zwischen U und I eingetragen (entsprechend

---

[1] Die Glimmlampe war bei diesen Messungen ausgeschaltet.

Kurve B). Für $U > O$ V ist das angenähert eine Gerade mit der Neigung $dU/dI = 3$ MΩ (Parallelschaltung der beiden 6 MΩ-Widerstände), für $U < 0$ V geht die Kurve in eine Gerade mit der Neigung $dU/dI = 6$ MΩ über, da dann auch Röhre 1 gesperrt ist. In diesem Bereich fällt die Gleichgewichtskurve mit der für schnelle Änderungen zusammen. Bei dieser schließt sich für $U > 0$ V ein Kurvenast an, der im wesentlichen eine Gerade mit der Neigung $dU/dI = 19$ kΩ ist, entsprechend der Hintereinanderschaltung des Schutzwiderstandes von 10 kΩ und des Innenwiderstandes von Röhre 2, die in diesem Bereich (bei positiver Anodenspannung) gezündet ist, während Röhre 1 gesperrt bleibt. In der Nähe des jeweiligen Arbeitspunktes fällt die Kurve plötzlich auf etwa $I = 0$ mA ab. In diesem Teil (punktiert gezeichnet) konnten keine Meßpunkte bestimmt werden, da der Innenwiderstand der äußeren Spannungsquelle (hochohmiges Potentiometer mit nachgeschaltetem Kathodenverstärker) zu groß war. Er durfte nur einige Ohm groß sein, um in diesem Bereich stabile Meßpunkte einstellen zu können. Hier zündet Röhre 1, während Röhre 2 in den gesperrten Zustand übergeht. Die Neigung dieses Kurvenastes ist durch den Verstärkungsfaktor der Röhre 1 und die Steilheit der Röhre 2 bestimmt. Wenn U größer als die jeweilige Arbeitspunktspannung wird, schließt sich eine Gerade mit der Neigung $dU/dI = 100$ kΩ an, entsprechend dem vor dem Gitter der Röhre 2 liegenden Schutzwiderstand. Röhre 1 ist gezündet, die Gitter-Kathodenstrecke also praktisch ein Kurzschluß. Röhre 2 ist gesperrt. Den Verlauf der 0-Volt-Kurve in der Umgebung von $U = 140$ V zeigt Abb. 28b.

Wenn eine Quelle mit einem Innenwiderstand von z. B. 100 kΩ an den ungeänderten Schalter (ohne Überbrückung der Kapazitäten) gelegt wird und ihre Spannung von 140 V aus (0-Volt-Kurve) plötzlich um mehr als 4 V gesenkt wird, so ergibt die den U-I-Zusammenhang der Quelle darstellende Gerade keinen Schnittpunkt mehr mit der U-I-Kurve (für schnelle Änderungen) in der Umgebung von $U = 140$ V. Die Spannung springt bis zu dem jetzt einzigen Schnittpunkt in der Nähe von $U = 0$ V. Der Strom durchläuft während dieses Sprungs annähernd die U-I-Kurve des Schalters, der überschüssige Strom wird während des Sprungs von den Röhren- und Schaltkapazitäten aufgenommen. Anschließend folgt der U-I-Zustandspunkt annähernd der Geraden der Spannungsquelle bis zu ihrem Schnittpunkt mit der Gleichgewichtskurve. Dabei steigt die Spannung also wieder langsam an. Die Geschwindigkeit ist durch die Zeitkonstante der Koppelkapazitäten in Verbindung mit den zugehörigen Ladewiderständen bestimmt.

Die U-I-Charakteristik des Schalters kommt durch die Superposition des Gitterstromes von Röhre 1 und des Anodenstromes von Röhre 2

zustande. Im Falle der Nervenmembran werden diese beiden Komponenten durch die K-Ionen- und Na-Ionenströme gebildet. Es gelang
Hodgkin und Huxley [13], durch Vergleich mit Messungen in einem umgebenden Elektrolyten mit verringerter Na·-Konzentration die beiden
Komponenten zu trennen. Es ergab sich, daß bei einer Aktion zunächst vorwiegend ein starker Strom von (positiven) Na-Ionen in das Innere der Faser eintrat (im Ruhezustand ist die Na·-Konzentration innen etwa um den Faktor 7 geringer als die Konzentration in Seewasser [13][1]). Diesem Na-Ionenstrom entspricht der Strom (negativer) Elektronen, der von Röhre 2 geliefert wird. Nach kurzer Zeit verschwindet der Na-Ionenstrom, und der von innen nach außen gerichtete Strom der K-Ionen[2] steigt monoton zu einem konstanten Endwert an. Ihm entspricht der gegenüber dem Ausgangszustand verringerte Gitterstrom von Röhre 1, der aber im Gegensatz zu dem von Hodgkin und Huxley aus ihren Mes

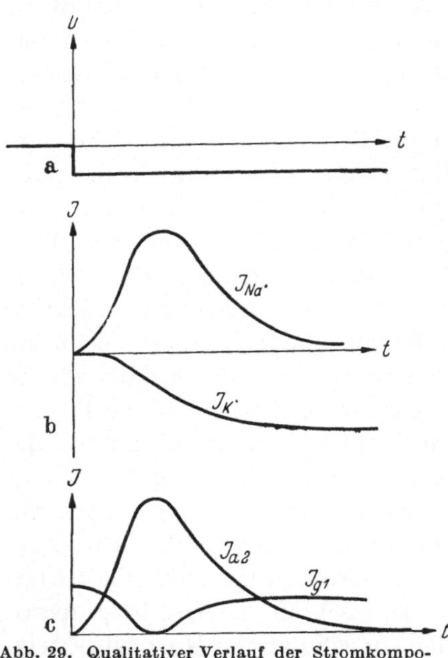

Abb. 29. Qualitativer Verlauf der Stromkomponenten als Funktion der Zeit. a) Spannungsverlauf. b) Na- und K-Ionenströme der Nervenfaser nach HODGKIN und HUXLEY; c) Anoden- (I_{a2}) und Gitterstrom (I_{g1}) des Schalters.

sungen erschlossenen K-Ionenstrom nicht monoton fällt, sondern
zunächst ein Minimum durchläuft und dann einem gegenüber dem Ausgangszustand erniedrigten Wert zustrebt (Abb. 29). Ob dieser Unterschied tatsächlich zutrifft und wesentlich ist, läßt sich endgültig erst
entscheiden, wenn das Verhalten der Membran während der Aktion,
auf dem der Verlauf der Ionenströme beruht, geklärt ist. Dazu bedarf es
noch umfangreicher experimenteller und theoretischer Untersuchungen.

Herrn Ingenieur H.-G. Mila danke ich für seine Hilfe bei der Entwicklung
des Modells, der Durchführung der Messungen und der Anfertigung der Abbildungsvorlagen.

---

[1] In [23] S. 121 wird für das Verhältnis Na·-Innen zu Na·-Außen etwa
1 : 3 angegeben.

[2] Das Verhältnis der K-Ionen-Konzentration innen zu außen beträgt nach
[23] S. 121 im Ruhezustand 65 : 1.

Zusammenfassung.

Es wird versucht, die wesentlichen Erscheinungen bei der Impulsübertragung im Nerven durch Zerlegung in einen passiven Anteil, der die Ausbreitungsvorgänge beschreibt, und einen lokal wirksamen aktiven Anteil (Abb. 2) theoretisch zu deuten.

Die passive Ausbreitung einer Potentialstörung in der Nervenfaser ist der in einem R-C-Kabel analog (II 2 b). Die Kabelkonstanten lassen sich durch Widerstandsmessungen ermitteln (II 2 a).

Die Theorie der lokalen Impulserzeugung (II 3 b ε) im Zusammenwirken mit Verzögerungsgliedern (R-C-Kette) ist implizit in einem Modell enthalten, dessen Eigenschaften und Funktionen denen der Nervenfaser hinsichtlich der Reizgesetze für sprungartige Spannungsänderungen (II 3 b δ) und kurze Impulse (II 3 b β) sowie der Ermüdungs- und Restitutionsvorgänge (II 3 b γ) analog ist.

Schrifttum.

[1] BETHE, A.: Modellversuche zur Theorie der Erregung biologischer Objekte. Naturwiss. Bd. 31 (1943) S. 276/77.

[2] BETHE, A.: Rhythmus und Periodik in der belebten Natur. Studium generale Bd. 2 (1949) S. 67/73.

[3] BODE, H. W.: Network Analysis and Feedback Amplifier Design. Toronto/ New York/London 1945 (1950 repr.).

[4] BÖHM, H.: Struktur und Element (Funktionelle Verwandtschaften organismischer und technischer Systeme). Studium generale Bd. 6 (1953) S. 535/52.

[5] BONHOEFFER, K. F.: Zur Theorie des elektrischen Reizes. Naturwiss. Bd. 31 (1943) S. 270/75.

[6] BONHOEFFER, K. F.: Über physikalisch-chemische Modelle von Lebensvorgängen. Studium generale Bd. 1 (1948) S. 137/43.

[7] BONHOEFFER, K. F.: Modelle der Nervenerregung. Naturwiss. Bd. 40 (1953) S. 301/11.

[8] DOETSCH, G.: Tabellen zur Laplace-Transformation und Anleitung zum Gebrauch. Berlin/Göttingen/Heidelberg: Springer 1947.

[9] HASSENSTEIN, B., u. W. REICHARDT: Der Schluß von Reiz-Reaktions-Funktionen auf System-Strukturen. Z. Naturf. Bd. 8b (1953) S. 518/25.

[10] HODGKIN, A. L., and A. F. HUXLEY: Resting and Action Potentials in Single Nerve Fibres. J. Physiol. Bd. 104 (1945) S. 176/95.

[11] HODGKIN, A. L., A. F. HUXLEY and B. KATZ: Measurement of Current-Voltage Relations in the Membrane of the Giant Axon of Loligo. J. Physiol. Bd. 116 (1952) S. 424/48.

[12] HODGKIN, A. L., and A. F. HUXLEY: Currents carried by Sodium and Potassium Ions through the Membrane of the Giant Axon of Loligo. J. Physiol. Bd. 116 (1952) S. 449/72.

[13] HODGKIN, A. L., and A. F. HUXLEY: The Components of Membrane Conductance in the Giant Axon of Loligo. J. Physiol. Bd. 116 (1952) S. 473/96.

[14] HODGKIN, A. L., and A. F. HUXLEY: The Dual Effekt of Membrane Potential on Sodium Conductance in the Giant Axon of Loligo. J. Physiol. Bd. 116 (1952) S. 497/506.

[15] Hodgkin, A. L., and A. F. Huxley: A Quantitative Description of Membrane Current and its Application to Conduction and Excitation in Nerve. J. Physiol. Bd. 117 (1952) S. 500/44.

[16] Huxley, A. F., and R. Stämpfli: Evidence for Saltatory Conduction in. Peripheral Myelinated Nerve Fibres. J. Physiol. Bd. 108 (1949) S. 315/39.

[17] Jahnke-Emde: Tafeln höherer Funktionen. Leipzig 1948.

[18] Kornmüller, A. E.: Die Elemente der nervösen Tätigkeit. Stuttgart 1947.

[19] Lullies, H.: Die Polarisation im Nerven. Pflügers Arch. Bd. 225 (1930) S. 82/97.

[20] Marmont, G.: Studies on the Axon Membrane. J. Cellular Comparat. Physiol. Bd. 34 (1949) S. 351.

[21] Meixner, J.: Baupläne der Tiere, in: Handbuch der Biologie, Bd. VI, herausgegeben von L. v. Bertalanffy. Konstanz, im Erscheinen.

[22] Monnier, A. M.: L'excitation électrique des tissues. Paris 1934.

[23] Muralt, A. v.: Die Signalübermittlung im Nerven. Basel 1946.

[24] Oppelt, W.: Kleines Handbuch technischer Regelvorgänge. Weinheim/ Bergstr. 1954.

[25] Plenk, H.: Physiologische Anatomie des Menschen, in: Handbuch der Biologie, Bd. VIII, herausgegeben von L. v. Bertalanffy. Konstanz, im Erscheinen.

[26] Ramsauer, C.: Grundversuche der Physik in historischer Darstellung, Bd. I. Berlin/Göttingen/Heidelberg: Springer 1953.

[27] Rein, H.: Einführung in die Physiologie des Menschen. Berlin: Springer 1941.

[28] Remane, A.: Porifera-Coelenterata-Vermes-Tentaculata, in: Handbuch der Biologie, Bd. VI, herausgegeben von L. v. Bertalanffy. Konstanz, im Erscheinen.

[29] Sato, M., u. D. Schneider: Mikroskopisch-elektrophysiologische Untersuchung des Internodiums der markhaltigen Nervenfaser unter Einwirkung von Saponin und Elektrolyten. Z. Naturforschg. Bd. 9 b (1954) S. 644/54.

[30] Schaefer, H.: Elektrophysiologie Bd. I: Allgemeine Elektrophysiologie, Wien 1940. Bd II: Spezielle Elektrophysiologie, Wien 1942.

[31] Schmidt, O.: Die Nervenleitung als Wechselwirkungseffekt in der Eiweißkette. Phys. Z. Bd. 44 (1943) S. 139/50.

[32] Schmitt, W.: Hypothese über ein Elektronen- und Energie-Leitungssystem in Eiweißmolekülen. Z. Naturforschg. Bd. 2 b (1947) H. 3/4.

[33] Schneider, D.: Bioelektrische Erscheinungen am Nerv und ihre Registrierung. Industrie-Elektronik Bd. 2 (1954) S. 3/7.

[34] Seeliger, R.: Analogien und Modelle in der Physik. Studium generale Bd. 1 (1948) S. 125/37.

[35] Stöhr, Ph.: Lehrbuch der Histologie. Jena 1910.

[36] Tischner, H.: Die Fortpflanzungsgeschwindigkeit des Aktionsstroms im Internodium markhaltiger Nervenfasern. Z. Naturforschg. Bd. 9 b (1954) S. 654/59.

[37] Vilbig, F.: Lehrbuch der Hochfrequenztechnik. Leipzig 1944.

[38] Grey Walter, W.: The Living Brain. London 1953.

[39] Young, J. Z.: (Entdeckung der Riesenfaser). Proc. Roy. Soc., B 121 (1936) S. 319.

Informationstheoretische Behandlung des Gehörs[1].

Von **H. Fack,** Braunschweig.

Die Informationstheorie hat die Aufgabe, Aussagen über die *Leistungsfähigkeit* einer gegebenen Übertragungsanlage zu machen und ihre *Ausnutzung* durch die tatsächlich anfallende Menge von Nachrichten zu beurteilen, d. h. die Leistungsfähigkeit einer Anlage zu vergleichen mit der Leistung der Nachrichtenquelle, deren Signale sie übertragen soll [*40, 31*].

I. Grundbegriffe der Informationstheorie[2].

Man braucht vergleichbare Maße für die *Informationskapazität* $I_{\ddot{u}}$ der Anlage und den *Informationsstrom* I_q der Quelle. Bezeichnet man den in der Zeit T übertragenen Vorgang als Nachricht, so ist die Zahl $M_{\ddot{u}}$ von verschiedenen Nachrichten, die in dieser Zeit übertragen werden können, ein Maß für die Informationskapazität. $M_{\ddot{u}}$ hängt ab von der Maximalzahl von Elementarsignalen, die sich nach der Übertragung noch auflösen lassen, und der Zahl $m_{\ddot{u}}$ der unterscheidbaren Amplitudenstufen dieser Signale, d. h. der Zahl der verschiedenen Elementarsignale. Die Zahl der in der Zeit T maximal übertragbaren Impulse ist gleich $2\Delta f_{\ddot{u}} T$, wenn $\Delta f_{\ddot{u}}$ gleich der Bandbreite des Kanals ist [*36, 44, 20, 7*]. Die Zahl $M_{\ddot{u}}$ der verschiedenen übertragungsfähigen Nachrichten ist dann gleich $m_{\ddot{u}}^{2\Delta f_{\ddot{u}} T}$. Man benutzt nun nicht diese Zahl als Informationskapazität, sondern eine monotone Funktion von $M_{\ddot{u}}$. Geeignet ist der Logarithmus, im allgemeinen wählt man den Logarithmus zur Basis 2 (*ld*). Dann kann man das Maß für die Leistungsfähigkeit auf die Zeiteinheit beziehen und erhält damit für $I_{\ddot{u}}$ die von T unabhängige Größe

$$I_{\ddot{u}} = 2\Delta f_{\ddot{u}} \cdot l d\, m_{\ddot{u}}$$

Diese Definition von $I_{\ddot{u}}$ erhält eine anschauliche Deutung, wenn man die durch die Größen $\Delta f_{\ddot{u}}$ und $m_{\ddot{u}}$ gekennzeichnete Klasse von Anlagen repräsentiert durch das in Abb. 1 dargestellte Normalsystem. Der

---

[1] Dieser Beitrag ist außerhalb der Vortragsreihe, die diesem Buch zugrunde liegt, als Ergänzung zu dem vorangehenden Beitrag aufgenommen worden.

[2] Siehe hierzu Kapitel „Anwendung der Informationstheorie auf Impulsprobleme, S. 40 ff.

Übersetzer $\ddot{U}$ wandelt die $m_{\ddot{u}}$ verschiedenen, aus der Nachricht $\mathfrak{N}$ ausgewählten Zeichen (Amplitudenstufen) in eine $[ld\ m_{\ddot{u}}]$-stellige Dualzahl um, d. h. in $[ld\ m_{\ddot{u}}]$ Elementarsignale der Amplitude 0 oder 1 ($[ld\ m_{\ddot{u}}]$ = nächsthöhere ganze Zahl zu $ld\ m_{\ddot{u}}$, $ld\ m_{\ddot{u}} \leqq [ld\ m_{\ddot{u}}] < 1 + ld\ m_{\ddot{u}}$). Jedes dieser Zeichen wird über ein besonderes Kabel $\mathfrak{K}$ (Anzahl $[ld\ m_{\ddot{u}}]$) — alle haben dieselbe Bandbreite $\varDelta f_{\ddot{u}}$ — dem Empfänger zuge-

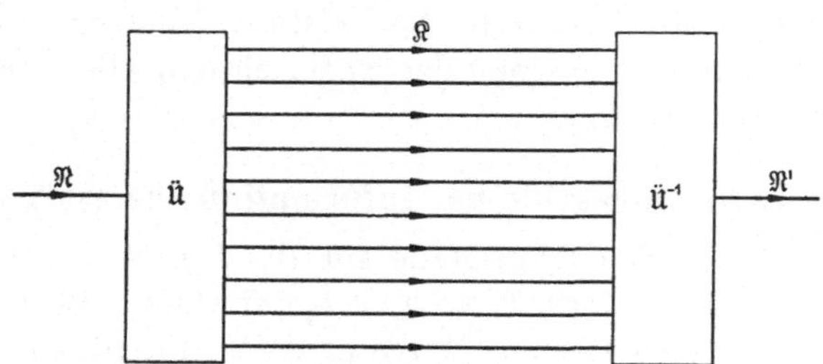

Abb. 1. Normalform einer durch die Bandbreite $\varDelta f$ und die Zeichenzahl m gekennzeichneten Übertragungsanlage. Der Übersetzer $\ddot{U}$ wandelt die aus der Nachricht $\mathfrak{N}$ ausgewählten m verschiedenen Zeichen (Amplitudenstufen) in eine $[ld\ m]$-stellige Dualzahl um. Jedes der $[l\ d\ m]$ Kabel $\mathfrak{K}$ überträgt mit der Bandbreite $\varDelta f$ gleichzeitig mit allen anderen ein Elementarsignal oder nichts (Zeichen 1 oder 0), dann können durch die Gesamtheit der Kabel $2^{[ld\ m]}$ ($\approx m$) verschiedene Zeichen (Dualzahlen, binary digits = bits) übertragen werden. Durch $\ddot{U}^{-1}$ wird die Dualzahldarstellung in die Nachricht $\mathfrak{N}'$ zurückübersetzt.

leitet. Dort wird in $\ddot{U}^{-1}$ die Rückübersetzung in die resultierende Nachricht $\mathfrak{N}'$ vorgenommen, $\mathfrak{N}'$ braucht nicht genau mit $\mathfrak{N}$ übereinzustimmen. Eine schematische Realisierung des Normalsystems zeigt Abb. 2. Jedes Kabel mit zugehöriger Eingangs- und Ausgangsschaltung kann nur zwei Zeichen, 0 oder 1, d. h. nichts oder ein Elementarsignal übertragen, seine Informationskapazität $I_{\ddot{u}\mathfrak{K}}$ ist also gleich $2\varDelta f_{\ddot{u}}$. Die Gesamtheit aller $[ld\ m_{\ddot{u}}]$ Kabel einschließlich $\ddot{U}$ und $\ddot{U}^{-1}$ kann dann in der Zeiteinheit $2^{2\varDelta f_{\ddot{u}}[ld\ m_{\ddot{u}}]} \approx m_{\ddot{u}}{}^{2\varDelta f_{\ddot{u}}}$ verschiedene Zeichen (Dualzahlen, binary digits, abgekürzt bits) übertragen. Die Informationskapazität $I_{\ddot{u}}$ der ganzen Anlage ist gleich $2\varDelta f_{\ddot{u}}\ [ld\ m_{\ddot{u}}]$.

Einer Nachrichtenquelle kann man ebenfalls eine Bandbreite $\varDelta f_q$ (Spektralanalyse) oder Zahl der in der Zeiteinheit ausgesandten Zeichen $1/\varDelta t_q = 2f_q$ und eine Zahl m_q von unterscheidbaren Amplitudenstufen oder Zeichen mit verschiedener Bedeutung zuordnen. Wenn nun in einem Kollektiv von gleichlangen Nachrichten alle $M_q = m_q{}^{2\varDelta f_q T}$ überhaupt möglichen verschiedenen Nachrichten gleichhäufig auftreten, so wird $I_{q\max} = 2\varDelta f_q\ ld\ m_q$ zu setzen sein. Im allgemeinen werden aber nicht alle verschiedenen Zeichen, also auch nicht alle verschiedenen Nachrichten gleichhäufig sein, vorausgesetzt, daß sie überhaupt eine statistische Gesamtheit (Kollektiv [42, 34, 59, 52]) bilden.

Man muß bei der Berechnung der Gesamtzahl M_q von Nachrichten das Gewicht jeder einzelnen Nachricht, d. h. ihre relative Häufigkeit in der statistischen Gesamtheit, berücksichtigen. Damit erhält man dann für nicht zu kurze Nachrichten für I_q näherungsweise [49, 40][1]

$$I_q = - 2\,\Delta f_q \sum_{k=1}^{m_q} w_k\, ld\, w_k \leqq 2\,\Delta f_q\, ld\, m_q = I_{q\,max}$$

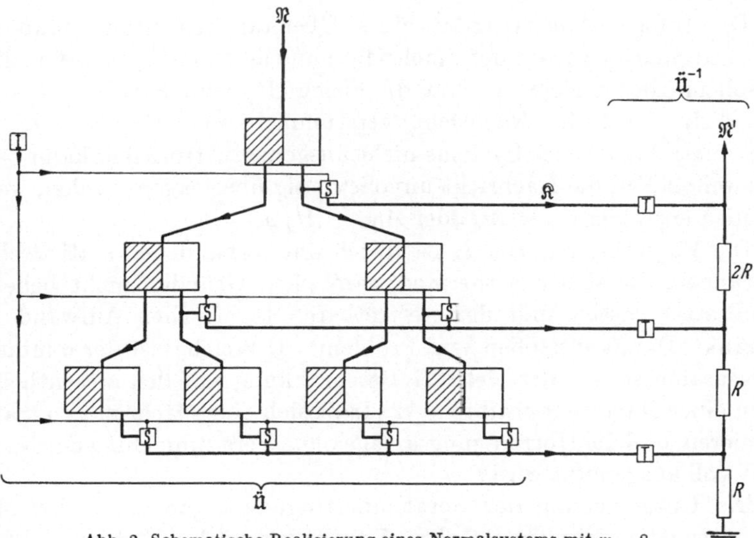

Abb. 2. Schematische Realisierung eines Normalsystems mit $m = 8$.

$\Re$ Kabel; — S Schalter; — T Trennstufe; — I Impulsgeber. Die Amplitudenweiche

wirkt folgendermaßen: Die Eingangsgröße F_e möge einen Wert zwischen den Extremwerten a und b annehmen, d. h. $a \leqq F_e \leqq b$, es sei $a \geqq 0$. Dann ist

$$F_1 = \begin{cases} F_e \text{ für } \dfrac{a+b}{2} < F_e \leqq b \\[2ex] 0 \text{ für } a \leqq F_e \leqq \dfrac{a+b}{2} \end{cases} \qquad F_2 = \begin{cases} 0 \text{ für } \dfrac{a+b}{2} < F_e \leqq b \\[2ex] F_e \text{ für } a \leqq F_e \leqq \dfrac{a+b}{2} \end{cases}$$

Wenn $F_1 \neq 0$ ist, öffnet der zugehörige Schalter S den Weg vom Impulsgeber I zum zugehörigen Kabel $\Re$. Von allen zu demselben Kabel gehörenden Amplitudenweichen kann das gleichzeitig nur bei einer Weiche eintreten. In jedem Kabel kann also stets nur ein Impuls konstanter Höhe oder kein Impuls auftreten. Alle Trennstufen T erzeugen unabhängig von der Ausgangsspannung aus dem Eingangsimpuls einen Stromimpuls der Höhe J. Wenn der die Nachricht $\Re$ repräsentierende Vorgang F so normiert wird, daß $0 \leqq F \leqq 7$ ist, so ergibt sich z. B. für $F = 5$ ein Impuls im 1. Kabel, kein Impuls im 2. Kabel und gleichzeitig mit dem ersten ein Impuls im 3. Kabel. Das läßt sich symbolisch durch die Ziffernfolge 1 0 1, die Dualzahldarstellung von 5, zum Ausdruck bringen. Am Ausgang entsteht eine Spannung $4RJ + RJ = 5RJ$ als ausgangsseitige Repräsentation der Zahl 5 (Nachricht $\Re'$).

---

[1] Die Klasse gleich wahrscheinlicher Nachrichten aus N_j Elementarsignalen der j-ten Art ($j = 1, 2, ..., m_q$) enthält

$$\frac{N!}{N_1!\, N_2! \cdots N_{m_q}!} \qquad (N = 2\,\Delta f_q\, T)$$

verschiedene Nachrichten. Die relative Häufigkeit einer Nachricht dieser Klasse ist gleich

$$w_1^{N_1} \cdot w_2^{N_2} \cdots w_{m_q}^{N_{m_q}},$$

wenn w_k die relative Häufigkeit des k-ten der m_q verschiedenen statistisch unabhängigen Elementarsignale bezeichnet $\left(\sum\limits_{k=1}^{m_q} w_k = 1 \right)^{\mathbf{1}}$. Das Gleichheitszeichen gilt nur für $w_1 = w_2 = \ldots = w_{m_q} = 1/m_q$ (Gleichhäufigkeit aller Stufen).

Die Informationskapazität eines Übertragungssystems muß auf den Informationsstrom der Nachrichtenquelle abgestimmt sein, d. h. $I_{\ddot{u}}$ soll möglichst gleich I_q und $\Delta f_{\ddot{u}}$ gleich Δf_q sein. Für $I_{\ddot{u}} < I_q$ oder $\Delta f_{\ddot{u}} < \Delta f_q$ wird die Nachricht verstümmelt und für $I_{\ddot{u}} > I_q$ die Leistungsfähigkeit des Systems nicht ausgenutzt, trotzdem kann auch im zweiten Fall die Nachricht unvollständig übertragen werden, wenn nämlich entweder $m_{\ddot{u}} < m_q$ oder $\Delta f_{\ddot{u}} < \Delta f_q$ ist.

Die Vergrößerung von $I_{\ddot{u}}$ ist durch die vorhandenen statistischen Störungen, die sich aus thermodynamischen Gründen nicht beliebig herabsetzen lassen, und den vertretbaren technischen Aufwand beschränkt. Damit entstehen zwei Probleme: 1. Welches ist der minimale Informationsstrom, der sich bei Beschränkung auf den wesentlichen Kern einer Nachricht ergibt? — 2. Läßt sich eine Nachricht so transformieren, daß die Übertragungsanlage ohne Verstümmelung der Nachricht voll ausgenutzt wird?

Die Untersuchung der Sprachübertragung ergab z. B., daß sich die notwendige Bandbreite ohne Herabsetzung der Verständlichkeit

---

die relative Häufigkeit der Klasse also gleich

$$N! \prod_{j=1}^{m_q} \frac{w_j^{N_j}}{N_j!} .$$

Für nicht zu kleine N sind diese Häufigkeiten fast alle verschwindend klein, mit Ausnahme derjenigen, für die $N_j \approx w_j N$ ist, so daß also die Zahl M_q^* von Nachrichten, deren relative Häufigkeit nicht verschwindend klein ist, gleich

$$\frac{N!}{\prod\limits_{j=1}^{m_q} (w_j N)!}$$

zu setzen ist. Dann ist $\operatorname{ld} M_q^* = \operatorname{ld} N! - \sum\limits_{j=1}^{m_q} \operatorname{ld} (w_j N)!$

$$\approx N \operatorname{ld} N - \sum_{j=1}^{m_q} w_j N \operatorname{ld} (w_j N) = - \sum_{j=1}^{m_q} w_j \operatorname{ld} w_j$$

($M_q^* =$ Zahl der praktisch fast allein vorkommenden Nachrichten).

[1] Die Definition von I_q läßt sich formal auch auf den Fall statistisch abhängiger Elementarsignale übertragen, wenn also die relative Häufigkeit eines Signals von der Wahl seines Vorgängers abhängt, da sich diese Abhängigkeit auf das Spektrum und damit auf die Bandbreite Δf_q auswirkt. Die direkte Berechnung von I_q für diesen Fall bildet einen wesentlichen Teil der Shannonschen Untersuchungen [49].

erheblich verringern läßt (Analysis-Synthesis-Telephonie [*41*]) und daß
2 Amplitudenstufen ausreichen [*40*]. Die Bemühungen um die Lösung
des zweiten Problems führten zur Ermittlung der Zeichenform, durch
die die verfügbare Bandbreite maximal ausgenutzt wird (GABOR [*20*]),
und dazu, die Nachrichtenelemente aus solchen Zeichen derart aufzubauen (Codierung), daß die verfügbaren Amplitudenstufen maximal
ausgenutzt, d. h. gleichhäufig besetzt werden (SHANNON [*49*]). Der
Abstand der Stufen richtet sich nach der gewünschten Sicherheit der
Übertragung, d. h. nach dem erforderlichen Störabstand, ihre Zahl
nach der verfügbaren oder zulässigen Spitzenleistung.

Das Kriterium dafür, wann die Informationskapazität einer Anlage
ausreichend ist, ergibt sich bei den technischen und den aus Rezeptoren,
Nervenbahnen und Effektoren bzw. dem Gehirn bestehenden biologischen Übertragungssystemen letzten Endes aus der Forderung, daß
die den Empfänger erreichende Nachricht genügend bestimmt und
differenziert ist, damit alle notwendigen oder gewünschten Effekte
ausgelöst werden können.

Die biologisch bedeutsamen Informationsströme besitzen durchweg
eine von der Gleichhäufigkeit abweichende Verteilung der Zeichen-
häufigkeiten, so daß $I_q < I_{q\,max}$ ist. Da aber die wesentlich von Null
verschiedenen w_k im allgemeinen in der Nähe eines Schwerpunktes w_{ko}
liegen, der sich mit der Zeit relativ langsam ändert, so genügt es, wenn
das Übertragungssystem jeweils nur diesen Bereich in der Umgebung
des Schwerpunktes überträgt, ohne daß wesentliche Informationen
verloren gehen. Diese besonders vom Auge bekannte Erscheinung der
Adaption ermöglicht die Übertragung eines sehr großen Amplituden-
bereichs, ohne daß die Informationskapazität übermäßige Werte annimmt. Bezogen auf diesen Bereich ist $I_q' = I_{q'max}$ und es kann
$I_{\ddot u} = I_q'$ sein. $I_{\ddot u}$ darf, wenn die Kapazität des Systems ausreichend sein
soll, nicht kleiner als der maximale Informationsstrom mit gleich-
häufig besetzten Amplitudenstufen sein.

II. Informationskapazität einer einzelnen Nervenfaser.

Bei der Betrachtung von Abb. 1 kann die Vermutung auftauchen,
daß Nerven mit ihren Fasern, durch die nur Signale von einheitlicher
Form oder kein Signal (Alles- oder Nichts-Gesetz) übertragen werden,
ein solches Normalsystem darstellen. Dagegen spricht aber 1. daß die
Realisierung der Übersetzer $\mathfrak{u}$ und $\mathfrak{u}^{-1}$ mit biologischen, d. h. nicht-
technischen Mitteln kaum vorstellbar ist (vgl. Abb. 2), und 2. daß eine
hinreichende Betriebssicherheit nur gegeben ist, wenn alle einem bestimmten Stellenwert der Dualzahl zugeordneten Kabel $\mathfrak{K}$ (Fasern)
mehrfach besetzt sind, da durch Ausfall einer Faser die Nachricht total

verändert werden kann. In Abs. IIIc) auf S. 298 und Kap. IV wird jedoch gezeigt werden, daß biologische Übertragungssysteme trotzdem oft nach Art des Normalsystems aufgebaut sind, wenn auch nicht auf dualer Basis.

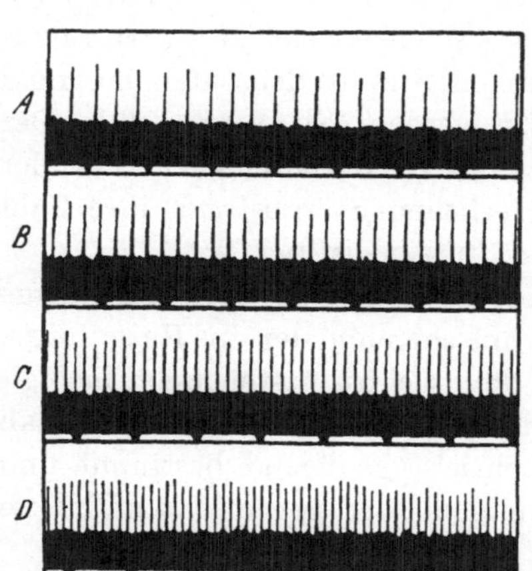

Abb. 3. Aktionsströme einer einzelnen sensiblen Nervenfaser aus dem Carotis sinus. A Sinusdruck 40 Torr, B Sinusdruck 80 Torr, C Sinusdruck 140 Torr, D Sinusdruck 200 Torr. Zeitmarke 0,2 sek (nach BRONK u. STELLA).

In dem Normalsystem haben die von einer Faser übertragenen Signale allein keine Bedeutung im Sinn einer Nachricht, erst die Gesamtheit der Signale aller Fasern repräsentiert eine Nachricht. Nun ist von BRONK und STELLA [43] nachgewiesen, daß durch eine einzelne Faser Nachrichten übertragen werden. Sie haben die Aktionsspannungen einer Faser des Carotis-sinus-Nerven registriert bei verschiedenen Drucken, die in einem isolierten Stück aus der Umgebung des sinus der Carotis (Kopfschlagader) von außen erzeugt waren (Abb. 3). Man erkennt deutlich, daß die Impulsfrequenz f_i mit steigendem Druck zunimmt (Impulsfrequenzmodulation). Abb. 4 zeigt die Auswertung von Abb. 3: in a) ist die mittlere Impulsfrequenz $\overline{f_i}$ und in b) die Streuung $\sigma = \sqrt{\overline{(f_i - \overline{f_i})^2}}$ als Funktion des Druckes p dargestellt.

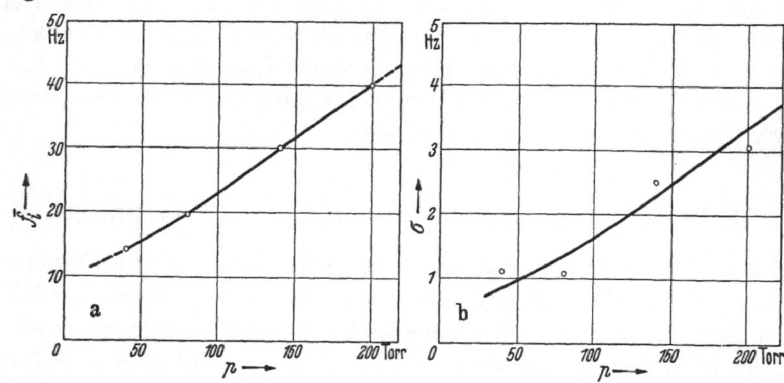

Abb. 4. Auswertung von Abb. 3. $\overline{f_i}$ = mittlere Impulsfrequenz, $\sigma = \sqrt{\overline{(f_i - \overline{f_i})^2}}$ = Streuung.

$\overline{f_i}$ und σ steigen im Meßbereich etwa linear mit dem Druck p an, σ ist etwa 8% von $\overline{f_i}$. Der Frequenz der Aktionsimpulse läßt sich nur ein Druckintervall der Breite 2σ zuordnen. Wenn σ über den ganzen

Bereich $0 \leq p \leq p_0$ konstant wäre, würden sich $m = \dfrac{f_i(p_0)}{2\sigma}$ unterscheidbare Druckstufen ergeben. Für nichtkonstantes σ ergeben sich allgemein

$$m = \frac{f_i(p_0)\, p_0}{2 \int\limits_0^{p_0} \sigma(p')\, dp'}$$

unterscheidbare Druckstufen. Man erhält ungefähr für $\overline{f_i} \approx a\,p$, $\sigma \approx b\,p$; $a \approx 22{,}5 \cdot 10^{-2}$ Hz/Torr, $b \approx 1{,}75 \cdot 10^{-2}$ Hz/Torr

$$m \approx \frac{a}{b} \approx 13.$$

Dieses m ist die in die Berechnung der Informationskapazität einer Faser eingehende Zahl von unterscheidbaren Amplitudenstufen[1]. Die zweite, die Leistungsfähigkeit des Übertragungssystems Druckrezeptor-Nervenfaser kennzeichnende Größe, die Bandbreite Δf, müßte aus Messungen mit sinusförmigen Druckänderungen (Frequenzgang) oder sprunghaft geändertem Druck (Übergangsfunktion) bestimmt werden. Solche Messungen liegen nicht vor. Man kann aber in Übereinstimmung mit der Bandbreite anderer Rezeptoren annehmen, daß Δf höchstens gleich 10 Hz ist. Damit würde sich eine Informationskapazität $I = 2\Delta f\, ld\, m < 74$ Informationseinheiten/s ergeben. Diese Kapazität wird im Gesamtsystem der Kreislaufregelung bei weitem nicht ausgenutzt. Man kann aus der Übergangsfunktion des aufgeschnittenen Regelkreises (s. [46] S. 108, Abb. 91 und [35]) entnehmen, daß das ganze Übertragungssystem eine Bandbreite von $\Delta f \approx 10^{-2}$ Hz hat. Die Nachricht läuft zunächst über die Nervenbahn von den Druckrezeptoren im Carotis sinus (als Nachrichtenquelle) zur Zentralschaltstelle, von dort zu den Strömungsdrosseln der Organe. Dort erfolgt ein Übergang der Nachricht auf die Blutstromstärke, nach einer weiteren Umwandlung in einen zugeordneten Druck in der Kreislaufpumpe (Herz) kehrt sie zum Carotis sinus und den Druckrezeptoren (als Nachrichtenempfänger) zurück. Die Zahl der unterscheidbaren Amplitudenstufen kann sich im Laufe des langen Weges mit dem mehrfachen Wechsel des Nachrichtenträgers (Nervenimpulse, Blutstrom, Blutdruck) nur verringern, so daß sich für die Kapazität des ganzen Übertragungssystems bei Übertragung der Nachricht durch eine Faser der Nervenbahn

$$I^{(1)} = 2\, \Delta f\, ld\, m \leq 2 \cdot 10^{-2} \cdot ld\, 13/\text{sek} = 0{,}074/\text{sek}$$

ergibt. Es ist zu beachten, daß es sich bei dieser Betrachtung um einen hypothetischen Grenzfall handelt, der die Grundlage bildet für die Abschätzung der Kapazität des vollständigen Systems, bei dem die ganzen Nerven und alle Muskelfasern bei der Übertragung der Nachricht zusammenwirken.

---

[1] Die Indizes $\ddot{u}$ und q sind im folgenden weggelassen.

III. Informationskapazität des ganzen Nerven.

Die Informationskapazität eines Systems, das sich in Teilsysteme zerlegen läßt, denen einzeln eine Informationskapazität zugeordnet werden kann, hängt in starkem Maße von der Art der Wechselwirkung der Teilsysteme ab. Im folgenden sollen 4 Grenzfälle zusammengesetzter Systeme besprochen werden.

a) Das Übertragungssystem von Druckwerten von den Druckrezeptoren über die Nervenbahn zu den Effektoren, den Muskeln, mit deren Hilfe der Strömungswiderstand verstellt wird, könnte als *Häufung* gleichwirkender Systeme angesehen werden, denn jede Faser könnte dieselbe Nachricht übertragen, da alle Rezeptoren denselben Druck messen. Im Prinzip wäre dann eine einzelne Faser ausreichend, wenn durch sie der ganze Muskel erregt würde. Die Informationskapazität des zusammengesetzten Systems wäre gleich der Kapazität jedes Teilsystems, d. h. gleich der Kapazität einer einzelnen Faser ($I^{(1)}$). Bei dieser Überlegung ist angenommen, daß die statistische Störung, die zu einer Streuung der korrespondierenden Druckwerte führt und damit die Größe der Amplitudenstufen bestimmt, gleichartig in jedem Teilsystem vorhanden ist. Wenn dagegen die Teilsysteme relativ störungsfrei sind, die wesentliche Störung aber erst im Empfänger hinzutritt, so ergibt die Häufung eine Erhöhung der Informationskapazität, da das Verhältnis Signalamplitude zu Störamplitude dann N-mal so groß ist wie bei einer einzelnen Faser, wenn N gleich der Zahl der Fasern ist. Die Zahl der unterscheidbaren Amplitudenstufen ist dann ebenfalls N-mal so groß wie die Zahl $m^{(1)}$ der einzelnen Faser, also gleich $Nm^{(1)}$. Die Informationskapazität des ganzen Systems ist infolgedessen gleich

$$ I = 2\,\Delta f\,ld\,Nm^{(1)} = 2\,\Delta f\,(ld\,m^{(1)} + ld\,N) = I^{(1)}\left(1 + \frac{ld\,N}{ld\,m^{(1)}}\right). $$

Der primitive Grenzfall der Häufung mit $I = I^{(1)}$ liegt im Ohr bei der Übertragung „eintöniger" Nachrichten über 800 Hz näherungsweise vor (s. Abs. IV d) auf S. 316).

b) Bei dem System Rezeptor-Nerv-Muskel ergibt sich beim Übergang vom Nerv zum Muskel eine *Überlagerung* der Teilnachrichten. Am einfachsten ist das im Fall des quergestreiften Muskels zu übersehen. Bei diesen Muskeln wird jede Faser von einer zugehörigen Nervenfaser erregt [46]. Jeder Nervenimpuls löst in ihr eine über die Faser fortschreitende Aktion (lokale Verkürzung) aus. Wenn die Nervenimpulse so schnell aufeinander folgen, daß die Muskelfaser an 2 Stellen erregt ist, ergibt sich die doppelte Gesamtverkürzung. Mit wachsender Impulsfrequenz wächst die Gesamtverkürzung, d. h. es ergibt sich eine Umwandlung der Impulsfrequenzmodulation in eine Amplitudenmodulation. Die Verkürzungen der einzelnen Muskelfasern überlagern sich zu einer resultierenden Verkürzung des ganzen Muskels. Wenn nun die statistischen Streuungen der Impulsfrequenzwerte der einzelnen Nervenfasern, bei gleicher mittlerer Frequenz für alle oder eine Gruppe von Fasern, wenigstens näherungsweise unabhängig voneinander sind, so resultiert eine Gesamtstreuung, die gleich dem $1/\sqrt{N}$-fachen der Einzelstreuung ist ($N =$ Zahl der Fasern). Damit erhöht sich die Zahl der unterscheidbaren Amplitudenstufen auf das $\sqrt{N}$-fache. Das heißt, es ist

$$I = 2\,\Delta f\,ld\,m^{(1)}\,\sqrt{N} = I^{(1)}\left(1 + \frac{ld\,N}{2\,ld\,m^{(1)}}\right).$$

Bei dieser Überlegung wurde von dem unstetigen Charakter der Muskelaktion als Antwort auf die Nervenimpulse abgesehen.

c) Eine weitere Form der Zusammensetzung von Teilsystemen soll als *Koordination* bezeichnet werden. Registriert man z. B. die Aktionen am Ort einer einzelnen Faser des Biceps bei steigender willkürlicher Anspannung (s. [*46*] S. 307) mit Hilfe der sie begleitenden elektrischen Impulse, so ergeben sich bei kleiner Innervation zunächst Impulse wachsender Frequenz der Faser, zu denen bei stärkerer Anspannung Impulse anderer Fasern hinzukommen. Man muß annehmen, daß auf den Eingang des Systems aller Nervenfasern eine einheitliche Nachricht wirkt, ähnlich wie auf alle Rezeptoren des Druckregulationssystems der gleiche Druck. Man sollte also erwarten, daß auch alle Fasern gleichzeitig mit derselben mittleren Impulsfrequenz erregt werden. Dann kann aber die am Muskel beobachtete Erscheinung nicht eintreten, es müßten auch dort alle Fasern zugleich erregt werden. Es muß also so sein, daß zunächst nur einzelne Rezeptoren und Nervenfasern ansprechen, daß sie also durch ihre Aktion die Aktionen benachbarter Rezeptoren und Fasern erschweren. Erst bei hinreichend gesteigerter Eingangsgröße kommen auch weitere Fasern ins Spiel, bis schließlich das ganze System erregt und damit gesättigt ist.

Für hinreichend große $m^{(1)}$ und N wird der Meßbereich näherungsweise auf den N-fachen Wert gesteigert und folglich auch die Zahl der Amplitudenstufen, so daß also

$$I = 2\Delta f\,ld\,Nm^{(1)} = I^{(1)}\left(1 + \frac{ld\,N}{ld\,m^{(1)}}\right)$$

ist. Durch Überlagerung im Erfolgsorgan kann sich dieser Wert noch auf

$$I = I^{(1)}\left(1 + \frac{3\,ld\,N}{2\,ld\,m^{(1)}}\right)$$

erhöhen.

Genau ergibt sich eine Steigerung der Amplitudenstufen auf

$$m = (m^{(1)} - 1)\,N + 1,$$

denn jede Faser kann außer der Null $m^{(1)} - 1$ Stufen übertragen, jede weitere Faser überträgt, wenn die erste gesättigt ist, weitere $m^{(1)} - 1$

Stufen, alle N-Fasern zusammen also $(m^{(1)} - 1)\,N$-Stufen. Dazu kommt einmal die Amplitude Null, damit ergibt sich als Gesamtzahl m der angegebene Wert.

Bei dieser Überlegung ist angenommen, daß der Einflußbereich jeder Faser sich auf alle anderen erstreckt, so daß bei kleinen Eingangsamplituden die Aktion einer Faser die aller anderen unterdrückt. Wenn sich dieser Einflußbereich nur auf einen Teil der Fasern erstreckt, kann man die Kopplung durch eine Konstante c beschreiben und ansetzen

$$m = (m^{(1)} - 1)\,N^c + 1$$

$c = 1$ würde den oben betrachteten Fall vollständiger Kopplung bedeuten, während für $c = 0$ mit $m = m^{(1)}$ der Fall primitiver Häufung vorliegen würde.

Man kann diese einfache Koordination als unvollständige Codierung mit Hilfe von Zahlen zur Basis m auffassen. Bei zwei möglichen Zuständen der Fasern ($m = 2$) würde sich bei 4 Fasern folgende schematische Darstellung aller möglichen Erregungszustände des Gesamtsystems ergeben

$$\begin{array}{c} \uparrow \\ \text{Fasern} \\ \downarrow \end{array} \quad \begin{array}{l} 0\ 1\ 1\ 1\ 1 \\ 0\ 0\ 1\ 1\ 1 \\ 0\ 0\ 0\ 1\ 1 \\ 0\ 0\ 0\ 0\ 1 \end{array}$$

$$\rightarrow p$$

In diesem Schema stellt jede Zeile den Erregungszustand der einzelnen Fasern dar, mit wachsender Spaltennummer wächst die Gesamterregung (p). Die Spalten sind ein Ausschnitt aus der Menge aller 4stelligen Dualzahlen. Die 16 verschiedenen Möglichkeiten sind in dem folgenden Schema dargestellt, in dem das erste Schema durch Hervorhebung gekennzeichnet ist.

Spaltennr.	1	2	3	4	5	6	7	8	9	10	11	12	13	14	15	16
Fasern (Dualzahl)	0	1	0	0	0	1	1	1	0	0	0	1	1	1	0	1
	0	0	1	0	0	1	0	0	1	1	0	1	1	0	1	1
	0	0	0	1	0	0	1	0	1	0	1	1	0	1	1	1
	0	0	0	0	1	0	0	1	0	1	1	0	1	1	1	1
Dezimalzahl	0	1	2	4	8	3	5	9	6	10	12	7	11	13	14	15

Die auf eine hervorgehobene Spalte (z. B. Spalte 6) folgenden (Spalte 7—11) repräsentieren dieselbe Gesamterregung. Es ist anzunehmen, daß bei einem System aus gleichwertigen Gliedern, diese verschiedenen Zustände im Laufe der Zeit (bei konstanter Eingangsgröße) untereinander wechseln, so daß jedes Teilsystem gleichmäßig beansprucht wird. Der Wechsel kann durch Ermüdungserscheinungen hervorgerufen werden. Anders ist es, wenn die Teilsysteme eine Hierarchie nichtgleichwertiger Glieder bilden, dann sind alle 16 Erregungszustände als voneinander verschieden anzusehen und es würde sich als Informationskapazität des Gesamtsystems ergeben

$$I = 2 \Delta f \, ld \, m^{(1)N} = N \, I^{(1)}$$

Es ist möglich, daß die von v. HOLST untersuchte „relative Koordination" [25], auf deren Zusammenhang mit der Gestaltwahrnehmung LEYHAUSEN [7] hingewiesen hat, sowie die das Denken repräsentierenden Prozesse im Gehirn [10, 11] in diese Gruppe der strukturierten Systeme fallen.

d) Als letzte Gruppe sei die *Vereinigung* von Systemen, die Nachrichten verschiedener Qualität übertragen, besprochen. Die Grundqualität einer Nachricht (Größenart, z. B. Blutdruck) ist durch die Auswahleigenschaft der Rezeptoren und die ihnen fest zugeordneten Fasern gegeben. Die Qualität wird durch das Übertragungssystem definiert, jedes Signal, das dem Empfänger über ein bestimmtes Übertragungssystem zugeleitet wird, wird als Nachricht über die dem System zugeordnete Größe interpretiert (Lehre von den spezifischen Sinnesenergien [12]). Die Nachricht braucht infolgedessen nur Aussagen über die Quantität (Größenwert) zu enthalten.

Vereinigt man formal zwei verschiedene, isolierte Systeme, z. B. die Systeme verschiedener Sinnesorgane, zu einem System, so wird sich die Informationskapazität I des Gesamtsystems additiv aus den Kapazitäten I_1 und I_2 der Einzelsysteme zusammensetzen: $I = I_1 + I_2$, da jede Nachricht des einen Systems mit einer beliebigen des anderen kombiniert werden kann. Das gilt allerdings nur, solange die Systeme vollständig unabhängig voneinander sind.

In geringem Maße beeinflussen sich auch die Nachrichten sehr verschiedener Sinnesorgane, sie können sich gegenseitig verdecken, miteinander verschmelzen oder umgedeutet werden. In besonders starkem Maße tritt das dann ein, wenn es sich um eng verwandte Qualitäten, wie verschiedene Farben oder Töne verschiedener Tonhöhe, handelt. In diesem Fall sind Qualitäts- und Quantitätsunterschiede schwer voneinander zu trennen, die gegenseitige Beeinflussung verschiedener Qualitäten kann nicht mehr vernachlässigt werden.

Ein besonders instruktives und vielfältig untersuchtes Beispiel bietet das Übertragungssystem für Schallnachrichten, das Gehör. Eine große Gruppe von Erscheinungen, die bei diesem Organ auftreten, lassen sich deuten, wenn man annimmt, daß das System durch Vereinigung einer großen Zahl von relativ isolierten Teilsystemen (Resonatoren) gebildet wird (HELMHOLTZ [24][1]). Nach dieser Theorie ist

---

[1] HELMHOLTZ weist [24] S. 243 auf die Verwandtschaft seiner Theorie mit der MÜLLERschen Lehre von den spezifischen Sinnesenergien hin.

das Ohr ein Tonspektrometer, in dem durch eine Frequenzweiche das ankommende Frequenzgemisch auf eine Reihe von getrennten Kanälen verteilt wird. Die Intensität in jedem Kanal wird gemessen und dem Empfänger (Gehirn) zugeleitet.

Die Informationskapazität des Gesamtsystems ist dann gleich der Summe der Kapazitäten der einzelnen Resonatoren. Wenn der k-te Resonator die Bandbreite Δf_k hat, seine Resonanzfrequenz sei gleich f_k, und wenn im k-ten System (Kanal) $m(f_k)$ Amplitudenstufen unterschieden werden können, so ist

$$I_r = \sum_{k=1}^{\mu} 2\Delta f_k \, ld \, m(f_k)$$

(μ = Anzahl der Kanäle). Im Intervall der Breite df in der Umgebung der Frequenz f sind $df/\Delta f$ Kanäle vorhanden. Damit kann man die Summe näherungsweise durch ein Integral ersetzen und erhält

$$I_r = \int_{f_1}^{f_2} 2\Delta f \, ld \, m(f) \, \frac{ld f}{\Delta f} = 2 \int_{f_1}^{f_2} ld \, m(f) \, df$$

f_1, f_2 = Frequenzgrenzen des Hörbereichs.

Die Zahl der unterscheidbaren Intensitätsstufen $m(f)$ zwischen der Hörschwelle und der Fühlschwelle (120 phon nach Fletcher und Munson [16]) als Funktion der Frequenz f zeigt Abb. 8. Durch graphische Integration erhält man mit diesen Werten $I_r = 3,3 \cdot 10^5$ Informationseinheiten/sek.

IV. Informationskapazität des Ohres.

Die am Ende von Abs. III d) durchgeführte Berechnung der Informationskapazität des Ohres setzt voraus, daß die Teilsysteme (Resonatoren) hinreichend unabhängig sind, so daß sie sich bei gleichzeitiger Erregung wenig beeinflussen, und daß ihre Bandbreite Δf mit der kürzesten zulässigen Impulsdauer Δt, d. h. der Zahl der in der Zeiteinheit übertragbaren Zeichen $1/\Delta t$, durch die Unschärferelation der Nachrichtentechnik $2\Delta t \Delta f = 1$ verknüpft ist. Beides ist nicht der Fall. Im folgenden soll diese Kapazität unter ausschließlicher Verwendung experimenteller Daten berechnet werden.

Zunächst muß geklärt werden, für welchen Teil des Gesamtsystems die Berechnung durchgeführt werden soll. Wenn man den gesamten Nachrichtenstrom in einem bestimmten Querschnitt des Hörnerven registrieren könnte, wäre es möglich, die Kapazität des Teilsystems zu bestimmen, das den Luftschall in Nervenimpulse umsetzt. Die vorhandenen Experimente dieser Art [54, 55] reichen jedoch nicht aus, diese Kapazität zu berechnen.

Quantitative Ergebnisse, die eine einigermaßen befriedigende Abschätzung der Informationskapazität zulassen, liegen nur vor für das Gesamtsystem vom Luftschall bis zum endgültigen Empfänger, dem Bewußtsein. Die Vorgänge im Bewußtsein lassen aber wegen dessen beschränkter Aufnahmefähigkeit und Beständigkeit keine dauerhafte Registrierung zu, die genügend genau analysierbar ist. Man kann also nur so vorgehen, daß man aus der Registrierung von hinreichend einfachen Teilvorgängen (z. B. einfache Töne) im Bewußtsein auf Vorgänge in einer hypothetischen letzten physiologischen Station vor dem Übergang ins Bewußtsein schließt und annimmt, daß an dieser Stelle alle aus einfachen Ereignissen und ihrer gegenseitigen Beeinflussung erschlossenen verschiedenen möglichen Nachrichten grundsätzlich registrierbar sind.

Für die Berechnung der Informationskapazität des Ohres müssen 2 Komplexe von Beobachtungen in Erwägung gezogen werden: 1. Die Untersuchung der Schwellen unterscheidbarer Intensitäten (ΔJ) und Tonhöhen (Δf) und 2. das zeitliche Verhalten des Ohres gegenüber kurzen Impulsen (Tonkennzeit) und langdauernder Belastung (Adaption) und ihr Einfluß auf die beiden Schwellen.

a) *Intensitätsschwellen* sind wiederholt gemessen worden [*33, 5*]. Dabei ergab sich, daß ΔJ von der Frequenz f unabhängig ist[1]. Die Werte von ΔJ werden kleiner, wenn der Meßton dem Ohr länger als 1 sek dargeboten wird (Adaption, s. Absatz f) auf S. 320), sie wachsen wenn die Lautstärke noch nicht ihre volle Höhe erreicht hat (s. Absatz e) auf S. 318). Die Messungen sollen 0,2—0,5 sek dauern, Meßzeiten von etwa 10 sek ergeben noch keine wesentlichen Fehler. Den folgenden Berechnungen werden Messungen von ZWICKER [*65*] zugrundegelegt, die mit einem registrierenden Audiometer hinreichend schnell durchgeführt wurden[2]. Obgleich die Messungen von ZWICKER nur an einer Versuchsperson vorgenommen wurden, wurden sie den älteren Messungen von ZWICKER und KAISER [*64*] (8 Versuchspersonen) vorgezogen, weil an demselben Objekt auch Messungen mit Verdeckung durch weißes Rauschen durchgeführt wurden, so daß sich beide Meßreihen ohne besondere Schwierigkeiten vergleichen lassen. Von ZWICKER wurde der eben merkliche Amplitudenmodulationsgrad m bestimmt, daraus ergibt sich die relative Laustärkeunterschiedsschwelle $\Delta J/J = 4\,m\,(1+m)$. Wie v. BÉKÉSY [*5*] gezeigt hat, muß $\Delta J/J$ frequenzunabhängig sein. Die über alle Frequenzen gemittelten Werte sind in Abb. 5 als Funktion

---

[1] Die Meßmethode von RIESS [*47*] ist nicht zulässig, wie v. BÉKÉSY [*5*] gezeigt hat (s. a. [*45*]).

[2] Es ist möglich, daß für Frequenzen unter 100 Hz die Meßzeiten — bezogen z. B. auf das zugehörige Intervall der Phasengrenzfrequenz — so lang werden, daß beginnende Adaption nicht mit Sicherheit ausgeschlossen ist.

der relativen Lautstärke J/J_0 ($J_0 =$ Hörschwelle) dargestellt. Der Wert für $J/J_0 = 1$ ergibt sich aus folgender Überlegung: Die Hörschwelle ist die erste Schalldruckschwelle, d. h. es ist $\Delta p = p_0$ ($p_0 =$ Schalldruck an der Hörschwelle), da der Schalldruck p und nicht die absorbierte Energie J wesentlich ist, sonst müßte $\Delta J = J_0$ sein.

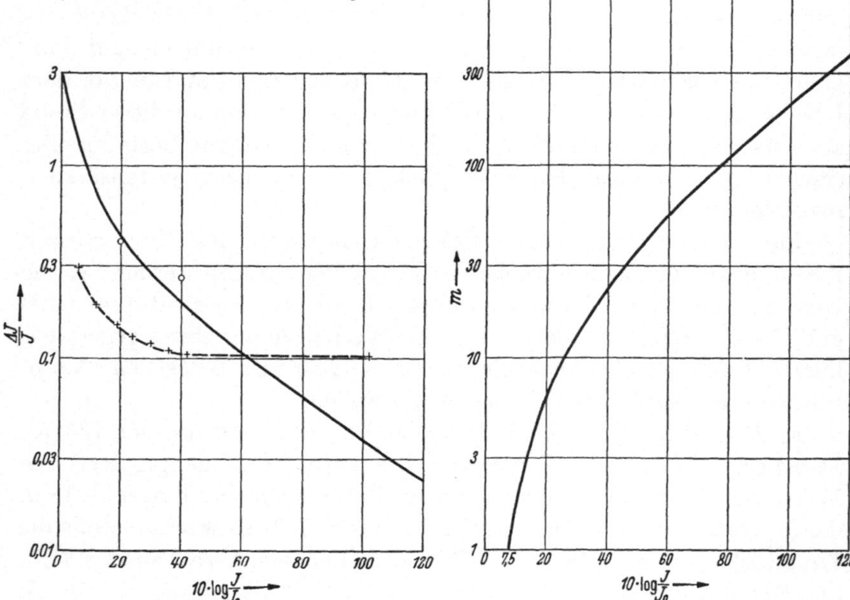

Abb. 5. Lautstärkeunterschiedsschwelle ΔJ als Funktion der Lautstärke J (zweiohrig). $J_0 =$ Hörschwelle, ausgeglichene Werte nach Messungen von ZWICKER; — O Messungen von V. BÉKÉSY + − — — + Messungen von KNUDSEN (Mittelwerte).

Abb. 6. Zahl m der Stufen unterscheidbarer Lautstärken ΔJ zwischen der Lautstärke J und der Hörschwelle J_0;

$$m\,(J) = \int_{J_0}^{J} \frac{d\,J'}{\Delta\,J}.$$

Damit ist dann $(\Delta J/J)_0 = 2\cdot(\Delta p/p)_0 + (\Delta p/p)_0^2 = 3$. Zum Vergleich sind in Abb. 5 zwei Meßwerte von V. BÉKÉSY und die gemittelten Werte von KNUDSEN eingetragen.

Im Intervall $d J'$ liegen $d J'/\Delta J$ Intensitätsstufen, so daß sich zwischen J_0 und J

$$m\,(J) = \int_{J_0}^{J} \frac{d J'}{\Delta J} = 2{,}3 \int_{0}^{\log\frac{J}{J_0}} \frac{J'}{\Delta J}\, d \log \frac{J'}{J_0}$$

Stufen ergeben. Die durch numerische Integration gewonnenen Werte $m\,(J)$ sind in Abb. 6 als Funktion von $10 \log J/J_0$ dargestellt.

Wenn man in $m(J)$ für J den von der Frequenz f abhängigen, zu einem gegebenen Phon-Lautheitsverhältnis gehörenden Wert aus den Kurven gleicher Lautheit von FLETCHER und MUNSON [16] einsetzt

(Abb. 7), erhält man die in Abb. 8 dargestellte Schar von Kurven $m\left(f, \dfrac{L}{L_0}\right)$ der Zahl der Intensitätsschwellen zwischen der Hörschwelle $(J_0 = L_0)$ und der gegebenen Lautheit L als Funktion von f mit $10 \log L/L_0$ (phon) als Parameter.

STEVENS und DAVIS [54] haben versucht, die Zahl der unterscheidbaren Intensitätsstufen zu dem Sone-Lautheitsverhältnis (L_S) in

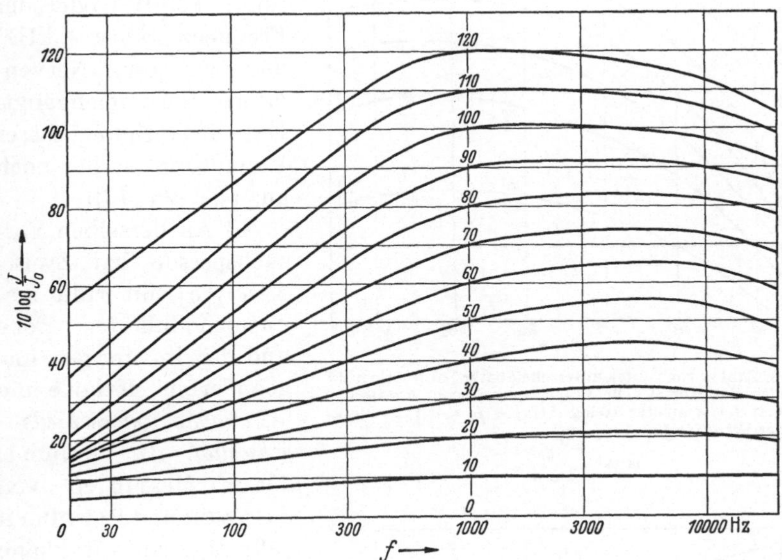

Abb. 7. Kurven gleicher Lautheit als Funktion der Frequenz f und der Lautstärke J (J_0 Hörschwelle) mit dem Phon-Lautheitsverhältnis $10 \log L/L_0$ ($L_0 = J_0$) als Parameter nach FLETCHER und MUNSON (die 120 phon-Kurve wurde aus einem anderen Diagramm ergänzt).

Beziehung zu setzen. Das ist schon deshalb nicht möglich, weil $m(J)$ frequenzunabhängig ist und wegen der frequenzabhängigen Beziehung zwischen L_S und der Lautstärke J $m'(L_S)$ frequenzabhängig sein muß[1]; zwischen L_S und dem Phon-Lautheitsverhältnis besteht eine frequenzunabhängige Skalenbeziehung [16], [48]. Anders formuliert: Das Verhältnis eben unterscheidbarer Lautheiten $\dfrac{L + \Delta L}{L}$ ist frequenzabhängig, dagegen ist $\dfrac{J + \Delta J}{J}$ frequenzunabhängig, oder zwischen einer Kurve gleicher Lautheit und der Hörschwelle sind je nach der Frequenz des Tones verschieden viele Lautheitsstufen vorhanden

---

[1] G. v. BÉKÉSY hat behauptet und durch Experimente belegt [5], daß $\dfrac{\Delta L}{L} = \dfrac{\Delta J}{J}$ ist. Das ist aber mit den Messungen von FLETCHER und MUNSON (Abb. 7) unvereinbar.

(Abb. 8). Stevens und Davis konnten nachweisen, daß die Lautheit zu der Amplitude des Reizfolgestromes (microphonics) parallel verläuft, das deutet darauf hin, daß die Lautheit mit der Stärke der Reizung der Sinneszellen und damit mit der Zahl (unter 800 Hz) oder der Frequenz (über 1 kHz) der erregten Nervenfasern zusammenhängt. Eine Bestätigung dieser Vermutung steht noch aus (s. dazu [13]).

b) An derselben Versuchsperson hat Zwikker [65] mit Hilfe frequenzmodulierter Töne und der im übrigen ungeänderten Methode die *Tonhöhenunterschiedsschwellen* Δf bestimmt. Ältere Messungen von Shower und Biddulph [50] ergaben für kleine Lautstärken zu kleine Werte (s. z. B. Abb. 10), wahrscheinlich weil die Meßzeiten zu lang waren und damit schon erhebliche Adaption eingetreten war. Shower und Biddulph geben zwar an, sie hätten so schnell gemessen, daß noch keine Ermüdung eingetreten sei. Als Kriterium benutzen sie die Hörschwelle J_o, die vor und nach jeder Messung bestimmt wurde. Sie fanden nur bei hohen Tönen und großer Intensität geringe Änderungen von J_o.

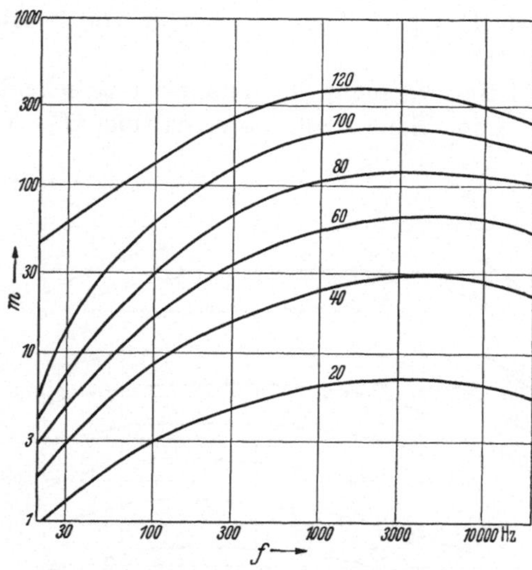

Abb. 8. Zahl m von Stufen unterscheidbarer Lautstärken ΔJ zwischen der Hörschwelle J_0 und den Kurven konstanter Lautheit L (Parameter 10 log L/L_0, $- L_0 = J_0$) als Funktion der Frequenz f.

$$m = \int_{J_0}^{J(L)} \frac{dJ'}{\Delta J}.$$

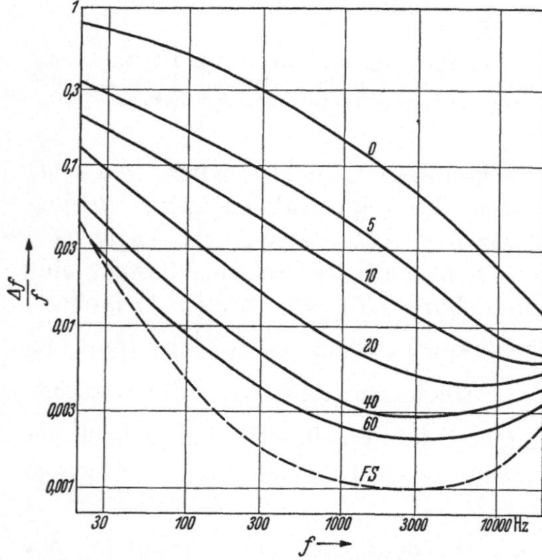

Abb. 9. Tonhöhenunterscheidungsvermögen $\Delta f/f$ (zweiohrig) als Funktion der Frequenz f. Parameter 10 log J/J_0, — FS Fühlschwelle. — Ausgeglichene Werte nach Messungen von ZWICKER.

Bei reiner Adaption wird die Hörschwelle nicht geändert, wenn nicht unmittelbar nach der Ermüdung gemessen wird (s. Absatz f) auf S. 321). Der Ruhezustand stellt sich schon nach 5 sek wieder ein [4]. Bei den von SHOWER und BIDDULPH beobachteten Änderungen kann es sich also nur um den Beginn irreversibler Schädigungen oder mindestens um Änderungen, die sich erst nach Stunden oder Tagen wieder ausgleichen, handeln.

In Abb. 9 sind die umgezeichneten Ergebnisse der ZWICKERschen Messungen dargestellt: $\Delta f/f$ als Funktion von f mit $10 \log J/J_0$ als Parameter [1]. Die Extrapolation auf die Hörschwelle wurde in folgender Weise vorgenommen: Zunächst wurden für alle Meßreihen mit konstanter Frequenz (log $\Delta f/f$ als Funktion von $10 \log J/J_0$) die Differenzenquotienten

$$D = \Delta \log \frac{\Delta f}{f} \Big/ \Delta \log \frac{J}{J_0}$$

benachbarter Meßpunkte bestimmt und alle so gewonnenen Werte von D in ein Diagramm über $10 \log J/J_0$ eingetragen. Diese Punktmenge liegt in einem Gebiet, das bei $J = J_0$ und $D = 1$ eine Spitze hat. Dann wurden alle Kurven log $\Delta f/f$ als Funktion von $10 \log J/J_0$

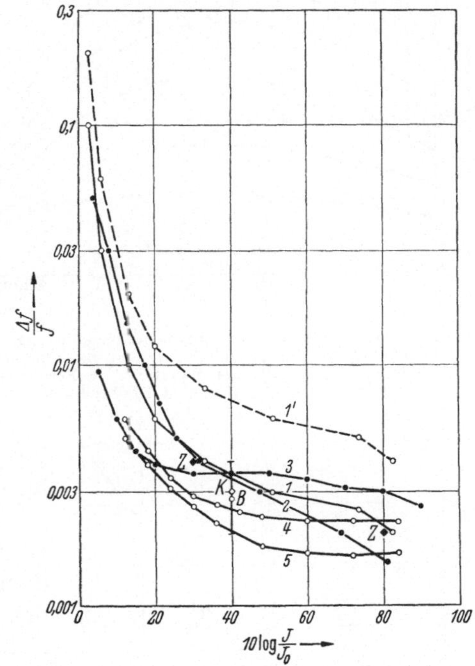

Abb. 10. Zusammenstellung von Messungen des Tonhöhenunterscheidungsvermögens $\Delta f/f$ als Funktion der Schallstärke $10 \log \dfrac{J}{J_0}$.

Beobachtungsfrequenz: 1 kHz (O B 800 Hz)
1 ZWICKER und KAISER [64], 8 Beobachter, einohrig, $\Delta f_{ZK} =$ Tonhöhenunterscheidungsvermögen.
1' wie 1, $\Delta f_{Zx} =$ Frequenzhub.
2 ZWICKER [65], 1 Beobachter, zweiohrig, $\Delta f_Z =$ Tonhöhenunterscheidungsvermögen.
3 SHOWER und BIDDULPH [50].
4 KNUDSEN [33], 1 Beobachter, einohrig.
5 KNUDSEN [33], 1 Beobachter, zweiohrig.
$\overset{\text{o}}{\text{I}}$ K KNUDSEN [33], 15 verschiedene Ohren von 12 Personen, einohrig, Mittelwert und Streubereich.
O B V. BÉKÉSY [5], 2 Beobachter, einohrig (800 Hz).
Z ◆ ZWICKER [63], FELDTKELLER und ZWIKKER [13], 4 Beobachter, zweiohrig (?).

---

[1] In den Arbeiten von ZWICKER und KAISER [64] und ZWICKER [65] soll Δf den Frequenzhub bezeichnen. Das Tonhöhenunterscheidungsvermögen müßte dann gleich $2 \Delta f$ sein. Dann ergibt sich aber ein Widerspruch zu den Ergebnissen der Arbeit von ZWICKER [63] (s. a. [13]), in der Δf den Frequenzhub bezeichnet und in der die Δf-Werte etwa um den Faktor 2 unter denen der Arbeiten [64] und [65] liegen. Die Werte $2 \Delta f$ würden außerdem in unverständlicher Weise von den Werten von KNUDSEN [33], V. BÉKÉSY [5] und SHOWER und BIDDULPH [50] abweichen, s. Abb. 10. Es wurde deshalb bei der Auswertung von [65] unter Δf das Tonhöhenunterscheidungsvermögen verstanden.

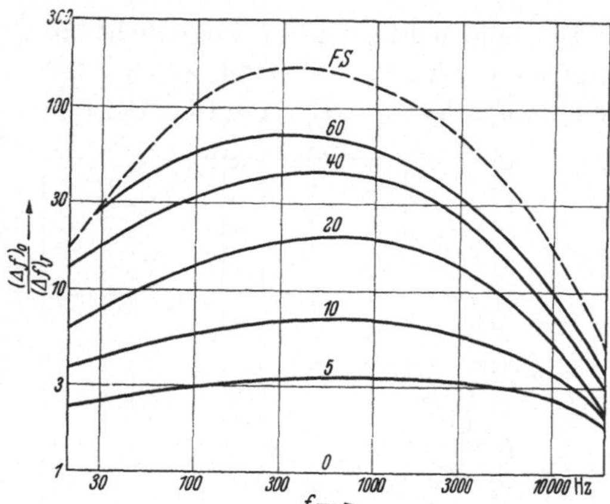

Abb. 11. Verhältnis des Tonhöhenunterscheidungsvermögens an der Hörschwelle zu dem bei konstanter Lautstärke $(\Delta f)_0/(\Delta f)_J$ als Funktion der Frequenz f. Parameter $10 \log J/J_0$ — FS Fühlschwelle.

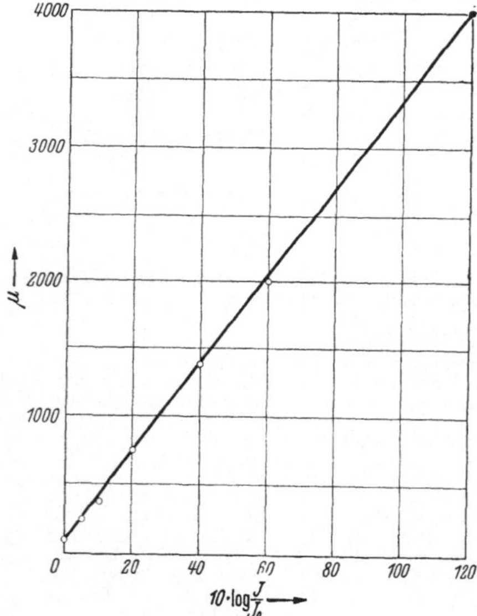

Abb. 12. Zahl μ der unterscheidbaren Tonhöhen zwischen 20 Hz (f_1) und 20 kHz (f_2):

$\bigcirc$ bei konstanter Lautstärke $\left(10 \log \dfrac{J}{J_0}\right.$

$= \text{const}$): $\mu_J = \displaystyle\int\limits_{f_1}^{f_2} \dfrac{d f}{(\Delta f)_J}$

$\oslash$ an der Fühlschwelle $\left(10 \log \dfrac{L}{L_0} = 120\right)$:

$\mu_\infty = \displaystyle\int\limits_{f_1}^{f_2} \dfrac{d f}{(\Delta f)_\infty}$.

mit Hilfe von Geraden der Neigung 1 bis in den Nullpunkt $(J = J_0)$ extrapoliert. Die Extrapolation für große Werte von J/J_0 ergab mit den Werten der 120-phon-Kurve von Abb. 7 die Werte von $\Delta f/f$ an der Fühlschwelle (F. S.).

Die aus Abb. 9 errechneten Werte der Abb. 11 vermitteln ein Bild davon, in welchem Maße die Zahl der unterscheidbaren Tonhöhen mit der Lautstärke $(10 \log J/J_0)$ im Vergleich mit der Hörschwelle zunehmen. Wenn z. B. bei $f = 1 \text{ kHz}$ an der Hörschwelle alle im Intervall $(\Delta f)_o$ liegenden Töne als gleich hoch empfunden werden, so können in demselben Intervall bei $60\,dB$ über der Schwelle 60 Töne und an der Fühlschwelle 130 Töne unterschieden werden.

Die Gesamtzahl μ unterscheidbarer Töne hängt davon ab, auf welchem Weg in der Hörfläche zwischen den Grenzfrequenzen f_1 und f_2 ($f_1 \approx 20 \text{ Hz}$, $f_2 \approx 20 \text{ kHz}$ an der Hörschwelle) die Zählung vorgenommen wird [15]

$$\mu = \int\limits_{f_1}^{f_2} \frac{d f}{\Delta f} = 2{,}3 \int\limits_{\log \frac{f_1}{f_0}}^{\log \frac{f_2}{f_0}} \frac{f}{\Delta f}\, d \log \frac{f}{f_0}.$$

In Abb. 12 sind die durch graphische Integration längs der Geraden konstanter Lautstärke $(10 \log J/J_0)$ gewonnenen Werte von μ dargestellt. Die Werte liegen annähernd auf einer Geraden, auf die auch der

Wert $\mu_\infty = 4000$ bei Integration längs der Fühlschwelle fällt. Das liegt daran, daß die Kurven in Abb. 9 bei großer Lautstärke annähernd parallel mit der Fühlschwellenkurve verlaufen.

Die mit der Zahl 3500 der linear längs der Basilarmembran angeordneten Sinneszellengruppen — die aus 1 inneren Haarzelle (Gesamtzahl 3500 und 3—4 äußeren Haarzellen (Gesamtzahl 12000) bestehen [45] — vergleichbare Größe des Wertes $\mu_\infty = 4000$ legt es nahe anzunehmen, daß an der Fühlschwelle zwei Töne dann unterschieden werden können, wenn das Reizmaximum auf benachbarte Gruppen trifft. Aus dieser Überlegung läßt sich die Ordnungszahl $n(f)$ der der Frequenz f zugeordneten Sinneszellengruppe bestimmen. Es ist

$$\Delta n = \frac{dn}{df}\,\Delta f.$$

Für $df = (\Delta f)_\infty = $ Frequenzabstand unterscheidbarer Töne an der Fühlschwelle ist also $dn = 1$ zu setzen. Dann ist

$$\Delta n = \frac{\Delta f}{(\Delta f)_\infty}.$$

Also

$$n(f) = \int\limits_{f_1}^{f} \frac{df}{(\Delta f)_\infty}.$$

Mit der Gesamtzahl n_B von Sinneszellengruppen

$$n_B = \mu_\infty = \int\limits_{f_1}^{f_2} \frac{df'}{(\Delta f')_\infty} = 4000$$

(f_1 untere Frequenzgrenze, — f_2 obere Frequenzgrenze)

erhält man dann für die relative Gruppennummer

$$\frac{n}{n_B} = \frac{1}{n_B}\int\limits_{f_1}^{f} \frac{df'}{(\Delta f')_\infty}.$$

Da die Sinneszellen längs der Basilarmembran etwa äquidistant sind [55], ist n/n_B gleich dem relativen Abstand x/x_B ($x_B = $ Länge der Basilarmembran ≈ 35 mm) des Maximums der Amplitude der Basilarmembranschwingung vom Helicotrema (die untere Frequenzgrenze f_1 liegt an der Spitze der Schnecke). Das Integral läßt sich graphisch auswerten, man erhält den in Abb. 13 dargestellten Zusammenhang zwischen $n/n_B = x/x_B$ und f (Kurve 3). Aus Beobachtungen der Bewegung der Basilarmembran an Leichenohren (V. BÉKÉSY) ergibt sich für $x(f)/x_B$ die Kurve 1, während Ausfälle im Audiogramm lebender Patienten und Feststellung der zugehörigen Haarzellenschädigung (post mortem) die in Kurve 2 dargestellten Werte ergibt [45]. Diese letzten Werte dürften

am zuverlässigten sein, da außer der Schädigung keinerlei Änderung im
Ohr vorhanden war, während bei den v. Békésyschen Untersuchungen
mit größeren Abweichungen gerechnet werden muß. Die theoretische
Kurve *3* liegt zwischen den experimentellen Werten. Die Abweichung
von jeder der Kurven *1* oder *2* liegt innerhalb der Fehler der Werte von
$(\Delta f)_\infty$ — der Unterschied der Zahlen 4000 und 3500 läßt sich ebenfalls

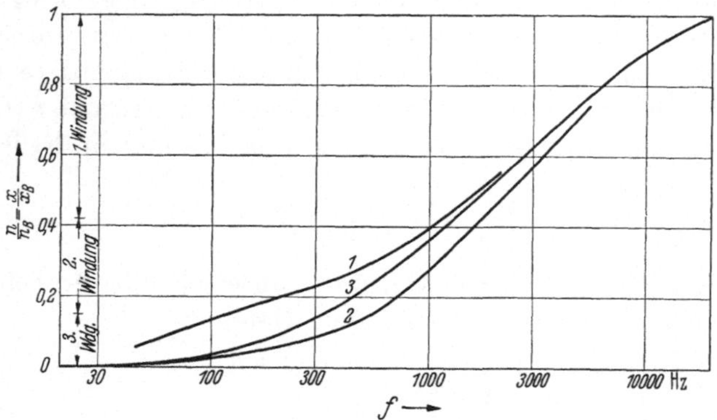

Abb. 13. Relative Zahl n/n_B von Sinneszellengruppen zwischen dem Helicotrema und der Stelle maximaler Reizung, gleich der relativen Entfernung x/x_B der Stelle maximaler Amplitude der Basilarmembranschwingung vom Helicotrema.
n_B Zahl der Sinneszellengruppen $\approx$ 4000, — x_B Länge der Basilarmembran $\approx$ 35 mm, — Länge der Windungen nach STEVENS und DAVIS.
1 Messung des Amplitudenmaximums an der Leichenschnecke von v. BÉKÉSY (nach RANKE); — *2* Ort der Haarzellenschädigung für Ausfälle im Audiogramm nach RANKE; — *3* berechnet aus dem

Tonhöhenunterscheidungsvermögen an der Fühlschwelle: $n\,(f) = \displaystyle\int\limits_{f_1}^{f} \frac{d\,f'}{(\Delta f)\infty}$, $n_B = n(f_2)$; — ($f_1 = 20$ Hz, $f_2 = 20$ kHz).

darauf zurückführen. Ältere Überlegungen gleicher Art WEGEL und
LANE [*60, 15, 53, 45*] ergaben wesentlich größere Abweichungen, da die
zugrunde gelegten Δf-Werte (KNUDSON) unzureichend waren [1].

   c) In Abb. 14 sind einige Tonhöhenunterschiedsintervalle (0 dB
Kurve *4*, 10 dB Kurve *5* und 40 dB Kurve *6*) zusammengestellt mit
anderen für das Ohr *typischen Bandbreiten* Δf. In Kurve 1 ist die der
von TÜRK [*58*] gemessenen *Tonkennzeit* $(\Delta t)_{ke}$ bei einem linearen Resonator entsprechende Bandbreite $(\Delta f)_{ke} = \dfrac{1}{2\,(\Delta t)_{ke}}$ eingetragen. Die Tonkennzeit ist die Zeit, die ein Ton mindestens dauern muß, um als Ton
bestimmter Tonhöhe erkannt zu werden. Wie nach den GABORschen
Untersuchungen zu erwarten (ideale Impulsform, s. Kap. I), ist

---

[1] Eine entsprechende Auswertung der Δf-Werte von SHOWER und BID-
DULPH bei 60 dB ergibt annähernd die Kurve 3. Versuche mit Meerschweinchen
mit experimentell gesetzten Beschädigungen des CORTIschen Organs und Bestimmung des Hörschadens mit Hilfe des Reizfolgestroms (microphonics) ergeben eine ähnlich gute Übereinstimmung wie in Abb. 13. Kurve 3 stellt zugleich die Kurve der relativen mel-Werte („natürliche" Tonhöhenskala) dar [*55*].

$(\varDelta t)_{ke}$ am kürzesten für glockenförmige Hüllkurven der Impulse. Bei den Messungen von BÜRCK, KOTOWSKI und LICHTE [8] mit rechteckigen Impulsen ergaben sich deshalb größere Tonkennzeiten. $(\varDelta t)_{ke}$ ist dagegen in weiten Grenzen unabhängig von der Lautstärke (Änderung des Schalldrucks im Verhältnis 1:20 [8]).

Kurve *1* fällt annähernd mit Kurve *4*, dem Tonhöhenunterscheidungsvermögen an der Hörschwelle, zusammen. Bei Verwendung der Messungen von SHOWER und BIDDULPH fällt die entsprechende Kurve *4* etwa mit der Kurve *5* der Abb. 14 zusammen. Danach würde zwischen der Tonkennzeit und dem Tonhöhenunterscheidungsvermögen an der Hörschwelle eine erhebliche Diskrepanz bestehen (s. dazu [*39, 9*]). Das ist also bei sorgfältiger Messung nicht der Fall. Die erhebliche Verringerung der zum Tonhöhenunterscheidungsvermögen gehörenden scheinbaren Bandbreite bei großen Intensitäten (Kurven *5*

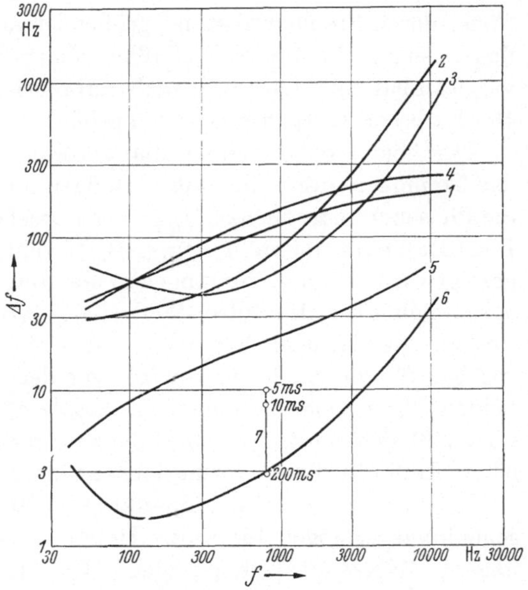

Abb. 14. Charakteristische Bandbreiten $\varDelta f$ des Ohres als Funktion der Frequenz f. $1 \frac{1}{2}$ · reziproke Tonkennzeit $\left(\dfrac{1}{2\,(\varDelta t)_{ke}}\right)$ nach TÜRK; — *2* Phasengrenzfrequenz $(\varDelta f)_{ph}$ nach ZWICKER; — *3* Kritische Bandbreite $(\varDelta f)_{kr}$ nach FLETCHER; — *4* Tonhöhenunterscheidungsvermögen an der Hörschwelle $(\varDelta f)_0$; — *5* Tonhöhenunterscheidungsvermögen 10 *dB* über der Hörschwelle; — *6* Tonhöhenunterscheidungsvermögen 40 *dB* über der Hörschwelle; — *7* Tonhöhenunterscheidungsvermögen für kurze Impulse (800 Hz) von 100fachem Schalldruck der Schwelle (Impulsdauer in *ms* ist angegeben) nach v. BÉKÉSY.

und *6*) läßt sich, wie schon v. BÉKÉSY gezeigt hat [*5*], aus dem Intensitätsunterscheidungsvermögen verstehen (s. Absatz d) auf S. 311).

Kurve *2* stellt die *Phasengrenzfrequenz* $(\varDelta f)_{ph}$ nach ZWICKER [*63*] dar. $(\varDelta f)_{ph}$ ist die Modulationsfrequenz, unterhalb der Unterschiede des Unterscheidungsvermögens zwischen Amplituden- und Frequenzmodulation feststellbar sind. Bei größeren Modulationsfrequenzen als $(\varDelta f)_{ph}$ liegen die Seitenbänder so weit vom Träger ab, daß sie neben diesem — nur durch die Verdeckung beeinflußt — erkennbar sind. $(\varDelta f)_{ph}$ ist von der Intensität unabhängig.

Mit Kurve *2* fällt angenähert die Kurve der *kritischen Bandbreite* $(\varDelta f)_{kr}$ nach FLETCHER [*19, 38*] (Kurve *3*) zusammen. $(\varDelta f)_{kr}$ ist die

E 20

Breite des Rauschbandes, innerhalb der ein in der Mitte des Bandes liegender Ton durch Rauschen verdeckt wird; vergrößert man das Rauschband über $(\Delta f)_{kr}$ hinaus, so ändert sich die Verdeckung nicht mehr.

Die Phasengrenzfrequenz und die kritische Bandbreite geben also den Frequenzbereich an, in dem ein Ton einen anderen beeinflußt. Zwei Töne, deren Frequenzabstand größer ist als $(\Delta f)_{ph}$ oder $(\Delta f)_{kr}$, beeinflussen sich nicht. Dieser Einflußbereich ist für Frequenzen unter 1 kHz vergleichbar mit der Resonanzbandbreite $(\Delta f)_{ke}$, bei Frequenzen um 10 kHz ist er dagegen wesentlich größer.

Den beiden Systemen von Bandbreiten — repräsentiert etwa durch das Tonhöhenunterscheidungsvermögen an der Hörschwelle $(\Delta f)_o$ und die Phasengrenzfrequenz $(\Delta f)_{ph}$ — entsprechen zwei Erregungssysteme: Das „Resonanzsystem" $[(\Delta f)_o, (\Delta f)_{ke}]$ hängt, wie in Absatz d) auf S. 311 gezeigt wird, mit den Vorgängen in der Umgebung der Basilarmembran zusammen. Das „Einflußsystem" $[(\Delta f)_{ph}, (\Delta f)_{kr}]$ ist z. Z. weder lokalisierbar — es ist nach Versuchen von v. Békésy mit Sicherheit nachweisbar für die Stelle im Gehirn, vor der die Übertragungswege von beiden Ohren sich vereinigen (s. Absatz d) auf S. 312 und Abb. 27) — noch läßt sich der Zweck dieses Systems für das Hören angeben, ebenso ist ein Einfluß auf die Informationskapazität des Ohres nicht erkennbar.

In 7 der Abb. 14 sind Meßpunkte bei 800 Hz für das Tonhöhenunterscheidungsvermögen für kurze Impulse, deren Dauer angegeben ist, nach v. Békésy [5] eingetragen[1]. Der Meßpunkt für 5 msek wurde extrapoliert, diese Zeit entspricht der Tonkennzeit bei 800 Hz. Diese Δf-Werte ordnen sich in das System der Kurven 4—6 ein, wenn man bedenkt, daß die Lautstärke mit der Impulsdauer zunimmt, wie v. Békésy gezeigt hat (s. Absatz e) auf S. 317).

d) Man kann für eine bestimmte Frequenz f die zu jedem gemeinsamen Wert von J/J_0 gehörenden Werte von $\Delta J/J$ und $\Delta f/f$ zusammenstellen. Es ergeben sich Kurven $\Delta J/J$ als Funktion von $\Delta f/f$ mit f als Parameter. In Abb. 15 ist an Stelle von $\Delta J/J$ die Schalldruckschwelle

$$\frac{\Delta p}{p} = -1 + \sqrt{1 + \frac{\Delta J}{J}}$$ gewählt. Wenn man sich die Kurven an der Ordinate gespiegelt denkt, so erhält man Kurven, deren Charakter dem von Resonanzkurven ähnlich ist. Man kann mit v. Békésy [5] annehmen, daß sie – durch den Kontrasteffekt verschärft[2] – ein Abbild der Resonanz-

---

[1] Türk [58] hat ebenfalls für Töne der Dauer $(\Delta t)_{ke}$ das Tonhöhenunterscheidungsvermögen bestimmt. Es ergibt sich eine Kurve, die oberhalb von Kurve 5 in Abb. 14 (Faktor $\approx 1,5$) verläuft. Es ist aber nicht angegeben, mit welcher Schallstärke gearbeitet wurde, so daß sich diese Messungen nicht verwerten lassen.

[2] Eine physikalische Erklärung für das Zustandekommen des Kontrasteffektes gibt W. H. Huggins (A Theory of Hearing) in [26].

anregung der Basilarmembran sind. Wenn man das tut, so läßt sich das Tonhöhenunterscheidungsvermögen in einfacher Weise als Folge der Intensitätsunterschiedsschwellen deuten. Ersetzt man die $\Delta p/p$-Skala durch die Skala p/p_{max} der relativen Amplituden der Resonanzkurve, so würde die Resonanzkurve eines zweiten Tones, der von dem ersten den Frequenzabstand Δf hat, gegen die des ersten um Δf verschoben sein. Da-

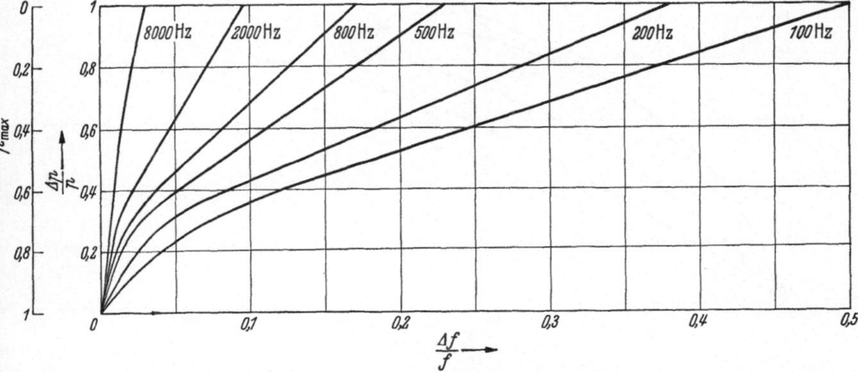

Abb. 15. Relative Schalldruckschwellen $\Delta p/p$ als Funktion des Tonhöhenunterscheidungsvermögens $\Delta f/f$ mit der Frequenz als Parameter für gemeinsame Lautstärkewerte.

bei wäre der Amplitudenunterschied fast an jeder Stelle der beiden Kurven gleich $\Delta p/p$. Wenn nun $\Delta p/p$ gerade gleich dem zu der jeweiligen Intensität (p_{max}) gehörenden Schwellenwert ist, so sind die beiden Anregungen intensitätsmäßig unterscheidbar, und infolgedessen werden die beiden um Δf auseinanderliegenden Tonhöhen als verschieden erkannt. $\Delta f/f$ ist aber gerade der zu $\Delta p/p$ gehörende Wert des Tonhöhenunterscheidungsvermögens. Bei dieser Überlegung ist angenommen, daß die Form der Resonanzkurve von der Intensität (p_{max}) unabhängig ist, d. h. daß p/p_{max} — als Funktion von p_{max} — konstant ist. Das ist sicher zulässig, solange nichtlineare Effekte keine wesentliche Rolle spielen, und experimentell gesichert durch die Unabhängigkeit der Tonkennzeit von der Intensität.

Diese Erklärung hat zunächst nur formale Bedeutung, denn sie hängt an der formalen Konstruktion der Kurven der Abb. 15, die grundsätzlich immer möglich ist. Sie erhält aber eine reale Stütze durch den Vergleich mit anderen ähnlichen, aber auf einem grundsätzlich anderen Weg gewonnenen Kurven und durch die Folgerungen, die sich aus ihr ziehen lassen.

G. v. BÉKÉSY hat Kurven ähnlicher Art wie die von Abb. 15 in folgender Weise gewonnen: Führt man einem Ohr einen Ton bestimmter Schallstärke der Frequenz f und dem anderen Ohr einen Ton der Frequenz $f + \Delta f$ und gleicher Schallstärke zu, so erscheint die Lautstärke des ersten Tones größer als die, die man hört, wenn dem ersten Ohr allein der Ton der Frequenz f zugeführt wird, obgleich in beiden Fällen die gleiche Schallstärke benutzt wurde. Diese „Lautdruck"-zunahme p hat v. Békésy für verschiedene Frequenzen in Abhängigkeit von $\Delta f/f$ gemessen [5]. Das Ergebnis ist in Abb. 16 dargestellt: normierte Werte $p/p_{\max}$ als Funktion von $\Delta f/f$ mit f als Parameter. Die

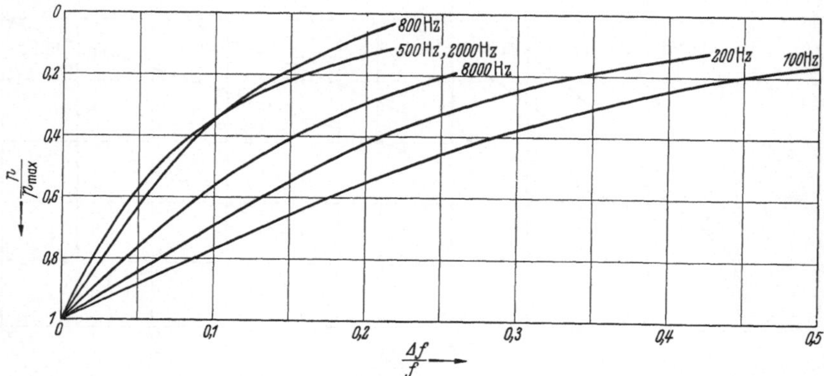

Abb. 16. Relative Schalldruckerhöhung $p/p_{\max}$, wenn dem einen Ohr ein Ton der Frequenz f und dem anderen gleichzeitig ein Ton der Frequenz $f + \Delta f$ zugeführt wird (nach v. Békésy).

v. Békésyschen Kurven sind, wie theoretisch zu erwarten, etwas unsymmetrisch, zur Vereinfachung sind die Werte für positive und negative Δf gemittelt worden.

Die Kurvenscharen von Abb. 15 und 16 stimmen für Frequenzen unter 1 kHz annähernd überein, während sie oberhalb 1 kHz entgegengesetztes Verhalten zeigen: Die Breite der von den Kurven der Abb. 15 begrenzten Gebiete nimmt weiter ab, während sie in Abb. 16 wieder zunimmt.

Man kann diese beiden Kurvenscharen als Repräsentanten der beiden Erregungssysteme ansehen: Die Kurven von Abb. 15 stellen ihrer Herkunft nach das „Resonanzsystem" dar, während die Kurven von Abb. 16 ein Bild des „Einflußsystems" sind, das durch $(\Delta f)_{ph}$ und $(\Delta f)_{kr}$ gekennzeichnet ist; die $\Delta f/f$-Werte für $p/p_{\max} \approx 0,4$ fallen etwa mit den Werten von $(\Delta f)_{ph}/f$ zusammen.

Der Wert des maximalen resultierenden „Lautdrucks" $p^{(1)} + p_{\max}$ schwankt individuell zwischen dem 1,3fachen und 2,2fachen des angewandten, einohrigen „Lautdrucks" $p^{(1)}$[1]. Das ist aus der individuell verschiedenen Kopplung der beiden Ohren im Gehirn zu

---

[1] Es ist also $0,3\,p^{(1)} \leqq p_{\max} \leqq 1,2\,p^{(1)}$, dabei war die Lautheit $L^{(2)}$ des dem zweiten Ohr zugeführten Tones gleich der des ersten: $L^{(2)} = L^{(1)}$. Versuche, die Lautstärkeerhöhung bei variablem $L^{(2)}$ und konstantem $L^{(1)}$ zu messen, sind mir nicht bekannt.

verstehen, die ja bestehen muß, damit der Effekt überhaupt eintreten kann (s. Abb. 27). Je nach dem Verhältnis der Erregungen nach der Aufteilung in den direkten Weg und den Verbindunsweg zu der dem anderen Ohr zugeordneten Hirnhälfte resultieren nach der Vereinigung verschieden große Lautstärkesteigerungen (V. BÉKÉSY [5]). Infolge der Kopplung erregt jeder Ton Gehirngebiete, die auch von dem anderen

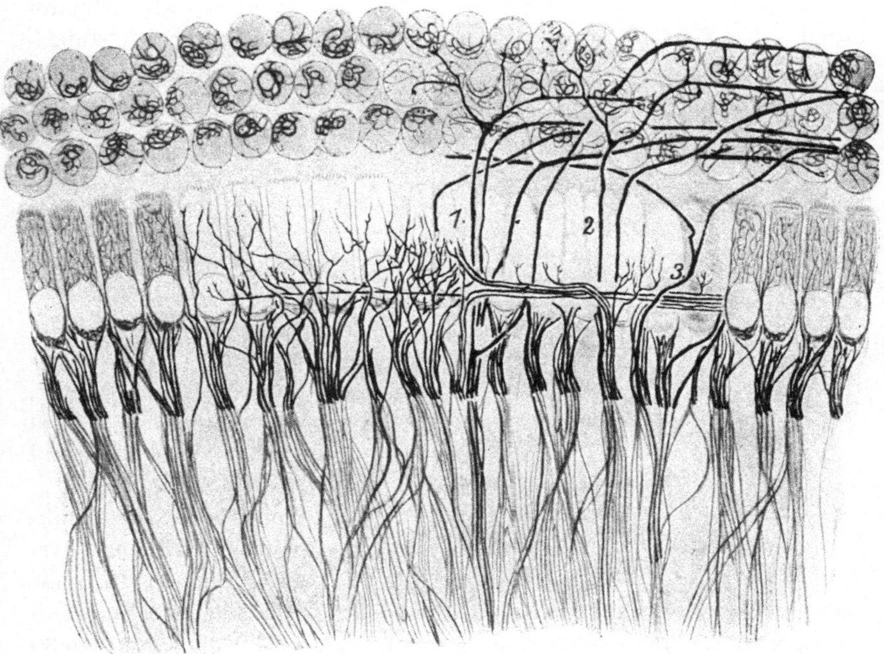

Abb. 17. Innervationsbild des CORTIschen Organs, Maus, $1^3/_4$ Tag. Die Basis der Schnecke ist rechts, das Helicotrema links. Die inneren Haarzellen werden einzeln durch mehrere Nervenfasern versorgt, die äußeren hängen wie die Johannisbeeren an ihrem Stiel mehrere an einer Faser, die dabei nach ihrem Austritt basiswärts umbiegt [aus HELD].

Ton erregt werden; die Erregungsgebiete sind je nach dem Frequenzabstand mehr oder weniger überlagert. Ordnet man formal jeder Stelle oder einem relativ kleinen Gebiet des flächenhaft ausgedehnt gedachten Hörzentrums eine Tonhöhe f zu, so stellen die Kurven der Abb. 16, wenn man die Werte der $\Delta f/f$-Skala halbiert (s. dazu Fußn. 1, S. 314), die Energieverteilungen im Hörzentrum dar, die von Tönen verschiedener Höhe erzeugt werden.

Durch die Nervenfasern wird das Hörzentrum auf das CORTIsche Organ abgebildet. Diese Zuordnung ist in beiden Richtungen nicht eindeutig, da die äußeren Haarzellen von mehreren Fasern versorgt werden, als auch mehrere Zellen an einer Faser hängen (s. Abb. 17 [45]). Eine im wesentlichen eindeutige Abbildung kann durch die Fasern der inneren Haarzellen vermittelt werden, da diese Zellen von einer oder mehreren Fasern versorgt werden und höchstens einmal zwei Zellen mit einer Faser in Verbindung stehen (s. Abb. 17). In jedem Fall wird zu einem begrenzten Gebiet des Zentrums ein entsprechendes Gebiet des Cortischen Organs gehören. Man kann also einer Bandbreite Δf eine Zahl Δn von nebeneinanderliegenden Sinneszellengruppen zuordnen, mit (s. Absatz b) auf S. 307).

$$\Delta n = \frac{dn}{df}\,\Delta f = \frac{\Delta f}{(\Delta f)_\infty}.$$

Setzt man nun für Δf einmal die Breite des „Resonanzsystems" z. B. $2(\Delta f)_0$ und dann die des „Einflußsystems" z. B. $(\Delta f)_{ph}$ ein[1], so erhält man Zahlen $(\Delta n)_r = 2(\Delta f)_0/(\Delta f)_\infty$ und $(\Delta n)_i = (\Delta f)_{ph}/(\Delta f)_\infty$, die in Abb. 18 als Funktion der Frequenz f dargestellt sind. $(\Delta n)_r$ hat

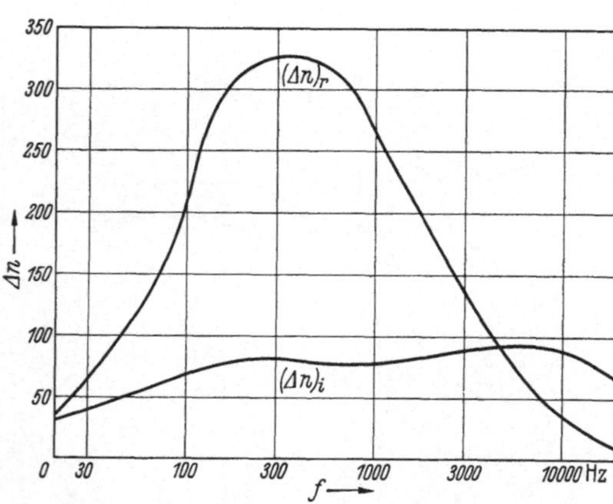

Abb. 18. Zahl von zugeordneten Sinneszellengruppen für die beiden Erregungssysteme:

$$(\Delta n)_r = 2\,\frac{(\Delta f)_0}{(\Delta f)_\infty}\,;\ (\Delta n)_i = \frac{(\Delta f)_{ph}}{(\Delta f)_\infty}.$$

$(\Delta f)_\infty$ Tonhöhenunterscheidungsvermögen an der Fühlschwelle; — $(\Delta f)_0$ Tonhöhenunterscheidungsvermögen an der Hörschwelle; — $(\Delta f)_{ph}$ Phasengrenzfrequenz.

ein ausgeprägtes, breites Maximum (≈ 325) um 400 Hz[2], während $(\Delta n)_i$ etwa für alle Frequenzen konstant ist (es schwankt zwischen 30 und 90, Mittelwert ≈ 70).

Eine Entscheidung über die Lokalisierung des „Resonanzsystems" läßt sich mit Hilfe informationstheoretischer Überlegungen herbeiführen. Die Informationskapazität I_f des Ohres für Nachrichten ver-

---

[1] Der Faktor 2 für die Breite des „Resonanzsystems" ist deshalb anzubringen, weil $(\Delta f)_0$ den Frequenzabstand der Maxima der Resonanzkurve zweier Töne bezeichnet, die sich an der Hörschwelle noch unterscheiden lassen, er ist gleich der halben Resonanzbreite. Dagegen sind $(\Delta f)_{ph}$ und $(\Delta f)_{kr}$ gleich der Breite der Erregungskurven des „Einflußsystems": $(\Delta f)_{kr}$ auf Grund der Definition und $(\Delta f)_{ph}$, weil der Abstand zweier Töne, deren Erregungsgebiete sich gerade nicht überlappen, gleich der Breite der Erregungskurven ist.

[2] Im Verlauf von $(\Delta n)_r$ spiegelt sich das Verhalten der Hüllkurve der Basilarmembranschwingung, die sich für steigende Frequenzen vom Helicotrema aus zunächst mehr und mehr über die Membran ausbreitet und die dann von etwa 400 Hz an mit dem weiteren Vorrücken des Maximums in Richtung auf die Schneckenbasis (Steigbügel) wieder schmäler wird [45].

änderlicher Amplitude aber konstanter Frequenz („eintönige" Nachrichten) ist gleich

$$I_f = \frac{1}{(\Delta t)_a}\, ld\,[m(f) + 2].$$

Darin ist $(\Delta t)_a$ die Analysierzeit, der kürzeste mögliche Impulsabstand (s. Absatz e) auf S. 319), der für alle Frequenzen und Intensi-

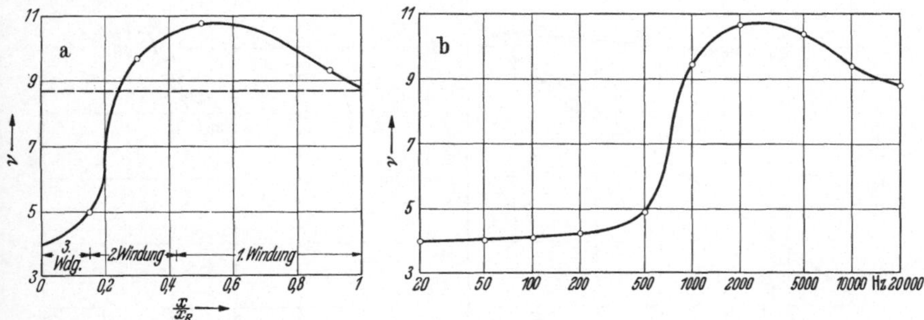

Abb. 19. Zahl ν von Nervenfasern pro Sinneszellengruppe.   a) als Funktion der relativen Lage x/x_B auf der Basilarmembran (x_B Länge der Basilarmembran, — — — Mittelwert entsprechend einer Gesamtzahl von etwa 30000 Fasern). Nach den Angaben von GUILD konstruiert. — b) als Funktion der Frequenz f (aus a) mit Hilfe der Werte von Kurve 2 in Abb. 13 umgerechnet.

täten konstant ist. $m(f)$ ist die Zahl von unterscheidbaren Intensitätsstufen zwischen der Hörschwelle und der Fühlschwelle (s. Abb. 8), die Gesamtzahl der Amplitudenstufen ist um 2 größer, da die Hörschwelle und die Amplitude Null mitgezählt werden müssen. Diese Kapazität muß am Anfang des Hörnerven mindestens vorhanden sein.

Die von dem Ton gereizten Sinneszellen (Δn) erregen eine bestimmte Zahl von Nervenfasern. Wenn man die von f abhängige Zahl von Fasern, die zu der der Frequenz f zugeordneten Sinneszellengruppe gehören, mit ν bezeichnet, so gehören zu Δn Sinneszellengruppen $\nu\,\Delta n$ Nervenfasern. ν, die Dichte der Nervenfasern, läßt sich aus den Angaben von GUILD [55] näherungsweise konstruieren (s. Abb. 19).

Für die Informationskapazität einer Faser $I^{(1)}$ gilt

$$(\Delta t)_a\, I^{(1)} = ld\, m^{(-)},$$

wenn $m^{(1)}$ die Zahl der Stufen der von einer Faser übertragenen Signale bezeichnet. Wie die Überlegungen in Kap. III gezeigt haben, hat in einfachen Fällen bei Häufung und Koordination die Informationskapazität des Systems von $\nu\,\Delta n$ Fasern die Form (s. S. 298)

$$(\Delta t)_a\, I = ld\,[(m^{(1)} - 1)\,(\nu\,\Delta n)^c + 1],$$

wobei die Konstante c Werte zwischen Null und 1 annehmen kann. Aus der Gleichsetzung von I und I_f ergibt sich dann die Gleichung

$$ld\,(m + 1) = ld\,(m^{(1)} - 1) - c\,ld\,\nu\,\Delta n.$$

Trägt man nun für alle f die Werte von $ld\,(m + 1)$ als Funktion von

$ld\,v\,(\varDelta n)_r$ und $ld\,v\,(\varDelta n)_i$ auf, so erhält man die in Abb. 20a und b dargestellten Kurven.

Im ersten Fall („Resonanzsystem", Abb. 20a) erhält man Punkte, die für $f \leqq 1\,\mathrm{kHz}$ auf einer Geraden durch $ld\,(m + 1) = ld\,(m^{(1)} - 1)$ ≈ 0 für $f \geqq 1\,\mathrm{kHz}$ auf der Geraden durch $ld\,(m + 1) = ld\,(m^{(1)} - 1)$

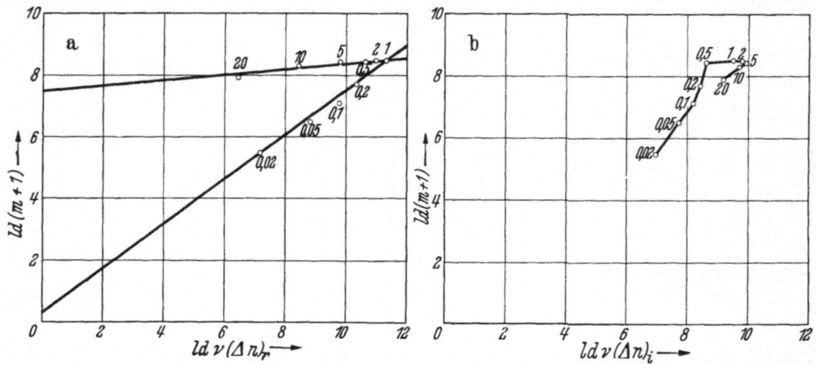

Abb. 20. Informationskapazität des Ohres für eintönige Nachrichten [$\sim ld\,(m + 1)$] als Funktion der beteiligten Nervenfasern $v(\varDelta n)$ (v Zahl der Fasern/Sinneszellengruppe, $(\varDelta n)$ Zahl der Sinneszellengruppen).   a) Das „Resonanzsystem" zeigt den theoretisch zu erwartenden Zusammenhang:

$$ld(m + 1) = l\,d\,(m^{(1)} - 1) + c\,l\,d\,v\,(\varDelta n)_r$$

$m^{(1)}$ Zahl der Stufen der Einzelfaser, — c Kopplungsgrad der Fasern). — b) Für das „Influenzsystem" $(\varDelta n)_i$ ist ein ähnlicher Zusammenhang nicht nachweisbar. — Die Zahlen an den Meßpunkten geben die Frequenz in kHz an.

$= 7{,}5$ gehen und für deren Neigungen sich $c = 0{,}73$ bzw. $c = 0{,}1$ ergibt. Das bedeutet: für $f \leqq 1\,\mathrm{kHz}$ überträgt jede Nervenfaser nur ein Signal oder nichts, $c = 0{,}73$ bedeutet schwache Koordination, dagegen kann für $f \geqq 1\,\mathrm{kHz}$ jede Faser $2^{7,5} \approx 180$ Stufen übertragen, und es liegt praktisch primitive Häufung ($c = 0$) vor[1].

Dieses Verhalten ist zu erwarten, da für Frequenzen unter 1 kHz die Nervenaktionsimpulse von den Tonschwingungen synchronisiert werden und damit keine Möglichkeit besteht, verschiedene Intensitäten durch verschiedene Impulsfrequenz anzuzeigen, es bleibt nur die Erhöhung der Zahl der Fasern, während über 1 kHz die Aktionsimpulse wegen der zu großen Refraktärzeit der Fasern der Tonschwingung nicht mehr folgen können und damit die Möglichkeit besteht, eine von f unabhängige Impulsfrequenz auszubilden und dadurch verschiedene Stufen zu übertragen. Praktisch wäre in diesem Gebiet eine einzige Faser ausreichend. Die große Zahl von Fasern ermöglicht einen

---

[1] Die Punkte für $f = 0{,}5\,\mathrm{kHz}$ und 1 kHz passen sich wahrscheinlich deshalb dem allgemeinen Gang weniger gut an, weil die v-Werte in diesem Gebiet falsch gewählt wurden. Aus demselben Grunde ist möglicherweise von der von Stevens und Davis [55] beobachteten Synchronisation mit $f/2$ und $f/3$ bei Frequenzen zwischen 800 Hz und 3 kHz nichts zu erkennen. Es könnte allerdings auch die Adaption der Nervenfasern eine Rolle gespielt haben.

Wechsel von einer ermüdeten Faser zu einer ausgeruhten, so daß die hohe Stufenzahl stets aufrechterhalten werden kann[1].

Im zweiten Fall („Einflußsystem", Abb. 20b) ist eine ähnliche Konstruktion nicht möglich. Man kann daraus schließen, daß das

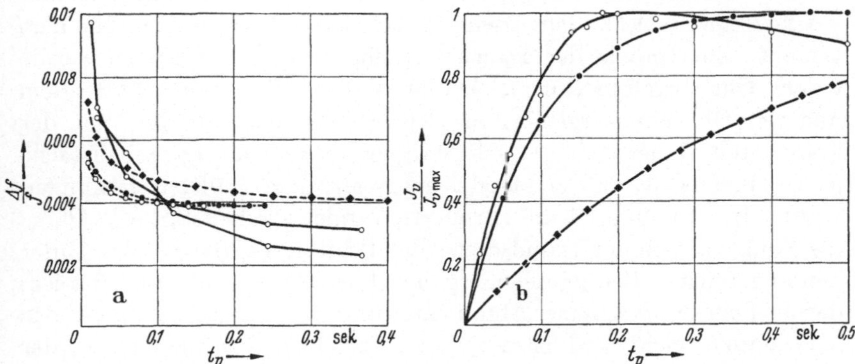

Abb. 21. Ausbildung des Tonhöhenunterscheidungsvermögens (a) und der Lautstärke (b). O—O Messungen von V. BÉKÉSY.

Theoretischer Lautstärkeverlauf: $\dfrac{J_v}{J_{v\,\mathrm{max}}} = \dfrac{1}{a}\left[\left(1 - e^{-\frac{t}{T_L}}\right) - 0{,}9\left(1 - e^{-\frac{t}{T_A}}\right)\right]$

o—ɔ $T_A = 10$ sek, $T_L = 0{,}1$ sek, $a = 0{,}95$,　　◆—◆ $T_A = 10$ sek, $T_L = 0{,}4$ sek, $a = 0{,}857$.

Zugehörige $\dfrac{\Delta f}{f}$-Werte, berechnet mit Hilfe von Abb. 5:

O⋯O zu Abb. 21b O—O,　●--● zu Abb. 21b ●—●,　◆--◆ zu Abb. 21b. ◆—◆,

I-System im nervus cochlearis noch nicht vorhanden ist, sondern erst in der Nähe des Zentrums oder im Zentrum entsteht, wo die formal gebildete Zahl $v\,(\Delta n)_i$ keine Rolle spielt. Wie schon gesagt, läßt sich über die besondere Funktion dieses Systems sowie über seinen Einfluß auf Berechnungen der Informationskapazität noch nichts aussagen. Man weiß nur, daß es die Lautstärke benachbarter, gleichzeitig erklingender Töne beeinflußt.

e) Die Lage der Punkte 7 in Abb. 14 relativ zu den Kurven 4—6 des Tonhöhenunterscheidungsvermögens läßt vermuten, daß die Abnahme der Δf-Werte mit der Dauer der Tonimpulse verursacht wird durch eine entsprechende Zunahme der Lautstärke. In Abb. 21a sind die $\Delta f/f$-Werte der Messungen v. BÉKÉSY's (O—O) an 2 Beobachtern [5] zusammengestellt mit einigen theoretischen Kurven.

---

[1] Der Übergang von einem Übertragungsmechanismus zum anderen bei 1 kHz konnte von ZWICKER und KAISER [64] direkt beobachtet werden. Bei einigen Versuchspersonen zeigte sich besonders bei der Messung der Amplitudenmodulationsschwelle eine deutliche Unsicherheit in der Umgebung von 1 kHz. Sie vermuten, daß das „mit der Verschlüsselung der Schallereignisse in den Nerven zusammenhängt".

G. v. BÉKÉSY hat die $\Delta f/f$-Messungen bei 800 Hz mit der Impulsmethode durchgeführt. Die beiden zu vergleichenden Impulse hatten bei der in Abb. 21a angegebenen Dauer t_p einen Abstand von 1 sek. Die Schallstärke betrug 40 dB über der Hörschwelle.

Den Anstieg der Lautstärke mit der Zeit bei konstanter Schallstärke hat v. BÉKÉSY gemessen [4], das Ergebnis ist in Abb. 21b dargestellt. Ein Impuls der Dauer t_p (Schallstärke 10 dyn/cm²) wurde einem Ohr zugeführt, nach Aufhören dieses Impulses wurde dem anderen Ohr ein Vergleichston gleicher Tonhöhe (800 Hz) mit der konstanten Dauer $t_v = 0,2$ sek dargeboten und dessen Schallstärke J_v so eingeregelt, daß er als gleichlaut mit dem Prüfton empfunden wurde. In Abb. 21b ist die normierte Vergleichsschallstärke $J_v/J_{v\,\mathrm{max}}$ als Funktion von der Impulsdauer des Prüftones t_p dargestellt. Unter den angeführten Bedingungen ergab sich ein Anstieg bis etwa 0,2 sek, darauf folgt ein langsamer Abfall (Adaption). Die Zeit t_{max}, zu der das Maximum erreicht wird, ist individuell verschieden, außerdem von der Frequenz und der Schallstärke abhängig.

Berechnet man aus dem Verlauf der Lautstärke mit Hilfe der Werte von Abb. 9 den zugehörigen Verlauf der Werte von $\Delta f/f$, so ergeben sich die Werte der Kurven o — — — o von Abb. 21a. Die Übereinstimmung mit den direkt gemessenen Werten ist schlecht. Das kann daran liegen, daß die zu vergleichenden Messungen von Abb. 21a und 21b zu verschiedenen Zeiten mit verschiedenen Beobachtern und mit verschiedener Schallstärke durchgeführt wurden.

Es wurde deshalb versucht, mit einem geänderten Lautstärkeverlauf eine bessere Übereinstimmung zu erzielen. Der theoretisch konstruierte Lautstärkeverlauf besteht aus zwei Anteilen: dem reinen Lautstärkeanstieg mit der Zeitkonstante T_L und dem Adaptionsanteil mit der Zeitkonstante T_A. Es ist

$$\frac{J_v}{J_{v\,\mathrm{max}}} = \frac{1}{a}\left[\left(1 - e^{-\frac{t}{T_L}}\right) - 0,9\left(1 - e^{-\frac{t}{T_A}}\right)\right].$$

Die Adaptionskonstante T_A wurde in Übereinstimmung mit Abb. 22 gleich 10 sek gesetzt. Ebenso wurde der von den übrigen Parametern abhängige Bruchteil, auf den die Lautstärke am Ende der Adaption abgesunken ist, konstant gleich 0,1 gesetzt (das ist unwesentlich, da der zweite Anteil gegenüber dem ersten keinen großen Einfluß hat). Für T_L wurden die Werte 0,1 sek (o——o) und 0,4 sek (♦——♦) gewählt. Für die Normierungskonstante a ergeben sich dann die Werte 0,95 und 0,857, für t_{max} erhält man 0,47 sek bzw. 1,3 sek.

Die zugehörigen $\Delta f/f$-Werte sind in Abb. 21a eingetragen (o——·—— o) bzw. ♦ — — — ♦). Die Übereinstimmung der 2. Kurve mit den Messungen V. Békésy's ist wesentlich besser geworden, wenn auch noch nicht befriedigend. Dazu muß aber gesagt werden, daß der angenommene Lautstärkeverlauf schon einen Grenzfall darstellt.

Aus dem vorhandenen Versuchsmaterial läßt sich nicht entscheiden, ob das Tonhöhenunterscheidungsvermögen nur von der Lautstärke, d. h. bei konstanter Lautstärke nicht von der Impulsdauer abhängt oder ob ein besonderer zeitabhängiger Anteil vorhanden ist[1]. Das Problem läßt sich nur an unter gleichartigen Bedingungen gewonnenem gleichartigen Versuchsmaterial entscheiden. Dabei sollten dann auch Impulse mit abgerundeter Hüllkurve verwendet werden, um die von scharfkantigen Impulsen erzeugten zusätzlichen, die Tonempfindung störenden Geräusche zu vermeiden, die auch V. Békésy die Auswertung seiner Messungen erschwert haben.

Soviel kann aber schon jetzt gesagt werden: ein wesentlicher Anteil der Änderung der Δf-Werte mit der Impulsdauer t_p beruht, wie zu erwarten, auf der gleichzeitigen Änderung der Lautstärke.

Wenn das Tonhöhenunterscheidungsvermögen nur von der Lautstärke abhängt, so ist bei gleichbleibender Zeichenhäufigkeit die Informationskapazität des Ohres von der Impulsdauer unabhängig. Das gilt zunächst nur für „eintönige" Nachrichten, kann aber, wie später gezeigt wird, auch für „vieltönige" Nachrichten angenommen werden. Man muß allerdings beachten, daß die Kapazität für die Lautstärke und nicht für die dem Ohr dargebotene Schallstärke berechnet wird; von dieser hängt die Größe des Informationsstromes ab, der dem Ohr zugeführt wird, aber nicht der auf die Lautstärke bezogene maximale Informationsstrom, der vom Ohr weitergeleitet wird und der gleich der Informationskapazität ist.

Wenn im Tonhöhenunterscheidungsvermögen ein eigener zeitabhängiger Anteil stecken sollte, so könnte das für die Steigerung des Informationsstromes nicht ausgenutzt werden, da das Ohr nur eine maximale Anzahl von Zeichen in der Zeiteinheit verarbeiten kann. Diese günstigste *Analysierzeit* $(\Delta t)_a$ liegt zwischen 0,1 sek und 0,2 sek. Zeichen, die schneller als 5/sek—10/sek aufeinander folgen, können nicht getrennt werden, sie verschmelzen mehr oder weniger miteinander. $(\Delta t)_a$ ist, wie auch die Untersuchungen von Zwicker [63] zeigen, von der Tonhöhe und Lautstärke unabhängig. Nach diesen Messungen kann als Grenze der Verschmelzung $(\Delta t)_a = 0,125$ sek angenommen werden, entsprechend einer Modulationsfrequenz von 4 Hz. Dieser Wert wird den späteren Rechnungen zugrunde gelegt werden.

f) Nach Erreichen des Maximums fällt, wie Abb. 21b zeigt, die Lautstärke wieder ab. Das beruht auf einer Eigenschaft des Ohres, die

---

[1] s. dazu die in Fußn. 2, S. 310 genannte Arbeit.

dieses — ebenso wie die anderen Sinnesorgane — besitzt, der *Adaption*. Beim Auge ist im Gegensatz zum Ohr ein besonderer Regelmechanismus — der Pupillarreflex [46] — vorhanden, der Adaptionsvorgang läuft wesentlich langsamer ab: Die vollständige Hell-Dunkel-Adaption stellt sich erst nach 45 min ein, während im Ohr nach etwa 2 min der neue Ruhezustand erreicht ist. Abb. 22 zeigt den

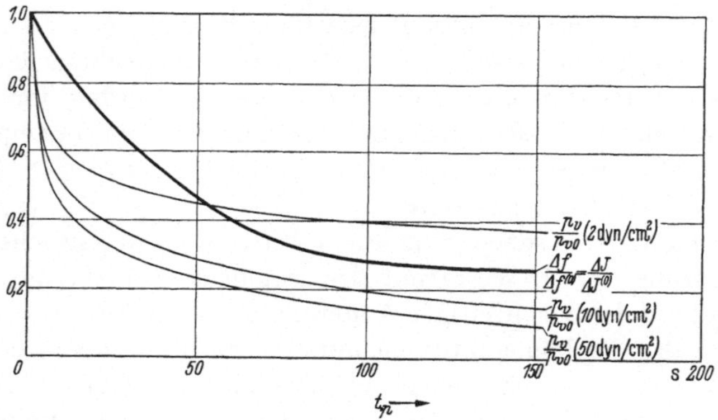

Abb. 22. Zeitliche Änderung der relativen Schwellen $\frac{\Delta f}{\Delta f^{(0)}} = \frac{\Delta J}{\Delta J^{(0)}}$ durch Adaption, ($\Delta f^{(0)}$ und $\Delta J^{(0)}$ = Schwellen für $t_p \to 0$) für $f = 800$ Hz, Schalldruck $p = 10$ dyn/cm², Modulationsfrequenz $= 4$ Hz. Gleichzeitig ist die Änderung des „Lautdrucks" p_v (Vergleichsschalldruck bei $t_v = 0{,}2$ sek) bezogen auf $t_p \to 0$ für 3 verschiedene Schalldrucke angegeben (nach V. Békésy).

Verlauf des Vergleichsschalldruckes p_v (Dauer des Vergleichstones $t_v = 0{,}2$ sek) für drei verschiedene Schalldrucke: 2 dyn/cm², 10 dyn/cm² und 50 dyn/cm² für einen Ton von 800 Hz nach Messungen von v. Békésy [4]. Der Abfall der Lautstärke ist nach etwa 2 min beendet. Die erreichte relative Endlautstärke ist am kleinsten für große Schallstärke, sie ist im übrigen individuell verschieden, während die „Zeitkonstante" vom Beobachter unabhängig zu sein scheint.

Gleichzeitig ist nach Messungen von v. Békésy [5] der gleichartige Abfall der relativen Unterschiedsschwelle $\Delta J/\Delta J^{(0)}$ und $\Delta f/\Delta f^{(0)}$ eingetragen. Das Ohr wird mit steigender Adaption („Ermüdung") in gleichem Maße für Intensitäts- und Tonhöhenunterschiede empfindlicher — das ist zugleich eine weitere Stütze für die in d) erläuterte Abhängigkeit der Δf-Werte vom Lautstärkeunterscheidungsvermögen ΔJ. Für die hier betrachteten langen Zeiten erfolgt der Verlauf der ΔJ- und Δf-Kurven gleichsinnig mit den Lautstärkekurven, während der in e) betrachtete Verlauf der Δf-Werte gleich nach Einschalten des Tones entgegengesetzt zu dem der Lautstärke ist. Das zeigt, daß es sich bei der Adaption um einen anderen Vorgang handelt als den, der mit der ansteigenden Lautstärke verknüpft ist. G. v. Békésy konnte zeigen [5], daß der Lautstärkeanstieg gleich nach Einschalten des

Tones mit einem nach dem NERNSTschen Gesetz ablaufenden elektrolytischen Prozeß in den Sinneszellen verknüpft ist, da der „Lautdruck" proportional zu $\sqrt{t}$, die Lautstärke also proportional zu t, ansteigt. Das gilt für $t < 0,1$ sek und für nicht zu große Schallstärken $(10 \log \frac{J}{J_0} \leq 40)$. Bei großen Schallstärken ergaben sich die erwähnten Schwierigkeiten, die durch den Einschaltstoß hervorgerufen werden und

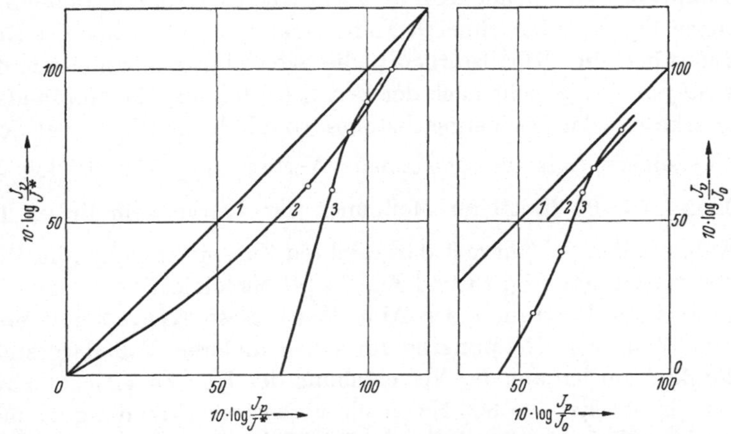

Abb. 23. Adaptionskennlinien. J_p = Schallstärke des einem Ohr zugeführten Prüftones, J_v = Schallstärke des Vergleichstones ($t_v = 0,2$ sek) im anderen Ohr, $f = 800$ Hz, $J^* = 10^{-16}$ W/cm² $\approx J_0$ = Hörschwelle.
1: Prüftondauer $t_p = 0,2$ sek
2: Prüftondauer $t_p = 2$ min (Meßpunkte 2, 10, 50 dyn/cm²)
3: Prüftondauer $t_p = 2$ min, anschließend plötzliche Änderung der Schallstärke,
Meßpunkte 10 dyn/cm² $\begin{cases} + \ 10 \text{ dyn/cm}^2 \\ - \ \ 5 \text{ dyn/cm}^2 \end{cases}$. Nach Messungen von V. BÉKÉSY.
Nebenstehend Kurve 3 mit Meßpunkten nach V. BÉKÉSY, berechnet aus der Verschiebung der Kurven gleicher Lautheit an der Stelle 800 Hz nach Ermüdung mit einem Ton von 800 Hz und etwa 3 dyn/cm².

die sich durch abgerundete Flanken der Impulse verringern lassen (s. a. die Messung der Tonkennzeit c)).

Mit steigender Lautstärke steigt das Unterscheidungsvermögen, mit steigender Adaption geht die Lautstärke dann wieder zurück, das Unterscheidungsvermögen wächst aber weiter. RANKE [45] hat darauf hingewiesen, daß bei informationstheoretischen Berechnungen die Adaption berücksichtigt werden muß. Es soll nun gezeigt werden, daß das für die Informationskapazität nicht notwendig ist, wenn nur dafür gesorgt ist, daß aus den Berechnungsunterlagen die Adaption eliminiert ist.

In Abb. 23 sind Adaptionskennlinien nach Messungen von v. BÉKÉSY [4, 5] dargestellt. Die einem Ohr während der Dauer t_p zugeführte Prüfschallstärke J_p wird mit der Schallstärke J_v eines dem anderen Ohr zugeführten Vergleichstones gleicher Frequenz der konstanten Dauer t_v — z. B. $t_v = 0,2$ sek — verglichen, indem J_v so ein gestellt wird, daß beide Töne gleichlaut sind, d. h. durch J_v wird die Lautstärke des Prüftones gemessen. Benutzt man als Koordinaten die Werte $10 \log \frac{J_v}{J_0}$ und $10 \log \frac{J_p}{J_0}$ ($J_0 =$ Hörschwelle, es ist für die Messungen $J_0 \approx J^* = 10^{-16}$ W/cm² gesetzt), so ergibt sich für $t_p = t_v$ eine unter 45° geneigte Gerade durch den Nullpunkt (Kurve 1 in Abb. 23). Für $t_p = 2$ min erhält man die (annähernd) den Endzustand der Adaption darstellende Kurve 2 (die eingezeichneten Meßpunkte sind nach Fig. 4 [4] berechnet)[1]. Ändert man nach Erreichen des Endzustandes bei einer Schallstärke J_{p0} die Schallstärke plötzlich um den Wert ΔJ_p und vergleicht nach der Zeit t_v ($= 0{,}2$ sek) die empfundene Lautstärke mit der des Vergleichstones, so erhält man aus einer Serie von Versuchen mit verschiedenen Werten ΔJ_p für $10 \log \frac{J_{p0}}{J_0}$ $\approx 10 \log \frac{J_{p0}}{J^*} = 94$ (mittlerer Meßpunkt der Kurve 2 im linken Teil der Abb. 23) den in Kurve 3 dargestellten Zusammenhang (die Meßpunkte wurden aus Fig. 13 und Fig. 14 [4] berechnet).

Im rechten Diagramm der Abb. 23 ist diese Kurve 3 mit einer größeren Zahl von Meßpunkten für einen anderen Fall dargestellt. Die Punkte wurden aus der Verschiebung der Kurven gleicher Lautheit an der Stelle $f = 800$ Hz nach vorheriger Ermüdung (2 min) durch einen Ton von 800 Hz und etwa 3 dyn/cm² nach Messungen v. Békésy's [5] berechnet. Dieser Fall zeigt deutlich, daß Kurve 3 bei etwa 40 dB über der Hörschwelle in die Abszisse mündet, d. h. daß nach einer Ermüdung gegen plötzliche Änderungen die Hörschwelle wesentlich höher liegt als im ausgeruhten Zustand, während für die stationäre Adaptionskurve (Kurve 2) die Hörschwelle nicht geändert ist. Die Adaption geht nach Abschalten des ermüdenden Tones sehr schnell wieder zurück, nach Messungen von v. Békésy etwa nach 5 sek [4], so daß die Verschiebung der Hörschwelle nur beobachtet werden kann, wenn die Schallstärke des ermüdenden Tones sehr schnell verringert wird.

Kurve 3 ist in der Umgebung des Arbeitspunktes (J_{p0}) wesentlich steiler als 45°, d. h. das Ohr ist im adaptierten Zustand wesentlich empfindlicher gegen schnelle Änderungen als im ausgeruhten Zustand. Das ist derselbe Sachverhalt der in Abb. 22 dargestellten Abnahme der ΔJ- und Δf-Werte mit steigender Adaption. Der tg des Neigungs-

---

[1] Nach v. Békésy wird die Fühlgrenze nicht wesentlich durch die Adaption beeinflußt [5]. Man kann annehmen, daß auch die Hörschwelle von der Dauer eines Tones — nach Überschreiten einer Mindestdauer (s. e) — unabhängig ist, da z. B. ein Ton, der nach 0,5 sek Dauer überschwellig ist, nicht wieder unterschwellig werden kann. Infolgedessen müssen die Kurven 1 und 2 bei kleinen und großen Schallintensitäten zusammenlaufen.

winkels von Kurve 3 im Arbeitspunkt ist etwa gleich 3 entsprechend
einer Abnahme von ΔJ (bzw. Δf) auf das 0,3fache des Anfangswertes.

Aus Adaptionsmessungen in Verbindung mit Messungen der Intensitätsschwelle läßt sich entscheiden, in welcher Reihenfolge die Glieder
des Übertragungskanals, die für die Unterschiedsschwelle (ΔJ) und die
Adaption verantwortlich sind, aufeinander folgen. In Abb. 24 sind die

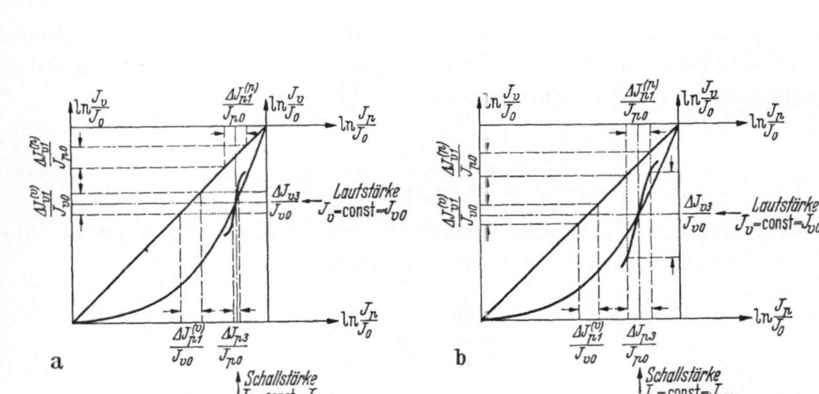

Abb. 24. Verhalten der Intensitätsschwellen bei Adaption bei verschiedener Reihenfolge von
Adaption und Schwellenbildung.
J_p = Schallstärke des Prüftones, J_v = Schallstärke des Vergleichstones von 0,2 sek Dauer, ΔJ
= Intensitätsschwelle, J_0 = Hörschwelle im ausgeruhten Zustand. (Der natürliche Logarithmus
der Intensitätsverhältnisse ln J / J_0 ist gewählt, um lästige Zahlenfaktoren bei den relativen Schwellen
$\Delta J / J$ zu vermeiden.)
a) Wenn die Adaption vor der Schwellenbildung erfolgt, ist die Lautstärkeschwelle bei konstanter
Lautstärke im adaptierten Zustand gleich der im Ruhezustand.
b) Umgekehrt ist bei konstanter Schallstärke die Schallstärkeschwelle von der Adaption unabhängig.

beiden einfachsten Fälle dargestellt: in a) erfolgt die Adaption vor der
Bildung der Schwelle, in b) umgekehrt. Unter den Anordnungsskizzen
sind in den Diagrammen die Ergebnisse der zugehörigen Schwellenmessungen dargestellt. Es bedeuten ΔJ_{p3} die Unterschiedsschwelle
bezogen auf die Schallstärke mit Adaption, ΔJ_{v3} die zugehörige Lautstärkeunterschiedsschwelle. Es ist $\Delta J_{v3} \cdot J_{p0} / \Delta J_{p3} \cdot J_{v0}$ gleich der
Neigung von Kurve 3 im Arbeitspunkt. $\Delta J_{p1}^{(p)}$, $\Delta J_{v1}^{(p)}$ und $\Delta J_{p1}^{(v)}$, $\Delta J_{v1}^{(v)}$
sind entsprechende Paare der Unterschiedsschwelle bei Messungen ohne
Ermüdung (Kurve 1), d. h. es ist $\Delta J_{p1}^{(v)} = \Delta J_{v1}^{(p)}$ und $\Delta J_{p1}^{(p)} = \Delta J_{v1}^{(v)}$
einmal bei konstanter Schallstärke (oberer Index p) und zweitens bei
konstanter mittlerer Lautstärke (oberer Index v). Bei einer Anordnung
nach a) ist bei konstanter Lautstärke das Schwellenbildungsglied im
adaptierten und im nichtadaptierten Fall in demselben Zustand, so daß

21*

sich in beiden Fällen dieselbe Lautstärkeschwelle ergeben muß $(\varDelta J_{v3} = \varDelta J_{v1}^{(v)})$, umgekehrt muß bei der Anordnung b) $\varDelta J_{p3} = \varDelta J_{p1}^{(p)}$ sein.

Es sind nur Messungen bei konstanter Schallstärke ausgeführt (s. Abb. 22), es ist aber $\varDelta J_{p3} \neq \varDelta J_{p1}^{(p)}$, so daß Fall b) nicht vorliegen kann. Man kann die Verhältnisse für den Fall konstanter Lautstärke auf einem Umweg berechnen. Es ist

$$\frac{\varDelta J_{v3}}{J_{v0}} = k \, \frac{\varDelta J_{p3}}{J_{p0}},$$

wenn k die Neigung von Kurve 3 (Abb. 23) im Arbeitspunkt bezeichnet. Bezeichnet man die relative Herabsetzung der Schwelle bei konstanter Schallstärke durch Adaption mit ε (s. Abb. 22), so ist

$$\frac{\varDelta J_{p3}}{J_{p0}} = \varepsilon \, \frac{\varDelta J_{p1}^{(p)}}{J_{p0}} = \varepsilon \, \frac{\varDelta J_{v1}^{(p)}}{J_{p0}}.$$

Aus Abb. 5 kann man das Verhältnis der relativen Schwelle für die Lautstärken J_{v0} und J_{p0} entnehmen. Es sei

$$\frac{\varDelta J_{v1}^{(p)}}{J_{p0}} = \varrho \, \frac{\varDelta J_{v1}^{(v)}}{J_{v0}},$$

dann ist also

$$\frac{\varDelta J_{v3}}{J_{v0}} = k \, \varepsilon \, \varrho \, \frac{\varDelta J_{v1}^{(v)}}{J_{v0}}.$$

Für k kann man ansetzen $k = 3 \pm 0{,}5$ (s. a. Abb. 26), ε ist nach Abb. 22 für $p_{v0} = 3$ dyn/cm² unter Beachtung individueller Schwankungen gleich $\varepsilon = 0{,}4 \pm 0{,}2$. Für ϱ ergibt sich mit $10 \log \frac{J_{p0}}{J_0} = 75$ und $10 \cdot \log \frac{J_{v0}}{J_0} = 68$ (s. Abb. 23 rechte Seite) aus Abb. 5 $\varrho \approx 0{,}85$. Damit ist

$$k \varepsilon \varrho = 1{,}1 \pm 0{,}7.$$

Eine größere Sicherheit dieses Wertes ließe sich nur aus einem gleichartigen Material gewinnen. Man kann aber behaupten, daß der wesentliche Teil der Adaption vor der Bildung der Schwellen liegt (Fall a, $\varDelta J_{v3} = \varDelta J_{v1}^{(v)}$). Damit ist zugleich gezeigt, daß die Adaption für die Berechnung der Informationskapazität keine Rolle spielt; die in die Berechnung der Kapazität eingehenden Werte der Schwellen müssen nur als Funktion der Lautstärke bestimmt werden. Das geschieht am einfachsten dadurch, daß man die Messungen so schnell ausführt, daß die Adaption noch keine Rolle spielt. Andererseits müssen sie nach den Überlegungen von e) wenigstens so lange dauern, bis sich die maximale Lautstärke eingestellt hat.

g) Für einen weiteren Effekt, die *Verdeckung*, gilt das gleiche. Es handelt sich dabei um die Erscheinung, daß die Hörschwelle und die Intensitäts- und Tonhöhenunterscheidungsschwellen durch die Anwesenheit gleichzeitig erklingender arderer Töne verändert werden [*18, 19, 23, 38, 45, 51, 55, 57, 60, 61, 65*]. Die übersichtlichsten Ver-

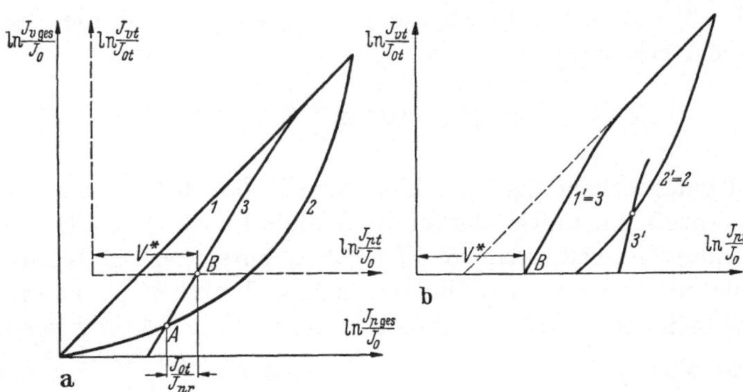

Abb. 25. Verdeckungskennlinien. a) Konstruktion im Adaptionsdiagramm; b) Adaptionsdiagramm des verdeckten Tones

$J_{p\,\text{ges}}$ = Schallstärke $\Big\}$ von verdeckendem Rauschen + verdecktem Ton,
$J_{v\,\text{ges}}$ = Lautstärke

J_0 = absolute Hörschwelle,

J_{pr} = Schallstärke $\Big\}$ des verdeckenden Rauschens (Punkt A),
J_{vr} = Lautstärke

J_{pt} = Schallstärke $\Big\}$ des verdeckten Tones (0,2 sek nach Zuschalten des Tones),
J_{vt} = Lautstärke

J_{ot} = Hörschwelle des verdeckten Tones,

$$V^* = \ln \frac{J_{ot}}{J_0} = \text{Verschiebung der Hörschwelle} \left(V = 10 \log \frac{J_{ot}}{J_0} \right),$$

$\dfrac{J_{ot}}{J_{pr}}$ = relative Schallstärkenunterschiedswelle nach erfolgter Adaption durch das Rauschen.

Es ist:

$$V^* = \ln \frac{J_{ot}}{J_0} = \ln \frac{J_{ot}}{J_{pr}} + \ln \frac{J_{pr}}{J_0} = \ln \left(\frac{1}{k} \frac{\Delta J}{J} \right)_{J_{pr}} + \ln \frac{J_{pr}}{J_0} \approx \ln \frac{J_{pr}}{J_0}$$

($k > 1$ = Neigung der Kurve *3* im Punkt A, $\dfrac{\Delta J}{J}$ = Lautstärkeunterschiedsschwelle).

hältnisse ergeben sich für die Verdeckung durch statistisches Rauschen, im allgemeinen wählt man weißes Rauschen, für das die Leistungsdichte $\Delta J_r / \Delta f$ konstant ist.

Man kann die Verdeckung — abgesehen von einem eventuell vorhandenen zentralen Anteil [*55*] — als Auswirkung der Intensitätsschwelle ansehen. Dabei ist im allgemeinen die Adaption zu beachten. In Abb. 25 ist gezeigt, wie man aus den Adaptionskennlinien die Verschiebung der Hörschwelle und die Verdeckungskennlinien konstruieren kann. Der Grundgedanke ist dabei der, daß die Gesamtlautstärke von verdeckendem Rauschen und verdecktem Ton so viel größer sein muß, als die des Rauschens allein, daß die Intensitätsschwelle bei der vorhandenen Grundlautstärke (Rauschen) erreicht wird, damit der

Ton gehört werden kann. In einem Diagramm, in dem die Lautstärke des Tones als Funktion seiner Schallstärke dargestellt wird, ergibt sich dann eine Verschiebung der Hörschwelle, die etwa gleich der Schallstärke des Rauschens ist. Durch die logarithmische Darstellung erscheint das kleine Schallstärkenintervall im Bild der Gesamtlautstärke im Tondiagramm wesentlich vergrößert. Mit den in der Legende zu Abb. 25 erläuterten Bezeichnungen, erhält man für die Verschiebung V der Hörschwelle

$$V = 10 \log \frac{J_{ot}}{J_0} = 10 \log \frac{J_{ot}}{J_{pr}} + 10 \log \frac{J_{pr}}{J_0}.$$

Nun soll entsprechend der Grundannahme die Schallstärke des Tones J_{ot} gerade so groß sein, daß sie der für die Grundschallstärke J_{pr} (Rauschen) bestehenden Intensitätsschwelle $(\Delta J/J)_{Jpr}$ entspricht. Dabei ist noch zu beachten, daß sich das Ohr durch das Rauschen im adaptierten Zustand befindet, so daß sich die Schwelle um den Faktor k verringert hat. Für J_{ot}/J_{pr} ist also $\left(\frac{1}{k} \frac{\Delta J}{J}\right)_{Jpr}$ einzusetzen, $\left(\frac{\Delta J}{J}\right)_{Jpr}$ ist der aus Abb. 5 zu entnehmende Schwellenwert an der Stelle $J = J_{pr}$.

Damit ist dann

$$V = 10 \log \left(\frac{1}{k} \frac{\Delta J}{J}\right)_{Jpr} + 10 \log \frac{J_{pr}}{J_0}.$$

Nun ist nach Abb. 26 $\qquad 1 \leqq k \leqq 4$

und nach Abb. 5 $\qquad 3 \geqq \frac{\Delta J}{J} \geqq 0{,}03$. Für $k = 1$ ist $\frac{\Delta J}{J} = 3$ und entsprechend an der anderen Grenze, so daß gilt

$$0{,}12 \leqq \frac{1}{k} \frac{\Delta J}{J} \leqq 3$$

oder

$$-9{,}2 \leqq 10 \log \left(\frac{1}{k} \frac{\Delta J}{J}\right)_{Jpr} \leqq 4{,}8.$$

Das entspricht etwa der Abweichung der Verschiebung von dem Wert $10 \log \frac{J_{pr}}{J_0}$ [38][1].

---

[1] Trägt man mit Werten aus Abb. 5 die Werte $20 \log \frac{\Delta p}{p_0}$ (Δp = Schalldruckunterschiedsschwelle, p_0 = Schalldruck an der Hörschwelle) als Funktion von $20 \log \frac{p}{p_0}$ auf, so ergibt sich eine Kurve, die mit den von Wegel und Lane [60] gemessenen Verdeckungskurven für benachbarte Töne annähernd übereinstimmt: die Werte von Wegel und Lane liegen im allgemeinen über der Δp-Kurve, maximal $10\,dB$ bei $20 \log \frac{p}{p_0} = 80$.

Die Wirkung der Verdeckung durch Rauschen auf die Schwellen ist von ZWICKER [65] gemessen worden. Wenn man weißes Rauschen benutzt, muß beachtet werden, daß die wirksame Schallstärke — definiert durch Rauschleistungsdichte mal kritische Bandbreite $\frac{\Delta J_r}{\Delta f} \cdot (\Delta f)_{kr}$ — frequenzabhängig ist. Das äußert sich in einer frequenzabhängigen Verschiebung der Hörschwelle. Man kann diese Verschiebung V angenähert als Maß für die effektive Rauschleistung benutzen. Durch die Benutzung weißen Rauschens ergibt sich damit die Möglichkeit, die Schwellenänderungen für verschiedene effektive Rauschleistungen miteinander zu vergleichen. Außerdem hat ZWICKER die Änderungen der Intensitätsschwelle für zwei verschiedene Rauschleistungsdichten angegeben.

Aus den Messungen von ZWICKER ergeben sich die Schwellen als Funktion der Schallstärke. Man muß die Schallstärken auf Lautstärken umrechnen. In grober Näherung erhält man zu jeder Verschiebung V den Umrechnungsfaktor k, wenn man für einen gegebenen Schwellenwert die zugehörigen, aus Abb. 5 bzw. Abb. 9 zu entnehmenden Werte $10 \cdot \log \dfrac{J}{J_0}$ dividiert durch die mit Verdeckung gemessenen Werte $10 \cdot \log \dfrac{J}{J_{0t}}$

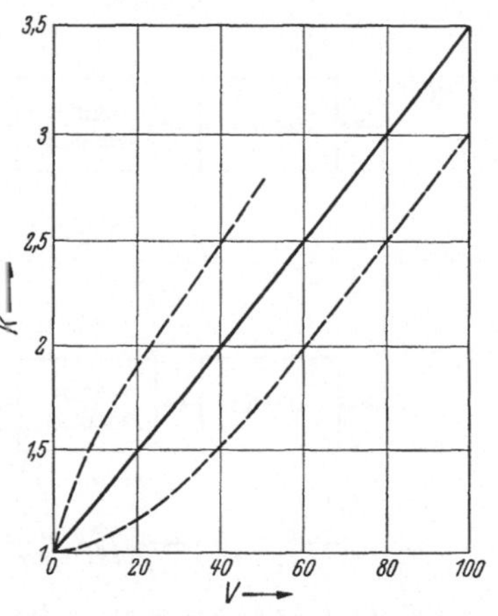

Abb. 26. Faktor k der Lautstärkesteigerung und der Schwellensenkung verdeckter Töne als Funktion der Verschiebung V der Hörschwelle (berechnet mit Hilfe von Messungen von V. BÉKÉSY und ZWICKER).

$V = 10 \log \dfrac{J_{0t}}{J_0}$ (J_0 = Hörschwelle ohne und J_{0t} = Hörschwelle mit Verdeckung). —— Mittelwerte, — — — Streubereichsgrenze.

(J_{0t} = Hörschwelle des verdeckten Tones). Trägt man die Zahlen k, die man erhält, in Abhängigkeit von der Verschiebung V auf, so ergeben sich im Mittel die Werte der ausgezogenen Kurve in Abb. 26. Die Werte streuen nicht unerheblich, aber doch so wenig, daß man für die Berechnung der Informationskapazität von der Verdeckung absehen kann; bezogen auf konstante Lautstärke sind die Schwellen ohne Verdeckung gleich denen mit Verdeckung. Die Werte des Faktors k stimmen — wie zu erwarten — mit den Werten der Neigungen der Kurve 3 in Abb. 23 überein.

h) Das Ohr ist in der Lage, bei Frequenzen unter 800 Hz *Laufzeitunterschiede* zwischen den von beiden Ohren aufgenommenen Schallvorgängen zwischen $2 \cdot 10^{-5}$ sek und $120 \cdot 10^{-5}$ sek zu erkennen und zur Richtungsbestimmung der Schallquelle zu benutzen [*32*]. Das bedeutet, daß neben den Werten für die Frequenz und die Intensität eines Tones auch die Phasen der Schwingungen übertragen werden müssen, damit diese im Zentralorgan hinsichtlich ihrer Zeitdifferenz verglichen werden können. Es ist nicht bekannt, ob Messungen über die Größe unterscheidbarer Laufzeitstufen in ihrer Abhängigkeit von J, f und evtl. der Verdeckung und der Adaption sowie die Mindest-

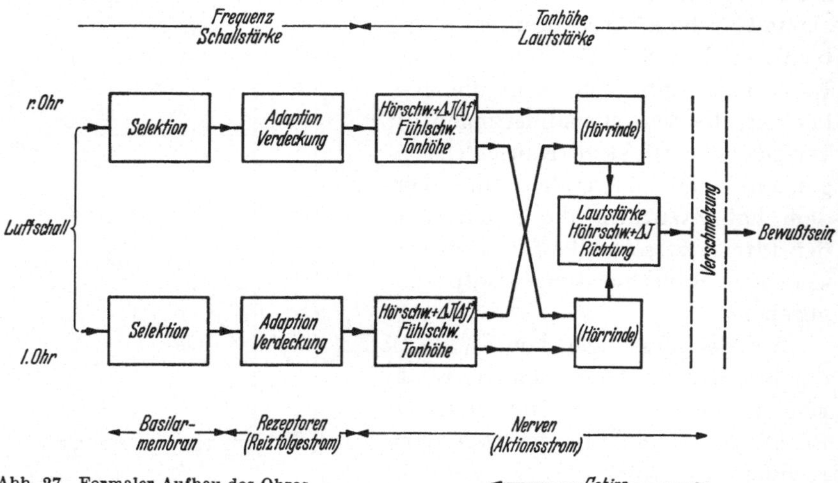

Abb. 27. Formaler Aufbau des Ohres.

dauer für die Erkennbarkeit einer bestimmten Laufzeitdifferenz vorliegen[1], so daß dieser Phaseneffekt bei der Berechnung der Informationskapazität nur abgeschätzt werden kann.

Nimmt man an, daß die Zeitdifferenz zwischen den auf die beiden Ohren treffenden Nachrichten frühestens jeweils nach einer Zeit $(\Delta t)_a$ wechseln kann, um unverfälscht analysierbar zu sein, und daß etwa 100 Phasenstufen unterscheidbar sind, so erhöht sich die Zahl M der in der Zeit T übertragbaren Nachrichten um den Faktor $100^{\frac{T}{(\Delta t)_a}}$, die Informationskapazität also um $\frac{1}{(\Delta t)_a}$ ld $100 \approx \frac{7}{(\Delta t)_a} \approx 70/\text{sek}$. Das ist ein Beitrag, der gegenüber der Zahl von $3,5 \cdot 10^4/\text{sek}$ [s. u. k)] vernachlässigt werden kann.

i) In Abb. 27 ist der formale Aufbau des gesamten akustischen Übertragungssystems skizziert, wie er sich vorwiegend aus den Hör-

---

[1] Nach Untersuchungen von Haas [21] wird der Richtungseindruck einer Echoquelle unterdrückt (Echounterdrückungseffekt), wenn die Laufzeit weniger als 50 ms größer ist als die von einer anderen Quelle des gleichen Vorgangs, auch wenn die Lautstärke des zweiten Impulses größer ist als die der zuerst gehörten Schallquelle. Bei Laufzeitunterschieden zwischen 5 und 30 msek muß die Echoquelle eine 10fach größere Lautstärke besitzen, um als gleichlaut empfunden zu werden, auch dann scheint der gesamte Schall von der zuerst gehörten Quelle zu kommen.

empfindungen und ihrer Beziehung untereinander ergibt. Eine Entscheidung über die Reihenfolge der verschiedenen Vorgänge ist nur deshalb möglich, weil es sich um nichtlineare Prozesse handelt; bei einer Kette von linearen Gliedern ist die Gesamtwirkung von der Reihenfolge unabhängig.

Die angegebene Anordnung ist mehr als logische, weniger als morphologische Folge anzusehen, wenn auch angenommen werden muß, daß die Reihe der Effekte durch die Struktur des Organs bedingt ist. Bei den ersten Gliedern läßt sich diese Zuordnung schon mit einiger Sicherheit angeben. Die Funktion der Basilarmembran ist durch die experimentellen Arbeiten von v. BÉKÉSY und die theoretischen Untersuchungen von RANKE weitgehend geklärt [45]. Die Verdeckung ist auf Grund einer Arbeit von LERCHE [45] in die Sinneszellen (Reizfolgestrom) zu verlegen, während die Hörschwelle erst in den Aktionsimpulsen des Hörnerven nachweisbar ist[1]. An dieselbe Stelle sind die anderen Intensitätsunterschiedsschwellen und nach d) damit auch der Ursprung des Tonhöhenunterscheidungsvermögens zu legen.

Die Intensitätsschwelle muß aber noch an einer Stelle nach der Vereinigung der beiden Übertragungswege beeinflußt werden, sonst müßten einohrige und zweiohrige Hörschwelle einander gleich sein. Tatsächlich wird die Hörschwelle aber beim Hören mit zwei Ohren gegenüber dem einohrigen Hören um etwa 3 dB gesenkt [45]. Entfernt man entweder eine Schnecke oder eine Hörrinde, so ergibt sich, ähnlich wie beim einohrigen Hören, eine Schwellenerhöhung von 2—5 dB. Entfernt man dagegen eine Schnecke und eine Hörrinde, so ergibt sich eine Erhöhung der Schwelle um 15 dB [45]. Diese Beobachtungen lassen sich nur in der Weise verstehen, daß nach einer teilweisen Überkreuzung der Verbindungen und der anschließenden Vereinigung der beiden Wege erneut eine Schwellenbildung auftritt. Neben dieser Strukturvoraussetzung muß der statistische Charakter der Schwelle berücksichtigt werden. Die Nervenerregung setzt nicht bei einem bestimmten Schalldruck plötzlich ein, sondern die mittlere Erregung wird in einem endlichen wenn auch schmalen Bereich in der Umgebung der Schwelle von 0 an stetig zunehmen. Vereinigen sich zwei derartig statistisch verteilte Erregungsströme, so ergibt sich, bezogen auf den Schalldruck, eine Verschiebung um $\sqrt{2}$, d. h. um 3 dB. Wenn eine Schnecke und eine Hörrinde entfernt sind, erreicht nur 1 Strom das Zentrum. Bei einohrigem Hören oder der Entfernung entweder einer

---

[1] Die Form der Hörschwellenkurve als Funktion der Frequenz ist schon im Reizfolgestrom (microphonics) nachweisbar [45], d. h. sie ist durch den Frequenzgang des Übertragungssystems bis zu den Sinneszellen bestimmt. Nach neueren Untersuchungen von LERCHE lassen sich ebenfalls Adaptionserscheinungen im Reizfolgestrom nachweisen.

Schnecke oder einer Hörrinde ergeben sich 2 Ströme. Bei zweiohrigem Hören endlich treffen im Zentrum 4 Erregungsströme zusammen. Das erklärt größenordnungsmäßig die angegebenen Zahlenwerte.

Die Lautstärkeempfindung ist nach den in d) geschilderten Versuchen von v. Békésy (s. Abb. 16) an dieselbe Stelle verlegt worden, wenn auch angenommen werden kann, daß schon in der Erregung der Fasern des Hörnerven ein Äquivalent für die Lautstärke vorhanden ist.

Die Möglichkeit der Richtungsunterscheidung auf Grund von Phasendifferenzen der von beiden Ohren aufgenommenen Schallvorgänge kann selbstverständlich erst an einer Stelle bestehen, an der die beiden Erregungen zugleich vorliegen und verglichen werden können.

Nach der Vereinigung der beiden Wege findet neben dem Laufzeitvergleich und der endgültigen Lautstärke- und Schwellenbildung u. U. eine Verschmelzung der beiden Nachrichtenströme statt, durch die die eigentliche Klangempfindung hervorgerufen wird, bei der die isolierte Wahrnehmung der Teiltöne des Klanges unterdrückt sein kann [62].

Die letzten Glieder sind summarisch ins Gehirn verlegt, da es noch nicht möglich ist, eine begründete Verteilung der Funktionen auf die vorhandenen Teilstrukturen vorzunehmen.

k) Auf Grund der Überlegungen und des Materials der vorhergehenden Abschnitte läßt sich nun die Gesamtinformationskapazität I des Ohres abschätzen. Das soll in zwei Schritten erfolgen, indem zunächst eine untere Grenze für den Wert von I berechnet wird.

Die Hörfläche sei in $\mu_0 = 90$ (s. Abb. 12) senkrechte Streifen der Breite $(\Delta f)_0$ ($=$ Tonhöhenunterscheidungsvermögen an der Hörschwelle) zerlegt und die Gesamtheit der Streifen gemäß dem Lautstärkeunterscheidungsvermögen mit Einschluß der Stufe „0" ($J < J_0$) und der Hörschwelle in $m_\infty(f) + 2$ (s. Abb. 8 für $10 \log \dfrac{L}{L_0} = 120$) parallele Stufen eingeteilt. Wählt man nun aus jedem Streifen je einen Ton einer beliebigen Stufe, so bleiben die Töne jeder dieser Mengen unterscheidbar, auch wenn sie gleichzeitig erklingen[1] (als Lautstärke eines Tones ist die resultierende Lautstärke unter Berücksichtigung des Einflusses der anderen Töne einzusetzen). Die Zahl der verschiedenen Mengen, die sich auf diese Weise bilden lassen, ist gleich

$$\prod_{k=1}^{\mu_0} (m_k + 2) \quad (m_k = m_\infty(f_k), \ k = \text{Nr. des Streifens}). \text{ Mit } \mu_0 = 2 \text{ und}$$

---

[1] Eine Einschränkung ergibt sich durch die bei großen Lautstärken ($\geqq 30$ dB über der Hörschwelle) infolge der Nichtlinearitäten entstehenden Obertöne, sie verhindern die vollständige Unabhängigkeit in der Wahl der Lautstärke von Tönen, die zugleich Obertöne sind. Wie auf S. 322 gezeigt wird — es genügt nur Töne mit maximaler Lautstärke (Fühlschwelle) zu betrachten — kann dadurch der Wert der Kapazität nicht wesentlich verringert werden.

$m_1 = 1$, $m_2 = 0$ ergeben sich z. B. die sechs verschiedenen Mengen: (0,0); (0,1); (1,0); (1,1); (2,0); (2,1); jeder Ton eines Streifens kann mit jedem Ton eines anderen Streifens kombiniert werden.

Während der Zeit $(\Delta t)_a$ (Analysierzeit) kann jeweils eine beliebige dieser Mengen eingesetzt werden, d. h. jede dieser Mengen stellt eines der verschiedenen Signale dar, aus denen die Nachricht zusammengesetzt werden kann. Damit ergibt sich die Mindestkapazität I_0

$$I_0 = \frac{1}{(\Delta t)_a} \operatorname{ld} \prod_{k=1}^{\mu_0} (m_k + 2) = \frac{1}{(\Delta t)_a} \sum_{k=1}^{\mu_0} \operatorname{ld} (m_k + 2)$$

$$\approx \frac{1}{(\Delta t)_a} \int_{f_1}^{f_2} \operatorname{ld} (m + 2) \frac{df}{(\Delta f)_0}$$

$[df/(\Delta f)_0 = $ Zahl der Streifen im Intervall df, f_1, $f_2 = $ Frequenzgrenzen]. Graphische Integration mit Hilfe der Werte von Abb. 8 und Abb. 9 ergibt für das Integral den Wert 747. Mit $(\Delta t)_a = 0{,}125$ sek ist dann

$$I_0 \approx 6 \cdot 10^3/\text{sek.}$$

Die Zahl der verschiedenen Signale läßt sich nun noch wesentlich erhöhen, da in jeder Stufe eines Streifens nach Abb. 10 $\mu_\Delta = (\Delta f)_0/(\Delta f)_J$ Töne unterschieden werden können.

Wenn man ausschließt, daß ein Ton eines ΔJ-Intervalles eines Streifens gleichzeitig mit einem Ton eines anderen Intervalles desselben Streifens ertönt, weil diese verschmelzen können, so ergeben sich in jeder Stufe 2^{μ_Δ} Möglichkeiten, denn jeder Ton kann vorkommen oder nicht vorkommen. Schließt man zunächst den Fall, daß überhaupt kein Ton vorkommt, aus, so bleiben $2^{\mu_\Delta}-1$ Möglichkeiten. Im ganzen Streifen ergeben sich dann mit Einschluß des einen „0-Falles"

$$m'_k = 1 + \int_{J_0}^{J_\infty} (2^{\mu_\Delta} - 1) \frac{dJ}{\Delta J}$$

Tongruppen. Dieses m'_k ist anstelle von m_k in I_0 einzusetzen und man erhält als Gesamtkapazität des Ohres

$$I = \frac{1}{(\Delta t)_a} \int_{f_1}^{f_2} \operatorname{ld} (m' + 2) \frac{df}{(\Delta f)_0}.$$

Nun ist
$$m' = \int_{J_0}^{J_\infty} 2^{\mu_\Delta} \frac{dJ}{\Delta J} + 1 - m \approx \int_{J_0}^{J_\infty} 2^{\mu_\Delta} \frac{dJ}{\Delta J}$$

$$= \int_{J_0}^{J_\infty} 2^{\frac{(\Delta f)_0}{(\Delta f)_J}} \frac{dJ}{\Delta J} = 2^{\frac{(\Delta f)_0}{(\Delta f)_\infty}} \int_{J_0}^{J_\infty} 2^{\frac{(\Delta f)_0}{(\Delta f)_J} - \frac{(\Delta f)_0}{(\Delta f)_\infty}} \frac{dJ}{\Delta J},$$

also

$$\mathrm{ld}\,(m' + 2) \approx \mathrm{ld}\,m' = \frac{(\Delta f)_0}{(\Delta f)_\infty} + \mathrm{ld} \int_{J_0}^{J_\infty} 2^{\frac{(\Delta f)_0}{(\Delta f)_J} - \frac{(\Delta f)_0}{(\Delta f)_\infty}} \frac{dJ}{\Delta J} \approx \frac{(\Delta f)_0}{(\Delta f)_\infty}.$$

Mit $\mu_\infty = 4000$ (s. Abb. 11) ist dann

$$I \approx \frac{1}{(\Delta t)_a} \int_{f_1}^{f_2} \frac{df}{(\Delta f)_\infty} = \frac{1}{(\Delta t)_a} \mu_\infty = 3{,}2 \cdot 10^4/\mathrm{sek}.$$

Der Integralanteil in $\mathrm{ld}\,m'$ läßt sich durch einen Korrekturfaktor α berücksichtigen

f in Hz	20	50	100	200	500	1000	2000	5000	10000	20000
α	1,1	1,02	1,02	1	1,01	1,02	1,03	1,09	1,27	2,21

Damit ist $\qquad\qquad\qquad \mathrm{ld}\,m' = \alpha\,\dfrac{(\Delta f)_0}{(\Delta f)_\infty}.$

Der Wert von I erhöht sich auf

$$I = 3{,}5 \cdot 10^4/\mathrm{sek}.$$

Der Wert $I = \dfrac{1}{(\Delta t)_a}\,\mu_\infty$ der Gesamtkapazität würde sich ergeben, wenn jeder der an der Fühlschwelle unterscheidbaren Tönen nur mit voller Lautstärke oder gar nicht vorkommen würde. Dann ist die Zahl der verschiedenen Signale gleich 2^{μ_∞}, die Kapazität also gleich $\dfrac{1}{(\Delta t)_a}\,\mathrm{ld}\,2^{\mu_\infty} = \dfrac{1}{(\Delta t)_a}\,\mu_\infty$. Der Wert der Kapazität ändert sich also nicht wesentlich, wenn man die anderen Lautstärkestufen berücksichtigt.

I_0 ist die Kapazität eines Systems, das gedacht werden kann als Vereinigung von isolierten Teilsystemen, die jedes nur „eintönige" Nachrichten übertragen. Benachbarte Teilsysteme haben einen Frequenzabstand $(\Delta f)_0$. Jedes Teilsystem hat eine Kapazität $I_f = \dfrac{1}{(\Delta t)_a}\,\mathrm{ld}\,(m + 2)$ (s. d)). Eine Vereinigung von Teilsystemen, deren Frequenzabstand gleich $(\Delta f)_\infty$ ist, hätte eine Kapazität

$$I_\infty = \frac{1}{(\Delta t)_a} \int_{f_1}^{f_2} \mathrm{ld}\,(m + 2)\,\frac{df}{(\Delta f)_\infty}.$$

Durch graphische Integration erhält man den Wert

$$I_\infty \approx 2 \cdot 10^5/\mathrm{sek}.$$

Die Resonatortheorie hatte den Wert $I_r = 3{,}3 \cdot 10^5/\mathrm{sek}$ ergeben. I ist gerade gleich dem geometrischen Mittel von I_0 und I_∞: $I = \sqrt{I_0 I_\infty}$.

Die Informationskapazität des Ohres wurde zuerst von JACOBSON [27, 28, s. a. 31] berechnet. Er faßt das Ohr als Vereinigung isolierter

„eintöniger" Systeme auf und erhält damit die Kapazität

$$I_J = \frac{1}{(\Delta t)_a} \int\limits_{f_1}^{f_2} \operatorname{ld}(m+2)\, \frac{df}{\Delta f} \approx \frac{1}{(\Delta t)_a} \int\limits_{f_1}^{f_2} \operatorname{ld} m\, \frac{df}{\Delta f}.$$

Als Frequenzabstand Δf wählt JACOBSON die Werte von SHOWER und BIDDULPH [50] für $10 \log \frac{J}{J_0} = 50$. Für die Analysierzeit setzt er 0,25 sek an. Die Berechnung wird auf einem Umweg durchgeführt. Mit

$$\mu = \int\limits_{f_1}^{f_2} \frac{df}{\Delta f}$$

ist
$$I_J \approx \frac{1}{(\Delta t)_a}\, \mu\, \frac{\int\limits_{f_1}^{f_2} \operatorname{ld} m\, \frac{df}{\Delta f}}{\mu} = 2\,\Delta f^* \, \frac{\int\limits_{f_1}^{f_2} \operatorname{ld} m\, \frac{df}{\Delta f}}{\mu}.$$

Für die mittlere effektive Bandbreite des Ohres

$$\Delta f^* = \frac{1}{2\,(\Delta t)_a}\, \mu$$

ergibt sich nach einer Berechnung von GABOR [20] $\Delta f^* = 2,9\ \text{kHz}$.

Für $\frac{1}{\mu} \int\limits_{f_1}^{f_2} \operatorname{ld} m\, \frac{df}{\Delta f}$ erhält JACOBSON den Wert 7,7. Damit ist dann $I_J \approx 7,7 \cdot 5800/\text{sek} = 4,5 \cdot 10^4/\text{sek}$. Dieser Wert muß zwischen I_0 und I_∞ liegen, er weicht nicht wesentlich von $I = 3,5 \cdot 10^4/\text{sek}$ ab.

JACOBSON glaubt, daß I_J durch die Verdeckung wesentlich reduziert wird, in der Annahme, daß die Verdeckung deshalb eintritt. weil die Form der Hüllkurve der Basilarmembranschwingung nicht beliebig fein differenziert sein kann, d. h. daß eine bestimmte Krümmung nicht überschritten werden kann, entsprechend der Theorie von WEGEL und LANE [60], s. a. [61]. Durch Kombination der Ergebnisse von WEGEL und LANE sowie von RIESS [47] erhält JACOBSON schließlich eine Kapazität von $8 \cdot 10^3/\text{sek}$ bis $10^4/\text{sek}$. In g) wurde gezeigt, daß die Verdeckung auf die Informationskapazität des Ohres keinen Einfluß hat.

Potentiell ist jeder Faser oder kleinen Gruppe von Fasern des Hörnerven eine bestimmte Tonhöhe zugeordnet, welche Tonhöhe jedoch in der großen Zahl gleichzeitig erregter Fasern — auch bei Anregung durch eine einzige Frequenz — aktualisiert wird, das hängt von der Struktur der Erregungsverteilung ab. Die Lehre von den spezifischen Sinnesenergien ist im strengen Sinne nicht mehr gültig. Es handelt sich nicht um die Vereinigung isolierter Systeme. Die Größe der Informationskapazität, die von der nach der Resonatortheorie (Vereinigung) berechneten ($3,3 \cdot 10^5/\text{sek}$) nur um eine Größenordnung abweicht ($3,5 \cdot 10^4/\text{sek}$) zeigt, daß es sich bei dem Übertragungssystem

„Ohr" um Koordination handeln muß. Setzt man für die einzelnen Fasern mit $(\Delta t)_a = 0{,}125$ sek eine Informationskapazität von $I^{(1)} = 60$/sek an (s. II), so würde sich bei reiner Vereinigung oder vollständiger Koordination für die etwa 25—29000 Fasern des n. cochlearis [45] eine Kapazität von $1{,}5$—$1{,}7 \cdot 10^6$/sek ergeben. Es müssen also etwa 45 Fasern [45] eine zusammengehörige Einheit bilden; gleichzeitig erregt wird auch bei einem Ton eine wesentlich größere Zahl von Fasern (s. Abb. 18 und 19). Das Verhältnis $I/N I^{(1)} \approx 2 \cdot 10^{-2}$ ($N =$ Zahl der Fasern) kann man als Maß c für die Koordination ansehen. $c = 1$ würde vollständiger Koordination entsprechen, bei der jeder Ausfall von Übertragungselementen und andere Störungen den Sinn einer Nachricht erheblich entstellt. Eine ausreichende Betriebssicherheit ist nur mit hinreichend kleinen Werten von c möglich.

In der Tab. 1 sind die verschiedenen Kapazitätswerte je nach der Art des Systems und seiner Zusammensetzung aus Teilsystemen noch einmal zusammengestellt.

Tabelle 1.

Art des Systems	Informations-einheiten/sek	Formel
Resonatortheorie	$3{,}3 \cdot 10^5$	$I_r = \int\limits_{f_1}^{f_2} \mathrm{ld}\,(m + 2)\, df$
„Eintönige" Nachrichten	*45—68*	$I_t = \dfrac{1}{(\Delta t)_a}\, \mathrm{ld}\,(m + 2)$
Vereinigung isolierter „eintöniger" Systeme: Frequenzabstand $(\Delta f)_0$	$6 \cdot 10^3$	$I_0 = \dfrac{1}{(\Delta t)_a} \int\limits_{f_1}^{f_2} \mathrm{ld}\,(m + 2)\, \dfrac{df}{(\Delta f)_0}$
Frequenzabstand $(\Delta f)_\infty$	$2 \cdot 10^5$	$I_\infty = \dfrac{1}{(\Delta t)_a} \int\limits_{f_1}^{f_2} \mathrm{ld}\,(m + 2)\, \dfrac{df}{(\Delta f)_\infty}$
Gesamtkapazität des Ohres	*$3{,}5 \cdot 10^4$*	$I = \dfrac{1}{(\Delta t)_a} \int\limits_{f_1}^{f_2} \alpha \cdot \dfrac{df}{(\Delta f)_\infty}$
Maximal mögliche Kapazität	$1{,}8 \cdot 10^6$	$I_{\max} = N I^{(1)}$

$m =$ Zahl der Intensitätsstufen zwischen der Hörschwelle und der Fühlschwelle (s. Abb. 8),

$(\Delta t)_a =$ Analysierzeit ($= 0{,}125$ sek),

$(\Delta f)_0 =$ Tonhöhenunterscheidungsvermögen an der Hörschwelle $\left.\right\}$ (s. Abb. 9),
$(\Delta f)_\infty =$ „ „ „ Fühlschwelle

$\alpha \quad =$ Korrekturfaktor (≈ 1),

$f_1, f_2 =$ Frequenzgrenzen ($f_1 = 20$ Hz, $f_2 = 20$ kHz),

$I^{(1)} =$ Informationskapazität einer Faser des n. cochl. (≈ 60/s),

$N =$ Zahl der Fasern des n. cochl. ($\approx 3 \cdot 10^4$).

Zusammenfassung.

Die Grundlage für die Berechnung der Informationskapazität des Ohres sind die Lautstärkeunterschiedsschwellen $\left(\frac{\Delta J}{J}, \text{Abb. 5}\right)$ und das Tonhöhenunterscheidungsvermögen $\left(\frac{\Delta f}{f}. \text{Abb. 9}\right)$ sowie die Analysierzeit $[(\Delta t)_a, \text{IV e}]$, die mindestens gebraucht wird, ehe ein neues, klar unterscheidbares Zeichen folgen darf.

Wenn die Schwellenmessungen auf die Lautstärke — das ist die Schallstärke eines gleichlauten und gleichhohen Vergleichstones gegebener Dauer (z. B. $t_v = 0,2$ sek) — bezogen werden, so sind die Ergebnisse von der Adaption („Ermüdung") und der Verdeckung eines Tones durch einen oder mehrere andere unabhängig (IV f und g).

Aus den Werten der Schwellen erhält man die Zahl der verschiedenen Signale, die sich aus unterscheidbaren Tönen gleicher oder unterscheidbarer Lautstärke bilden lassen. Diese Zahl und die Analysierzeit bestimmen die Informationskapazität, d. h. die Leistungsfähigkeit, des Ohres (siehe Tab. 1).

Aus dem Vergleich der akustisch bestimmten Kapazität für „eintönige" Nachrichten und der Zahl der gleichzeitig erregten Nervenfasern ergibt sich, daß unter etwa 1 kHz von der einzelnen Faser nur die Stufen „0" und „1" übertragen werden, da die Nervenimpulse durch die Schallschwingung synchronisiert sind, mit steigender Lautstärke steigt die Zahl der beteiligten Fasern; über 1 kHz kann der ganze Lautstärkebereich praktisch von einer Faser durch entsprechende Steigerung der Impulsfrequenz übertragen werden (IV d).

Schrifttum.

[1] American Tentative Standards for Noise Measurement Z 24.2 — 1936. J. Acoust. Soc. Amer. Bd. 8 (1936) S. 143/46.

[2] AUTRUM, H.: Über Energie und Zeitgrenzen der Sinnesempfindungen. Naturwiss. Bd. 35 (1948) S. 361/69.

[3] BÉKÉSY, G. v.: Zur Theorie des Hörens. Die Schwingungsform der Basilarmembran. Phys. Z. Bd. 29 (1928) S. 793/310.

[4] BÉKÉSY, G. v.: Zur Theorie des Hörens. Über die Bestimmung des einem reinen Tonempfinden entsprechenden Erregungsgebietes der Basilarmembran vermittels Ermüdungserscheinungen. Phys. Z. Bd. 30 (1929) S. 115/25.

[5] BÉKÉSY, G. v.: Zur Theorie des Hörens. Über die eben merkbare Amplituden- und Frequenzänderung eines Tones. Die Theorie der Schwebungen. Phys. Z. Bd. 30 (1929) S. 721/45.

[6] BÉKÉSY, G. v.: Physikalische Probleme der Hörphysiologie. ENT Bd. 12 (1935) S. 71/83.

[7] DE BROGLIE, L. (Herausgeber): La Cybernétique. Théorie du signal et de l'information. Paris, 1951.

[8] Bürck, W., P. Kotowski u. H. Lichte: Der Aufbau des Tonhöhenbewußtseins. ENT Bd. 12 (1935) S. 326/33.

[9] Cremer, L.: Über die ungelösten Probleme in der Theorie der Tonempfindungen. Acustica Bd. 1 (1951) S. 83/96.

[10] McCulloch, W. S.: A Logical Calculus of the Ideas Immanent in Nervous Activity. Bull. Math. Biophysics Bd. 5 (1943) S. 115/33.

[11] McCulloch, W. S.: The Brain as a Computing Machine. Electrical Engng. Bd. 68 (1949) S. 492/97.

[12] Elsenhans, Th.: Lehrbuch der Psychologie. Tübingen 1912.

[13] Feldtkeller, R., u. E. Zwicker: Die Größe der Elementarstufen der Tonhöhenempfindung und der Lautstärkeempfindung. Acustica, Beihefte (1953) H. 1, S. 97/100.

[14] Fletcher, H., and R. L. Wegel: The Frequency-Sensitivity Characteristic of Normal Ears. Phys. Rev. Bd. 19 (1922) S. 553/65.

[15] Fletcher, H.: Speech and Hearing. Toronto/New York/London 8. Aufl. 1950 (Reprinted), 1. Aufl. 1929.

[16] Fletcher, H., and W. A. Munson: Loudness, its Definition, Measurement and Calculation. J. acoust. Soc. Amer. Bd. 5 (1933) S. 82/108.

[17] Fletcher, H., and W. A. Munson: Relation Between Loudness and Masking. J. acoust. Soc. Amer. Bd. 9 (1937/38) S. 1/10.

[18] Fletcher, H.: Loudness, Masking and Their Relation to the Hearing Process and the Problem of Noise Measurement. J. acoust. Soc. Amer. Bd. 9 (1937/38) S. 275/93.

[19] Fletcher, H.: The Mechanism of Hearing as Revealed Through Experiment on the Masking Effect of Thermal Noise. Proc. Nat. Acad. Sci., Washington Bd. 24 (1938) S. 265/74.

[20] Gabor, D.: Theory of Communication. J. Inst. Electr. Engrs. Bd. 93 III (1946) S. 429/57.

[21] Haas, H.: Über den Einfluß eines Einfachechos auf die Hörsamkeit von Sprache. Acustica Bd. 1 (1951) S. 49/58.

[22] Hartley, R. V. L.: Transmission of Information. Bell Syst. Techn. J. Bd. 7 (1928) S. 535.

[23] Hawkins, J. E., Jr., and S. S. Stevens: The Masking of Pure Tones and of Speech by White Noise. J. acoust. Soc. Amer. Bd. 22 (1950) S. 6/13.

[24] Helmholtz, H. v.: Die Lehre von den Tonempfindungen, 6. Aufl. Braunschweig 1913.

[25] Holst, E. v., u. H. Mittelstaedt: Das Reafferenzprinzip (Wechselwirkungen zwischen Zentralnervensystem und Peripherie). Naturwiss. Bd. 37 (1950) D. 464/76.

[26] Jackson, W. (Herausgeber): Communication Theory. London 1953.

[27] Jacobson, H.: The Informational Capacity of the Human Ear Science Bd. 112 (1950) S. 143/44.

[28] Jacobson, H.: Information and the Human Ear. J. Acoust. Soc. Amer. Bd. 23 (1951) S. 463/71.

[29] Jacobson, H.: The Informational Capacity of the Human. Eye. Science Bd. 113 (1951) S. 292/93.

[30] Jung, H.: Untersuchungen zu den Theorien des Hörens. Akust. Z. Bd. 5 (1940) S. 268/83.

[31] Kallenbach, W.: Das Problem der Schallübertragung im Lichte der Informationstheorie. Phys. Blätter Bd. 10 (1954) S. 486/93.

[32] Kietz, H.: Das räumliche Hören. Acustica Bd. 3 (1953) S. 73/86.

[33] Knudsen, V. O.: The Sensibility of the Ear to Small Differences in Intensity and Frequency. Phys. Rev. Bd. 21 (1923) S. 84/102.

[34] Kolmogoroff, A.: Grundbegriffe der Wahrscheinlichkeitsrechnung. Berlin: Springer 1933.

[35] Kramer, K.: Regelung des Blutkreislaufs. VDI-Zeitschrift Bd. 85 (1941) S. 97/99.

[36] Küpfmüller, K.: Über Einschwingvorgänge in Wellenfiltern. ENT Bd. 1 (1924) S. 141/52.

[37] Leyhausen, P.: Die Entdeckung der relativen Koordination: Ein Beitrag zur Annäherung von Physiologie und Psychologie. Studium generale Bd. 7 (1954) S. 45/60.

[38] Licklider, J. C. R.: Basic Correlates of the Auditory Stimulus, in: Handbook of Experimental Psychology. Herausgegeb. v. S. S. Stevens, New York, London 1951, Nr. 25 S. 985/1039.

[39] Meyer, E.: Über den derzeitigen Stand der Theorie des Hörens. Naturwiss. Bd. 34 (1947) S. 358/62.

[40] Meyer-Eppler, W.: Informationstheorie. Naturwiss. Bd. 39 (1952) S. 341/47.

[41] Meyer-Eppler, W.: Die Sprache als Gegenstand physikalischer Forschung. Phys. Blätter Bd. 5 (1949) S. 538/44.

[42] Mises, R. v.: Wahrscheinlichkeitsrechnung und ihre Anwendung in der Statistik und theoretischen Physik. Leipzig und Wien 1931.

[43] Muralt, A. v.: Die Signalübermittlung im Nerven. Basel 1946.

[44] Nyquist, H.: Certain Factors Affecting Telegraph Speed. Bell Syst. Techn. J. Bd. 3 (1924) S. 324/46.

[45] Ranke, O. F.: Physiologie des Gehörs, in: Lehrbuch der Physiologie. Herausgegeb. von W. Trendelenburg und E. Schütz. Berlin/Göttingen/Heidelberg: Springer 1953.

[46] Rein, H.: Einführung in die Physiologie des Menschen, 11. Auflage. Berlin/Göttingen/Heidelberg: Springer 1955 (zitiert nach der 5. u. 6. Aufl.).

[47] Riesz, R. R.: Differential Intensity Sensitivity of the Ear for Pure Tones. Phys. Rev. Bd. 31 (1928) S. 867/75.

[48] Robinson, D. W.: The Relation between the Sone and Phon Scalas of Loudness. Acustica Bd. 3 (1953) S. 344/64.

[49] Shannon, C. E., and W. Weaver: The Mathematical Theory of Communication. Urbana 1949.

[50] Shower, E. G., and R. Biddulph: Differential Pitch Sensitivity of the Ear. J. Acoust. Soc. Am. Bd. 3 (1931) S. 275/87.

[51] Skudrzyk, E.: Die Grundlagen der Akustik. Wien: Springer 1954.

[52] Stegmüller, W.: Bemerkungen zum Wahrscheinlichkeitsproblem. Studium generale Bd. 6 (1953) S. 563/93.

[53] Steinberg, J. C.: The Position of Pure Tone Stimulation of the Basilar Membrane. J. Acoust. Soc. Amer. Bd. 8 (1937) S. 176/80.

[54] Stevens, S. S., and H. Davis: Psychophysiological Acoustics: Pitch and Loudness. J. acoust. Soc. Amer. Bd. 8 (1936) S. 1/13.

[55] Stevens, S. S., and H. Davis: Hearing its Psychology and Physiology. New York 1952.

[56] Stevens, S. S., H. Davis and M. H. Lurie: The Localisation of Pitch Perception on the Basilar Membrane. J. Gen. Psychol. Bd. 13 (1935) S. 297/315.

[57] Trendelenburg, F.: Akustik. 2. Aufl. Berlin/Göttingen/Heidelberg: Springer 1950. (1. Aufl. 1939).

[58] Türk, W.: Über die physiologisch-akustischen Kennzeiten von Ausgleichs-vorgängen. Akust. Z. Bd. 5 (1940) S. 129.
[59] Waerden, B. L. van der: Der Begriff der Wahrscheinlichkeit. Studium generale Bd. 4 (1951) S. 65/68.
[60] Wegel, R., and C. Lane: The Auditory Masking of one Pure Tone by another and its Probable Relation to the Dynamics of the Inner Ear. Phys. Rev. Bd. 23 (1924) S. 266/85.
[61] Wever, E. G.: Theory of Hearing. New York 1951.
[62] Winckel, F.: Klangwelt unter der Lupe. Berlin und Wunsiedel 1952.
[63] Zwicker, E.: Die Grenzen der Hörbarkeit der Amplitudenmodulation und der Frequenzmodulation eines Tones. Acustica, Akustische Beihefte, H. 3 (1952) AB S. 125/33.
[64] Zwicker, E., u. W. Kaiser: Der Verlauf der Modulationsschwellen in der Hörfläche. Acustica, Beihefte (1952) H. 4, AB S. 239/46.
[65] Zwicker, E.: Die Veränderung der Modulationsschwellen durch ver-deckende Töne und Geräusche. Acustica Bd. 3 (1953) S. 274/78.

Sachverzeichnis.

Abbildung 229.
Abfragefrequenz 159.
Abklingzeit 3, 249.
Ablenk-geschwindigkeit 171.
— spannung 89.
— spule 143.
— transformator 143.
Abschattung 131.
Absorption 228, 231.
Abstiegsflanke 72.
Abstimmsynchronisierung 192.
Abtasttheorem 100, 112.
Abtrennbereich 135.
Adaption 235, 293, 321.
Adaptionszustand 233, 235.
Aktionsspannung 271, 279, 294.
Akustischer Speicher 215.
Allpaß 199.
Amplituden-filter 108.
— kompression 136.
— modulation 98, 301.
— schrift 180.
— verzerrung 26.
Atomenergiedichte 254.
Analogie-Rechengerät 204, 223.
Analysierzeit 335.
Anodentastung 177.
Anzeigeverstärker 184.
Audiometer 301.
Aufbauzeit 242.
Auflösbarer Objektpunkt 229.
Auflösbarkeit 230.
Auflösung 127.
Auflösungsvermögen 177.
Auge 233.
Ausbeute 240.
Ausbreitung 166.
Ausbreitungs-dämpfung 191.
— geschwindigkeit 185.
— mechanismus 191.
— wege 191.
Ausfälle 222.

Ausgangskapazität 83.
Auslöseimpulsspannung 77.
Außerordentliche Welle 189.
Aussortierung 66, 67.
Autokorrelierte 45.
Automatische Fehlerprüfung 223.
Autoüberholgerät 243.
Average power 4.

Backscatter sounding 198.
Baldur 164.
Bandbreite 178.
Bandbreitenbedarf 112.
Bandfilterverstärker 123.
Bandpaßverstärker 121.
BECQUEREL-Effekt 237.
Beleuchtungsstärke 55, 233.
Beugung 229, 230.
Beugungseffekt 249.
Bewegungsvorgänge i. d. Ionosphäre
    191.
Bewertungsmechanismus (gating) 49.
Bildfolge-frequenz 227.
— übertragung 227.
Bildpunkt-belichtungsdauer 245.
— zahl 125.
Bildsynchronisierung 192.
Bild-Telegrafie 249.
Bildübertragung 229.
Bildwandler 237, 248.
Bildwechselzeit 242.
Bildzerleger 241.
Binärcode 49, 290.
Biologischer Regelkreis 259.
Bistabiler Multivibrator 69, 75, 87, 88.
Blendenverschluß 237.
Blitzdauer 242, 243, 244.
Blitzfolgefrequenz 241.
Blitzlampe 244.
Blitzlichtlampe 245.
Blocking-Generator 248.
Bodenanlage 163.

Bodenantwortstation 157.
Bodenwelle 170.
Bodenwellen-impuls 168.
— reichweite 166.
— zeichen 166.
BOLTZMANNsches Gesetz 251.
Bordabfragegerät 157.
Bordanlage 163.
Braunsche Röhre 85, 93, 180.
Bündelung 229.
Bündelungsfähigkeit 229.
BUYS-BALLOT 51.

CARNOT-Prinzip 41.
Carotissinus 294
CCIR-Norm 128, 137, 139.
Central limit theorem 44.
Charakteristische Impulsgröße 2.
Chronaxie 278.
Clamping-Schaltung 136.
CLAYDEN-Effekt 237.
Clipperdiode 178.
Code 48.
Cosinusförmiger Übertragungsfaktor
	114.

Dachneigung 132.
Dämpfung 186.
Dämpfungsexponent 231.
Decorrelator 49.
Delta-Funktion 10.
Delta-Modulation 103, 109.
Dezimalsystem 204.
Differentiation 128, 131, 140.
Digitale Rechenmaschine 204.
Dimensionalität d. Repräsentations-
	raumes 42.
Dioden 209.
Dipolmolekül 61.
Discriminator 159.
Disjunktion 209.
Distance Measuring Equipment 157.
Diversity 43.
DME 157.
Doppelbrechendes Medium 188.
Doppelbrechung 187.
Doppelimpuls 158.
DOPPLER-Effekt 228.
Drehfunkfeuer 157.
Drehspiegel 245.
Drehspiegelaufnahme 243, 246.
Drei-Empfänger-Methode 197.

Drift 197.
Drosselkette 31.
D-Schicht 167.
Dualsystem 204.
Dualziffern 213.
Dunkeladaption 233, 235.
Durchdreh-Methode 187.

ECCLES-JORDAN-Schaltung 213.
Echoamplitude 183.
Echobilder 180.
Echolaufzeit 181, 328.
Echolotung 185, 187, 191.
Echosperre 159.
Eigenkapazität 238.
Eigenortung 157.
Einfallswinkel 195.
Eingangskapazität 83.
Einheits-Impuls 10, 11, 15, 29, 110, 115.
— sprung 19.
Einschwingzeit 3, 111.
Einseitenbandmodulation 98.
Elektrische Blende 183.
Elektrischer Impuls 82.
— Verschluß 247.
Elektrodenschluß 222.
Elektronen-blitzlampe 244.
— karte 198.
— konzentration 185, 187.
— verteilung 187.
Elementar-länge 254.
— leistung 253.
Empfänger-bandbreite 177.
— empfindlichkeit 162.
Empfangs-feldstärke 196.
— funktion 43.
— impulsleistung 228.
Energiedichte 253.
Entfernungs-bestimmung 156.
— messung 228.
Entladung 242.
Entropie 41.
Entschlüsselung 225.
Erhaltungsgesetz 42.
Erregungsnachdauer 234.
E-Schicht 166, 188, 200.
Exhaustion 50.
Exhaustions-periodograph 56.
— spektrum 56.
EXNERsche Kurve 234.
Exponentielle Phasenverzerrung 118.
Extinktionskonstante 231.

Fadenbruch 222.
Fastax-Zeitlupe 246.
Feldstärke 171.
Feldstärkeregistrierung 191.
Fernnavigation 166.
FERRIS-Discriminator 160, 161.
Ferrit 214.
First probability distribution density 44.
Fixations-schwankung 236.
— zentrum 236.
Flanken-anstieg 74.
— dauer 73.
— steilheit 73.
Flimmer-frequenz 235.
— grenze 234.
— phänomen 55.
— photometer 235.
Flipflop 212, 274.
Fluorometrie 249.
Flying spot scanning tubes 241.
Fokussierung 229.
Folgefrequenz 76.
Fotoblitzgerät 240.
Fotoelement 237, 239.
Foto-Flux-Lampe 243, 245.
Fotografische Platte 236.
Fototransistor 240.
Fotowiderstand 237, 239.
Fotozelle 237.
FOURIER-Analyse 4.
— Integral 6.
— Reihe 5.
— Transformation 36.
Fremdlicht 228.
Fremdortung 156.
Frequenz-bandbreite 83.
— bereich 166.
— gleichlauf 190.
— Höhendiagramm 187.
— hub 105.
— marke 189.
— modulation 99, 105.
— spektrum 166.
— stabilität 87, 158.
— teiler 86, 88.
— schaltung 95.
— teilung 87.
— umsetzung 156.
— vervielfacher 94.
F-Schicht 167, 188.
Fühlschwelle 300.

Fünferalphabet 102.
Funke 240.
Funkenblitz 242, 243.
Funkenblitz-Kinematografie 241.
Funkenhelligkeit 242.
Funkenkanal 243.
Funkenstrecke 230.
Funkmeßtechnik 179, 229.
Funknavigation 156.
Funktionaltransformation 35.
Funktionseinheit 62, 91.
Funktionsmodell 273.

Gasentladungs-lampe 240.
— röhre 76.
Gate 183.
Gating 49.
GAUSSsche Fehlerfunktion 116.
— Ordinatenverteilung 44.
— Übertragungsfaktor 116.
Gebiete guten Empfangs 199.
Gegenkopplung 146.
GEIGER-MÜLLER-Zählrohr 90, 239.
Geräusch-reduktion 106, 108, 114.
— spannung 104.
Germanium-diode 216.
— Fotodiode 238, 239.
Geschwindigkeitsmessung 91.
Gestalterkennen 55.
Gestaltmodell 273.
GIBBSsches Phänomen 14.
Gittertastung 177.
Gleitfunke 243.
Glockenförmiger Impuls 2, 10.
Glühlampe 240.
Glyphenschrift 53.
Grenzfrequenz 188.
Grenzwellenbereich 166.
Grenzwertsatz von LAPLACE-LJAPU-NOFF 44.
Grundlaufzeit 162.
Gruppengeschwindigkeit 33, 185.

Halbwertsbreite 169.
Halbzeit 230.
Hellsteuerung d. Kathodenstrahls 94.
HERSCHEL-Effekt 237.
Hochdruck-Gasentladungslampe 230, 241, 245.
Hochfrequenz-Kamera 245, 246.
Hochpaß 128.
Hochspannungsleitung 224, 225.
Hochtastung 108, 177.

Höhenmarke 189.
Höhenmessung 156.
Höhenstrahlenphysik 61.
Hohlkabel 99.
Hohlresonatorvorkreis 161.
Hörfläche 303.
Hörschwelle 304, 322.
Horizontalablenkung 149, 164.
HUBBEL-Dilatation 228.
Hyperbelschar 165.
Hysteresis 66.

Ideales Exhaustionsfilter 51.
— Filter 44.
Idealisierter Tiefpaß 110.
Ikonoskop 237, 248.
Impedanz 206.
Impuls 2.
— abstand 162.
— abtrennung 134.
— amplitude 183.
— analyse 1, 12.
— anstiegsflanke 168.
— aufladung 169.
— auswahlverfahren 182.
— breite 10.
— dauer 78, 81, 85, 176, 205, 230.
— empfänger 178.
— energie 13.
— erzeugung 82.
— flanke 172.
— folge 4, 8, 22, 176, 213.
— folgefrequenz 75, 169.
— form 51, 57
— former 207.
— frequenz 205.
— generator 68, 79.
— intervall 169.
— laufzeit 180.
— — verfahren 176.
— leistung 76, 77.
— licht 229.
— meßtechnik 61.
— modulation 166.
— modulator 177.
— quelle 165.
— regenerierung 220.
— spitzenleistung 168, 177.
— störung 154.
— tastgerät 178.
— tastung 166.
— technisches Meßverfahren 91.
— tor 208.

Impuls-transformator 178.
— übertrager 211.
— verschlüsselung 158.
— verstärker 162.
— zentrale 194.
Informations-gehalt (information content) 42.
— kapazität 290, 300.
— theorie 40.
— übermittlung 41.
Infrarot-empfindlichkeit 239.
— strahlung 232
„Ingolstadt" 174.
Integration 50, 130, 141, 142.
Intensitäts-modulation 181.
— schrift 53.
— schwelle 301, 323.
Interferenzfeld 197.
Intermittenzeffekt 237.
Internodium 261.
Interrogator 157.
Inverter 210.
Ionisationskammer 90.
Ionogramm 187.
Ionosphäre 166.
Ionosphären-forschung 176.
— film 191.
— wind 197.
Isolierung quasipersistenter Periodizitäten 51.
Isophoten 53.

Kammfilter 49.
Kanalkapazität 42.
Kathodenstrahlröhre 214.
KELL-Faktor 127.
Kennlinienverlauf 64.
Kernleiter-Theorie 265.
Kernphysik 61, 86, 89.
Kernspaltungsprozeß 61.
Kerrzellenverschluß 247.
Kettenverstärker 84.
Knickkennlinie 64.
Koaxialkabel 206.
Kodierung 162.
Koinzidenz 86.
— schaltung 85, 158.
— verfahren 49.
Kombinationsverfahren zur Mehrfachübertragung auf Funkstrecken 109.
Kommunikationsforschung 40.
Konjunktion 209.

Konvergenzabszisse 36.
Korrelation 45.
Kraftleitung 224.
Kreuzkorrelierte 45.
Kurzzeitiger Meßvorgang 94.
Kurzzeitverschluß 248.

Ladediode 178.
LAPLACE-Transformation 34.
Laufzeit 79.
— differenz 165, 327.
— dispersion 177.
— kette 158, 178.
— registrierung 181.
— verzögerung 188.
Lautstärkeunterschiedsschwelle 301.
„Lebende" Information 41.
Lernender Optimalfilter (variable optimum filter) 48.
Leuchtdichte 230, 233, 241, 145, 251.
Leuchtphosphor 61.
Leuchtstofflampe 241.
LF-Loran 173.
Lichtäquivalent 233.
Lichtausbeute 243.
Lichtblitz-Kommandogerät 243.
— Stroboskop 244.
Lichtelektrischer Empfänger 237.
Lichtempfindung 234.
Lichtfluß 233.
Lichtgeschwindigkeit 185.
Lichthahn 247.
Lichtimpuls-lampe 240.
— technik 227.
Lichtmenge 233, 242, 244, 245.
Lichtquanten 239.
Lichtquellendurchmesser 230.
Lichtstärke 233, 244.
Linear predictor 49.
Lineare Aufzeichnung 184.
— Zeitablenkung 180.
Linearer Phasengang 120.
Logarithmische Kennlinie 184.
Logik-Kalkül 208.
Long Range Navigation 157.
Loran 157, 165.
Löten 221.
Luminiszenzstrahlung 241.

Magnetische Schaltelemente 216.
Magnetkopf 214.
Magneto-optischer Kurzzeitverschluß 247.

Magnetostriktion 159.
Magnettonspeicher 52.
Magnettrommel 213.
Marginal checking 223.
Matched filter 48.
Matrixspeicher 214.
Maximalamplitude 2.
Maximale Folgefrequenz 76.
Mechanischer Schalter 82.
— Verschluß 245.
Mehrfachreflexion 186.
Mehrfachzeichen 188.
Meßimpuls 163.
Metastabiler Multivibrator 69, 71, 75.
Metastabiles System 70.
Metrische Information (metron contet) 42.
Microphonics 304.
Mitlaufende Ladespannung 145.
Modulations-fähigkeit 230.
— frequenz 232, 251.
— frequenzbereich 230.
Momentane Bestimmung der Empfangsgebiete 200.
Monostabiler Multivibrator 69, 74, 75, 93, 208.
Monostabiles Netzwerk 70.
Morphologie d. Erdoberfläche 202.
Multiplier 239.
Multivibrator 68, 69, 76, 89, 94.

Nachhall 46.
Nachleucht-dauer 230, 235.
— vorgang 242.
Nachrichtenfluß 232.
Nachschwingen 114.
Nadelimpuls 68.
Nanosekunden 83.
Nebensprechdämpfung 112, 113, 117, 123.
Nebensprechen 110.
Negation 209.
Negative Frequenz 5.
Negativer Eingangswiderstand 217.
Negativmodulation 134.
Negentropie 41.
Neperdämpfung 260.
Nervenfaser 235.
Nervensystem 258.
Netzkommandoanlage 224.
Netzwerk minimaler Phase 120
Neutronen 91.

Nichtlineare Schaltelemente 62.
Nichtlineares Optimalfilter 48.
— Schaltmittel 85.
Numerische Energie 42.
Nutzbandbreite 115.
Nutzsignal 43.

Oder-Tor 209.
Optikusfaser 235.
Optimalfilter 44.
Optische Impulstechnik 227.
— Impulsverzögerungsleitung 228.
— Laufzeitmessung 228.
— Nachrichtenübertragung 250.
— Signalübertragung 250.
Optischer Ausgleich 246.
Ordentliche Welle 189.
Ordinatenverteilung 44.
Ortungs-genauigkeit 177.
— verfahren 157.

Panoramie-Gerät 190.
Parabelförmige Verzerrung 133.
Partikelzähler 90.
Pattern recognizer 49.
Pentode 210.
Periodogrammrechnung 51.
Periodographisches Verfahren 56.
Phasen-beziehung 168.
— diskriminatorschaltung 151.
— geschwindigkeit 32.
— modulation 99.
— schieber 94.
— starre 87.
— vergleichsschaltung 150.
— verzerrung 26, 118, 121.
Physik 60.
Physiologischer Nystagmus 236.
PIEZO-Quarz 215.
Planbild 198.
PLANKsche Strahlungsgleichung 252, 253.
Plattenzähler 90.
Positive Phasenverzerrung 119.
Positivmodulation 134.
Postdetector integration 52.
Predetector integration 52.
Probensatz 19.
Prüfen 222.
Pseudodezimal 205.
Puls 100.
— abstand 159.
— amplitudenmodulation 23, 100, 107.

Puls codemodulation 24, 102, 109.
— dauermodulation 102, 108.
— frequenzmodulation 24.
— längenmodulation 23.
Pulsmodulation 97.
— rahmen 100.
— phasenmodulation 24, 101.
Pulse multiplex 158.
Punktlicht-lampe 241.
— quelle 230.
Punktschweißung 221.

Quantenäquivalent 238.
Quantenstatistische Schwankung 234.
Quantenzahl je Meßwert 239.
Quantisierungsverzerrung 103, 104.
Quarzgenerator 169.
Quarzuhr 192.

Radar 51, 60, 156, 223, 225.
Radarreflexion 162.
Radiale Ablenkung 180.
Radialgeschwindigkeitsmessung 229.
Radioaktiver Prozeß 91.
RANVIERscher Schnürring 261.
Rauhigkeit d. Erdoberfläche 200.
Raumwellen-impuls 168.
— zeichen 166.
Rauschen 44, 325.
Rauschleistung 228.
Rauschspannung 107.
RAYLEIGHsche Dämpfung 231.
— Streuung 228, 231.
RAYLEIGHsches Gesetz 13.
Reaktions-fähigkeit 236.
— trägheit 234.
RC-Verstärker 131.
Rechenmaschinen 204.
Rechteck-förmige Impulsspannung 82, 93.
— impuls 10, 23, 49, 77, 79, 81.
— generator 80.
— welle 126, 169.
Redundanz 43.
Reflexion 159, 225.
Reflexionskoeffizient, scheinbarer 196.
Refraktär-periode 235.
— stadium 260, 278.
Regelspannung 152.
Regelzeitkonstante 150.
Regendämpfer 231.
Reichweite 168, 231, 251.

Reichweiten-gewinn 232, 235.
— steigerung 228.
Reizdauer 234.
Reizempfindung 234.
Reizfolgestrom 304
Reizschwelle 233.
Reizschwelle d. Nervenfaser 275.
Reizzeit-Spannungskurve 277.
Rekombinations-wahrscheinlichkeit 243.
— zeit 230.
Riccosches Gesetz 233.
Richtfunkstrecke 99.
Richtungsbestimmung 328.
Röntgenstrahlen 254.
Röntgenstrahlungsleistung 249.
Röntgenblitz-fotografie 250.
— technik 249.
Röntgenlicht 228.
Rotverschiebung 228.
Routineaufnahme 190.
Rückstreulotung 198.

Sägezahn-generator 89.
— kurve 132.
— spannung 89.
Saltatorische Erregung 261.
Sampling-Theorem 19.
Scheinbare Reflexionshöhe 185.
Schema von Buys-Ballot 51.
Schlierentechnik 242.
Schmitt-Trigger 211.
Schrot-Effekt 251.
Schwarzer Blitz 237.
Schwarzschildscher Exponent 237.
Schwärzungsfunktion 236.
Schwellenleuchtdichte 233.
Schwellenspannung 64.
Schwingquarz 249.
Schwungrad-schaltung 149.
— synchronisierung 150.
Scintillation 239.
Sehpurpur 236.
Sehschärfe 236.
Sehtechnik 236.
Sekundärelektronen-photozelle 90.
— röhre 73.
— vervielfacher 237, 238.
Selbstreziproke Funktion 116.
Selektions-bandbreite 115, 117.
— steigerung 159.
Selektor 48.

Senkrechte Inzidenz 185.
Servomechanismus 223.
Shoran 174.
Simultan-betrieb 179.
— verfahren 56.
Sinusstabilisation 149.
Sockelimpuls 182.
Sone-Lautheitsverhältnis 303.
Sortierung nach Amplituden 92.
— Zeitintervallen 92.
Spannungs-bereich 66.
— optische Messung 243.
— vervierfachung 153.
— zeitfunktion 67.
Speicherwerk 213.
Speicherzeit 164.
Spektralbreite 10.
Spektrale Empfindlichkeit 238.
— Verteilung 240.
Spektralfunktion 7, 35.
Sperrschwinger 148.
— impuls 169.
Spitzentransistor 217.
Spitzenunterdrücker 159.
Sporadische E-Schicht 200.
Sprache 97.
Sprung 195.
— funktion 16.
— kennlinie 64.
— stelle 62.
— verlauf 82.
— zeit 71, 75, 80.
SS-Loran 171.
Stäbchen 233.
Stabilitätsbedingungen 224.
Standortbestimmung 165.
Startimpuls 61.
Stationäre Phase 25.
Stehendes Bild 180.
Steuerimpuls 88.
Stör-befreiung 179.
— frequenzspektrum 160.
— impuls 158.
— -Übersteuerung 155.
— pegel 228.
— -senkung 232.
— signal 43.
— spiegel 171.
Störung 222.
Störungsphasenhub 108.
Stoßfunktion 14.
Strahlungs-dichte 249, 251.

Strahlungs-energiedichte 250, 254.
Streulicht 228.
Streureflexion 198.
Streustrahlung 199.
Streuung 228, 231.
Stroboskop 227, 244.
— lampe 244.
Strukturelle Information (logon content) 42.
Suchkippengenerator 163.
Suchverfahren 55.
Summation 50.
Synchronisierimpuls 134.
Synchronisierung 163, 192.
System- oder Apparatefunktion (impulse response) 45.
Szintillationszähler 85, 90, 91.

Tangensfehler 143.
Tastverhältnis 162.
Technische Stroboskopie 245.
Teilerverhältnis 87, 88.
Telegraphengleichung 266.
Temperaturstrahler 251.
THOMSON Kabel 263.
Thyratron 79, 81.
Tiefpaß 85, 116.
Tonhöhen-Unterschiedsschwelle 304.
Transistor 206, 217, 239.
Transponder 156, 161.
Trommel 214.

Überlastungsregelung 162.
Überschwingen 14, 18.
Übertragungs-dämpfung 231, 251.
— güte 104.
Uhr 206.
Uhrimpuls 212, 207, 219.
Ultrakurzzeit-Effekt 237.
Ultraschall-Lichtrelais 248.
— -Stroboskopie 248.
— wellen 215.
Ultraviolette Strahlungsquanten 242.
Und-Tor 209.
Unschärferelation 300.
Unterbereich 46.
Unterdrückung von Störungen 179.
Unterscheidbarer Helligkeitswert 228.

Unterschieds-empfindlichkeit 233.
— schwelle 235.

Verdeckung 301 325.
VERDETsche Konstante 247.
Verschluß 246.
— -Impulstechnik 232, 245.
Verschmelzung 55.
Verstärker 82, 99.
Vertikal-ablenkendstufe 143.
— ablenkung 142.
— synchronisierimpuls 139.
Verweilzeit 44.
Verzerrung 128.
Verzögerter Impuls 220.
Verzögerungs-leitung 78, 79, 80, 85, 95, 162, 212.
— zeit 76.
Video-Signal 127, 251.
VILLARD-Effekt 237.
Visuelle Impulstechnik 236.
VOR 157.
Vortrabant 140.

Wahre Reflexionshöhe 185.
Wahrnehmbarkeit 235.
Wellenwiderstand 79.
WIENsches Verschiebungsgesetz 251.
WILSON-Kammer 244.
Wirkungsquant 251.

XENON-FLASH-Lampe 243.
XENON-Gleitfunke 243.

Zähleinrichtung 173.
Zählschaltung 86, 87, 88, 91.
Zäpfchen 233.
Zeilensprungverfahren 139.
Zeilenzahlen 139.
Zeitbereich 67.
Zeitgeber 169.
Zeithub 102.
Zeitkonstante 71, 73, 75.
Zeitliche Bündelung der Kanäle 101.
ZF-Selektion 160.
Zuckungsgesetz 275.
Zugangszeit 213.
Zündkennlinie 77.